ENCYCLOPÉDIE

DES

TRAVAUX PUBLICS

Fondée par M.-C. LECHALAS, Insp^r gén^{al} des Ponts et Chaussées

Médaille d'or à l'Exposition universelle de 1889

EXPLOITATION
DES MINES

1/39

COURS DE L'ÉCOLE CENTRALE DES ARTS ET MANUFACTURES

PAR

C.-J. DORION

INGÉNIEUR CIVIL

PARIS

LIBRAIRIE POLYTECHNIQUE,

BAUDRY ET Cie, LIBRAIRES-ÉDITEURS

15, RUE DES SAINTS-PÈRES

MÊME MAISON A LIÉGE

ENCYCLOPÉDIE DES TRAVAUX PUBLICS

EXPLOITATION DES MINES

Tous les exemplaires de l'Exploitation des Mines devront être revêtus de la signature de l'auteur.

ENCYCLOPÉDIE
DES
TRAVAUX PUBLICS
Fondée par M.-C. LECHALAS, Inspr génᵃˡ des Ponts et Chaussées

Médaille d'or à l'Exposition universelle de 1889

EXPLOITATION
DES MINES

COURS DE L'ÉCOLE CENTRALE DES ARTS ET MANUFACTURES

PAR

G.-J. DORION

INGÉNIEUR CIVIL

PARIS
LIBRAIRIE POLYTECHNIQUE
BAUDRY ET Cⁱᵉ, LIBRAIRES-ÉDITEURS
15, RUE DES SAINTS-PÈRES
MÊME MAISON A LIÉGE

—

1893

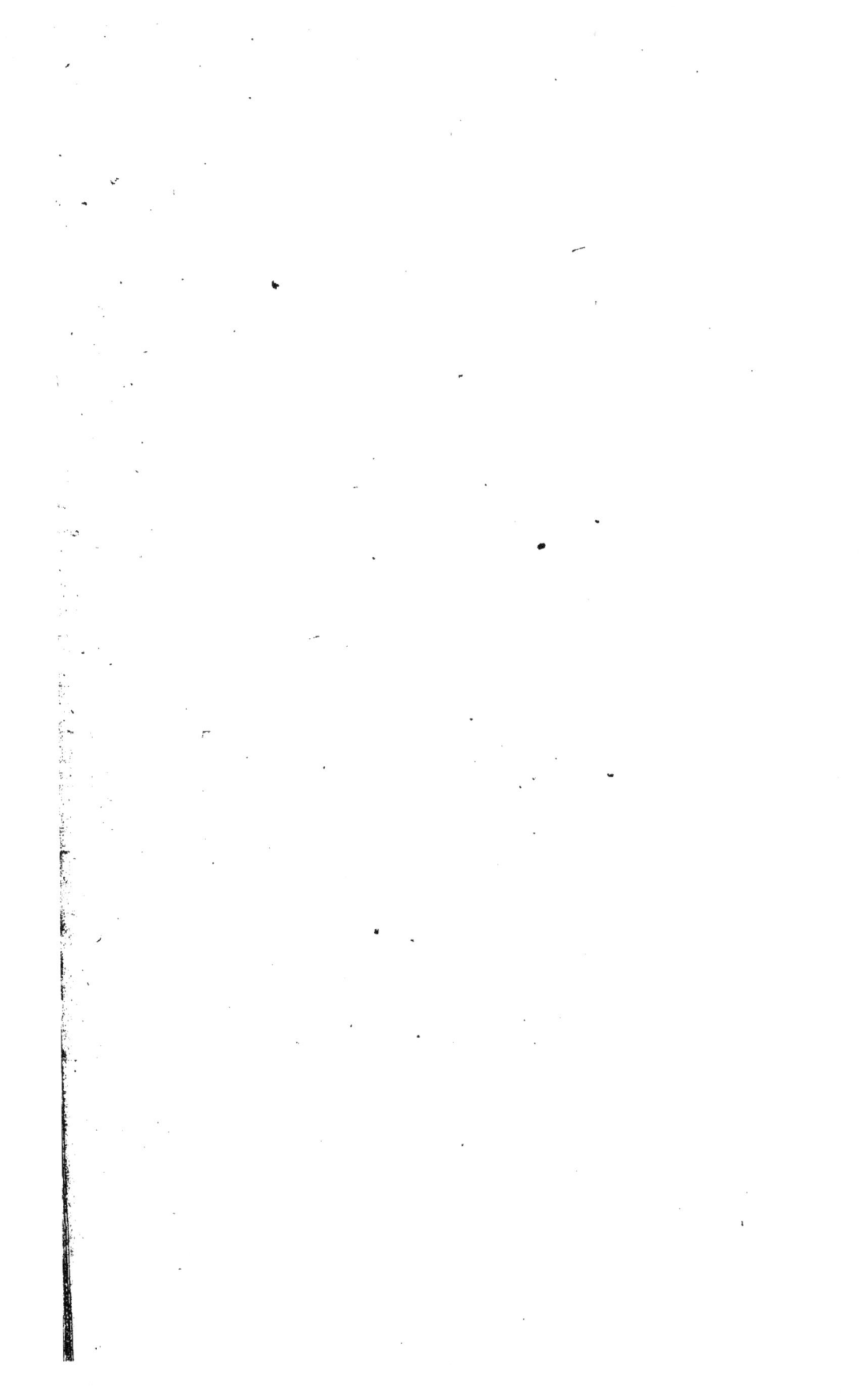

TABLE DES MATIÈRES

PRÉFACE... XXI

Chapitre I.

LES GITES MINÉRAUX

§ 1. *Généralités*

1. Définition 1
2. Gîtes sédimentaires et gîtes éruptifs 2
3. Définitions et mode de représentation des gîtes................ 2

§ 2. *Gîtes sédimentaires*

4. Forme générale des gîtes sédimentaires. Leur division.......... 4
5. Couches.. 5
6. Allures et puissances des couches. Leurs variations........... 5
7. Accidents présentés par les couches............................ 5
8. Amas sédimentaires... 6
9. Gîtes d'érosion moderne ou alluvionnaires..................... 6

§ 3. *Gîtes éruptifs*

10. Formes générales des gîtes éruptifs. Leur division............. 7
11. Filons 7
12. Fentes et remplissages 8
13. Puissance totale. Puissance utile. Leurs variations........... 9
14. Allures des filons ; leur étendue............................. 10
15. Champs de fracture et systèmes de filons 11
16. Modifications brusques de l'allure des filons................. 12
17. Filons de contact et filons-couches........................... 15
18. Amas éruptifs. Leurs diverses formes.......................... 16
19. Gîtes de transformation ou métamorphiques 16
20. Divers modes de répartition du minerai et des gangues......... 16
21. Répartition massive... 17
22. Répartition zônée... 17
23. Répartition sporadique.. 17
24. Variation de la richesse dans les gîtes....................... 18
25. Lois de la distribution des parties riches dans les filons et dans les champs de fracture.. 20
26. Changement dans la nature des minerais.. 21

Chapitre II

LES MINÉRAUX UTILES NON MÉTALLIFÈRES

27. Classification.. 25

§ 1. *Les combustibles minéraux*

28. Anthracite... 25
29. Houille.. 26
30. Lignite.. 29
31. Tourbe... 29
32. Origine et formation des combustibles minéraux 30

§ 2. *Les hydrocarbures*

33. Pétrole.. 33
34. Bitumes et hydrocarbures solides............................... 35
35. Origine et formation des hydrocarbures naturels................ 36

§ 3. *Minéraux employés dans la construction et dans la céramique*

A. Matériaux naturels

36. Matériaux fournis par des roches éruptives..................... 37
37.   —   —   sédimentaires................... 37

B. Minéraux servant à la fabrication des matériaux artificiels et à la céramique

38. Pierres à chaux et à ciment....... 38
39. Gypse 38
40. Argiles à briques et à poteries............................... 38
41. Kaolin... 38

C. Pierres décoratives

42. Marbre 39
43. Albâtre.. 40
44. Fluorine... 40

§ 4. *Les engrais minéraux*

45. Généralités 40
46. Phosphates... 41
47. Guano 43
48. Tangue 45
49. Faluns... 45

§ 5. *Minéraux qui fournissent les sels alcalins et alcalino-terreux*

50. Sel gemme et sels solubles qui l'accompagnent................. 45
51. Salpêtres, nitrates et nitrosulfates.......................... 47
52. Sulfate de soude 48
53. Magnésie carbonatée et sulfatée............................... 49
54. Baryte   —   —   49
55. Strontiane   —   —   49

§ 6. *Minéraux employés par la chimie industrielle*

56. Soufre 49
57. Pyrites 50
58. Arsenic.. 51
59. Borax, acide borique et boracite........................... 51
60. Alunite 52
61. Bauxite 53
62. Cryolithe.. 53

§ 7. *Minéraux employés dans diverses industries à raison de leurs propriétés physiques*

63. Graphite 54
64. Pierres lithographiques..................................... 54
65. Emeri.. 54
66. Pierre ponce.. 54
67. Tripoli.. 54
68. Ecume de mer.Stéatite. Talc 55
69. Amiante 55
70. Mica 55

§ 8. *Les pierres précieuses*

71. Diamant 55
72. Gemmes formées de silice 56
73.   —   d'alumine 57
74.   —   de silicates. .,...................... 57
75. Gemmes de compositions diverses 58

Chapitre III

LES MINERAIS

§ 1. — *Minerais de fer*

76. Composition des minerais 59
77. Gîtes sédimentaires 60
78. Gîtes éruptifs... 64

§ 2. *Minerais de manganèse*

79. Minerais de manganèse....................................... 65

§ 3. *Etain*

80. Gîtes d'étain 66

§ 4. *Antimoine*

81. Gîtes d'antimoine 68

§ 5. *Zinc*

82. Gîtes de zinc   68

§ 6. *Plomb*

83. Gîtes-couches.   72
84. Gîtes en filons   73

§ 7. *Cuivre*

85. Classification des gîtes de cuivre.   75
86. Gîtes sédimentaires   75
87. Gîtes d'injection   76
88. Gîtes intermédiaires entre les amas et les filons   77
89. Filons de cuivre gris à gangue spathique.   78

§ 8. *Nickel et Cobalt*

90. Nickel   80
91. Cobalt   81

§ 9. *Mercure*

92. Gîtes de mercure.   81

§ 10. *Argent*

93. Mines d'argent   83

§ 11. *Or et platine*

94. Or.   85
95. Alluvions aurifères.   86
96. Gîtes éruptifs et mixtes.   87
97. Platine.   89

Chapitre IV

LES EAUX SOUTERRAINES

98. Eaux de pluies. Leur répartition   91
99. Eaux dans les roches perméables.   92
100. Nappes. Sources   94
101. Eaux dans les terrains fissurés   95
102. Torrents   97
103. Eaux artésiennes.   97
104. Cours d'eau souterrains.   99
105. Grottes.   100
106. Éboulements naturels.   101
107. Effondrements   103
108. Actions chimiques des eaux sur les roches   103
109. Sources minérales   104

110. Degré géothermique.................................. 105
111. Origine et formation des eaux minérales 106

Chapitre V

MARCHE GÉNÉRALE D'UNE EXPLOITATION. RECHERCHES. AMÉNAGEMENT

§ 1. — *Généralités.*

112. Découverte des mines............................... 109
113. Définitions....................................... 111
114. Travaux de recherches 113
115. Accidents du gîte................................. 115
116. Règle de Schmidt. Traversée des rejets.............. 116
117. Appréciation de la valeur du gîte.................. 118

§ 2. *Exploitation*

118. Travaux d'exploitation 120
119. Champ d'exploitation 121
120. Aménagement général............................... 122
121. Division en étages................................ 124
122. Exploitation des étages. ·......................... 125
123. Traçages... 126
124. Dépilages 129
125. Plans de mine.................................... 130

Chapitre VI

TRANSMISSION DE LA FORCE DANS LES MINES

§ 1. *Généralités*

126. Nécessité de la transmission et de la distribution de l'énergie dans
     les mines....................................... 133
127. Conditions que doivent remplir les procédés de transmission. 134
128. Divers modes de transmission employés............... 134

§ 2. *Emploi d'organes mécaniques.*

129. Tiges.. 135
130. Câbles et chaînes 135

§ 3. *Emploi de l'eau.*

131. Eau simplement envoyée dans la mine.................. 136
132. Eau sous pression................................. 136

§ 4. Emploi de la vapeur.

133. Dispositifs avec chaudières au jour 137
134. — — au fond. 137

§ 5. Emploi de l'air comprimé.

135. Principe des transmissions par l'air comprimé. Pression à choisir. 138
136. Divers types de compresseurs. 138
137. Compresseurs à piston hydraulique. 139
138. Compresseurs directs 140
139. Établissement des compresseurs. Compresseurs transportables. . . 142
140. Réservoirs d'air. Sécheurs. Conduites. 144
141. Rendements obtenus 145

§ 6. Emploi de l'électricité.

142. Principes des transmissions électriques 146
143. Machines génératrices et réceptrices. 147
144. Conducteurs. 148
145. Rendements obtenus. 148

§ 7. Comparaison des divers modes de transmission.

146. Facilité d'emploi et sécurité 149
147. Économies sur les installations et sur les dépenses courantes. . . . 149

Chapitre VII.

TRAVAUX D'EXCAVATION. OUTILLAGE ET PROCÉDÉS DE L'ABATTAGE.

§ 1. Travaux d'excavation.

148. Abattage des roches 151
149. Soutènement des excavations 154

§ 2. Outillage et procédés de l'Abattage.

150. Outils 156
151. Explosifs 158
152. Emploi des explosifs. 160
153. Forage des trous de mine à la main. 161
154. Charge des coups de mine. 162
155. Comparaison de la poudre et de la dynamite. 164
156. Explosion simultanée de plusieurs coups de mine. 165

§ 3. Forage par machines mues à bras et perforation mécanique des roches.

157. Forage par machines mues à bras. 166
158. Appareil Jordan 166
159. Appareil Cantin. 167

160. Emploi du diamant noir... 169
161. Perforation mécanique des roches................................ 169
162. Perforateur Dubois et François modifié, construit par M. Mailliet.. 170
163. Perforateur Eclipse (Système Burton)........................ 174
164. Perforateur Taverdon 176
165. Perforateur Brandt.. 177
166. Perforateur Van Depoele.. 179

§ 4. *Havage mécanique.*

167. Haveuses... 180
168. Haveuse Lewick... 180
169. Haveuse Winstanley... 181
170. Machine du colonel Beaumont.. 182

§ 5. *Abattage sans explosifs.*

171. Inconvénients des explosifs.. 183
172. Aiguilles-coins 183
173. Appareil Levet... 184
174. Bosseyeuse Dubois et François...................................... 184
175. Cartouches de chaux vive... 185
176. Abattage à l'aide du feu... 185
177.   —   de l'eau.................................... 186

Chapitre VIII.

SONDAGES.

§ 1. *Généralités.*

178. Objet du sondage... 187
179. Sonde Palissy.. 187

§ 2. *Procédés de forage avec tiges rigides.*

180. Sondages profonds.. 188
181. Outils foreurs... 188
182. Outils de curage... 190
183. Prise d'échantillons... 191
184. Corps de sonde. Tête de sonde...................................... 191
185. Appareils à chute libre... ·....................................... 192
186. Engins de manœuvre... 195
187. Installation et exécution d'un sondage............................. 197
188. Manœuvre de la sonde... 198
189. Tubage... 199
190. Accidents et outils de sauvetage 203

§ 3. *Procédés divers de forage.*

191. Sondage à la corde ou sondage chinois 204

192. Sondage Fauvel par tiges creuses 204
193. Sondage au diamant.................................... 206
194. Sondages intérieurs................................... 207

Chapitre IX.

PUITS, GALERIES, TUNNELS.

§ 1. *Puits.*

195. Formes et dimensions................................ 209
196. Fonçage des puits 210
197. Soutènement des parois............................... 212
198. Construction d'un muraillement........................ 214
199. Soutènements définitifs en fer......................... 216
200. Fonçage et soutènement en terrains ébouleux............. 216
201. Cuvelages 219
202. Cuvelages en bois 220
203.   —   en maçonnerie............................... 223
204.   —   en fonte.................................... 223
205. Renvois de niveaux.................................. 226
206. Fonçage à l'air comprimé............................. 226
207.   —   à niveau plein............................... 227
208. Installation du cuvelage dans un fonçage à niveau plein.......... 230
209. Fonçage par congélation 232
210.   —   sous-stot.................................... 234
211.   —   des puits en montant........................... 235

§ 2. *Galeries.*

212. Formes et dimensions................................ 237
213. Percement et soutènement des galeries................... 238
214. Boisage 239
215. Soutènements en maçonnerie.......................... 241
216.   —   métalliques............................... 243
217. Chambres d'accrochage. Recettes...................... 244
218. Percement des galeries en terrains ébouleux............... 246

§ 3. *Tunnels.*

219. Formes et dimensions................................ 249
220. Terrains résistants, méthode par section entière............. 250
221. Terrains non résistants, méthode par section divisée........... 252
222. Terrains ébouleux. Méthode autrichienne.......... 254
223. Méthode anglaise................................... 255
224. Procédé Rziha 257
225. Emploi de l'air comprimé............................. 259
226. Exécution des longs tunnels........................... 260
227. Procédé avec galerie au faîte 261
228.   —   à la base................................ 262

Chapitre X.

AÉRAGE, ÉCLAIRAGE.

§ 1. *Atmosphère des mines.*

229. Composition de l'atmosphère des mines. 265
230. Grisou. 266
231. Poussières charbonneuses 268

§ 2. *Aérage.*

232. Ventilation nécessaire à une mine 269
233. Evaluation de la quantité d'air qui passe dans une mine. 270
234. Orifice équivalent. 271
235. Distribution des courants d'aérage 273
236. Aérage des travaux préparatoires. 275

§ 3. *Procédés et appareils de ventilation.*

237. Moteurs d'aérage. 278
238. Aérage spontané 279
239.   —   par échauffement de l'air 279
240.   —   par entraînement 281
241.   —   mécanique 281
242. Apppareils à cloches. 282
243.   —   à pistons. 283
244. Ventilateur Fabry. 284
245.   —   Roots 285
246.   —   Lemielle. 286
247. Ventilateurs à force centrifuge. 287
248. Ventilateur Guibal. 287
249.   —   Waddle. 289
250.   —   Duvergier. 290
251.   —   Harzé. 290
252.   —   Ser. 291
253. Calcul d'un ventilateur à force centrifuge. 292
254. Installation des ventilateurs 293

§ 4. *Eclairage.*

255. Lampes. 295
256. Eclairage dans les mines grisouteuses. 296
257. Lampe Davy. 296
258.   —   Mueseler. 297
259.   —   Marsaut. 298
260.   —   Fumat. 299
261.   —   Williamson. 300
262.   —   Wolff à rallumage intérieur. 300
263. Fermeture des lampes. 300

264. Eclairage électrique par lampes fixes..................... 301
265. Lampes portatives à accumulateurs...................... 302
266.   —   à piles.................................... 303

§ 5. *Constatation de la présence du grisou.*

267. Constatation par la lampe........................... 304
268. Appareil Ansell................................... 304
269. Grisoumètre Coquillon 304
270. Appareil Liveing................................. 305

Chapitre XI.

TRANSPORTS SOUTERRAINS.

§ 1. *Moyens de transport dans les mines.*

271. Objet du transport............................... 307
272. Cheminées..................................... 308
273. Portage....................................... 309
274. Brouettage 310
275. Traînage...................................... 310
276. Transports par eau.............................. 311
277. Roulage sur voies en bois........................ 311
278. Chemins de fer suspendus 312
279. Chemins de fer au sol des galeries................. 313
280. Matériel fixe 313
281. Matériel roulant 314

§ 2. *Dispositions des voies de transport.*

282. Voies de roulage intérieures 320
283. Plans inclinés 321
284. Plans inclinés automoteurs....................... 322
285. Manœuvre des plans 326
286. Balances 327
287. Plans ascendants............................... 328

§ 3. *Traction mécanique.*

288. Moteurs...................................... 329
289. Locomotives 330
290. Traction par câbles............................. 330
291. Traction par câble de retour 331
292.   —   par câble sans fin......................... 333
293.   —   par chaîne flottante 334

Chapitre XII.

EXTRACTION. DESCENTE DES REMBLAIS. TRANSLATION DES OUVRIERS.

§ 1. *Installation des puits d'extraction.*

294. Cuffats et cages guidées.. 337
295. Cages d'extraction... 339
296. Guidages.. 341
297. Chevalements. Châssis à molettes. Bellefleur...................... 345
298. Molettes.. 348
299. Evite-molettes.. 349
300. Câbles. Leur charge... 351
301. Câbles en textiles.. 351
302. Câbles métalliques.. 352
303. Attaches des cages aux câbles...................................... 354
304. Parachutes.. 355
305. Clichages... 358
306 Installation des recettes et accrochages........................... 360
307. Taquets hydrauliques... 362
308. Balance à contrepoids pour manœuvrer les cages.................... 363
309. Recettes intermédiaires.. 364
310. Culbuteurs.. 364

§ 2. *Appareils d'enroulement des câbles et moteurs d'extraction.*

311. Appareils d'enroulements... 367
312. Réglage des câbles.. 369
313. Travail du moteur. Variation des résistances...................... 370
314. Régularisation des moments... 370
315. Contrepoids mobiles.. 373
316. Dispocition Kœpe.. 374
317. Variations dans la puissance du moteur............................ 375
318. Moteurs d'extraction... 375
319. Machines d'extraction.. 376
320. Force de la machine.. 378
321. Types de machines d'extraction.................................... 378
322. Calcul des machines d'extraction.................................. 381
323. Service de la machine. Signaux.................................... 382

§ 3. *Dispositions et procédés spéciaux d'extraction.*

324. Utilisation des puits d'aérage pour l'extraction................. 383
325. Systèmes divers d'extraction...................................... 385
326. Extraction atmosphérique... 385

§ 4. *Descente des remblais.*

327. Descente par cheminées... 388
328.   —   par la machine d'extraction. Balances.................... 388

329. Modérateurs à ailettes.................................... 390
330. Machine à contre-vapeur................................ 390

§ 5. *Translation des ouvriers.*

331. Descenderies. Echelles fixes 391
332. Appareils oscillants..................................... 392
333. Translation par cages guidées........................... 395

Chapitre XIII.

ASSÈCHEMENT DES MINES

§ 1. *Aménagement des eaux de mine.*

334. Régime des eaux....................................... 397
335. Batardeaux.. 398
336. Serrements droits...................................... 398
337. Serrements sphériques en bois.......................... 399
338. Serrements en maçonnerie.............................. 400
339. Serrements avec portes métalliques..................... 401
340. Assèchement par galeries d'écoulement.................. 403

§ 2. *Exhaure*

341. Epuisement par puits non guidés........................ 403
342. — — guidés.................... 405
343. — par pompes........................ 406
344. Colonne d'épuisement.................................. 407
345. Pompes soulevantes.................................... 408
346. — foulantes...................................... 411
347. — à double effet.............................. 413
348. Maîtresses-tiges....................................... 415
349. Poids des maîtresses-tiges.............................. 417
350. Equilibre du mouvement................................ 417
351. Balanciers d'équilibre.................................. 418

§ 3. *Moteurs d'Exhaure.*

352. Moteurs d'exhaure au jour.............................. 420
353. Machines à balancier à simple effet..................... 420
354. Balancier Bochkoltz.................................... 421
355. Machines à traction directe............................. 422
356. Machine à volant...................................... 424
357. Machines à engrenages................................. 425
358. Machines souterraines.................................. 426
359. Moteurs hydrauliques.................................. 428
360. Appareils divers appliqués à l'exhaure.................. 428
361. Epuisement par l'air comprimé......................... 429

Chapitre XIV.

MÉTHODES D'EXPLOITATION

§ 1. *Généralités.*

362. Division du gîte.................................... 431
363. Etablissement de la méthode....................... 432
364. Coupage des voies................................. 432
365. Remblayage....................................... 433
366. Abattage des fronts............................... 434
367. Soutènement des tailles........................... 434

§ 2. *Exploitation des minerais.*

368. Méthodes employées............................... 435

A. Gîtes minces.

369. Gîtes voisins de la verticale..................... 435
370. Gradins droits................................... 436
371. Gradins renversés................................ 436
372. Comparaison des deux systèmes de gradins......... 437
373. Gîtes en plateure................................ 438
374. Gradins couchés.................................. 438
375. Grandes tailles.................................. 439
376. Galeries et piliers.............................. 440

B. Gîtes puissants.

377. Méthode par estaus............................... 442
378.   —   par éboulements............................ 444
379.   —   par foudroyage............................. 445
380.   —   par remblais............................... 446
381. Ouvrages en travers.............................. 447
382. Tranches inclinées avec remblais et soutènement en maçonnerie... 448

§ 3. *Exploitation de la Houille.*

383. Conditions générales............................. 450
384. Classification des couches....................... 451

A. Couches minces.

385. Coupage des voies................................ 451
386. Dimensions des étages et des tailles............. 452
387. Couches en dressant. Maintenages................. 453
388.   —   en plateure................................ 455
389. Tailles chassantes............................... 455
390. Tailles montantes................................ 456
391. Exploitation avec traçage préalable.............. 456

B. Couches de puissance moyenne.

392. Dépilages sans remblais.......................... 459

393. Massifs longs. 461
394. Longues tailles. 462

C. Couches puissantes.

395. Conditions spéciales de l'exploitation des couches puissantes. . . . 463
396. Rabattages sans remblais. 464
397. Méthode silésienne. 465
398. Méthodes par remblais 467
399. Tranches horizontales. 469
400. Rabattages avec remblais 472
401. Tranches inclinées. 473
402. Tranches verticales 475

§ 4. *Exploitations à ciel ouvert et exploitations diverses.*

403. Avantages et inconvénients des exploitations à ciel ouvert 477
404. Talus des excavations. 478
405. Exploitation d'alluvions. 479
406.   —   de pierres de construction 480
407.   —   des meulières. 481
408.   —   de la houille. 482
409.   —   de la tourbe. 483
410. Ardoisières 484
411. Ardoisières souterraines 486
412. Exploitation du sel gemme. 487
413.   —   d'argiles salifères. 488
414.   —   hydraulique des dépôts aurifères 489
415.   —   des eaux. 491
416.   —   du pétrole. 492

Chapitre XV.

SIÈGES D'EXPLOITATION. TRANSPORTS EXTÉRIEURS. MANIPULATIONS AU JOUR.

§ 1. *Sièges d'exploitation.*

417. Établissement d'un siège d'exploitation 495
418. Division des services 495
419. Dimensions et emplacement des puits 497

§ 2. *Transports extérieurs.*

420. Transports extérieurs 501
421. Plans inclinés 502
422. Plans bisautomoteurs 503
423. Transports aériens. 505

§ 3. *Manipulations au jour*

424. Mise en stock 507

425. Reprise des stocks...................................... 507
426. Chargement des bateaux 508

Chapitre XVI.

PRÉPARATION MÉCANIQUE DES MINERAIS. ÉPURATION DE LA HOUILLE.

§ 1. Opérations préliminaires à l'enrichissement mécanique.

427. Nécessité d'enrichir les minerais................... 511
428. Triage à la main................................... 514
429. Broyage et débourbage 515
430. Appareils de broyage............................... 516
431. Classement par grosseurs.......................... 518
432. Trommels... 518

§ 2. Enrichissement mécanique des minerais.

433. Enrichissement des grenailles......................... 519
434. Bac à cuve. Tamis fixe 519
435. Bac continu à piston 520
436. Enrichissement des sables........................... 522
437. Caisson allemand.................................... 522
438. Tables à secousses 523
439. Tables coniques..................................... 523
440. Cuve.. 525
441. Crible du Harz 525
442. Enrichissement des schlamms........................ 527
443. Labyrinthe.. 527
444. Spitzkasten... 528
445. Classeur à air...................................... 529
446. Tables coniques tournantes 529
447. Toiles sans fin. Table de Frue...................... 530
448. Table Castelnau..................................... 531
449. Table à secousses latérales de Rittinger 532

§ 3. Appareils et procédés employés dans des cas particuliers.

450. Friabilité et tamisage 533
451. Séparation magnétique............................... 534
452. Lavage des sables aurifères 537

§ 4. Installation d'un atelier de préparation mécanique.

453. Comparaison des appareils........................... 538

§ 5. Épuration de la Houille.

454. Classement par grosseurs............................ 539
455. Triage.. 541

456. Lavage...................................... 542
457. Appareil à vent soufflé........................ 542
458. Crible à piston.............................. 543
459. Lavoir Bérard.............................. 544
460. Lavoir de Molière.......................... 545
461. Lavoir à grilles filtrantes.................... 546
462. Lavoir à valves de fond...................... 546
463. Lavoir Evrard.............................. 547
464. Lavoir Marsaut............................. 549
465. Installation d'un atelier de lavage............ 550

§ 6. *Fabrication des agglomérés.*

466. Briquettes de houille........................ 551
467. Agglomérants. Brai......................... 551
468. Mélange du brai et du charbon............... 552
469. Fours et malaxeurs......................... 554
470. Distribution et compression de la pâte........ 554
471. Presse Middleton-Detombay.................. 554
472.   — Révollier............................ 556
473. Machine Couffinhal à double compression...... 557
474.   — à moules ouverts de Mariemont........ 558
475. Machines diverses : Boulets. Briquettes perforées........ 559
476. Agglomération des minerais................. 560

Chapitre XVII.

ACCIDENTS. PERSONNEL. LOI DES MINES. PRIX DE REVIENT.

§ 1. *Accidents.*

477. Eboulements et coups d'eau................... 563
478. Coups de grisou. Incendies.................. 564
479. Statistiques relatives aux accidents........... 565
480. Sauvetage. Appareils pour pénétrer dans les milieux irrespirables. 568
481. Appareils pour travailler sous l'eau........... 571

§ 2. *Personnel.*

482. Rapports du Personnel....................... 572
483. Caisses de secours et service médical. Caisses de retraite....... 573
484. Cités ouvrières. Cantines. Magasins.......... 574

§ 3. *Loi des Mines.*

485. Recherches de mines........................ 574
486. Concessions de mines....................... 575
487. Lois et règlements relatifs à l'exploitation..... 576

§ 4. *Prix de revient.*

488. Importance du prix de revient................ 577
489. Articles du prix de revient.................. 578

Annexes.

Documents officiels relatifs à l'exploitation des mines............ 581

INTRODUCTION

L'industrie des mines a pour objet d'extraire les matières utiles qui existent à la surface ou qui sont contenues dans le sein de la terre : les combustibles minéraux, les pierres de construction, les minerais de tous les métaux, les roches les plus répandues aussi bien que les minéraux accidentels les plus rares ; en un mot, les matières premières nécessaires à toutes les industries.

L'art de l'exploitation des mines s'applique : 1° à la recherche, à l'extraction, à la préparation des divers minéraux, de façon à pouvoir les livrer au commerce ou à l'industrie avec les qualités réclamées, soit pour la consommation directe, soit en vue d'une transformation ultérieure ; 2° à obtenir ces produits à un prix rémunérateur pour l'exploitant, prix aussi réduit que possible, sans jamais compromettre, toutefois, la sécurité des travaux ni le bon aménagement du gîte.

Les moyens mis en œuvre aussi bien que la valeur des produits annuellement créés, donnent à l'industrie des mines une très haute importance. Les difficultés incessantes contre lesquelles elle a à lutter, ont donné naissance à des procédés, à des appareils dont les autres industries ont fait leur profit.

L'exploitation a fourni, en outre, aux sciences naturelles, beaucoup de données qui, sans elle, seraient restées ignorées.

Les conditions, variables à l'infini, dans lesquelles il est possible de rencontrer un gisement font que, au point de

vue de vue didactique où nous sommes placé, un cours
d'exploitation des mines ne peut ressembler à un cours de
sciences exactes, avec des principes absolus conduisant à
des solutions précises. L'observation attentive des divers
détails relatifs à la position, à l'étendue, à l'allure, constitue le principal appui sur lequel puissent être étayées les
décisions à prendre.

Aucune considération théorique ne peut être substituée
à cette observation attentive; un cours d'exploitation des
mines est donc impuissant à déterminer, *à priori* et de façon
indiscutable, pour toutes les circonstances qui pourront se
présenter, les phases successives qui marqueront la marche
des travaux.

Dans chaque cas particulier, la sagacité de l'ingénieur,
son jugement et son expérience personnelle devront intervenir pour fixer la solution la mieux appropriée à la nature
des constatations faites. Le cours d'exploitation des mines
aura fourni à la discussion, sous forme d'indications générales, les divers éléments servant à atteindre ce résultat.

Ce cours comporte, comme divisions principales :

La marche générale d'une exploitation, recherches, aménagement ;

La transmission de la force dans les mines ;

Les travaux d'excavation et l'outillage de l'abattage ;

Les sondages ;

Les puits, galeries et tunnels ;

L'aérage et l'éclairage ;

Les transports souterrains ;

L'extraction, la descente des remblais, la translation des
ouvriers ;

L'asséchement ;

Les méthodes d'exploitation ;

Les sièges d'exploitation et les manipulations au jour ;

La préparation mécanique des minerais, l'épuration de la
houille, la fabrication des agglomérés ;

Les accidents, la loi des mines, le personnel et les prix de revient.

Cette division a été adoptée par M. Wurgler, professeur à l'Ecole centrale des Arts et Manufactures, lequel a bien voulu mettre à notre disposition toutes ses notes et documents.

Nous avons jugé qu'il n'était pas hors de propos de faire précéder cet ensemble d'une étude relative aux gîtes et gisements et aux eaux souterraines; tel est l'objet des quatre premiers chapitres. Pour ceux-ci, de larges emprunts ont été faits à divers ouvrages, notamment au *Traité de Géologie* de M. de Lapparent et au *Traité des gîtes métallifères* de M. Von Groddeck (traduit par M. Küss).

CHAPITRE I

LES GITES MINÉRAUX

§ 1.

GÉNÉRALITÉS.

1. Définitions. — Les gîtes minéraux comprennent tous les dépôts d'où il est possible de tirer avec profit des espèces minérales utiles.

Les gîtes minéraux sont dits métallifères lorsque leur exploitation fournit les métaux ou les minéraux dont l'industrie peut les extraire.

Les métaux existent dans leurs gisements soit à l'état natif, c'est-à-dire non combinés, soit à l'état de combinaison avec différents corps.

Les gîtes minéraux, à de rares exceptions près, sont accompagnés de matières pierreuses appelées gangues. Les substances utiles sont généralement mélangées à des matières stériles. C'est par l'exploitation des gisements, par l'observation des caractères qu'ils présentent, par la coordination des phénomènes constatés qu'il a été possible d'établir les règles à suivre pour les étudier avec fruit.

Toutes les particularités d'un gîte doivent solliciter l'attention du mineur : sa forme générale, les variations locales de cette forme, la nature, l'origine et l'âge des roches qui le comprennent, ses relations géologiques avec ces mêmes roches, la nature de la matière qui constitue le gîte, la manière dont les diverses espèces minérales s'y trouvent groupées, la position du gîte par rapport aux systèmes de soulèvement de la contrée sont les principales indications à obtenir tout d'abord ; elles doivent, dans la suite, être complétées par une foule d'autres que l'expérience quotidienne et les travaux peuvent seuls fournir.

On entend par gîtes réguliers ceux dont une dimension est très petite par rapport aux deux autres ; ils constituent, par suite, une sorte de grande lentille très-aplatie, dont les deux faces sont sensiblement parallèles.

Tous les gîtes qui ne sont pas compris dans cette définition sont dits irréguliers.

1

2. Gites sédimentaires et gîtes éruptifs. — C'est par leur origine que l'on distingue les gîtes éruptifs des gîtes sédimentaires.

D'une manière générale les gîtes éruptifs sont ceux de formation interne, dont les éléments constitutifs sont venus du sein de la terre à un état quelconque, solide, liquide ou gazeux, soit purs, soit mélangés, soit combinés.

Les gîtes sédimentaires, au contraire, ont une origine externe comme tous les sédiments; ce sont des dépôts formés à la surface du sol, le plus souvent sous une nappe d'eau tranquille. A l'encontre des matières d'origine éruptive, toutes minérales, certains éléments des gîtes sédimentaires peuvent avoir une origine animale ou végétale.

3. Définition et mode de représentation des gîtes. — Pour définir et représenter un gîte régulier, on le suppose ramené à sa forme idéale qui, pour un point déterminé de ce gîte, est celle d'une portion de plan, et l'on indique la position de ce plan par celles de deux lignes droites qui s'y trouvent contenues.

On choisit, pour ces deux lignes, l'horizontale du plan et sa ligne de plus grande pente.

La direction du gîte est celle de son horizontale et on l'indique par rapport au méridien du lieu. L'inclinaison du gîte est l'angle aigu de sa ligne de plus grande pente avec l'horizon.

Ces deux données fournies, direction et inclinaison, on peut encore hésiter entre un plan et son symétrique par rapport à un plan vertical de même direction; aussi faut-il indiquer clairement de quel côté plonge le gîte, c'est-à-dire vers quel point cardinal se dirige le sens descendant de la ligne de plus grande pente. On peut ramener à quatre les modes de mensuration adoptés :

1° La direction était autrefois comptée en heures de la boussole à partir du méridien magnétique et dans le sens direct, c'est-à-dire du nord vers l'est. Le demi-cercle était divisé en douze heures, qui valaient ainsi chacune 15 degrés. On ne précisait pas au delà de la demi-heure.

2° On compte maintenant, surtout en France, les directions à partir du méridien astronomique et en degrés ; les uns les comptent du nord au sud, en passant par l'est, de 0° à 180° ; d'autres du nord vers l'est ou vers l'ouest de 0° à 90°.

On indique ensuite l'inclinaison et le sens du plongement.

3° En Allemagne et en Russie, on définit actuellement une couche par l'angle exprimé en heures de sa ligne de pente, prise dans le sens descendant, avec le méridien magnétique et en indiquant vers quel quadrant de l'horizon est dirigé ce sens descendant. L'inclinaison seule est alors nécessaire pour définir le gîte.

4° Quelques géologues français préfèrent définir un gîte régulier d'une manière plus simple et absolument nette en indiquant, outre l'inclinaison, le sens du plongement, compté à partir du nord astronomique vers l'est et de zéro à 360°.

Les variations séculaires de la déclinaison magnétique en chaque point du globe exigent que les indications en heures soient datées.

Ces mesures à partir du méridien magnétique sont d'une lecture plus facile que les autres, mais exigent toujours la correction convenable pour être reportées sur un plan.

Ainsi, par exemple, un gîte régulier dont l'horizontale serait dirigée vers Est-Sud-Est astronomique et qui plongerait vers le sud en faisant un angle de 28° avec l'horizon, en un lieu où la déclinaison serait occidentale et de 15°, serait ainsi spécifié :

Avec le 1er système :

> Direction 8. h 1/2
> Inclinaison 28°
> Plongement sud
> Date

Avec le 2e :

> Direction nord 112° 1/2 est, ou nord 67° 1/2 ouest
> Inclinaison 28°
> Plongement sud

Avec le 3e :

> Plongement sud-ouest 2 h. 1/2
> Inclinaison 28°
> Date

Avec le 4e :

> Plongement 202° 1/2
> Inclinaison 28°

La mesure de ces indications est faite généralement à l'aide d'une boussole de poche qui possède un petit éclimètre à pendule. Une foule d'appareils peuvent d'ailleurs servir à cette détermination. Le gîte une fois défini au point considéré, on peut avoir à reporter sur une carte cette définition. On trace à cet effet une petite flèche dans le sens du plongement et une petite barre suivant la direction, par conséquent perpendiculaire à la flèche, l'ensemble ayant la forme de la lettre T.

Pour indiquer la valeur de l'inclinaison on peut simplement l'inscrire à côté de la flèche, ou bien on peut donner à la flèche une longueur telle que l'angle qu'elle forme avec une droite joignant sa pointe à une extrémité de la petite barre soit égal à l'inclinaison ; il faut pour cela que l'extrémité de la flèche soit la projection horizontale du point de la ligne de pente ayant avec le point du gîte considéré une différence de niveau égale à une branche de la petite barre.

Le gîte dont nous avons donné tout à l'heure la spécification écrite pourrait être représenté par l'une des figures suivantes :

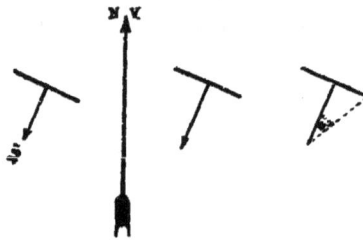

La troisième figure montre comment, avec l'aide des indications de la deuxième on peut obtenir la valeur de l'inclinaison.

Ceci s'applique au report sur une carte où un gîte n'est habituellement signalé que par son affleurement, c'est-à-dire par sa trace sur la surface du sol.

Quant aux indications de détail destinées à donner la forme du gîte et son allure, on peut les fournir par une série de coupes, soit verticales soit horizontales.

Un amas est habituellement représenté sur une carte par le pourtour de son affleurement. La représentation de détail sera obtenue par un nombre suffisant de plans et de coupes convenablement choisis ; on peut représenter ainsi, d'une manière précise, l'allure d'un gîte, quelle qu'elle soit.

Les particularités de cette allure indiquent elles-mêmes les points par lesquels il y a opportunité d'établir les plans et les coupes.

§ 2.

GITES SÉDIMENTAIRES.

4. Forme générale des gîtes sédimentaires. Leur division
— Il y a lieu de distinguer les gîtes réguliers affectant la forme générale d'une lentille aplatie, dont deux dimensions sont indéfinies par rapport à la troisième, des gîtes irréguliers dont la forme varie pour chaque cas. Les gîtes sédimentaires réguliers portent le nom de couches ; chacune d'elles forme une assise contemporaine du terrain sédimentaire dont elle fait partie.

Les gîtes irréguliers portent le nom d'amas sédimentaires. On les a appelés aussi amas stratifiés.

5. Couches. — Les couches se sont, pour la plupart, déposées horizontalement sur le fond, déjà horizontal, d'eaux tranquilles.

Les matières qui les constituent peuvent avoir une origine quelconque, animale, végétale ou minérale ; elles peuvent, soit être arrivées dans le bassin de dépôt en possédant déjà leur état définitif, soit s'être formées, au sein des eaux ou après sédimentation, par l'effet de causes physiques, chimiques ou physiologiques.

Dans tous les cas, la formation des couches est due à des phénomènes d'origine externe, dans lesquels le temps et l'énergie ont dû intervenir.

6. Allures et puissances des couches ; leurs variations. — Des roches qui encaissent une couche, celle qui est au-dessus porte le nom de toit ; celle qui est au-dessous celui de mur.

La distance du toit au mur mesurée normalement s'appelle la puissance de la couche.

La puissance d'une couche ne varie généralement que d'une manière progressive ; cette variation est due la plupart du temps au défaut d'horizontalité du mur pendant la formation, ou à ce que la venue de la matière constitutive de la couche se produisait d'un seul côté du bassin de sédimentation. Si, pendant la formation, le fond du lac présentait des renflements, des creux, des ondulations, le dessous de la couche a épousé ces formes et sa puissance en a naturellement été affectée.

Une couche peut présenter, à la fois du côté du mur et du côté du toit, des renflements et des étranglements successifs ; on dit alors qu'elle a une allure en chapelet. Une pareille disposition est presque toujours due à des causes postérieures à la formation ; c'est sous l'influence de pressions dirigées plus ou moins normalement à la couche que celle-ci, douée d'une plasticité relative, a été chassée de certains points et s'est concentrée en d'autres. La couche se présente alors sous des épaisseurs variables ; les parties plus épaisses, espacées les unes des autres, avec des contours irréguliers, sont reliées entre elles par d'autres où la couche est réduite à une puissance amoindrie, allant quelquefois jusqu'à l'étreinte complète.

7. Accidents présentés par les couches. — Pendant la formation d'une couche, la venue de sa matière constitutive a pu être suspendue soit d'une matière générale, soit localement et, pendant cet arrêt, une sédimention stérile a pu se former, produisant ainsi dans la couche des barres ou nerfs plus ou moins étendus. La couche est barrée. Si le nerf augmente graduellement de puissance, s'il se présente comme un coin qui vient partager la couche en deux, on dit de celle-ci qu'elle est bifurquée.

La nature d'une couche peut varier par degrés insensibles par suite du changement de nature des matières qui l'ont formée ; c'est ainsi que nous verrons une couche de minerai de fer se transformer en grès ferrugineux et une couche de houille devenir une couche de schiste plus ou moins charbonneux.

Si les conditions nécessaires pour le dépôt d'une couche de nature donnée se sont produites plusieurs fois dans le même bassin, il y a plusieurs couches. Lorsque le dépôt s'est effectué sur un mur raboteux, les inégalités ont été nivelées par la sédimention ; on a alors des couches de puissance variable. Si ces sortes de bassins avaient des rivages plats, les dépôts s'amincissent sur les bords ; s'ils étaient limités par des falaises, les couches viennent buter contre.

L'allure d'une couche peut subir de nombreuses transformations. L'ancienne couche horizontale a pu subir un affaissement en un point et former un fond de bateau ou une cuvette ; si c'est un soulèvement qui s'est produit, il y a formation d'une selle, d'un dôme, ou d'une calotte.

Le mouvement peut avoir eu une importance plus grande sur les terrains de la région et avoir seulement redressé une partie du plan qui devient alors incliné d'une manière plus ou moins régulière.

La couche peut devenir verticale, elle peut même se renverser en partie ; l'allure peut varier un grand nombre de fois et se présenter plissée ou en zig-zag.

La couche peut être rencontrée par une faille postérieure à elle et subir son rejet.

Nous étudierons les particularités de ces rejets lorsque nous nous occuperons de l'exploitation des gîtes. Les phénomènes de plissement, produits par des compressions latérales dues, soit à des soulèvements éruptifs, soit à la contraction de l'écorce terrestre, sont accompagnés d'étirements des couches et de dislocations de l'ensemble des formations qui les comprennent.

Une couche est droite ou en dressant lorsque l'angle aigu de sa ligne de plus grande pente avec l'horizon est supérieur à la moitié d'un angle droit. Lorsqu'il est inférieur, la couche est plate ou en plateure.

L'arête d'un pli s'appelle un crochon et l'angle d'un crochon avec l'horizon porte le nom d'ennoyage. Une faux pli est un pli dont les faces n'ont qu'une faible étendue.

La formation des plis est souvent accompagnée de la dislocation de la couche le long du crochon et du mélange de ses fragments avec ceux du toit et du mur. On dit alors qu'il y a un brouillage.

Le plissement d'une couche peut produire un étirement, comme aussi l'envoi d'une ramification de cette couche dans les fractures produites dans les roches encaissantes.

Une pareille ramification s'appelle queue ou queuelée.

8. Amas sédimentaires. — La forme des amas sédimentaires est souvent lenticulaire ; elle est due à la forme primitive du bassin de dépôt qui était celle d'une cuvette ou d'un segment sphérique concave.

On trouve quelquefois des séries de lentilles chacune dans un plan de stratification différent. Si les lentilles se trouvaient régulièrement groupées sur un petit nombre d'horizons bien déterminés et si une trace même très déliée reliait les lentilles d'un même horizon, l'on aurait, comme nous l'avons vu, autant de couches en chapelet qu'il y a d'horizons différents. Un amas sédimentaire a pu se former dans une cavité de forme quelconque, grotte, crevasse, fente.

Outre leur irrégularité originelle, les amas ont pu être soumis à tous les mouvements qui ont affecté les couches et présenter, comme elles, des plissements, des dislocations, des étirements, des interruptions, des rejets.

Les limites d'un amas stratifié peuvent même n'être pas définies ; la composition peut varier d'une manière continue depuis celle de l'espèce minérale utile jusqu'à celle d'espèces sans valeur, sans qu'un passage net et précis puisse être indiqué plutôt en un point qu'en un autre. On n'exploite, bien entendu, que ce que l'on a avantage à exploiter, ce qui fait que les limites pratiques d'un tel gisement varient avec les conditions de sa situation et la perfection des moyens et des méthodes qui lui sont appliqués.

9. Gîtes détritiques. Gîtes alluvionnaires. — Un gîte détritique est un gîte formé de débris provenant de la destruction de roches plus anciennes. On pourrait dire que presque toutes les formations sédimentaires sont d'origine détritique, puisque, sauf pour celles dont la composition chimique élémentaire a été modifiée dans le bassin de dépôt, avant ou après précipation, les éléments préexistaient dans d'autres roches désagrégées par des causes quelconques.

Le nom de gîtes détritiques est principalement réservé à ceux pour lesquels cette origine est plus évidente et pour la plupart desquels il est possible de connaître la roche originelle.

Les éléments de ces gîtes manquent le plus souvent de cohésion et c'est un des caractères auquel on les reconnaît. Les gîtes détritiques des dernières époques géologiques ont une importance considérable ; on les appelle gîtes alluvionnaires. Leur régularité est soumise aux mêmes conditions que celle des gîtes sédimentaires à l'époque de leur formation, car un phénomène géologique postérieur n'a pu agir sur eux, réserve faite des érosions dues aux agents atmosphériques ou de l'épanchement à leur surface d'une coulée de lave ou de basalte.

On donne aussi très improprement le nom de minerais d'alluvion à des minerais de fer qui se recontrent sous forme de grains arrondis, empâtés dans une masse argileuse ou sableuse qui remplit les cavités des roches calcaires. Ces amas ont l'origine des filons et leur structure oolithique ou pisolithique, qui peut paraître provenir de l'action mécanique des eaux courantes, est due à l'action produite avec effervescence sur les roches calcaires par des émanations ferrugineuses acides venues de l'intérieur de la terre.

§ 3.

GITES ÉRUPTIFS.

10. Formes générales des gites éruptifs. Leur division. — Quelquefois les venues éruptives qui ont donné naissance à des gites minéraux ont occasionné un soulèvement des formations préexistantes, ou bien elles se sont épanchées entre deux roches ou à la surface du sol; d'autres fois elles ont seulement rempli les vides qu'elles rencontraient au sein des roches traversées.

La forme et l'origine de ces vides fournissent la distinction entre ces divers gites.

S'il s'agit de fentes, de fractures ou de fissures, remplies d'une matière d'origine interne et si leur forme est celle des gites réguliers, c'est-à-dire comprise entre deux plans à peu près parallèles, le gite porte le nom de filon.

Si, soit au voisinage d'un filon, soit isolée, la cavité remplie affecte une forme quelconque, elle porte aussi le nom d'amas éruptif; il est, en effet, impossible de tracer une ligne nette de démarcation entre les grandes venues qui ont fourni les gites massifs et celles moindres qui n'ont eu pour effet que le remplissage d'une cavité irrégulière déjà formée. La distinction, dans la pratique, de ces deux sortes d'amas éruptifs est d'ailleurs inutile.

Quelquefois, enfin, l'éruption n'a eu pour effet que la transformation d'une roche en minérai, sans qu'il y ait formation d'un gite massif, ni remplissage de cavités; on dit alors que l'on a affaire à un gite de transformation ou métamorphique.

11. Filons. — Les filons ont pu avoir deux origines différentes selon la cause qui a produit la cavité qui leur a donné naissance.

S'il s'agit de fissures produites par le retrait d'une masse rocheuse ou par la dessiccation d'une formation sédimentaire, ou encore de fentes dues à une cause chimique, les filons sont dits primaires. Comme ils sont généralement, dans ce cas, de faibles dimensions et comme leur nombre est souvent grand dans un espace restreint, on leur donne le nom de veines.

Lorsque, au contraire, c'est à une cause exclusivement mécanique, et dont l'effet s'est habituellement produit après parfaite consolidation de la roche encaissante, qu'est due la formation de la cavité, on a un filon secondaire.

Une même fracture peut traverser plusieurs formations, passer, par exemple, d'une roche éruptive à un terrain sédimentaire, s'étendre sur une grande longueur et descendre à une profondeur considérable.

Les deux points qui coïncidaient sur l'une et l'autre face de la fracture ne sont pas ordinairement restés vis-à-vis l'un de l'autre; l'un d'eux peut avoir subi par rapport à l'autre des déplacements d'une grande importance, dans le plan même de la fracture, dans le sens vertical comme dans le sens horizontal. La formation de la fente a été alors accompagnée d'un rejet.

Le glissement relatif des deux parois d'une fente a pu même produire un frottement dont l'effet a été de polir la roche et de produire ce que l'on appelle un miroir de filon.

L'examen de ces miroirs et de leurs stries peut fournir, dans certains cas, l'indication du sens du rejet.

12. Fentes et remplissages. — La fente en forme de plan plus ou moins gauche, d'épaisseur plus ou moins constante est, nous l'avons vu, primaire ou secondaire.

Le remplissage a pu être contemporain de la fracture ou ne se produire qu'à une époque postérieure. Il a même pu venir en plusieurs fois et dans des conditions différentes.

Après un premier remplissage, le filon peut s'être rouvert, avoir reçu un nouvel apport et cela à plusieurs reprises.

Le remplissage comprend tout ce qui se trouve entre les deux parois de la fente ; ces parois portent le nom d'épontes. L'éponte qui se trouve au-dessus du filon s'appelle le toit, l'autre le mur. Dans les filons voisins de la verticale le toit en un point devient le mur en un autre et inversement. Ces appellations sont commodes dans le langage courant, mais il ne faut y attacher d'autre sens que l'indication d'une position relative locale et actuelle.

Outre les fragments de la roche encaissante qui ont pu tomber dans la fracture, il y a toutes les matières, gangues et minérais, d'origine éruptive, qui s'y sont déposées.

Le remplissage d'un filon ne repose pas toujours directement sur les épontes, il en est ordinairement séparé par des lits de faible épaisseur d'une matière argileuse et tendre, produit de décomposition de la roche encaissante ou de roches voisines. Ces lits portent le nom de salbandes.

Le remplissage est d'autant plus net et plus homogène que la cassure a été plus régulière, plus plane, que le rejet et l'ouverture ont eu moins d'importance.

Les larges filons ont pu recevoir d'énormes blocs éboulés de la roche encaissante, soit avant leur premier remplissage, soit pendant une réouverture, les salbandes ont pu disparaître ou devenir confuses, et les substances minéralisées n'ont pu trouver place que dans les intervalles que ces blocs ont laissés entre eux et les nouvelles épontes.

Les filons de moindres dimensions, encaissés dans des roches plus consistantes ont, au contraire, gardé leurs parois nettes, leurs épontes régulières et ont un remplissage exclusivement dû à une origine éruptive.

On distingue trois catégories de filons suivant la manière dont s'est effectué leur remplissage.

Les filons d'émanation directe sont ceux dont la fracture et le remplissage ont été déterminés par la sortie d'une roche éruptive qui a produit le mouvement donnant naissance à la fracture et dont les émanations ont fourni les matières constitutives du remplissage. Les gîtes stannifères qui appartiennent à cette classe ont été probablement formés grâce à des éruptions granitiques qui ont émis des matières fluorées et siliceuses.

Les filons de départ ou plutôt les gîtes de départ, car ce sont généralement des gîtes irréguliers, ont été formés dans certaines parties de cavités renfermant primitivement une roche éruptive dont les matières riches se sont concentrées près du contact avec la roche encaissante. Les gîtes cuprifères appartiennent souvent à cette catégorie ; ils ont été apportés par des roches basiques, comme le gabbro ou la serpentine.

La troisième classe est celle des filons d'incrustation où une fente primitivement existante a été remplie, plus ou moins vite, par une série de dépôts concrétionnés dûs à des actions hydrothermales accompagnées soit de cristallisations ou de concentrations, soit de phénomènes électrochimiques. C'est le cas des filons de plomb ou de zinc.

Ces trois classes offrent d'ailleurs des exemples de gîtes intermédiaires entre elles, et cette classification qui est commode n'a rien d'absolu.

13. Puissance totale. Puissance utile. Leurs variations. — On entend par puissance totale d'un filon en un point la distance des deux épontes mesurée normalement au plan moyen du gîte, déduction faite de l'épaisseur des salbandes.

La puissance des filons est très variable, depuis une fraction de millimètre jusqu'à plusieurs décamètres.

La matière utile, recherchée par l'exploitant, n'occupe qu'une partie du remplissage ou de la puissance totale du filon ; qu'elle soit répartie d'une manière uniforme ou discontinue, on peut en concevoir l'ensemble condensé en une seule zône utile ; l'épaisseur de cette zône

fictive est appelée la puissance utile ou la puissance réduite du filon.
Si on se déplace dans le plan du filon, la puissance totale et la puissance utile peuvent varier dans de notables proportions.

L'ouverture de la fente au moment du remplissage minéralisateur détermine la puissance du filon.

Les variations de cette puissance sont dues à l'irrégularité du plan de fracture et au rejet de l'une des deux épontes par rapport à l'autre. Au moment de leur séparation, à un relief dans une éponte correspondait un creux dans l'autre ; mais une fois le mouvement de séparation terminé deux creux ont pu se correspondre, provoquant un élargissement, comme deux reliefs en regard ont occasionné un amincissement.

La puissance utile, tout en restant inférieure à la puissance totale, a varié du fait de la venue du remplissage et des conditions chimiques, mécaniques, thermiques, électriques peut-être, que les matières qui le constituaient ont rencontrées.

La puissance peut aussi varier par suite de la formation au contact même du filon d'un gîte adventif remplissant une cavité due à la corrosion des épontes par les matières avec lesquelles elles ont pu entrer en réaction. Lorsque ce phénomène est à la fois important et localisé, il donne naissance à un gîte irrégulier, à un amas éruptif, greffé sur le gîte régulier ou filon ; mais lorsqu'il a été plus étendu et a intéressé moins profondément chaque point, il n'a pu enlever au gîte sa régularité ; il n'a fait qu'en modifier la puissance totale, cette modification pouvant d'ailleurs également porter sur la puissance utile.

14. Allure des filons ; leur étendue. — L'allure des filons est généralement très redressée. La plupart sont très voisins de la position verticale, ne s'en écartant que de quelques degrés tantôt d'un côté, tantôt de l'autre.

Dans les roches sédimentaires, pourtant, les filons peuvent avoir une allure plus couchée, soit que la fracture originelle se soit produite dans cette position, soit qu'après remplissage l'ensemble de la formation sédimentaire et du filon qu'elle contenait ait subi l'action d'un soulèvement.

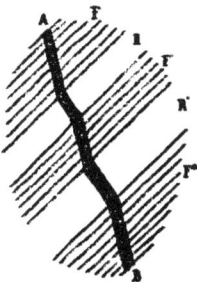

L'allure d'un même filon peut avoir des variations très notables, indépendamment des accidents qui se sont produits postérieurement à sa formation.

Ainsi, lorsqu'une fente a rencontré une série de strates de duretés différentes, elle n'a pas suivi dans les unes une allure en prolongement de celle qu'elle suivait dans les autres ; la fracture s'est opérée suivant une sorte de ligne de moindre résistance en zig-zag, traversant les bancs résistants R' et R" presque normalement et taillant obliquement au contraire, les assises plus faciles à rompre F, F', F".

Si la fracture s'était produite dans un milieu homogène, compris entre A et B, elle se serait présentée avec une allure sensiblement constante entre ces deux points. On peut·poser en principe qu'à un changement dans la cohésion de la roche encaissante correspond un changement dans l'allure du filon.

L'étendue des filons varie de l'un à l'autre dans de grandes limites ; de quelques mètres à plusieurs kilomètres pour l'étendue dans le sens horizontal ; de quelques mètres à des profondeurs inaccessibles dans le sens vertical.

L'origine des fentes, leur distinction en fissures primaires et en fractures secondaires, la subdivision de celles-ci suivant leur sens, leur situation et la cause qui les a produites, sont autant d'éléments d'appréciation préliminaire à ne pas négliger ; nous y reviendrons au moment où nous étudierons les filons au point de vue de la répartition des parties utiles dans le remplissage.

La fracture génératrice d'un filon peut s'arrêter, soit par la diminution progressive de la puissance, soit par suite de ramifications en plusieurs branches.

Un filon peut enfin se terminer dans le sens horizontal lorsque la roche change de nature ou lorsqu'au-delà d'un accident brusque qu'elle a subi elle s'est trouvée dans des conditions qui l'ont mise à l'abri de l'effort qui a déterminé la fracture.

Dans le sens vertical descendant il semble qu'un filon doive avoir une étendue indéfinie ; c'est vrai pour la fente ; quant au remplissage riche il peut disparaître à une plus ou moins grande profondeur. Dans la plupart des filons connus la fracture et son remplissage affleurent. On a pourtant trouvé, dans les travaux souterrains, des filons qui n'affleurent pas. On conçoit que des formations plus modernes aient pu prendre naissance et recouvrir l'affleurement.

15. Champs de fracture et systèmes de filons. — Il est rare qu'un filon soit isolé ; il paraît, en effet, difficile d'admettre qu'un soulèvement n'ait produit qu'une seule fracture.

L'ensemble des roches sillonnées de filons appartenant à un même district métallifère, plus ou moins étendu, constitue ce que l'on appelle le champ de fracture de ce district. On peut concevoir toutes les dispositions possibles pour les filons d'un même champ de fracture.

Tantôt ils ont des directions et des situations quelconques sans que l'on puisse déterminer laquelle des directions prédomine, c'est ce qui arrive lorsque les filons sont très rapprochés et de faible importance comme pour les veinules qui constituent certains stockwerks.

D'autres fois une direction l'emporte en fréquence et en importance sur toutes les autres ; on a alors un système de filons parallèles raccordés ça et là par de petites ramifications.

Si plusieurs directions nettement différentes sont relevées chacune un grand nombre de fois, on a un champ de fracture réticulé et autant de systèmes de filons qu'il y a des directions principales.

Plus rarement, enfin, les filons peuvent paraître rayonner autour d'un centre de fracture ; on a alors un système de filons convergents.

Les directions principales des filons d'un champ de fracture sont habituellement parallèles aux axes des soulèvements qui ont affecté la contrée. Aux points de croisement, les filons les plus récents ont un élargissement qui coïncide souvent avec un enrichissement et qui est dû à ce que la deuxième fracture, rencontrant là un terrain déjà brisé dans un autre sens, peut mieux s'y épanouir.

Deux systèmes de filons d'âges différents peuvent être parallèles, ou avoir au moins leurs traces horizontales parallèles. La raison en est qu'un terrain ayant déjà été fracturé dans une certaine direction présente, dans le cas d'un nouvel effort, une plus grande fissilité dans la même direction.

16. Modifications brusques de l'allure des filons. — Les accidents subis par les filons peuvent être antérieurs au remplissage ou lui être postérieurs. Les premiers ont intéressé la fracture, tandis que les seconds ont affecté le filon déjà formé.

Les accidents antérieurs au remplissage peuvent être dûs, comme nous l'avons vu, à une variation dans la cohésion de la roche encaissante ; il en résulte, pour le filon, une allure en zig-zag.

Une fracture AA venant à en rencontrer d'autres B,B,B,B,B, encore vides ou déjà remplies, le filon auquel elle donne naissance se présentera dans des conditions très diverses :

En suivant la figure de droite à gauche, on verra que le filon AA est interrompu avec rejet et bifurcation, — qu'il est dévié en se traînant dans le filon plus ancien, — qu'il le traverse sans en être affecté, — qu'il est interrompu avec ou sans rejet, — ou encore qu'il vient buter contre lui pour s'en séparer et le rencontrer à nouveau.

La fracture, enfin, indépendamment de toute rencontre, peut se ramifier en branche (H), en arc (I), en diagonale (K) et même s'arrêter en une ramification multiple (L) qui porte le nom d'éparpillement.

Les accidents postérieurs au remplissage sont dûs à un déplacemnt de la roche encaissante qui a entraîné avec elle le filon qu'elle renfermait.

Signalons les érosions qui ont fait disparaître la roche et son gisement pour en former des produits détritiques entraînés au loin par les agents de l'activité externe du globe.

Les rejets constituent une classe d'accidents très fréquents. Une fracture nouvelle a lieu dans une direction et sous une inclinaison quelconques par rapport à celles du filon qu'elle rencontre ; elle est accompagnée d'un déplacement relatif de ses deux épontes ; il y a rejet du filon.

La fracture peut rester vide, c'est une coupure ; elle peut recevoir un remplissage métallifère, c'est un nouveau filon, dit croiseur du premier ; elle peut enfin recevoir un remplissage exclusivement terreux et pierreux, on l'appelle alors faille. Une faille est donc un filon stérile.

L'étude d'une faille n'offre évidemment d'intérêt qu'au point de vue du rejet qu'elle a occasionné. Le déplacement dû à un rejet est généralement un mouvement de translation qui a ainsi affecté également toutes les parties du terrain fracturé et rejeté. Les rejets qui ont été accompagnés d'un mouvement de rotation ou de torsion autour d'un axe perpendiculaire au plan de la fracture sont rares.

Un filon rejettera tous les filons plus anciens que lui qu'il aura croisés. Le croisement simple n'a lieu que lorsque la fracture du croiseur n'a pas causé de rejet.

La figure indique comment un filon 1 peut être rejeté par un autre filon 2 plus nouveau, et comment l'ensemble de ceux-ci l'est à son tour par les filons 3 et 3'.

Il faut se garder de confondre la déviation avec interruption produite par un filon sur un plus nouveau avec le rejet produit au contraire par un filon sur un autre plus ancien. La comparaison des deux parties de la roche encaissante qui, en cas de rejet, auraient été autrefois voisines, le mode de répartition des remplissages, la manière dont l'un empiète sur l'autre, l'aspect des parties de filons en contact permettent habituellement de résoudre cette délicate question. Il est bien évident que si l'âge relatif des filons est connu d'une manière indubitable, le problème est résolu d'avance. Dans le cas contraire, sa solution contribue à fixer cet âge relatif.

17. Filons de contact et filons-couches. — Il arrive parfois que, sans que ce soit le fait d'un rejet, les épontes d'un filon soient de natures différentes.

La fente s'est produite au contact des deux roches. On dit alors que le filon ainsi formé est un filon de contact.

Les deux roches peuvent être l'une sédimentaire S et l'autre éruptive E, c'est le cas général ; toutes deux peuvent être sédimentaires et de stratifications discordantes.

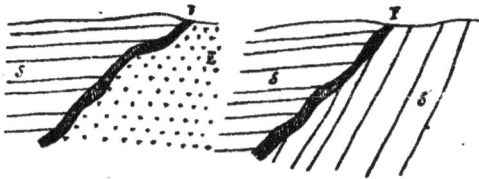

La faible résistance à la rupture suivant la surface qui sépare les deux roches est la cause de la production de la fente le long de cette surface.

La fracture a pu se produire, soit complètement, soit partiellement, suivant la surface de séparation de deux strates d'une même formation ou de deux formations concordantes ; on a alors un filon interstratifié ou filon-couche.

Cette sorte de filons ne se rencontre, bien entendu, que dans les terrains sédimentaires.

Les filons-couches peuvent présenter des ressauts brusques et, après avoir suivi l'intervalle de deux strates, passer entre deux autres, pour changer encore un peu plus loin.

On dit alors que le filon-couche a une allure en escalier.

Une telle forme de la fracture est évidemment due à la variation de la cohésion dans les diverses strates.

18. — Amas éruptifs. Leurs diverses formes. — Les amas éruptifs ont des allures tellement irrégulières et si variées qu'il est difficile de préciser leur manière d'être.

Leur forme est quelconque, leurs dimensions varient dans les limites les plus étendues; les conditions de l'épanchement, la position et l'importance des formations voisines déterminent tantôt des dômes d'importances diverses, tantôt de véritables montagnes comme pour certains minerais de fer, tantôt, enfin, des soulèvements qui occupent plusieurs départements, comme le plateau granitique central de la France.

Tantôt, comme nous l'avons dit, ces amas se sont fait à eux-mêmes leur place au moment de leur formation, tantôt ils ont rempli des vides irréguliers et ont formé des poches minéralisées.

On peut qualifier d'amas éruptifs les parties irrégulières démesurément élargies des filons, ce sont des amas filoniens ou gîtes adventifs.

Lorsqu'un système de veines très nombreuses, de très faible puissance, d'étendue très restreinte sillonne une roche et lorsque la matière utile du filon est ainsi tellement disséminée qu'il soit impossible de l'extraire sans enlever cette roche, on dit que l'on a affaire à un amas réticulé ou stockwerk.

Les veines sont, la plupart du temps, dues à des fendillements de contraction, ce sont des veines primaires.

19. Gîtes de transformation ou métamorphiques. — Ils sont formés par la transformation d'une partie de la roche encaissante en minéral utile.

Lorsque, par exemple, dans un granite ou un trachyte, le feldspath a été transformé soit en kaolin soit en alunite, lorsqu'il y a pseudomorphose et qu'une espèce minérale en a remplacé une autre, lorsqu'un calcaire ou une dolomie ont été plus ou moins complètement transformés en carbonates de fer ou de zinc, l'on a affaire à un gîte de transformation ou métamorphique.

Ces gîtes sont essentiellement irréguliers; leurs contours même ne peuvent souvent être précisés, le métamorphisme diminuant par degrés insensibles de la roche complètement transformée à celle restée dans son état primitif.

§ 4.

RÉPARTITION DES ESPÈCES MINÉRALES DANS LES GITES.

20. Divers modes de répartition du minerai et des gangues. — Dans un gîte métallifère, tout ce qui n'est pas minerai porte le nom de gangue.

Dans les autres gîtes les parties inutiles sont appelées impuretés ou stériles.

Les parties utiles sont distribuées dans la masse du gîte de manières bien différentes, suivant l'espèce de gîte considérée et suivant le mode de formation de ce gîte. Elles peuvent se présenter en masses peu nombreuses et de grande importance ; elles peuvent, au contraire, être distribuées en un certain nombre de zones plus ou moins épaisses, ayant quelque continuité et présentant toujours une dimension très faible par rapport aux deux autres.

Les matières utiles peuvent enfin être réparties un peu partout dans le gîte en de nombreux petits fragments, sans aucun ordre apparent. A chacun de ces trois modes de répartition correspondent respectivement les qualifications de massive, zonée et sporadique.

21. Répartition massive. — C'est habituellement celle des gîtes sédimentaires, couches ou amas, dont la nature présente une certaine homogénéité, due soit à la pureté de la matière utile soit à son mélange intime avec les stériles qui l'accompagnent.

Dans les gîtes éruptifs, la répartition massive est plus rare, elle se rencontre pourtant dans certains filons et, moins rarement, dans des amas éruptifs, même de grande importance.

22. Répartition zonée. — Elle existe parfois dans les gîtes sédimentaires ; c'est lorsque les venues de matières utiles et stériles ont alterné avec une fréquence suffisante pour que la puissance de chaque dépôt soit relativement faible, et qu'au lieu de considérer chaque sédimentation homogène comme un gîte distinct, on soit conduit à prendre l'ensemble pour un seul gîte présentant une répartition zonée.

Ce mode de distribution est fréquent dans les filons dont les épontes ont reçu une série de concrétions éruptives de composition différente. Il y a généralement symétrie, c'est-à-dire que les mêmes zones se rencontrent dans le même ordre, que l'on commence par une éponte ou par l'autre.

S'il y a eu plusieurs arrivées d'une même série de matières, on dit que la symétrie du filon est multiple, sinon elle est simple.

L'épaisseur des zones est très variable suivant le point du filon considéré, il arrive même qu'en certains points une ou plusieurs zones manquent. Les remplissages symétriques de filons présentent souvent en leur milieu des cavités fermées dont les parois sont tapissées de cristaux de la dernière espèce minérale venue ; on appelle ces cavités druses ou géodes.

23. Répartition sporadique. — Les éléments disséminés

peuvent affecter la forme de rognons amorphes ou confusément cristallisés, de mouches d'importances diverses ou encore d'un réseau de de veinules remplies.

Les trois formes se rencontrent aussi bien dans les gîtes éruptifs que dans les gîtes sédimentaires.

Les parties utiles peuvent avoir ainsi été enrobées dans leurs gangues au moment de la formation de celles-ci, ou bien y avoir pénétré plus tard.

Elles ont été sécrétées par la roche ou sont venues l'imprégner.

Les cristaux isolés ou leurs groupes n'ont pu se former qu'au sein d'une matière fluide ou dans les pores d'une roche perméable.

Les rognons, nodules ou concrétions sont arrivés individuellement comme éléments détritiques dans une roche sédimentaire, au hasard, pendant sa formation, ou bien se sont formés à ce moment dans des conditions spéciales ; ils peuvent également résulter de la concentration, lors de la solidification de la roche, d'une matière qui était répartie d'une façon plus ou moins uniforme.

La formation d'un rognon concrétionné est souvent due à la présence dans l'eau mère de cristallisation d'un corps quelconque, fossile, ou gravier, qui a constitué un centre de cristallisation.

Les amas réticulés ou stockwerks, présentent également une minéralisation sporadique.

Souvent les épontes des veines primaires qui les constituent présentent une imprégnation plus ou moins complète en minerai.

Les répartitions pisolithique et oolithique rentrent également dans le cas général de la dissémination.

24. Variation de la richesse dans les gîtes. — Un filon n'a pas une richesse uniforme dans toutes ses parties.

Les anciens avaient fait, au sujet des variations de cette richesse, diverses remarques qui les conduisirent à des formules empiriques n'ayant qu'une valeur locale, mais qui les guidaient dans leurs recherches.

M. Moissenet a coordonné les éléments de la question et déterminé quelques règles qui s'y rapportent.

La distribution de la richesse dans un filon dépend surtout de la nature des roches encaissantes et des conditions géométriques de la fracture.

Les roches présentent une résistance plus ou moins grande et possèdent les propriétés chimiques les plus diverses. Les émanations minéralisatrices ont eu une action plus ou moins intense sur ces diverses roches et ont fait varier la nature du remplissage.

Ainsi, dans le Cumberland, certains filons sont riches dans les calcaires, pauvres dans les grès, stériles dans les schistes. Les gîtes calaminaires du Laurium, comme ceux de Monteponi, se sont épanchés dans les cavités du calcaire sans pénétrer dans les schistes.

A mesure que la venue éruptive échange avec les épontes les éléments dont elle est chargée, elle s'appauvrit et son action se ralentit à mesure que l'on s'élève, aussi la richesse d'un filon varie-t-elle avec le niveau.

La minéralisation peut diminuer, au contraire, en profondeur; c'est ce qui est arrivé lorsque les matières ont été amenées violemment. Les dépôts n'ont pu commencer à se maintenir qu'au voisinage de la surface ou même seulement à la surface, lorsque l'action éruptive a été moins violente ou a cessé.

Une venue d'origine interne peut être épanchée à la surface dans un bassin plus ou moins étendu, formant ainsi un amas d'une importance qui paraît considérable, alors qu'à quelques mètres de profondeur l'amas disparaît pour ne laisser qu'une mince fissure souvent stérile; les gisements dits en champignon, en coin, présentent cette particularité.

La rencontre des éléments superficiels et de conditions physiques et chimiques différentes, une moindre température, une moindre pression, un milieu oxydant ont influé aussi sur les formations. Ces modifications se sont poursuivies jusqu'à nos jours. Ainsi le chapeau actuel d'un filon est habituellement formé d'oxydes de fer, alors que les autres métaux, sauf les métaux précieux, ont été entraînés à l'état de sulfates solubles.

La résistance des roches à la rupture est intervenue pour donner au filon une richesse plus ou moins grande. On comprend, en effet, que les roches dures et élastiques cèdent difficilement à l'effort qui tend à les rompre; les roches trop friables se sont laissé briser, mais leur tendance à s'ébouler a souvent été cause du remblayage de la fente, ce qui a ainsi empêché la venue d'un remplissage utile. Les roches poreuses, elles, ont pu laisser le minerai s'éparpiller.

Un terrain de dureté moyenne, au contraire, se fendra assez facilement et sa fracture persistera nette pendant le temps nécessaire à la minéralisation.

Les parties riches des filons sont quelquefois distribuées irrégulièrement ou en nids. Elles sont, la plupart du temps, disposées en colonnes dont l'axe est dirigé suivant la ligne de pente du filon; on appelle ces colonnes *colonnes droites*.

Si l'axe de ces colonnes fait un angle aigu avec l'horizontale du filon, on les appelle *colonnes obliques*.

Lorsque la roche encaissante est éruptive, les colonnes sont généralement droites.

Lorsqu'elle est sédimentaire, comme la disposition des strates obliques a pu agir sur la répartition du minerai, et comme aussi l'ensemble a pu être redressé obliquement par un soulèvement postérieur au remplissage, les colonnes obliques sont plus fréquentes.

Dans les amas éruptifs, la distribution de la richesse varie sans aucune régularité.

Dans les gîtes sédimentaires peu accidentés la richesse est distribuée généralement d'une manière uniforme, ou tout au moins elle varie uniformément.

Les accidents postérieurs ont là une importance sur la richesse plus considérable que pour les filons. Les couches peuvent être, comme nous l'avons dit, brouillées, laminées, étirées, écrasées par les dislocations du sol.

Quant aux amas stratifiés ils subissent le sort des couches ; l'incertitude à leur sujet est plus grande encore, en ce sens que leurs limites ne sont jamais faciles à reconnaître immédiatement.

25. Lois de la distribution des parties riches dans les filons et dans les champs de fracture. — 1re Loi : *Les parties riches d'un filon donné sont celles où il est le plus près d'être vertical.* — Nous avons déjà vu, à propos de l'allure des filons, qu'elle varie de manière que la fracture se propage, à travers les diverses strates des terrains, suivant une ligne de moindre résistance. Dans les roches plus dures, la cassure est normale aux strates ; elle est inclinée dans les roches plus tendres ; il s'en suit que les parties de cassures verticales, si les strates sont alors voisines de l'horizontale, sont les plus nettes ; comme le rejet a pour effet habituel de faire descendre le toit de la fracture sur son mur, ces mêmes parties sont celles où la puissance totale du filon sera la plus grande et où il y aura le plus de chances de rencontrer une concentration de la richesse.

Cette relation des puissances et des richesses probables ne s'applique qu'à un seul et même filon ; elle serait illusoire pour la comparaison de deux filons entre eux.

2e Loi : *Les parties riches d'un filon donné sont celles où sa roche encaissante est de dureté et de ténacité moyennes.* — Cette loi est basée sur les mêmes motifs que la 1re et fournit les mêmes indications qu'elle ; elle la complète en ce sens qu'un bouleversement de l'ensemble des roches encaissantes et du filon ferait perdre aux parties riches leur verticalité première alors qu'il laisserait encore comme indice utile la nature des épontes.

3e Loi : *Lorsque, dans un massif soulevé, plusieurs filons se présentent, les plus riches sont ceux qui plongent en dehors du massif.* — Cette loi est basée sur l'observation d'une différence capitale entre l'origine de diverses fissures que peut présenter un massif de soulèvement.

Les unes A sont dues à l'étirement et à l'arrachement des strates soulevées ; ces fissures sont les plus importantes, les plus continues et les plus ouvertes.

Les autres C sont dites fissures radiales ou de contraction, elles ont une moindre continuité et le phénomène qui les a produites tend à les refermer, elles sont les plus courtes, les plus irrégulières et les plus minces.

Ces diverses fissures peuvent intéresser la formation éruptive du soulèvement ainsi que les terrains soulevés.

Une fissure C peut avoir reçu une venue minéralisatrice par une communication latérale et peut-être temporaire avec une fente se poursuivant en profondeur.

Lorsqu'on verra donc un filon radial se coincer, l'on devra en chercher la suite ailleurs que dans sa poursuite en profondeur, tandis que l'approfondissement des travaux sur une fente A pourra donner de bons résultats.

4° Loi : *Dans un champ de fracture où plusieurs directions principales peuvent être observées, celles des filons les plus riches seront parallèles aux axes des soulèvements de la contrée.* — Cette loi résulte de l'observation générale des faits ; elle complète la loi précédente en la confirmant, les fissures d'arrachement étant pour la plupart parallèles à l'axe du soulèvement qui les a produites.

5° loi : *Dans un filon donné encaissé dans des roches sédimentaires, les parties riches sont distribuées en colonnes dont les axes sont parallèles à la stratification de ces roches.* — La venue minéralisatrice a, évidemment, dans le plan de fracture, suivi le chemin le plus facile, soit le mieux ouvert ; c'est le cas des lignes d'intersection du filon avec les strates minces qui ont présenté une fragilité relative ou avec les plans de séparation de deux strates consécutives où des éclatements ont produit une sorte de canal favorisant l'arrivée du minerai.

Pour la même raison, on a remarqué que : *S'il existe plusieurs filons d'un même système dans un terrain sédimentaire, les colonnes riches de l'un étant connues, on rencontre les colonnes riches des autres dans les mêmes strates de la roche encaissante.*

26. Changements dans la nature des minerais. — Des modifications se produisent, non seulement dans la teneur ou dans la proportion de matière utile contenue dans le gite, mais aussi dans la nature de la minéralisation ou dans l'état sous lequel un même métal peut se présenter.

Les émanations qui renferment des éléments divers ne laissent déposer certains d'entre eux qu'après avoir été appauvries par rapport à d'autres. Telle une dissolution contenant les sels de métaux différents ne les laisse déposer que dans un certain ordre fixé par les conditions physiques du milieu. La réaction chimique des épontes peut encore favoriser la fixation de quelques éléments de la venue et les arrêter, tandis que le remplissage continue plus loin dépourvu de ces mêmes éléments. La répartition du minéral en zones a la même cause, indépendamment de la variété de composition des venues successives.

Dans le sens de la longueur et surtout en profondeur, un minerai peut faire place à un autre. Le changement a pour cause la nature variable des matières arrêtées, ou bien il est dû à des actions superficielles postérieures à la consolidation du remplissage.

C'est à ce dernier genre de changements qu'est due la formation des chapeaux de filons.

On désigne sous ce nom la partie voisine de l'affleurement ; elle a gardé tout son fer mais à l'état d'oxyde, et son quartz qui se présente carié ; l'or y est resté, est devenu plus apparent, le cuivre en a disparu ainsi que le zinc, tous deux entraînés à l'état de sulfates ; le plomb a généralement suivi ces derniers, à moins qu'il n'ait subi une transformation en carbonate ; l'argent enfin est parti quelquefois avec le plomb sauf au cas où il est resté avec le fer à l'état de chlorure insoluble ou d'argent natif.

La présence d'un chapeau de fer bien caractérisé est dans beaucoup de districts un indice de richesse en profondeur.

En Californie les filons de quartz aurifère ont un chapeau de fer ; il en est de même des têtes des filons d'argent du Pérou et du Mexique où l'on a trouvé, dans le début, de très importantes concentrations d'argent.

Le chapeau de fer peut ne pas être oxydé, la pyrite peut s'y présenter pure ; dans le Cornouailles, c'est encore une indication favorable.

On a trouvé d'importants changements originaux des métaux contenus dans les gîtes.

A Chessy, les beaux carbonates de cuivre ont fait place à de la chalcopyrite qui a disparu plus bas, remplacée par de la pyrite de fer.

Les filons plombifères contenant généralement de la galène, de la blende et de la pyrite, voient souvent en profondeur la blende augmenter au détriment de la galène.

La teneur en argent de la galène d'un filon peut quelquefois diminuer très rapidement en profondeur. Il semblerait que dans certains gîtes le plomb pur s'est déposé au fond, laissant monter à la surface un mélange de plomb et d'argent.

Les filons de quartz aurifère s'appauvrissent en profondeur, après avoir pourtant quelquefois augmenté de teneur sur un petit parcours ; cette concentration de l'or à la surface est la cause de la richesse des gîtes détritiques ou placers.

Dans le Cornouailles, les mêmes filons ont donné successivement, à mesure que la profondeur augmentait, du plomb, du cuivre et de l'étain, tandis qu'inversement, en Saxe, on a trouvé en descendant de l'étain d'abord et du cuivre ensuite, le passage d'un métal à l'autre se faisant graduellement.

Il est, en résumé, difficile de poser des règles générales relativement à la distribution de la richesse; quelques règles peuvent pourtant avoir une valeur locale. Leur énoncé est bon à connaître; il met le chercheur en garde contre un excès de confiance en un gîte dont les affleurements sont très beaux et l'empêche, en même temps, de trop dédaigner une formation d'apparence pauvre, qui peut recéler de grandes richesses.

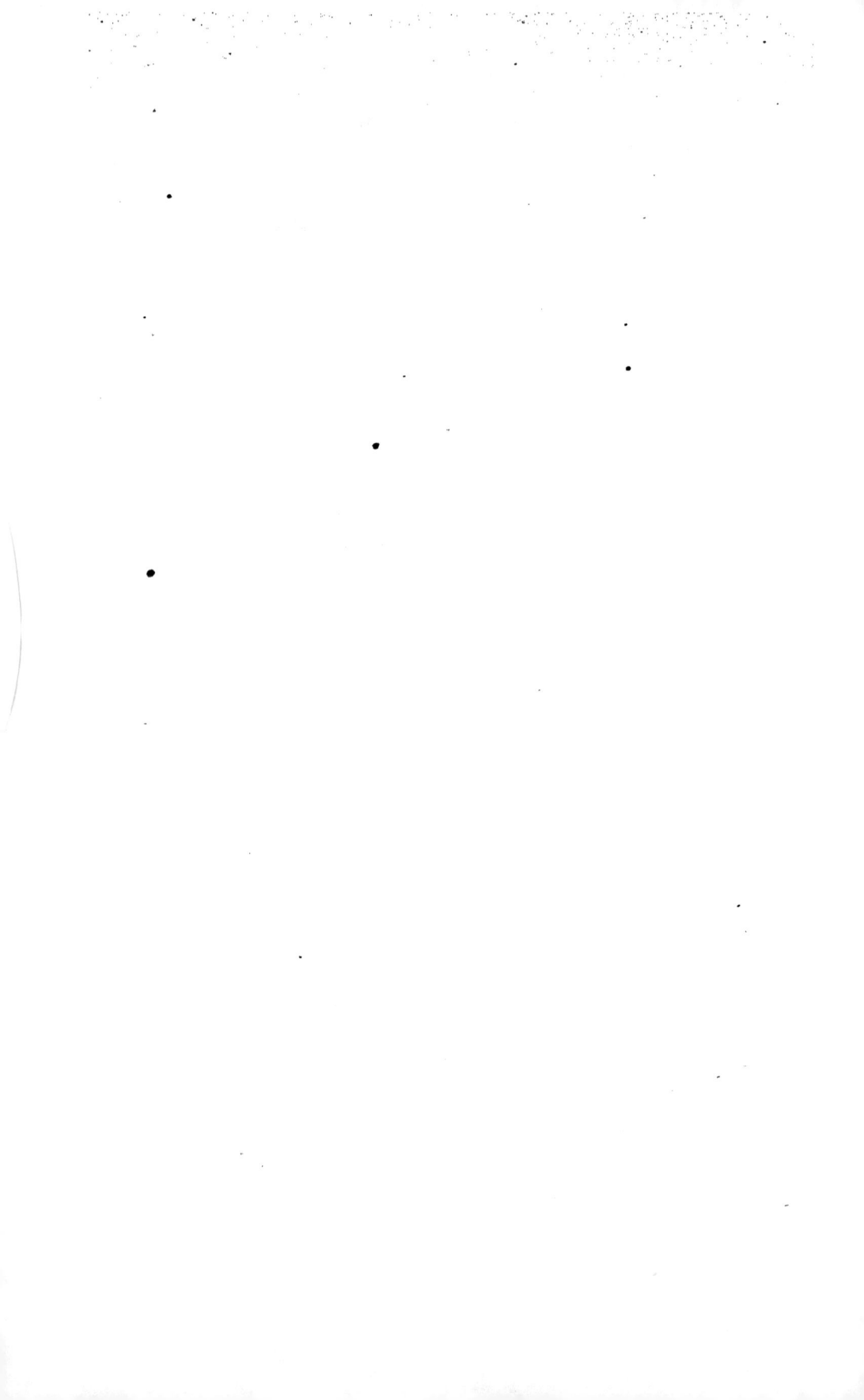

CHAPITRE II

LES MINÉRAUX UTILES NON MÉTALLIFÈRES

---

27. Clasification. — Les minéraux utiles se divisent en deux grandes classes : ceux dont on extrait les métaux usuels et ceux qui sont employés à autre chose.

Cette division n'a rien d'absolu, car les minerais ne servent pas qu'en métallurgie : on vernit les poteries avec de la galène, minerai de plomb sulfuré ; on fait de l'acide sulfurique avec divers minerais métalliques sulfurés comme la blende et la chalcopyrite. Le présent chapitre étudiera les plus usuels des minéraux utiles autres que les minerais, tant au point de vue de leur mode de gisement que de l'emplacement de leurs principaux gîtes.

L'ordre dans lequel ils sont rangés est basé sur la destination habituelle qu'ils reçoivent : ainsi, par exemple, le marbre et la fluorine seront classés parmi les pierres d'ornementation, bien qu'ils servent aussi quelquefois, en chimie, à préparer les acides carbonique et fluorhydrique.

§ 1.

LES COMBUSTIBLES MINÉRAUX.

28. Anthracite. — C'est à la fois le plus ancien et le plus dense des combustiles minéraux, c'est aussi celui qui contient le plus de carbone.

Comme les trois autres termes de la série, houille, lignite et tourbe, c'est un composé de carbone, d'hydrogène, d'un peu d'azote et de matières terreuses qui restent seules après combustion complète et constituent les cendres.

Il y a, bien entendu, dans l'ensemble des charbons naturels, un passage par degrés insensibles du plus carboné à celui qui l'est le moins ; aussi les diverses dénominations, tout en groupant la presque totalité des termes, laisseront de côté quelques intermédiaires qui pourront être comptés dans l'un ou l'autre des groupes.

L'anthracite est très noir, d'une texture uniforme et ne présente généralement pas de clivages; il est peu cendreux et laisse dans le creuset un coke pulvérulent.

Il se présente en couches dans les assises inférieures du système carbonifère, que l'on a souvent, à cause de ce fait, groupées sous le nom de formation anthraxifère.

Dans la plupart de leurs bassins, on pourrait presque dire dans tous, les couches d'anthracite sont accompagnées de couches de houille plus récentes ; aussi la nomenclature de leurs gisements sera-t-elle comprise dans celle, plus générale, des bassins houillers.

29. Houille. — La houille se présente interstratifiée dans les assises de grès et de schistes du terrain carbonifère. Si l'on déduit les cendres dont la proportion est très variable, la composition de la partie combustible se maintient entre les limites suivantes :

92 de carbone et 8 de matières volatiles pour les houilles anthraciteuses, dites aussi sèches à courte flamme ;

78 de carbone et 22 de matières volatiles pour les houilles maigres à longue flamme.

Les termes intermédiaires comprennent les houilles demi-grasses, les houilles grasses qui donnent un coke bien aggloméré, les houilles maréchales dont le menu s'agglomère en brûlant et qui sont appréciées par les forgerons, les houilles à gaz.

La houille présente généralement des clivages irréguliers parallèles à sa stratification, et d'autres dans des plans plus ou moins perpendiculaires à cette première direction.

L'étendue des couches de houille est très variable, elle peut atteindre plusieurs milliers de kilomètres carrés ou se réduire à un espace très restreint.

La puissance peut être celle d'un filet inexploitable de quelques centimètres, ou s'élever à plusieurs dizaines de mètres en charbon pur.

Le nombre des couches varie aussi beaucoup d'un bassin à l'autre, depuis ceux où l'on n'en relève qu'une seule jusqu'à ceux qui en présentent des faisceaux de plus de cent cinquante.

Les petites couches sont généralement plus nombreuses et plus étendues que les couches puissantes.

La formation houillère paraît être principalement cantonnée dans l'hémisphère boréal; elle se présente aussi en Australie.

En Europe l'Angleterre, a les plus riches bassins, dont les principaux sont : celui du pays de Galles, ceux du Derby et du Staffordshire, celui de Newcastle, celui d'Ecosse ;

En Allemagne, les bassins de Saarbrück, de la Rühr, de la Silésie de la Saxe. — En Autriche celui de la Bohême ;

En Russie, le bassin de Pologne, suite de celui de Silésie ; le bassin du Donetz ;

En Belgique, le bassin du couchant de Mons, et ceux du Centre, de Charleroi, de Liège.

En Espagne ceux des Asturies et de l'Andalousie ;

Dans l'Amérique du Nord, le bassin de la Nouvelle-Écosse et du Nouveau Brunswick, celui des Apalaches s'étendant sur la Pennsylvanie, la Virginie, le Tennessee et l'Alabama ; le grand bassin intérieur de la vallée du Mississipi réparti sur l'Illinois, l'Indiana, le Kentucky, avec prolongements sur le Missouri, l'Iowa, l'Arkansas, le Texas et le Nebraska.

Le sol de la Chine, peu exploré, paraît recéler d'immenses quantités de combustibles minéraux.

En France, les bassins sont répartis sur une grande partie du territoire : celui du Nord et du Pas-de-Calais, le plus important, appartient au prolongement des terrains houillers de Liège, de Charleroi et de Mons ; il affleure en dehors de nos frontières pour, en entrant en France, disparaitre sous les terrains supérieurs : sa production annuelle dépasse 14.300.000 tonnes.

Dans le Calvados, le petit bassin de Littry est inexploité. Le terrain houiller apparaît dans la Manche, près de Carentan.

Le bassin houiller de la Basse-Loire se développe sur 100 kilomètres depuis Doué jusqu'à Nort (Maine-et-Loire et Loire-Inférieure).

Deux dépôts allongés, à Vouvant et Chantonnay (Vendée et Deux-Sèvres) se rencontrent probablement en profondeur.

La Sarthe et la Mayenne possèdent deux étages de combustibles.

Dans le Finistère, le terrain houiller se fait voir aux environs de Quimper.

La production de ces bassins de l'ouest dépasse de peu 150.000 tonnes.

Dans la Haute-Saône, le bassin de Ronchamp forme une lisière étroite qui s'appuie sur les derniers contreforts des Vosges ; il donne 210.000 tonnes.

Dans l'Isère, le bassin du Drac pourrait être avantageusement étudié ; il est formé de plusieurs lambeaux dont le principal est aux environs de La Mure.

Dans la Savoie et la Haute-Savoie, le terrain anthraxifère est développé ; il existe, dans cette région, des quantités considérables de combustibles.

Les Hautes-Alpes ont un gisement identique au précédent.

Le terrain houiller a été reconnu en plusieurs points du département du Var sur une longue bande qui s'étend de Toulon vers Fréjus ; il est probable qu'il existe aussi sous les hautes montagnes calcaires qui forment le relief de la contrée.

La production annuelle de ces bassins, appuyés contre les Alpes occidentales, est d'environ 200.000 tonnes.

Autour des montagnes granitiques du plateau central, une série de bassins, plus ou moins étendus, occupent des dépressions qu'entourent les roches anciennes pour aller se perdre sous les formations secondaires. Leur ensemble a acquis une importance considérable.

Dans l'Yonne et la Côte-d'Or, une bande étroite renferme un charbon anthraciteux. Dans Saône-et-Loire, le terrain houiller apparaît sur les bords du bassin et comprend les exploitations de Blanzy, du Creusot, d'Épinac, de St-Bérain, etc... ; au centre et à l'ouest, il est recouvert par les grès bigarrés, mais il se prolonge dans l'Allier, vers Bert, et dans la Nièvre vers Decize. Sa production est de 1.900.000 de tonnes.

L'Allier est riche en mines de houille ; Commentry, Bézenet et Montvicq sont les principales. La production du Bourbonnais est d'environ 1.160.000 tonnes.

Le bassin de la Creuse est très dérangé par les porphyres ; il est exploité à Ahun. Le terrain houiller apparaît encore dans la Corrèze. Production, 220.000 tonnes.

Le Puy-de-Dôme, la Haute-Loire et le Cantal comptent un grand nombre de lambeaux généralement repliés ; les plus importants sont ceux de Saint-Eloi et de Brassac. Ils donnent environ 320.000 tonnes.

Le Rhône laisse voir le terrain houiller en plusieurs points.

Le bassin de la Loire est le plus anciennement connu ; il prend la deuxième place pour l'importance de sa production, avec 3 1/2 millions de tonnes. Les couches, réparties en quatre groupes principaux, sont exploitées à St-Etienne, Montrambert, Firminy et Rive-de-Gier.

Le Gard vient en troisième ligne avec 2.100.000 tonnes ; il comprend les dépôts de la Grand'Combe, de Bessèges, de Portes, de Comberedonde, de Lalle. Ce bassin constitue une longue zone appuyée sur les pentes méridionales du plateau central.

Dans le même département, le petit bassin du Vigan est abandonné. Tous ces terrains du Gard s'étendent, vers le sud, sous des couches plus modernes ; ou en retrouve trace sur le flanc des montagnes de l'Ardèche et sur les pentes de la chaîne des Maures. Il semble que tous ces dépôts, démembrés en apparence, ont appartenu à une vaste nappe qui les reliait à ceux du centre, en contournant le massif du plateau central.

Dans l'Aveyron, deux bassins : le plus important, d'Aubin et Decazeville, l'autre, de Rodez et Espalion. Le terrain carbonifère apparaît dans le Lot. On le retrouve dans le Tarn, à Carmaux et, tout près, vers Alby, il a été recoupé en dessous des terrains tertiaires. La production du Tarn et de l'Aveyron s'élève à environ 1.400.000 tonnes.

L'Hérault possède les deux bassins de Graissessac et de Roujan : le premier est seul exploité et produit 220.000 tonnes.

Enfin, dans l'Aude et les Basses-Pyrénées, le terrain houiller apparaît aussi, mais il a été peu étudié.

L'ensemble de la production houillère de la France est donc de
25 3/4 millions de tonnes.

30. Lignite. — C'est une houille incomplètement formée et appartenant à des terrains postérieurs à l'étage carbonifère.

La proportion de carbone y peut descendre à 55 0/0, tandis que les
matières volatiles constituent les 45 centièmes de ce combustible supposé dépourvu de cendres.

Il se présente dans presque toutes les formations, depuis le trias
jusqu'aux terrains le plus modernes.

Les gîtes de la vallée du Var, dans les Alpes-Maritimes, ceux des
Vosges sont triasiques.

Au jurassique appartiennent ceux de Purbeck dans le comté de Dor-
set et ceux de Boulogne, ainsi que la puissante couche de 20 mètres
d'épaisseur qui affleure à Tkvibouli près de Koutaïs dans la province
russe du Caucase.

Les assises infracrétacées présentent des couches de lignite dans les
Landes et l'Ariège. Ces dernières fournissent la variété de lignite appelée jais qui est employée par les habitants des villages de la vallée
de l'Hers à la fabrication des perles noires et des bijoux de deuil.

A la partie supérieure du crétacé, correspondant à l'étage danien,
se trouvent les importants gîtes des Bouches-du-Rhône qui produisent annuellement 450.000 tonnes, les neuf dixièmes de la production française totale. En Amérique leur correspond le grand bassin
de lignite des montagnes Rocheuses qui s'étend sur le Colorado, l'Utah
et le Wyoming.

L'éocène comprend les gîtes considérables de Trifail et de Sagor en
Carniole, ainsi que ceux de la Baltique, de Halle et de Leipsick.

Au miocène appartiennent les formations lignitifères de l'Aisne,
de Manosque (Basses-Alpes), d'Oropos (Ile d'Eubée), celles du Nevada
et de l'Alabama, en Amérique, et l'important dépôt de la vallée de la
Zsily en Transylvanie.

La Haute-Saône et l'Isère, dans les environs de Vienne et de la Tour-
du-Pin, contiennent des lignites pliocènes.

Des dépôts de lignites se présentent, près de Zurich, dans le terrain
glaciaire.

On trouve enfin dans quelques fjords d'Islande de grands amas de
bois transformés en lignite ; ces bois ont été transportés à l'époque géologique actuelle par le courant chaud qui va du golfe du Mexique vers
le Nord de l'Europe.

31. Tourbe. — La tourbe ne se rencontre que dans les terrains post-tertiaires. Elle se forme encore de nos jours sous l'eau, sur le sol actuel.

Déduction faite des cendres dont la proportion est de 3 à 10 %, la composition moyenne de la tourbe est de 60 de carbone, 32 d'oxygène, 6 d'hydrogène et 2 d'azote.

L'épaisseur des couches, habituellement de 4 à 8 mètres, dépasse quelquefois 20 mètres.

La tourbe existe dans presque tous les pays de température moyenne.

La dixième partie de la surface de l'Irlande est couverte de tourbe. La Hollande, le Hanovre, l'Oldenbourg et le Holstein contiennent d'immenses tourbières.

On trouve de grands dépôts de tourbe en Amérique, dans la Floride, les Carolines et la Virginie.

En France la production annuelle des tourbières dépasse 300.000 tonnes, dont la moitié à peu près provient du département de la Somme. Le Pas-de-Calais, l'Aisne, l'Oise, la Loire-Inférieure et l'Isère sont, après la Somme, les départements de principale production ; puis viennent le Doubs, Seine-et-Oise, la Marne, le Nord. Les marais tourbeux exploitables en France sont répartis sur trente-cinq départements et couvrent une surface de 6.000 kilomètres carrés.

32. Origine et formation des combustibles minéraux. — Les combustibles minéraux ont une origine végétale ; les couches qui en sont formées sont dues à l'accumulation, dans des plaines ou dans des bassins, de plantes dont la composition chimique s'est lentement modifiée.

En effet, si on examine les houilles, on reconnaît facilement dans leur textures des traces de végétaux fossiles. Une étude plus attentive dénonce la nature des plantes qui ont concouru à leur formation ; elle permet d'établir que la flore a été constamment modifiée et que les dépôts formés à ses dépens présentent les traces de plantes différentes suivant leur âge, en même temps que des compositions d'autant plus homogènes qu'ils sont plus anciens.

Le dépôt ne peut avoir été fait que : ou bien par la décomposition sur place, à la manière des tourbières, d'une végétation herbacée qui se serait développée sous l'eau au pied des grands arbres de l'époque ; ou bien par le charriage des végétaux, qui sont entraînés par les eaux qui parcouraient les terrains émergés, pour se rendre dans les bassins de réception.

Suivant que l'on interprète d'une manière ou d'une autre les phénomènes observés, on est conduit à penser que la formation de la houille est due à une végétation sur place ou à un rassemblement de végétaux amenés par les eaux.

Les partisans de la première hypothèse admettent qu'il y avait à l'époque houillère, comme dans les tourbières actuelles, deux natures de végétations, l'une aérienne, l'autre aquatique composée de végétaux herbacés qui auraient fourni la substance de la houille. Beaucoup de bassins, en effet, ne possèdent pas de grandes tiges fossiles et on en conclut que la production des couches combustibles a bien pu avoir lieu sans être accompagnée de la grande végétation houillère.

En tenant compte de la diminution de volume que des herbes ou des détritus ligneux doivent subir pour se transformer en houille, on doit assigner à la formation de chaque couche une durée considérable.

La deuxième hypothèse semble rendre plus facilement explicable la structure stratifiée des chantiers souterrains : les couches de houille, de schistes et de grès forment un ensemble de bancs superposés, bien distincts les uns des autres par la composition, la finesse de grain, la consistance, la couleur.

Les galets et les cailloux roulés empâtés dans les couches de grès grossier occupent la position qui résulte des lois de la pesanteur, les grands axes parallèles aux plans de stratification.

Les plantes qui ont formé la houille étaient des végétaux aériens et non aquatiques, des plantes de terres basses et facilement inondées ; leur pied pouvait être baigné par l'eau, les racines s'implantant, suivant leurs espèces, dans la vase ou dans le sable. L'eau courante emportait, au fur et à mesure de leur chute, les tiges, les branches et les feuilles, pour les amonceler dans les parties basses où la vitesse était amortie. Le développement rapide de cette végétation était dû à l'influence d'une température tropicale, à la faveur d'une atmosphère saturée d'acide carbonique et de vapeur d'eau.

Cette formation a une grande analogie avec ce qui se passe aujourd'hui pour celle des deltas des grands fleuves, où le sable et la vase, fréquemment inondés, s'exhaussent continuellement par l'apport de nouveaux sédiments.

En admettant que la couche de houille est composée de débris accumulés par flottage, la puissance des dépôts n'est pas la mesure du temps qui a été nécessaire à leur formation. C'est ainsi que, les bassins étroits du plateau central renferment des couches de 25 mètres de puissance. On comprend que ces accumulations exceptionnelles n'aient pu se produire dans les immenses lagunes de l'Angleterre, de la Belgique et du Nord de la France, où les couches ont perdu en puissance ce qu'elles gagnaient en étendue et en régularité.

Un des traits caractéristiques de la période permo-carbonifère est la variation rapide que les conditions physiques ont dû subir pendant cette phase de l'histoire terrestre : La faune en est très pauvre et constante ; au contraire, l'examen des empreintes végétales permet un classement facile. Il s'est donc établi dans l'atmosphère, où les plantes terrestres vont puiser leur principale alimentation, des changements

plus marqués et plus rapides qu'à toute autre époque. Les vertébrés
à respiration aérienne étaient très rares, les oiseaux totalement absents ;
la période carbonifère a donc été celle de la purification de l'atmosphère. L'air, très chargé, à l'origine, d'acide carbonique, a cédé son
carbone à une puissante végétation. Dans les conditions ordinaires,
ces plantes eussent restitué, en se décomposant, l'acide carbonique
qu'elles lui avaient emprunté. Mais les débris végétaux étaient enfouis,
au fur et à mesure de leur chute, sous l'eau et la vase ; leur transformation lente, opérée à l'abri de l'air, retenait la presque totalité du carbone. La végétation terrestre a reflété, par la rapide succession de ses
types, les phases diverses de la composition atmosphérique.

Les dépôts carbonifères s'étant produits dans des lagunes, sur le
bord des continents de cette époque, les bassins houillers seraient
faciles à déterminer, si on connaissait la carte géographique de la
période qui sépara les dépôts de transition des dépôts secondaires. Les
lignes indiquées par la théorie des soulèvements se rapprochent assez
de celles qui sont tracées par les bassins houillers.

Les massifs de transition auxquels sont subordonnés les bassins
connus sont des surfaces convexes et montagneuses ; les surfaces de
transition concaves ont été moins favorisées, leur pied baignait dans
des mers secondaires, en eau profonde ; cette condition est absolument
incompatible avec la formation des dépôts houillers.

Le lignite est un charbon compact, terreux ou fibreux, ressemblant
quelquefois à la tourbe, se présentant encore sous forme d'arbres accumulés, enfouis dans le sol et dont on peut souvent reconnaître l'essence.

L'origine des lignites est la même que celle des combustibles minéraux plus anciens ; ils sont arrivés à un degré de minéralisation
plus ou moins avancé. Le lignite parfait fait suite, dans le classement
indiqué plus haut, à la houille à longue flamme.

Le lignite ligneux n'est plus qu'un bois fossile, plus ou moins décomposé ; on le trouve en accumulations locales et irrégulières dans
les terrains modernes.

La tourbe termine la série géologique des combustibles minéraux.
Elle se forme encore de nos jours ; les tourbières sont des lieux humides ou marécageux dans lesquels s'accomplit, sous la protection de
l'eau, la décomposition lente de certaines plantes et leur transformation en combustible. Il faut donc, pour la production de la tourbe, une
végétation aquatique vigoureuse, dont les plantes continuent à se développer, en même temps que leur pied, constamment immergé, se décompose. Ce sont des mousses, du genre sphaigne, qui exigent un cli-
mat humide, jamais chaud et une eau tout-à-fait limpide. Ces sphaignes ont la propriété d'absorber d'énormes quantités d'eau, de retenir
l'humidité ; elles croissent rapidement, en absorbant l'eau des pluies
et formant des sortes de nappes, même sur les pentes.

Les ruisseaux chargés de vase arrêteraient immédiatement le développement des plantes tourbeuses, aussi bien que les engrais, les sels,
la chaux, le gypse, etc., Les tourbières ne peuvent donc prendre naissance sur un sol argileux, ni dans les pays chauds où l'évaporation est
trop rapide. La température la plus propice est une moyenne annuelle
comprise entre 6° et 8°. L'Irlande se trouve dans des conditions exceptionnellement favorables, puis la Lithuanie et le Holstein.

Le niveau des tourbières est souvent plus élevé que celui des terres
environnantes ; c'est alors une masse spongieuse toute imbibée d'eau.
Ce gonflement est l'effet de la vigueur avec laquelle les sphaignes se
sont développées au centre du marais.

Un produit de même nature que la tourbe pourra prendre naissance toutes les fois que des végétaux se décomposeront à l'abri de
l'air, quand, par exemple, la destruction d'une forêt a entraîné la sta-
gnation des eaux au milieu des troncs d'arbres et des débris accumulés. On en trouve dans le Nord de l'Europe, dans les forêts vierges, à
l'embouchure des grands fleuves, où s'accumulent et s'enlisent les bois
flottés.

Il n'y a, comme on voit, aucune analogie entre la formation de la
houille et celle de la tourbe, si ce n'est que toutes deux proviennent de
végétaux terrestres dont la décomposition s'est opérée à l'abri de l'air.

§ 2.

LES HYDROCARBURES

33. Pétrole. — On désigne sous le nom de naphte ou pétrole tous
les hydrocarbures naturels qui sont extraits à l'état liquide ou à un état
voisin de l'état liquide. Les autres sont appelés asphaltes ou bitumes.
Quelques pétroles sont pourtant exploités avec la roche généralement
schisteuse qui les contient ; on les appelle huiles de schistes.

Les pétroles forment des nappes intérieures dans divers terrains, y
remplissent des fractures ou en imbibent les assises. Ils sont essentiellement indépendants des couches qui les contiennent et dans lesquelles
ils ne sont venus qu'à cause de leurs caractères de fissilité, de porosité,
de perméabilité et postérieurement à leur formation.

Aussi le pétrole se trouve-t-il dans des terrains d'âges très différents.

Le naphte ou pétrole naturel est un liquide ayant une consistance
variant de celle de l'huile à celle d'un sirop épais, une couleur allant
du jaune clair au brun foncé à reflets tantôt verdâtres, tantôt rougeâtres et d'un poids spécifique compris entre 0,800 et 0,950.

Le pétrole n'ayant pas encore subi d'oxydation est exclusivement
composé de carbone et d'hydrogène.

3

On le décompose par distillations fractionnées en carbures d'hydrogène liquides appartenant à la série grasse, ou hydrocarbures saturés dont la formule, en équivalents, est $C^{2n} H^{2n} + ^2$, n variant de 1 à 16, et en paraffines, hydrocarbures solides, homologues des premiers, mêlés d'autres composés de composition $C^{2n} H^{2n}$.

Ces hydrocarbures naturels sont essentiellement différents de ceux extraits du goudron de houille, qui n'appartiennent pas à la série grasse et font presque tous partie de la série aromatique.

Le pétrole a été connu dès la plus haute antiquité : les Parsis et les Guèbres, adorateurs du feu, construisaient leurs temples autour des jets enflammés provenant d'émanations de pétrole.

Il est distribué sur un grand nombre de points du globe.

La grande région pétrolifère de Pensylvanie et de l'Ohio fournit l'huile minérale contenue dans la formation dévonienne.

Les pétroles du Canada se trouvent dans le silurien, ceux de Californie dans le pliocène, ceux du Colorado et de l'Utah dans le crétacé, ceux du Connecticut et des Carolines dans le trias et celui de la Virginie dans le carbonifère.

Les pétroles du Caucase, dont le centre de production s'étend sur quelques kilomètres seulement près de Bakou, dans la presqu'île d'Apchéron, prolongement de la chaîne du Caucase vers la mer Caspienne, sont contenus dans les terrains tertiaires pour la plupart ; on en trouve également dans des terrains plus anciens, s'étendant le long de la chaîne, au Nord et au Sud, jusque dans le Kouban, la presqu'île de Taman et même en Crimée.

La chaîne des Carpathes présente, en Galicie, en Roumanie et en Hongrie, des assises pétrolifères appartenant à l'éocène et au miocène, les gisements d'Italie sont du même âge. Le gîte de l'île de Zante est pliocène.

Le crétacé renferme une partie des gisements de Galicie, ceux du Hanovre et ceux de la République Argentine.

La France, mal partagée à ce point de vue, ne présente que les schistes d'Autun exploités dans les assises permiennes, les gîtes de l'Hérault appartenant au lias et celui des environs de Fréjus au système permo-carbonifère.

Aux gisements de pétrole doivent être rattachées les sources de gaz naturels, et notamment celle exploitée par un puits dans les environs de Pittsburg, en Pensylvanie ; le puits, qui a atteint la base du dévonien à près de cinq cents mètres de profondeur, avait traversé trois couches pétrolifères de faible débit.

Ce gaz est en majeure partie formé d'hydrogène protocarboné et d'hydrogène ; il est utilisé pour l'éclairage, pour la production de la force motrice et pour le chauffage, notamment en métallurgie. La partie inutilisée est brûlée.

35. Bitumes et hydrocarbures solides. — C'est souvent le résidu d'un pétrole dont les parties les plus volatiles ont disparu ; ce résidu est d'ailleurs plus ou moins oxydé.

La composition en est très variable et comprend surtout des hydrocarbures saturés.

Les bitumes se trouvent dans une série de gisements, le long des Ap-
penins, situés dans le terrain tertiaire. On les rencontre à Sélénitza
(Albanie) interstratifiés dans le pliocène.

Dans l'île de la Trinité, un gisement considérable est constitué par
un lac composé de bitume presque solide.

La Mer Morte ne donne pas de dégagements gazeux inflammables apparents ; mais en certains endroits se dégagent des odeurs fétides, qui
rappellent un mélange de bitume et d'hydrogène sulfuré. Il est donc
permis de penser que des sources minérales surgissent encore au-dessous du niveau de la Mer-Morte. L'eau renferme une grande proportion
de chlorure de sodium et de chlorure de magnésium, avec une forte teneur en brôme. La Mer Morte paraît être un ancien lac d'eau douce,
dont la composition a été ultérieurement modifiée par des phénomènes
volcaniques qui ont agité cette contrée à une époque voisine de la
nôtre.

En France, on rencontre le bitume dans les Alpes Dauphinoises, à
Seyssel et au Val-de-Travers. Près de Seyssel, sur les bords du Rhône,
la montagne de Pyrimont laisse dégager des gaz inflammables : un
grès contenant trois bancs imprégnés de bitume recouvre le calcaire
néocomien.

Au Val-de-Travers, on exploite à ciel ouvert des lentilles de calcaire imprégné. Au dessus se trouve un asphalte très-terreux qu'on
distille pour obtenir le mastic des trottoirs.

En Auvergne, la Fontaine de la Poix est due à un suintement de
bitume des calcaires ; en divers autres points de la contrée du Puy-de-
Dôme, on reconnaît de petites sources et des imprégnations, principalement aux environs de Riom et de Pont-du-Château.

Les autres hydrocarbures solides comprennent diverses espèces dont
les principales sont l'ozocérite et l'ambre jaune ou succin.

L'ozocérite se présente dans un gîte à peu près unique à Boryslaw
en Galicie ; c'est une cire minérale, tenant jusqu'à 30 °/₀ de paraffine,
de couleur jaune brun à reflets verts et rouges ; elle est plus légère que
l'eau.

L'ambre jaune est une résine fossile : on la rencontre surtout près
de Kœnigsberg dans une couche de sable glauconieux, épaisse de 1ᵐ50,
en moyenne, appartenant à l'éocène supérieur. Elle se présente en
morceaux ou grains irréguliers, arrondis ou à angles obtus, souvent
en formes mamelonnées ou en stalactites.

35. Origine et formation des hydrocarbures naturels. — Les bitumes sont quelquefois considérés comme un produit de l'oxydation du pétrole, qui, lui-même, suivant son degré de coloration, tient une proportion variable de bitume en dissolution.

La présence de sables imprégnés de goudron naturel, d'amas de bitume noir solide tels que les dépôts de Kir du Caucase, vers l'affleurement de couches pétrolifères, fait supposer que les gisements de bitumes solides, éloignés de toute région fournissant de l'huile liquide, ont la même origine et qu'ils sont dus à l'exsudation d'un naphte oxydé dont la venue a cessé.

On pense, et c'est une doctrine américaine, que le pétrole est dû à l'action de l'eau de mer sur les débris végétaux ; on a aussi voulu voir dans les hydrocarbures naturels une sorte de produit de la distillation de combustibles minéraux sous l'action du feu central terrestre, agissant peut-être par voie hydrothermale.

La différence entre les hydrocarbures saturés qui existent dans les huiles et bitumes naturels et les hydrocarbures de la série du benzol, qui se trouvent seuls dans les produits de la distillation des combustibles minéraux, paraît devoir faire écarter cette hypothèse ; la présence du pétrole dans des terrains ne présentant presque pas de traces végétales ou animales, sa venue intense sur certains points sous l'influence de pressions très considérables, lui assignent plutôt une origine éruptive.

La nature des réactions qui produisent le pétrole peut admettre diverses hypothèses, dans lesquelles la vapeur d'eau joue toujours un rôle prépondérant.

Qu'elle agisse seule sur un alliage carburé de fer et de manganèse, ou qu'elle soit mélangée à l'acide carbonique et l'hydrogène sulfuré, la vapeur d'eau peut donner naissance aux hydrocarbures du pétrole.

L'acétylène peut se former par la réaction de la vapeur d'eau et de l'acide carbonique sur les métaux alcalins et, dans certaines conditions de température et de pression, former des hydrocarbures identiques aux hydrocarbures naturels.

Que la formation des naphtes ait été antérieure à la consolidation de la croûte terrestre actuelle ou qu'elle se continue de nos jours, en d'autres termes, que les éléments du pétrole soient dans l'intérieur de la terre déjà combinés et en réserve, ou seulement en présence, probablement sous forme d'eau et d'acide carbonique, l'origine éruptive des huiles minérales reste comme l'hypothèse la plus vraisemblable et la plus justifiée.

Il est, dès à présent, permis de dire que le pétrole est une matière d'origine ignée, due à la double décomposition de la vapeur d'eau et de l'acide carbonique, en présence d'éléments métalliques, dans des conditions physiques déterminées.

Les gisements présentant des roches imprégnées, des nappes interstratifiées, des fractures ou filons d'huile liquide trouveraient ainsi également l'explication de leur origine.

§ 3.

MINÉRAUX EMPLOYÉS DANS LA CONSTRUCTION ET DANS LA CÉRAMIQUE.

A. *Matériaux naturels.*

36. Matériaux fournis par les roches éruptives. — Ces matériaux généralement durs et d'une taille coûteuse mais d'une grande inaltérabilité comprennent les granites, les porphyres, les basaltes, le trapp ; les laves et les roches d'éruption boueuse, d'aspect plus ou moins scoriacé ou tufacé, fournissent des matériaux légers, résistants et d'une taille facile.

Les conditions de transport déterminent le plus souvent quelle roche il convient d'employer.

Le granite de Bretagne et celui des Vosges sont expédiés à de grandes distances ; on en fait des pavés, des bordures et des dalles de trottoirs.

Les porphyres reçoivent les mêmes applications ; ceux de Belgique sont renommés.

Les basaltes et le trapp donnent des résultats excellents pour l'empierrement des routes, ce sont des roches éruptives de formation récente.

La lave est exploitée dans l'Hérault et dans le Puy-de-Dôme. La lave de Volvic, près de Riom, est sciée et, après émaillage, forme les plaques indicatrices des rues de Paris.

37. Matériaux fournis par les roches sédimentaires. — Ce sont surtout les calcaires, les grès, les schistes qui sont employés.

Le calcaire, la pierre à bâtir par excellence, est exploité dans de très nombreuses carrières.

Les terrains jurassiques et le tertiaire des environs de Paris fournissent d'excellentes pierres calcaires.

La meulière caverneuse de la Beauce et de la Brie appartient au miocène ; elle fournit des moëllons très estimés ; elle est formée d'un mélange de calcaire et de silice.

Les grès donnent également de bons matériaux de construction ; le grès rouge des Vosges, dévonien, et le grès de Fontainebleau, miocène inférieur, sont particulièrement exploités.

Parmi les schistes, il faut citer les ardoises, surtout employées pour les toitures : celles d'Anjou et de Vendée appartiennent au silurien ; celles des Ardennes au cambrien. On fait aussi des toitures avec des feuillets de micaschistes ; mais ce sont là des matériaux de qualité inférieure.

B. *Minéraux servant à la fabrication des matériaux artificiels et à la céramique.*

38. Pierres à chaux et à ciment. — Ce sont des calcaires plus ou moins argileux. Le calcaire pur donne de la chaux grasse ; légèrement argileux, il fournit la chaux hydraulique ; plus argileux, les divers ciments.

On fait de la chaux à peu près partout en France.

Les chaux hydrauliques et les ciments proviennent presque exclusivement des terrains jurassiques.

39. Gypse. — C'est la pierre à plâtre ou sulfate de chaux hydraté. La cuisson lui fait perdre son eau que le gâchage lui restitue en lui rendant en même temps la cohésion.

Le gypse se présente cristallisé et transparent ou bien en masses translucides. Il accompagne presque toujours le sel gemme ; ces deux corps ont une origine commune et paraissent se rattacher aux deux grandes époques de formation des filons plombifères.

Le gypse se présente surtout dans les assises supérieures de l'éocène et du trias. On en trouve dans de très nombreuses localités.

40. Argiles à briques et à poteries. — Ce sont des argiles plastiques appartenant surtout aux terrains tertiaires ; elles sont composées de silice, d'alumine et d'eau avec une proportion plus ou moins grande de peroxyde de fer.

L'argile réfractaire, la terre de pipe, la terre à poteries blanches ont des compositions analogues,

41. Kaolin. — Le *Kaolin* est un silicate d'alumine hydraté dû à la transformation des feldspaths, souvent au voisinage des gisements stannifères. On peut admettre le kaolin comme un minéral d'origine éruptive ou bien comme le résultat de la décomposition des pegmatites ; il est alors mélangé de quartz et de mica. L'acte de la décomposition a été très lent, la roche ayant été altérée par des actions hydrothermales.

Le kaolin est employé à la fabrication des porcelaines ; c'est une matière très-réfractaire, que le feu le plus violent amollit sans la faire fondre, laissant un produit demi-vitrifié, poreux et translucide.

Le voisinage fréquent des gîtes stannifères donne à penser que la puissance avec laquelle le fluor attaque les silicates est la cause de l'altération de la pegmatite. La tourmaline, rencontrée dans le grand gisement de Saint-Austell (Cornouailles) semble confirmer cette manière de voir.

Les kaolins, pour être utilisés à la fabrication, doivent posséder une série de qualités. Le type le plus parfait est l'argile blanche du Limousin, d'une grande plasticité et d'une belle transparence, après cuisson. Une deuxième qualité est constituée par de l'argile un peu sablonneuse avec de très petits grains de feldspath ; viennent ensuite tous les degrés de pureté jusqu'à la pegmatite imparfaitement décomposée et, à la base, la roche inaltérée.

Les pegmatites forment, aux environs de Saint-Yrieix, une série de filons irréguliers dans les micaschistes. Dans l'Allier, on exploite la masse tout entière, et on sépare l'argile du quartz et du mica par un malaxage et un décantage très soignés. Le même procédé est employé dans les Cornouailles.

C. Pierres décoratives.

42. Marbres. — Les marbres sont des calcaires plus ou moins homogènes, à grain fin et compact, d'une dureté qui supporte la taille la plus délicate et susceptibles de prendre un très beau poli. On distingue les marbres simples et les marbres composés.

Parmi les premiers, les marbres blancs sont les plus estimés ; les principales carrières se trouvent au Pentélique dans l'Attique, à Paros, en Grèce, à Carrare et à l'Altissimo, en Italie. On en rencontre également dans les environs d'Oran et en plusieurs points du territoire de l'Algérie. Ils ne renferment aucune empreinte de coquilles ou de plantes, aucun fossile ; on rattache leur origine à la date des formations de l'époque jurassique et de l'époque crétacée.

Les marbres colorés simples sont souvent au voisinage des marbres blancs ; on les trouve aussi isolés. Les noirs sont les plus communs ; ils appartiennent au dévonien et au calcaire carbonifère.

Le sarancolin (jaune, veiné de rose, gris et violet) est du dévonien des Pyrénées. Le jaune antique ne se rencontre qu'à Sienne et dans la Haute-Egypte ; le marbre Portor (gris jaunâtre) dans les Alpines, près de Marseille, et en Italie ; le jaune veiné de rose dans les environs de Boulogne, le rouge au cap Chenoua (Algérie), etc.

Les principaux marbres composés sont les brèches, les lumachelles et les cipolins.

Les marbres-brèches sont formés d'assemblages divers : galets de calcaire, blanc ou violacé, débris de roches éruptives verdâtres, réunis et soudés entre eux par un ciment ferrugineux, de couleur jaune ou rouge. Les éléments, roulés ensemble dans un courant, se sont déposés dans un milieu plus tranquille où ils ont été agglutinés par un ciment.

Ce marbre est recherché, parce qu'il prend un beau poli et affecte une infinité de tons ; c'est la brèche violette de Seravezza qui constitue les colonnes monolithes de la façade de l'Opéra. Le marbre-brèche ne résiste pas indéfiniment aux intempéries ; c'est plutôt une pierre d'intérieur. Les brocatelles d'Espagne, les marbres du Tholonet, ceux de Campan sont des brèches.

Les lumachelles sont constituées uniquement par l'agglomération de petites coquilles que l'on distingue facilement et qui sont agglutinées par un ciment calcaire.

Les cipolins sont des calcaires cristallins et schisteux, de structure foliacée ; ils appartiennent au terrain primitif.

43. Albâtre. — L'albâtre a exactement la même composition que le gypse ; c'est du sulfate de chaux hydraté compact, à éléments cristallins et translucides ; il est presque toujours blanc et présente des veines jaune d'ocre; sa structure est zonée et quelquefois fibreuse.

L'albâtre est employé comme pierre d'ornementation intérieure ; sa faible dureté permet de le tailler au couteau et la finesse de son grain laisse aux détails de la sculpture toute leur netteté. Il vient presque entièrement d'Italie où l'albâtre veiné de Volterra est le plus estimé.

On a aussi donné par extension le nom d'albâtre à de véritables marbres translucides tels que l'albâtre oriental d'Egypte, l'Onyx d'Algérie, qui sont formés de carbonate de chaux.

44. Fluorine. — La fluorine ou spath fluor (fluorure de calcium) constitue un des principaux éléments des filons métallifères; mais les échantillons pouvant, par leurs dimensions et la richesse de leur coloration, être appliqués à l'ornementation sont relativement rares.

La fluorine concrétionnée à couches vertes, blanches ou violettes présente des contours dentelés et des reflets vitreux d'un bel effet ; c'est elle qui forme les balustres de l'escalier de l'Opéra de Paris.

§ 4.

LES ENGRAIS MINÉRAUX.

45. Généralités. — Certaines assises des terrains fournissent des matières dont l'épandage sur le sol végétal améliore les résultats des cultures qui y sont pratiquées.

Ces matières, par l'apport d'éléments nouveaux, donnent à la terre, pauvre naturellement ou appauvrie par les récoltes successives, les qualités chimiques qui lui font défaut.

Les gypses, les calcaires, les marnes fournissent la chaux dans l'opération dite du chaulage des terres ; les marnes que bien souvent, et surtout dans le nord et l'ouest de la France, on exploite sous le terrain
même qu'elle doivent amender, ont la propriété de se déliter à l'air et
de passer à l'état pulvérulent ; cette faculté assure l'intimité de son
mélange avec la terre végétale et supprime l'existence de mottes pouvant gêner les opérations agricoles et la végétation.

Les autres éléments utiles des engrais minéraux sont le phosphore,
l'azote et le potassium.

46. Phosphates de chaux. — Le phosphate de chaux provient
de gisements de types très différents et se présente sous des aspects
très variés.

L'apatite est un phosphate de chaux contenant un peu de fluorure
de calcium ; elle se présente en cristaux verdâtres, quelquefois rouges.

On réserve le nom de phosphorites à l'apatite compacte à structure
radiée ou concrétionnée, se présentant en filons, en couches, en nodules disséminés, ou en sables remplissant des poches.

Le phosphate de chaux naturel est toujours tribasique.

Les gîtes sédimentaires de phosphates de chaux se trouvent dans
beaucoup de terrains, depuis les plus anciens jusqu'aux plus modernes.

Au terrain laurentien appartiennent les apatites du Canada, dans
le comté d'Ottawa. Ce sont les plus riches phosphates connus ; ils
se présentent en lentilles dans les cipolins.

Le terrain primitif contient des couches enclavées dans les schistes,
en Norvège et en Podolie.

Le calcaire dévonien du Nassau présente des amas de phosphorite et,
au-dessous de ces amas, le terrain schisteux en est imprégné.

Dans le terrain houiller, on a trouvé des nodules très riches à Fins
(Allier) ainsi que sur les bords de la Méditerranée, entre Antibes et
Fréjus, où ils existent également dans le trias. Le bassin houiller de la
Rühr contient également des phosphates.

Le lias inférieur renferme des nodules à Chatenay (Vosges), à Jussey
et à Vitrey (Haute-Saône), ainsi que dans la Côte-d'Or, le Cher et l'Indre,
soit sur presque toute la périphérie jurassique du bassin de Paris.

L'oxfordien de Bayeux renferme des phosphates, ainsi que les calcaires
jurassiques des environs d'Oran et ceux de Nijni-Novgorod en Russie.

Le système crétacé est le plus riche de tous en phosphates.

Au néocomien se rapportent les gîtes de Saint-Maximin et de Tavel
dans le Gard ; au gault ceux de Salazac, dans le Gard, de Pernes dans
le Pas-de-Calais, de Viviers dans l'Ardèche, ainsi que ceux du Boulonnais, du Cher, de Bellegarde dans l'Ain, de Saint-Paul-trois-Châteaux
dans la Drôme, des Ardennes et de la Meuse ;

Les phosphorites s'y présentent en petits nodules appelés coprolithes.

Des nodules plus petits et plus riches, à patine verte, se rencontrent dans le cénomanien; au-dessus de cet étage, la craie est imprégnée de phosphates qui se poursuivent jusqu'à la craie de Ciply, près de Mons, appartenant au danien. Celle-ci est imprégnée de grains très fins; elle est en stratification discordante avec la craie blanche et le phosphate s'est concentré à sa partie supérieure dans les régions où elle est recouverte par les sables du Soissonnais.

L'étage de la craie blanche du Sénonien renferme les gîtes importants de Beauval dans la Somme et d'Orville dans le Pas-de-Calais; là le phosphate, à l'état sableux, remplit des poches irrégulières à la surface de la craie sénonienne; il est recouvert d'abord par une puissante couche d'argile très foncée appelée bief-à-silex et ensuite par la terre végétale.

A Breteuil, dans l'Oise, un banc de craie grise, également sénonienne, tient une forte proportion de phosphate de chaux.

Dans les terrains tertiaires, les phosphates ont le caractère éruptif plus que dans les précédents. Quelques gîtes sont nettement interstratifiés, très riches en phosphore, en raison de la présence de fossiles animaux. En France, ces terrains sont miocènes ou pliocènes : ceux du Quercy occupent des fentes du calcaire jurassique, mais sont sous la dépendance étroite des gisements éocènes voisins. Les poches se rencontrent au voisinage des îlots tertiaires demeurés en place; quelques-unes ont 35 mètres de diamètre, d'autres sont de vraies crevasses; toutes se coincent en profondeur.

Les ossements sont surtout abondants au milieu des argiles; ils proviennent de batraciens, d'ophidiens et de mammifères appartenant à des faunes très diverses; il est permis d'en conclure que la formation des phosphorites s'est prolongée pendant plusieurs périodes successives, depuis l'âge des gypses jusqu'au commencement de l'âge miocène.

Il est certain que les actions internes ont contribué à cette formation mixte où les agents extérieurs ont eu leur part et où les fossiles sont venus dater des émissions en rapport avec les grands mouvements du sol.

Les couches de nodules très épaisses que l'on rencontre dans la Caroline du Sud et en Floride reposent sur des sables dont la formation est postérieure au pliocène.

Dans les Antilles, enfin, à Curaçao et dans d'autres îles, on exploite du phosphate qui n'est que le résidu rocheux et compact d'un guano lessivé par les eaux de pluie.

Les phosphates d'origine éruptive se trouvent également dans des formations d'âges très-divers.

En Norvège, des éruptions de roches amphiboliques dans les terrains anciens ont déterminé des filons très-nets renfermant des phosphates. Ces gîtes sont très anciens, siluriens probablement; ce n'est pas un fait isolé, puisqu'on rencontre des microlithes de phosphate dans le granite très-ancien de la Bretagne.

En Espagne, le grand centre de production est dans l'Estramadure. Les filons se rapportent, peut-être, au soulèvement des Pyrénées et recoupent les terrains anciens. On y remarque l'alliance de l'apatite et du quartz ; des cristaux.d'apatite sont terminés par de petits pointements quartzeux ; les vides géodiques sont remplis par du quartz et c'est au profit de cette roche que l'on constate une décroissance rapide du phosphate en profondeur. Ce caractère d'appauvrissement et de rétrécissement, à mesure que l'on descend, est commun à tous les gîtes de substances oxydées.

A Caceres, quand les filons recoupent des calcaires formant bassin dans une cuvette schisteuse, ils s'épanouissent et constituent des filons avec poches; dans le schiste, au contraire, ils se ramifient et disparaissent rapidement. La matière utile est une belle phosphorite blanche avec apatite cristallisée.

En France, le bassin des phosphates du Lot est réparti dans les départements de Tarn-et-Garonne et du Lot. Cette région est complètement occupée par les terrains jurassiques que recoupent de véritables filons de phosphates, dont les fentes ont été élargies par voie de dissolution au voisinage de la surface; elles diminuent rapidement en profondeur. Leur orientation principale est celle des Pyrénées. On y a trouvé de nombreux ossements de mammifères, allant du gypse au pliocène, retenus dans la masse même du phosphate, dont ils sont les contemporains.

47. Guano. — Le guano n'est pas un produit minéral ; il est formé par l'accumulation des déjections d'oiseaux marins sur des points de la surface du globe qui se sont prêtés, par les conditions climatériques spéciales où il se trouvent placés, à cette nature de dépôts.

Les îles qui jalonnent les côtes du Pérou, du 2e au 20e degré de latitude australe, renferment les principaux gisements. Le guano est déposé sur des promontoires, sur des falaises dont il remplit les anfractuosités ; on le rencontre surtout là où les oiseaux trouvaient un abri contre les fortes brises du Sud. Des déjections de mammifères marins sont mêlées à celles des oiseaux, le tout mélangé de squelettes de ces animaux et des poissons qui leur servaient de nourriture.

Les roches de la côte consistent en granite, gneiss et syénite porphyrique. Les couches de guano qu'elles supportent, tantôt horizontales, tantôt inclinées, sont ordinairement recouvertes d'un dépôt de sables et de substances salines.

Quelques-uns de ces dépôts sont relativement anciens : à Pabellon-de-Pica, des couches de guano sont recouvertes d'un dépôt d'alluvions anciennes de 3ᵐ de puissance avec des empreintes de coquilles marines ;

puis, au dessus, plusieurs strates de guano recouvertes par le sable de l'alluvion moderne.

Les gisements fournissent deux sortes de produits : le guano ammoniacal, mélange de phosphates terreux, d'urates, de sels à base d'ammoniaque et le guano terreux formé essentiellement de phosphate de chaux, à peu près dénué de matières organiques azotées. Tous deux ont une commune origine, les déjections et les dépouilles des oiseaux de mer ; mais le premier provient de la partie du littoral voisine du désert d'Atacama, où la pluie est à peu près inconnue. Le guano s'est conservé pour les mêmes raisons que les nitrières et dans leur voisinage.

L'amas le plus considérable est celui des trois *Iles Chinchas* ; les strates sont horizontales, rougeâtres vers le haut, d'un gris plus ou moins clair vers le bas. Les assises inférieures contiennent du guano de phoque ; on y rencontre de petites pierres de phorphyre, luisantes et elliptiques, que les phoques ont l'habitude d'avaler et qui accompagnent toujours leurs déjections. L'exploitation se fait à découvert par gradins sur des hauteurs qui dépassent quelquefois 30 mètres. Dans les tailles, on rencontre des fissures remplies de cristaux de sels ammoniacaux, des œufs pétrifiés, des plumes, des ossements et des oiseaux momifiés.

Un autre dépôt, celui de la Huanera de Punta Grande, est un promontoire au nord d'Iquique où le guano remplit plusieurs ravins ouverts dans une roche quartzeuse et feldspathique. Il est enseveli sous du sable descendu du cerro de Tarapaca qui domine la contrée ; aussi est-on obligé d'exploiter par travaux souterrains.

Les gisements du Pérou sont considérables ; au début de l'exploitation, on les estimait à 36 millions de tonnes, l'enlèvement annuel est de 400,000 tonnes. Les îlots coralliens inhabités de la zône équatoriale du Pacifique possèdent aussi des dépôts de guano : L'île *Baker*, sous l'Equateur, 176° longit. Ouest de Greenwich est plane ; son point le plus élevé est à 7 m. au-dessus du niveau de la mer. Le guano repose sur un fond de corail, il est protégé par un bourrelet de sable qui forme ceinture sur tout le pourtour de la plage.

A l'île *Jarvis*, sous l'Equateur, 160° long. O., le guano est séparé du corail par 0m60 de gypse ; à leur contact s'est formée une croûte dure, d'un blanc de neige, ressemblant à de la porcelaine ; elle est surtout formée de chaux et d'acide phosphorique.

L'*île Howland*, voisine de l'île Baker, offre d'intéressants exemples de pseudomorphoses : des fragments de polypiers, après avoir séjourné longtemps dans le guano, ont perdu leur acide carbonique, auquel s'est substitué l'acide phosphorique, sans que les formes aient été altérées.

Dans les contrées qui s'éloignent de l'équateur, le guano a été lavé par les pluies ; il est blanc, pauvre en azote et presque exclusivement phosphaté. Les dissolutions qui le traversent peuvent arriver à le cimenter et à en faire un véritable phosphate de chaux minéral, apte à tapisser les fissures du terrain sous-jacent.

48. Tangue. — La Tangue est de formation récente, elle est composée de sables et de boues marines mêlés de débris de coquilles ; c'est un produit d'alluvions, une pâte calcaire très propre à l'amendement des terres, surtout quand on l'enlève à l'aide de la drague, avant qu'une émersion prolongée en ait détruit la matière organique. La tangue renferme, suivant les localités, des carapaces de diatomées, avec de menus débris de quartz, de mica et de feldspath à base de potasse, ou encore du carbonate de chaux dû à la trituration des coquilles apportées par le flot. Elle contient, en outre, du chlorure de sodium avec les différents sels dissous dans l'eau de la mer, notamment des sulfates réduits à l'état de sulfures s'oxydant rapidement à l'air. L'acide phosphorique ne s'y rencontre qu'accidentellement et en très faible quantité ; sa présence résulte de la décomposition de petits poissons qui habitent les estuaires.

49. Faluns. — Les faluns sont des dépôts marins composés de coquilles brisées et d'organismes marins mélangés de sables siliceux. La roche est meuble ou faiblement agglutinée par un ciment calcaire ; cette formation appartient à l'époque miocène, pendant laquelle la mer recouvrait une partie de l'ouest de la France.

Les faluns *de la Touraine*, les plus riches et les plus anciennement connus, sont remarquables par l'abondance et la belle conservation de leurs coquilles, au milieu desquelles se présentent, à l'état remanié, des ossements de mammifères.

Les faluns *d'Anjou*, plus récents, sont composés de polypiers, de bryozoaires et d'algues calcaires, avec des mollusques à test résistant et des dents de squales.

Aux faluns de la Touraine correspondent les gisements de Baugé (Maine-et-Loire) ; à ceux de l'Anjou, les dépôts d'Ille-et-Villaine et des Côtes-du-Nord, qui atteignent des altitudes de 95 m.

Des agglomérations de nature analogue sont rencontrées dans les Landes et le Bordelais.

§ 5

MINÉRAUX QUI FOURNISSENT LES SELS ALCALINS ET LES SELS ALCALINO-TERREUX

50. Sel gemme et sels solubles qui l'accompagnent. — Le sel ou chlorure de sodium naturel existe en quantités énormes dans l'eau de mer, de laquelle la majeure partie du sel consommé est reti-rée. Les sources minérales en contiennent presque toutes. Il y a enfin les gisements de sel gemme où le chlorure de sodium se trouve à l'é-tat solide.

La première époque de formation des gîtes salifères est permo-tria-sique, la deuxième correspond au miocène.

Dans les gisements très importants de Stassfurt, le sel gemme est accompagné de divers sels solubles de potasse et de magnésie.

Il appartient au zechstein, et se trouve au dessous d'une nappe de gypse. Dans la partie supérieure la carnallite domine, c'est un chlo-rure double de potassium et de magnésium ; dans la partie moyenne on trouve surtout de la kieserite, sulfate hydraté de magnésie et de la kaïnite, sulfate double hydraté de potasse et de magnésie ; plus bas la chaux apparaît avec la polyhalite, sulfate triple hydraté de potasse, de magnésie et de chaux. On rencontre enfin, dans le même gîte, de la sylvine, chlorure de potassium, de la tachydrite, chlo-rure double de calcium et de magnésium hydraté, et de la stassfurtite qui paraît être un mélange de kieserite et de boracite.

Le gîte de Speremberg, entre Berlin et Magdebourg, contient une assi-se de sel de plus de mille mètres d'épaisseur et paraît en relation avec celui de Stassfurt.

En Lorraine, le trias contient plusieurs couches de sel dans les mar-nes irisées ; récemment, des sondages, près de Longwy, en ont rencontré à la partie supérieure du muschelkalk. Les couches sali-fères sont des marnes, où apparaît le sel sous forme de grandes len-tilles. Son exploitation se fait, suivant les cas, par abatage ou par dis-solution.

Le terrain salifère est mélangé d'argiles bitumineuses, de sulfates de chaux et de soude, d'un peu de sulfate de magnésie ; mais il ne contient ni chlorure de magnésium, ni traces d'iode ou de brôme.

Il est donc peu probable qu'il soit le résultat de l'évaporation natu-relle d'une lagune marine. Elie de Beaumont à signalé l'analogie que présentent ces gisements avec certains produits fournis par l'activité éruptive.

Des couches de marnes et d'argiles, avec gypse et anhydrite, sépa-rent les couches de sel ; le gypse forme des amas plus nombreux et plus petits que ceux du sel.

3º Le Salzkammergut est un massif montagneux, situé près de Salzbourg. A l'inverse du bassin Lorrain, le sel est concentré dans le muschelkalk, dans les schistes et les couches dolomitiques ; tantôt les lentilles sont horizontales, tantôt la formation paraît être le résultat d'un pli. Les argiles renferment de l'anhydrite, de la glaubérite, de la polyhalite, mais pas de fossiles ; elles paraissent d'origine éruptive.

La période miocène est le pendant de l'époque permo-triasique ;

toutes deux sont contemporaines des émanations métallifères et pétrolifères ; toutes deux aussi sont caractérisées par d'abondants dépôts
de chlorure de sodium et de sulfate de chaux.

Dans les Carpathes, en Roumanie, à Bochnia et à Wieliczka, près Craco-
vie, le gîte miocène est en amas ; il suit les ondulations du terrain
argileux qui l'enclave. L'argile salifère est d'un gris-ardoise, tantôt
schisteuse, tantôt compacte et polyédrique : elle contient des fossiles
tertiaires.

A Wieliczka, plusieurs puits ont été creusés ; cinq niveaux de galeries
ont recoupé les diverses masses, d'autant plus pures qu'elles sont plus
profondes ; les chambres intérieures avaient jusqu'à 50 mètres de hauteur.

En Espagne, on exploite le sel gemme dans la province de Murcie.

Le Sud de l'Algérie présente des amas de sel qui affleurent et forment des collines sur la route de Laghouat.

Le mode d'exploitation de ces gîtes miocènes est très différent de
celui qui est appliqué à ceux du trias ; ils ne sont pas aussi bien stratifiés et ne sont pas séparés par des intercalations d'anhydrite et de
gypse : la masse est solide et compacte, on peut y pratiquer de vastes
excavations.

Le sud de la province du Caucase contient de très importants gisements de sel gemme, ceux de Koulpa et de Kaguisman, entre Kars et
Erivan.

La relation entre les gisements de sulfate de chaux, gypse ou anhydrite, ceux de sel gemme, les sources thermales et les formations
pétrolifères fait supposer que le sulfate de chaux et le chlorure de
sodium ont une origine éruptive.

L'hypothèse d'une mer qui a laissé de tels dépôts doit être rejetée ;
le mode de cristallisation si compact du sel, l'épaiseur des dépôts, leur
forme généralement lenticulaire supposent plutôt une formation directe. Les sels du gîte de Stassfurt sont presque tous anhydres, condition incompatible avec une origine neptunienne.

51. Salpêtres, nitrates et nitrosulfates. — Ces gîtes sont toujours en relation avec les masses éruptives récentes ; ils ne peuvent
exister, au voisinage de la surface, que dans les pays où il ne pleut
presque jamais. La zône qui remplit cette condition couvre une partie
de l'Amérique du sud, l'Afrique centrale et septentrionale, l'Arabie,
le désert de Gobi.

Au Chili, la zone côtière entre le 22° et le 27° parallèle est très riche ;
aux environs du désert d'Atacama, il ne pleut jamais. L'humidité
de l'air, les nuages de l'Océan, venant à rencontrer la paroi froide que
leur présentent les hauts sommets des Andes, s'y condensent et les vapeurs s'y précipitent. Par suite, l'air de la pampa n'arrive jamais à saturation.

Les gîtes de nitrates comprennent deux catégories : les salares et les nitrières proprement dites :

Les premiers sont constitués par une double croûte, la supérieure étant formée principalement de sel marin, de sulfates de chaux, de magnésie et de soude. Au-dessous, le salpêtre est logé dans les anfractuosités du terrain formé de roches volcaniques très feldspathiques. L'épaisseur de la couche varie de 0ᵐ20 à 1 m ; on a remarqué que la puissance et la pureté sont plus grandes sur les bords qu'au centre.

Les nitrières existent principalement sur le plateau d'Atacama ; elles ont été recouvertes par le terrain diluvien. Souvent on constate l'existence de 2 ou 3 couches superposées : la plus rapprochée de la surface est formée de graviers et contient du gypse; la deuxième renferme encore une petite quantité de sel que le diluvien a laissé; la troisième retient le salpêtre avec sulfate et chlorure. Son épaisseur varie de 0ᵐ20 à 3ᵐ. Un cubage approximatif attribue au gisement environ 10 millions de tonnes, réparties sur 8 kilomètres de longueur.

52. Sulfate de soude. — La glaubérite, sulfate double de soude et de chaux, et la thénardite, sulfate de soude, tous deux anhydres, existent dans les salines d'Espagne. A Ciempozuelos on trouve la glaubérite dans le miocène inférieur et on la transforme en sulfate de soude sur place, par évaporation et cristallisation.

Dans le Caucase, entre Tiflis et Bakou, dans la province de Kakhétie, il existe d'importants gisements de sulfate de soude et la Russie méridionale contient des lacs dont l'eau tient une forte proportion de sel de Glauber.

53. Magnésie carbonatée et sulfatée. — La *Magnésie* est très répandue dans la nature, sous forme de *dolomie* (carbonate double de chaux et de magnésie); la dolomie se rencontre surtout dans les terrains secondaires, quelquefois à l'état compact, plus souvent caverneuse et cloisonnée.

Restée longtemps sans emploi industriel, elle est utilisée, en métallurgie, après calcination, pour les garnissages basiques.

La Giobertite, quelquefois appelée magnésite (carbonate de magnésie) se rencontre dans l'île d'Eubée, intercalée dans les schistes talqueux que traversent des failles renfermant de la serpentine et autres roches magnésiennes. Des émanations hydrothermales, amenées par les cassures des failles, ont déterminé le dépôt du carbonate de magnésie.

La saline de Stassfurt, outre la carnallite, chlorure double de potassium et de magnésium, présente des couches bien définies d'epsomite ou sel amer (sulfate de magnésie); ce produit constitue l'élément principal de certaines sources minérales, Seydschütz, Pullna, Epsom, Villacabras, etc... ; on le rencontre aussi dans les steppes de la Sibérie.

54. Baryte carbonatée et sulfatée. — La baryte est employée sous forme de *barytine ou sulfate de baryte* : sa blancheur, son bas prix, rapprochés de sa très grande densité, la font servir aux sophistications ; on l'a employée aussi au blanchiment des jus sucrés. La fabrication de l'oxygène l'utilise après sa transformation en peroxyde de baryum.

Le *carbonate de baryte* ou *withérite* se rencontre en Angleterre et sert aux mêmes usages que le sulfate.

La barytine est un produit filonien accompagnant les gîtes plombifères surtout.

En Belgique, on la trouve près de Fleurus dans les plis du calcaire carbonifère; on l'exploite pour les raffineries de sucre. En Bohême, les filons de Przibram en contiennent de grandes quantités.

55. Strontiane carbonatée et sulfatée. — La Strontiane a moins d'emplois encore que la baryte ; on la rencontre sous forme de célestine (sulfate) et de strontianite (carbonate). La strontiane existe en rognons dans le bassin de Paris (marnes de Meudon et banc vert) ; elle existe aussi en Westphalie, dans une craie contemporaine de celle de Meudon.

La célestine accompagne les gisements de soufre de Sicile. La strontianite constitue un filon, près de Nyons, dans la Drôme ; elle a emprunté son nom à la ville de Strontian (Ecosse), près de laquelle on en a trouvé.

§ 6

MINÉRAUX EMPLOYÉS PAR LA CHIMIE INDUSTRIELLE

56. Soufre. — Le soufre natif est d'origine volcanique. Après que l'énergie d'un volcan s'est manifestée par la projection des débris de roches et l'émission de laves, il laisse encore échapper des gaz, des vapeurs et des eaux chaudes. Dans une première période, les fumerolles sont caractérisées par les chlorures alcalins et l'acide chlorhydrique ; viennent ensuite la vapeur d'eau et les gaz sulfureux, auxquels succèdent des émanations d'acide carbonique et d'hydrocarbures.

Une solfatare ou soufrière est donc un volcan qui a cessé de donner issue à des laves et qui émet constamment des vapeurs, parmi lesquelles l'acide sulfureux. Ce gaz se décompose en abandonnant du soufre natif.

Les solfatares sont nombreuses; les plus connues sont celles de Pouzolles, près de Naples, de Vulcano dans une des îles Lipari, du Chili, de Java, du Caucase.

C'est en Sicile que l'éruption du soufre a été la plus intense. Le terrain tertiaire y est constitué par des alternances de marnes, d'argiles, de grès et de sables. A la partie supérieure du miocène, dans une assise argileuse, s'intercalent des amas lenticulaires de soufre.

Le soufre natif est loin d'être pur ; quelquefois le terrain est formé d'une sorte de poudding ou de terres compactes dont les divers fragments sont cimentés par le soufre.

On rencontre, en Croatie, près du village de Radoboj, un gisement de marnes aquitaniennes, à végétaux et à insectes, renfermant deux couches de soufre.

Le soufre natif a, sur celui qui provient du traitement des pyrites, l'avantage de ne pas contenir d'arsenic.

57. Pyrites. — Le soufre est un minéralisateur ; il accompagne beaucoup de métaux et entre dans la composition de la plupart des minerais. La pyrite de fer constitue un minerai de soufre.

Les gîtes les plus importants sont ceux de *Rio-Tinto*, province de Huelva (Espagne): ils se trouvent dans des terrains schisteux appartenant au dévonien qui ont été redressés par des éruptions de porphyres qui encadrent le gîte et lui servent de mur. Après l'arrivée des porphyres a eu lieu l'émanation hydrothermale qui a donné la pyrite de fer mélangée à de la pyrite de cuivre. Sur les bords, le dépôt est aminci et la richesse en cuivre augmente.

La pyrite est compacte, non cristallisée, avec une petite quantité de quartz comme gangue. Le cuivre est tantôt disséminé en petites mouches à peine visibles, tantôt en taches très appparentes de pyrite de cuivre.

L'exploitation est très développée à Rio-Tinto ; le cuivre en est le principal objet.

La production dépasse 2 millions de tonnes, contenant 1 million de tonnes de soufre, correspondant à 4 millions de tonnes d'acide sulfurique, chiffre supérieur à la consommation du monde entier.

Les gîtes paraissent perdre leur puissance, à mesure que l'on descend.

En France, les gîtes constituent une grande zone parallèle au Mont-Cenis. Une première bande, au sud, passe aux Palières, au Pin près Alais, à Salindres, à Saint-Jean de Valgagnes, à Meyrannes, à Joyeuse, à Largentière, à Privas, à Saint-Péray ; une deuxième bande est dans le département du Rhône à Chessy et Sain-Bel. Tous ces gîtes sont filoniens ; ils recoupent les terrains anciens, la dolomie infraliasique et même l'oolithe inférieure.

Dans la 1re bande, ceux du Soulier et de Saint-Jean de Valgagnes sont les plus exploités : au *Soulier*, les dolomies sont hachées par des failles, les fissures sont minéralisées et renferment des pyrites de forme lenticulaire, compactes et, quelquefois, un peu cristallines.

A *Saint-Jean de Valgagnes*, le filon s'épanouit au contact du lias et du calcaire à entroques ; on ne connaît pas les fissures connexes. Au delà d'une faille, on rencontre un gîte de minérai de fer qui ne renferme pas trace de soufre. La puissance diminue avec la profondeur.

Aux *Palières*, le gîte est au contact du lias et des marnes irisées.

La deuxième bande est celle des pyrites du Rhône, sur les deux rives de la Bressonne.

Le gisement de *Chessy* et *Sain-Bel* consiste en une argile ferrugineuse remplie des produits d'oxydation du cuivre, formant le chapeau de fer d'un dépôt de pyrites de fer et de cuivre. Ces minerais oxydés imprègnent aussi un grès triasique, mis en contact, par une faille, avec une roche éruptive dans laquelle la pyrite forme une grande masse lenticulaire, paraissant contemporaine de l'éruption.

Les produits des deux bandes pyriteuses sont entièrement utilisés pour la fabrication de l'acide sulfurique.

Les produits des deux bandes pyriteuses sont entièrement utilisés pour la fabrication de l'acide sulfurique.

58. Arsenic. — L'arsenic est retiré le plus souvent des condensations de fumées du traitement métallurgique de minerais de plomb, de cobalt ou de cuivre qui contiennent une petite proportion de ce corps.

On peut considérer pourtant le mispickel ainsi que l'orpiment et le réalgar comme des minerais d'arsenic.

Le mispickel ou arsénopyrite (Fe As³) se trouve associé aux minerais d'étain et d'argent ; il se présente également en veinules dans la serpentine.

L'orpiment et le réalgar sont, le premier le sesquisulfure d'arsenic, le second le monosulfure. Leur couleur allant du jaune au rouge a fait employer leur poudre en peinture.

On les trouve dans des filons en Transylvanie.

La dolomie présente quelquefois des cristaux de réalgar.

Certaines sources thermales, comme celles de Saint-Nectaire, en Auvergne, laissent déposer des concrétions d'orpiment et de réalgar mêlés à des sels de chaux.

59. Borax, acide borique, boracite. — Le borax ou borate de soude hydraté se rencontre sur les bords de certains lacs au Thibet, en Perse et dans l'Inde où il porte le nom de Tinkal.

Le Borax Lake de la Sierra-Nevada de Californie, qui se trouve au milieu de contrées volcaniques, possède des vases riches en borate de soude que l'on exploite à la drague et d'où l'on extrait le borax.

L'acide borique existe dans l'eau des lagoni de Toscane au sein de la quelle viennent s'épancher les jets de vapeurs d'eau et d'acide borique des suffioni. L'origine volcanique de l'acide borique assimile ce dernier à l'acide carbonique. Les propriétés chimiques du bore et celles du carbone ont d'ailleurs certaines analogies.

On a aidé l'œuvre de la nature en créant des suffioni artificiels à l'aide de forages et en les surmontant de lagoni où les vapeurs laissent leur acide borique.   .

La boracite ou borochlorate de magnésie apparaît en efflorescences à la surface des falaises de la vallée de l'Orégon, accompagnée de cryptomorphite, borate double de soude et de chaux. Ces efflorescences réapparaissent après chaque saison de pluies.

La boracite apparaît encore dans l'Utah, au Pérou, en Afrique et dans des gisements nouvellement reconnus en Asie-Mineure.

60. Alunite. — L'alunite est un sous-sulfate double de potasse et d'alumine, de formule 4 SO^3, KO, 3 Al^2O^3, 6 HO ; ses gîtes sont en petit nombre et paraissent être de deuxième formation. On ne les connaît qu'au voisinage des roches trachytiques, dans les contrées renfermant des émanations sulfureuses, actuelles ou anciennes : l'alumine s'est partiellement transformée en sulfate, aussi bien que la potasse contenue dans les trachytes. L'ensemble forme l'alunite ; sa facile décomposition exclut l'idée que ce corps puisse être le résultat direct d'une action ignée.

Les gîtes importants d'Europe sont en Italie, à la Tolfa, au nord de Civitta-Vecchia, un deuxième dans les Marais-Pontins, un troisième plus au Nord, un quatrième dans l'île d'Ischia.

En France, au Mont-Dore, on rencontre un peu d'alunite.

En Asie-Mineure, près du lac de Van, les roches des grands massifs trachytiques ont été transformées en alunite par des émanations solfatariennes.

Le gîte de *la Tolfa*, le plus important est dans un trachyte traversé par une série de filons. Les vapeurs acides et sulfureuses attaquent la roche le long de ces fentes. Le premier effet produit est l'enlèvement de la potasse et la formation du Kaolin. Puis, dans les parties centrales, l'alunite a pu se former et cristalliser en masses concentriques.

L'alunite traitée, après rôtissage, par l'acide sulfurique, donne l'alun et le sulfate d'alumine.

Le gîte de la Tolfa renferme aussi du soufre, du kaolin et des minerais chimiques, quelquefois de la galène. Il est de nature volcanique et métamorphique.

L'alunite a été exploitée au Mont-Dore ; elle s'y trouve mêlée au soufre natif dans un trachyte où elle remplace le feldspath d'une manière plus ou moins complète.

On explique cette curieuse transformation par une venue d'hydrogène sulfuré qui a transformé le silicate d'alumine et de potasse, l'orthose du trachyte en sous-sulfate, c'est-à-dire en alunite, laissant un dépôt de soufre.

61. Bauxite. — La bauxite est un hydrate d'alumine, souvent mélangé de silice hydratée, observé pour la première fois aux Baux, près d'Arles, dans la chaîne des Alpines ; on l'a trouvé, depuis, dans l'Hérault, dans l'Ariège et dans le Var.

La bauxite se présente en amas irréguliers dans les calcaires de l'Oxfordien et elle s'épanche en couches dans le crétacé ; elle contient fréquemment des pisolithes ferrugineuses avec des nodules de limonite ou d'oligiste ; son allure habituelle la rapproche beaucoup des dépôts sidérolithiques du tertiaire.

À l'état de pureté, la bauxite aurait pour formule $Al^2O^3 + 2HO$; elle sert à fabriquer l'aluminium et le sulfate d'alumine. Elle est souvent teintée en rouge par Fe^2O^3.

Le gisement de l'Hérault appartient à l'oxfordien ; c'est une couche, peut-être aussi est-il filonien, au contact du calcaire oxfordien et du calcaire éocène ; il s'en écarte plus loin pour suivre les relèvements du terrain jurassique.

Celui du Var paraît être filonien ; on y constate plusieurs filons avec ramifications ; la direction générale est NE.-SO.

La bauxite, par son horizon à peu près constant et situé entre l'Urgonien et le Cénomanien, doit être plutôt considérée comme une roche de formation sédimentaire, mais produite sous l'influence d'une action hydrothermale.

Ce minéral se forme de nos jours dans les geysers de l'ouest des Etats-Unis, tout comme la silice hydratée se dépose dans ceux de l'Islande.

Il y a eu vraisemblablement amenée de l'alumine par des venues hydrothermales internes au sein d'eaux tranquilles et fixation, à l'état hydraté, au fond de ces eaux où les couches se sont formées.

62. Cryolithe. — Ce fluorure double d'aluminium et de sodium a été longtemps le seul minerai d'aluminium.

Son unique gisement, à peu près épuisé, est au Groënland, à Arksul-Fjord, où on le trouve, au bord de la mer, en filon dans le gneiss, accompagné de minerais métalliques.

§ 7.

MINÉRAUX EMPLOYÉS DANS DIVERSES INDUSTRIES A RAISON DE LEURS PROPRIÉTÉS PHYSIQUES.

63. Graphyte. — C'est du carbone à peu près pur, presque toujours amorphe, renfermant une petite proportion d'hydrocarbures et de fer.

On le trouve dans les terrains anciens aux Etats-Unis, en Finlande, en Moravie. Les plus beaux gisements sont ceux de la Sibérie.

Il se présente tantôt dans le calcaire cristallin, tantôt dans des roches primitives, comme la granulite ou le gneiss où il remplace le mica.

Suivant son état de pureté, il sert à la fabrication des crayons, donne la plombagine, est employé à la fabrication des creusets ou sert à enduire les moules de fonderie.

Il est probable que le graphite est un minéral d'origine éruptive ; sa formation est, en tout cas, indépendante de toute matière organique.

64 Pierres lithographiques. — Les pierres lithographiques sont des calcaires à grain très fin et très homogène contenant un peu de silice et d'argile : les meilleures sont celles de Solenhofen, en Bavière ; on en exploite aussi à Diano Marina sur la rivière de Gênes. Des gisements sont signalés dans la Dordogne.

65. Emeri. — L'Emeri est généralement un mélange de corindon (alumine pure) et de fer magnétique ; il forme des masses compactes ou grenues dans les micaschistes de la Saxe ; on le rencontre aussi en Asie-Mineure et en Amérique. Il provient, en majeure partie, de l'île de Naxos.

En raison de sa dureté, il est employé à tailler et à polir les pierres précieuses, à user et à polir les métaux.

66. Pierre ponce. — La pierre ponce se trouve, sous forme de déjections, au voisinage des volcans ; c'est une obsidienne boursouflée et vitreuse, servant à user et à polir des objets de dureté moyenne. C'est de l'orthose amorphe dans lequel les pores sont d'autant plus abondants que les cristaux microscopiques enclavés sont moins nombreux.

67. Tripoli. — Le tripoli est également une matière naturelle destinée au polissage.

C'est une sorte de farine fossile, plus ou moins agglomérée, composée de débris de diatomées, sortes d'algues à enveloppe siliceuse, que l'on voit encore de nos jours se former là où l'eau de mer se trouve mélangée d'eau douce.

Le tripoli est presque exclusivement composé de silice ; on le trouve en France, à Randanne, en Auvergne et dans quelques autres localités.

C'est le tripoli ou Kieselguhr qui est employé dans la fabrication de la dynamite comme matière poreuse, inerte, susceptible d'absorber une grande proportion de nitro-glycérine.

68. Ecume de mer. Stéatite. Talc. — Le *silicate de magnésie* (magnésite) est répandu comme élément d'un grand nombre de roches serpentineuses. L'*écume de mer* en est une variété, substance légère, poreuse et opaque ; on la rencontre en Asie-Mineure. La *stéatite*, très onctueuse au toucher est du talc à l'état compact; elle sert de poudre à polir. Le *talc*, agglomération de cristaux indistincts, est le plus mou de tous les minéraux, de couleur claire et d'éclat nacré. C'est la craie des tailleurs ou craie de Briançon.

69. Amiante. — On désigne sous le nom d'amiante des silicates fibreux et flexibles ayant, soit la composition de l'amphibole, soit celle de la serpentine.

L'asbeste, produit d'altération de l'amphibole trémolite qui s'est hydratée, se trouve dans les Alpes de Savoie, du Piémont et du Tyrol ainsi qu'en Sibérie et en Hongrie.

La chrysotile, serpentine en fibres soyeuses, est originaire du Canada dans la province de Québec.

Ces deux sortes d'amiantes, dont la première était connue des anciens, servent à la fabrication de tissus, feutres ou cordages incombustibles ; ces produits sont appliqués en mécanique, aux théâtres et dans la construction des coffres-forts.

70 Mica. — Le mica est un silicate magnésien et potassique. La variété qui se présente en grandes lames flexibles, servant de vitres résistant au feu, provient des terrains primitifs du Canada.

§ 8.

LES PIERRES PRÉCIEUSES

71. Diamant. — Le diamant est du carbone pur et cristallisé. Les anciens Grecs le connaissaient et le tiraient de Golconde ; depuis il a été rencontré successivement au Brésil, dans l'Oural, à Bornéo, au cap de Bonne-Espérance.

Les plus beaux viennent de l'Inde ; on les trouve dans les alluvions aurifères et dans des conglomérats siluriens. Au Brésil, il provient également de roches anciennes. Le gisement du Cap est un véritable gîte d'injection ; le diamant est disséminé d'une façon très irrégulière dans une roche à pâte argileuse et magnésienne, le *blue rock* qui semble devoir son origine à des éruptions boueuses.

Il a été fait de nombreuses hypothèses sans grand fondement sur le mode de formation du diamant que l'on a, en vain, cherché à reproduire artificiellement, jusqu'à ce jour.

On n'a en effet, jamais trouvé, avec quelque certitude, le diamant dans la roche où il a dû se former et l'état sous lequel existait le carbone avant sa cristallisation reste inconnu.

72. Gemmes formées de silice. — Le *quartz hyalin* ou cristal de roche est de la silice à l'état de pureté ; il n'est attaqué que par l'acide fluorhydrique ; sa densité est faible et sa dureté très grande. On l'emploie encore aujourd'hui pour ses propriétés optiques, mais on tend à le remplacer par le cristal artificiel. — Ou le rencontre principalement en Suisse et à Madagascar.

Lorsqu'il est de couleur violette, il constitue *l'améthyste*, dont la coloration est due probablement à une petite quantité d'oxyde de manganèse. On la trouve principalement dans les cavités des roches porphyriques.

De couleur rose, l'améthyste renferme de l'oxyde de titane.

L'*Hyacinthe de Compostelle* est du quartz rouge coloré par du peroxyde de fer et qu'on recueille dans les argiles. Quand l'oxyde de fer est hydraté, la teinte passe au jaune et on a la *fausse topaze*.

Le *quartz enfumé* est du quartz ordinaire dont la couleur sombre est due à la présence de matières organiques.

L'*agate* est un quartz translucide ; elle est monochrome ou rubanée. Les principales sont la *calcédoine* d'un blanc un peu bleuâtre, la *saphirine*, de couleur bleu-foncé, le *chrysoprase*, de couleur verte, *l'héliotrope*, de même nuance mais diaprée de points jaune ou rouge-sang.

L'*aventurine* est une agate qui contient des paillettes rougeâtres ou jaunes de mica. L'*œil-de-chat* et une agate chatoyante.

Les agates rubanées ont été déposées par les eaux dans des cavités dont la partie centrale est souvent tapissée de quartz. Ces agates sont employées comme pierres à camées ; ou en fait aussi des mortiers pour triturer les corps durs.

Les agates proviennent de l'Inde, de la Chine et du Japon ; on les rencontre presque toujours dans les roches éruptives.

Le *Jaspe* est un quartz opaque et impur, renfermant une notable pro-

portion d'alumineet d'oxyde de fer. L'Egypte en est le principal fournis-
seur.

La pierre de touche est un jaspe coloré en noir par du charbon.

L'*opale* est un quartz hydraté ou plutôt de la silice avec de l'eau
comme liquide d'imbibition. Elle est caractérisée, lorsqu'elle est pure,
par des feux chatoyants et irisés où dominent le rouge, le bleu, le vert
et le jaune ; c'est l'opale noble ou d'Orient.

L'opale commune ne reflète qu'une seule couleur ; on la trouve en
nids ou en couches dont la stratification rappelle la structure du bois
pétrifié. On la rencontre, en Hongrie, dans les cavités d'un trachyte caverneux.

73. Gemmes formées d'alumine : Le *corindon* est de l'alumine
pure et se distingue par sa dureté, la plus grande après celle du diamant.

Le *saphir*est un corindon parfaitement transparent, de belle couleur
bleue ; on le trouve aussi rouge, vert, jaune et blanc.

La variété rouge est particulièrement estimée sous le nom de *rubis* ;

Les cristaux colorés en jaune donnent les *topazes orientales*; les bleus-
violets les *améthystes orientales*.

Les plus belles de ces pierres viennent de l'Inde et se rencontrent
dans les terrains d'alluvion.

74. Gemmes formées de silicates. — La *topaze* est un silicate
d'alumine, contenant du fluor. Celle du Brésil est d'une belle couleur
jaune qu'on attribue à la présence de l'oxyde de fer. La topaze de Saxe
est pâle et moins estimée.

L'*émeraude* et le *béryl* sont un silicate double d'alumine et de glucine,
la première d'une belle couleur verte, le second pâle ou incolore. Les plus
belles émeraudes proviennent de l'Amérique du sud, des bords de la
mer Rouge et de la Sibérie. Les environs de Limoges donnent des émeraudes d'un vert pâle.

La topaze et l'émeraude sont intimement liées aux pegmatites.

Les *grenats* sont des silicates doubles, généralement alumineux : les
plus beaux proviennent des gneiss et des micaschistes de la Bohème.

On désignait autrefois sous le nom d'*escarboncle* une variété de
grenat.

Le noble *péridot* ou *Chrysolite* est un silicate anhydre très magnésien d'une belle couleur vert foncé.

La *tourmaline* qui affecte plusieurs couleurs et quelquefois un très
beau rose clair est un silicoborate d'alumine contenant, en outre, une
série d'autres métaux.

L'aigue marine est tantôt une topaze, tantôt un béryl, affectant une couleur vert de mer.

Parmi les feldspaths, il faut signaler l'orthose blanc nacré appelé pierre de lune, l'orthose vert moldavite ou pierre des Amazones, l'orthose aventuriné ou pierre de soleil, la variété bleue de haüyne ou lapis lazuli.

75. Gemmes de compositions diverses. — La *turquoise* est un phosphate d'alumine associé au fluor. On la rencontre sous forme de petits rognons mamelonnés, d'une couleur variant de l'azur au vert clair, en Perse et en Arabie.

Le *spinelle* est un aluminate de magnésie, pierre de grande valeur, qui se distingue par sa dureté, son éclat et sa transparence. Le plus estimé est le rubis-spinelle, de couleur rouge ; on en rencontre aussi de bleus, de verts et de noirs. Le spinelle est originaire de l'Inde.

La malachite est composée de carbonate de cuivre d'un beau vert, présentant des veines de nuances différentes, que l'on trouve surtout dans l'Oural.

Le Jais, enfin, est, comme nous l'avons déjà dit, une variété de lignite. On le trouve dans l'Ariège et en Angleterre.

CHAPITRE III

LES MINERAIS

§ I.

MINERAIS DE FER.

76. Composition des minerais. — Le fer se présente dans la nature, sous différents états :

Le fer natif est rare et provient du fait de la réduction d'un oxyde ou d'un sulfure ; il a été rencontré au Groënland, empâté dans du basalte, allié au charbon, au soufre, au nickel.

On le trouve surtout dans les météorites ; celles-ci sont généralement recouvertes d'une croûte noire, résultat d'une fusion superficielle causée par l'incandescence du bolide dans son passage à travers l'atmosphère.

Outre le nickel, le fer météorique renferme aussi du chrôme, du cobalt, du silicium, du phosphore, du soufre et de l'hydrogène. La Pyrrhotine ou pyrite magnétique lui est fréquemment associée.

Le *fer oxydulé* ou *magnétite* Fe^3O^4 est le plus riche des minerais ; en bloc ou en poussière, il est de couleur noire.

La magnétite forme, à la surface du globe, des gisements qui constituent de véritables montagnes ; elle est abondamment répandue parmi les roches basiques, dans les roches volcaniques et, en particulier, dans les basaltes.

A la magnétite se relie, la *magnésioferrite* $MgFe^2O^4$. Toutes deux sont magnétiques. *L'oligiste* ou peroxyde anhydre Fe^2O^3 est souvent associé à la magnétite. Sa variété la plus commune est *l'hématite rouge*.

Quelques variétés sont titanifères. L'ilménite $(Ti,Fe)^2O^3$ peut renfermer les deux oxydes ferrique et titanique en parties égales.

Le *peroxyde hydraté* : sa variété cristallisée, la Goethite, Fe^2O^3, H^2O

est peu répandue ; au contraire, la *limonite,* ou *fer oxydé hydraté,* ou *hématite brune* $2Fe^2O^3$, $3H^2O$ est très répandue : en bloc, brun foncé ; en poussière, jaune. Disséminé dans l'argile, il constitue l'ocre jaune.

Le *fer carbonaté :* deux variétés, la première, le *fer carbonaté spathique* ou *sidérose,* minerai de filon, de blanc nacré qui brunit rapidement à l'air, en raison de sa transformation en peroxyde hydraté, d'autant plus rapide qu'il renferme plus de manganèse.

La seconde variété, le *fer carbonaté lithoïde* ou *sphérosidérite,* accompagne souvent le terrain houiller, sous forme de rognons aplatis ou en couches continues (black-band). Quand on brise un de ces rognons, on constate que la matière ferrugineuse s'est déposée autour d'un corps organisé qui a servi de centre d'attraction.

Le fer carbonaté lithoïde est le principal minerai traité en Ecosse et dans le pays de Galles.

Les autres composés ferrugineux sont plutôt des minéraux que des minerais. La *chromite* $(FeMg)O(Cr,Al)^2O^3$, ou *fer chrômé,* ou *sidérochrome,* a eu quelques applications industrielles.

On peut considérer ce corps comme un fer oxydulé dans lequel deux équivalents de chrôme se sont substitués à deux équivalents de fer.

La *chamoisite* est exploitée dans le Valais et donne du fer de bonne qualité.

Deux *sulfures de fer* de composition identique FeS^2 sont plutôt des minerais de soufre que des minerais de fer ; mais, après leur désulfuration pour la fabrication de l'acide sulfurique, ces matières deviennent des oxydes qu'on emploie comme minerais de fer.

La *pyrite* proprement dite est jaune de laiton et cristallise en cubes. La *marcasite,* ou pyrite blanche, cristallise dans le système du prisme droit.

Le *mispickel* ou fer arsénical ou arsénopyrite, FeAsS, a beaucoup d'analogies avec la marcasite, s'exploite comme minerai d'arsenic ; il se rencontre dans les roches anciennes, dans les filons d'étain et d'argent, renferme souvent de l'argent et du cobalt.

Les minerais de fer sont, tantôt d'origine sédimentaire, tantôt d'origine éruptive ; les premiers sont des gîtes stratifiés subordonnés à certaines roches, les seconds sont de véritables filons. Il est probable que tous ont eu pour origine des émanations venues de l'intérieur de la terre.

Les gîtes de fer ressemblent à ceux des phosphorites et semblent avoir été apportés dans des conditions analogues.

77. Gîtes sédimentaires. — On les rencontre à presque tous les degrés de l'échelle des dépôts géologiques :

1º Dans le terrain primitif, les gneiss et les schistes anciens, en Scandinavie, en Laponie, à Mokta-el-Hadid (Algérie), au Val d'Aoste (Piémont), dans la Carinthie, à St-Romans (Gard), etc.. ;

2° Dans le cambrien et le silurien au Brésil, en Russie, en Bohème, dans les Asturies, en Sardaigne, à Segré (Maine-et-Loire), à St Remy (Orne et Calvados), etc. ;

3° Le dévonien présente, en Belgique, les oligistes de la Meuse ; en Styrie, le fer spathique ; dans le Harz et le Devonshire, les hématites ; etc....

4° Le permo-carbonifère donne les hématites du Cumberland et de très-nombreux gisements de sphérosidérite ;

5° Les minerais triasiques sont représentés en France par les gîtes de l'Ardèche et du Gard ; on les retrouve dans le Tyrol, en Lombardie, etc. ;

6° La série jurassique se partage en deux systèmes : au lias et à l'infralias appartiennent les dépôts de la Côte-d'Or à Mazenay, de l'Aveyron, la Moselle, la Haute-Marne et plusieurs de ceux de l'Angleterre et de l'Allemagne ; à l'oolithe, ceux de l'Ardèche, de Mondalazac (Aveyron) et les énormes gisements de la Moselle et du Cleveland ;

7° Entre le jurassique et le terrain tertiaire se place le gîte de Bilbao ; puis, au-dessus, ceux de la Tafna (Algérie), de Carthagène (Espagne), etc..

TERRAINS PRIMITIFS. — Les minerais de *Suède* peuvent être divisés en trois catégories : Les plus anciens, oligistes et magnétites, à gangue de quartz et de feldspath, sont caractérisés par une structure zonée et une liaison étroite avec les roches encaissantes, gneiss ou eurite. En général, les couches sont très relevées et fortement ployées ; le passage de la roche stérile à la roche ferrifère est souvent presque insensible. Ces dépôts ont une teneur en phosphore considérable et renferment quelquefois de l'apatite.

La deuxième catégorie compte des minerais magnétiques, bien séparés de la roche encaissante, avec gangues spathiques ; ils se présentent comme des lentilles disposées en chapelets.

La troisième série est celle des minerais manganésifères ou calcarifères ; ils sont fortement imprégnés de pyrite.

En *Laponie*, les dépôts, encore peu connus, paraissent avoir une importance considérable ; le minerai est pur et riche ; il est accompagné d'une roche porphyrique.

A *Mokta-el-Hadid*, une masse de cinq à quinze mètres de puissance est interstratifiée dans les schistes micacés au mur ; le toit est un calcaire cipolin, remplacé quelquefois par un schiste analogue à celui du mur. Le minerai est un mélange intime de fer oxydulé et de fer oligiste massif.

En profondeur, il est mélangé de pyrite ; il se pourrait donc que le gîte dût être considéré comme l'expansion, au sein d'une masse calcaire, d'une émanation ferreuse probablement sulfurée à l'origine, et qui n'a pu pénétrer dans le schiste imperméable du mur.

Le terrain primitif des environs de Bône renferme des minerais analogues sur d'autres points :

Au *Val-d'Aoste*, fer oxydulé dans les schistes micacés ou disséminé en granules dans la masse des serpentines.

Les gîtes de *Carinthie* sont intimement unis au calcaire cristallin qui accompagne les schistes micacés ; ce sont de grandes lentilles de fer cristallisé, puis altéré, interstratifiées au milieu des schistes.

A *St-Romans (Gard)*, encore du fer spathique intercalé dans les schistes talqueux, mais souillé par des pyrites arsenicales et cuivreuses.

A *Collobrières, près Fréjus*, un amas de peroxyde de fer dans les micaschistes.

Même gisement à *Saint-Léon (Sardaigne)* et à *Ehrenfriedensdorf (Saxe)*.

Santiago (Portugal) présente une formation de minerais de fer dans le calcaire.

TERRAINS CAMBRIEN ET SILURIEN. — Dans les sédiments cambriens, l'élément cristallin domine ; il est rare dans les dépôts siluriens.

Les *Asturies* ont un lit de minerai de fer dans les calcaires. Au *Brésil*, le fer oligiste se trouve en paillettes dans les schistes micacés.

Krivoï-Rog est un grand gîte de la Russie : fer oligiste ou hématites en couches concordantes avec les schistes et les quartzites, le tout redressé entre deux soulèvements granitiques. Il est à proximité du bassin houiller du Donetz.

A *Segré* (Maine-et-Loire), le minerai est tantôt oxydulé, tantôt oligiste, tantôt un mélange des deux, suivant toutes les inflexions des couches encaissantes.

En *Estramadure*, des lentilles isolées et peu importantes d'hématite très pure dans le grès armoricain. A *Cartagène*, un gîte analogue renferme une forte proportion de plomb.

Saint-Rémy (Calvados) Le type français le plus important des gisements de cette nature est celui de St-Rémy ; c'est une couche d'hématite rouge d'une puissance constante de $2^m,50$, en stratification concordante dans les schistes à calymènes. Le terrain a subi d'énormes pressions latérales qui ont déterminé la formation de plis, de sorte qu'on avait conclu, à l'origine, à l'existence de plusieurs couches. Le même gîte se retrouve à plus de 40 kilom. dans l'Orne, avec tous ses caractères ; ses affleurements sont jalonnés par des tranchées de faible profondeur, dues à des exploitations superficielles anciennes.

TERRAIN DÉVONIEN. — Le minerai de la *Meuse* est du fer oligiste en grains que l'on exploite dans les provinces de Namur et de Liège.

En *Styrie*, un très grand gisement de fer spathique s'étend sur plus de 300 kilomètres ; ce sont des lentilles aplaties, intercalées dans les strates du terrain. Le minerai, fortement calcaire au sommet de la montagne, devient siliceux à la base.

On trouve encore des minerais de fer dévoniens dans les *Ardennes* sous forme d'oligiste, dans le *Nassau*, le *Harz* et le *Devonshire* à l'état d'hématite rouge.

PERMO-CARBONIFÈRE. — Le minerai carbonaté des houillères, ou blackband, devient un élément constitutif du bassin houiller en *Angleterre*, en *Écosse*, en *Allemagne* et en *Belgique*. Les couches de houille et celles de fer sont quelquefois assez rapprochées pour être exploitées par les mêmes travaux.

En France, il est moins répandu ; on en trouve dans les bassins de la *Loire*, de l'*Aveyron* et du *Gard*.

GITES TRIASIQUES. — Le calcaire dolomitique forme, dans l'*Ardèche*, le toit d'une couche de minerai de fer. Ce même horizon dolomitique donne, dans le *Gard*, le gîte de *Bordezac* et du *Travers*.

Dans la *Moselle*, l'étage du Keuper donne du fer carbonaté ; on en rencontre aussi dans le *Tyrol méridional*. Le même minerai existe en *Lombardie*, dans le trias, et encore à l'état spathique, dans le *massif des Alpes*.

MINERAIS JURASSIQUES. — Dans la Côte-d'Or, quelques gisements dont le plus important est celui de *Mazenay*, exploité par le Creusot. Dans l'Ardèche, celui de *Privas*.

La région des *Carpathes* possède des couches de combustible jurassique alternant avec des lits de minerai de fer.

Les gîtes de la *Moselle* sont à la limite du lias et du calcaire à entroques ; ce sont des grains bruns d'hydroxyde de fer agglutinés par un ciment argileux et ferrugineux ; une couche de limonite s'étend sur les *Ardennes*, la *Haute-Marne* et la *Haute-Saône*.

La grande couche de fer carbonaté du Cleveland appartient à l'oolithe, de même que celle de *Mondalazac* (Aveyron), formée d'un mélange de peroxyde de fer et de chamoisite réunis par un ciment marneux.

L'horizon de l'oolithe lferrugineuse s'étend depuis le Luxembourg belge jusqu'à Nancy ; on le retrouve en Normandie, en Bourgogne, et jusque dans l'Ardèche et l'Aveyron. Ce sont de petits grains agglutinés dans un ciment calcaire ou argileux.

MINERAIS CRÉTACÉES. — La région de *Bilbao-Sommorostro* appartient au terrain cénomanien. Le gîte se compose de deux couches distinctes : la supérieure, ou Vena, est du carbonate complètement décomposé en hématite tendre ; l'inférieure, ou Campanil, est du carbonate incomplètement décomposé, hématite rouge, dure, à gangue calcaire. En outre, le Rubio est un minerai de surface, caverneux, compact, dur, à gangue quartzeuse.

La *Tafna* (Algérie) présente de grandes analogies avec Bilbao : des schistes anciens sont recouverts par des calcaires ; au contact, des hématites plus ou moins manganésifères, avec quelques géodes de fer spathique altéré.

Le néocomien renferme, dans le *Jura* et en *Suisse*, un calcaire ferrugineux. Dans la *Haute-Marne* et la *Meuse*, un minerai géodique, concrétionné, résultant d'infiltrations ferrugineuses dans les sables.

Dans la *Marne* et la *Haute-Marne*, des grains très fins sont empâtés dans une argile ferrugineuse. Dans le *Cher*, le *Berry*, des grains pisiformes et concrétionnnés dans les marnes provenant de la métamorphose des calcaires jurassiques sous-jacents. Le minerai pénètre en poches dans ces calcaires ; il se présente quelquefois en nodules et en rognons. Les parois des cavités sont crevassées et dégradées ; elles se terminent, dans le fond, par des fentes étroites qui représentent les canaux d'arrivée des matières sidérolithiques.

En *Afrique*, à *Bougie*, on rencontre des couches d'hématite rouge au dessous de grès équivalents à ceux de Fontainebleau ; à *Tabarka* (Tunisie), apparaît un grand développement de minerais de fer.

78. Gîtes éruptifs. — Les minerais contemporains des terrains anciens, dont il a été question, peuvent être rattachés à cette classe. Dans les *Vosges*, de nombreux filons contiennent de l'oligiste ; à *Framont* un filon de contact, au voisinage d'une roche porphyrique, appartient à ce système, de même que le grand filon quartzeux à l'entrée du *Val d'Ajol*.

Autour du *Canigou* (Pyrénées), les minerais de fer des environs de *Prades* se rencontrent dans les assises calcaires du terrain de transition. Ce sont de gros amas lenticulaires de fer spathique en profondeur, de fer oxydé et d'hématite brune à la surface, ces derniers résultant de la décomposition du carbonate.

Dans le *Tarn*, un grand filon d'hématites siliceuses plus ou moins manganésifères, de fer carbonaté et de manganèse oxydé, analogues aux minerais du Canigou.

Les gisements de l'*Ile d'Elbe* étaient connus des Romains. Ils sont surtout constitués par du fer oligiste, mais aussi par des hématites. Le terrain est, suivant les localités, silurien ou permo-carbonifère ; il sert de support aux calcaires infraliasiques dont le minerai a, par endroits, pris la place. Les gîtes sont généralement accompagnés d'une roche verte, de nature amphibolique, produite par la même action éruptive.

La Sierra de *Carthagène* exploite des minerais purs, manganésifères, plus ou moins spathiques ou décomposés qui présentent de grandes analogies avec ceux de Bilbao et de la Tafna ; à la base, une couche verte de protosilicate de fer moucheté de cristaux de galène intercalée dans les schistes argileux ; au dessus, une assise puissante de schistes avec lentilles de blende, puis une couche puissante de minerai de fer, avec injection de sulfure et de carbonate de plomb, puis, enfin, une couche de calcaire gris avec poches de calamine.

La région des *Alpujaras*, dans la province de *Grenade*, a la même constitution. Elle deviendra importante, quand elle disposera de voies de communication.

§ 2.

MINERAIS DE MANGANÈSE.

79. Minerais de manganèse. — Le plus répandu est la *Pyrolusite* MnO^2. Sous l'influence de la chaleur, il perd une partie de son oxygène et se transforme en *Hausmannite* Mn^3O^4.

L'*acerdèse* (Mn^2O^3,H^2O) est noire, comme la pyrolusite.

La *Diallogite* est un carbonate de manganèse MnO,CO^2, rare et de couleur rose.

Le *Wolfram*, minerai mixte de fer et de manganèse, a été employé en métallurgie.

Le fer et le manganèse entrent dans sa composition en quantités variables, leur somme restant constante (MnO, FEO) WO^3. Le Wolfram accompagne souvent les minerais d'Etain.

En *France*, on rencontre le manganèse à *Romanèche*, au pied des collines qui bordent la Saône, sur le versant du Beaujolais ; dans les *Hautes-Pyrénées*, entre les vallées de Luchon et de Campan, on voit beaucoup de gîtes superficiels remplissant des cavités et disposés parallèlement à l'axe des Pyrénées.

En *Espagne*, dans la province de Huelva, existent des gîtes superficiels, en relation avec les quartzites.

En *Italie*, le *monte argentario*, promontoire de la côte sud de la Toscane, est formé, à la base, de conglomérats et de schistes recouverts de calcaire caverneux, renfermant des minerais de fer et de manganèse en masses irrégulières.

L'île de *San-Pietro*, près des côtes de Sardaigne, possède une couche de manganèse hydraté, intercalée dans les trachytes.

Au *Caucase*, dans la vallée de *Kvirilla*, le manganèse se présente sous forme de peroxyde, entre les calcaires compacts du crétacé supérieur et le tertiaire représenté par des grès siliceux. Ce gisement est considérable.

En *Allemagne*, les gîtes de manganèse sont assez nombreux. A *Ilfeld*, dans le Harz, des filons manganésifères affleurent et sont exploités à ciel ouvert. En profondeur, ils deviennent stériles.

Dans le *Thuringerwald*, des filons irréguliers dans le porphre.

Dans le *Nassau*, près de Giessen, une hématite brune manganésifère remplit les cavités d'un calcaire dévonien; elle est empâtée dans une argile.

§ 3.

ETAIN.

80. Gîtes d'Étain. — Tous les gîtes d'étain connus sont concentrés dans une pegmatite, caractérisée par sa teinte claire, son peu de
cohésion, la kaolinisation de son feldspath, l'abondance du mica blanc
d'argent. Chaque amas se compose d'un ensemble de veines dont chacune est constituée par du quartz, toujours accompagné de composés
fluorés. La cassitérite du Groënland provient des mêmes roches que
la cryolithe ; la tourmaline existe dans tous les gisements stannifères.

Cette uniformité de caractères donne à penser que le minerai d'é-
tain a été formé, à la faveur du fluor, en même temps que la roche est
venue au jour. Le fluorure d'étain étant un composé stable à toutes
les températures et très volatil en même temps, il est admissible que
le métal soit arrivé sous cet état.

On connaît, en Europe, quatre groupes stannifères :

1° CELUI DE BRETAGNE ET CORNOUAILLES. — Dans le Morbihan, à
La Villoder, au Sud de Ploërmel, un stockwerk de veines quartzeuses
se présente dans la granulite à mica blanc. On reconnaît, cependant,
trois filons principaux orientés Nord-Sud. Avec la cassitérite, on y
trouve la tourmaline, le mica blanc, l'émeraude, la topaze, l'apatite, la
fluorine, la blende, le mispickel, etc.

En allant vers le Nord, on remarque une série de petites cuvettes
schisteuses où les filons disparaissent, pour reparaître dans les granites. Il serait possible que, en profondeur, l'allure en stockwerk dispa-
raisse, pour faire place à des filons mieux dessinés.

Cornouailles. — A la pointe Sud-ouest de l'Angleterre, dans la
chaîne okrinienne, un granit à mica noir forme les sommets stériles.
Les gîtes d'étain sont constitués par de petits filons au contact de la
granulite avec un schiste silurien ou dévonien, appelé killas, c'est un
terrain fertile. L'ensemble de la formation est recoupé par des serpentines auxquelles se rattachent des gîtes de cuivre ; il arrive qu'un métal se substitue à l'autre, mais les filons d'étain, plus anciens, sont
toujours en contact avec le granite, tandis que ceux de cuivre dominent dans les killas.

2° CELUI DU MASSIF CENTRAL EN FRANCE. — Les gîtes se trouvent, dans la Haute-Vienne, sur les deux versants de la chaîne de
Blond, formés d'une granulite à mica blanc, dont l'épanchement est
antérieur à l'époque anthraxifère.

Sur le versant nord, à *Vaulry*, les veines quartzeuses forment un
stockwerk ; près des épontes, la granulite est cariée et imprégnée de

wolfram et de cassitérite. Comme minéraux accessoires, le mispickel, la fluorine, l'apatite, la barytine, le cuivre et l'or.

Sur le versant sud, à *Mousac*, les filons sont composés des mêmes roches.

A *Montebras* (Creuse), les gîtes sont dans un gneiss recoupé par des dykes de granite à mica blanc; des tentatives d'exploitation ont été abandonnées.

A *Chanteloube*, la présence de l'étain a été reconnue dans des carrières de feldspath. A *Saint-Léonard*, la cassitérite apparaît en petites quantités, avec wolfram, pyrite, mispickel et un peu d'or.

3° CELUI DE LA BOHÊME. — A *Schlaggenwald*, le granite stannifère forme plusieurs stockwerks, dont trois ont une importance industrielle. Les minéraux accessoires sont les mêmes que précédemment.

A *Graupen*, près de Tœplitz, l'étain se trouve principalement dans les filons qui coupent le gneiss dans toutes les directions, au voisinage des roches éruptives.

4° CELUI DE LA SAXE : gîtes en stockwerks et imprégnations dans le granite. Les épontes, au voisinage immédiat des filons, sont particulièrement riches en étain.

A *Gayer* et à *Weisse-Andreas*, le granite stannifère forme une sorte de dôme elliptique au milieu du gneiss. A *Zinnwald*, le stockwerk est traversé par des filons et, aux points de rencontre, la roche est imprégnée de cassitérite.

En CHINE, on rencontre la cassitérite et le wolfram, avec du mica blanc, dans les mines de topazes et d'émeraudes d'Adontché-lon, sur la frontière Sibérienne.

Le Yun-nan, entre le fleuve Jaune et le fleuve Rouge, est un pays granitique. A *Ko-Kieou*, l'étain se rencontre encore au contact des schistes et des granites.

En AUSTRALIE, les découvertes sont relativement récentes. L'État de *Victoria* présente l'étain avec du quartz et un granite euritique Dans la *Nouvelle-Galles-du-Sud* et au *Queensland*, la cassitérite se trouve encore dans le granite à mica blanc.

Au MEXIQUE, l'étain a été recueilli à *Durango*.

EXTRÈME-ORIENT. — Les exploitations actuelles les plus productives sont celles des Indes Néerlandaises, aux alluvions stannifères de Bangka; le gisement primitif est représenté par trois filons parallèles où le minerai est desséminé dans du granite décomposé.

Les alluvions stannifères sont de deux sortes : les anciennes et les modernes. Celles-ci sont généralement pauvres et contrarient souvent l'aménagement des premières.

La production annuelle de l'étain est, au total, d'environ 45000 tonnes.

§ 4.

ANTIMOINE.

81. Gîtes d'Antimoine. — La production de l'antimoine est subordonnée aux besoins très variables de la consommation.

Le minerai est le sulfure, d'un gris bleuâtre, tendre et très fusible.

En FRANCE, on le rencontre principalement dans le Sud-Est du plateau central, dans la Lozère, le Gard, la Haute-Loire, le Cantal et l'Ardèche. Le groupe de *Mercœur* est le plus important ; il exploite un filon dont la gangue est un mélange de quartz, de pyrite, de baryte et de kaolin. Le minerai s'y rencontre très disséminé.

En PORTUGAL, le gîte de *Prata* est au contact d'une granulite qui traverse un granite plus ancien ; c'est une série de petites veinules dont l'exploitation est onéreuse.

En WESTPHALIE, le gîte d'*Arnsberg* est sédimentaire. La stibine y apparaît dans cinq petites couches intercalées dans les schistes siliceux permo-carbonifères ; elle est accumulée dans des nids et est accompagnée de pyrite, blende, calcite et fluorine.

En HONGRIE, à *Magurka*, le granite contient plusieurs filons de stibine, avec quartz et or natif. Le granite est fortement modifié au voisinage du filon et son mica, primitivement noir, est devenu blanc. Le quartz contient de fines imprégnations de stibine et aussi des fils et des grains distincts d'or argentifère ; comme éléments subordonnés, la galène, la blende, la pyrite, la chalcopyrite et la calcite.

§ 5.

ZINC.

82. Gîtes de zinc. — Les minerais de zinc sont très répandus dans les gîtes métallifères ; on rencontre très souvent, dans les filons, la blende associée à la galène.

Les gîtes oxydés ont une allure plus spéciale dans un grand nombre d'amas ou filons de fer et de manganèse ; la puissance se développe considérablement à la traversée des massifs calcaires ; et surtout à la jonction de ceux-ci avec une roche restée imperméable aux dissolutions métallifères, l'action de celles-ci s'étant alors concentrée sur le calcaire facilement décomposable. Nulle part cette corrosion ne se manifeste avec plus d'évidence qu'avec les minerais de zinc où la blende fait place aux oxydés, calamine carbonatée ou silicatée et que l'on connaît sous la dénomination générale de gîtes calaminaires. Leur caractère fondamental est de former, à la traversée des calcaires, des épanouissements irréguliers.

En SUÈDE, on trouve à *Ammeberg*, sur le lac Wettern, un gîte de blende intercalé dans le gneiss granitique, sous forme de lentilles isolées, reliées par des inclusions blendeuses dans le schiste feldspathique ; la blende est quelquefois accompagnée de galène et de pyrite de fer.

On retrouve des gîtes analogues en Finlande, dans les Pyrénées et dans la province de Carthagène.

La BELGIQUE est le grand centre d'exploitation de la blende, souvent transformée en calamine. Les terrains sont recoupés par des filons, très-nets et remplis de sulfures de plomb et de zinc dans les schistes anciens ; dans le carbonifère, le filon s'est étendu et le minerai s'est oxydé, composé de calamine, de sulfate de plomb, d'oxyde de fer et de quelques résidus sulfureux. La partie la plus riche est à *Moresnet*. Dans le carbonifère, la calamine a remplacé le calcaire ; substitution favorisée par le voisinage d'un filon de blende.

A *Dickenbusch*, le gîte est analogue ; dans les schistes, on n'observe qu'un filon très mince avec remplissage de sulfures, mais, dès qu'il rencontre le calcaire, on obtient un amas de minerais oxydés. Evidemment, les eaux qui, dans les schistes, déposaient des sulfures, ont attaqué et dissous le calcaire ; le remplissage est formé de carbonate et de silicate.

Des formations identiques, toujours subordonnées à des filons, s'observent dans le calcaire carbonifère et le calcaire dévonien à Stolberg, Corphalie, Engis, etc....

SARDAIGNE. — La pointe S. O. dans la province d'Iglesias, est séparée du reste de l'île par une grande dépression. Ces parages renferment deux natures de terrains anciens : les schistes satinés et les calcaires blancs, dans lesquels on a trouvé des fossiles siluriens. Une éruption granitique a plissé les schistes et les calcaires ; ceux-ci forment des escarpements stériles, les schistes, au contraire, des collines basses, ondulées et fertiles ; les uns et les autres sont recoupés par des filons qui s'épanouissent dans les calcaires. Les deux points les plus importants sont *Malfidano* et *Monteponi*.

A Malfidano, on n'a que des exploitations de surface ; le minerai paraît se perdre en profondeur. A Monteponi, on constate des alternances de schistes tendres et de quartzite résistant ; la galène remplit l'espace compris entre les bancs, soit au contact immédiat des calcaires, soit séparé d'eux par de l'oxyde de fer ou de l'argile. La calamine forme des amas isolés dans le calcaire. Monteponi est, à la fois, une mine de zinc et une mine de plomb argentifère.

ESPAGNE. — La côte cantabrique est riche en minerais de zinc, dans les provinces de Guipuzcoa et de Santander, où on exploite des mines importantes, à *Reocin, Udias, Mercadal, Comillas*. Le calcaire carbonifère est sillonné de fentes, paraissant tantôt des filons, tantôt des cavités irrégulières contenant de la calamine et de la galène. La blende est fréquente en filons ; dans son voisinage la calamine est celluleuse, avec noyau de blende au centre, indice du mode de formation.

FRANCE. — Entre le calcaire jurassique qui entoure le massif central et le trias, on reconnaît une zone métallifère dans laquelle on distingue trois ou quatre niveaux : dans le premier, appartenant au trias, on voit se profiler, aux environs d'*Alais*, une zone mince et ocreuse ; le remplissage principal est du fer pyriteux, le plomb y est rare et la calamine assez abondante.

A *St Laurent-le-Minier* (Hérault), une couche de calamine est venue, dans le lias, se substituer à une couche de calcaire. On voit aussi, dans le trias, une couche de blende.

A *Landes*, à la base de la grande oolithe, de la calamine ferrugineuse.

Tous ces gîtes proviennent de filons dont on retrouve nettement la trace. Le terrain ancien est recoupé par des filons contenant de la calamine à la partie supérieure et des sulfures de plomb et de zinc en profondeur.

ALGÉRIE. — Non loin d'Alger, une formation de calcaires et de schistes a été rapportée au cénomanien, à Sakamody et Filaoussen, elle est recoupée par des filons avec poches de calamine galéneuse.

Dans la province de Constantine, au sud de Bône, près de la source thermale du *Djebel-Nador*, un gîte calaminaire important, avec diverses combinaisons de plomb et d'antimoine, apparaît dans le calcaire nummulitique.

AUTRICHE. — Le principal centre de production est la Carinthie : à *Raibl*, la dolomie contient des filons de galène et de blende, ces deux minéraux remplissant des cavités préexistantes, tandis que les calcaires du même terrain sont riches en calamine carbonatée, qui résulte de la substitution du zinc à la chaux. Cette formation se développe sur un très long espace, à travers la Carinthie, la Styrie, la Carniole et la Croatie, comprenant les mines de *Greisenburg, Deutsch-Bleyberg, Willach, Klagenfurth*, etc..

La galène et la blende se trouvent, soit en croûtes tapissant les parois des grottes, soit en fragments enveloppés d'argile, soit, en profondeur, en bancs parallèles à la stratification, soit, enfin, en inclusions dans le calcaire.

ALLEMAGNE. — Dans la Haute-Silesie et les contrées voisines de la Pologne, le plomb et le zinc se trouvent dans le muschelkalk moyen. Un long plissement va de *Beuthen* (*Silésie*) jusqu'à *Czeladz* (*Pologne*) ; la calamine repose sur le calcaire du mur, remplissant les cuvettes et pénétrant dans les fentes, sans jamais descendre beaucoup. Le minerai de fer domine près de l'affleurement, plus bas, la calamine, plus bas encore, la galène augmente et la blende compacte occupe parfois le gîte presque entier. La calamine est du carbonate, mélangé de limonite, d'argile, de calcaire et de dolomie ; ces gîtes ont dû se former aux dépens d'un dépôt primitif de blende, puisque, dans les travaux profonds, on a rencontré ce minéral sous une grande puissance, près de *Dombrowa*.

LAURIUM. Le Laurium est situé à la pointe Sud de l'Attique. Considéré dans son ensemble, le terrain est géologiquement constitué par des alternances de calcaire-marbre et de schistes. On connaît, jusqu'à présent, trois calcaires et deux schistes : 1° le calcaire supérieur, enlevé, par érosion, n'a laissé que de rares témoins ; il est rouge ou rose, bréchiforme ; on trouve, en quelques points, du poudingue quaternaire.

2° Le schiste supérieur a laissé à la surface des ilôts importants ; sa plus grande puissance est de 60 mètres ; il est micacé et cristallin.

3° Le calcaire moyen affleure en masses considérables ; il est plus compact et se rapproche davantage du marbre ; sa puissance est aussi d'environ 60 mètres.

4° Le schiste inférieur, dont l'épaisseur atteint 120 mètres, affleure aussi sur de grands espaces.

5° Enfin l'assise la plus profonde est un banc calcaire, marbre blanc, qui n'affleure qu'en deux points. Un sondage, fait en 1892, lui attribue une puissance supérieure à 300 mètres et, à mesure de l'approfondissement, le calcaire devient graduellement dolomitique. C'est à cette formation qu'appartiennent les marbres du Pentélique.

Cet ensemble a été coupé par des filons euritiques, dont la fente est remplie par une roche décomposée, réduite quelquefois à l'état d'argile plastique.

Les trois contacts sont minéralisés : le 1er avec le calcaire moyen au mur, est caractérisé par des dépôts de fer, avec blende, galène, plomb carbonaté et calamine.

Le deuxième, avec schiste au mur, n'a que des dépôts de faible importance.

Le troisième, qui a pour mur le calcaire inférieur, est le plus minéralisé. Les travaux anciens ont enlevé des quantités considérables de plomb carbonaté ; il renferme aussi un sulfure mixte de blende-pyrite-galène, puis, sur le calcaire, des dépôts calaminaires. Ceux-ci, avec des rognons de limonite, s'enfoncent dans les fentes du calcaire, où ils se ramifient, mais en suivant toujours une des directions N. E. ou N.O.

L'origine de la minéralisation s'explique facilement : Les sources hydrothermales sont arrivées par les filons euritiques ; à la rencontre du schiste imperméable, elles se sont étendues au contact où il s'est fait un travail de substitution aux dépens du calcaire inférieur d'abord, travail favorisé par des dislocations préexistantes et dirigées suivant N. E. (griffons) ou N. O. (croiseurs).

Une partie des liquides chargés de matières métallifères est arrivée, appauvrie, au 1er contact où des phénomènes analogues se sont produits, mais avec une moindre énergie.

Le chiffre de la production annuelle du zinc est voisin de 300.000 tonnes.

§ 6.

PLOMB.

Le plomb est celui des métaux usuels qui s'oxyde le moins facilement à l'air; aussi ses gisements ont-ils été de tout temps connus et exploités. Ils peuvent être divisés en gîtes-couches et gîtes-filons.

83. Gîtes-filons. — *Lorraine et bords du Rhin.* — Le grès bigarré repose, à *Commern*, sur les couches dévoniennes des bords du Rhin. Entre les deux, un grès blanc et friable contient des nodules de minerai, constitués par des agrégats de petits cristaux nettement développés.

Le grès bigarré des environs de *Saarlouis* et *Saint-Avold* renferme aussi du plomb à côté du cuivre, le premier accompagné de marnes calcaires et de dolomies qui manquent au voisinage du second. Ces dépôts ont fait l'objet de grandes exploitations.

Suède. — A *Tunaberg*, le gîte est en relation avec des amas stratifiés de calcaire saccharoïde dans le gneiss gris ; il se compose d'une très grande variété de minéranx qui accompagnent le plomb, le cuivre, l'argent et le cobalt.

A *Sala* en *Dalécarlie*, mêmes roches de marbre et de gneiss. Mais le calcaire est traversé par des roches schisteuses qui exercent sur lui une action enrichissante. Ces minérais, dont le plus important est la galène argentifère, sont subordonnés aux calcaires ; le gisement pourrait bien être un filon-couche.

En *Amérique*, à *Trenton*, les dolomies siluriennes renferment des dépôts de plomb et de zinc qui paraissent contemporains de la roche encaissante, la galène se présentant sous forme de grains isolés, de rognons et de veinules. Ces minerais ont été oxydés jusqu'à une certaine profondeur : la pyrite est devenue de la limonite ocreuse, une partie de la galène de la céruse pulvérulente et toute la blende a été transformée en calamine.

84. Gîtes en filons. — On sait que les filons plombifères sont ceux où les gangues et les minerais se sont déposés lentement, par circulation d'eaux ou de vapeurs, déposant les matières sur les deux faces de la fente, sous forme d'incrustations, que ce dépôt ait eu lieu par simple évaporation et condensation, ou par suite de phénomènes électro-chimiques. Le caractère du remplissage est d'être disposé par zones symétriques par rapport aux parois, chacune d'elles étant constituée par des matières concrétionnées comme les stalactites des grottes et ne prenant de formes cristallines distinctes que là où il existe, au centre du filon, des cavités béantes ou druses. Ce sont des filons concrétionnés ou d'incrustation.

L'étude des gîtes fait voir qu'il y a, en Europe, deux époques d'émanations plombifères, la première à l'époque triasique, la seconde à l'époque des dislocations qui ont donné naissance aux Pyrénées et aux Alpes.

FRANCE. — Les gîtes principaux sont *Pontgibaud, Vialas* et *Pontpéan*. Mais le plomb se rencontre, en outre, dans des faisceaux métallifères traversant de grands espaces montagneux dans les Alpes, le massif central et les Pyrénées. Ces gîtes pourraient faire l'objet d'utiles recherches.

Pontgibaud est en Auvergne, au pays des Puys, sur les bords de la Sioule. Les filons de galène traversent les granites du Forez et ont la barytine pour gangue caractéristique, ils ne pénètrent jamais dans les roches volcaniques récentes. Le plomb se présente dans le granite, soit en imprégnations, soit en veines de sécrétion isolées ; c'est de la galène lamellaire ou à grain d'acier, accompagnée d'un peu de blende, de pyrite de fer, de plomb carbonaté et quelquefois de cuivre gris. Les parties riches affectent une disposition en colonnes de grande largeur, de 50 à 150 mètres.

Villefort et Vialas (Lozère). Ce gisement présente un champ de fractures remarquable par l'extrême multiplicité des fentes métallifères, mais toutes les directions n'ont pas la même valeur comme puissance et continuité. Les émanations qui ont apporté les galènes argentifères sont contemporaines des assises les plus élevées du groupe tertiaire, d'après l'étude des réouvertures et la comparaison des directions.

L'ensemble du district est compris entre deux filons quartzeux qui recoupent les micaschistes et, plus loin, les sédiments carbonifères et le lias ; il renferme de nombreux filons de galène argentifère avec baryte, près de la surface. et quartz plus bas. Ces filons se trouvent au voisinage des granites et des micaschistes et passent indifféremment d'une roche dans une autre, sans solution de continuité et sans différence apparente dans le remplissage.

Pontpéan (Ille-et-Villaine) — Ce gîte recoupe les schistes siluriens des environs de Rennes. La fissure a correspondu à un affaissement : au

mur, les schistes affleurent tandis que le toit est formé d'argiles tertiaires.

Le filon renferme de la diorite verdâtre (labrador et amphibole) dans
laquelle s'est produite une réouverture ; le remplissage est une argile
filonienne et du quartz carié. Les galènes, tantôt riches, tantôt pauvres en argent, sont toujours au voisinage d'une fente qui recoupe les
argiles et qui est remplie d'une argile bleu foncé ; la galène, la blende
et la pyrite se sont succédées dans tous les ordres, d'une façon très
capricieuse. Toutefois on a reconnu qu'il faut chercher la galène dans
les ramifications.

Harz. La région du Harz, qui entoure *Clausthal*, est l'un des types
les plus anciennement connus d'un champ de filons concrétionnés. On
y distingue une dizaine de groupes de fissures plus ou moins enchevê-
trées, dont chacun offre un filon principal contenant des fragments anguleux des roches encaissantes. Mais le remplissage est surtout formé d'une substance schisteuse, tendre, noire, bitumineuse, grasse au
toucher, qui paraît résulter de l'écrasement et de l'altération des parois, lors de la formation de la fente. Elle est traversée par de nombreuses veines ou veinules métallifères, remplies de galène, de blende,
de chalcopyrite et de cuivre gris, avec quartz, barytine, carbonates
de chaux, de fer, etc.

A *Andreasberg*, le champ de filons est dans le massif granitique du
Brocken, avec de la galène, de la blende et divers minerais d'argent ;
les géodes y sont fréquentes et les matières métallifères sont disséminées sans règles apparentes. La roche encaissante est formée de schistes et de grauwackes du silurien inférieur.

Saxe. — L'Erzgebirge saxon est célèbre par ses districts miniers, dont
Freyberg occupe le centre. Actuellement encore, l'activité éruptive se
traduit dans l'Erzgebirge par un grand nombre de sources thermales.

Bohême. — Les filons de *Przibram* ont une grande analogie avec ceux
d'Andreasberg. Les assises siluriennes, schistes et grauwackes, sont
traversées par des filons d'argent, dont les minerais sont la galène
argentifère, la blende, divers composés de cuivre et d'argent et dont les
gangues dominantes sont le quartz, la sidérose, la calcite, plus rarement la barytine et la dolomie.

En général, les remplissages font corps avec la roche encaissante
et ont une structure massive ; aux croisements, les remplissages se
fondent les uns dans les autres, ce qui ne permet pas de conclure l'âge
relatif de chacun d'eux. Ces mines de Przibram sont les plus profondes connues.

Espagne. — Le district de Linares, dans la province de Jaen en Andalousie, renferme dans le granite un grand nombre de filons quartzeux
d'une puissance atteignant dix mètres.

Le plomb y est très abondant, mais sa teneur en argent est faible.

Signalons aussi les gisements de la Sierra Almagrera dans la province de Murcie, où des filons de galène très riches en argent se présentent dans les phyllades et les micaschistes ; le plus célèbre de ces filons est le Jaroso qui a donné des quantités considérables d'argent. L'exploitation est suspendue par suite des venues d'eau.

Le centre et l'ouest renferment aussi des filons de galène.

La production du plomb, dans le monde, est par année moyenne de 450.000 tonnes environ ; elle est limitée par la consommation.

§ 7.

CUIVRE.

85. Des gîtes de cuivre. — Le cuivre se rencontre dans des conditions très-variées :

1° En imprégnation dans les terrains sédimentaires ;

2° Comme filons d'injection faisant partie d'une roche éruptive à laquelle il est intimement mélangé. Le gîte est formé par la roche éruptive elle-même ;

3° Comme filons d'incrustation ordinaires, pouvant présenter des amas en des points spéciaux ;

4° Sous forme de cuivre gris ($4\,Cu^2S$, Sb^2S^3), formant souvent partie accessoire des gîtes de fer spathique.

Ordinairement, les gîtes cuprifères se présentent en amas ; le métal, amené avec la roche éruptive, s'est concentré en lentilles au contact du terrain encaissant. Ils forment, en quelque sorte, la contrepartie des stannifères, car ils sont tous en relation avec des roches basiques et de couleur foncée, tandis que l'étain est accompagné de roches acides et de couleur claire. Les diorites, les gabbros, les serpentines, les mélaphyres, les trapps ont été les véhicules les plus habituels du minerai de cuivre et de ses analogues.

86. Gîtes sédimentaires. — *Mansfeld.* L'étage du zechstein, dans l'Allemagne centrale, renferme, dans son assise inférieure, une couche de schiste bitumineux cuivreux de $0^m,60$, avec une remarquable constance et renfermant la chalcopyrite ($CuFeS^2$), la philippsite (Cu^2FeS), la chalcosine (Cu^2S) ; le cuivre natif avec argent est concentré à la base.

La roche et le minerai sont contemporains. Le schiste est marneux, très feuilleté, noir, bitumineux, dur, très fossilifère ; la poussière métallifère y est finement disséminée, tantôt suivant de minces filets, tantôt en enduits sur les cassures transversales, tantôt en rognons et grains isolés. — Les grès sableux et les conglomérats sur lesquels repose la couche sont parfois aussi métallifères.

L'étendue du gisement est considérable ; les minerais se sont déposés en même temps que les boues charbonneuses, car il semble impossible qu'ils aient pu pénétrer dans la couche après recouvrement. Si les solutions avaient été amenées le long des failles qui rejettent la couche, on ne pourrait expliquer comment la précipitation s'est faite exclusivement dans une couche de $0^m,60$, sur une immense étendue, ni pourquoi elle n'aurait pas eu lieu exclusivement près des fentes.

Des gîtes analogues se rencontrent en *Westphalie* et à *Frankenberg* (*Hesse*).

RUSSIE. — Les grès cuprifères appartiennent au niveau supérieur des couches permiennes. Tantôt le minerai, oxydé ou sulfuré, forme le ciment de la roche, tantôt il s'y présente en poussière ou en nodules, dans les provinces de *Perm*, d'*Ekaterinenbourg*, d'*Ufa* et d'*Orenbourg*. La formation a un développement énorme.

COROCORO, en Bolivie, est un gisement analogue, au sommet du permien. Cette zone, on le voit, est toujours caractérisée par des imprégnations cuivreuses ; la remarquable propriété dont il s'agit se retrouve dans l'Indo-Chine.

A Corocoro, il y a plusieurs couches ; les grès sont imprégnés de cuivre natif avec la magnétite pour gangue. Ce cuivre se présente en grains, en nodules, sous forme de cheveux, de fils, de mousses, de feuilles, quelquefois en véritables masses ; il est toujours accompagné de gypse et, comme au Mansfeld, on retrouve du bois fossile minéralisé par le cuivre.

Les produits de Corocoro sont particulièrement estimés.

CALIFORNIE. — Des gisements analogues ont été récemment découverts dans des terrains plus modernes : A la pointe Sud de Californie, on voit des tufs trachytiques s'élever à de grandes hauteurs ; on y trouve un peu de manganèse avec de la cuprite (Cu^2O) et de la dioptase ($CuO. SiO^2, H^2O$). Ce gisement du *Boleo* renferme trois couches distinctes : les parties émergées sont oxydées, celles qui sont sous l'eau sont sulfurées.

SARDAIGNE. — On a trouvé aussi un peu de cuivre associé au manganèse.

87. Gîtes d'injection. — Le cuivre se rencontre principalement dans les roches magnésiennes. *Montecatini* (Toscane) est dans les montagnes au S. E. de Livourne, au milieu d'assises tertiaires. La forme du gîte est celle d'un coin s'élargissant en profondeur ; la roche est un gabbro, verdâtre ou rougeâtre, sorte de mélaphyre, produit vraisemblablement d'une éruption boueuse. Le remplissage est une argile onctueuse, stéatiteuse, au sein de laquelle sont disséminés le cuivre pyriteux, le cuivre panaché et le cuivre sulfuré. Le minerai, irrégulièrement réparti, se présente en masses irrégulières, isolées les unes des autres ; le mur offre des renflements irréguliers où le cuivre panaché est concentré en lentilles.

On remarque une association fréquente entre les roches vertes et les sulfures cuivreux. Elle se vérifie au *Val-Trompia(Lombardie)*; au *Terricio (Castellina Maritima)*, on a trouvé un gros bloc de chalcopyrite, entouré d'argile stéatiteuse dans un gabbro nummulitique. Un fait analogue a été observé à la pointe de *Ceuta (Maroc)*.

RORAAS (NORWÈGE). — Ces gisements semblent participer à la fois des couches et des filons, en ce sens que les minerais sont interstratifiés dans les micaschistes, tantôt en amas avec des serrées qui leur donnent la forme lenticulaire. Ces amas donnent tantôt de la pyrite de fer cuivreuse, tantôt de la chalcopyrite.

LAC SUPÉRIEUR. — En Amérique, les gîtes du Lac Supérieur sont contenus dans les schistes cristallins. Le cuivre s'y rencontre souvent à l'état natif, en masses, en veinules ou en lamelles. L'argent natif est souvent soudé au cuivre, mais non mélangé à lui.

HUELVA. — Il en a été question à propos du soufre : les filons sont formés d'une masse compacte de pyrite de fer cuivreuse et non d'une matière utile disséminée dans une masse stérile.

AGORDO, dans les Alpes de Vénétie, se trouve au-dessus du permien, dans des grès et des schistes de la base du trias. — La forme du gîte est celle d'une gourde, dont le grand axe représente la direction générale de l'amas. En profondeur, il se termine en coin. Le remplissage est un mélange de pyrite de fer, de pyrite de cuivre et de quartz, avec quelques corps accessoires, la blende, la galène argentifère, le cuivre gris argentifère, la pyrite arsenicale et la calcite.

Un schiste bariolé tendre, quelquefois quartzeux, entoure le gîte et contient de petites masses minérales analogues à la masse principale.

88. Gîtes intermédiaires entre les amas et les filons. — Ils sont constitués, le plus souvent, par des épanouissements produits aux affleurements.

ANDES. — Sur le parcours de la chaîne des Andes, en allant de l'Equateur vers le Nord, on trouve de nombreux gisements dans le Colorado et sur la frontière du Canada. Leur remplissage est du sulfure de cuivre, du cuivre panaché, et, quelquefois, du cuivre oxydulé et du cuivre gris argentifère. Au voisinage de la surface, ces matières ont été transformées en sulfates et en carbonates.

OURAL. — Le versant oriental de l'Oural présente plusieurs types de cette nature : un puissant filon de diorite est venu au jour au contact d'un calcaire silurien et de schistes verts ; la diorite contient de la pyrite de fer et de la chalcopyrite, en inclusions, en nids ou en traînées.

Russie. — Même gisement au S.O. d'*Ekaterinenbourg*. Près de la surface, les minerais sont oxydés et donnent la malachite en grandes masses, la chrysocale, la cuprite, plus rarement l'azurite.

Etats-Unis. — Dans les Etats du Wyoming et du Montana, de puissants filons recoupent les granites, renfermant du cuivre noir, du cuivre panaché et de la pyrite cuivreuse.

Amérique du sud. En *Bolivie*, la montagne de *Potosi* forme un dôme qui s'élève au dessus du haut plateau de la Cordillière. Le porphyre y est traversé par un très-grand nombre de petites veines, près du sommet de la montagne. La partie inférieure est recouverte, comme d'un manteau, par un phyllade silurien dans lequel les filons s'appauvrissent.

Le remplissage est très complexe : des sulfures d'argent, de cuivre, d'arsenic, d'antimoine, de plomb et de bismuth avec des mouches de pyrite de fer, de pyrite de cuivre et d'argent rouge, avec oxydation près de la surface. — Beaucoup de fissures sont tapissées de cassitérite, dont on s'explique difficilement la présence.

En suivant la Cordillière, on trouve à *Huasco*, et à *Carizal*, dans le granite ancien, des filons avec pyrite cuivreuse, philippsite et cuivre oxydulé, avec gangue ferrugineuse.

Plus au sud, à *Lota* et à *Coronel*, gîtes analogues, mais accompagnés de couches de lignite qui servent au traitement métallurgique au four à réverbère.

Dans la même région se trouve le groupe des mines de *Cerro-Blanco* : filon d'incrustation avec géodes et structure cristalline. La gangue est quartzeuse et spathique.

89. Filons de cuivre gris à gangue spathique. — Dans ce type à remplissage hydrothermal, le cuivre est à l'état de pyrite et de cuivre gris plus ou moins argentifère. La plus grande richesse de ces filons est au voisinage de la surface, sans que l'on ait pu en définir la cause ; il n'en reste pas moins que le cuivre gris n'est pas un minerai de profondeur.

Les principaux gisements de ce type sont : 1° dans l'Europe centrale ; 2° dans la Sierra-Nevada ; 3° au nord de l'Afrique.

Dans l'Europe centrale, ils se font voir dans les schistes cristallins et les formations paléozoïques. Ceux du *Tyrol* sont compris dans des phyllades et des grauwackes siluriens, à *Kupferplaten*, les filons-couches de dolomie ferrugineuse renferment des lentilles de quartz et de schistes avec cuivre en lentilles ou en sécrétions grenues.

A *Mitterberg*, filon-couche de phyllade silurien ; le remplissage est un schiste dur et métamorphique, avec quartz, sidérose, dolomie ferrugineuse et sulfure de cuivre.

En *Hongrie*, près de *Neusohl*, on rencontre des gîtes très irréguliers, au voisinage du granite, dans les gneiss et le micaschiste ; ils renferment de la sidérose, avec imprégnations et veinules de cuivre gris.

C'est au même type qu'appartiennent les filons de l'*Alp*, dans la vallée de la Romanche (Dauphiné), qui traversent les gneiss ; — les filons-couches, près de *Sierre*, dans le Valais, avec cuivre gris et chalcopyrite, dans les schistes verts ; ceux de *Baïgorry*, en Navarre d'*Elvas* (Portugal), ceux de *Steinfeld* (Harz) et divers autres.

Les filons de la *Mürtschenalp* (canton de Glaris) traversent des couches qui semblent apppartenir au grès rouge. Le filon principal et son remplissage se rattachent à la roche encaissante par de nombreuses ramifications latérales.

LA SIERRA-NEVADA est la dernière ride du continent au sud de l'Espagne. La région est formée de terrains schisteux anciens surmontés de schistes quartzo-argileux ; ils sont recoupés par de nombreux filons de fer spathique où le cuivre sulfuré et argentifère apparaît en mouches, le schiste gris n'y joue qu'un rôle secondaire et devient rare en profondeur.

GITES ALGÉRIENS. — Une longue zone, partant du cap Tenez et aboutissant à Tunis, est jalonnée par une série de gîtes de fer spathique et de cuivre, dont les plus importants sont :

Tenez, avec peu de cuivre. Le fer spathique est partiellement transformé en oxyde ;

Djebel-Hadid, ressemble au précédent ;

Gouraja, avec manganèse et barytine ; les gîtes se terminent rapidement en profondeur ;

Mouzaïa. Le terrain est constitué par du crétacé très redressé ; à travers cette formation sont arrivés des filons de fer spathique, avec mouches cuivreuses ;

Babor. Le fer spathique diminue et le cuivre gris prend de l'importance. L'antimoine et l'arsenic deviennent abondants, on trouve aussi du réalgar ;

Béja, analogue au précèdent, est à la frontière tunisienne ;

Djebel-Ahmar, aux portes de Tunis, dans une colline cénomanienne, ne renferme que du cuivre gris. Quand les filons recoupent les schistes et arrivent dans le calcaire, ils forment des poches avec épanouissement le long du contact. Mais, ici encore, le plus grand développement est à la suface.

FRANCE. — Les gisements de cuivre se présentent surtout dans le Beaujolais, l'Allier, les Alpes, les Vosges, l'Hérault, les Corbières, la Montagne-Noire et dans les Pyrénées. Très peu sont exploités, on pourrait tenter des recherches avec chances de réussite.

§ 8.

NICKEL ET COBALT.

90. Nickel. — On distingue trois classes principales de minerais de nickel : les sulfurés, les arsenicaux avec cobalt, bismuth, cuivre et fer, les oxydés et silicatés.

Les SULFURÉS se rencontrent en Piémont, au *Val-Sesia*. Les gneiss sont traversés par des dykes de diorites avec de petits filons de nickel sulfuré.

Le gîte d'*Erterlien* (Norwège) suit le contact d'un quartzite schisteux ; la distribution du minerai, consistant en pyrite magnétique nickelifère, est très irrégulière.

En d'autres points de la Norwège, le gabbro se montre accompagné de minerais de nickel, de cobalt et de cuivre ; presque toujours, les gîtes sont concentrés au contact de la roche éruptive et du terrain encaissant.

A *Dillenbourg* (Nassau), le nickel se rencontre dans des filons de cuivre et de fer.

A *Inverary* (Ecosse), gîte de formation analogue, mais très riche en nickel.

A *Skuterud* (Norwège) on exploite des fahlbandes nickelifères dans un terrain formé de gneiss, micaschistes et schistes amphiboliques. La minéralisation est très irrégulière ; quelques gîtes sont exploités pour cuivre, l'absence du nickel est complète ; d'autres, au contraire, sont très nickelifères.

LES GITES ARSENICAUX. — Dans les montagnes qui séparent la Styrie du pays de Salzbourg, à *Schladming*, les terrains sont formés de schistes anciens ; on y rencontre une série de couches imprégnées de pyrite de fer et de mispickel ; là où le mispickel est oxydé, elles ont une teinte rouge et sont appelées *Brands*. Les filons contiennent du cuivre gris argentifère, du nickel et du cobalt. A leur intersection avec les Brands, il s'est produit un phénomène de réaction qui a fait passer l'arsenic des Brands dans les filons et le nickel des filons dans les Brands. On distingue le minerai gris qui est de l'arsenio-sulfure de nickel et le rose, arsénio-sulfure double de nickel et de cobalt.

Schneeberg. L'association des minerais riches en argent avec ceux de nickel et de cobalt est fréquente. Dans l'Erzgebirge saxon, à Schneeberg, on en trouve un exemple. Les filons coupent les micaschistes suivant des directions très variées ; leur remplissage est surtout caractérisé par le quartz.

LES MINERAIS OXYDÉS sont connus depuis longtemps, comme rareté minéralogique, sous forme de pimélite ou silicate hydraté de nickel et de magnésie.

Un grand gisement a été découvert en *Nouvelle-Calédonie* par M. Jules Garnier. La garniérite est un hydrosilicate multiple de fer, de magnésie et de nickel, tantôt en fragments volumineux, tantôt en poussière dans les serpentines brunes ou vertes. C'est surtout dans les parties tufacées de la roche éruptive que la matière métallifère a fusé.

91. Cobalt. — Le cobalt se rencontre à l'état de sulfure, d'arseniure et d'arsenio-sulfure ou cobaltine ; on le trouve : *En Suède, à Ammeberg*, dans les mêmes gneiss que le minerai de zinc ;

En Angleterre, sous forme de rognons au milieu du calcaire carbonifère ;

En Alsace, il y avait autrefois, à *Sainte-Marie-aux-Mines*, des exploitations de cobalt. Des filons insérés dans le gneiss sont, les uns plombifères, les autres cuivreux et argentifères, avec argent natif, argent gris, argent rouge, cuivre gris argentifère, souvent associés au cobalt et à l'arsenic.

En *Norwège, à Skulerud*, les fahlbandes nickelifères renferment aussi du cobalt ; il est remarquable que, suivant les points considérés, les deux métaux semblent s'exclure réciproquement.

En *France*, la présence des deux métaux n'a été constatée que sur un petit nombre de points : le cobalt dans les Vosges, l'Isère, la Dordogne; le nickel dans l'Isère, la Savoie, le Cantal. Ces gîtes ne sont pas exploités.

§ 9.

MERCURE.

92. Gîtes de mercure. — Les gîtes importants sont peu nombreux : Almaden (Espagne), Idria (Carniole), New-Idria et New-Almaden (Californie), Siele (Toscane)

ALMADEN. — Le cinabre se rencontre dans des couches de grès intercalées dans les phyllades siluriens du versant Nord de la Sierra-Morena. Le gîte se compose de deux filons qui ne recoupent pas franchement les strates et qui manquent de netteté. En raison de sa grande volatilité, le mercure n'a pas besoin de larges fissures pour s'épandre ; il est venu se coller contre la surface de séparation des schistes.

IDRIA. — Le gîte de Carniole est placé à l'étoilement de plusieurs vallées dont le sol compte une série complète d'assises triasiques, avec

quelques lambeaux de permien et de tertiaire ; il y a eu là certainement des froissements et des plissements très compliqués. Le minerai
est contenu dans un phyllade bitumineux tendre, soit en enduits sur
les parois des cassures de la roche, soit en mélange intime avec des
matières bitumineuses et terreuses ; il se compose tantôt de mercure
natif, tantôt de cinabre aciéreux ainsi nommé à cause de la couleur de
sa cassure fraîche ; tantôt il est bitumineux et terreux; tantôt, enfin,
il est formé de débris de crustacés minéralisés, sorte d'apatite ferrugineuse, avec cinabre et bitume. Le mercure s'est diffusé dans les roches voisines ; le schiste donne généralement les minerais riches, le
calcaire, les pauvres.

CALIFORNIE. — Dans la chaîne côtière, les couches tertiaires sont
recoupées par des trachytes auxquels sont reliées les venues sous diverses formes :

1º En filons irréguliers, avec pyrite de fer, quartz et bitume ;

2º Imprégnation des roches encaissantes, grès ou quartz ;

3º Imprégnation des tufs et des conglomérats trachytiques ;

4º La production se continue sous forme de geysers et principalement à la source de *Steamboat-Springs*, dont les eaux renferment du
mercure et de l'or. Le mercure se rencontre, du reste, dans les geysers
d'Islande et dans ceux de la Nouvelle-Zélande. A *New-Almaden*, le terrain se compose de calcaires crétacés et éocènes, recoupés par des
trachytes et des serpentines. Le cinabre imprègne ces roches en amas
lenticulaires.

New-Idria se trouve dans des conditions analogues.

Readington a son gîte formé par un grand dyke de quartz, associé à
des serpentines et recoupant un grès tertiaire. Le mercure est disséminé en mouches dans ce quartz.

A *Sulfur-bank*, une colline entière est formée de trachytes avec conglomérats et tufs très fendillés et imprégnés de cinabre avec matières
bitumineuses et soufre ; c'est un véritable stockwerk.

AUTRES GÎTES. — *Le Palatinat* a des gîtes de mercure encaissés dans
les schistes gris permiens et dans des mélaphyres qui ont traversé des
terrains sédimentaires ; ce sont des filons et des roches imprégnées.
Le remplissage des premiers est une argile avec fines inclusions de cinabre en veinules, en cordons, en enduits ou en cristaux, avec de la
galène, de l'hématite, du cuivre gris et aussi du bitume. Les parties riches étaient voisines de la surface.

L'Italie fournit aussi une petite quantité de mercure.

En *France*, il n'y a pas de mine en activité. L'existence du cinabre
y a été constatée principalement dans la Manche et dans l'Isère.

La production annuelle du mercure est supérieure à 4000 tonnes.

§ 10.

ARGENT.

93. Mines d'argent. — La principale source de production de l'argent réside dans le traitement des plombs argentifères et, dans une moindre proportion, des cuivres argentifères.

Les mines d'argent proprement dites sont rares en Europe :

En FRANCE, on a exploité à *Chalanches, dans l'Isère*, de petits filons où l'argent natif se présente en filaments ou en poudre noire ; on y a trouvé aussi de l'argent rouge.

A *Giromagny (Haut-Rhin)*, des filons de pyrites, d'argent gris et de galène argentifère ont été travaillés ; de même à *Ste Marie-aux-Mines (Haut-Rhin)* et à *La Croix-aux-Mines (Vosges)*. On a tiré aussi de l'argent de *Huelgoat (Finistère)* et des environs de *Melle (Deux-Sèvres)*.

En HONGRIE, les filons d'or et d'argent du district de *Schemnitz* sont en relation avec les andésites de la période miocène, car on reconnaît les altérations de la roche par les émanations solfatariennes. Ces roches tertiaires traversent toute la masse composée de schistes dévoniens et d'assises triasiques ; elles sont trachytiques et contiennent des veinules et des cordons de minerais d'argent. Ces filons sont puissants, mais peu nets ; ils ressemblent plus à des roches imprégnées qu'à des remplissages de fentes.

Les parties riches forment des colonnes ou des masses irrégulières ; l'allure est celle de veines entrelacées, devenant plus riches à leurs points de rencontre. — Le remplissage date de la fin du miocène et la direction moyenne est celle du système des Alpes.

Des filons analogues existent à *Schneeberg en Saxe* ; comme les précédents, ils paraissent s'appauvrir en profondeur.

En ESPAGNE, la province de *Guadalajara* possède des filons de sulfures d'argent avec chalcosine et gangues de quartz et de baryte. La roche encaissante est un schiste blanc micacé.

L'AMÉRIQUE DU NORD est le pays des mines d'argent. Les filons sont récents et en relation avec les trachytes ; ils sont d'incrustation et leur remplissage a été long : les premières émanations étaient produites à l'aide du chlore, pour se terminer, par une transition insensible, en venues sulfureuses et arsénieuses.

Au voisinage de la surface, là où il n'existe pas d'eau, le minerai est sous forme de chlorure, brômure et iodure, d'argent natif, d'atacamite (oxychlorure de cuivre), de cuivre natif.

Plus bas, la zone moyenne est traversée par les eaux, sans que celles-ci y séjournent ; il y a là une succession ininterrompue et perpétuelle de phénomènes d'oxydation. Les chlorures et les oxychlorures ont disparu ; on rencontre l'argent natif, le cuivre natif, quelques composés sulfurés et arséniés ; le cuivre a été délavé à l'état de sulfate, la pyrite a disparu, laissant des ocres argentifères. Les gangues primitives étaient le quartz et le carbonate de chaux ; le dernier a disparu et le premier reste à l'état carié.

Plus bas encore, la troisième zone se trouve dans la nappe d'eau ; elle renferme tous les minerais arsenio-sulfurés d'argent, avec galène, blende et pyrite.

Le gisement métallifère de l'Amérique du Nord s'étend depuis le Canada jusqu'au sud du Mexique, avec des districts plus pauvres, d'autres plus riches, comme le Colorado. — Le plus considérable de ces filons est le *Comstock-lode*, sur le versant oriental des Montagnes-Rocheuses ; il est le produit de puissantes solfatares venues au jour avec des roches trachytiques. Le filon va en s'élargissant en profondeur. Les minerais sont si intimement mélangés dans le filon qu'ils ne font que tacher le quartz ; c'est de l'argentite (argent sulfuré), de la galène riche, de l'argent natif, de l'or et quelquefois des sulfo-antimoniures (argent rouge). Les parties riches forment, au milieu du quartz, de grandes lentilles irrégulières dites bonanzas, dont chacune n'est qu'un morceau de la roche encaissante devenue spongieuse et pénétrée de minerai. Le comstocklode a fourni pour un milliard et demi d'or et d'argent ; ses travaux atteignent une profondeur de 950 mètres et sont devenus à peu près inaccessibles à cause de la chaleur. La formation et le remplissage de ce remarquable filon datent de la fin de l'époque miocène. Une des particularités qu'il présente est la température élevée des eaux qui le parcourent ; elles atteignent 76° et sont très chargées en hydrogène sulfuré. Au voisinage, les Steamboat-Springs, dont il a été question, sont en pleine activité volcanique.

Plus au sud, sur le territoire Mexicain, le filon le plus important est la *Veta Madre-de-Guanajuato* ; il est accompagné de plusieurs autres de moindre importance. Tous contiennent du quartz, de la calcite et une roche talqueuse friable imprégnée de minerai d'argent rouge ou argyrythrose (Ag^3SbS^3), de psaturose (Ag^3SbS^4). Les parties riches forment des colonnes de 50 à 60 m. de largeur.

Les filons de *Zacatecas*, au N.O, sont analogues aux précédents.

DANS L'AMÉRIQUE DU SUD, les filons sont de même âge que les précédents ; ils sont accompagnés de trachytes et recoupent des terrains calcaires.

Le pays manquant d'eau, la zone des ocres argentifères n'existe pas. Au contraire, la première, celle des chlorures, se fait voir sur de grandes hauteurs ; on passe directement de celle-ci, par transitions insensibles, à la troisième, celle des minerais sulfurés.

Les filons recoupent tout le terrain, calcaires et schistes foncés probablement jurassiques. Ces couches, horizontales ou à peu près, n'ont été que faiblement redressées. A la base, on trouve un granite très ancien, puis des coulées de roches verdâtres, des diorites et, enfin, des calcaires. Les imprégnations sont considérables dans ces derniers, surtout au voisinage des affleurements. Le remplissage superficiel est une argile plastique ferrifère, avec malachite, argent natif, chlorure, bromure et iodure d'argent, parmi lesquels sont éparpillés des fragments de sulfures qui s'affirment en profondeur et doivent être considérés comme les minéraux primitifs.

A *Caracoles*, dans le désert d'Atacama, sur territoire bolivien, les calcaires et les marnes jurassiques sont traversés par des porphyres quartzifères ; les filons y sont nombreux, à salbandes nettes, contiennent de l'argent natif, des chlorures, bromures et iodures d'argent avec galène argentifère, en plaques épaisses, en lamelles minces, en imprégnations dans les gangues ou en revêtements cristallins sur les parois des fissures.

La production annuelle de l'argent est en augmentation chaque année ; elle était en 1889 de 3.900 tonnes ; en 1890, de 4.180 tonnes ; en 1891 de 4.465 tonnes.

Sur ce dernier nombre, plus de 3000 tonnes proviennent de l'Amérique du Nord, dont 1800 pour les Etats-Unis et près de 1300 pour le Mexique. La Bolivie et l'Australie viennent ensuite avec 372 et 311 tonnes.

L'Allemagne vient avec 180 tonnes environ ;

Le Pérou, le Chili et la France, cette dernière à l'aide de plombs d'œuvre et de minerais importés, fournissent chacun un peu plus de 70 tonnes ; le reste de la production est réparti entre treize nations.

La valeur totale de l'argent produit en 1891 est d'environ 670 millions de francs.

§ 11.

OR ET PLATINE.

94. Or. — L'or se rencontre presque toujours à l'état natif ; il est d'origine éruptive et arrivé aux époques anciennes. Beaucoup des gîtes primitifs ont été remaniés et affectent maintenant une forme sédimentaire et alluvionnaire.

Ces gîtes sédimentaires appartiennent à plusieurs époques. Pendant qu'en Sibérie on rencontre l'or dans les gneiss et les micaschistes, le Gard le présente dans les conglomérats qui forment la base du terrain houiller. Les rivières de la Gagnière, de la Cèze et du Gardon roulent des paillettes d'or dans la partie de leur cours située en aval de la traversée du conglomérat. Plusieurs autres cours d'eau, le Rhin, la Moselle, l'Elbe, les rivières de Silésie, de Hongrie, etc., ont des sables aurifères, mais à teneur très faible.

A l'état d'alluvions, l'or se trouve surtout dans les terrains tertiaires ; ces dépôts sont le résultat de la destruction d'affleurements anciens.

95. Alluvions aurifères. — CALIFORNIE. — Le principal gisement, en Californie, est dans les alluvions de l'époque pliocène supérieure ou quaternaire ; ces dépôts ont été préservés de la destruction par une nappe de basalte, souvent très épaisse, qui est venue les recouvrir. L'or s'y trouve en pépites ou en paillettes, concentré de préférence à la base des alluvions et dans des dépressions de la roche encaissante qui jalonnent le parcours d'anciens cours d'eau.

La distribution des alluvions aurifères est complètement indépendante du régime hydrographique actuel ; souvent les traînées anciennes sont dirigées à angle droit relativement au parcours des vallées modernes. L'épaisseur de ces dépôts atteint quelquefois 200 mètres : à la surface, un gravier sableux de faible richesse, puis le gravier bleu de la base, à gangue argileuse, avec des blocs souvent anguleux. Le subtratum ou bed-rock est formé de schistes anciens, souvent imprégnés d'or en fragments.

Ces alluvions résultent de la destruction, presque sur place, d'anciens filons de quartz aurifère qui traversent en grand nombre les schistes de la Sierra-Nevada ; leurs affleurements forment des dykes en saillie; l'un d'eux, le Mother-lode a été suivi sur 120 kilomètres. Le quartz des filons est rubané, feuilleté, peu résistant, taché de rouge; il offre, dans les cassures, un éclat gras caractéristique.

Très peu de ces filons ont été exploités avec profit ; ils sont devenus stériles à une faible profondeur. Par contre, des filons pyriteux qui ne renferment pas d'or visible à l'œil nu donnent des résultats avantageux.

Jamais un filon quartzeux n'a fourni de fragments d'or à beaucoup près aussi considérables que les pépites recueillies dans les placers. Les têtes des filons, détruites par les anciennes érosions, devaient être plus riches en or que les parties plus basses. Ces filons se trouvent toujours dans les roches primitives et azoïques, jamais dans les sédiments plus récents.

Pour exploiter l'or des alluvions, on cherche les parties où les graviers présentent des remous ; les efforts doivent se porter sur les parties rentrantes ; les morceaux sont d'autant plus gros que l'on est plus près du filon générateur.

Ces dépôts ont été suivis de violentes éruptions volcaniques dans les contreforts de la Sierra-Nevada, qui ont recouvert les placers d'une nappe puissante. Ensuite a commencé le creusement des vallées actuelles perpendiculaires à la direction de la chaîne et de la vallée torrentielle pliocène ; pour cela, les dépôts volcaniques, les placers anciens (deep placers) et la roche sous-jacente ont été entamés et tous ces débris ont constitué les nouveaux placers (shallows placers). — La découverte et l'exploitation de tous ces gîtes eurent lieu exactement dans l'ordre inverse de leur formation ; on trouva d'abord l'or dans les shallows, puis on attaqua les deeps et, enfin, les filons.

BRÉSIL. — Les placers de la province de *Minas-Geraës* comptent parmi les plus riches de l'Amérique du Sud. Un dépôt très-étendu de minerai de fer détritique repose sur des schistes. Ce minerai, connu sous le nom de Canga, se compose de fragments de magnétite, d'oligiste, de quartzite et d'autres roches cimentées par un produit ocreux ; on y rencontre de l'or natif, de la topaze et du diamant.

96. Gîtes éruptifs et mixtes. — Les *Montagnes Rocheuses* présentent des filons de quartz aurifère en place dans les schistes paléozoïques. Le plus important, le *Homestake*, est très ancien, car ses éléments se rencontrent, à l'état remanié, dans le conglomérat cambrien ; c'est à la base de ce conglomérat que se rencontre l'or, en grains plats ou ronds, en feuilles et en pépites ; le précieux métal se rencontre aussi, sous forme de précipité, dans les fentes des galets et dans les fissures des schistes.

VENEZUELA. — Les filons de quartz du Venezuela et de la Guyane se divisent en trois zones : la supérieure, à pépites et paillettes d'or disséminées dans un quartz fendillé et lamellaire, taché de rouille, à cavités occupées par la limonite. — La deuxième est à quartz pauvre. La troisième, en profondeur, contient du quartz criblé de pyrite aurifère en cristaux. Ces gisements sont invariablement subordonnés à la présence d'une roche dioritique très compacte. On doit penser que, pendant l'épanchement de celle-ci, l'or est arrivé avec le fer à l'état de sulfure, peut-être de tellurure ; il s'est isolé au sommet, quand le fer s'oxydait. Ces gisements d'or natif peuvent donc être considérés comme les chapeaux de fer de filons de pyrites aurifères ; cela explique aussi pourquoi l'or natif se montre dans les têtes des filons que l'érosion a partout enlevées. Le filon du *Caratal* présente bien tous ces caractères.

AUSTRALIE. — Après l'Amérique, l'Australie est le continent le plus riche en or ; on y trouve les alluvions et les filons. Les premières se sont formées depuis l'époque houillère jusqu'à nos jours. L'or s'y rencontre, en effet, dans les conglomérats et les grès houillers, même dans une couche de charbon à *Newtown*, dans la *Terre de Van-Diemen*. Les roches jurassiques sont également aurifères ; mais les placers les plus riches ne se rencontrent que dans le tertiaire et les plus importants sont, comme en Californie, de l'époque pliocène. On les appelle deep-leads, ils sont recouverts de nappes de basalte.

On trouve, en outre, des placers récents dans le lit de toutes les rivières qui traversent les anciens, ceux-ci restant situés au-dessus du niveau des hautes eaux actuelles. Dans les deux sortes, on recueille, outre l'or, le diamant, la topaze, la cassitérite et des minerais de fer.

Le gisement originel de l'or australien est dans des filons encaissés dans des roches siluriennes et certainement antérieurs à la période houillère.

Dans la *Nouvelle-Zélande*, les filons-couches sont, en partie dans les schistes, en partie dans les grès composés de quartz blanc et de pyrites avec or natif.

Presque tous les terrains sédimentaires préhouillers du continent australien courent du Nord au Sud ; les roches éruptives anciennes sont alignées suivant la même direction. Les filons-couches qui les parcourent ont la même direction et passent, sans changer d'allure, des roches sédimentaires aux roches éruptives. Les matières utiles y sont concentrées suivant des colonnes de richesse.

HONGRIE. TRANSYLVANIE. — Les filons d'or et d'argent du district de *Schemnitz*, dont il a été question, offrent l'association des caractères propres aux gîtes concrétionnés avec ceux des gîtes d'émanation. On y constate, comme en Amérique, l'altération des roches encaissantes sous l'influence des émanations solfatariennes.

En Transylvanie, le district de Vöröspatak-Nagy-ag présente les mêmes types. L'or répandu dans le quartz avec les pyrites occupe des filons réguliers dans la roche éruptive elle-même ou dans un conglomérat tertiaire ; d'autres fois il occupe de véritables stockwerks.

C'est le cas du gîte aurifère de *Vöröspatak* : du milieu des couches éocènes s'élèvent des pointements trachytiques rangés suivant la circonférence d'un cercle dont l'intérieur est rempli par des roches sédimentaires. En quelques parties, la roche fortement décomposée et imprégnée de pyrites de fer est traversée par d'innombrables veines métallifères avec de l'or natif et du cuivre gris.

A NAGYAG, ce sont des filons réticulés. Les minéraux sont nombreux ; l'or natif, le tellurure d'or, l'argent telluré, le cuivre gris, etc.

A RODNA, les schistes cristallins et les roches calcaires tertiaires sont traversés par des roches éruptives renfermant des amas métallifères.

A OFFENBANYA, mêmes terrains. Les gîtes aurifères varient de la forme de simples mouches à celle d'amas importants, avec tous les intermédiaires, nids, poches, veines, etc... L'or natif est accompagné de tellurures avec cuivre gris, argent natif, argent rouge, galène, etc.

A KÖRÖSBANYA, la roche est un trachyte blanc imprégné de très-petits cristaux de pyrite aurifère ; des taches ocreuses renferment de petites pépites d'or, résultat d'oxydation.

OURAL. — Les alluvions aurifères couvrent des espaces immenses ; les dépôts les plus riches appartiennent aux régions où le sol est accidenté, l'or s'y trouve en houppes, en grains ou en pépites, avec le platine, le palladium, le cuivre natif, le diamant, le fer. Les parties les plus aurifères contiennent une forte proportion de magnétite.

On rencontre aussi des gîtes en place : à *Berezowsk*, de grands filons de miocrogranulites ont été recoupés par des filons de quartz aurifère, le tout dans des schistes anciens ; ils sont très nombreux et donnent de la pyrite aurifère.

ESPAGNE. — En Galice le rio Sil, en Andalousie le rio Genil ont des alluvions aurifères. La Sierra de Guadarrama renferme un quartzite avec bancs de conglomérats, et des intercalations d'amas quartzeux ; le quartz, d'un blanc laiteux, est particulièrement aurifère là où il est corrodé et ferrugineux. L'or s'y présente toujours à l'état natif.

ANGLETERRE. — On trouve un peu d'or dans les alluvions stannifères des Cornouailles.

LES ALPES : de nombreux filons existent à *Frasconi* et à *Condo*, dans le massif du Simplon.

LA FRANCE a eu autrefois des exploitations aurifères dans la Corrèze, le Puy-de-Dôme et le Cantal dans des filons irréguliers de pyrite recoupant les micaschistes.

La production de l'or dans le monde a été de 185 tonnes en 1889, de 181 tonnes en 1890, et de 188 tonnes en 1891.

Dans cette dernière production, les Etats-Unis sont entrés pour 50 tonnes, l'Australie pour 47, la Russie pour 36, l'Afrique australe pour 21, la Chine pour 8, la Colombie pour 5, le reste provenant de vingt-trois autres nations.

La valeur de l'or produit en 1891 est de près de 650 millions de francs.

97. Platine. — Le platine n'a été rencontré que dans les dépôts d'alluvions, dans l'Amérique du Sud, dans la province de Choco, en Colombie. Son origine doit être cherchée dans les filons de quartz aurifère ; il se présente dans le sable brun, avec l'or natif, le fer chromé, le fer titané et la magnétite.

Plus tard, il a été reconnu dans l'Oural, à Nijne-Taguilsk, avec du fer chromé et des serpentines. Le gîte en place n'est pas exactement connu, mais on a trouvé, dans les alluvions, le métal imprégnant des blocs de serpentine. La roche-mère du platine est donc, dans cette région, une péridotite plus ou moins transformée en serpentine.

On a rencontré aussi le platine, mais en petites quantités, dans les placers aurifères du Brésil, de Bornéo, de l'Altaï, et dans ceux de l'Amérique du Nord situés sur le versant de l'Océan Atlantique.

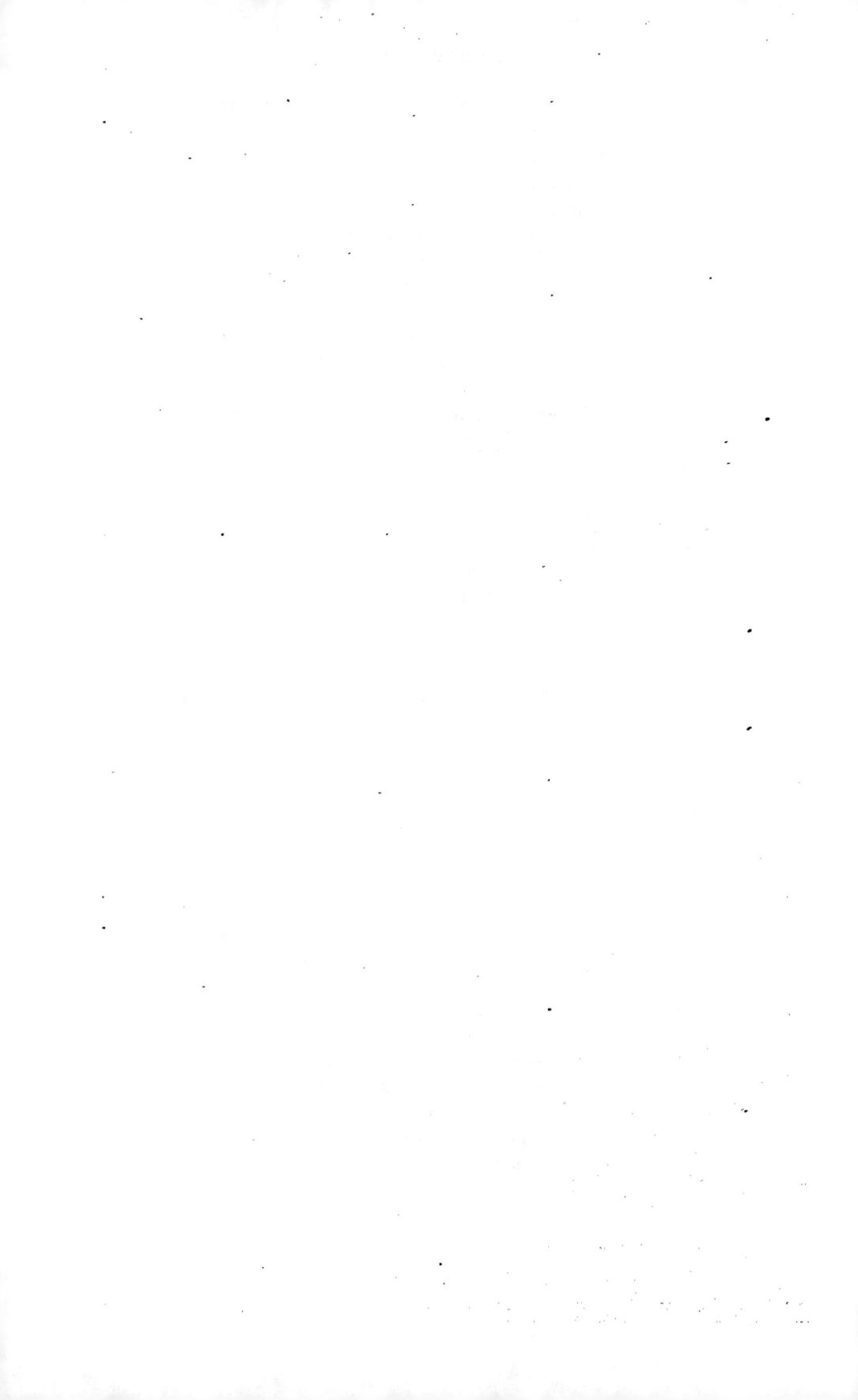

CHAPITRE IV

LES EAUX SOUTERRAINES

---

98. Eaux de pluie. Leur répartition. — L'eau est un minéral ;
il se distingue des autres par sa mobilité et en ce que, le plus souvent,
il est indéfiniment renouvelable dans les gîtes d'où on l'a extrait.

L'origine des eaux souterraines est la même que celle des eaux superficielles : l'évaporation atmosphérique fait arriver l'eau des régions
chaudes de l'Océan dans les nuages transportés par le vent. Pour que
la vapeur ainsi produite abandonne ensuite la forme gazeuse, il faut
que les masses d'air qui la contiennent soient soumises à un refroidissement capable d'abaisser sensiblement leur faculté de saturation. Ce
refroidissement implique le transport de ces masses dans des régions
plus froides. Les précipitations atmosphériques sont donc intimement liées à l'action des vents.

Les pluies retombent en partie sur les continents et l'eau qui arrive
sur le sol se partage en trois parts : celles de l'évaporation, du ruissellement et de l'infiltration. L'effet de l'évaporation est de res-
tituer, soit immédiatement, soit à bref délai, à l'atmosphère une
notable partie de l'eau tombée ; elle est naturellement plus forte
dans la saison chaude et on peut dire que, dans les contrées de la
zone tempérée, les pluies estivales ne profitent pas aux cours d'eau.
Les prairies et les forêts modèrent l'activité de ce facteur en em-
prisonnant les gouttelettes d'eau dans un entrelacement de feuilles et de
brins d'herbe qui les mettent à l'abri de la radiation solaire. La part
de l'évaporation est considérable. Dans le bassin de la Seine, elle enlève environ les deux tiers de la pluie tombée.

Le second lot s'écoule à la surface. Les eaux de ruissellement se rendent directement aux thalwegs, sans passer par l'intermédiaire des
sources. Le ruissellement est déterminé par la nature et le relief du
sol ; il se produit partout où celui-ci est imperméable et aussi partout où la pente est assez forte pour que la composante de la pesan-

teur l'emporte sur les actions qui tendraient à faire pénétrer les gouttes
d'eau dans le sol. Ces eaux superficielles déterminent des torrents et
des cours d'eau.

Le reste de l'eau tombée s'infiltre dans le sol et descend jusqu'à un
certain niveau hydrostatique. Il faut, pour cela, que le terrain soit perméable; les eaux descendent ainsi jusqu'à ce qu'elles rencontrent un terrain imperméable. Mais, à mesure qu'elles s'enfoncent, elles deviennent
de moins en moins accessibles à l'évaporation et les parties du terrain
situées à une certaine profondeur ne peuvent manquer à la longue de
se saturer et de constituer ainsi les nappes souterraines qui, toutes les
fois que leur niveau est atteint par une dépression du sol, se répandent au dehors sous forme de sources.

Si nous supposons une grande plaine horizontale constituée par un
terrain perméable, les eaux d'infiltration formeront une nappe bien horizontale et d'autant plus voisine de la surface que les précipitations
auront été plus abondantes. Mais si cette plaine vient à être entamée
par deux dépressions profondes, ces vallées exerceront sur la nappe
souterraine une action de drainage ; les eaux emmagasinées s'écoule-
ront vers les deux thalwegs et la nappe cessera d'être horizontale ; la
surface supérieure sera relevée sous le faîte de partage, d'autant mieux
que c'est là qu'elle est le plus efficacement protégée contre l'évaporation superficielle. Ainsi les nappes, dans les terrains perméables, ont
une surface ondulée qui reproduit, en les adoucissant, les accidents extérieurs du sol.

99. Eaux dans les Roches perméables. — Les roches ont des
degrés divers de perméabilité. Les plus perméables sont les roches incohérentes, telles que les sables et les cailloux roulés qui constituent
principalement les alluvions anciennes et modernes.

Les sables les plus fins laissent passer facilement les eaux lorsqu'ils
ne sont pas limoneux ou argileux ; ce parcours souterrain s'accomplit presque sans vitesse et, par conséquent, sans pouvoir entraîner des matériaux solides, pour que les eaux restent limpides : tels
sont les grès verts du bassin de Paris et les sables boulants qu'on rencontre dans certaines parties des calcaires carbonifères. Dans les formations de cette nature, les nappes d'eau ne peuvent être que continues et régulières.

Les roches faiblement agrégées sont souvent perméables, mais à un
degré moindre. Ainsi les grès des Voges sont des espèces de filtres qui
laissent passer les eaux ; ce sont des grès grossiers, à grains de quartz,
assez souvent cristallisés et offrant des facettes qui miroitent au soleil.
Beaucoup de grès dits mollasses des Alpes sont également pénétrés plus
ou moins facilement.

Les roches fendues ou fissurées sont perméables à des degrés différents : ainsi les calcaires crayeux sont souvent sillonnés par une multitude de fissures et l'eau peut y circuler aussi facilement que dans des terrains perméables. Certains calcaires compacts, comme les calcaires jurassiques, laissent pénétrer l'eau par des fissures peu nombreuses, mais larges et béantes.

Il en est de même de beaucoup de grès et de schistes qui, de leur nature, sont imperméables.

Il faut établir une distinction entre les terrains sablonneux et les roches fissurées, au point de vue de la perméabilité. Dans les premiers, les nappes sont continues et régulières ; dans les seconds, il arrive généralement que la roche est compacte en profondeur. L'eau ne peut donc y former des nappes continues, mais seulement remplir les poches. Les roches imperméables sont celles qui sont à la fois massives et de texture imperméable ; telles sont les argiles. Si quelque fissure existait primitivement, le gonflement de la roche au contact de l'eau n'aurait pas tardé à la boucher. La présence de l'argile suffit, en vertu de cette propriété, pour rendre imperméable une roche qui, sans cela, se laisserait pénétrer. Ainsi, dans le Nord de la France et en Belgique, la formation crétacée supérieure est composée d'alternances de craie blanche fendillée, très perméable, de craie marneuse jaunâtre et de marnes bleuâtres qui sont à peu près imperméables.

A la base un banc d'argile imperméable appelé dièves recouvre des sables, grès ou cailloux roulés dits tourtias, roches le plus souvent perméables. Cette formation recouvre le terrain houiller que les dièves mettent à l'abri des infiltrations.

On peut dire, d'une manière générale, que, si on considère la masse des terrains sédimentaires, les roches schisteuses anciennes jusques et y compris le trias, ne sont pas perméables. Au contraire, les terrains jurassique, crétacé et tertiaire présentent dans leur ensemble les conditions générales de perméabilité et ouvrent aux eaux de surface des voies nombreuses de dérivation.

Beaucoup de roches massives, granitiques et schisteuses, sont imperméables, malgré les fissures qu'elles présentent, ces fissures n'étant pas continues.

Si la masse des eaux pluviales tombait sur des terrains très-perméables, elles les pénétreraient immédiatement et descendraient jusqu'au niveau des mers ; il n'y aurait point de cours d'eau à la surface. Les terrains imperméables les arrêtent et elles constituent, suivant les cas, des nappes (1) appelées niveaux, des masses emprisonnées dites torrents et, enfin, des eaux artésiennes.

Le mineur aura le plus souvent à garantir ses travaux contre l'in-

1. Expression impropre; voir l'article 102.

vasion des eaux ; il aura aussi quelquefois à les rechercher pour les besoins des populations, de l'agriculture et de l'industrie.

100. Nappes. Sources. — Nous avons dit que les eaux, après avoir pénétré dans le sol, finissent par s'y accumuler en donnant naissance à des nappes d'infiltration ; les parties de l'écorce situées à une certaine profondeur ne peuvent manquer, à la longue, de se saturer d'eau et, lorsque le niveau est atteint par une dépression du sol, les eaux s'écoulent.

Il s'ensuit que, lorsqu'on creuse un puits sur le bord d'une vallée, le niveau de l'eau, dans ce puits, est d'autant plus élevé qu'on s'éloigne davantage du thalweg, puisque ce thalweg constitue le déversoir naturel des nappes voisines ; loin de les alimenter, il est, au contraire, alimenté par elles.

Pour la même raison, un puits creusé au bord de la mer ne rencontre que de l'eau douce, à moins que le sous-sol de la côte ne soit mis en relation avec l'Océan par de larges fissures. En effet, l'Océan agit à la façon d'une vallée ; il draine les terres qui le bordent et forme le dernier trait de la surface de la nappe d'infiltration ; celle-ci s'élève d'autant plus, à mesure qu'on s'éloigne de la mer, que le sol atteint lui-même un niveau plus élevé. La nappe d'infiltration, lorsqu'elle vient à s'épancher sous l'influence d'une dépression, donne lieu à une source caractérisée si les terrains sont fissurés et se prêtent, par suite, à la formation de petits réservoirs.

Au contraire, si on a des terrains perméables proprement dits, l'épanchement se fait par suintement. Nulle part ce contraste ne s'observe mieux que dans la Champagne, dont les vallées se signalent par de longues files d'une abondante végétation de peupliers et de saules, s'élevant du sein d'un marais tourbeux entre deux coteaux de craie blanche stérile. Ceux-ci ne sont que traversés par l'eau au moyen de canaux intérieurs ; au contraire, la vallée, de nature tourbeuse, retient les eaux.

Il peut arriver que, même dans un terrain sableux, les eaux ne trouvent pas à s'écouler ; ce fait se présente pour les chotts sahariens où les sables superficiels sont rendus imperméables par des dépôts de gypse, de sel et d'argile laissés par l'évaporation active de l'eau. On doit alors percer cette croûte par un sondage, comme pour les puits artésiens.

La surface de la nappe sera d'autant plus voisine de la surface du sol que les pluies auront été plus abondantes ; elle s'élèvera dans les années humides pour s'abaisser dans les années sèches, et ses oscillations seront plus sensibles vers les lignes de faîte que vers les parties basses. Les régions supérieures seront donc exposées à voir les sources se tarir.

S'il arrive que le terrain, au lieu d'être perméable dans son ensemble, soit tel qu'une couche imperméable vienne s'interposer au milieu d'une ligne de hauteurs, la nappe sera limitée en profondeur ; il y aura, à flanc de côteau, tout le long des affleurements de la couche imperméable, des suintements ou des sources, surtout du côté que la pente favorise. Ces sources à flanc de coteau sont généralement peu abondantes. L'importance de ce niveau est d'autant plus grande que le terrain perméable qui le surmonte est lui-même plus étendu. Le bassin de Paris présente deux de ces alternances ; les eaux qui imprégnent le calcaire grossier sont arrêtées par les argiles plastiques et s'écoulent à leur contact. Au dessus des calcaires, une autre couche imperméable de gypse et de marnes vertes est surmontée des sables de Fontainebleau ; d'où un deuxième niveau d'écoulement sur les marnes.

Lorsque le terrain est franchement perméable, les nappes d'eau sont continues et régulières et les suintements ont lieu tout le long de la ligne d'affleurement.

101. Eaux dans les terrains fissurés. — Au contraire, quand le terrain est fissuré, l'écoulement n'a lieu qu'en certains points déterminés, où alors le débit peut devenir considérable.

Mais le régime hydrologique de cette nature de terrains est très irrégulier, les eaux y occupent des poches, des rivières s'y perdent pour reparaître plus loin au jour, sans que rien dans l'allure de la surface puisse le faire prévoir.

Premier exemple: A l'amont d'Angers, la Loire coule sur des roches perméables. Entre Sancerre et Blois, elle décrit un coude prononcé, sa direction passe de Nord-Sud à Est-Ouest. Le débit à l'étiage tend à diminuer par suite des infiltrations dans les craies fendillées qui forment ses rives, de sorte que le cours apparent est accompagné d'un cours souterrain. Celui-ci se dirige sensiblement suivant la corde de l'arc, détermine des cavités par dissolution jusqu'à l'effondrement de la couche superficielle et cause en certains points l'apparition de nombreuses sources dont la plus importante est celle du Loiret.

Les eaux ramenées à la surface retournent à la Loire superficielle, qui retrouve ainsi son débit normal en arrivant aux terrains granitiques et imperméables de son cours d'aval.

Deuxième exemple: Les calcaires crétacés du Midi sont de structure fissurée ; l'eau y pénètre et y circule par des voies qu'elle agrandit sans cesse. Le mont Ventoux, (maximum, 1960 m.) couvre 15.000 hectares et reçoit annuellement 150.000.000 mètres d'eau. Les pentes supérieures ne présentent aucun thalweg qui ait de l'eau, tandis que les parties inférieures du flanc de la montagne laissent échapper par de nombreuses sources les eaux souterraines emmagasinées.

Troisième exemple: La fontaine de Vaucluse a un débit de 700 mè-

tres par minute, produit par les eaux tombées sur plus de 100.000
hectares de surface calcaire, de Vaucluse à Sisteron. Les eaux redes-
cendent à travers ces terrains et s'arrêtent à une couche argilo-mar-
neuse imperméable, non fendillée, au-dessus de laquelle une cassure
naturelle permet leur évacuation.

Quatrième exemple : Dans les contrées du Lot, les ruisseaux se perdent dans les calcaires jurassiques et reparaissent dans les grands
thalwegs, tandis que les surfaces liasiques, schisteuses et granitiques
y laissent arriver l'intégralité des eaux. Dans ce même bassin, la
Louysse est une véritable rivière ; au dessus de cette source abondante se trouve un vallon sans eau et, en remontant à 25 kilomètres
plus haut, on voit un ruisseau s'engouffrant dans les fissures et les
cavernes des calcaires.

Cinquième exemple: L'Epte, l'Arque, l'Andelle prennent leur source
dans les sables verts du pays de Bray au-dessus desquels se trouvent
des terrains jurassiques imperméables.

D'après l'abbé Paramelle, les eaux suivent souterrainement des lignes analogues à celles qu'elles suivent à la surface. Lorsqu'on veut
rechercher et capter par puits des sources dans les thalwegs secs, il
conseille d'opérer : 1° en amont sur les replis ; 2° vers les espaces de
raccordement de ce thalweg avec celui où il se jette.

Les sources intermittentes sont déterminées par la sortie d'eaux
souterraines se vidant par siphons. Une particularité remarquable se
présente sur les plateaux de Normandie, aux environs du Hâvre. La
nappe aquifère est emmaganisée dans la craie fissurée et retenue par
les argiles du crétacé inférieur ; elle est recouverte par une autre
couche imperméable d'argile à silex. L'infiltration ne peut se produire qu'aux affleurements de la craie, soit au flanc des vallons, soit
au point où les piliers crayeux percent l'argile. Les eaux mettront
donc un temps très long à pénétrer dans le niveau qui comprend des
poches, des cuvettes, des couloirs, des plans inclinés et des ondulations de diverses natures.

Si on le suppose parfaitement à sec, il faudra que les eaux d'infiltration remplissent ces cavités en passant de l'une à l'autre, franchissant
les seuils, avant d'arriver aux orifices de sortie ; aussi le débit est-il
faible. — Mais s'il vient une crue, les cavités se remplissent de la base
au plafond. L'écoulement par siphons se substitue à l'écoulement par
déversoirs et les poches arrivent à se vider, tandis qu'elles seraient
restées indéfiniment pleines, si les pluies n'avaient cessé d'être régulières et modérées. M. Meurdra a constaté que l'apport d'un hiver plu-
vieux met quelquefois 30 mois à s'écouler. C'est que, par la mise en
jeu des siphons, les eaux emmagasinées s'écoulent seulement quand
ceux-ci sont amorcés par une crue, en sorte qu'il peut y avoir un dé-

bit ininterrompu correspondant à bien des années d'emmagasinement.

102. Torrents. — On appelle improprement torrents des masses d'eau emmagasinées, emprisonnées dans l'intérieur du sol, reposant par conséquent sur une couche imperméable et pouvant être alimentées par des terrains supérieurs.

Le plus célèbre, le seul bien connu, est celui de Saint-Vaast entre Denain et Anzin : Une cuvette formée dans le terrain houiller par des érosions géologiques a été remplie par le crétacé ; c'est un mélange de sable grisâtre à grains opaques et d'argile plastique qui provient de la décomposition des schistes houillers. Elle contient une grande quantité de bois, de végétaux fossiles et de pyrites et paraît appartenir à l'Etage crétacé inférieur.

Le torrent occupe une étendue de plus de 3.000 hectares. L'eau qu'il donne est salée ; il est possible cependant qu'il soit alimenté par des eaux douces.

La Cⁱᵉ des mines d'Anzin a travaillé pendant 47 ans à l'épuiser, sans y réussir. Elle a enlevé, dans cette période, 343 millions d'hectolitres au moyen d'une longue galerie et de huit fosses armées de machines ; le niveau de l'eau s'était abaissé de 54 mètres. Puis l'exhaure a été suspendue et, 7 ans après, le niveau s'était relevé de 10 mètres.

103. Eaux artésiennes. — Nous avons vu que les nappes d'infiltration s'écoulent à l'extérieur lorsque les dépressions du sol viennent les atteindre au-dessous de la couche imperméable qui les détermine. Mais lorsque ces nappes forment des cuvettes et que la couche imperméable, alors en fond de bateau, ne présente pas de solution de continuité, l'eau qui se trouve en contre-bas de tous ces affleurements reste emmagasinée dans le sous-sol.

Les grands bassins orographiques présentent une disposition de cette nature : les assises des terrains descendent des lignes de faîte qui leur servent de ceinture et donnent à l'allure générale une forme de fond de bateau, les affleurements concentriques occupant des surfaces d'autant plus étendues que les inclinaisons sont moins prononcées.

Les eaux tombées à la surface viendront remplir le fond des cuvettes en quantité d'autant plus grande que le bassin sera plus perméable et que la quantité d'eau tombée sera plus considérable.

La valeur de la pression effective en un point déterminé d'une nappe souterraine, exprimée en hauteur d'eau, serait égale à la différence de niveau entre ce point et les parties de la couche perméable qui reçoivent tout d'abord les infiltrations, s'il n'y avait eu dans le parcours des eaux des pertes de charge dues aux frottements.

L'altitude de la nappe à l'endroit considéré augmentée de la pression

effective fournit le niveau piézométrique de la nappe ; c'est précisément le niveau auquel s'élèverait et resterait l'eau, si l'on forait là un puits et qu'on le surmontât d'un tube vertical suffisamment long pour que l'eau ne puisse pas jaillir par son orifice supérieur.

Pour toutes les parties d'un bassin où le niveau piézométrique est supérieur au niveau du sol, un forage atteignant la couche aquifère donnera un puits artésien ou puits jaillissant ; si, au contraire, le niveau piézométrique est inférieur à celui du sol on aura un puits ordinaire dans lequel il faudra puiser. Les cartes hydrologiques indiquent les régions positives, c'est-à-dire celles pour lesquels on aura un jaillissement, et les régions négatives dans lesquelles on ne peut faire de puits artésiens.

La différence des niveaux piézométriques entre deux points indique la perte de charge entre ces deux points.

La pression locale de la nappe peut varier par suite de périodes de sécheresses ou de grandes pluies ; c'est ce qui fait que le niveau piézométrique n'est pas immuable et que la ligne qui sépare les régions positives des régions négatives peut varier ; si l'on considère les deux positions extrêmes de cette ligne, elles comprendront entre elles les points où l'on aura tantôt jaillissement tantôt puits ordinaire, laissant d'un côté les points de perpétuel jaillissement et de l'autre ceux où l'on ne peut jamais en obtenir.

C'est ainsi que l'on explique le tarissement de sources pendant une certaine saison alors que d'autres sources dans la même formation ne cessent pas de donner de l'eau.

En France, la chûte d'eau moyenne annuelle est représentée par une hauteur de 0ᵐ70 pour le versant de l'Océan.

0.80 pour celui de la Méditerranée.

Dans les Alpes, cette hauteur atteint 1ᵐ,05.

Les pertes par dérivations souterraines s'élèvent à :

40 % pour le bassin de la Seine) des eaux
26 % » » » de la Garonne } soustraites
20 % » » » du Rhône) à l'évaporation

Elles sont à peu près nulles pour le bassin de la Loire.

Le bassin de la Seine est donc celui qui se prête le mieux à la recherche des eaux jaillissantes.

Le sous-sol est constitué par une série d'assises inclinées, les unes perméables, les autres imperméables. Les premières seront pénétrées par les eaux pluviales stagnantes ou courantes et cette nappe souterraine devra suivre l'inclinaison du sable qui la contient.

Paris est, d'après ce que l'on sait jusqu'à présent, le point le mieux placé pour le forage des puits artésiens. Cette ville occupe le centre d'un bassin géologique formé de cuvettes concentriques relevées de tous côtés, si ce n'est vers l'estuaire de la Seine. Dans ce bassin, on rencontre trois niveaux géologiques d'eaux jaillissantes : 1° dans les couches sablonneuses à la base des calcaires lacustres inférieurs ; 2° dans les sables chlorités rencontrés en beaucoup de points à la base des calcaires grossiers ; 3° dans les sables inférieurs des argiles plastiques.

On se propose d'installer des sondages qui franchiraient le crétacé et aboutiraient sous les argiles kimméridgiennes de l'étage supérieur de l'oolithe.

Les puits artésiens actuellement existants à Paris amènent au jour l'eau des sables verts très perméables et séparés du crétacé supérieur par l'argile compacte et imperméable du gault ou argile téguline en raison de son application à la fabrication des tuiles. Les sables verts forment une couche de 8 à 10 mètres et constituent par la continuité de leur affleurement, depuis les Ardennes jusque dans la Nièvre, un précieux réservoir d'infiltration pour les eaux souterraines qui, retenues par l'argile du gault, vont s'accumuler en pression sur le fond de la grande cuvette parisienne.

L'altitude de cet affleurement est toujours, même dans les vallées, très supérieure à celle de la plaine parisienne ; en aucun point elle ne descend au-dessous de 100 m.

Le puits de Grenelle a atteint la nappe à 548 m. de profondeur en 1842. A l'origine son débit était de 3200m³ par 24 heures au sol, c'est-à-dire à la côte de 36 m. 60.

Le débit a été réduit à 1100 m³, quand on a forcé l'eau, au moyen d'une colonne de tubes, à arriver à la côte 73 ; il était de 900m³, par suite d'obstructions, en 1861, lorsqu'on a ouvert le puits de Passy.

Celui-ci donnait, au début, 20.000m³, au sol ; il en donne 6200 à l'altitude de 77 m. Sa profondeur est de 587 m. 50.

Trente heures après l'ouverture des puits de Passy, le débit de celui de Grenelle a été réduit de plus de moitié. D'après la distance qui les sépare, on a conclu à la vitesse de l'eau dans la nappe, elle est de 1 1/2 kilomètre environ par jour. On a vérifié, du reste, que les crues dans les Ardennes devenaient sensibles à Paris plusieurs mois après qu'elles s'étaient produites. Pour y arriver M. Belgrand a comparé les variations du degré hydrologique du puits de Grenelle avec celles du niveau de l'Aisne qui arrose dans la partie supérieure la région où s'alimente la nappe d'infiltration.

En général, la force ascensionnelle de l'eau des nappes s'affaiblit à mesure qu'on se rapproche de la mer, ces eaux trouvant des issues le long des falaises ou même en dessous du niveau de la mer. Dans ce dernier cas, leur régime subit l'influence des marées, le jaillissement est plus fort et plus abondant au moment de la haute mer.

104. Cours d'eau souterrains. — Ce fait nous conduit naturellement à admettre l'existence de cours d'eau souterrains. Quand les eaux s'accumulent dans les roches fissurées, elles y constituent des nappes discontinues ; les vides ne sont autre chose que des fentes plus ou moins larges dont l'ensemble forme un faisceau découpant la roche, et dont l'origine doit être cherchée dans le défaut d'homogénéité ou dans les mouvements mécaniques auxquels le terrain a été soumis postérieurement à sa consolidation.

Ces fentes communiquent entre elles et si quelque coupure plus profonde permet l'écoulement vers l'extérieur, un courant s'établit nécessairement. C'est ainsi que des plateaux peuvent être parcourus par des cours d'eau importants et cachés.

Ces courants sont très-irréguliers, parce que le tube qui détermine leur parcours a une forme et une section très variables. Les fentes et les chambres avec leurs nombreuses ramifications sont en continuelle transformation. Certains d'entre eux gonflent pendant les hautes eaux, parce que l'exutoire est insuffisant.

Les galeries se remplissent, l'eau monte en arrière des obstacles ou des parties étroites et, en s'accumulant ainsi, elle peut acquérir une pression considérable, d'où rupture violente, à un moment donné, de ceux des barrages naturels qui n'offrent pas une résistance suffisante.

La modification des pertuis peut être due aussi à des actions chimiques : s'il s'agit de roches calcaires, par exemple, et si les eaux contiennent de l'acide carbonique en dissolution, il y a formation à peu près continuelle d'un bicarbonate soluble qui est entraîné ; ou bien, dans ces mêmes calcaires, peuvent circuler des eaux acides provenant d'un champ d'oxydation de pyrites ou de toute autre nature de roches.

Ces eaux, même celles qui ne sont chargées que d'acide carbonique, décomposent, à la température ordinaire, les silicates de chaux, de potasse, de soude, de fer, de manganèse. Or, ces silicates existent en grandes quantités dans les roches non calcaires. L'écorce terrestre subit, sur toute son étendue, l'action des eaux en mouvement.

105. Grottes. — Les effets produits sont les grottes, les éboulements naturels et les effondrements : nous ne dirons qu'un mot de chacun d'eux.

Grottes — A Han (Belgique), on peut suivre, au plafond des cavités, des fentes alignées suivant le parcours de la rivière de la Lesse qui les traverse. Quelques-unes des chambres ont 70 mètres de hauteur et leurs parois, le long desquelles le calcaire se délite plus facilement, se sont écroulées peu à peu, à mesure que l'action dissolvante se produisait. Les cavités et les éboulis sont le résultat de l'élargissement progressif de la fente médiane.

La grotte la plus remarquable est la caverne de Mammouth dans le Kentucky ; elle a été explorée sur un parcours de 15 kilomètres par 200 galeries dont le développement dépasse 350 kilomètres ; elle contient tout un système de rivières et de lacs à différents étages.

Dans la Carniole, les grottes sont nombreuses ; la plus importante du pays est celle d'Adelsberg, parcourue par une rivière ; la cavité principale a 200 mètres de largeur et son plancher est jonché d'une forêt d'aiguilles stalagmitiques. A la surface, le sol est parsemé de profondes dépressions où viennent se perdre les ruisseaux. Il est à remarquer que la rivière qui franchit ce système de grottes sort plus puissante qu'elle n'était entrée, grâce à des affluents cachés dont l'existence est attestée par le bruit de cascades intérieures.

En résumé, les grottes ouvertes dans les roches calcaires par l'action des eaux indiquent un travail qui dépasse de beaucoup la portée du régime hydrologique actuel ; nombre de grottes sont étagées sur les flancs des vallées calcaires en des points où il ne se produit même plus de suintements. Il faut donc admettre qu'à une époque antérieure les précipitations atmosphériques étaient plus importantes.

Quand l'action des eaux diminue, que celles-ci ne peuvent plus s'élever de façon à baigner les faces latérales et la couronne des cavités, les eaux d'infiltration accomplissent un nouveau travail, dont l'effet est de consolider les parois. En filtrant goutte à goutte sur le rocher, elles abandonnent, en s'évaporant, le carbonate de chaux dont elles avaient pu se charger à la faveur d'un excès d'acide carbonique ; elles tapissent les grottes d'un enduit concrétionné d'où pendent des gouttelettes, destinées à s'accroître peu à peu et à former des stalactites. Ce qui tombe sur le sol produit les stalagmites qui s'élèvent après que le plancher a été solidement établi, elles viennent rejoindre les pendentifs et il en résulte de véritables colonnes, à la surface desquelles miroitent de petits cristaux de calcite ; leur suite indique la sinuosité des fissures.

Ces produits sont formés, au début, de couches concrétionnées annulaires ; ces parties tendres, sans cesse imbibées d'eaux calcaires, cristallisent en grandes facettes et présentent , lorsqu'on les brise, des plans de clivage bien déterminés. Les enduits calcaires recouvrent tous les objets déposés sur le sol des grottes ; des hommes et des animaux ont été ainsi conservés et préservés de la décomposition par leur enfouissement dans le plancher stalagmitique.

Les infiltrations, lorsqu'elles arrivent sur des sables ou des matières arénacées, peuvent les transformer en couches ou en rognons ; elles donnent naissance à de véritables minerais de fer, lorsqu'elles sont chargées de l'élément ferreux suroxydé. — Il existe, sur les côtes anglaises, des localités où le sable des dunes est aggloméré par un ciment ferrugineux et fournit des matériaux de construction ; ce ciment est déposé par la nappe souterraine d'infiltration au moment de son évaporation, pendant l'été.

106. Éboulements naturels. — Souvent la pénétration des eaux dans le sous-sol détermine des mouvements qui modifient et altèrent profondément le relief de la surface ; ils sont de deux natures : Eboulements par glissements sur le flanc des vallées ou bien effondrements qui font naître des gouffres à la surface.

Lorsque, dans un pays de montagnes, des roches solides fissurées reposent sur des assises imperméables, l'eau infiltrée s'accumule et fait effort pour s'échapper entre les deux. Peu à peu la partie supérieure du massif argileux se délaie et se transforme en une boue incapable de résister à la pression ; d'où glissements et éboulements.

En 1835, une partie de la dent du midi, en Valais, s'écroula ; il en résulta une boue noire capable de flotter des blocs calcaires. En 1875, au cirque de Salazie, dans l'île Bourbon, un éboulement se produisit sous l'influence de pluies torrentielles ; il couta la vie à 60 personnes et recouvrit la surface d'un manteau d'éboulis de 5 kilomètres de longueur et 50 mètres de hauteur.

Une catastrophe plus terrible est survenue en Suisse, en 1806. Une montagne, située au Nord du Righi, le Rossberg, est formée d'un conglomérat que supportent des couches argileuses ; celles-ci, délayées par les pluies, s'étaient transformées en une masse boueuse. Soudain la montagne se mit à glisser et vint s'abattre dans la plaine, engloutissant quatre villages habités par plus de mille personnes. L'éboulement avait 4 kilom. de long, sur 320 mètres de largeur moyenne et 32 mètres d'épaisseur, représentant plus de 40 millions de mètres cubes. Le glissement fit naître un tel développement de chaleur qu'on vit se produire des projections de boue et de matériaux divers. La débâcle fut si rapide que des oiseaux furent tués par l'air en mouvement.

En 1884, le versant boisé de Plattenberg, près d'Elm en Suisse, miné à sa base par une exploitation ouverte dans les schistes s'écroula en bloc, après avoir subi pendant deux années des dislocations qui auraient dû faire prévoir cette catastrophe. La montagne vint verser dans la vallée de Müsli 10 millions de mètres cubes de débris. Une partie de ces matériaux, projetée avec force contre la paroi opposée, celle de Düniberg, y forma une traînée s'élevant jusqu'à 100 m. au dessus de la vallée. Les éboulements des Diablerets en 1714 et en 1749 représentent une masse d'environ 50 millions de mètres cubes. Partout où de tels éboulements ont lieu, il en résulte un grand trouble dans la stratification des massifs affectés par les glissements. Les couches s'inclinent, parfois même se plient et se renversent, affectant des contournements comparables à ceux qu'on observe dans les pays où l'écorce terrestre a subi de grands efforts de compression.

D'autres fois, comme dans le Valais, en 1855, une série de mouvements font naître des fentes dans les rochers et causent, avec de nombreux éboulements, la destruction des propriétés. Mais, dans le cas cité, le phénomène doit être attribué à une action de dissolution, et, en effet, il existe dans la région un grand nombre de sources séléniteuses qui enlèvent des masses considérales de gypse. Les mouvements successifs du sol produisent un effet en tout semblable à celui des tremblements de terre.

Quand ces éboulements se produisent dans une vallée, ils peuvent arrêter momentanément le cours de la rivière qui coule au fond et l'obliger à former un lac ; puis, lorsque la pression des eaux est devenue suffisante, le barrage est emporté et il en résulte une débâcle dont, les effets mécaniques peuvent être redoutables. Témoin, la récente catastrophe des bains de St Gervais.

107. Effondrements. — Les grottes et les cavernes produites par l'action des eaux ne peuvent pas s'étendre indéfiniment. Si les rivières souterraines continuent à circuler au-dessous d'un plateau, les cavités s'effondreront suivant les lignes de rupture et il se formera à la surface du sol des gouffres ou entonnoirs. Souvent une série de ces vides jalonne au jour un cours d'eau caché et ils se remplissent, à la saison des pluies, d'eau venue du fond sous la pression de la nappe gonflée.

On trouve de ces effondrements aux Etats-Unis, en Grèce, en Carinthie, dans le Jura et diverses régions calcaires de France. Il convient de redire pour eux ce qui a été dit à propos des grottes, qu'il est impossible d'attribuer leur formation au régime hydrologique actuel. En effet, plusieurs d'entre elles existent dans des contrées où les pluies sont rares, Au Laurium, par exemple, sur le plateau Berseco, existe une large excavation carrée de plus de 100 mètres de côté et dont la profondeur est de 60 mètres : le trou de Kitzo a ses parois bien accores et bien nettement découpées suivant des plans verticaux. Les travaux de la mine arriveront un jour à donner l'explication des phénomènes qui l'ont produit.

Tous ces effondrements ne doivent pas être attribués à l'action des eaux courantes. On remarque, en effet, dans la Carniole et l'Istrie, qu'ils présentent une régularité beaucoup trop grande pour avoir été produits par voie d'éboulement ; quelquefois il en existe deux contigus et séparés par une mince paroi qui n'aurait pas résisté à l'effondrement. Au contraire, la présence d'une terre rouge caractéristique permet d'attribuer la formation de ces karst à une action chimique.

108. Action chimique des eaux sur les roches. — Des roches autres que les calcaires peuvent aussi être soumises à des causes d'altération.

Les feldspaths et les silicates basiques, tels que le pyroxène et l'amphibole sont attaqués par les eaux chargées d'acide carbonique ; il se forme des carbonates alcalins ou alcalino-terreux ; les silicates alumineux, s'il y en a, demeurent sous forme de kaolin et la silice mise en liberté reste sous forme de veines dans la roche altérée. Des massifs de granite ont été ainsi transformés ; le quartz reste, seul, transformé en arène, sans que les détails de la structure primitive aient disparu ; ils ont donné naissance à d'importantes exploitations de kaolin, telles que celles de la forêt domaniale des Colettes (Allier) et celles des Cornouailles.

Même chose dans le Cotentin dont une partie des chaînes auraient disparu, entraînées par les eaux courantes, si elles n'étaient enchassées entre deux murs de grauwacke cambrienne silicifiée.

Les micaschistes et les gneiss, en divers points du Plateau central, sont réduits à l'état de feuillets argileux sans consistance.

Toutes ces transformations sont dues à l'action des eaux ; elles ne se produisent pas dans les pays où la pluie est rare : en Egypte, le granite se conserve sans altération. A St-Pétersbourg, au contraire, il se détériore rapidemment sous l'influence de la gelée humide. Les roches basaltiques, qui contiennent des silicates basiques, s'altèrent assez rapidement ; il y a production de carbonates qui forment un enduit à la surface ; cette patine est constamment enlevée par le vent et la pluie ; l'action se poursuit ainsi sur les nouvelles surfaces mises à nu.

Les schistes argileux s'altèrent au contact de l'eau ou de l'air humide ; ils se réduisent soit en terres meubles, soit en argiles plastiques.

Quand un calcaire contient une certaine proportion de magnésie, le carbonate de chaux, beaucoup plus soluble, est seul entraîné par les eaux chargées d'acide carbonique ; il en résulte un enrichissement progressif de la roche en magnésie. Ce phénomène s'appelle la dolomitisation.

Certaines eaux renferment des quantités notables de chlorure de sodium et les terrains des bords de la mer sont largement dotés de sel par les eaux pluviales. Les colonnes du temple de Minerve, au cap Sunium, sont profondément corrodées du côté qui regarde le large, en raison même des pluies et des embruns qui en proviennent ; le sel dont ils sont chargés a progressivement détruit le marbre dont elles sont faites.

Au contraire, le côté opposé a peu souffert et pourtant c'est celui d'où viennent le plus grand vent et les plus grandes quantités de pluie.

109. Sources minérales. — Les sources, avons-nous dit, sont les points où les nappes d'infiltration, emmagasinées dans le sol, se déversent à la surface. Ces eaux peuvent renfermer en dissolution des corps de diverses natures, dont l'origine doit être le plus souvent cherchée dans la composition des roches que les eaux d'infiltration ont dû traverser. Les sources sont froides ou chaudes, froides lorsque dans leur parcours elles se sont peu éloignées de la surface du sol, chau-

des quand elles ont pénétré à l'intérieur de la terre et qu'elles se sont
approprié sa chaleur propre, ou bien encore lorsqu'elles se sont trou-
vées en contact avec des phénomènes de nature volcanique.

110. Degré géothermique. — La température s'élève à mesure
que l'on descend ; c'est un fait bien connu. La loi suivant laquelle
progresse la chaleur peut être déduite des observations recueillies
dans les mines et pendant le creusement des tunnels ; elle forme le
point de départ de la science géothermique. On appelle degré géothermique la quantité dont il faut descendre verticalement dans un
terrain pour constater une augmentation de température égale à un degré centigrade. Cette quantité varie avec les lieux d'observation ; on
conçoit, en effet, que la transmission de la chaleur, se faisant par
conductibilité, la température s'élèvera d'autant plus que les roches
conduisent mieux la chaleur.

Un grand nombre d'expériences tend à faire attribuer à ce degré
géothermique la valeur de 31 mètres dans les Cornouailles d'après
M. Lean, de 53 à 55 mètres dans la Saxe d'après l'administration des
mines, dans l'Angleterre et le Nouveau Monde, d'après M. Henwood,
de 42 mètres en Hongrie, d'après M. Schwartz.

Les expériences enregistrées dans les mines de houille donnent
un chiffre plus faible et qui varie de 15 à 40 mètres.

L'exécution des sondages a fourni l'occasion de déterminer les variations de la température suivant les profondeurs atteintes. Les résultats extrêmes pour le degré géothermique ont été de 20 mètres
et 40 mètres, mais, dans la plupart des cas, il se rapproche de 30 mètres.

Les expériences d'Arago sur la température, pendant le fonçage
du puits de Grenelle, lui ont donné une augmentation de température
de 16°9 pour une profondeur de 538 m., soit 31 m. 8 pour le degré
géothermique moyen ; mais il n'est pas constant et la comparaison
des résultats constatés à diverses hauteurs semble conduire à cette
conclusion : que le degré géothermique moyen tend à augmenter avec
la profondeur.

Un sondage intéressant a été fait à Speremberg et poussé jusqu'à
1269 mètres de profondeur. Après la traversée des terrains superficiels,
il a rencontré le sel gemme et n'en est plus sorti. La roche encaissante est donc restée la même du haut en bas, circonstance favorable
pour l'étude des variations en profondeur. L'accroissement a été de
38°,35 entre la profondeur de 22 mètres, point de température constante, et le fond du sondage, soit sur une hauteur de 1247 mètres ;
cela donne, pour le degré géothermique moyen, la hauteur de
32 mètres 50. Ce résultat concorde avec celui fourni par le puits de
Grenelle, quoique la profondeur de celui-ci ne soit que la moitié du

forage de Speremberg. La construction des grands tunnels est venue
fournir de nouvelles données : Au Mont-Cenis, le souterrain a son
point culminant à la cöte 1296, juste sous la crête qui atteint 2905 ; la
différence est de 1609 mètres, représentant l'épaisseur du terrain ;
c'est en ce point que la température la plus élevée a été constatée égale à 29°,5. Si on admet que la température moyenne au sommet de la
crête est de 3°, on arrive à une différence de 32°,5 et le degré géothermique a une valeur comprise entre 49 et 50 mètres.

Mais toute la partie supérieure de la montagne, en contact avec les
neiges persistantes, se trouve refroidie ; il n'existe pas pour elle de
degré géothermique. Dans le cours des observations dont nous nous
occupons, il a été constaté que, pour une épaisseur de 699 mètres, le
gain de la température n'avait été que de 2°. Si nous retranchons,
nous aurons une différence de 30°,5 pour 910 mètres, ce qui donne
30 mètres pour le degré géothermique.

Au Saint-Gothard, la forme de la montagne est plus ramassée. La
hauteur verticale qui domine le tunnel est supérieure de 100 mètres à
celle du Mont-Cenis. Le maximum de température observé a été de
30°,8 conduisait à 48m,40 pour le degré géothermique. Une correction
analogue à la précédente le ramènerait à près de 30 m. Il faut donc
tenir compte de l'influence réfrigérante des cimes et ne faire commencer les comparaisons qu'à partir de la zône où le froid extérieur ne
peut plus se faire sentir. Les conclusions, dans le cas des tunnels, peuvent être faussées par la venue des infiltrations, froides en un point,
si elles viennent d'en haut, chaudes en un autre, si elles arrivent de
l'intérieur du sol.

La distribution de la chaleur dans l'intérieur du terrain peut être
figurée par des surfaces d'égale température ou isogéothermes.

La distance entre deux de ces surfaces consécutives est d'autant plus
considérable, toutes choses égales d'ailleurs, que les roches conduisent mieux la chaleur. Le voisinage de la surface du sol ou du fond
des mers, dont la température est voisine de 0°, accentuera encore la
différence. Celle-ci deviendra maxima lorsqu'une haute montagne sera
placée dans le voisinage d'une mer profonde.

111. Origine et formation des eaux minérales. — Les
sources proprement dites arrivent au jour suivant le plan de contact
de deux couches, l'une perméable, l'autre imperméable. D'autres venues d'eau aboutissent à la surface par les fentes de l'écorce terrestre.

Ces fentes constituent des canaux servant à des nappes inconnues
formées dans des cavités profondes et à qui l'état fissuré du terrain a
permis de descendre. Les sources dont l'origine est due à l'épanchement de ces nappes présentent, en réalité, une analogie très-grande
avec les filons, les premières pouvant être assimilées aux couches.

Il n'est pas toujours possible d'établir une ligne de démarcation précise entre ces deux origines; pour fixer les idées, à défaut d'autres indications, on peut ranger dans la première catégorie les sources dont la sortie n'est pas accompagnée d'un dégagement plus ou moins tumultueux de gaz et de vapeurs.

Sans cesser de faire partie de cette classe, une source peut être jaillissante; c'est le cas des sources artésiennes naturelles.

Ces sources peuvent être chaudes et d'une température constante, indépendante des saisons, bien qu'alimentées par des eaux d'infiltration; il suffit pour cela que ces dernières aient séjourné dans un réservoir possédant cette température : une semblable condition peut être réalisée à l'intérieur d'une montagne, où les surfaces isogéothermes se relèvent et où l'une d'elles de température élevée peut atteindre un niveau supérieur à celui du point d'écoulement de la source.

Bien plus, la thermalité d'une source peut être plus grande que celle qui serait due à la différence d'altitude entre le point d'émergence et les sommets montagneux voisins; le réservoir ou griffon peut, en effet, présenter la forme d'un tube en U, dont la branche inférieure aurait un volume considérable, servirait de réservoir et serait situé sur une isogéotherme de degré très élevé. Une pareille disposition est même favorable au jaillissement, à cause de la moindre densité de l'eau chaude qui occupe la branche ascendante de cette sorte de siphon renversé; c'est d'ailleurs la réalisation naturelle du thermosiphon.

Si l'on imagine, en outre, que diverses fractures viennent à saigner la branche descendante et donner par suite naissance à autant de sources de thermalités et de compositions différentes, on aura l'explication de la variété des eaux minérales rencontrées dans une même localité.

Il peut se faire aussi que des infiltrations, pénétrant dans les parties profondes de l'écorce, y acquièrent la température de l'ébullition et refoulent vers la surface d'autres infiltrations en leur communiquant à la fois une force ascensionnelle et une élévation de température.

Beaucoup de sources gazeuses empruntent leur acide carbonique à des émanations de nature volcanique. Les sources calcaires et les sources siliceuses sont aussi en rapport intime avec des phénomènes de cette nature.

Une particularité des sources thermo-minérales réside dans la constance de leur débit, qui se montre indépendant des variations météorologiques. Cette constance est à rapprocher de celles des nappes artésiennes qui ressentent bien peu l'influence des pluies ou des sécheresses. On comprend, en effet, que, plus un réservoir est profond, mieux il est soustrait aux variations des conditions extérieures; leur température ne varie pas plus que la nature et la proportion de leurs éléments minéraux.

Elie de Beaumont avait établi une distinction entre les deux sortes

de sources : « Les sources minérales (filons) sont généralement dispo-
« sées par groupes dans chacun desquels existent une ou plusieurs
« sources thermales principales, qui pourraient être considérées com-
« me des volcans privés de la faculté d'émettre aucun autre produit que
« des émanations gazeuses qui, dans le plus grand nombre des cas,
« n'arrivent à la surface que condensées en eaux minérales ou ther-
« males. — Ces sources thermales principales sont généralement
« accompagnées d'autres sources moins chaudes, et ces dernières ne
« sont souvent que des eaux superficielles qui, après être descendues
« dans les fissures d'un terrain plus au moins disloqué, remontent pé-
« nétrées d'une chaleur qu'elles ont empruntée au sol réchauffé par le
« foyer même de la source thermale, ou simplement imprégnées de
« la chaleur, croissante avec la profondeur, que le sol possède partout;
« ces dernières ne sont, en quelque sorte, que des puits artésiens na-
« turels. »

La chaleur des sources thermales principales ne peut être attribuée
qu'à l'influence d'un foyer volcanique voisin.

Les sources thermales émergent dans les régions de fracture, à la
faveur des fentes du sol, dues aux grands mouvements de l'écorce terrestre. On a remarqué que si l'on dresse une carte des sources chaudes
connues sur le territoire des Etas-Unis, on n'en trouve pas une seule
dans l'immense plaine du Mississipi, ni sur le littoral Atlantique ;
toutes sont concentrées dans la région des montagnes et leur activité
est d'autant plus grande que les dislocations avec lesquelles elles sont
en rapport sont de date moins ancienne. Il est donc impossible de ne
pas rattacher l'apparition des sources à la formation des montagnes,
laquelle, d'ailleurs, est absolument connexe du phénomène volcanique.

CHAPITRE V.

MARCHE GÉNÉRALE D'UNE EXPLOITATION. RECHERCHES. AMÉNAGEMENT.

§ 1.

GÉNÉRALITÉS.

112. Découverte des mines. — La découverte des mines est souvent due au hasard; néanmoins, lorsqu'on s'occupera de recherches de mines, il conviendra de procéder méthodiquement et de s'aider de tous les indices permettant d'atteindre plus sûrement le but poursuivi.

C'est ainsi que dans une exploration on étudiera d'abord la constitution géologique du pays et on ne recherchera chaque minéral que dans les terrains qui peuvent le renfermer.

Pour déterminer les points où les recherches auront le plus de chances de réussite, on se rappellera les associations de certaines roches : le cuivre est généralement accompagné de roches magnésiennes, le plomb de baryte et de chaux, l'or et l'étain de quartz, etc.

Si on explore une région dans laquelle il existe des gîtes déjà exploités, on pourra être amené à des inductions précieuses, soit en raison de la possibilité du prolongement du gîte en des points non apparents, soit en raison du principe du parallélisme des gîtes.

Un indice important sera la rencontre à la surface du sol de minerais ou de gangues ; on les recherchera en parcourant les escarpements, les points dénudés, les ravins, les divers cours d'eau dont on examinera avec soin les galets et les sables. — Ces fragments rencontrés, on cherchera à déterminer le point d'où ils proviennent en remontant de proche en proche jusqu'à l'affleurement qui attirera, du reste, généralement l'attention par une dénivellation du sol, soit en saillie, soit en creux.

Les affleurements seront l'objet d'un examen attentif et dans la détermination de leurs caractères particuliers, il y aura à tenir compte des altérations que les agents atmosphériques ont pu leur faire subir.

Les sources minérales, les jets de gaz fourniront de précieux indices. Les eaux salées indiquent la présence de gîtes salifères ; les jets de gaz hydrogène carboné sont généralement en relation avec les gîtes de pétrole, de bitume, etc.

Lors de la recherche des gîtes d'oxyde de fer magnétique ou de pyrite nickelifère, l'emploi de la boussole pourra donner d'utiles indications.

L'étymologie de certaines localités, de même que la tradition apporteront aussi quelques indices ; mais il sera toujours nécessaire de les contrôler sévèrement.

On pourra tirer grand profit de la présence de haldes, amas de matières stériles ou pauvres provenant d'anciens triages, et aussi des vestiges d'anciens travaux dans lesquels on devra chercher à pénétrer ; ils permettront souvent de se rendre compte de la façon dont le gîte se comporte.

On cherchera à connaître la véritable cause de l'interruption des travaux : causes politiques, ou appauvrissement du gîte, ou difficultés matérielles, telles que la venue d'eaux trop abondantes. On ne devra pas perdre de vue que, si l'on dispose aujourd'hui de moyens plus puissants et plus perfectionnés qu'autrefois, pour l'épuisement des eaux et l'enrichissement des minerais, par contre, la main d'œuvre qui représente en général la moitié ou les 2/3 des frais d'exploitation a considérablement augmenté, tandis que la valeur relative du prix des produits s'est abaissée.

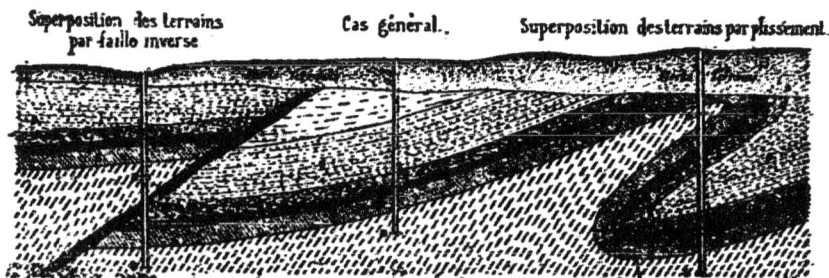

Superposition des terrains par faille inverse.   Cas général.   Superposition des terrains par plissement.

Les divers éléments que nous venons de résumer permettent de conduire les explorations d'une façon rationnelle jusqu'à la constatation de la présence du gîte par l'affleurement ou bien par des travaux anciens. Si le gîte est recouvert par des morts-terrains, sa présence ne pourra être mise en évidence que par puits ou sondages.

Lors de la recherche par puits ou sondages, on devra tenir compte de l'ordre de superposition des terrains et arrêter la recherche lorsqu'on sera arrivé, d'une façon certaine, aux terrains plus anciens que ceux dans lesquels on pourrait raisonnablement espérer rencontrer le gîte cherché.

Il y aura cependant des exceptions à cette règle générale, exceptions provenant du renversement des terrains ou de failles inverses ; mais il sera bon de ne s'appuyer sur cette hypothèse en vue de la conti-nuation des travaux, que si l'on a recueilli d'autre part des données ou tout au moins des indices sérieux.

Travaux de recherches.

Lorsque la présence du gîte aura été constatée et que les premières études d'exploration auront été jugées suffisantes, il y aura à procéder à divers travaux de recherches destinés à permettre d'apprécier la va-leur industrielle du gîte, c. à. d. sa richesse et ses conditions spéciales d'exploitation.

113. Définitions. — Avant d'entrer dans l'examen de ces travaux, il convient de donner quelques définitions des mots : *puits, galeries* et *tailles.*

Un puits est une excavation, généralement verticale, partant du jour, que l'on fonce directement à travers les terrains.

Les puits sont à section carrée, rectangulaire, polygonale, circulaire ou elliptique. Leurs dimensions dépendent des services qu'ils sont ap-pelés à rendre et varient de 2 à 5 m. de diamètre ou d'une section équi-valente de 3 mètres carrés à 20 mètres carrés.

Lorsqu'un puits est incliné, au lieu d'être vertical, il prend générale-ment le nom de *fendue* ; ses dimensions sont ordinairement réduites à celles des galeries.

Un *bure* ou *beurtia* est un puits intérieur dont les dimensions trans-versales dépassent rarement 2 mètres.

Un sondage consiste en un trou percé dans les terrains, à l'aide d'outils appropriés, les uns agissant par percussion, les autres par ro-tation. On donne au trou de sondage un diamètre d'autant plus grand que la profondeur à atteindre est plus grande ; ce diamètre varie de 5 à 60 centimètres.

Une galerie est une excavation qui a, le plus ordinairement, une section en forme de trapèze avec la grande base au sol. L'excavation est généralement percée sur 2 mètres de hauteur et 2 mètres de lar-geur moyenne. — Les dimensions ne peuvent guère descendre au-des-sous de 1 m. 50 pour la hauteur et 1 m. 20 pour la largeur s'il s'agit de galeries principales. Les galeries sensiblement horizontales et qui suivent toutes les sinuosités du gîte se nomment : galeries *en direction*, galeries *d'allongément*, galeries de *niveau, costresses*.

Les galeries percées horizontalement à travers les terrains, normalement à leur direction ou faisant un angle avec celle-ci, se nomment: *Travers-bancs, Traverses, Galeries au rocher, Bovettes, Bouveaux* : De ces travers-bancs, ceux qui ont pour but de passer d'un gîte à un autre parallèle se nomment *recoupages*.

Les galeries par lesquelles s'opère le retour du courant d'aérage qui a traversé les travaux se nomment : galeries de *retour d'air* ou galeries *d'aérage*. Lorsqu'elles sont ménagées entre les remblais et les massifs en exploitation pour assurer la circulation du courant d'aérage, ou les nomme *chassis* ou *maillages*.

Un *montage* ou *montée* est une galerie inclinée, le plus souvent suivant la ligne de plus grande pente du gîte, et réunissant deux ou plusieurs galeries de direction situées à des niveaux différents. Le *montage* progresse de bas en haut. La *descenderie* ou *vallée* suit le même chemin que le montage, mais va de haut en bas. Les montages et les descenderies prennent quelquefois le nom de *Voies tiernes*, lorsqu'elles sont tracées suivant la ligne de plus grande pente du gîte, et celui de *Voies demi-tiernes* ou *sur quartiers* lorsqu'elles sont tracées obliquement à cette ligne.

Quand les montages ou les descenderies se rapprochent de la verticale, on les nomme *cheminées*.

Les *chantiers d'exploitation, chantiers d'abatage* ou *tailles* sont les parties du gîte où se fait l'exploitation proprement dite, le *dépilage*. Les tailles varient dans leurs dispositions et leurs dimensions suivant l'inclinaison, la puissance, la dureté du gîte et la nature des roches encaissantes. Elles sont, suivant les cas, horizontales ou inclinées et se présentent généralement sous la forme d'une galerie à section rectangulaire dont l'une des parois longitudinales est constituée par le minerai à abattre, l'autre par des remblais ou des éboulis.

On donne aux tailles une longueur aussi grande que possible pour faciliter l'abatage et une largeur suffisante pour ne pas gêner le travail du mineur ni l'enlèvement des produits. Dans les gîtes puissants, elles ont la hauteur des galeries, quelquefois une hauteur plus grande. Dans les gîtes de faible puissance, on ne leur donne ordinairement que la hauteur du gîte, tandis qu'on entaille, s'il y a lieu, les épontes de celui-ci pour le percement des galeries.

Le *front de taille* d'une excavation quelconque, puits, galerie ou taille, est la paroi du chantier que le mineur doit abattre ; ce front avance donc à mesure que le travail d'abattage progresse. Dans une galerie ou dans un puits, le front de taille est enserré de tous côtés par les parois ; il a, par conséquent, des dimensions restreintes. A mesure que le front de taille avance, la longueur de la galerie ou la profondeur du puits augmentent. Dans une taille, le front est étendu, dégagé sur deux faces au moins, et, à mesure qu'il avance par suite de l'abattage, les remblais ou les éboulis le suivent à une distance convenue. Ainsi, à l'inverse des puits et des galeries, la taille se déplace, s'avance, en conservant sensiblement les mêmes dimensions.

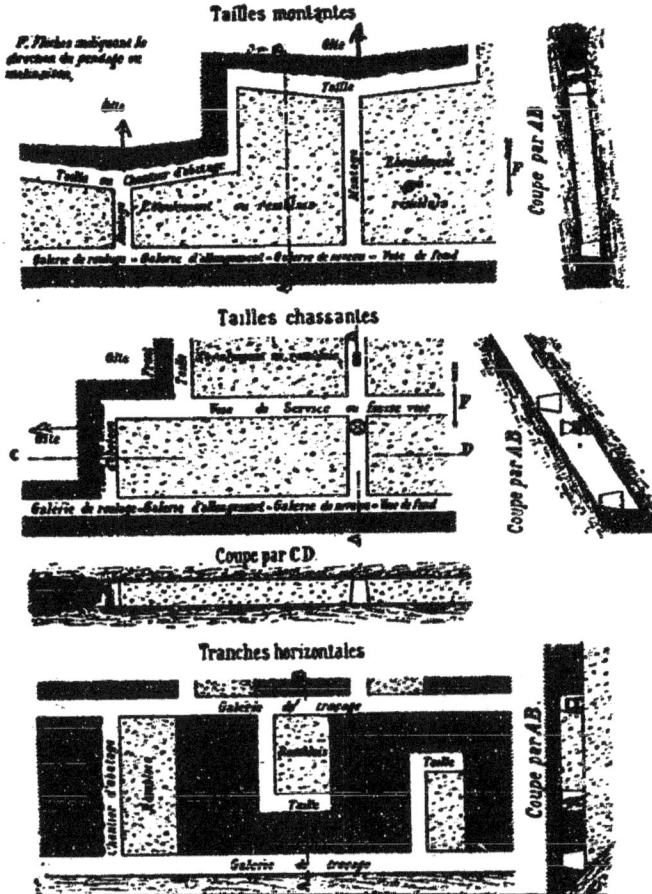

Ces définitions données, nous revenons aux travaux de recherches.

114. Travaux de recherches. — Si le gîte affleure, on étudiera son affleurement sur toute sa longueur accessible et surtout aux points spéciaux qu'on pourra rencontrer ; on cherchera à établir son orientation et sa continuité. On creusera des tranchées convenablement espacées et perpendiculaires à la direction générale. Ces tranchées permettront de voir s'il est possible de rattacher le gîte à un autre déjà connu. On étudiera ensuite les travaux anciens. s'il en existe, puis on attaquera le gîte pour le reconnaître en profondeur.

Dans un pays accidenté, il sera quelquefois possible d'entrer immédiatement dans le gîte par une galerie percée à flanc de coteau, ou bien on le recoupera à une certaine distance de l'affleurement par une galerie à *travers-bancs* qui fera connaître les terrains encaissants et les gîtes parallèles, s'il en existe. Une fois le gîte recoupé, on l'explorera par des galeries horizontales qui en suivront toutes les sinuosités. Ce sont, avons-nous dit, les galeries en *direction*, galeries *d'allongement*, galeries de *niveau* ou *costresses*.

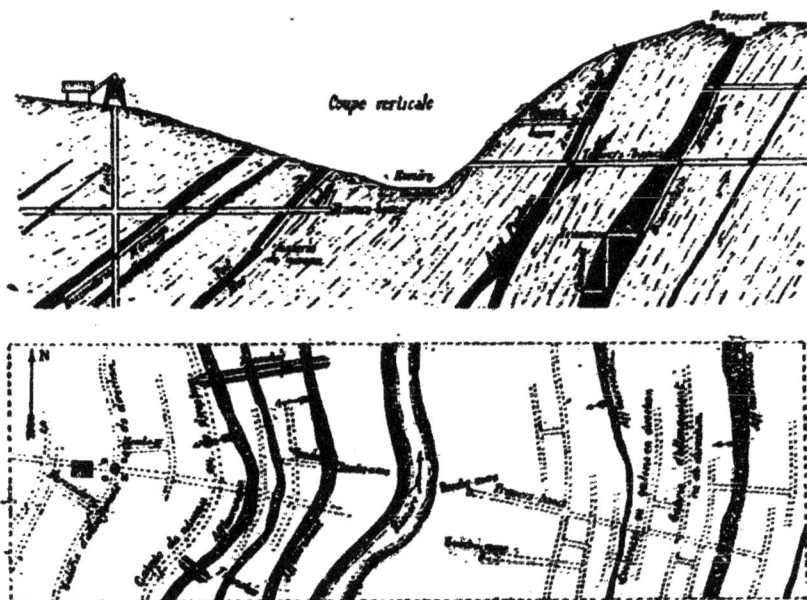

On en percera dans le gîte à diverses hauteurs et on les réunira entre elles par des cheminées, des montages qui assureront la circulation du courant d'air, en même temps qu'ils permettront l'étude qu'on se propose.

Lorsque la puissance sera supérieure à la largeur des galeries, on poussera, de distance en distance, des *traverses* au toit et au mur, qui permettront de définir l'orientation du gîte, sa puissance et la façon dont le minéral à exploiter s'y trouve réparti. Ces traverses, qui partent des galeries en direction, devront être prolongées en traversbancs pour rechercher si le gîte a des ramifications ou s'il existe des gîtes parallèles. Dans certains cas, on procédera par puits inclinés ou *fendues* partant de l'affleurement et suivant l'inclinaison du gîte, puis on percera les galeries de direction en des points convenablement choisis.

D'autres fois il pourra être plus avantageux de foncer un puits vertical dans les roches du toit, de façon à aller recouper le gîte en profondeur, soit directement, soit au moyen de travers-bancs percés à des
niveaux convenablement choisis.

Souvent on sera amené à combiner ces divers moyens de recherches
suivant les circonstances, la topographie du sol, la nature des terrains, etc., de façon à réduire le temps nécessaire aux travaux de recherches et assurer par les moyens les plus économiques l'extraction
des produits de l'abattage, l'aérage et l'épuisement des eaux. Lorsque
le gîte ne se rencontre qu'en contrebas de la vallée, on procédera par
puits qu'on disposera de façon à ce qu'ils soient utilisables pour l'exploitation, dans le cas de découvertes heureuses. On étudiera ensuite
le gîte, comme précédemment. à l'aide de galeries d'allongement creusées à divers niveaux, de montages, de traverses.

115. Accidents du gîte. — Les galeries de direction qui suivent,
comme nous l'avons dit, toutes les sinuosités du gîte pourront rencontrer des accidents géologiques : cassures, failles ou filons de formation postérieure, qui auront presque toujours rejeté le gîte.

On sera amené à traverser ces accidents ; mais le plus généralement
on ne retrouvera pas le gîte dans le prolongement de la galerie en direction et il faudra le rechercher. Souvent on sera guidé, dans le chemin à suivre, par une sorte de traînée minérale ou charbonneuse, ou
par la rencontre de roches dont la position est connue par rapport à
celle du gîte rejeté.

Souvent aussi toute indication fait défaut et, pour retrouver le gîte,
il faudra connaître le sens dans lequel le mouvement de déplacement
s'est produit.

Pour étudier le passage d'un rejet, il faut admettre que les failles
et les parties de couches ont la forme de plateaux à surfaces parallèles.

On classe les rejets d'après la direction, d'après l'inclinaison, d'après
la position des parties rejetées par rapport à la faille.

A. D'après la direction : Les rejets isogonaux sont ceux dans lesquels la faille et la couche ont la même direction.

Dans les rejets orthogonaux, au contraire, la direction de la faille
est perpendiculaire à celle de la couche. Dans les rejets obliques, les
plus fréquents, ces lignes font entre elles deux angles inégaux.

B. D'après l'inclinaison : synclinal, quand la faille et la couche montent vers la même région du ciel ; anticlinal dans le cas opposé. La
distinction disparaît naturellement pour les rejets orthogonaux.

C. D'après la position des parties rejetées par rapport à la faille :
Rejets normaux quand la partie de la couche située au toit de la faille
est plus basse que celle située au mur (règle de Schmidt), anormaux

dans le cas contraire. Cette distinction disparaît quand la faille est verticale. La règle de Schmidt, applicable dans la plupart des cas, s'é-
nonce comme suit : Quand un rejet a été occasionné par une faille, la
portion du terrain au toit de la faille a glissé sur la portion au mur,
suivant la ligne de plus grande pente du plan de cette faille.

La hauteur de chûte d'un rejet est déterminée par l'écartement des
lignes que l'ouverture a séparées, mesurée suivant la pente de la faille ;
c'est l'amplitude vraie du mouvement. La projection sur un plan vertical est la hauteur de chute verticale. Le déplacement horizontal se
mesure par l'écartement des deux intersections, suivant la direction de
la faille.

116. — Règle de Schmidt. — Traversée des rejets. —
Ce glissement n'est pas toujours une simple translation, c'est quelquefois un mouvement de rotation autour d'un axe perpendiculaire

Rejets conformes
à la règle de Schmidt

au plan de la faille. Aussi reconnaît-on presque toujours qu'à partir
d'un certain point le rejet augmente d'importance. Toutefois, on peut
considérer que, pour une région donnée, le rejet s'est manifesté par
un simple glissement de la région du toit sur celle du mur. D'après

Rejets contraires
à la règle de Schmidt

cette règle, en arrivant à une faille et en se plaçant devant elle, si
celle-ci monte devant le mineur qui l'a, par suite, rencontrée par son

toit, il devra, pour retrouver le gîte, remonter la ligne de plus grande pente du plan de la faille.

Si, au contraire, la faille rencontrée par son mur descend devant le mineur, il lui faudra, pour retrouver le gîte, descendre suivant la ligne de plus grande pente.

On peut encore dire que si, par le point où s'est opérée la rencontre, on imagine un plan horizontal, ce plan formera avec celui de la faille, deux angles supplémentaires et que, pour retrouver la continuation du gîte, il faudra cheminer suivant la faille, dans le sens de l'angle obtus. La règle de Schmidt ou de l'angle obtus se vérifie toutes les fois que l'accident peut être considéré comme local, comme un mouvement ayant produit un glissement sous un angle donné. Mais on comprend qu'il n'en soit pas toujours ainsi après les grandes perturbations qui ont renversé les terrains ou à la suite de pressions énergiques qui ont obligé ces terrains à remonter le long de la faille, ou bien encore lorsque les failles se rejettent mutuellement.

En résumé la règle en question se vérifie dans nombre de cas, mais la plus sûre et la meilleure indication pour retrouver un gîte rejeté, c'est la nature des terrains que l'on rencontre après avoir traversé la faille.

Si ces terrains sont connus pour appartenir au mur de gîte, il faudra chercher celui-ci en montant ; descendre, au contraire, si ces terrains appartiennent au toit.

Quoi qu'il en soit, ce ne sera généralement pas en suivant la pente de la faille qu'on ira retrouver le gîte.

Ce tracé, qui pourrait-être le plus court, n'est pas acceptable pour les voies de roulage qui doivent être presque horizontales ; il ne serait praticable que pour les voies d'aérage.

Lorsqu'une galerie en direction viendra buter contre une faille, on recherchera donc le gîte, dans la plupart des cas, en continuant à cheminer horizontalement, mais en déviant la galerie, soit à droite, soit à gauche, suivant la position probable du gîte rejeté, puis on reprendra le tracé en direction, dès qu'on aura retrouvé le gîte.

À moins d'indications contraires, on admettra que le rejet a eu lieu suivant la règle de Schmidt et lorsque la galerie de direction rencontrera la faille, on la dirigera vers le toit, si la faille est montante, vers le mur si elle est plongeante.

La déviation devra suivre une ligne de direction de la faille considérée comme filon, c'est-à-dire une horizontale du plan de la faille, dans la portion qui fait, avec la direction du gîte, un angle obtus.

Une construction élémentaire rend la chose évidente : Le gîte $P_h\,P_v$ est recoupé par une faille plongeante F_hF_v ; d'après la règle de Schmidt, la suite de la couche ou du filon est descendue d'une quantité variable avec l'amplitude même du rejet et la nouvelle trace verticale est venue prendre une position telle que P'_v. En raison du parallélisme des deux portions du gîte, la trace horizontale sera P'_h ; on voit donc que, pour passer de la ligne P_h à cette dernière, il faudra cheminer suivant ab, c'est-à-dire suivant une horizontale du plan de la faille.

L'amplitude du rejet et, par suite, la longueur ab ne sont pas connues a priori ; quelles qu'elles soient on devra suivre cette direction jusqu'à la rencontre du gîte rejeté.

Au contraire, quand la faille a la même direction que le gîte, ou encore quand le gîte est presque horizontal, on ne peut le rechercher qu'au moyen d'un bure ou d'un plan incliné. Si la galerie, après avoir traversé la faille, rencontrait, au lieu de roches connues pour se trouver au mur du gîte, des roches appartenant au toit, se mettant ainsi en contradiction avec la règle de Schmidt, il conviendrait de ne pas tenir compte de cette dernière, mais bien de se laisser guider par les roches dont l'horizon aura été dûment déterminé.

117. Appréciation de la valeur du gîte. — Les divers travaux dont il a été question permettront d'apprécier la richesse d'un gîte et ses conditions d'exploitabilité. Mais les installations définitives ne devront être entreprises que si l'exploitation a des chances sérieuses de devenir rémunératrice.

Pour qu'une exploitation soit industriellement possible, il faut nécessairement que la matière utile se trouve dans le gîte en quantité suffisante pour permettre l'amortissement du capital qui doit être engagé dans l'exploitation.

On cubera donc le gîte, en s'aidant de toutes les données fournies par les travaux préliminaires, qui auront permis de déterminer son étendue en direction, sa continuité probable en profondeur, sa puissance moyenne et sa teneur en matières utiles.

Lorsque le gîte sera de faible épaisseur, ou lorsque le minerai sera disséminé dans une masse filonienne composée en majeure partie de gangues, il ne faudra pas se contenter uniquement d'indiquer le volume de la matière utile renfermée dans la mine.

On comprend, en effet, qu'il est indispensable de donner aux galeries et aux chantiers d'exploitation des dimensions qui permettent le
passage des ouvriers et la manœuvre des engins employés, ce qui
conduit souvent à l'abattage d'un cube très important de roches stériles.

Il faudra donc indiquer d'abord la surface à exploiter, puis la puissance moyenne du gîte ou, dans d'autres cas, l'épaisseur moyenne de
la couche ou du filon dans lequel se trouve réparti le minerai, ainsi que
l'épaisseur *réduite*, c'est-à-dire l'épaisseur constante et fictive par laquelle il faudrait multiplier la surface pour avoir le volume.

Une fois le gîte reconnu par les travaux de recherches et cubé, il
faudra se rendre compte des frais complémentaires que nécessiteront
l'aménagement du gîte, les installations extérieures relatives à l'exploitation proprement dite, la construction des ateliers destinés à l'élaboration des produits, celle des ateliers de réparations, des magasins, des
logements d'ouvriers, la création ou l'amélioration des voies de communication, des moyens de transport. Enfin il faudra tenir compte des
frais de toute nature, y compris le service financier pendant la période
d'installation.

On cherchera à établir le prix de revient de l'exploitation future
d'une façon aussi exacte que possible, en tenant compte des frais généraux probables, des dépenses d'exploitation basées sur les indications
des travaux de recherches, en ayant soin aussi de tenir compte des
modifications souvent considérables qu'une exploitation nouvelle peut
amener dans les prix de la main d'œuvre et des matériaux du pays.

Il faudra aussi se préoccuper de la question commerciale : débou-
chés des produits et prix de vente sur les lieux de consommation. Si la
consommation du produit peut être considérée comme illimitée, une
exploitation nouvelle n'altérera pas le prix de vente. Si, au contraire,
la consommation est restreinte, il y aura à prévoir une baisse, lors de
l'arrivée sur le marché des produits de la nouvelle exploitation.

La question des transports sera également à considérer : Si la matière est d'un prix élevé, elle pourra supporter, pour arriver sur les
lieux de consommation, des frais de transport qui rendraient inexploitables des matières de moindre valeur.

D'après les indications qui précèdent, on arrivera à se former une
opinion sur la valeur industrielle d'une mine ou d'un gîte ; quant à l'appréciation de cette valeur, elle est personnelle à l'Ingénieur, dont les
connaissances théoriques doivent être complétées par l'expérience acquise. Lorsque les explorations et les recherches auront permis de
conclure à des résultats rémunérateurs, on procédera à l'exploitation.

§ 2.

EXPLOITATION.

118. Travaux d'exploitation. — Les travaux d'exploitation ont pour but d'atteindre le minerai, de l'abattre, de le transporter jusqu'à la sortie de la mine, puis de l'enrichir ou de l'épurer, s'il en est besoin, pour lui donner une valeur commerciale.

Si le minerai se rencontre près de la surface du sol, son exploitation se fait à *ciel ouvert*, c'est-à-dire que l'assise de terrain stérile qui recouvre le gîte est enlevée pour être déposée en un point où elle ne produira pas d'encombrement ; c'est ce qu'on appelle le découvert. Le gîte est ensuite abattu suivant les besoins. Les carrières donnent à l'esprit une notion simple de ce genre d'exploitation. Si le gîte est recouvert d'une épaisseur de terrain telle que les dépenses à faire pour le découvert soient trop considérables, ou encore s'il est impossible de l'atteindre de cette façon, on procédera par *travaux souterrains*.

Les chantiers d'exploitation, chantiers d'abattage ou tailles, seront en communication avec le jour par puits ou galeries.

S'il s'agit d'un minerai liquide, eau ou pétrole, l'exploitation se fera le plus souvent par sondage.

Au point de vue économique, les installations et travaux relatifs à l'exploitation peuvent se diviser en trois parties :

1° Les installations et travaux de premier établissement ;

2° Les travaux préparatoires ou d'aménagement ;

3° Les travaux d'exploitation proprement dits.

Les *travaux de premier établissement* sont ceux qui doivent être faits une fois pour toutes, pour atteindre le gîte, pour organiser les moyens d'extraction, d'aérage, d'asséchement, pour installer les ateliers d'enrichissement et d'élaboration des produits, les ateliers d'entretien et de réparations, pour construire des logements d'ouvriers, pour construire des voies de communication et des moyens de transport ; en un mot pour réaliser tous les travaux nécessaires à la création d'un centre industriel, dont l'importance devra dépendre de la nature du minerai, de la richesse du gîte et des ressources qu'on pourra trouver dans la région.

Toutes ces dépenses seront portées à un compte spécial que l'on devra amortir en un nombre d'années plus ou moins grand et qui variera suivant chaque cas particulier.

Les *travaux d'aménagement* ont pour but d'assurer une production déterminée et de mettre cette production à l'abri des fluctuations que pourraient faire naître la rencontre d'accidents géologiques ou l'épuisement des quartiers en exploitation.

Ces travaux d'aménagement ont un caractère relatif de permanence, car ils doivent toujours prendre l'avance sur l'exploitation du moment et préparer celle de l'avenir. Ils devront entrer dans le prix de revient et être régulièrement amortis par les travaux d'exploitation proprement dits.

Les *travaux d'exploitation proprement dits*, dont les dépenses forment dans leur ensemble la base du prix de revient, se font sur le gîte lui-même. Ces travaux s'exécutent suivant une série de principes qui constituent les *méthodes d'exploitation*.

L'ensemble des travaux doit être assujetti à certaines conditions générales qui peuvent se résumer ainsi :

Les voies de service, galeries ou puits, devront être établies à des distances telles les unes des autres qu'elles puissent facilement être amorties par l'exploitation des massifs qu'elles auront à desservir.

Le gîte devra être divisé en massifs isolés, de telle sorte qu'on dispose toujours d'un certain nombre de massifs dégagés sur deux faces au moins. Les chantiers devront être disposés de manière qu'ils soient aussi rapprochés que possible, afin de rendre plus économiques le roulage et la surveillance ; il importera que, dans certains cas, on puisse facilement isoler, au besoin, du reste de l'exploitation les chantiers dépouillés de leur minerai ou ceux dans lesquels serait survenu un accident. Enfin, toute exploitation devra être aménagée de façon à assurer la sécurité des ouvriers, un bon aérage et l'asséchement des travaux en dirigeant les eaux sur des points déterminés.

A moins de conditions tout à fait exceptionnelles, on devra réserver entre les travaux souterrains et la surface une communication complètement indépendante des autres et spécialement affectée à la sortie du courant d'air.

Un siège d'extraction comprendra donc, généralement, entre les travaux du fond et la surface, deux ou plusieurs communications distinctes, puits ou galeries, sur lesquelles seront installés les différents services de l'exploitation.

119. Champ d'exploitation. — Un gîte ou une concession sera exploité par plusieurs sièges d'extraction, caractérisés chacun par son puits. La position de ces puits a pour conséquence de déterminer l'étendue du champ d'exploitation réservé à chacun d'eux, étendue qui dépendra de la production dont le gîte est susceptible, de la profondeur à donner au puits, des difficultés de fonçage, des frais d'entretien des galeries de service, toutes conditions qui indiquent si on a intérêt à éloigner ou à rapprocher les puits.

Dans la détermination de l'étendue à donner aux champs d'exploitation, on fera également intervenir les accidents géologiques, failles, rejets, colonnes riches ou stériles.

Le champ d'exploitation est, en principe, un rectangle; son étendue, dans la direction générale du gîte, varie ordinairement de 500 à 1000 mètres, les sièges étant alors distants de 1000 à 2000 mètres. Ils seront plus rapprochés si le gîte est accidenté ou si les galeries de service sont d'un entretien onéreux et le fonçage des puits peu coûteux. Dans certains bassins houillers, avec couches régulières et peu inclinées, comme en Angleterre et en Westphalie, on voit des champs d'exploitation atteindre 3000 mètres en direction, et autant en pendage.

130. Aménagement général. — En pratique, la séparation absolue entre les travaux préparatoires ou d'aménagement et ceux d'exploitation proprement dite est assez difficile à fixer. Aussi peut-on envisager l'ensemble de ces travaux comme deux phases dont la première, peu fructueuse, souvent même onéreuse, a pour but de préparer les voies de service et les chantiers d'abattage, dont la seconde, fructueuse, a pour but d'abattre ou *dépiler* les massifs ou piliers préparés.

Dans une exploitation à ciel ouvert, les travaux d'aménagement comprennent les découverts, c'est-à-dire l'enlèvement des terrains qui recouvrent le gîte, la préparation des chantiers d'abattage que l'on dégage sur deux faces au moins, l'aménagement des voies de transport et d'écoulement des eaux.

Dans une exploitation souterraine, ils comprennent les travers-bancs, les galeries en direction, le fonçage des nouveaux puits, l'approfondissement des anciens, à mesure que les étages supérieurs, les premiers exploités, s'épuisent, enfin tous les travaux qui, bien que n'étant pas encore d'exploitation proprement dite, servent à préparer cette exploitation.

Les travaux d'aménagement doivent être développés, non seulement en vue de permettre le remplacement des quartiers épuisés, de parer aux accidents, sans que l'extraction soit ralentie, mais encore de façon à pouvoir augmenter temporairement la production, si les besoins du marché le demandent.

En principe, les travaux d'aménagement, qui précèdent toujours ceux du dépilage, doivent marcher et se développer comme ceux-ci. Néanmoins on devra se préoccuper de la bonne répartition des dépenses et on pourra augmenter celles de l'aménagement lorsque l'exploitation sera dans des conditions favorables, de façon à pouvoir les restreindre, au contraire, lorsque l'exploitation traverse des passages difficiles. On arrive ainsi à maintenir le prix de revient sensiblement constant. Mais ce principe n'a rien d'absolu. En effet, quand la vente se ralentit, on peut augmenter les travaux d'aménagement et occuper ainsi les ouvriers qui étaient au dépilage. Alors, tout naturellement, les prix de revient augmentent pendant cette période.

Dans l'agencement des travaux, on devra ménager aux ouvriers des moyens d'accès faciles et les pourvoir d'appareils convenables d'éclairage. Les mêmes voies qui serviront au transport des minerais abattus pourront également servir à la circulation du courant d'air, à celle des ouvriers et des matériaux.

Les moyens de soutènement serviront à la fois au maintien des chantiers et à la sécurité des ouvriers.

Coupe verticale perpendiculaire à la direction

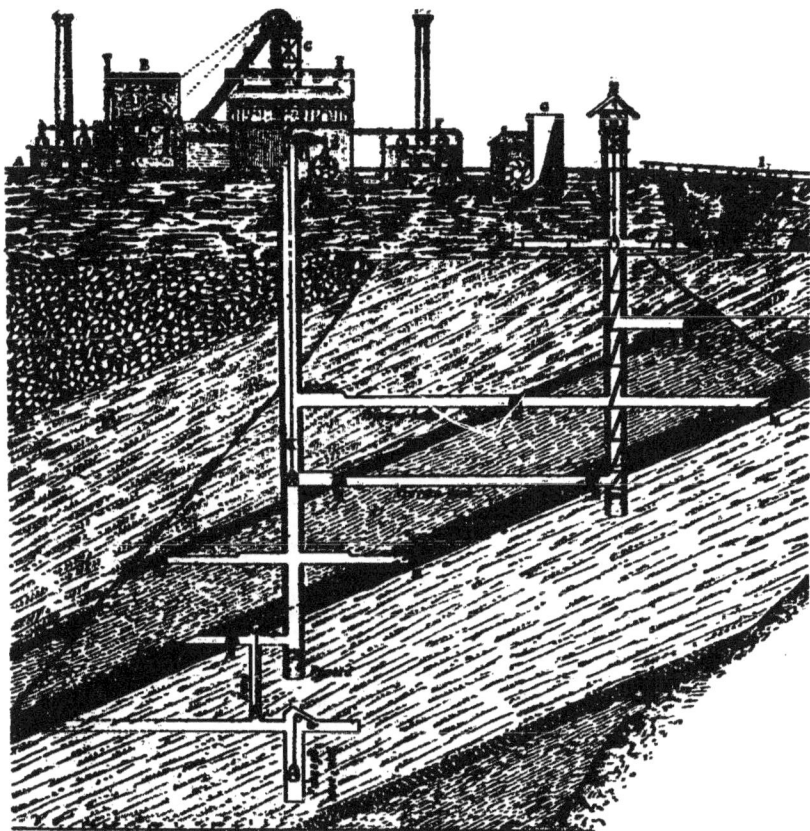

Les grandes lignes de l'aménagement d'une mine sont :

La division en étages par travers-bancs et galeries d'allongement poussés dans le gîte ; puis la division *en sous-étages* par galeries d'allongement ; puis en *piliers ou massifs, tranches ou lopins* qui constituent le traçage et forment les unités de l'exploitation proprement dite, du *dépilage*.

C'est presque uniquement dans l'agencement de ces unités et leur mode de dépilage que les méthodes d'exploitation se différencient. Pour fixer les idées et suivre la marche générale des travaux souterrains d'une exploitation, nous considérerons un siège d'extraction comportant deux puits : l'un, le *puits d'extraction*, servira à l'enlèvement des produits, à l'épuisement des eaux, à la circulation des ouvriers, à l'entrée de l'air frais, lequel, après avoir parcouru les travaux, sortira par l'autre puits qui sera le *puits d'aérage* ou de *retour d'air*. Ces deux puits, ou au moins l'un d'eux, seront munis d'échelles fixes qui seront utilisées pour la sortie des ouvriers, en cas d'accident.

Dans le cas considéré, le puits d'extraction devra être foncé à 8 ou 10 mètres au-dessous du niveau le plus bas pour former un *puisard* ou *bouniou*, réservoir où viendront s'accumuler les eaux pour être élevées au jour.

121. Divisions en étages. — Pour ouvrir un premier étage d'exploitation, on fait partir du puits d'extraction deux travers-bancs à des niveaux différents. — Au départ du travers-bancs inférieur, on établit une *recette*, ou *chambre d'accrochage*, ou *envoyage*, disposée de façon à rendre faciles et économiques l'enlevage au jour des produits de l'extraction, ainsi que les manœuvres relatives aux divers services de l'exploitation.

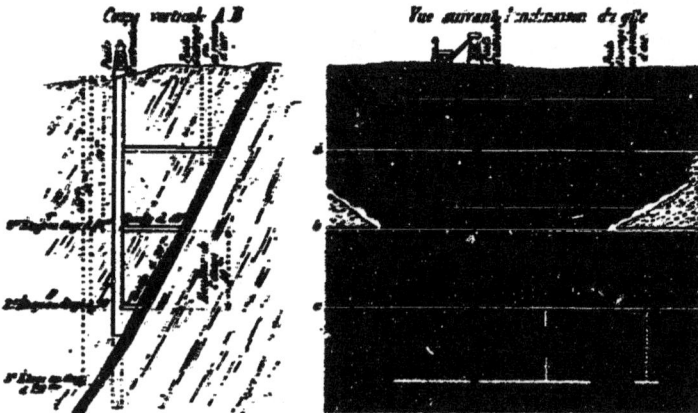

Les deux travers-bancs sont poursuivis jusqu'à la rencontre du gîte et, une fois celui-ci atteint, on creuse dans le gîte à droite et à gauche des galeries d'allongement avec une légère pente vers le puits, de façon à faciliter le roulage et assurer l'écoulement des eaux.

La galerie supérieure qui sera mise en communication avec le puits de retour d'air par un travers-bancs, s'il est nécessaire, sera la voie *d'aérage* ou de *retour d'air*.

La voie inférieure qui servira au transport des produits sera la *galerie de roulage, voie de fond, voie de niveau.*

Dès le début les deux galeries d'allongement sont réunies par un montage qui établit le courant d'aérage. L'air frais descend par le puits d'extraction, suit le travers-bancs inférieur et la voie de fond, remonte par un montage à la voie de retour d'air pour s'échapper au jour.

Un étage d'exploitation est la portion du gîte comprise entre ses deux galeries d'exploitation continuées jusqu'à la limite assignée au champ d'exploitation. A mesure de leur avancement, et de distance en distance, on les réunira par des montages qui serviront successivement au passage de l'air. Ces montages divisent l'étage en *quartiers* et seront utilisés pour le transport des produits jusqu'à la galerie de roulage.

Les étages sont caractérisés par leur voie de fond ; on les désigne le plus habituellement par la cote de leur galerie de roulage au dessous de l'orifice du puits d'extraction, ou bien par la cote d'altitude au dessus du niveau de la mer, ou bien par un numéro d'ordre, quelquefois aussi par un nom propre.

La hauteur que l'on donne aux étages, c'est-à-dire la hauteur verticale comprise entre la voie de fond et la voie de retour d'air dépend de conditions multiples et complexes; aussi est-elle des plus variables, elle s'abaisse à 10 et 15 mètres pour s'élever à 80 mètres et au delà. Les étages de faible hauteur nécessitent la répétition trop fréquente des travaux préparatoires, tels que les travers-bancs qui grèvent le prix de revient. Mais, d'un autre côté, une trop grande hauteur d'étage rend difficiles et coûteux l'établissement et l'entretien des communications entre le niveau de transport et celui d'aérage, surtout dans le cas de gîtes dérangés ou rejetés.

122. Exploitation des étages. — Les étages successifs peuvent être exploités en montant ou en descendant : En montant, c'est-à-dire si le premier étage est le plus bas possible, on a l'avantage de pouvoir abandonner complètement et de laisser noyer les étages du fond, à mesure que leur dépilage est terminé. On retarde, en outre, le moment où, les travaux souterrains crevassant le sol, on doit payer des indemnités, en même temps que celui où les eaux de surface pénétreront dans la mine, d'où il faudra les enlever pour les rejeter au jour.

Mais, d'autre part, en prenant les étages successifs en descendant, et c'est le cas général, on diminue le temps pendant lequel les immobilisations restent improductives, les puits étant à foncer d'abord à une moindre profondeur. On peut ainsi profiter, pour les étages inférieurs, des amélioraiton réalisées dans la disposition des appareils d'exploitation.

On laissera néanmoins, au dessus du premier étage d'exploitation, une portion du gîte intacte pour diminuer les dégâts de surface et prévenir l'introduction des eaux. On enlèvera cet *investison*, avant d'abandonner le siège d'exploitation.

Pendant le dépilage d'un étage, il faudra s'occuper des travaux d'aménagement d'un autre étage, lequel sera, dans la plupart des cas, l'étage immédiatement au-dessous de celui-ci.

On aura donc à approfondir les puits, à percer de nouveaux travers-bancs à des niveaux inférieurs pour recouper les gîtes déjà connus ou d'autres parallèles, à creuser de nouvelles galeries d'allongement et tracer les montages qui assurent l'aérage en opérant, en même temps, le morcellement du gîte.

Ces travaux seront conduits de telle sorte que le nouvel étage soit prêt à être mis en exploitation dès que l'autre touchera à sa fin.

La voie de roulage de l'étage supérieur devient voie de retour d'air pour l'étage inférieur ; la voie de retour d'air du premier pourra être supprimée, afin d'éviter les entretiens inutiles. Une nouvelle recette sera établie à l'entrée du nouveau travers-bancs près du puits.

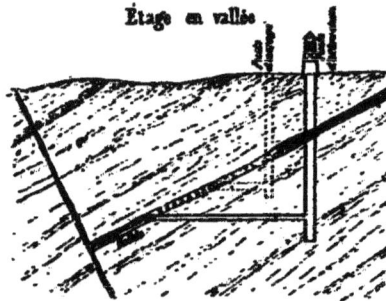

Étage en vallée

Lorsque les frais de percement des travers-bancs ou de fonçage des puits pour recouper le gîte à un niveau inférieur sont trop considérables pour pouvoir être amortis par l'exploitation de la portion considérée, on a recours à une exploitation en *Vallée*. Des voies inclinées vers l'aval-pendage serviront à remonter les produits de l'abattage jusqu'à la voie de roulage qui aboutit à la recette inférieure du puits d'extraction.

Dans certains cas, on pourra être amené à installer une exploitation normale en vallée.

Nous avons dit que la hauteur à donner à un étage dépend de considérations complexes et souvent antagonistes. Aussi préfère-t-on souvent adopter de grands étages, sauf à les diviser ensuite par des galeries d'allongement intermédiaires partant des montages et pouvant avoir des dimensions moindres que les voies principales ; on les nomme *fausses-voies* ou voies intermédiaires.

Les *sous-étages* ainsi formés n'ont pas de travers-bancs qui leur soit propre ; on en fait l'économie. Ils s'exploitent en descendant à commencer par le sous-étage supérieur.

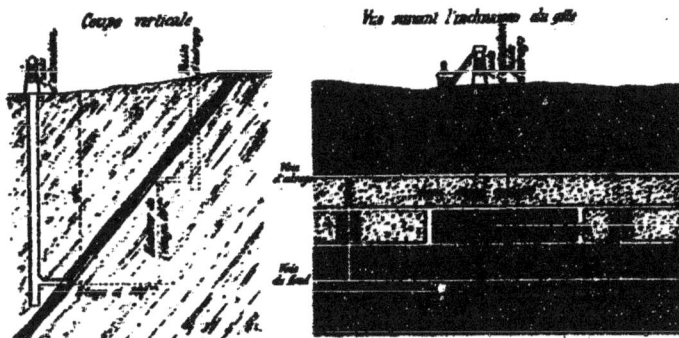

Les produits de l'abattage d'un sous-étage sont amenés au montage le plus voisin par les fausses voies et descendus à la voie de roulage, puis on les conduit par les travers-bancs jusqu'à la recette inférieure d'où ils sont élevés au jour.

Lorsque le gîte a une puissance inférieure à 3 mètres, les piliers peuvent être enlevés en une seule passe. Mais si la puissance est supérieure à 3 mètres, il faudra généralement plusieurs passes ; on complétera alors les traçages précédents par une division en tranches. Les tranches seront, tantôt inclinées, tantôt horizontales, quelquefois verticales, suivant la méthode adoptée.

Cette division en tranches permettra d'obtenir des hauteurs de chantiers ou tailles de 1m80 à 2m30, dont le soutènement pourra être assuré par les moyens ordinaires.

Cette hauteur de 1m80 à 2m30 n'a rien d'absolu. C'est ainsi que l'on voit des tailles de 4 à 5 mètres et que, là où les roches à exploiter se maintiennent d'elles-mêmes sans soutènement, on pourra donner à cette hauteur 10, 12, 15 et 20 mètres.

Lorsque la formation comprend plusieurs filons ou couches parallèles, on recoupe ceux-ci par des travers-bancs partant du puits d'extraction. A chacune des rencontres, on pousse des voies de fond pour chaque couche ou chaque pli.

Souvent, au lieu de conserver une voie de roulage pour chaque couche ou pli, on n'en conserve que dans ceux dont l'entretien est le moins dispendieux et on y rattache les autres par de petits recoupages percés tous les 200 ou 300 mètres. Ces petits travers-bancs permettront d'amener tous les produits de l'abattage à la galerie principale et, de là, au travers-bancs et au puits.

Quand l'inclinaison des gîtes se rapproche de l'horizontale, on ne peut songer à percer des travers-bancs dont la longueur serait beaucoup trop considérable.

En Angleterre où, pour la houille, ce système de formation est le plus fréquent, dès que les puits d'extraction et de retour d'air ont recoupé la couche, on trace dans celle-ci des galeries inclinées dans lesquelles on installe la traction mécanique. Les galeries, conduites jusqu'à l'extrémité du champ d'exploitation, sont généralement perpendiculaires aux galeries de direction et concourent avec celles-ci à la division en piliers.

Il n'y a alors qu'un étage dans la couche. Mais, le même puits exploitant généralement plusieurs couches, il compte autant d'étages que de couches en exploitation.

Sur le continent, on perce ordinairement un travers-bancs ; les étages sont limités par des bures d'où partent les voies de fond des différentes couches. Ces bures servent à descendre les produits de l'abattage jusqu'au travers-bancs qui les conduit au puits d'extraction. Quand un crochon de pied se trouve compris entre deux travers-bancs, on l'exploite en vallée par le niveau supérieur ou, au moyen d'un bure, par le niveau inférieur.

Dans tout aménagement, le réseau des galeries tracées constitue le *traçage*. Les galeries d'allongement servent, en même temps, de galeries de reconnaissance.

123. Traçages. — Lorsqu'on a à craindre la rencontre d'anciens travaux ou l'envahissement par les eaux, il deviendra indispensable, à mesure de l'avancement, de s'éclairer par des sondages horizontaux ou inclinés placés au front de taille et sur les parois de la galerie. Les galeries d'allongement, suivant toutes les inflexions du gîte, rencontreront les accidents géologiques et auront à rechercher le gîte, s'il a été rejeté ou dévié.

Les autres galeries, généralement dirigées suivant le pendage, coupent les premières à angle droit ; dans certains cas cependant, on les pousse obliques au pendage, soit pour profiter d'un clivage qui facilite l'abattage, soit pour diminuer la pente et faciliter le roulage.

En France, les galeries de roulage sont ordinairement simples ; en Angleterre elles sont généralement doubles, quelquefois triples. Pendant leur traçage, on les réunit, tous les 40 ou 50 mètres, par une traverse qui assure l'aérage.

Quelquefois, lorsque les gîtes sont très inclinés, on trace plusieurs étages à la fois.

D'autres fois, au contraire, lorsque le gîte est composé d'un faisceau de couches dont la puissance est inférieure, pour chacune, à la hauteur que doit avoir la galerie, on supprime le traçage. L'aménagement consiste à pousser les travers-bancs qui recoupent les couches parallèles et leurs plis. A chaque rencontre, en même temps qu'on trace les galeries en direction, on ouvre les chantiers d'abattage et, dans le vide produit, on loge les stériles provenant du percement des traçages qu'on n'a pu creuser entièrement dans le gîte.

124. Dépilages. — Par les installations, les travaux d'aménagement et les traçages, on a assuré l'aérage, l'assèchement, les transports et la circulation des ouvriers. Les traçages ont donné des produits ; mais le mineur, opérant sur un fond de taille restreint, a donné une faible production.

Ces traçages ont préparé l'exploitation proprement dite, le dépilage, en découpant le gîte en massifs ou piliers compris, sous toute son épaisseur, entre deux galeries de niveau et deux montages consécutifs. En pratique, ces massifs pourront avoir des contours plus ou moins curvilignes, de même que leur épaisseur pourra n'être pas constante du mur au toit.

Le dépilage, qui a pour objet l'enlèvement de ces massifs, opérera, dans des chantiers d'abattage ou tailles disposés de telle sorte que chaque front soit dégagé sur deux faces au moins.

Ce front, dont le développement d'au moins 10 ou 15 mètres atteint quelquefois 100 mètres et plus, reçoit un nombre d'ouvriers compatible avec son étendue et tel que chaque homme dispose de deux mètres au moins. Dans ces conditions le produit de l'abattage d'un mineur est 2 ou 3 fois plus grand qu'en traçage ; aussi le dépilage est-il la période fructueuse de l'exploitation, bien que le soutènement soit ordinairement plus coûteux.

Les tailles cheminent, soit en *chassage*, c'est-à-dire suivant la direction avec un front de taille parallèle au pendage, soit en montant suivant le pendage, avec le front de taille en direction ; rarement en descendant. La translation des ouvriers s'opère par des fendues ou au moyen d'appareils spéciaux ; le plus souvent ils suivent le même chemin que les vases de transport ; ils sont descendus par le puits d'extraction jusqu'au niveau dont dépend leur chantier, ils en suivent le travers-bancs, puis la galerie d'allongement jusqu'à la voie de service qui dessert la taille qui leur est assignée.

Les vases de transport vides, descendus par le puits d'extraction, arrivent aussi à la chambre d'accrochage et sont roulés dans le travers-bancs et la voie de fond. Si le gîte est presque horizontal, ils peuvent être conduits directement jusqu'au front de taille. Quelquefois ils sont arrêtés au pied des montages et là ils reçoivent les produits, ou bien ils sont élevés le long de ce montage par la gravité, les bennes pleines remontant les vides. S'il s'agit de tailles montantes, ils sont ainsi amenés jusqu'à la taille ; si c'est de tailles chassantes, ils sont élevés jusqu'au niveau de la fausse voie qui dessert la taille considérée.

Dans les tailles elles-mêmes, le mouvement des produits se fait le plus ordinairement à la pelle, par *approchage* ou *boutage,* puis ils sont chargés dans les vases de transport et conduits à la voie de fond, soit par *trainage,* soit par *roulage,* en utilisant la gravité. Une fois à la voie de fond, ils sont généralement conduits par des chevaux jusqu'à la chambre d'accrochage d'où ils sont élevés par le puits d'extraction.

Le vide qui résulte de l'abattage et de l'enlèvement du gîte fait que les terrains exercent des pressions plus ou moins énergiques ; on les combat, soit en laissant en place une partie du gîte lui-même, soit le plus souvent, à l'aide de boisages et de soutènements provisoires. Ces vides sont ensuite comblés, remblayés, en tout ou en partie, par des roches stériles provenant du gîte lui-même ou du percement de galeries ou de carrières ouvertes au jour.

Il arrive aussi qu'on se dispense du remblayage et qu'on laisse le toit s'ébouler dans la taille.

La largeur de la taille, c'est-à-dire l'espace libre laissé entre le front de taille et les remblais ou les éboulements, devra toujours être suffisante pour que les mineurs ne soient pas gênés dans leur travail. On devra généralement soutenir la couronne de cet espace laissé libre, lequel est destiné à être comblé, et qui se déplacera à mesure que le front de taille progressera.

Un étage en exploitation sera épuisé, autant que possible, jusqu'à la limite du champ qui lui aura été assigné. Des massifs intacts seront réservés toutes les fois qu'on le jugera nécessaire à la protection des voies intérieures, galeries ou puits, et on ne les enlèvera qu'après que les voies dont ils assurent la durée seront devenues inutiles.

125. Plans de mines. — Il est indispensable, dans une exploitation, d'avoir l'image des travaux très fidèle et constamment à jour. Ces plans permettront de juger la marche suivie et de se rendre compte de la valeur de la méthode employée ; il sera facile ainsi d'apporter à cette méthode, s'il y a lieu, les modifications indiquées par l'expérience ou nécessitées par des changements d'allure, par des accidents affectant cette allure.

Les plans de mine, rendus plus intelligibles par des coupes des terrains et des travaux, indiquent les puits, les travers-bancs, les voies de fond, les montages, en un mot, toutes les galeries. Des flèches dirigées dans le sens de l'aval-pendage, donnent la plongée.

Des cotes indiquent les altitudes des points principaux. En outre, des chiffres marquent les principales variations de la puissance du gîte.

Toutes les fois qu'il y aura lieu de représenter spécialement la marche des tailles, on établira des plans de détail par étage ou par tranche.

Si on exploite en même temps plusieurs gîtes parallèles, chacun d'eux comportera un plan spécial.

Enfin les plans seront complétés par les indications géologiques et statistiques jugées utiles.

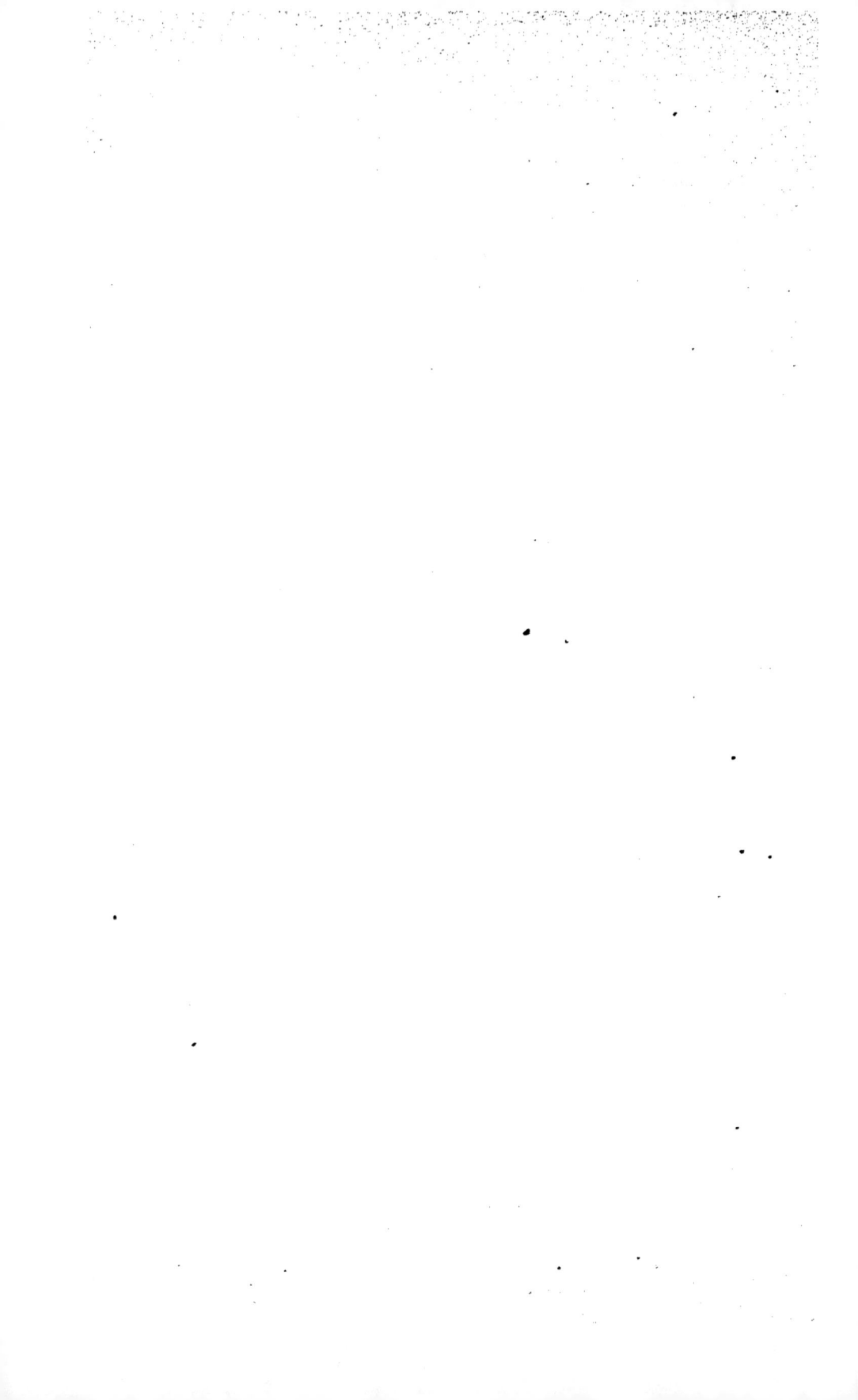

CHAPITRE VI

TRANSMISSION DE LA FORCE DANS LES MINES

§ 1.

GÉNÉRALITÉS.

126. Nécessité de la transmission et de la distribution de l'énergie dans les mines. — L'art du mineur n'a tout d'abord employé que l'action de l'homme ; pendant longtemps il n'a pas été appliqué dans les mines d'autres sources d'énergie. C'est par l'emploi d'hommes munis d'outils ou d'engins très simples que les exploitants arrachaient les matières utiles de la roche qui les contenait, et les amenaient au jour.

Les difficultés rencontrées ont augmenté quand on a eu à développer les travaux en longueur ou en profondeur ; les transports intérieurs sont devenus plus pénibles, il a fallu lutter contre les venues d'eau et le manque d'air. Puis l'exploitation s'est portée sur des mines nouvelles, jusque là inconnues ou dédaignées, et qui se sont présentées dans des situations et dans des conditions économiques moins favorables. Le prix de la main d'œuvre a augmenté ; il est devenu indispensable de produire davantage et plus vite, pour arriver à obtenir les minéraux à un prix rémunérateur. La sécurité des ouvriers a été assurée dans une plus large mesure.

Toutes ces raisons ont obligé les exploitants de mine à se pourvoir de moyens d'action plus rapides, plus énergiques, plus sûrs et plus économiques que ceux que leur fournissait l'emploi des moteurs animés, hommes ou animaux.

L'exiguité des emplacements, les conditions de l'atmosphère des mines, la multiplicité et souvent la mobilité du point d'utilisation des forces à mettre en jeu, placent le mineur dans des conditions spéciales et l'obligent dans la plupart des cas à se procurer, par des installations à la surface du sol, l'énergie dont il a besoin et qu'il doit alors transmettre et distribuer dans les travaux du fond.

127. Conditions que doivent remplir les procédés de transmission. — Les machines et appareils placés en dehors de la mine et destinés à produire la force qu'il s'agira de transmettre et de distribuer, ne sont évidemment soumis à aucune condition particulière. Les conduites ou transmissions et les machines réceptrices sont, au contraire, dans des conditions spéciales.

Les conduites ou transmissions doivent être solidement établies et peu volumineuses ; leur bon fonctionnement ne doit pas être influencé par l'humidité, le chaud ou le froid ; elles doivent se prêter aux sinuosités du chemin qu'elles ont à parcourir sans y gêner la circulation, et ne présenter aucun danger, ni pour la solidité des travaux, ni pour la sécurité des hommes.

Elles ne doivent pas être une cause d'élévation de température trop sensible pour l'atmosphère des mines, pas plus qu'une cause d'inflammation des gaz explosifs que contient souvent cette atmosphère.

Les machines réceptrices, si elles doivent occuper longtemps la même position, peuvent être placées dans des conditions analogues à celles d'une machine placée dans un sous-sol ; il est alors possible de construire un emplacement aménagé spécialement pour elles.

Si, au contraire, et c'est ce qui arrive le plus souvent, elles doivent être déplacées au fur et à mesure de l'avancement des travaux, ou si l'effet qu'elles doivent produire à un endroit de la mine n'a qu'une nécessité temporaire, ces machines seront maniables et leur poids sera aussi réduit que possible. leurs dimensions seront en rapport avec le gabarit des galeries. Les difficultés d'un entretien soigné exigent qu'elles soient simples et robustes.

Enfin l'agent choisi pour transmettre la force ne doit, après avoir été utilisé par la machine réceptrice, donner aucun résidu dont la nature, l'odeur ou la température soit une gêne pour les mineurs.

128. Divers modes de transmission employés. — On peut transmettre la force au moyen de l'un des agents suivants : les organes mécaniques, la vapeur, l'eau, l'air, le gaz et l'électricité.

Les organes mécaniques, tiges, câbles ou chaînes ont de nombreuses applications, mais dans des cas spéciaux ; les sinuosités des chemins à parcourir leur créent des résistances considérables et la division de la force présente trop de difficultés pour qu'une distribution puisse être obtenue par de tels moyens.

La vapeur et l'eau ont aussi reçu des applications.

Le gaz n'a jamais été admis dans les mines, à cause des dangers d'explosion pouvant résulter de son emploi.

L'air raréfié n'a pas été essayé.

L'air comprimé et l'électricité, au contraire, sont les véritables agents de transmission et surtout de distribution de force dans les mi-

nes : leurs applications   deviennent chaque jour plus nombreuses et
plus variées.

§ 2.

EMPLOI D'ORGANES MÉCANIQUES.

129. Tiges. — Les tiges rigides ne sont employées que dans des
ouvrages verticaux ; elles sont en bois ou en fer, animées d'un mouvement rectiligne alternatif, suivant leur axe ; ce mouvement leur est
imprimé par une machine soit directement, soit au moyen d'un balancier.

Pour éviter que les tiges travaillent à la compression et puissent
ainsi se fausser, elles sont presque toujours munies à leur extrémité
inférieure d'un poids tel que, combiné avec celui des diverses parties
de la tige, il l'emporte sur les résistances que celle-ci rencontrera
dans son mouvement de descente.

Les tiges sont appliquées au percement des sondages et des puits
verticaux dont le fonçage est obtenu mécaniquement. Elles servent
aussi à actionner des pompes d'assèchement étagées dans un puits
ou des appareils destinés à la translation verticale des ouvriers.

Plus rarement, l'action des tiges est obtenue par un mouvement de
rotation, comme dans le forage des trous de sonde au moyen du diamant.

130. Câbles et chaînes. — Ces organes flexibles se prêtent mieux
que les tiges aux changements dans la direction du mouvement qu'ils
transmettent.

Les chaînes ainsi que les câbles sont employés à la traction mécanique des chariots dans les galeries. Quelquefois la chaîne, dont le
mouvement est continu, reçoit son mouvement du jour et alors les
deux brins courent le long du puits ; dans d'autres dispositions le
mouvement est transmis du jour au fond par un câble sans fin s'enroulant au jour sur la poulie de la machine motrice et au fond sur une
poulie commandant l'arbre qui porte la chaîne ; dans ce cas la tension du câble est assurée par son passage sur la poulie folle d'un
chariot tendeur placé sur rails et sollicité par un poids convenable.

§ 3.

EMPLOI DE L'EAU.

131. Eau simplement envoyée dans la mine. — L'énergie disponible à l'extrémité d'une conduite d'eau est le résultat de la pression acquise par cette eau grâce à la différence de niveau.

Si la machine réceptrice peut être placée en un point de la mine d'où l'eau peut s'écouler spontanément au dehors par une galerie d'écoulement, et si l'eau disponible au sommet de la conduite est suffisamment abondante, cette solution du problème de la transmission de la force est des meilleures ; c'est le seul mode qui n'exige pas de machine au jour.

On peut employer alors comme récepteur hydraulique une turbine, une machine à colonne d'eau, ou même une balance d'eau. La force produite peut être utilisée à la traction intérieure, à l'extraction ou à l'assèchement des parties de la mine situées en contre-bas de la galerie d'écoulement.

Si, au contraire, il n'y a pas de galerie d'écoulement et s'il faut faire remonter l'eau, on doit renoncer à employer un tel moyen qui donnerait des résultats économiques très-mauvais.

Dans quelques cas particuliers pourtant, lorsque les eaux doivent se rendre à un niveau inférieur pour y être prises par les appareils d'exhaure, il devient avantageux de les capter et d'utiliser leur chute au moyen d'une turbine ou de tout autre engin.

132. Eau sous pression. — On a alors deux conduites, l'une pour l'envoi de l'eau, l'autre pour le retour. La pression est donnée par des pompes et les conduites sont munies de soupapes de sûreté.

Le travail disponible à la réceptrice est celui des pompes diminué des pertes de charge et du travail absorbé par les résistances passives.

Les conduites ont, dans leur partie inférieure surtout, des pressions considérables à supporter et leur étanchéité doit être assurée par des moyens efficaces ; aussi ce moyen de transmission ne peut-il être appliqué qu'à des réceptrices fixes. Ces dernières ne peuvent développer qu'un travail relativement faible, car l'eau doit être conduite très lentement pour éviter des pertes de charge par trop considérables et d'un autre côté les tuyaux qui ont à supporter de fortes pressions ne sont pas de nature à admettre une grande section.

L'utilisation de la force au fond peut être obtenue soit au moyen d'une machine fonctionnant synchroniquement avec celle située au jour, soit à l'aide d'un accumulateur dont le cylindre reçoit la pression de la colonne venant du jour, pour la distribuer à son tour aux divers appareils qu'elle doit mettre en œuvre.

Ce mode de transmission de la force est justifié lorsque l'on dispose à la surface d'eau sous pression.

§ 4.

EMPLOI DE LA VAPEUR.

113. Dispositifs avec chaudières au jour. — En employant la vapeur, les machines réceptrices sont des machines à vapeur ordinaires, avec ou sans changement de marche, suivant que le service à faire en comporte ou non.

Si les chaudières sont au jour, la conduite des tuyaux d'amenée de vapeur devra être bien protégée contre le refroidissement. La condensation aurait pour effet de déterminer une chute de pression, et l'eau dans la plupart des cas gènerait la marche de la machine ; s'il est possible d'avoir, pour installer cette colonne, un puits ou un compartiment de puits dans lequel l'air ne circule pas, on sera dans les meilleures conditions pour diminuer les pertes.

Pour éviter la buée et l'échauffement de l'atmosphère de la mine, la vapeur d'échappement devra être évacuée au jour au moyen d'une conduite ; il en résultera, malgré les précautions prises, une très sensible contre-pression.

Ce dispositif n'est applicable qu'au cas de machines fixes intérieures de grande importance et ne convient guère à la distribution de la force sur un grand nombre de points.

134. Dispositifs avec chaudières au fond. — Ils évitent les difficultés de la canalisation d'amenée de vapeur ; mais on a encore à évacuer la vapeur d'échappement, et de plus les fumées du foyer.

Les chaudières au fond ne sauraient être employées dans les houillères grisouteuses par crainte des explosions qui ne manqueraient pas de se produire au contact du feu des tisards.

Comme ce sont principalement les houillères qui demandent le plus de transmissions de force, ce dispositif est très peu appliqué.

Les chaudières et la machine sont placées de manière à recevoir l'air frais qui entre dans la mine ; l'évacuation de leurs fumées et vapeurs se fait habituellement par une canalisation, dans laquelle le mouvement des gaz est favorisé par des appareils spéciaux.

§ 5.

EMPLOI DE L'AIR COMPRIMÉ

**135. Principe des transmissions par l'air comprimé. Pres
sion à choisir.** — Un réservoir résistant contient de l'air puisé dans
l'atmosphère et amené à une forte pression par une pompe foulante
appelée compresseur ; une ou plusieurs conduites partent de ce réservoir et distribuent l'air comprimé à des machines réceptrices analogues à des machines à vapeur sans condensation ; l'air par sa détente
après son action se répand dans l'atmosphère de la mine.

Les machines qu'il met en œuvre fonctionnent le plus souvent à
pleine pression ; une détente, de 1/2 au plus, n'est possible que s'il s'a-
git de moteurs relativement puissants.

La compression de l'air est accompagnée d'une élévation de sa température et sa détente dans la mine d'un refroidissement.

· L'air comprimé arrivant à son point d'utilisation et à la température de la mine, une détente aurait pour effet la formation de glace
qui pourrait obstruer les orifices. Si l'air avait une pression absolue
supérieure à 5 atmosphères, on ne pourrait opérer sans le réchauffer au
moment de le faire agir ; il en résulterait de gênantes complications
dans l'installation et dans le fonctionnement. D'autre part, le rendement d'un compresseur diminue beaucoup lorsque l'on travaille à
haute pression, une notable partie du travail absorbé étant alors transformée en chaleur.

Dans la pratique les pressions adoptées sont de deux, trois ou quatre atmosphères, correspondant environ à une pression effective de un,
deux, ou trois kilogrammes par centimètre carré.

136. Divers types de compresseurs. — Les appareils à comprimer l'air peuvent être ramenés à deux types principaux :

1º Les compresseurs du type Sommeiller ou compresseurs à piston hydraulique agissent sur l'air au moyen d'une masse d'eau qui reçoit un
mouvement alternatif. Ils ont l'avantage de supprimer les espaces nuisibles et de procurer un refroidissement de l'air aussi complet que
possible. Ils ont, par contre, l'inconvénient de ne permettre, ni une
grande vitesse du piston hydraulique ni un grand diamètre de cylindre ; un mouvement trop rapide de l'eau en projetterait de trop grandes quantités avec l'air à travers les soupapes, et un diamètre important exigerait la mise en mouvement de masses d'eau considérables
pouvant occasionner de dangereux coups de bélier.

2º Les compresseurs du type Colladon sont de simples corps de pom-

pe ; on les appelle aussi compresseurs directs. L'échauffement de l'air y
est combattu à l'aide d'une injection d'eau froide pulvérisée.

On peut dire que les avantages et les inconvénients des deux types
se compensent sensiblement.

137. Compresseurs à piston hydraulique. — Les compresseurs Humboldt se composent de pistons plongeurs à simple effet agissant sur des masses d'eau qui refoulent l'air et sont en contact avec
lui.

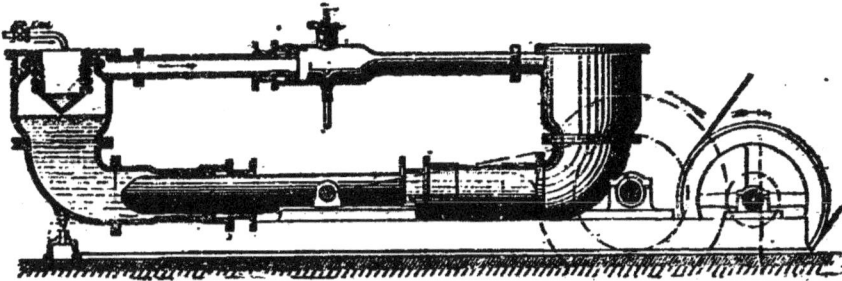

Les clapets d'aspiration et de refoulement sont formés de cercles en
caoutchouc. Les premiers laissent entrer, en même temps que l'air,
une certaine quantité d'eau destinée à remplacer celle qui est entraînée par les clapets de refoulement.

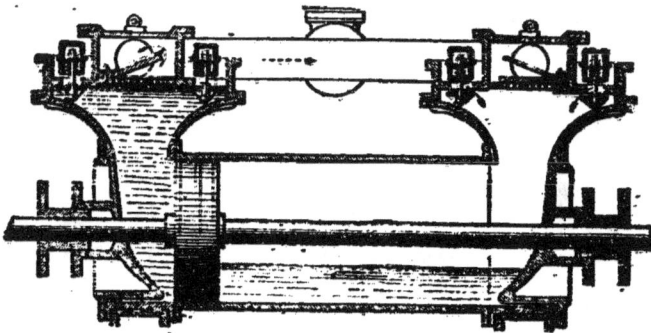

Les pistons plongeurs sont doubles : ils déterminent donc une action
à double effet du moteur, alternativement dans chacun des cylindres
à eau ; ils sont conduits lentement à douze tours environ par minute,
la vitesse du piston ne dépassant pas 0m50 par seconde.

Pour obtenir un plus grand volume d'air on attelle quelquefois trois
paires de cylindres à trois manivelles calées à 120° sur le même arbre,

Dans les compresseurs Hanarte, les effets de la force vive de la masse d'eau sont combattus par l'évasement parabolique des colonnes qui terminent le cylindre, il s'en suit une diminution uniforme de la vitesse de la masse d'eau en contact avec l'air qu'elle comprime. Cet appareil permet de marcher à la vitesse de 1ᵐ50 par seconde et de faire trente tours par minute.

Les soupapes d'aspiration et de refoulement ont leurs sièges horizontaux et reposent sur le fond supérieur de chaque colonne. L'eau entraînée est remplacée par d'autre eau pénétrant dans l'appareil, en même temps que l'air, par les soupapes d'aspiration.

138. Compresseurs directs. —La difficulté que présentait l'établissement des compresseurs directs provenait de l'échauffement produit par la compression de l'air. C'est ainsi que de l'air pris à 20° et comprimé à 2 atmosphères atteint une température finale de 85°; à 3 atmosphères 130° ; à 4 atmosphères 165° ; à 5 atmosphères 194°; à 10 atmosphères 298° ; à 15 atmosphères 369°.

On a d'abord placé le cylindre compresseur dans une bâche à circulation d'eau froide pour permettre une plus grande vitesse, et ainsi réduire les dimensions des appareils. Colladon a ajouté au refroidissement extérieur celui produit par l'injection d'eau pulvérisée à l'intérieur du cylindre, au sein même de l'air en compression.

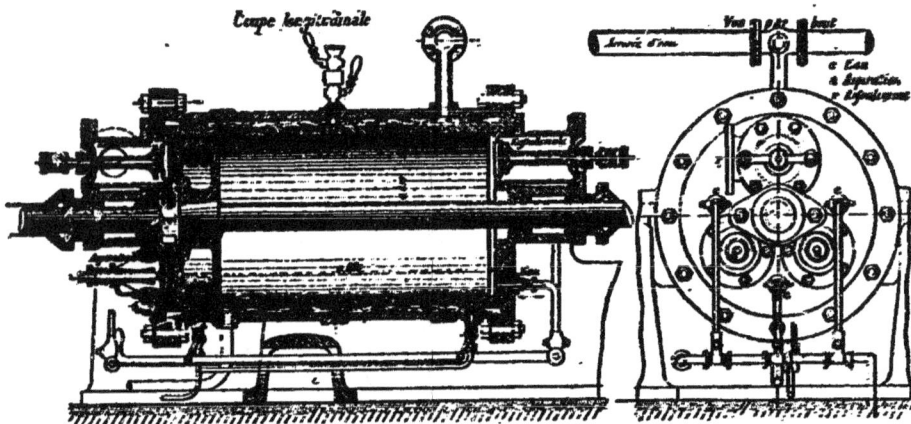

Si l'air et l'eau sont à la température de 20° et si l'on veut que l'air comprimé ne dépasse pas 40°, on injectera par kilogramme d'air à comprimer à 2, 3, 4 ou 5 atmosphères des poids d'eau égaux à 730, 1160, 1470 ou 1700 grammes, soit des volumes égaux respectivement au $\frac{1}{1050}$, au $\frac{1}{665}$, au $\frac{1}{575}$, ou au $\frac{1}{455}$ du volume de l'air aspiré.

On a encore cherché à augmenter le refroidissement en faisant circuler un courant d'eau dans l'intérieur de la tige et du piston compresseur lui-même. Les avantages retirés de cette disposition ne compensent pas les inconvénients de la complication qu'elle entraîne.

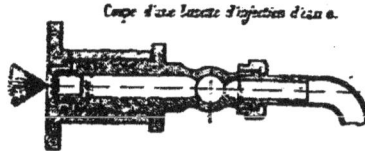

Coupe d'une lancette d'injection d'eau.

Parmi les compresseurs à injection d'eau nous citerons celui du tunnel sous-marin construit par MM. Sautter et Lemonnier. Le cylindre est à double enveloppe avec circulation d'eau pour le refroidissement ; chaque fond de cylindre porte deux soupapes d'aspiration et une de refoulement ; chacune d'elles est constituée par un disque mince en acier appuyé sur un siège en bronze par un ressort à boudin. Ces soupapes paraissent préférables aux clapets à charnière, tant au point de vue de la réduction des espaces nuisibles qu'à cause de la facilité de leur entretien.

L'injection d'eau sous pression est faite au moyen de trois busettes placées sur chaque fond de cylindre ; l'eau sort de la buse par deux

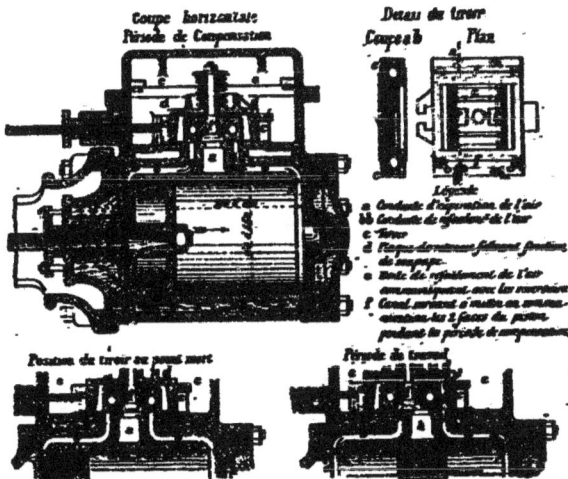

orifices convergents d'un demi-millimètre d'ouverture et ces deux jets se pulvérisent en se rencontrant. L'emploi de ces compresseurs permet d'amener l'air à une pression de 8 atmosphères.

La présence continue de l'eau dans le cylindre à air l'use rapidement, ainsi que les anneaux du piston ; il en résulte bientôt une diminution considérable du rendement en même temps que des réparations fréquentes et coûteuses. On a cherché à remédier à cet inconvénient par l'emploi d'un compresseur dans lequel l'eau ne vient pas au contact de l'air dans le cylindre.

La machine Burkhardt et Weiss est une pompe à tiroir fonctionnant à sec dans laquelle l'influence des espaces nuisibles a été à peu près supprimée par l'adjonction d'un canal spécial ménagé dans la coquille du tiroir ; ce canal établit en temps opportun la communication entre la tranche d'air comprimé contenue dans l'espace nuisible et l'autre côté du piston où l'aspiration de l'air vient d'être faite et où la compression va commencer.

On ne s'est pas astreint à ramener l'air à la température ordinaire ; bien que les parois du cylindre et ses deux fonds soient entourés d'une circulation d'eau froide, l'air comprimé à 4 atmosphères sort du cylindre à une température de 100° à 120°.

Le cylindre se trouve dès lors à peu près dans les conditions du cylindre d'une machine à vapeur ; aussi la vitesse peut-elle être portée à cent tours par minute et l'on arrive, avec un appareil de capacité restreinte, à obtenir un volume d'air considérable.

On installe aussi des compresseurs en tension ; un deuxième appareil amène à la pression finale l'air déjà partiellement comprimé par le premier et ramené à la température ambiante par son passage dans un réservoir intermédiaire.

On peut ainsi atteindre une pression élevée avec une élévation bien moindre de la température et avec une économie notable dans le travail dépensé.

139. Établissement des compresseurs. Compresseurs transportables. — Dans l'établissement des compresseurs il conviendra de se rappeler qu'ils doivent être à même de marcher à des vitesses très différentes. Placé loin des points où se fait la consommation d'air comprimé, le machiniste a pour guide les indications du manomètre en relation avec le réservoir d'air comprimé. Si la pression reste constante, le moteur n'aura d'autre objet que de la maintenir ; si la pression baisse, la vitesse sera accélérée ; elle sera diminuée, au contraire, si par suite de l'arrêt d'une partie des appareils en action, la consommation d'air vient à diminuer et la pression dans la conduite et le réservoir à augmenter.

On peut placer, comme aux mines de Blanzy, le cylindre à air dans le prolongement du cylindre à vapeur ; ils ont alors tous deux la même course. Le fonctionnement des deux machines accouplées est régularisé par un volant calé sur un arbre spécial, aux extrémités du-

quel sont calées à angle droit des manivelles commandées par des
bielles formant le prolongement des tiges des pistons à vapeur.

On a groupé aussi quatre compresseurs, deux par deux, sur un

même bâti ; ils sont actionnés par un arbre coudé, muni d'un volant et
mû par une machine à vapeur horizontale.

Les quatre coudes de l'arbre sont à 90° les uns des autres.

C'est cette disposition qui a été adoptée pour les compresseurs directs Sautter-Lemonnier installés pour le percement du tunnel sous la Manche.

Le compresseur Burckhardt et Weiss a son cylindre à air à côté du cylindre à vapeur ; les bielles de chacun d'eux sont en connexion avec le même arbre coudé muni d'un volant. Les manivelles correspondant aux deux cylindres sont calées de telle sorte que la plus grande puissance dans le cylindre à vapeur corresponde à la plus grande résistance dans le compresseur.

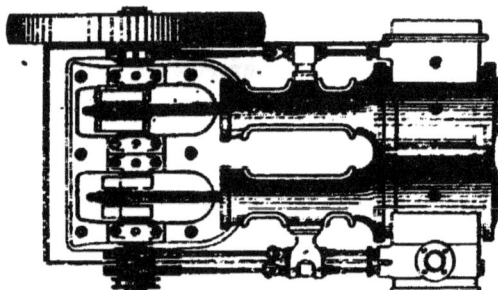

S'il s'agit de travaux de recherches ou de travaux préparatoires, pour lesquels on peut n'avoir à faire fonctionner que des machines exigeant un travail peu considérable, on employera des compresseurs demi-fixes ou portatifs à action directe dont il existe un grand nombre de types.

140. Réservoirs d'air. Sécheurs. Conduites. — Il est nécessaire d'interposer un réservoir entre le compresseur et la conduite. Ce réservoir, formé d'un ou plusieurs récipients analogues à des chaudières, sert de régulateur et débarrasse l'air d'une partie de l'eau entraînée.

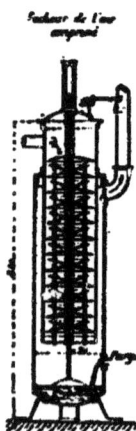

Sécheur de l'air comprimé

Ces réservoirs sont munis de manomètres, de soupapes de sûreté et de robinets de purge pour l'évacuation de l'eau entraînée ; leur dimension dépendra de l'importance de l'installation, ainsi que de l'irrégularité probable de la dépense d'air.

On trouvera quelquefois avantageux de sécher l'air comprimé que son séjour dans le réservoir n'a pas suffisamment débarrassé de l'eau amenée avec lui. On interposera alors entre celui-ci et la conduite un ou plusieurs sécheurs à surface.

Ces sécheurs sont des cylindres en tôle, verticaux, à double enveloppe. L'air pénètre par la partie supérieure de l'appareil et descend le long d'une série de plateaux en tôle formant chicane qui retiennent l'eau; il remonte ensuite à travers l'espace annulaire compris entre les deux enveloppes jusqu'à la tubulure de sortie. L'eau déposée tombe au fond du sécheur et un flotteur à voyant indique à quel moment il convient d'ouvrir le robinet de purge.

Les conduites pour l'air comprimé sont formées de tuyaux à brides en fer ou en fonte, les chutes de pression qui augmentent avec la longueur et avec la vitesse de translation de l'air sont faciles à calculer ; elles sont, d'ailleurs, de peu d'importance, ce qui permet l'emploi de tubes d'un faible diamètre où l'air circule plus vite.

Le tableau suivant donne, en millimètres de mercure, la chute de pression par kilomètre de conduite.

Diamètre des conduites	Vitesse à l'origine, en mètres par seconde.					
	1 m.	2 m.	3 m.	4 m.	5 m.	6 m.
0m 10	0m/m006	0m/m026	0m/m062	0m/m108	0m/m167	0m/m233
0m 20	0m/m004	0m/m018	0m/m042	0m/m072	0m/m112	0m/m156
0m 30	0m/m003	0m/m013	0m/m031	0m/m054	0m/m084	0m/m117

Au jour, les conduites principales, pour des longueurs de deux à trois kilomètres, sont généralement établies avec des tuyaux en fonte de 0m20 de diamètre, les bifurcations avec des tuyaux de 0m15 ; les descentes verticales dans les puits ont 0m12.

Dans les travaux souterrains, on préfère les tuyaux en fer, moins cassants, plus flexibles, plus légers, par suite plus maniables, et que l'on peut courber à la forge. On leur donne 0m10 de diamètre pour les conduites principales, 0m08 pour les premières bifurcations, 0m06 ou 0m05 pour les secondes.

Ces conduites sont supportées, le plus souvent, par des consoles fixées à l'un des angles supérieurs de la galerie.

141. Rendements obtenus. — Le rendement d'un compresseur est le rapport du travail théorique que produirait la détente de l'air à sa sortie au travail total absorbé par l'appareil ; il dépend des pertes de force vive dues aux espaces nuisibles et à l'échauffement pendant la compression.

Dans les appareils à piston hydraulique les espaces nuisibles sont très réduits, mais la mise en mouvement de l'eau constitue une condition aussi onéreuse que la présence des espaces nuisibles dans les compresseurs directs. Pour les deux systèmes le volume effectif des cylindrées n'est pas égal au volume théorique et pour les appareils les meilleurs la perte résultant de ces diverses causes s'élève à 5 ou 7 %.

Dans le compresseur Burkhardt la perte due aux espaces nuisibles est presque nulle.

La plus considérable résulte de l'échauffement par la compression, elle est de 8, 15, 20, 23 ou 26 % pour des pressions finales de 2, 3, 4, 5 ou 6 atmosphères.

Le rendement des compresseurs est de 0,75 à 0,80 pour les basses pressions et de 0,60 à 0,70 avec les appareils donnant des pressions élevées.

Les pertes de force vive dues aux chutes de pression dans la conduite sont peu importantes ; on compte dans la plupart des cas sur 5 0/0.

Le rendement d'une réceptrice est le rapport du travail qu'elle produit au travail théorique total que pourrait accomplir l'air comprimé à son arrivée à cette machine.

Le refroidissement qui accompagne la détente de l'air ne permet pas d'en utiliser tout l'effet, car si l'on détend brusquement de l'air comprimé au tiers ou au quart, toute l'eau qu'il contient se congèle immédiatement et la glace produite peut obstruer les lumières et rendre la marche impossible.

Aussi, à moins de conditions spéciales, ne devra-t-on employer l'air comprimé qu'à des pressions de 4 à 5 atmosphères au plus; et lors même que les cylindres des récepteurs auraient de grandes dimensions, on ne devra pas pousser la détente au delà de 1/2. La plupart de ces machines fonctionnent donc à pleine pression.

On peut étudier le travail, aussi bien dans les compresseurs que dans les machines à air comprimé à l'aide d'indicateurs comme pour les machines à vapeur.

Le rendement des machines actionnées par l'air comprimé est de 0,60 pour celles qui emploient la détente, et de 0,40 lorsqu'on marche à pleine pression.

Le rendement total de la transmission est égal au produit des trois rendements du compresseur, de la conduite et du récepteur.

Pour une marche à basse pression ce rendement total d'une transmission est de 0,35 à 0,40 ; à des pressions plus élevées, il n'est plus que de 0,20 à 0,25.

§ 6.

EMPLOI DE L'ÉLECTRICITÉ.

142. Principe des transmissions électriques. — Les transmissions électriques sont basées sur le principe de la reversibilité des machines dynamo-électriques.

·Une dynamo génératrice est mise en mouvement au moyen d'un moteur quelconque ; il en résulte une différence de potentiel à ses bornes et un courant électrique dans le circuit conducteur qui les joint ; si une dynamo semblable est intercalée dans le circuit, elle se mettra en mouvement et transmettra par son arbre une fraction plus ou moins grande du travail fourni par la génératrice.

Au lieu d'une seule receptrice on peut en avoir plusieurs, plus ou moins distantes, assemblées, suivant les convenances, en dérivation ou en tension, et alors on n'a pas seulement une transmission, mais encore une distribution de la force au moyen de l'électricité.

Cette application des transmissions électriques est récente et elle est journellement en voie de perfectionnement.

143. Machines génératrices et réceptrices. — Ces machines sont semblables ; elles peuvent même être identiques, comme on l'a fait, en vue de faciliter les réparations ou les changements de destination.

On n'a, jusqu'à présent, employé dans les mines que des machines à courants continus ; mais il est probable que, lorsqu'ils seront entrés dans la pratique générale, les moteurs à courants alternatifs et à champ tournant ou à courants polyphasés y seront appliqués de préférence aux autres ; il est possible, en effet, de leur appliquer des transformateurs et ils présentent, en outre, cet avantage très important de supprimer toute interruption de circuit et, par suite, toute étincelle.

Dans certaines applications, la génératrice présente une disposition spéciale destinée à faire varier dans une période très courte le potentiel aux bornes du moteur en lui fournissant un courant ondulatoire ; nous y reviendrons à propos des perforateurs électriques.

Comme celles qui emploient de l'air comprimé, les réceptrices électriques seront tantôt fixes tantôt soumises à d'incessants changements de place. Leurs formes, leurs dimenssions et leurs poids sont choisis en conséquence.

On emploie, à l'intérieur des mines, des potentiels de 250 à 300 volts ; on est même allé à 800 volts aux bornes de la génératrice.

Le développement du circuit est rarement supérieur à 1500 ou 2000 mètres. Lorsqu'il s'agira d'établir la ligne, on devra se demander s'il convient d'accorder une importance prépondérante aux économies possibles ou à la perfection de l'installation.

L'intensité du courant dépend naturellement de l'effet à produire ; elle a varié, dans les applications déjà faites, de 20 à 150 ampères.

On a, par crainte du grisou, gaz explosif contenu dans l'atmosphère intérieure des houillères, entouré les parties dangereuses des receptrices, c'est-à-dire celles qui sont susceptibles de fournir des étincelles, d'une toile métallique à mailles fines qui empêcherait la propagation d'une explosion si elle venait à se produire.

144. Conducteurs. — Les conducteurs sont formés de câbles en fer galvanisé ou en cuivre recouverts d'une enveloppe isolante ; dans les deux cas ils sont supportés par des isolateurs, cloches ou poulies en porcelaine.

Les précautions à prendre sont relatives à l'isolement de la ligne, dont l'insuffisance occasionnerait des pertes sensibles d'énergie, ainsi qu'à sa continuité, sans laquelle on aurait à redouter la production des étincelles.

On donne aux conducteurs une section suffisante pour n'avoir à craindre aucun échauffement. Un millimètre carré de section par ampère débité a été reconnu suffisant.

On peut, sans changer la section de la ligne, augmenter pendant certaines heures de la journée le travail qu'elle transmet ; il suffit d'augmenter la force électromotrice en assemblant plusieurs génératrices en tension, les réceptrices nouvellement intercalées dans le circuit étant assemblées de la même manière par rapport à celles qui travaillaient déjà.

Il vaut mieux pour l'indépendance des travaux que les divers chantiers soient alimentés par des circuits en dérivation. Dans ce cas un commutateur appliqué à chaque moteur permet d'en interrompre la marche sans arrêter, pour cela, le fonctionnement de tous les autres. Ce commutateur, dans les mines grisouteuses, est convenablement protégé et fait l'objet d'une étroite surveillance.

145. Rendements obtenus. — Les machines génératrices sont placées au jour, dans de bonnes conditions de fonctionnement ; aussi leur rendement dynamoélectrique atteint-il 0,90.

Les pertes dues à la résistance ou au défaut d'isolement de la ligne dépassent rarement 10 % ; en d'autres termes, la différence de potentiel aux bornes de la réceptrice représente au moins les 90 centièmes de l'énergie fournie par la dynamo génératrice.

Les conditions dans lesquelles se trouve placée la réceptrice ne permettent pas d'obtenir un rendement électrodynamique supérieur à 0,60 ou 0,75.

En faisant le produit des trois rendements, soit de ceux des deux machines et de celui de la ligne, on établira le rendement total de la transmission de force. Ce nombre qui exprime le rapport du travail restitué par la deuxième dynamo à celui fourni à la première varie, suivant les installations, entre 0,50 et 0,60.

Dans des installations importantes et soignées, on a pu réaliser un rendement de 0,65 pour des transmissions de force à une distance de trois kilomètres.

§ 7.

COMPARAISON DES DIVERS MODES DE TRANSMISSION

146. Facilité d'emploi et sécurité. — La comparaison ne peut être utilement établie qu'entre l'air comprimé et l'électricité.

L'utilisation des autres modes de transmission est relativement très limitée.

Les machines à air comprimé ainsi que les compresseurs peuvent être confiés à des ouvriers peu expérimentés, tandis que l'électricité exige un personnel spécial.

L'air d'échappement contribue à la ventilation, notamment lorsqu'il s'agit d'aérer l'avancement d'une galerie d'allongement pour lequel la perforation par l'air comprimé est employée.

L'électricité est, au contraire, une cause de danger pour certaines mines, à cause des échauffements possibles et des étincelles ; la surveillance des canalisations doit être très rigoureusement soignée lorsque l'on emploie cet agent.

147. Economies sur les installations et sur les dépenses courantes. — Le rendement total est à peu près moitié moindre pour l'air comprimé de ce qu'il est pour l'électricité.

Les canalisations d'air comprimé sont plus chères que les conducteurs électriques ; aussi peut-on dire que, pour la même force reçue dans la mine, une transmission par l'air comprimé coûte le double d'une installation électrique ; les frais quotidiens, notamment la dépense de combustible si l'on emploie un moteur à vapeur, ou d'eau motrice si l'on utilise une chute naturelle, sont aussi doubles avec l'air.

Lorsque le combustible est cher, ou la force d'eau restreinte, ce qui est vrai pour beaucoup de mines métalliques, l'électricité présente donc de grands avantages sur l'air comprimé, d'autant plus que ces mines sont exemptes de grisou. Le transport des machines et des conducteurs électriques est plus facile et moins coûteux que quand il s'agit de l'air comprimé.

Dans les mines de houille, au contraire, l'inconvénient des étincelles peut être grave ; le prix du combustible, si on utilise, comme on fait généralement, les qualités inférieures refusées par le commerce, est très peu élevé ; aussi l'air comprimé reste-t-il en faveur auprès des exploitants dont le personnel est familiarisé avec l'emploi de cet agent.

Quoi qu'il en soit des raisons particulières qui motivent le choix d'un mode de distribution de force, on peut dire que l'électricité est appelée à jouer un rôle considérable dans les mines et que les appareils qui la mettent en jeu recevront encore d'importants perfectionnements.

CHAPITRE VII

TRAVAUX D'EXCAVATION.

§ 1.

ABATTAGE DES ROCHES

148. Abattage des roches. — L'exploitation d'un gîte se fait toujours au moyen d'excavations pratiquées soit à ciel ouvert, soit souterrainement. Dans ce dernier cas, les chantiers d'abattage ou tailles sont desservis par des galeries et des puits creusés dans le gîte lui-même ou dans les roches encaissantes.

Dans tous les cas, on aura à entailler, à abattre et à charger les roches, ce qui devra toujours être fait avec méthode, en employant un outillage simple, facile à entretenir, mais actif et énergique.

A mesure de l'avancement des excavations, on aura à assurer leur soutènement et leur aérage, si elles sont souterraines.

Dans l'organisation des travaux d'abattage, la partie à abattre devra être dégagée sur le plus grand nombre possible de faces.

Le mineur n'attaque pas généralement son front de taille en plein massif ; il commence pour dégager une partie de la roche pour faciliter l'abattage du reste.

Coupe paral.ˡᵉ à la taille   Coupe perpᵉ à la taille   Coupe perpᵉ à la taille

Dans ce but, il fera, si c'est possible, une coupure horizontale placée à la base de son chantier, à moins d'indications spéciales telles, par exemple, qu'une roche plus tendre traversant le chantier à mi-hauteur ou en couronne. Cette coupure, à laquelle on donne une largeur aussi restreinte que possible se nomme le *havage, le sous-chèvement*, *la sous-cave*; on la pousse sur une profondeur de 0m50, 1m et même 1m50 suivant la dureté de la roche en soutenant momentanément, s'il est nécessaire, la partie havée au moyen de petits étais.

Le mineur devra faire, en outre, deux coupures verticales plus ou moins espacées nommées *rouillures* ou *coupements*. Si le front de taille est déjà dégagé sur deux faces, un seul coupement devient suffisant.

Le mineur exercera ensuite un effort en couronne avec un pic, une pince, un levier, des coins ou des explosifs de façon à détacher toute la partie préparée. Le front de taille se trouve ainsi reporté en avant et le mineur recommence le même travail.

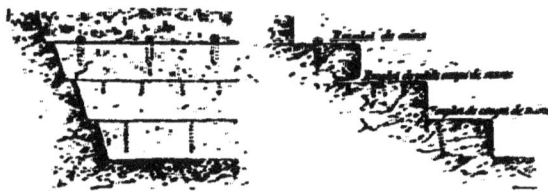

Quand on n'a pas à ménager la roche et quand celle-ci ne se prête pas au havage, on le supprime et le mineur attaque en plein massif.

Quand la hauteur d'un front de taille est trop considérable, c'est-à-dire dépasse 2m30 à 2m50, on la divise en gradins auxquels on donne une largeur telle que les ouvriers ne se gênent pas dans leur travail.

Les chantiers présenteront la forme de *gradins droits* ou de *gradins renversés*.

Ces gradins pourront être abattus, après havage et rouillures, par des leviers, des coins ou de petits coups de mine.

Lorsque le front de taille aura des dimensions limitées comme dans le percement d'une galerie ou le fonçage d'un puits, l'abattage par mètre cube sera plus onéreux, car alors le havage et les coupements s'appliqueront à une surface plus restreinte de front de taille.

Lorsque le chantier a une hauteur suffisante, le mineur travaille debout, placé sur le mur du gîte ou sur des gradins ; s'il s'agit de gradins renversés, il se tient sur les remblais ou sur un échafaudage spécial. Pour le havage, le mineur s'accroupit et lance son pic dans un plan horizontal.

Si la hauteur du chantier est faible, le mineur travaille couché ; il appuie ses pieds sur un boisage, si l'inclinaison est assez forte pour le faire glisser.

Les fragments de roches provenant de l'abattage tombent aux pieds

Gradins renversés

Gradins droits

du mineur et doivent être enlevés. Le plus souvent on les charge dans des véhicules avec des pelles de fer ou d'acier plus ou moins recour-

bées, suivant la nature des déblais. Les gros morceaux sont chargés
à la main, quelquefois même en s'aidant du levier. On peut aussi, dans

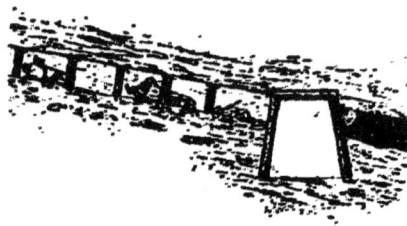

certains cas, faire glisser les produits directement du chantier dans les
vases de transport amenés en contre-bas.

149. Soutènement des excavations. — La plupart des exca-

piliers dans le gîte

piliers en maçonnerie

vations pratiquées dans les roches nécessitent des soutènements plus ou
moins importants, variant avec la nature des roches et la forme des
excavations.

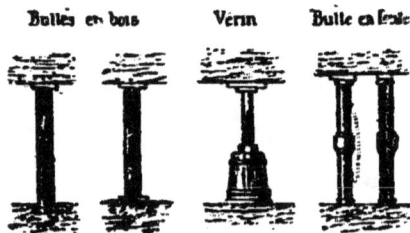

Bulles en bois   Vérin   Bulle en fonte

En principe, un soutènement doit être fait, non pas en vue de s'opposer à la descente en masse du terrain, mais à la chute de blocs déta-

chés. La traversée des terrains ébouleux fera, naturellement, exception à cette règle.

Le soutènement peut être obtenu par des parties du gîte laissées en place et formant piliers, ou bien par des piliers en maçonnerie établis au dessous des parties qui menacent. Le plus généralement, les éléments du soutènement sont des buttes en bois, quelquefois en métal.

Le soutènement élémentaire consiste à maintenir un bloc qui menace par une butte placée normalement et serrée au moyen d'un coin. Souvent on coiffe cette butte d'une planchette. L'emplacement du pied se fait en creusant au pic pour trouver le terrain solide ; mais si la butte doit être enlevée au bout de peu de temps, on la fait reposer sur des débris faciles à dégager ensuite. On a cherché à remplacer ces buttes de soutènement provisoire par des vérins en bois et fer. Ils ne se sont pas répandus, car ils sont coûteux, encombrants et d'une manœuvre pénible.

En Angleterre, on rencontre assez fréquemment dans les grandes tailles des buttes ou chandelles en fonte et en deux pièces réunies par une bague circulaire attachée à une chaîne. Le joint étant oblique, il suffit, pour retirer la butte, de soulever la bague d'un coup de marteau ; les deux parties se séparent et tombent.

En pratique, et dans l'ignorance où l'on est souvent des points faibles, on place les buttes en ligne et également espacées, en renforçant au besoin les points reconnus plus dangereux.

Pour les puits et les galeries. nous étudierons, dans le chapitre qui les concerne, divers modes de soutènements complets en bois, en métal, en maçonnerie ou mixtes. Les soutènements en bois ou *boisages* sont encore les plus répandus.

Lorsque les parois à soutenir sont friables ou poussent fortement au vide, les buttes deviennent insuffisantes. On interpose alors d'autres bois s'appuyant sur les buttes et formant des cadres, dans les galeries et les puits.

Des bois de *garnissage* seront interposés, s'il est nécessaire, entre les pièces principales et la roche ; si le terrain est tout à fait friable, on l'habillera de croûtes jointives, de fagots ou de paillassons.

Pour une taille en plateure, le garnissage pourra ne se faire qu'au toit. Dans un dressant, on devra garnir le toit et le mur.

Les dépenses en bois représentent souvent un élément important du prix de revient. Les essences généralement employées en France sont : Le chêne blanc, le chêne vert et le pin pour les buttes et les cadres. Les bois blancs servent pour les garnisssages, pour les coins et en général pour les usages spéciaux où les bois doivent pouvoir se comprimer et se mouler, en quelque sorte, sur le pourtour des parois.

Les bois sont le plus souvent employés en grume ; mais ils doivent être écorcés ; l'opération de l'écorçage augmente leur durée, sans diminuer leur résistance.

Les bois s'altèrent plus rapidement dans les mines qu'en plein air ; leur détérioration est surtout sensible dans les galeries de retour d'air où l'atmosphère est chaude, humide et viciée ; l'altération des bois est due à des moisissures éminemment contagieuses.

Pour ralentir le développement de cette maladie, il faut n'employer que des bois coupés à la fin de l'automne ou en hiver, et maintenir une ventilation active dans la mine.

Les moyens de préservation employés, principalement pour les traverses de chemins de fer, ne se sont pas répandus d'une manière générale pour les bois de mine, mais font cependant l'objet de quelques applications.

Avant de placer les bois, l'ouvrier se rend compte si la roche est fissurée ou a tendance à se déliter ; il en juge à l'aspect et au son rendu sous l'influence d'un choc léger. Une roche homogène et solide est très sonore.

Le boiseur se sert de la *scie* ou de l'*égoïne* pour couper et préparer es buttes qui doivent travailler debout. Mais son principal outil est la *hache* qu'il emploie souvent à l'exclusion de tout autre pour faire sauter les éclats de bois suivant les fibres. Il utilise aussi les pinces à déboiser et doit être familiarisé avec les outils du mineur qui lui servent à préparer les emplacements des bois.

Dans beaucoup d'exploitations, c'est le mineur lui-même qui est chargé du boisage.

§ 2

OUTILLAGE ET PROCÉDÉS DE L'ABATTAGE.

150. Outils. — Les outils employés pour le travail à la main devront toujours avoir leur centre de gravité dans l'axe du manche pour faciliter leur usage dans un plan quelconque ; ils devront avoir été étudiés avec soin dans leurs formes, leurs dimensions et leur poids ; ils varieront avec la dureté de la roche et la facilité avec laquelle elle se laissera abattre.

Pour les roches ébouleuses, la *pelle* et la *pioche* peuvent suffire ; pour les roches tendres, le *pic*, le *coin*, la *masse*, les *leviers* ; pour les roches demi-dures, dures et récalcitrantes, le *pic*, les *explosifs*, la *pointerolle*.

Avant que le mineur n'eût la poudre à sa disposition, il attaquait les roches par le feu et la pointerolle.

Avec certaines roches de faible cohésion, l'abattage se fait quelquefois par un *jet d'eau* sous pression. L'eau est également employée pour l'abattage des roches solubles.

Enfin on fait usage d'appareils mécaniques pour le forage des trous de mine, quelquefois aussi pour le havage.

Les pics varient de formes et de dimensions ; plus la roche est tendre, plus le pic est léger ; un kilog. pour la houille, trois à quatre kilog pour les roches dures.

Les pics se font en acier ; dès que les pointes sont émoussées, il faut renvoyer le pic à la forge.

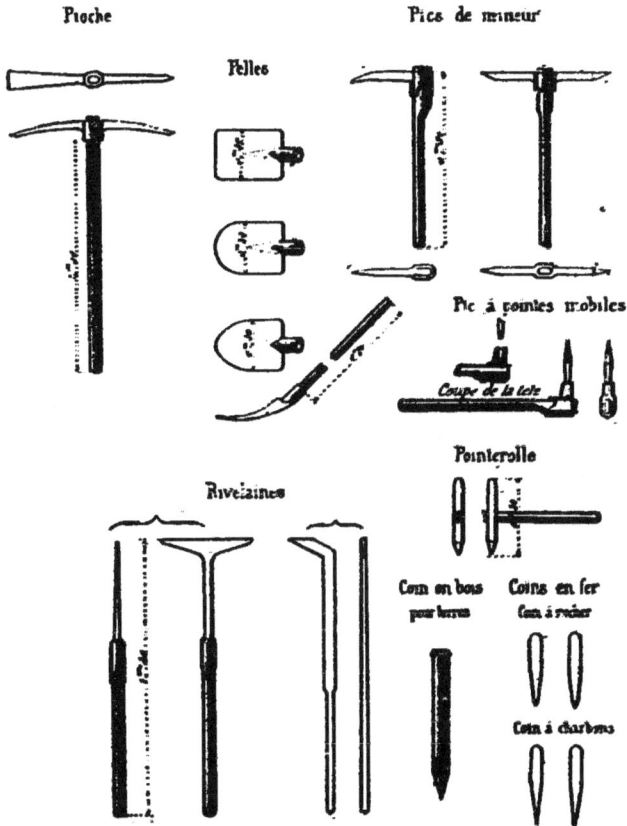

Pioche   Felles   Pics de mineur

Pic à pointes mobiles

Coupe de la tête

Pointerolle

Rivelaines

Coin en bois   Coins en fer
pour terres   Coin à rocher

Coin à charbons

Les pics sont à une ou à deux pointes ; on en a fait à *pointes mobiles*, pour n'avoir pas à renvoyer l'outil tout entier au jour ; le mineur porte avec lui des pointes de rechange ; on rencontre ces pics en Silésie et dans les exploitations de sel gemme.

Le pic doit être solidement emmanché, parce que l'ouvrier s'en sert, non seulement pour entailler les roches, mais encore pour détacher les blocs, en agissant sur le manche comme sur un levier.

Le *pic à deux pointes*, très léger, s'emploie pour faire les coupements ; il pèse de six cents grammes à un kilogramme.

La *Rivelaine* s'emploie pour les havages ; c'est un outil en fer plat, à deux pointes, muni d'un long manche.

La *pointerolle*, dont l'usage était général avant l'emploi de la poudre, ne sert plus aujourd'hui que comme accessoire. C'est un prisme d'acier apointé à l'une de ses extrémités et formant tête de l'autre. Elle s'adapte, par un œil percé vers le milieu de la hauteur, à un manche dont la longueur est de 30 à 45 centimètres et que l'ouvrier tient d'une main, tandis qu'il frappe de l'autre avec une massette pesant de 1 1/2 à 3 kgs.

Les *coins* sont en acier, plats ou à quatre pans égaux, ou bien encore en bois sec que l'on fait gonfler en arrosant après mise en place.

Pour enfoncer les coins, on se sert de *massettes* ou bien de *masses* ; ces dernières sont manœuvrées à deux mains et pèsent de quatre à dix kgs.

Les *pinces* ou *leviers* sont des barres de fer droites ou recourbées, terminées à l'une de leurs extrémités en *pointe*, en *ciseau* ou en *pied de biche*.

151. Explosifs. — Mais le mineur fait surtout grand usage d'explosifs.

D'une manière générale, les explosifs agissent ou bien par le choc résultant de la formation subite de gaz produits par l'explosion ou bien par la détente de ces gaz. Le premier effet, qui fracture les roches, est celui que le mineur cherche à produire ; le second qui projette au loin les objets auxquels il s'applique est recherché par la balistique et doit toujours être évité dans les mines.

Les explosifs sont classés en *propulsifs* (type : poudre de mine) et en *brisants* (type : nitroglycérine). Ces deux divisions sont loin d'être nettement tranchées. En réalité, la plupart des explosifs produisent simultanément les deux effets ; on les rattache à l'une ou à l'autre de ces deux catégories suivant que l'effet prédominant est la dislocation ou le broyage.

L'effet de projection est donc accidentel dans le travail des mines ; il résulte le plus souvent de l'emploi d'un excès d'explosif. C'est un travail inutile et de plus une cause d'accidents en même temps qu'une dépense superflue. Le plus souvent, la roche est lancée à distance par l'explosion lorsque le bourrage est trop lâche : lorsque le coup de mine est foré normalement au front de taille, le coup fait canon, c'est à dire que l'explosion chasse simplement la bourre, sans produire de dislocation. Le coup de canon est, de plus, très dangereux dans les mines à grisou, car la flamme sortant du trou de mine peut mettre le feu aux mélanges détonnants.

Les deux effets signalés différencient précisément les poudres de mine des poudres de guerre ; leurs compositions habituelles sont :

Poudre de mine	Nitre 65	Charbon 15	Soufre 20
Poudre de guerre	75	12 1/2	12 1/2

L'effet initial de la poudre étant proportionnel à la surface soumise à son action, on a cherché une augmentation de l'effet en plaçant au centre de la cartouche un cylindre de bois dur ou en mélangeant à la poudre un tiers de son poids environ de sciure de bois. Ce mode d'emploi a été vite abandonné. La présence du corps inerte produit, en effet, un abaissement de la température, et un ralentissement de l'explosion.

Dans un ordre d'idées contraire, on emploie *la poudre comprimée* au lieu de la poudre en grains. Elle est livrée par le commerce sous forme de disques percés d'un trou central et conique. Son action est plus vive que celle de la poudre en grains.

La *Dynamite* est un explosif brisant, produisant un fort ébranlement des parois des roches. On l'emploie dans les mines sous différents états et le plus souvent sous trois numéros types :

Le n° 1 est destiné aux travaux submergés ; il renferme 75 % de nitroglycérine et 25 % de silice poreuse ou Kieselguhr, appelée aussi Tripoli siliceux, farine fossile siliceuse, terre à infusoires, formée par une accumulation de diatomées, algues siliceuses microscopiques.

Le n° 2 sert pour les roches dures, comme le N° 1, il renferme 68 % de nitroglycérine et 32 % de silice poreuse.

Le N° 3, employé pour les roches de moyenne dureté. a une composition spéciale : 20 % de nitroglycérine, 70 % d'azotate de soude et 10 % de charbon.

La dynamite résiste à un choc même violent, à moins qu'elle ne se trouve en couche mince entre deux corps métalliques résistants ; une cartouche de dynamite peut être allumée à la main sans danger ; elle brûlera à la manière d'un corps gras et sans exploser. Il est permis de dire que son maniement est moins dangereux que celui de la poudre ordinaire.

La dynamite est aujourd'hui livrée au commerce sous forme de petites cartouches de 1 1/2 à 2 1/2 centimètres de diamètre et de 9 à 10 centimètres de longueur ; l'enveloppe est en papier parcheminé.

Les cartouches doivent être conservées dans un endroit sec.

La dynamite est sujette à la gelée ; à 10° elle est inerte.

Les mineurs la dégèlent en la mettant dans leur poche ou dans un vase chauffé au bain-marie. Les cartouches dégelées sont dangereuses, car elles laissent quelquefois exsuder la nitroglycérine ; il faut les surveiller avec soin.

Pour certaines roches très dures, on emploie une dynamite en forme de petits cylindres ayant la transparence jaunâtre de la gomme et connue sous le nom de dynamite-gomme.

Sa composition usuelle est de 86 % de nitroglycérine, 10 % de ful-, micoton et 4 % de camphre. Ce dernier corps a pour but de la rendre moins sensible aux chocs. Cette dynamite a une puissante action brisante ; elle a l'avantage d'être solide et homogène.

152. Emploi des Explosifs. — Pour employer les explosifs. il faut commencer par forer des trous cylindriques auxquels on donne ordinairement un diamètre de deux à trois centimètres et une profondeur variant entre 0 m. 50 et un mètre. Quand on fait usage de perforateurs mécaniques, ces dimensions sont portées à 3 et 4 centimètres pour le diamètre et au delà d'un mètre pour la profondeur. On place une ou plusieurs cartouches au fond du trou de mine et on bourre en se réservant la possibilité de mettre le feu à la cartouche.

Dans certains cas spéciaux, on a intérêt à employer l'explosif à fortes charges pour disloquer de grandes masses à la fois : on perce alors de petites galeries jusqu'au centre du massif et on établit un fourneau de mine, c'est-à-dire une chambre d'une capacité proportionnée à la quantité d'explosifs qui doit y être placée. L'entrée de la chambre est ensuite fermée par une maçonnerie ou un remblayage maintenu par un boisage.

La position des coups de mine demande, de la part du mineur, de l'intelligence et de l'habitude, parce qu'il est difficile de donner aucune règle précise à ce sujet. En principe, la partie à faire sauter doit présenter moins de résistance que ses voisines.

La forme de la paroi, le sens des fissures, leur étendue sont des éléments qui doivent principalement guider dans la position à donner aux coups de mine ; ceux-ci sont toujours appliqués à faire sauter les masses les mieux dégagées,

Si un massif est dégagé sur deux faces, on place les coups de mine obliquement, de façon à détacher des fragments à section plus ou moins triangulaire.

La charge d'explosif sera mesurée d'après la quantité de roche à abattre, sa position et sa résistance.

En général, quand le havage n'est pas employé, un trou de mine doit faire un angle ne 10° à 45° avec la perpendiculaire à la surface perforée. S'il y a des strates, le forage sera dirigé, autant que possible, normalement au plan de stratification.

Un premier coup de mine dégagera la roche sur une ou deux faces, de façon à faciliter le travail ultérieur. Pour le creusement des puits et galeries, dans des roches difficiles à attaquer par les outils, on procédera quelquefois en commençant par de petits coups de mine de 25 centimètres de profondeur qui dégageront et permettront d'en placer de plus forts, autour de la cavité ainsi obtenue qui joue le même rôle que le havage.

Dans les roches dures et lorsqu'on dispose de perforateurs mécaniques on fore souvent, vers l'axe de la galerie, des trous de sept à dix centimètres de diamètre qu'on ne charge pas et qui déterminent des lignes de moindre résistance, faisant aussi office de havage. Autour de ces trous, on en fonce un certain nombre que l'on charge d'explosifs et on détermine ainsi une cavité autour de laquelle des trous de mine dirigés vers le périmètre achèvent l'excavation.

153. Forage des trous de mine à la main. — Pour le forage des trous de mine à la main, on se sert de *barres à mine* et de *fleurets* ou *batrouilles*. Ce sont des barres d'acier terminées par un ciseau courbe, afin que les angles ne se brisent pas par le choc, et un peu plus large que le diamètre de la tige, afin que celle-ci ne frotte pas contre les parois du trou.

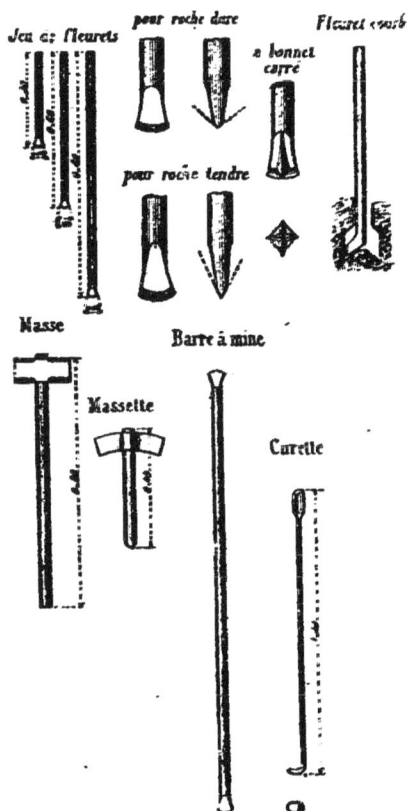

La barre à mine s'emploie sans que l'on ait recours à la masse ; suivant son poids, elle est soulevée par un ou par deux hommes, puis projetée au fond du trou.

11

La roche est désagrégée par le choc du ciseau.

Les fleurets sont de dimensions moindres que la barre à mine ; le choc est obtenu en frappant à la massette ou à la masse sur leur tête aciérée.

Un trou de mine peut être foré par un homme tenant le fleuret d'une main et frappant de la massette de l'autre main ; le travail peut aussi être fait par deux hommes, l'un tenant le fleuret et le faisant tourner d'un petit angle à chaque coup, l'autre frappant avec la masse.

La main-d'œuvre est généralement mieux utilisée dans le premier cas.

Le mineur, tenant le fleuret de la main gauche, frappe de l'autre avec la massette en ayant soin de donner à chaque coup un mouvement de rotation pour faire le trou rond et pour faciliter la désagrégation de la roche en produisant des éclats.

Le mineur change nécessairement de fleuret quand le tranchant s'émousse : il commence par exemple avec une série d'outils de 30 centimètres de longueur et 29 mm. au biseau. Quand le trou a une profondeur de 15 cm. il prend des fleurets de 50 cm. avec 24 mm. de biseau ; puis il termine son forage avec des fleurets de 70 cm. de longueur et 22 mm. de largeur.

Le mineur a soin de jeter de l'eau dans le trou de mine pour faciliter la désagrégation de la roche et empêcher le fleuret de se détremper.

La pâte formée par les débris et l'eau gêne bientôt l'action du fleuret ; alors le mineur nettoie le trou avec une curette en fer, tige terminée à un bout par une petite cuillère recourbée et, à l'autre, par un œil où il fait tenir de l'étoupe ou un chiffon au moyen desquels le trou de mine peut être asséché quand il a atteint la profondeur voulue.

154. Charge des coups de mine.—Les trous de mine étant ainsi préparés et si le sautage doit être opéré au moyen de la poudre ordinaire, on les charge en plaçant au fond du trou et sur un tiers environ de leur hauteur, des cartouches contenant ordinairement de 100 à 150 grammes de poudre et ayant 15 cm. de hauteur ; le nombre des cartouches mises en œuvre dépend de l'importance du coup.

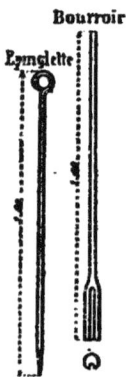

Le mineur pique une *épinglette* en cuivre rouge dans la cartouche pour la descendre au fond du trou ; puis, sans retirer l'épinglette, il bourre au dessus de la cartouche avec de menus fragments d'un roche non scintillante, du calcaire, de l'argile, du schiste, ou même du charbon.

Le bourrage se fait au moyen d'une tige métallique nommée *bourroir* terminée au bas par une partie cylindrique présentant

un canal longitudinal destiné au passage de l'épinglette. Cette partie
cylindrique est en cuivre rouge pour éviter les étincelles. Quelquefois
le bourroir tout entier est en bois dur.

Le bourrage terminé, le mineur retire l'épinglette en mettant la tige
du bourroir dans l'anneau et frappant à petits coups pour laisser intactes les parois du logement de l'épinglette, à l'orifice duquel il place
une canette. On appelle ainsi un petit rouleau de papier enduit de
poudre délayée et séchée. A la canette on adapte une mèche soufrée à
laquelle on met le feu.

Le temps qu'il faut à la mèche soufrée pour communiquer le feu à
la canette est suffisant pour permettre au mineur de se garer.

Aujourd'hui que l'on dispose des *fusées, mèches* ou *étoupilles de su-*

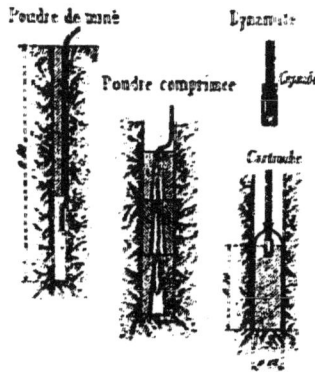

reté, on tend à abandonner l'épinglette et la canette. L'étoupille est
une cordelette constituée par une âme en poudre recouverte d'un
enduit imperméable ; elle brûle à raison de 50 à 60 cm. par minute.
On fait pénétrer l'extrémité nouée de la fusée dans la cartouche qui
est refermée ensuite.

On descend la cartouche dans le trou, en la maintenant au moyen
de la mèche et on bourre ; puis on coupe la fusée en lui laissant, en
dehors du bourrage, la longueur nécessaire pour que, après y avoir
mis le feu, le mineur ait tout le temps de se mettre à l'abri.

Lorsqu'on emploie la poudre comprimée, on ne se sert que de l'étoupille qui est introduite dans le vide central ; son extrémité, taillée en
sifflet, est repliée et appuyée contre les parois de ce vide pour assurer
une plus grande surface de contact.

S'il s'agit de la dynamite, il est quelquefois inutile d'assécher le trou ;
on y descend le nombre de cartouches nécessaires que l'on tasse
avec un bourroir en bois juste assez pour que le fond du trou de mine
soit bien rempli. La dernière cartouche porte une capsule au fulminate introduite à mi-corps dans cette cartouche et dans laquelle est em-

prisonnée une mèche de sureté dont l'extrémité a été serrée et fixée dans le métal de la capsule au moyen d'une pince.

La mèche est attachée au moyen d'une ficelle au papier de la cartouche de qui elle est ainsi rendue solidaire.

Quand on n'a pas de capsules, on peut déterminer l'explosion de la dynamite au moyen d'une petite quantité de poudre noire que l'on fait exploser par l'un des moyens connus.

155. Comparaison de la poudre et de la dynamite. — La poudre, explosif faible et lent, a une action progressive et se prête très bien à l'abattage en gros blocs ; elle convient à l'exploitation du charbon.

La dynamite produit des gaz gênants pour le mineur et exige une ventilation plus énergique.

Avec la dynamite il n'y a pas de perte de temps pour étancher la mine dans les terrains aquifères ; le bourrage n'a pas à être soigné et s'exécute rapidement.

Avec la dynamite on peut revenir sur le coup qui a raté dès qu'on a entendu la capsule, et les cartouches restées sont utilisables. Avec la poudre, au contraire, il est imprudent de revenir sur un raté avant un temps assez long ; il ne faut jamais tenter le débourrage, mais abandonner le trou et en creuser un nouveau à côté.

L'emploi de la dynamite permet de forer sur un diamètre plus faible. Lorsqu'elle est appliquée à des roches fissurées, il convient de ne pas percer de nouveaux trous à moins de 20 cm. des précédents, car une partie de la nitroglycérine a pu s'infiltrer et devenir dangereuse sous le choc du fleuret.

Pour une même action, la charge en dynamite n'est que le tiers ou les deux cinquièmes de ce qu'elle serait en poudre ordinaire. La hauteur de cette charge est généralement le quart de la profondeur du trou pour les roches dures, 1/6 à 1/8 pour les roches plus favorables.

A ciel ouvert, par gradins, 1 kg. de poudre permet d'abattre 3m³ de granite, 4 de grès houiller, 5 de marbre, 6 de calcaire, 10 à 12 de gypse. En galerie, on obtiendra 0m³ 140 à 0,160 de quartz compact, 0,160 à 0,200 de granite, 0.200 à 250 de grès houiller, 0,400 de marbre ou 1m³ de calcaire compact.

En dehors de la poudre et de la dynamite, on emploie un grand nombre d'autres explosifs ; en général, ceux qui renferment du nitrate d'ammoniaque ne donnent que très peu de flammes à l'explosion ; la température développée par l'explosion de ces matières ou de leurs congénères reste inférieure à 1500° et n'est pas assez élevée pour enflammer le grisou.

On a cherché à diminuer le travail de forage en élargissant seulement le fond du trou, dans la partie qui doit contenir l'explosif. Pour les roches calcaires, on emploie avec succès l'acide chlorhydrique qui les dissout en formant une chambre plus ou moins spacieuse.

Pour les autres roches, on a imaginé des outils élargisseurs faisant une cavité cylindrique ; ils ne se sont pas répandus. Cependant on a employé avec avantage une sorte de fleuret coudé qui permet, moyennant une inclinaison convenable, d'élargir la base du trou.

156. Explosion simultanée de plusieurs coups de mine. — On a cherché à augmenter l'effet utile de l'explosif en faisant partir plusieurs coups à la fois. Les ouvriers perdent ainsi moins de temps pour se mettre à l'abri ; une étoupille amorce chaque coup ; elles sont allumées toutes en même temps ; le mineur retourne au chantier quand il a entendu autant d'explosions qu'il y avait de coups allumés.

L'explosion simultanée est avantageusement obtenue au moyen de l'électricité; son emploi diminue, dans une certaine mesure, le nombre des accidents. L'inflammation sera toujours déterminée, soit par l'incandescence d'un fil de platine sous l'influence d'un courant, soit par l'étincelle produite entre deux fils de cuivre placés à faible distance dans une matière inflammable.

Amorces électriques

S'il s'agit de la dynamite, il faut employer des amorces au fulminate, fermées par un corps isolant, bois, soufre ou verre, traversé par deux fils de cuivre recouverts de gutta-percha ; ces deux fils sont recourbés et leurs extrémités rapprochées l'une de l'autre dans la poudre au chlorate ou dans le pulvérin qui recouvre le fulminate. La partie supérieure de l'un des fils est réunie avec soin à la partie supérieure de l'autre, en en restant isolée électriquement: on les tord ensemble pour en faire un cordon mis en relation avec les conducteurs principaux d'électricité.

Ces conducteurs pourraient être en fer ; il est préférable de les choisir en cuivre recouvert de gutta-percha. On maintient la capsule-amorce dans la cartouche le long d'une petite planchette ; pendant le bourrage, les deux fils sont appuyés à la main le long d'une des génératrices du cylindre creux formé par le forage. Si l'on a plusieurs coups de mine à amorcer, on attache au fil conducteur qui vient de la machine le fil + du premier coup ; le fil — de ce premier coup est continué par le fil + du deuxième et ainsi de suite jusqu'au dernier trou dont le fil — est attaché au deuxième conducteur fixé à l'autre pôle de la machine ; les amorces sont donc disposées en tension. Les choses ainsi préparées, l'ouvrier fait agir l'électricité et détermine l'explosion à l'instant précis qui lui convient ; il évite ainsi les chances d'accidents dues à une explosion prématurée. L'inflammation est obtenue au moyen de piles ou avec des machines électriques ordinaires ; celles-ci semblent préférables, en raison de la tension qu'elles permettent d'atteindre.

§ 3.

FORAGE PAR MACHINES MUES A BRAS ET PERFORATION MÉCANIQUE DES ROCHES.

157. Forage par machines mues à bras. — L'usage du fleuret est encore le plus usité, bien que ce soit un procédé barbare au point de vue mécanique, puisqu'une bonne partie de l'effort est employée à détériorer la tête du fleuret frappée par la masse ou par la massette.

On a proposé divers appareils pour remplacer le forage à la main, sans, pour cela, avoir recours à d'autres sources d'énergie que le travail de l'homme.

Les appareils de forage agissent toujours, ou comme la barre à mine, frappant le fond du trou avec le tranchant d'acier d'une tige, ou bien, comme une tarrière ou une vrille qui perce les trous en usant la roche par la rotation d'un outil énergiquement pressé contre elle. Nous allons décrire une machine à main de chacune de ces deux classes.

158. Appareil Jordan. — C'est un perforateur à percussion mû à bras. Tous ses organes sont supportés par un solide trépied, dont la position reste invariable pendant le forage du trou de mine.

Une tige porte-outil est animée d'un mouvement alternatif et rectiligne, lent à la montée, brusque à la descente, pour la percussion ; d'un mouvement de rotation, soit $\frac{\pi}{5}$ à chaque coup, par exemple, pour que l'action du fleuret produise un trou cylindrique et enfin d'un mouvement de translation suivant les progrès de l'approfondissement.

Cette tige porte-outil a une section hexagone à sa partie inférieure, une section circulaire et filetée dans le haut. Un piston, mobile dans un cylindre fixé au trépied et rempli d'air, se continue par une tige creuse, de section hexagone, obligeant par conséquent le porte-outil à tourner avec elle. Le prolongement de cette tige est terminé par un manchon alternativement soulevé et abandonné par une came mise en mouvement par un plateau-manivelle. L'adhérence qui s'établit entre la face de la came et la base du manchon oblige celui-ci et, par suite, la tige creuse du piston aussi bien que le porte-outil à tourner, à chaque coup, d'un certain angle.

Une gaîne, formant écrou, enveloppe la partie supérieure et filetée du porte-outil ; elle obéit au mouvement rectiligne du manchon, mais reste indépendante de sa rotation.

En l'état, la plateau manivelle faisant agir la came, le manchon est soulevé avec le piston qui comprime l'air dans le cylindre, en même temps qu'ils obéissent tous deux à un mouvement de rotation. La came venant à fin de course, la détente de l'air projettera violemment le fleuret au fond du trou. Nous avons donc obtenu la percussion et la rotation.

Si la gaîne-écrou, entraînée par le va-et-vient du manchon, avait suivi sa rotation, il n'y aurait pas eu translation. Mais sur cette gaîne est tracée une rainure longitudinale et extérieure en connexion avec un ergot solidaire d'une roue conique dont elle doit suivre la rotation ; cette roue est commandée par une autre dont l'arbre porte une petite manivelle et un ressort qui permet une immobilisation plus ou moins complète. Si le ressort est calé à bloc, toute rotation sera paralysée aussi bien pour les roues que pour la gaîne-écrou et la translation s'effectuera, à chaque coup, d'une fraction du pas de la vis correspondant à la rotation du manchon. Un serrage modéré et compatible avec les facilités que la nature de la roche offrira à la pénétration sera imposé à l'appareil, après quelques tâtonnements.

Le jeu de la petite manivelle et des roues qu'elle actionne permettra, quand la percussion sera suspendue, de faire remonter la tige porte-outil pour, suivant le moment, changer le fleuret ou terminer la perforation.

159. Appareil Cantin. — Les perforateurs Cantin sont des outils à rotation mûs à la main. Dans l'un des types, employé surtout pour les roches tendres, l'avancement de l'outil s'obtient à l'aide d'une vis. Dans l'autre type, l'avancement de l'outil et la pression contre la roche sont obtenus au moyen d'une pression hydraulique agissant derrière un piston et obtenue à l'aide d'une petite pompe à bras.

1er Type. — L'outil est une tarière hélicoïdale en acier fixée à un

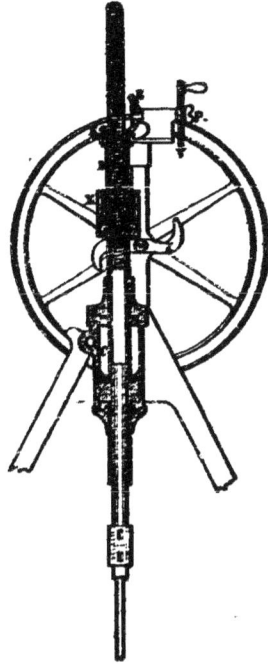

porte-outil creux qui se termine par un écrou ; il est mobile le long d'une vis portant un épaulement en contact avec des ressorts ; cette vis se termine par une petite manivelle.

Le porte-outil peut glisser dans un cylindre ou fût du perforateur qui porte deux tourillons pour fixer l'appareil sur son support. Le mouvement de rotation, de 15 tours par minute, est donné par une roue d'angle clavetée sur le porte-outil et engrenant avec un pignon qui reçoit le mouvement d'un volant-manivelle. L'ensemble de cette commande est supporté par un collier qu'il est facile de fixer au point voulu pour que l'ouvrier ne soit pas gêné par les parois de l'excavation, en faisant tourner le volant-manivelle. Les roues sont préservées des chocs par une armature en bronze.

En donnant le mouvement au plateau-manivelle, l'outil aura tendance, pour chaque tour de la roue calée sur le manchon, à pénétrer dans la roche d'une quantité égale à la hauteur du pas de la vis. Si la roche est rebelle à la pénétration, l'outil, au lieu de progresser, comprime les ressorts et la vis fixe tourne d'une certaine quantité ; l'avancement est ainsi ralenti.

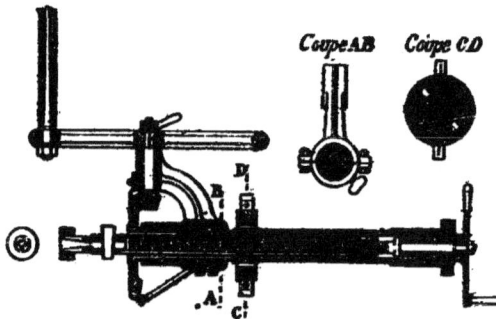

On comprend, du reste, qu'en agissant sur la petite manivelle de la vis, il soit possible de déterminer une rotation qui, combinée avec celle de l'écrou, donne un avancement différentiel, suivant la dureté de la roche à traverser ; ce mouvement est obtenu spontanément par suite de la réaction des ressorts. C'est cette manivelle aussi qui sert à ramener le porte-outil en arrière quand il est arrivé à fond de course. Il est possible de régler, suivant chaque cas, le maximum de la compression des ressorts ; il suffit, pour cela, d'installer, à l'arrière du cylindre, un doigt en acier que l'on peut allonger ou raccourcir à volonté. La petite manivelle d'arrière s'appuyera contre lui, jusqu'à ce que la compression des ressorts lui permette d'échapper et de laisser libre la rotation de la vis.

La suspension sur l'affût se fait par l'intermédiaire d'un collier et de deux anneaux qui permettent de lui donner toutes les positions dans le sens horizontal et dans le sens vertical.

L'affût, formé de fers en U entre lesquels peuvent coulisser les supports, se fixe aux parois des galeries à l'aide de griffes et d'une vis de pression.

2° *Type*. — Dans le 2° type, le mouvement de rotation est le même, mais la vis est supprimée. Le porte-outil se termine par un piston mobile dans un long corps de pompe en bronze.

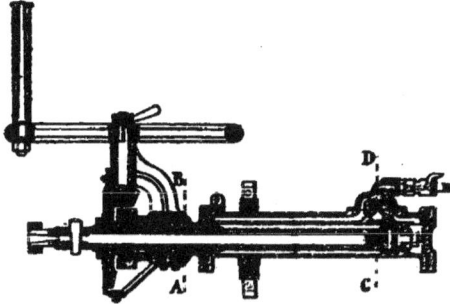

L'eau sous pression est amenée à l'arrière et détermine à la fois l'avancement de l'outil et sa pression contre la roche. Puis, quand il est arrivé à l'extrémité de sa course, le jeu d'un robinet permet de faire agir l'eau sur l'autre face du piston et de le ramener en arrière. L'eau sous pression peut être fournie par une pompe à main ou de toute autre façon.

Ces perforateurs ont été quelquefois employés à faire des havages dans la houille au moyen de trous très rapprochés ; on se sert alors de mèches de 0m.100 de diamètre.

160. Emploi du diamant noir. — Leschot eut l'idée d'employer le diamant noir pour le forage des trous en employant des appareils à rotation. Les diamants sont sertis sur une bague en bronze fixée à l'extrémité d'un porte-outil en fer creux auquel était communiqué un mouvement de rotation et d'avancement. Ces premiers appareils se sont peu répandus ; mais ils ont appelé l'attention sur l'emploi du diamant noir et ouvert la voie à d'ingénieux procédés de perforation mécanique.

161. Perforation mécanique des roches. — Les exploitations se développant et le prix de la main d'œuvre s'élevant chaque jour, on a cherché à remplacer le travail de l'homme par le travail mécanique.

Les services rendus à l'industrie des mines par la perforation mé-

canique consistent surtout dans la rapidité du travail et la simplifica-
tion du personnel, avantages souvent plus sérieux et plus réels qu'une
diminution dans le prix de l'abattage proprement dit.

Dans le percement des trous de mine à la main, le mineur choisit
son emplacement de manière à utiliser le mieux possible l'explosif ;
il fait varier la profondeur et la charge des coups et ne perce généralement un nouveau trou qu'après avoir constaté l'effet du précédent.
Avec la perforation mécanique, pour éviter le déplacement fréquent
de l'appareil, on fait au front de taille une série de trous généralement
peu inclinés et de même profondeur. Celui du milieu est quelquefois
d'un diamètre plus fort et sert de hàvage. On comprend que, avec ces
procédés, il faudra plus de trous et plus d'explosif pour obtenir le
même cube d'excavation, mais qu'on avancera plus vite.

Le moteur sera la vapeur, l'air comprimé, ou l'électricité ; dans
certains cas, on trouvera avantage à employer l'eau sous pression.

Il a été proposé et appliqué un nombre considérable de perforateurs
mécaniques aussi bien percutants que rotatifs ; plus de vingt types
pourraient se recommander par des qualités spéciales et des dispositions ingénieuses. Les perforateurs agissant par rotation, bien que
plus rationnels que ceux qui opèrent par choc, se sont peu répandus
jusqu'à présent dans les travaux de mine.

**169. Perforateur Dubois et François modifié, construit
par M. Mailliet.** — Cet appareil fonctionne à l'air comprimé : dans
un cylindre en fonte se meut un piston B dont la tige A est prolongée
de façon à constituer le porte-fleuret. Des canaux mettent en relation
les deux extrémités du cylindre avec une chambre de distribution d'air
comprimé, l'admission et l'expulsion alternatives étant obtenues par
le mouvement d'un tiroir, comme dans une machine à vapeur.

Mais les diverses positions que doit occuper le tiroir lui sont imposées par un dispositif spécial. Il est muni de part et d'autre d'un piston, celui de droite P à petit diamètre celui de gauche P' plus grand
et percé d'un conduit capillaire f ; par le moyen de ce conduit, la
chambre de distribution est mise en communication avec une capacité O, fermée par une soupape G ; un levier coudé H ouvrira cette
soupape lorsque le renflement C du porte-outil le soulèvera.

Avant la mise en marche, l'ouvrier amènera le piston B au contact
du buttoir T' en refoulant à la main la tige porte-outil, puis, par l'ouverture du robinet d'admission, la chambre de distribution sera mise
en relation avec le réservoir d'air comprimé ; la pression agit sur les
deux pistons P et P' ; mais, en raison de l'excès de surface de celui de
gauche, le tiroir est entraîné de ce côté et démasque l'orifice d'admission m ; l'air comprimé est admis derrière le piston, lequel lance le
porte-outil et le fleuret contre la roche.

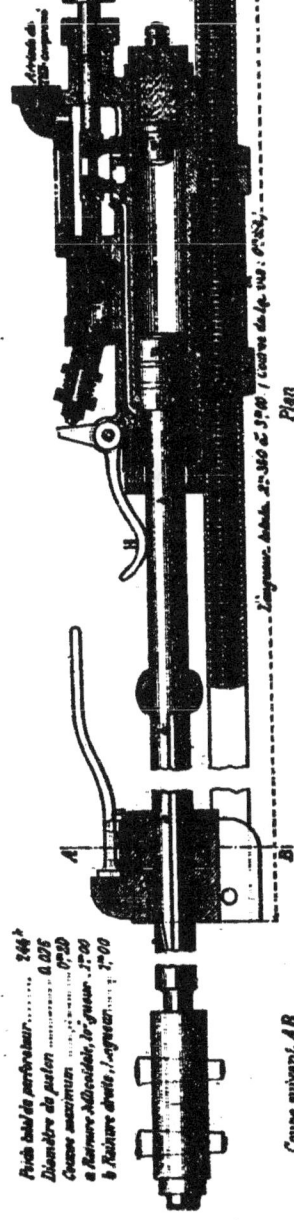
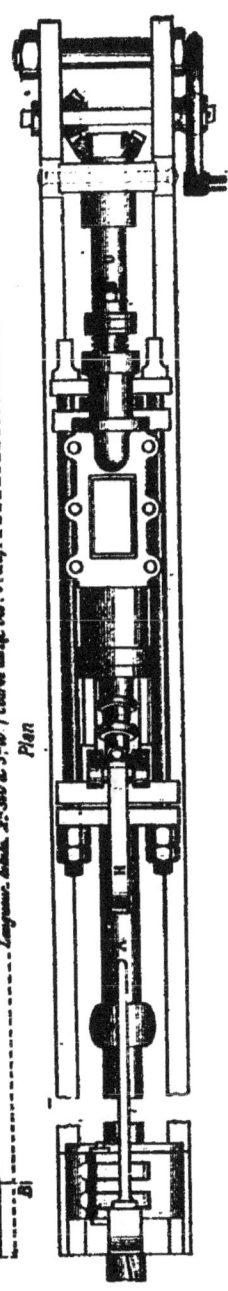

Appareil Dubois et François modifié, construit par M. Mailliet

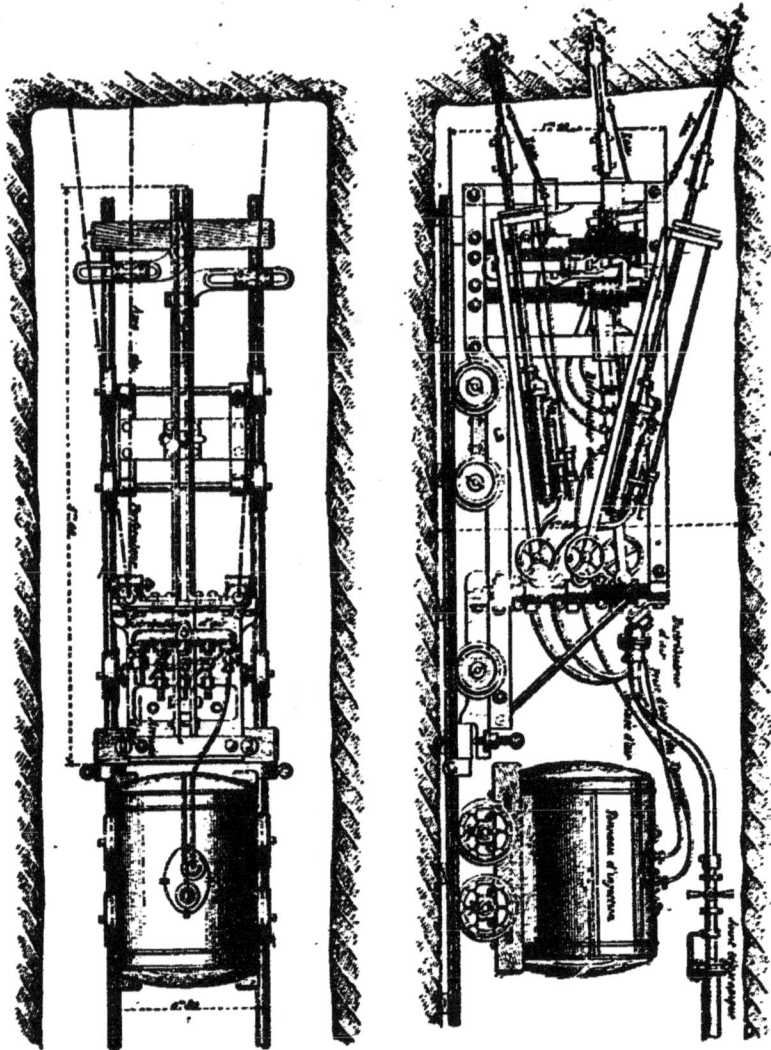

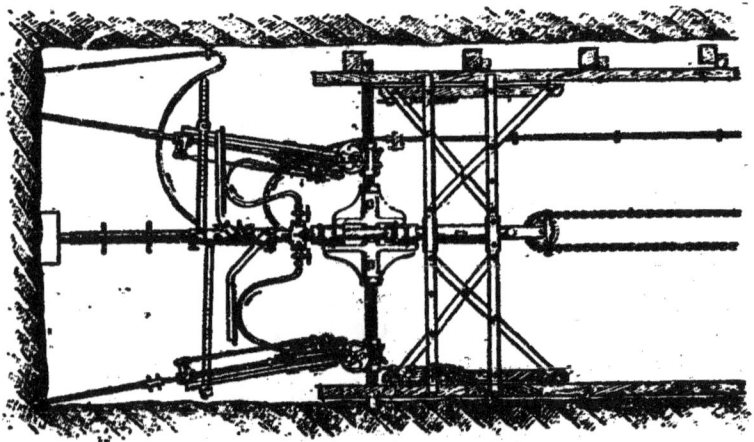

Mais, l'air comprimé traversant l'orifice capillaire f, un équilibre de pression s'établit sur les deux faces du grand piston P' ; le petit piston P ramène le tiroir vers la droite et l'admission d'air se faisant alors sur la face antérieure du piston du perforateur, celui-ci est ramené en arrière. Un tampon T sert à amortir les chocs.

Vers la fin de ce mouvement de retour, le renflement C détermine l'ouverture de la soupape et, par suite, l'échappement de l'air de la capacité O. — Le piston P' obéit alors à l'action de l'air comprimé sur sa face de droite, le tiroir découvre le premier orifice et l'outil est projeté contre la roche. Le mouvement se continuera ainsi aussi long-temps que l'air comprimé affluera dans la chambre de distribu-tion.

On obtient, en raison des différences de surface, un envoi rapide du fleuret et son retour à vitesse modérée. Le fleuret doit nécessairement tourner d'un certain angle à chaque coup. Pour cela, on a pratiqué sur la porte-outil deux rainures, l'une rectiligne, l'autre hélicoïdale. L'extrémité du bâti porte deux bagues à rochet ne pouvant tourner que dans un sens, chacune d'elles ayant un ergot engagé dans l'une ou l'au-tre des deux rainures. Dans le mouvement en avant, la bague dont l'er-got est engagé dans la rainure hélicoïdale tourne d'une certaine quan-tité, l'autre restant immobile. Dans le mouvement de recul, la première bague ne pouvant tourner en sens contraire à cause du cliquet, reste fixe et le porte-outil est obligé de tourner, entraînant dans son mouve-ment la bague dont l'ergot est engagé dans la rainure rectiligne.

L'avancement du porte-outil, au fur et à mesure de l'approfondisse-ment du trou de mine, est obtenu à la main au moyen d'une vis agis-sant sur un écrou fixé au-dessous du cylindre.

La vis est mise en mouvement à l'aide d'une manivelle, par l'inter-médiaire de deux roues d'angle. Il est possible ainsi d'amorcer les trous, de régler le battage et, au besoin, de dégager l'outil. Le chassis porte à son extrémité un œil destiné à fixer le perforateur à son affût.

Le corps des fleurets a une section octogonale ou hexagonale pour faciliter le nettoyage des trous. Pour les grands diamètres et dans les roches qui s'égrènent, grès, granites, on emploie les tranchants croisés en bonnet d'évêque. Pour les diamètres usuels, on emploie ordinaire-ment des fleurets avec épaulements latéraux.

S'il s'agit du percement de galeries de dimensions ordinaires, un affût porte deux, trois ou quatre perforateurs. — L'affût se compose de quatre vis verticales, deux à l'avant, deux à l'arrière ; il est monté sur six roues et, une fois en place, calé sur les rails de la galerie. Chaque per-forateur est fixé à un collier qui embrasse une des vis d'arrière et dont la hauteur peut être réglée par l'écrou sur lequel il s'appuie ; l'au-tre extrémité du perforateur repose sur des supports dont la position est fixée le long des vis verticales d'avant. On peut ainsi régler la hauteur et l'inclinaison dans le sens vertical. Quant à la direction dans le sens horizontal, on la fait varier avec la position occupée par la perforatrice sur les supports d'avant ou sur des fourches qui sont maintenues par eux.

L'affût porte à l'arrière une boîte à raccords qui permet de distribuer l'air comprimé aux chambres de distribution de chaque perforateur au moyen d'un tuyau en caoutchouc. Une deuxième boîte, placée sur le côté, est mise en communication avec un réservoir d'eau en tôle amené sur rails derrière l'affût et dont la capacité est en relation avec l'air comprimé. On peut ainsi injecter l'eau sous pression au moyen de lances dans les trous en perforation pour ramener les sables et les boues produits par l'action du fleuret.

Pour le fonçage des puits et pour des applications très peu nombreuses, l'affût se compose de vis horizontales le long desquelles les colliers porte-outils peuvent se mouvoir par l'intermédiaire d'écrous ; l'autre extrémité s'appuie sur des traverses supportées par des tringles.

Le perforateur Dubois et François ne perce, en pratique, que des trous peu inclinés et, par suite, exige de fortes consommations d'explosifs.

Dans les galeries sinueuses, la longueur de l'affût est souvent une gêne, son poids est lourd et sa manœuvre difficile.

Dans les grandes galeries, il donne des résultats remarquables au point de vue de l'avancement.

163. Perforateur Eclipse (système Burton). — C'est un appareil plus maniable que le perforateur Dubois et François et qui permet de percer des trous dans toutes les directions et sous tous les angles, comme pourrait faire la main du mineur. Il en résulte une économie d'explosifs, mais aussi un manque de rigidité qui affaiblit l'effet du choc. De plus, la course étant limitée, si l'appareil n'est pas à une distance constante du fond du trou, un grand nombre de coups peuvent frapper mollement ou même dans le vide.

Le perforateur Eclipse est léger, simple et d'une manœuvre facile. Les fleurets sont en acier et ne diffèrent que par leur longueur de ceux employés au forage à la main.

Le perforateur se compose d'un cylindre en fonte dans lequel se meut un long piston B avec évidement circulaire en son milieu ; la tige A se prolonge pour former porte-outil.

L'autre extrémité du piston porte intérieurement une pièce en bronze traversée par une tige en acier à rainures hélicoïdales qui servira, ainsi que nous le verrons tout à l'heure, à donner le mouvement de rotation au fleuret.

Le cylindre dans lequel se meut le piston communique par deux conduits *s* et *s'* avec une chambre de distribution d'air comprimé ou de vapeur dans laquelle se meut un tiroir circulaire équilibré, mobile suivant son axe. Deux petites rainures *e* et *e'* pratiquées sur la glace du tiroir et à chaque extrémité de la chambre de distribution permettront de faire arriver l'air comprimé alternativement derrière chacune des faces du tiroir, lorsque celui-ci sera à fin de course. Deux orifices *f* et *f* percés dans le cylindre le mettent en relation avec l'air extérieur.

La chambre de distribution est mise, à chacune de ses extrémités, en relation avec l'échappement par l'intermédiaire de petits conduits

Perforateur Eclipse (Burton)

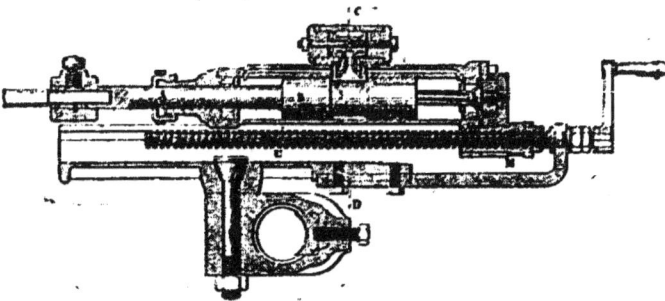

Détail du tiroir de distribution.

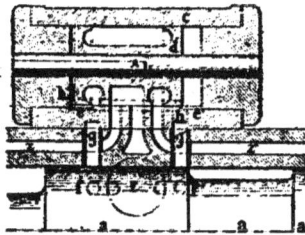

A.Orifice d'admission. - E.Orifice d'échappement

h et *h'* croisés et de deux petits tuyaux en cuivre *g* et *g'* placés dans la paroi du cylindre au voisinage des conduits de communication du cylindre avec la chambre de distribution.

Si nous supposons le piston dans la position arrière, le tiroir aura une position inverse. L'air comprimé pénètrera derrière le piston et projettera brusquement le fleuret sur le fond du trou, l'air d'avant étant rejeté par l'échappement. Dans la position du tiroir, l'air comprimé traverse la petite rainure *e* et passe derrière le tiroir pour le pousser en sens contraire.

Dès que le mouvement en avant du tiroir est commencé, l'air n'arrive plus, mais le tiroir poursuit sa marche par suite de l'impulsion et de la détente de l'air ; la communication est rapidement établie avec l'échappement, puisque la partie évidée du piston vient dégager les petits tuyaux en cuivre.

Le tiroir arrivé à l'extrémité de sa course, l'air pénètre à l'avant du piston pour le ramener en arrière, en même temps qu'il passe par la petite rainure de la glace du tiroir pour pousser ce dernier dans l'autre sens, et ainsi de suite.

L'outil doit, à chaque coup, tourner d'une certaine quantité; pour cela, la tige d'acier à rainures porte à son extrémité une roue à rochets sur laquelle viennent s'appuyer par des ressorts deux cliquets fixés intérieurement à l'extrémité du cylindre.

Dans le mouvement avant du piston, celui-ci ne tourne pas mais imprime à la tige hélicoïdale un mouvement de rotation que le rochet suit en glissant sur ses cliquets. Dans le mouvement arrière, les cliquets empêchent la rotation et alors ce sera le piston et, par conséquent, l'outil qui tournera d'une quantité donnée par le pas de l'hélice.

La translation est obtenue automatiquement au moyen d'un appareil très ingénieux, mais délicat. On préfère l'avancement à la main à l'aide d'une vis traversant un long écrou en relation avec le bâti sur lequel repose le perforateur. Le tout est fixé sur un support ou affût qui lui permet de prendre toutes les positions réclamées pour le percement des trous de mine.

164. Perforateur Taverdon. — Le perforateur Taverdon agit par rotation. Il est renfermé dans un tube en fer réunissant les deux

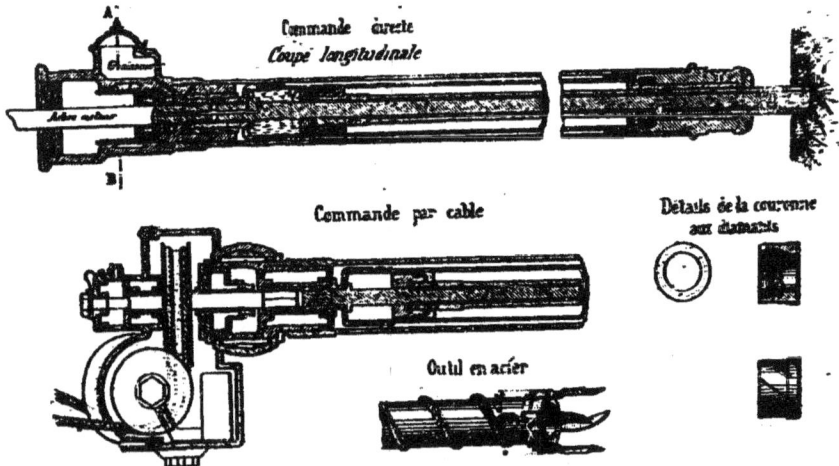

extrémités en bronze qui servent de coussinets. Le mouvement est donné à un arbre en acier qui entraîne le porte-outil dans sa rotation;

il entraîne aussi un cylindre en cuivre étiré terminé par deux douilles en bronze.

Le porte-outil peut se mouvoir longitudinalement sur l'arbre en même temps qu'il tourne avec lui. Son extrémité est fixée à un piston qui se meut dans le cylindre en cuivre. De l'eau sous pression arrivant en arrière obligera l'outil à rester constamment appuyé contre la roche, puis traversant le porte-outil par des rainures ménagées dans l'arbre, elle facilitera le forage et le départ des détritus.

Le graissage est assuré par un palier-graisseur et des rainures en araignées sur les douilles du cylindre en cuivre; l'échauffement est empêché par la présence de l'eau.

Les dispositions de l'outil diffèrent avec la dureté des roches : — Pour les roches dures, on a employé avec avantage une couronne autour de laquelle sont sertis des diamants noirs ; pour les roches demi-dures ou tendres, une couronne avec lames d'acier. L'extrémité du porte-outil est munie d'une hélice dont le pas va en croissant de façon à faciliter la sortie des détritus.

M. Taverdon attelle directement l'arbre de la perforatrice à celui d'une machine rotative, dite moteur Braconnier, marchant à la vapeur ou à l'air comprimé, avec détente de 1/2 et pouvant facilement tourner à 4000 tours par minute : la vitesse ordinaire est de 1000 à 3000 tours.

Le moteur Braconnier sera facile à remplacer par une machine dynamo-électrique ou encore en employant une disposition par câble après transformation de la tête de l'appareil, de façon à permettre à l'outil une inclinaison quelconque, sans avoir à changer la transmission.

L'affût est une colonne creuse disposée de façon à se fixer sur les parois des chantiers et qui porte un collier destiné à recevoir le perforateur.

165. Perforateur Brandt. — Dans l'appareil Brandt, l'outil, pressé sur la roche par une force de 10 à 12000 kg., agit par rotation; le mouvement est donné par deux petits moteurs hydrauliques, de 13 à 14 chevaux boulonnés sur la culasse du perforateur et recevant l'eau à une pression de 80 à 100 atmosphères,

Le perforateur proprement dit se compose d'une culasse servant de support au cylindre o, dans lequel peut se mouvoir un piston plongeur i ; l'outil en acier m est fixé à ce piston par l'intermédiaire de la tige q. Un second cylindre p, extérieur et concentrique au précédent, reçoit un mouvement de rotation par l'intermédiaire d'une roue et d'une vis sans fin actionnée par les deux moteurs hydrauliques. Ce cylindre p porte deux rainures en relation avec des glissières fixées au piston plongeur, de telle sorte que le mouvement de rotation du cylin-

dre *p* entraînera celui du piston plongeur et, par conséquent, de l'ou
til, avec une vitesse de 7 à 10 tours par minute.

La tige du foret et le foret lui-même sont en acier et de section annulaire d'environ 64 mm. de diamètre, avec couronne faisant
saillie d'environ 3 mm. ayant, par conséquent, un diamètre de
70 mm. Cette couronne a la forme d'une scie et porte quatre dent
bien trempées. La course utile du piston plongeur est de 25 centimètres et l'outil est constamment appuyé contre la roche par suite de la
pression hydraulique exercée sur ce piston.

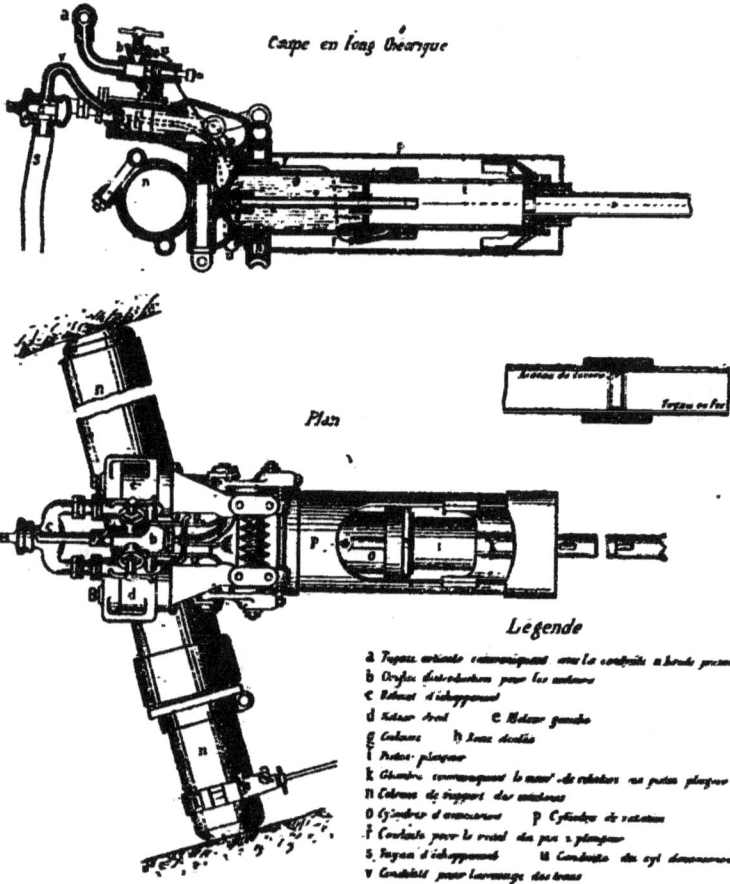

Quand il est arrivé à fin de course, on décharge le cylindre par l'ouverture d'un robinet et l'eau sous pression pénètre dans l'espace annulaire réservé à l'arrière de sorte que le porte-outil est ramené ; on
ajoute à la tige un anneau de 25 centimètres et on replace l'outil, puis
on remet en marche. On peut ainsi, en ajoutant des anneaux successifs

à la tige, forer u₁ trou de 1m,20 de profondeur, sans avoir à déplacer l'appareil.

Une partie de l'eau qui a servi aux moteurs est envoyée, suivant les cas, en plus ou moins grande quantité, jusqu'au foret lui-même, au lieu de s'écouler directement dans la galerie. Pour cela, un robinet et un tuyau amènent une partie de l'eau d'échappement à un tuyau central qui la conduit jusqu'au foret, le nettoie et entraîne hors du trou les fragments de roche broyée.

La culasse porte un joint articulé et une bride qui se fixe sur la colonne de support, ou affût, ce qui permet de donner à l'appareil toutes les directions dans le sens horizontal et dans le sens vertical. La colonne de support *n* comprend un tube cylindrique uni qu'on peut serrer contre les parois de la galerie au moyen de la pression hydraulique agissant sur un piston plongeur et donnant environ 18000 kilog.

La colonne et les appareils qui y sont fixés sont portés sur un petit truc. Lorsqu'on desserre la colonne, elle est en équilibre sur le truc et on peut la faire pivoter facilement pour la mettre parallèle à la galerie et reculer ou avancer le tout par rapport au front de taille.

La colonne qui transmet la pression est composée de tuyaux en fer forgé de 38 mm. de diamètre, réunis par des manchons à vis, avec interposition d'anneaux de cuivre.

Le perforateur Brandt a été employé au percement du tunnel de l'Arlberg.

166. Perforateur Van Depoele. — Cet appareil est constitué par une machine dynamo réceptrice d'une forme spéciale qui, au lieu de produire au moyen de l'électricité un mouvement relatif, détermine directement un mouvement alternatif très rapide.

A cet effet, une masse cylindrique de fer doux, dont une extrémité se termine en porte-outil, peut glisser librement à l'intérieur d'un solénoïde creux parcouru par le courant continu de la dynamo génératrice; à chaque extrémité de cette sorte de cylindre se trouve placée une bobine recevant un courant de force électromotrice périodiquement variable. Le champ magnétique développé par l'ensemble du solénoïde et des bobines se déplace dès lors le long de l'axe et il entraîne dans son mouvement la masse porte-outil et par suite l'outil.

Cet appareil donne 400 coups par minute, et produit des résultats de perforation remarquables.

§ 4

HAVAGE MÉCANIQUE.

167. Haveuses. — Le havage, qui s'exécute le plus souvent à la base de l'excavation, sur une assez grande profondeur et sur une faible hauteur est un travail important, difficile et souvent pénible.

Dans les galeries en traçage, c'est-à-dire dans le travail au massif, on emploie quelquefois les perforateurs pour exécuter le havage et les rouillures. On perce alors des trous contigus de grand diamètre et on les réunit ensuite entre eux avec un outil plat qui remplace le fleuret du perforateur.

On a cherché à disposer des haveuses spéciales pouvant pénétrer de 0m.80 à 1m. dans la houille et y tracer un havage continu sur tout le front de taille. Ces appareils ont pu être employés en Angleterre dans des conditions favorables, permettant d'opérer régulièrement sur des fronts de taille de 80 à 100 m. de développement.

Les haveuses destinées aux grandes tailles ne sont applicables que dans les couches dont le charbon a une tenue suffisante pour ne pas exiger l'emploi de moyens de soutènement au voisinage du front de taille.

Malgré ces conditions, les haveuses se sont peu répandues ; il faut, en effet, dix fois plus de temps pour les opérations préliminaires ou consécutives au havage que pour le havage lui-même. Les haveuses ne fonctionnent donc que par intermittences et les pertes de temps sont considérables.

Les haveuses consomment une grande quantité d'air comprimé, de telle sorte que leur intervention augmente beaucoup la puissance qu'on doit donner aux compresseurs et leur intermittence est telle qu'on ne peut les employer que si l'air comprimé sert à un grand nombre d'autres usages.

168. Haveuse Lewick. — La machine Lewick actionne un outil qui travaille comme le pic ou le rivelaine manœuvrés à la main. Cet outil, qui peut être orienté aussi bien pour le havage que pour les coupements, est mû par des leviers conduits par un cylindre à air comprimé.

Le va-et-vient de l'outil est obtenu automatiquement. L'avancement de tout l'appareil, à mesure des progrès du havage, se fait à la main.

Cette machine a été employée dans le pays de Galles ; mais son mouvement alternatif et les chocs qui en sont la conséquence présen-

tent, au point de vue de la manœuvre et de l'entretien, de sérieux inconvénients.

169. Haveuse Winstanley. — On a cherché une meilleure solution dans le mouvement circulaire des outils ; la haveuse à air comprimé Winstanley est, de toutes celles de ce genre, la plus simple dans
ses organes. Elle se compose d'un fort bâti en fer forgé porté sur quatre roues à gorge roulant sur une voie ferrée. Les coussinets et essieux
sont disposés de manière à faire varier la hauteur du chassis au-dessus des rails, et, par suite, la hauteur du plan suivant lequel le havage
doit être fait. La hauteur de l'appareil est de 55 cm. au-dessus des rails.

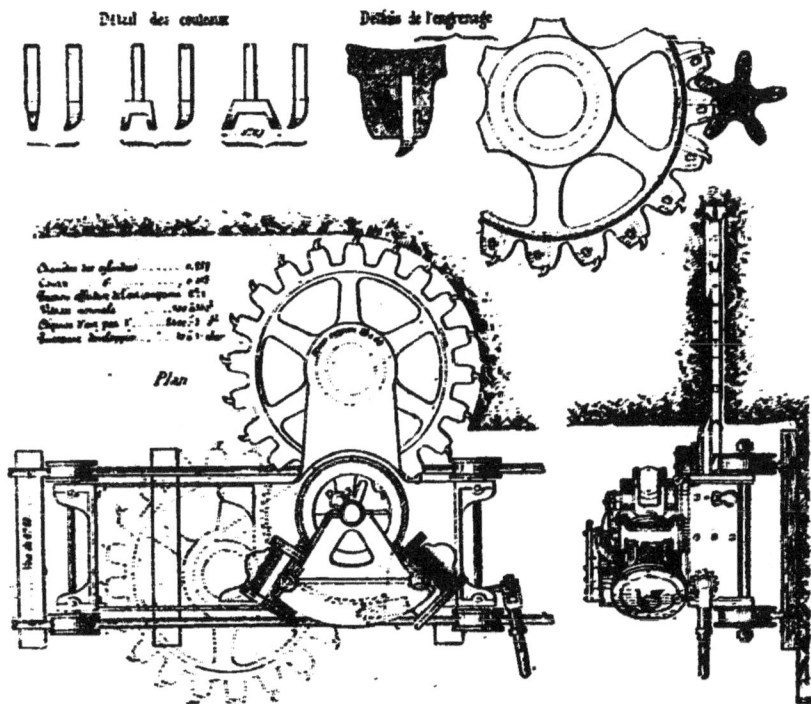

A peu près au centre du chassis se trouve un arbre moteur coudé qui
reçoit son mouvement de deux cylindres dont les axes sont à 90°. —
Ces deux cylindres, dans lesquels la distribution de l'air se fait comme
dans les machines à vapeur, sont réunis par une forte plaque d'acier
qui les recouvre et protège en même temps le tuyau d'arrivée d'air
comprimé.

A l'extrémité inférieure de l'arbre est calé un pignon qui commande
une grande roue d'engrenages dont les dents sont armées de couteaux
de formes différentes pour trois dents consécutives : le premier est

mince et fait dans le charbon une première rainure ; le second, de largeur double, attaque à droite et à gauche et le troisième, de 7 cm. de largeur environ, achève l'entaille. La roue, ayant vingt et une dents, comporte sept jeux consécutifs de trois couteaux.

Les dents du pignon sont assez longues et assez espacées pour que les dents armées de la grande roue puissent se loger dans les intervalles. L'axe de la roue est porté par un bras formé de deux flasques d'acier et l'ensemble peut tourner autour d'un point fixe, l'axe du pignon, pris sur le chassis. Le diamètre de la roue permet un havage maximum de 0 m. 90 de profondeur.

L'extrémité du support de la roue porte un secteur denté manœuvré par une vis sans fin actionnée à la main au moyen d'un encliquetage. Cette disposition permet d'attaquer le charbon sous tous les angles depuis 0° jusqu'à 90° et permet, le hâvage une fois terminé, de ramener la roue sous le bâti.

Un homme, placé à la distance que comporte le chantier, manœuvre un petit treuil sur lequel s'enroule une chaîne fixée au chassis, de manière à faire avancer la haveuse le long du front de taille.

En marche normale, le moteur tourne à 100 ou 160 tours par minute, la roue hâveuse faisant 25 à 40 tours ; la vitesse des couteaux par seconde est de 1 m.50 à 2 m. 40. Le diamètre des cylindres moteurs est de 0 m. 227, leur course 0 m. 150.

La pression de l'air comprimé étant de 2 kil.1, la dépense par minute sera de 2400 à 3800 litres et la puissance développée de 10 à 17 chevaux. La machine est capable, en moyennne, de haver au charbon un front de 20 m. sur 0 m. 80 de profondeur en une heure, y compris les temps d'arrêt nécessités pour la pose des bois d'étais.

170. Machine du colonel Beaumont. — Nous terminerons la revue des appareils mécaniques employés à l'abattage des roches en signalant la machine du colonel Beaumont employée au percement du tunnel sous la Manche.

Cette machine opère comme une tarière et creuse d'un seul coup une galerie de 2^m,14 de diamètre dans les roches homogènes et de faible dureté, avec un avancement de 1 m. à l'heure. Le porte-outil a la forme d'un T dont la tige est dans l'axe de la galerie et la tête appuyée contre un diamètre de la circonférence d'attaque. Ce porte-outil, qui fait un demi-tour par minute, est armé de lames en acier qui travaillent comme les lames d'une machine à raboter. Le mouvement est donné par un moteur à air comprimé et transmis par engrenages. Le tout est porté par des glissières fixées à un bâti de forme demi-cylindrique reposant sur le sol de la galerie.

L'avancement de l'outil s'obtient par le glissement de tout le système sur ce bâti, par suite d'une pression d'eau agissant sur un piston fixé à l'extrémité du porte-outil ; celui-ci se trouve toujours, par suite, appuyé contre la roche.

Lorsque les glissières sont à bout de course, on cale l'appareil contre les parois de la galerie, on décale le bâti, et, en admettant l'eau devant le piston, on fait avancer le bâti que l'on cale de nouveau et on remet en marche.

La roche tombe en copeaux ; un mécanisme la saisit et la dépose dans un wagonnet placé derrière la machine.

§ 5.

ABATTAGE SANS EXPLOSIFS.

17. Inconvénient des explosifs. — L'abattage des roches est généralement obtenu au moyen d'explosifs ; cependant, dans les chantiers grisouteux, leur emploi peut faire naître un danger. On a cherché à l'écarter en pratiquant le bourrage au moyen de l'eau, soit renfermée dans des enveloppes en baudruche, soit absorbée par un corps spécial. On cherche à empêcher ainsi la propagation de la flamme et l'inflammation du grisou. Ce mode de bourrage ne s'est pas répandu.

Les explosifs ne doivent pas non plus être employés quand on peut craindre que les éclats produits par la déflagration détériorent une machine, un guidage ou quelqu'autre organe important. On a recours alors, pour l'abattage, à la pointerolle ou à des appareils à coins que l'on serre dans les trous de mine forés à l'avance et qui doivent agir par compression sur les parois de ces trous.

Depuis quelque temps, on a commencé à employer, pour le charbon, des cartouches de chaux vive.

172. Aiguilles-coins. — Les aiguilles-coins, importées du Harz où leur emploi remonte à une époque déjà ancienne, sont d'une extrême simplicité : elles se composent de deux mâchoires plus épaisses à un bout qu'à l'autre que l'on introduit dans un trou foré à l'avance, la grande base au fond, et entre lesquelles on chasse à coups de masse un coin en acier. Il en résulte une pression latérale considérable qui tend à détacher le bloc. Les dimensions varient nécessairement avec la nature et la dureté de la roche.

Cet appareil a été modifié et perfectionné d'un grand nombre de façons, en s'attachant surtout à développer l'effort le plus considérable dans le fond du trou, au moyen de coins intérieurs agissant sous l'influence du coin principal.

Appareil Levet. — On a appliqué aux aiguiiles-coins la pression hydraulique. M. Levet, ancien chef de perforation à Blanzy, a imaginé un appareil simple et pratique qui permet d'obtenir un effort de 100 kg. environ par c/m^2, soit, pour l'ensemble, 30.000 kg. environ. Il nécessite le forage d'un trou cylindrique de 8 c/m de diamètre ; aussi ne l'emploie-t-on que dans les cas spéciaux,

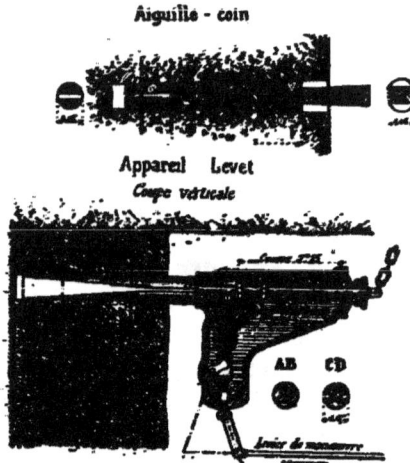

Aiguille - coin

Apparcil Levet
Coupe verticale

Cet appareil est une aiguille-coin sur laquelle on agit par traction, de dedans en dehors ; pour cela le coin est continué par une tige terminée par un piston ; celui-ci se meut dans un cylindre de presse hydraulique dont la pompe doit être manœuvrée à distance. Lorsque le piston arrive à fin de course, une ouverture met le cylindre en relation avec le réservoir d'eau, de façon à éviter tout accident.

174. Bosseyeuse Dubois et François. — L'appareil mécanique qui paraît aujourd'hui préféré pour battre la tête des coins est la *Bosseyeuse Dubois et François*. Elle est constituée par un robuste perforateur à air comprimé au moyen duquel on perce des trous de 8 à 10 c/m de diamètre. Le trou percé, on introduit une aiguille-coin sur laquelle on frappe au moyen d'une masse de 130 à 140 kg. calée sur le porte-outil à la place du fleuret.

Pour le battage, la distribution peut se faire à la main, comme pour un marteau-pilon. Avec une pression d'air de 4 atmosphères, on dispose d'une force d'impulsion égale à 450 kg.

L'appareil peut servir aussi à faire le havage par trous circulaires rapprochés, puis réunis par l'abattage des cloisons au moyen d'un foret plat.

Cartouches de chaux vive. — On emploie des cartouches de chaux vive pulvérisée et comprimée sous une forte pression ; elles sont cylindriques, du diamètre du trou de mine et portent sur toute leur longueur, une rainure dans laquelle viendra se loger un tube en fer de 1c/m de diamètre. Ce tube est percé de trous sur toute sa longueur et suivant une génératrice ; on l'entoure de calicot pour empêcher les trous de se boucher.

Après l'introduction de la cartouche et du tube, on opère le bourrage comme s'il s'agissait de poudre ordinaire, puis, à l'aide d'une pompe foulante, on injecte dans le tube une quantité d'eau égale au poids de la chaux employée; on interrompt ensuite l'arrivée de l'eau. Il se développe une force d'expansion due à la tension de la vapeur d'eau produite par l'élévation de la température et à l'accroissement de volume que prend la chaux en s'hydratant.

L'action est lente ; quand il s'agit de charbon sous-cavé, on laisse le havage calé jusqu'à ce qu'on veuille en provoquer la chute. La consommation est d'environ 1 kg. de chaux par tonne de charbon abattu. Le charbon, moins brisé, donne beaucoup de gros ; mais on reproche

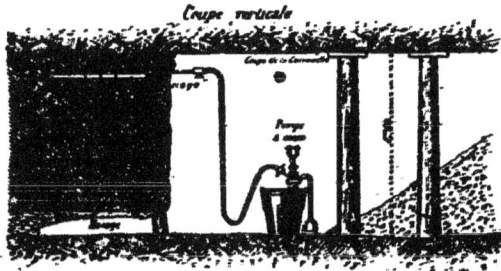

Coupe verticale

à ce mode d'abattage d'encombrer les chantiers d'un matériel relativement considérable et de donner au charbon un aspect désavantageux en le ternissant par le dépôt de chaux à sa surface.

176. Abattage à l'aide du feu. — L'abattage à l'aide du feu ne s'emploie plus aujourd'hui que d'une façon tout à fait exceptionnelle.

Dans le Harz, on dressait une série de bûchers le long du front d'attaque. On élevait ces bûchers, s'il était nécessaire, sur des roches formant remblais. On mettait le feu et, au bout de deux jours, les ouvriers rentraient dans la mine pour projeter de l'eau sur les roches incandes-

centes. Elles se fissuraient, étaient étonnées s'il s'agissait de quartz et
on les attaquait ensuite à la pointerolle. D'autres roches étaient altérées
dans leur composition, le calcaire par exemple.

On a perfectionné l'attaque par le feu en employant des foyers acti-
vés par un ventilateur et pouvant se déplacer sur rails. Ce mode d'attaque n'a plus de raison d'être depuis que le mineur dispose d'explosifs.

177. Abattage à l'aide de l'eau. — L'eau sous pression peut
être employée avantageusement, dans certains cas, pour l'abattage
de roches en conglomérats présentant peu de cohésion. Cette eau prise
à grande hauteur, 75m, 100m et plus est distribuée, par l'intermédiaire
d'une tuyauterie, à des lances auxquelles on a donné le nom de *Géants*.

Ces lances ont des formes diverses, mais leur construction est toujours telle qu'on puisse les orienter dans tous les sens à l'aide d'un levier, elles ont généralement 2m50 à 3m de longueur et un diamètre de
sortie de 0m15 à 0m20.

On conçoit que le choc produit par ce jet d'eau sous pression abatte
les roches qui se désagrègent et tombent au pied du chantier. Il en
sera question à propos des méthodes d'exploitation.

L'eau est encore employée pour l'enlèvement de certaines roches so-

lubles, telles que le sel gemme. La matière utile est dissoute et entraînée tandis que les roches non solubles et stériles restent sur place.

Dans ces roches solubles, on peut trouver avantageux de pratiquer
à l'aide de jets d'eau, des havages horizontaux ou verticaux, de percer
dans la masse même des galeries et des puits ; il est facile d'imaginer
les dispositions à adopter.

CHAPITRE VIII

SONDAGES

§ 1.

GÉNÉRALITÉS.

178. Objet du sondage. — Un sondage est un trou cylindrique foré dans les terrains. Les sondages sont employés pour l'étude du sous-sol et la recherche de certains gîtes, ainsi que pour l'extraction du sel gemme, du pétrole, et l'amenée au jour des eaux souterraines. Ils servent aussi à établir des puits absorbants.

Au cours d'une exploitation, les sondages servent à l'exploration intérieure des gîtes et à la recherche des amas d'eau ou de gaz délétères dont on soupçonne l'existence soit dans des vides naturels, soit dans d'anciens travaux, ces sondages pouvant être verticaux, horizontaux ou inclinés.

Les procédés de sondage servent encore au forage des puits de mine.

Le diamètre des sondages varie avec la nature des roches prévues mais est généralement fonction de leur profondeur; de 10 à 30 mètres on donne de 5 à 7 centimètres de diamètre; pour 200 m. de 5 à 25 centimètres; lorsqu'il s'agit de pénétrer au delà, 700 m. et plus, le diamètre varie de 20 à 60 centimètres. Pour le fonçage des puits de mine, le diamètre est de 3, 4 et même 5 mètres.

Pour les petits sondages, la sonde est une sorte de barre à mine à taillant unique que l'on manœuvre comme s'il s'agissait de percer un trou de mine. Lorsque le trou a atteint la profondeur correspondante, on visse à l'extrémité de la sonde une tige ronde qui permet de continuer le forage. On ajoute ensuite une deuxième tige lorsque cela devient nécessaire, et ainsi de suite.

Dans les argiles et les terrains faciles à traverser, la barre à mine est remplacée par une tarière qui agit par rotation.

179. Sonde Palissy. — Pour l'exploration des terrains à faible profondeur, il est souvent commode d'employer la sonde Palissy ; c'est une tige qui porte, à l'une de ses extrémités, un trépan et, à l'autre, une tarière à mouche.

Un manchon mobile, portant des bras, peut se déplacer le long de la tige, suivant les besoins. On perce le terrain avec la tarière, et quand on rencontre la roche dure, on fait agir le trépan.

PROCÉDÉS DE FORAGE AVEC TIGES RIGIDES.

180. Sondages profonds. — Lorsque la profondeur du sondage doit dépasser 10^m, bien que le diamètre reste de 5 à 6 $^c/^m$, la sonde ne peut plus être manœuvrée à la main, il faut la suspendre à une chèvre ou à un engin spécial.

La sonde se compose alors de trois parties : 1° l'outil proprement dit ; 2° la tête de sonde servant à suspendre et à manœuvrer l'outil ; 3° le corps de sonde qui réunit l'outil à la tête de sonde et qui devra pouvoir être allongé au fur et à mesure de l'approfondissement du trou ; le corps de sonde sera, soit une corde, soit une série des tiges rigides Pour guider la sonde, on placera, dans l'axe du trou à percer et à la surface du terrain, un tuyau vertical et solidement fixé.

Les débris provenant du forage seront extraits par des outils spéciaux qui s'ajustent à la place des outils de forage ; avec d'autres dispositions, les fragments de roche sont enlevés par un courant d'eau.

Les trous de sonde devront être tubés, lorsqu'on aura affaire à des terrains ébouleux et quand les forages devront servir de conduits aux liquides souterrains qu'on cherche à utiliser.

En cas d'accidents survenus en cours de forage, on emploie des appareils de sauvetage spéciaux et variés.

Tout cet outillage est mis en mouvement à l'aide d'engins de manœuvre convenablement appropriés.

181. Outils foreurs. — Les outils qui attaquent la roche sont de deux espèces : les *tarières*, qui agissent par rotation, les *trépans*, par percussion.

La *tarière ordinaire* se compose d'une mèche qui entame la roche par le rodage d'un mentonnet horizontal, lequel soutient les parties déjà détachées, et du corps de la tarière, cylindre ouvert suivant une génératrice, qui leur sert de logement en même temps qu'il arrondit le trou.

La *tarière à mouche* peut, comme la précédente, être employée dans

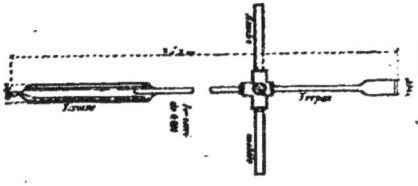
Sonde Palissy

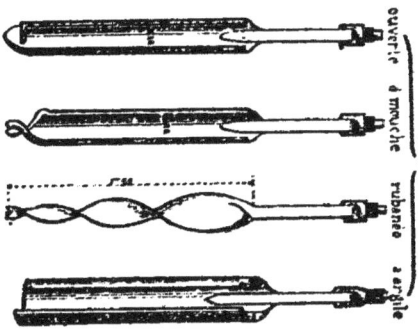
Tarières — ouverte, à mouche, rubanée, à argile

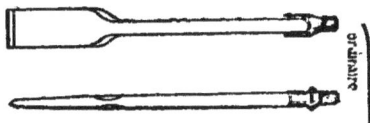
Trépans — ordinaire

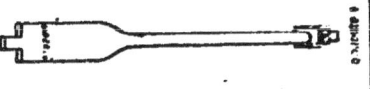

à lames rapportées

Prise d'échantillons — Trépans

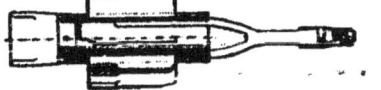
Cloche

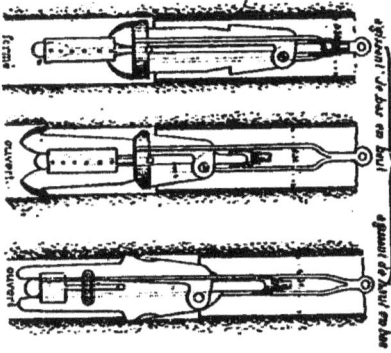
Élargisseurs — fermé, ouvert

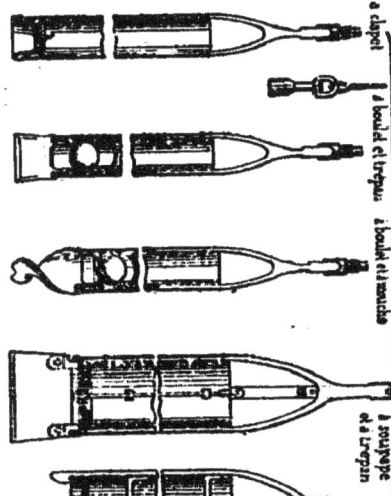
Cuillers ou cloches — à clapet, à boulet et trépan, à boulet et à mouche, à soupape et à trépan

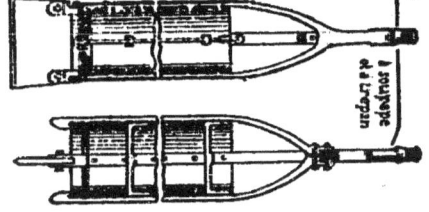
Outils de curage

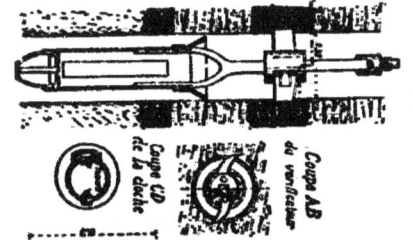
Vérificateur — Coupe AB du vérificateur, Coupe CD de la cloche

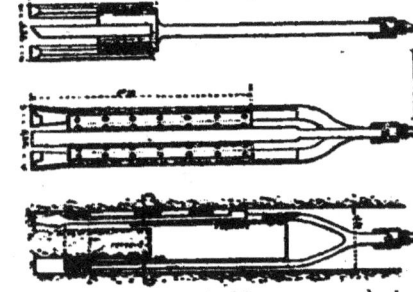

presque tous les terrains tendres, pour peu que les déblais soient susceptibles de former avec l'eau une pâte de quelque consistance.

La *tarière rubanée*, agissant par rotation lente et quelques battages, sert à traverser les sables légèrement agglutinés.

La *tarière à argile* ou *tarière ouverte*, qui est la plus simple, ne peut s'employer que dans les argiles.

Ces diverses tarières opérant par rotation, le corps de sonde devra nécessairement être rigide.

Les *trépans* agissent par percussion et servent à entamer les roches dures ; ils dérivent des fleurets et peuvent être fixés, soit à une corde, soit à un corps de sonde rigide. La forme du tranchant varie suivant les cas ; les types principaux sont :

Le trépan *ordinaire*, le trépan à *amorce* ou à *téton* qui fait un avant-trou et donne au fond du forage la forme d'un gradin cylindrique, le trépan à *lame courbe*, le trépan à *oreilles* ou à *gouges*, le trépan à *lames rapportées*, composé de plusieurs tranchants d'un assemblage facile à réparer et généralement adopté pour les grands diamètres.

Le trépan à *bonnet carré* ou *casse-pierres* est employé à broyer ou à refouler dans les parois les corps durs tombés au fond du trou de sonde.

Les *alésoirs* sont destinés à égaliser les parois du trou ou à lui rendre ses dimensions primitives, dans le cas où il se serait rétréci en certains points par suite de la poussée au vide ou du foisonnement de couches de marnes ou d'argiles.

Des alésoirs portent des lames qui s'effacent quand on tourne dans un sens, qui restent ouvertes et agissent quand on détermine la rotation en sens contraire.

Les *élargisseurs* sont destinés à porter, en certains points, le diamètre du trou à une dimension plus grande, pour permettre l'enfoncement des tubes.

Il y a plusieurs systèmes d'élargisseurs : l'outil fixé à l'extrémité d'un corps de sonde rigide porte deux lames rapprochées par un anneau suspendu à une corde. Lorsque l'ensemble ainsi formé est arrivé au point voulu, on tend la corde en continuant à laisser descendre ; les lames s'écartent par le fait d'un coin fixé à l'anneau. Pour retirer on laisse descendre le coin en faisant mollir la corde et l'anneau ferme les mâchoires.

Cet outil travaille en agissant de bas en haut ; on en a construit sur le même principe travaillant de haut en bas.

182. Outils de curage. — Pour enlever les boues et les débris produits par le forage, on emploie les tarières, lorsque ces débris ont un degré de plasticité suffisant. Le plus souvent, on a recours à des appareils spéciaux, qui sont des cylindres fermés, sortes de cloches munies à la partie inférieure d'un clapet ou d'un boulet agissant automatiquement. Dans les argiles suffisamment plastiques, on peut supprimer le clapet et le boulet.

Les cloches à boulet portent quelquefois à leur partie inférieure une lame de trépan ou une mouche, qui sert à agiter, à diviser les débris de roche et à les rendre plus meubles. Ces cloches de curage peuvent être maintenues à l'extrémité d'un corps de sonde rigide ; mais, le plus souvent, on les fait descendre au bout d'une corde, en leur imprimant un mouvement alternatif de haut en bas ; l'opération est ainsi plus rapidement menée.

183. Prise d'échantillons. — Les produits du curage constituent des échantillons. Lorsqu'on doit les prendre après coup, on a recours au *vérificateur*, qui rode à la hauteur voulue et entame, au moyen de griffes, les parois du trou lorsque la rotation se fait dans le sens convenable. Les débris détachés des parois sont reçus dans un récipient placé au dessous.

Si l'on a besoin d'indications sur la roche en place, sur son pendage, il faut détacher une *carotte cylindrique* qu'on élève au jour, après avoir marqué sur la tige l'orientation qu'elle avait dans le trou de sondage au moment de l'enlèvement. Pour cette opération, on a recours au trépan *annulaire* ou *découpeur* et à *l'emporte-pièce* ou *cloche à échantillons*.

Le trépan découpeur est formé de ciseaux tranchants plus ou moins longs et disposés en couronne ; on le fait agir en battant ou en rodant, formant ainsi une rainure circulaire autour du *témoin* ou *carotte* ; après enlèvement du trépan, on laisse descendre la cloche à échantillons qui coiffe le témoin ; le coin placé à la partie inférieure s'enfonce entre deux lames et pénètre quand la tête touche le fond du trou ; il exerce sur le témoin une forte pression latérale qui le détache et le maintient dans la cloche à l'aide de deux ressorts munis d'un rebord.

184. Corps de sonde-Tête de sonde. — Ces divers outils de forage ou de curage sont fixés au corps de sonde qui doit, naturellement, pouvoir être allongé à mesure de l'approfondissement du trou de sonde.

Le corps de sonde sera quelquefois un câble, une corde ou une chaîne ; le plus souvent il sera composé d'une série de tiges rigides qu'on faisait autrefois en sapin de 6 à 10 centimètres de côté et qu'on fait aujourd'hui en fer carré de bonne qualité de 27 à 54 mm. de côté et de 4 à 10 mètres de longueur. Chacune des extrémités des tiges est composée d'un emmanchement à vis servant à relier les tiges entre elles, soit directement, soit par l'intermédiaire d'un manchon fileté, dont l'une des extrémités est fixée à l'une des tiges au moyen d'une goupille.

Les emmanchements forment un renflement d'une section un peu plus que double de celle de la tige et présentent deux épaulements destinés aux manœuvres.

S'il s'agit de grandes profondeurs, on peut employer des tiges à section décroissante pour diminuer le poids du corps de sonde. Dans tous les cas, outre les tiges ordinaires, qui ont toutes la même longueur, on dispose d'une série de tiges de diverses longueurs et que l'on ajoute successivement, par la partie supérieure, à mesure de l'approfondissement, jusqu'à ce qu'on puisse les remplacer par une tige de longueur courante.

La tige se fixe à une tête de sonde qui sert à la suspension et à la manœuvre. Comme il sera nécessaire de faire tourner le trépan d'un certain angle après chaque coup, à la façon d'un fleuret, les têtes de sonde devront se terminer par un étrier dans lequel pourra tourner librement la sonde, indépendamment du point de suspension.

La tête de sonde restera toujours au-dessus de l'orifice. Pour éviter de changer trop souvent les tiges-rallonges, on se sert de têtes de sonde à vis.

Lorsqu'on sonde à la corde, les têtes portent une sorte d'étau pour saisir la corde, sans la déchirer.

L'outil peut être directement vissé à une douille fixée à l'extrémité de la corde; cette corde est utilement armée de nœuds en tôle, pour empêcher son usure contre les parois du forage.

Lorsqu'on emploie des tiges, on empêche leur fouettement en les munissant d'un système de *guides* à claire-voie ou *lanternes* disposées sur la longueur. On emploie quelquefois des parachutes destinés à ralentir la chute d'une partie du corps de sonde détachée par accident.

Le parachute est une sorte de chapeau en cuir épais fixé à une douille mobile le long d'une partie tournée de la tige.

185. Appareils à chute libre. — Pour forer le trou et désagréger la roche, on soulève le trépan, puis on le laisse retomber après l'avoir fait tourner d'un certain angle. A mesure de l'approfondissement, le poids de la masse s'accroît en raison des tiges qu'il devient nécessaire d'ajouter. Le trépan frappant brusquement le fond, la réaction produit dans le corps de sonde des vibrations, des flambements dont les effets sont tellement désastreux pour la conservation des tiges que la profondeur possible serait limitée.

On a donc cherché à rendre les tiges indépendantes et à les soustraire à la réaction du trépan ; celui-ci tombe alors librement. Ces appareils permettent de ramener la partie solidaire du trépan à une forme aussi ramassée que l'on voudra, condition favorable à une bonne percussion.

Les tiges n'ont plus alors à résister, pendant la montée, qu'à la traction ; leurs dimensions peuvent être réduites, en même temps que leur conservation sera mieux garantie.

L'appareil le plus simple est la *coulisse d'Œynhausen* qu'on interpose entre la tige et le trépan.

Lorsqu'on arrête brusquement le mouvement de remontée des tiges, le trépan continue son ascension, à cause de son inertie, puis retombe seul pour produire le choc.

Kind a fixé à la coulisse un déclic à mâchoires ou grappins pouvant être actionné par un disque traversé par la tige. Ce disque, piston dont le diamètre est légèrement inférieur à celui du trou de sonde, subit à la descente, de la part de l'eau, une poussée de bas en haut. Le trépan porte une tête en forme de champignon qui peut être saisie par les mâchoires du grappin.

Pendant que le corps de sonde est soulevé, les mâchoires sont maintenues serrées et retiennent le trépan. Dès qu'on imprime à la tige un mouvement de descente, l'eau donne au disque un retard qui équivaut à un mouvement relatif d'ascension ; les mâchoires s'ouvrent par le jeu de deux petites bielles qui réunissent la tige du disque-piston à chacun des grappins et le trépan échappe, pendant que la sonde continue à descendre lentement. Les mâchoires saisissent à nouveau le trépan, le font remonter et les mêmes actions se reproduisent à la descente suivante du corps de sonde.

Dans la coulisse *Dru* ou à réaction, le trépan est vissé à l'extrémité d'une glissière mobile dans la coulisse ; cette glissière porte à sa partie supérieure un mentonnet pouvant s'accrocher à une autre pièce, le *mors*, fixée sur un axe capable de jouer dans un trou ovale de la glissière.

Tout le système étant soulevé d'un mouvement franc et rapide, puis arrêté brusquement par le heurt de la tête de sonde contre un butoir placé au jour, le mors continue son mouvement en vertu de la force vive et s'incline sous l'influence d'un arrêt taillé en biseau à la partie supérieure de la coulisse.

La glissière et le trépan, abandonnés à eux-mêmes, viennent frapper le fond du trou ; les tiges redescendant ensuite, le mors saisit le mentonnet de la glissière, le trépan est soulevé jusqu'à ce que la tige rencontre encore une fois le butoir et détermine une nouvelle chute du trépan.

Dans la *coulisse à poids mort*, le trépan est encore fixé à l'extrémité d'une glissière pouvant se mouvoir dans la coulisse vissée à l'extrémité de la tige. Entre les deux flasques de la coulisse, se trouve un déclic à deux mâchoires ou grappin. Deux entretoises maintiennent l'écartement des flasques et sont engagées dans la rainure de la glissière porte-trépan qui se termine par une tête en forme de champignon.

13

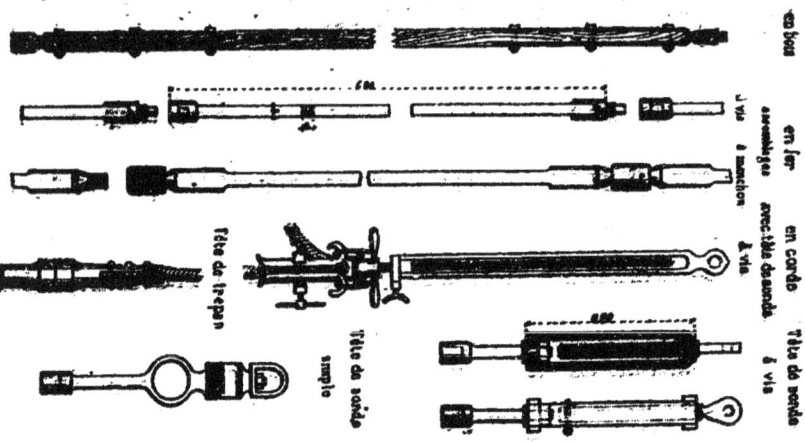
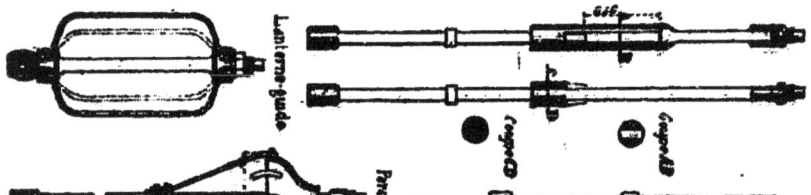

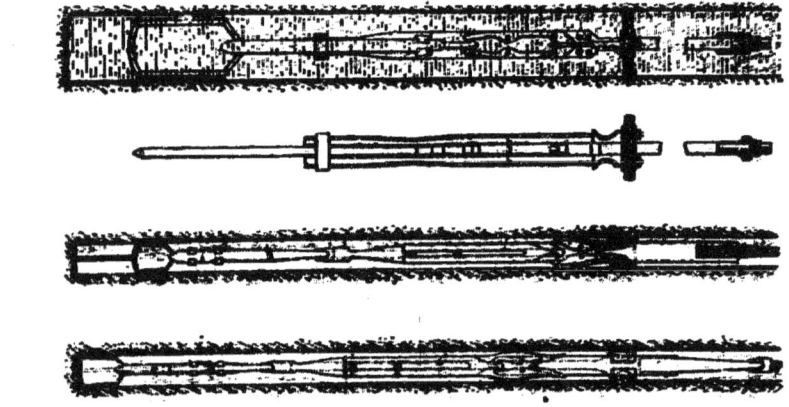
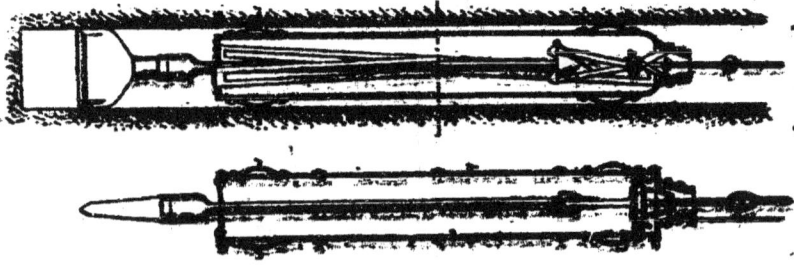

La pièce nommée *poids-mort* est descendue avec le reste de l'appareil et doit reposer sur le fond du trou de sonde pendant toute la durée du battage ; elle est disposée de façon que les deux branches du grappin soient forcées de s'ouvrir et de lâcher la glissière porte-trépan, lorsque celle-ci atteint une hauteur déterminée au-dessus du fond du trou de sonde. Une disposition des plus simples consiste à terminer le poids mort par un cône dans lequel viennent s'engager les branches du grappin.

La manœuvre est facile à comprendre : le trépan reposant sur le fond, on fera descendre les tiges et, par suite, le grappin qui viendra saisir la tête à champignon. En faisant remonter les tiges, tout l'appareil sera soulevé, sauf le poids-mort ; le grappin, engagé dans le cône, s'ouvrira et le trépan abandonné à lui-même ira de nouveau frapper le fond du trou.

On emploie la *coulisse Straka* pour le sondage à la corde. Dans les sondages à tiges rigides, quel que soit le système de la coulisse interposée, le mouvement de rotation à imprimer au trépan après chaque coup est transmis du haut par les tiges. Dans le sondage à la corde, cette transmission devient impossible, à moins d'employer des dispositions spéciales. Une des plus simples, dans cet ordre d'idées, est la coulisse *Straka*.

Dans l'intérieur d'un tube en fer suspendu à une corde et maintenu par quatre ressorts s'appuyant contre les parois du forage, se meut le trépan dont la tête est en forme de champignon. Un grappin est fixé sur un axe *a* suspendu à la corde de battage par un étrier et qui s'engage, de chaque côté, dans une rainure hélicoïdale fixée à l'intérieur du cylindre. Ce cylindre est terminé à la partie supérieure par un chapeau conique, dans lequel le grappin viendra s'ouvrir lorsqu'il sera arrivé à l'extrémité de sa course. A ce moment, le trépan sera abandonné à lui-même et ira frapper le fond du trou.

Une petite languette, articulée sur l'une des branches, retombe sur l'autre, dès que la tête de l'outil s'est dégagée du grappin, et maintient ainsi les branches ouvertes ; elle sera soulevée par la tête du trépan lorsqu'on fera descendre l'ensemble et le grappin se refermeta ainsi sur la tête en forme de champignon. En soulevant grappin et trépan, l'axe coulissant dans les rainures hélicoïdales fera tourner l'outil qui, ainsi, ne retombera pas dans le même plan, lorsqu'il sera de nouveau abandonné à lui-même.

186. Engins de manœuvre. — Comme nous l'avons vu, si la profondeur dépasse 10 mètres, la sonde doit être suspendue à une chèvre ou à un engin spécial permettant les manœuvres.

Pour les petits sondages, l'outil est tenu par une corde qui passe sur la poulie d'une chèvre ; un homme tire sur la corde, soulève l'ensemble et le laisse retomber.

Quand le poids est plus fort, on fait faire à la corde un tour sur le tambour d'un treuil mû à bras d'une façon continue. Un homme tire sur le brin libre de la corde pour faire monter, et lâche pour laisser retomber. A partir de 50 à 60 m. on emploie un treuil à engrenages avec embrayage et débrayage rapide pour le battage.

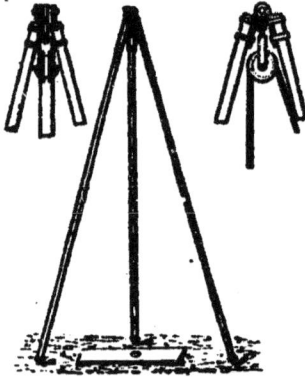

Le même treuil est disposé pour servir à la descente et à la remontée de l'outil de forage et de celui de curage. Pour la descente de ce dernier, on se sert d'un frein sur l'arbre du tambour.

A partir de 100 m. de profondeur, la sonde est suspendue à l'extrémité d'un *balancier* ou *levier de battage*. La descente et la remontée, pour les opérations accessoires, se font à l'aide d'un câble de manœuvre qui passe sur une poulie et s'enroule sur un treuil. Le curage est ordinairement opéré en fixant la cuillère à l'extrémité d'un autre câble qui passe sur une poulie et s'enroule sur un autre tam-

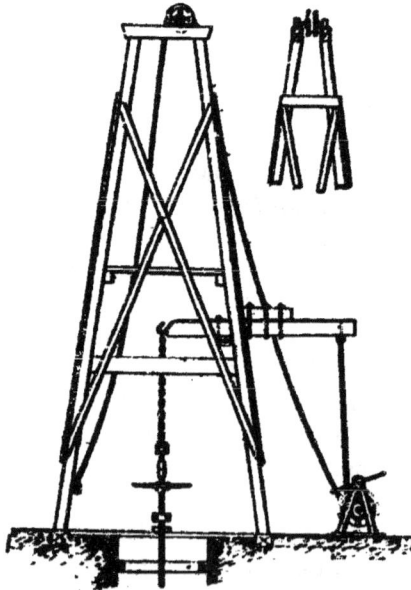

bour du treuil. La chèvre primitive devient ainsi une charpente portant une ou plusieurs poulies.

Le levier de battage est, le plus souvent, formé d'une forte pièce de bois; on en construit aussi en fer. L'extrémité à laquelle est suspendue la tête de sonde se termine ordinairement par une fourche pour les petits sondages, par une frette avec anneau de suspension pour les sondages plus importants. Pour les grands sondages, elle se termine par un segment de cercle.

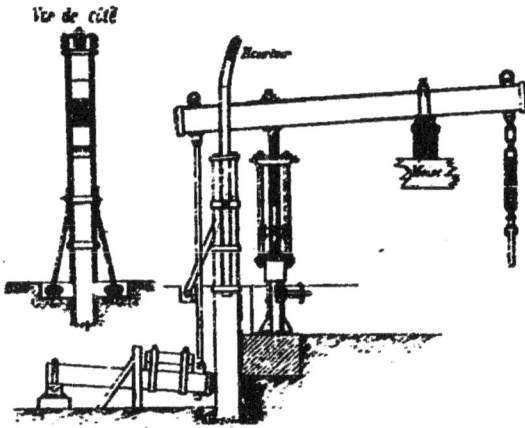

Le mouvement est donné au levier, suivant l'importance du son_dage, soit à la main, soit mécaniquement par bielle et manivelle ou par un cylindre à vapeur à simple effet, conduit à la main comme un marteau-pilon, la distribution pouvant aussi être automatique. A mesure que le sondage s'approfondit, le poids des tiges augmente nécessairement. Aussi, dans les sondages à la main, dispose-t-on le balancier et son support de façon à pouvoir faire varier le rapport des bras de levier du balancier.

Dans les sondages plus importants, une partie du poids des tiges est équilibrée par un contre-poids placé sur le levier de battage et dont il est possible de faire varier la position; le plus souvent, ce contre-poids mobile est disposé sur un contre-balancier relié au levier de battage.

Lorsqu'on emploie les appareils à chute libre à réaction, le balancier, arrivé à l'extrémité de sa course, vient buter contre un heurtoir formé d'une forte pièce de chêne.

187. Installation et exécution d'un sondage. — Dans le choix de l'emplacement, éviter de se placer sur des alluvions épaisses et aquifères, mais, au contraire, choisir un terrain solide. On cherchera à se placer près d'un chemin d'accès facile et, si on se propose l'emploi de la vapeur, on devra s'assurer de l'eau nécessaire à l'alimentation.

L'emplacement une fois déterminé, on fonce un puits jusqu'au terrain solide. Ce puits, boisé ou muraillé, porte, suivant son axe, un tube en bois ou en métal bien vertical, dont le diamètre intérieur est celui auquel on veut commencer le trou de sondage. Mais il faudra n'établir aucune solidarité entre le tuyau-guide et le plancher de manœuvre, afin d'éviter les ébranlements susceptibles de déranger sa position. Le plancher de manœuvre sera ainsi disposé en contre-bas du sol naturel, on dégagera les abords et on augmentera la hauteur disponible de la chèvre ou de la charpente dont on se servira pour les manœuvres.

Les tiges, avons-nous dit, sont généralement assemblées à vis et, pour descendre ou remonter l'outil, il faudra visser ou dévisser les tiges. Plus celles-ci seront longues, plus le temps de la manœuvre sera court ; il importe donc que les charpentes aient une assez grande élévation, variant généralement de 8 à 25 m., et que la hauteur laissée libre entre le plancher de manœuvre et la poulie soit un multiple de la longueur d'une tige ; on pourra ainsi dévisser à la fois deux ou plusieurs longueurs de tiges.

Pour les grands sondages, la charpente se compose le plus habituellement de quatre forts montants inclinés reposant sur des semelles en bois et réunis à la partie supérieure par un cadre portant la poulie de manœuvre. Un autre cadre intermédiaire recevra la poulie de la corde de curage. Des croix de Saint-André consolideront le tout et des planchers de service seront établis aux endroits convenables ; une petite forge sera installée pour la réparation des outils.

Le tout ainsi disposé, on descend le trépan dans le tuyau-guide ; le corps de sonde, auquel il est fixé, est suspendu au balancier par la tête de sonde et le battage commence.

Le trépan étant une lame plate, plus ou moins large, il est nécessaire, pour obtenir un trou rond, de donner à l'outil un mouvement de rotation (1/10 à 1/15 de circonférence). Cette rotation a, de plus, l'avantage de faire que la roche est attaquée là où elle est dégagée sur deux faces. Pour cette rotation, le sondeur se sert *d'un levier* placé dans l'œil de la tête de sonde ou d'une *manivelle* ou *tourne à gauche* fixé sur la tige à l'aide d'une vis de pression.

Lorsque le trou s'approfondit, on augmente la longueur des tiges en agissant sur la vis de la tête, et ensuite, en mettant une rallonge.

188. Manœuvre de la sonde. — Après le battage d'un certain nombre de coups, il faudra relever l'outil pour procéder au curage. Les tiges devront donc être successivement soulevées au moyen d'un treuil mû à bras ou mécaniquement, la corde de ce treuil passant sur la poulie fixée au sommet de la charpente.

Pour faire la manœuvre, on emploie une *clef de retenue* dans laquelle peut passer la tige, mais non son embase ; on la place sur le plancher, au-dessus du trou, et on laisse descendre jusqu'à ce que la dernière tige repose sur la clef de retenue. On dévisse alors la tête de sonde que le balancier soulève, on amène l'extrémité du câble de manœuvre pour saisir au moyen du pied de bœuf le renflement de la tige, on soulève un peu pour retirer la clef de retenue et on continue à soulever jusqu'à ce que le pied de bœuf se soit rapproché de la poulie. On aura ainsi retiré du trou une ou plusieurs longueurs de tiges. On replacera la clef de retenue sur laquelle viendra reposer un nouvel épaulement.

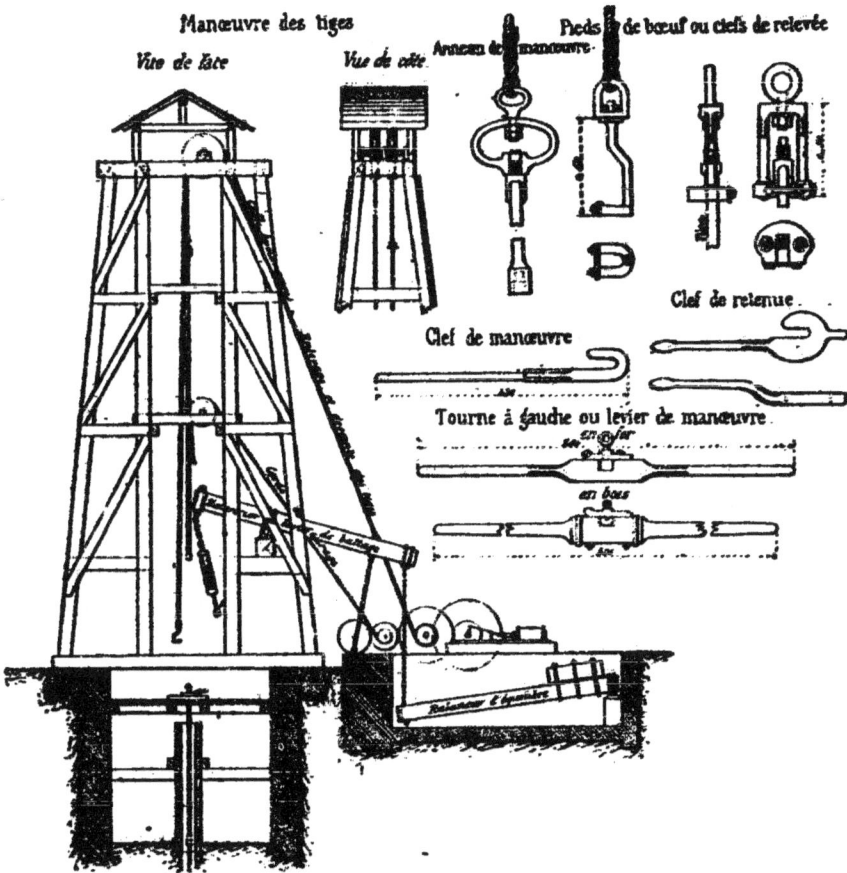

Manœuvre des tiges

Vue de face   Vue de côté   Anneau de manœuvre   Pieds de bœuf ou clefs de relevée

Clef de retenue

Clef de manœuvre

Tourne à gauche ou levier de manœuvre

en fer

en bois

Avec une *clef de manœuvre*, on dévissera au dessus, puis on amènera de nouveau le pied de bœuf pour saisir la tige, ou enlèvera la clef de retenue, ou soulèvera et on continuera ainsi jusqu'à ce que l'outil soit sorti au jour.

On comprend que, plus les charpentes seront élevées, plus la manœuvre sera rapide, puisque, à chaque reprise, on soulèvera une plus grande longueur de tiges. On abrège encore le temps en employant deux câbles enroulés en sens inverse, passant chacun sur une poulie spéciale. Lorsque l'un monte en soulevant les tiges, l'autre descend et, pendant qu'on détache les tiges soulevées, on dispose le pied de bœuf de l'autre câble arrivé près du plancher, pour être prêt à une nouvelle manœuvre quand la première sera terminée.

Dans certains cas, on emploie un nouveau pied de bœuf pour chaque manœuvre et, au lieu de laisser les tiges d'attente reposer sur le sol, on les suspend à une forte tringle fixée au sommet de la charpente. L'extrémité de chaque câble de relevée est alors terminée par un crochet en S auquel on viendra suspendre successivement le pied de bœuf affecté à chaque longueur de tige ou à chaque série de tiges.

Quelquefois le pied de bœuf est remplacé par un *anneau de manœuvre* fixé à l'extrémité du câble ; il porte une douille taraudée et peut tourner indépendamment du câble, ce qui permet de saisir la tige.

Pour opérer le curage, on pourrait descendre la cuillère à l'extrémité des tiges ; ce serait un travail très long et causant des pertes de temps. On préfère employer une corde qui passe sur une poulie et s'enroule sur un treuil à deux vitesses. Pour la descente, on débraye et on emploie le frein.

La cloche étant arrivée au fond du trou, on fait deux ou trois battages, puis on la remonte au jour pour la vider, puis on la redescend ; après de nouveaux battages, on la remonte et on recommence jusqu'à curage complet. On fait ensuite redescendre le trépan en ajoutant successivement les tiges comme nous l'avons dit par le jeu de la clef de retenue, de la clef de manœuvre et des pieds de bœuf.

189. Tubage. — Si les parois du trou de sonde se tiennent mal et s'il se produit des éboulements, on peut remédier à cet inconvénient en employant le *glaisage*. Pour cela, on tasse fortement de la glaise dans le trou, puis on fore à nouveau au moyen de la tarière ; il reste sur la paroi un enduit glaiseux qui la consolide et suffit souvent pour la maintenir.

Quand le glaisage est inefficace ou quand le trou de sondage doit servir de conduit aux liquides intérieurs, on a recours au *tubage*. Anciennement il se faisait en bois ; on en rencontre encore dans l'Artois en parfait état, bien qu'ils datent de plusieurs siècles.

On emploie aujourd'hui les tubes métalliques en zinc, cuivre, fonte, avec raccords à emboîtements ; mais on emploie surtout les tuyaux en tôle rivée ou en fer étiré avec emmanchement à vis. L'épaisseur des tuyaux dépend du diamètre du trou et des pressions latérales, quelquefois même des pressions directes qu'ils auront à subir, lorsqu'on aura à les employer, dans une certaine mesure, comme outils de forage.

Les tuyaux en tôle sont rivés suivant une génératrice et doivent être coupés suivant une section bien normale à l'axe. Ils sont assemblés au moyen de manchons en tôle rivés préalablement sur la moitié de leur hauteur à l'une des extrémités de chaque tube, de telle sorte qu'au moment de leur emploi on les emboîte successivement et on les rive à froid sur la partie du manchon qui émerge du trou.

On assemble aussi les tuyaux en tôle à joints légèrement coniques ; on les fait entrer à refus, on perce et taraude des trous, puis on goujonne avec de petits fers taraudés. On évite ainsi la saillie des manchons et la résistance qu'elle peut opposer à la descente.

Les tuyaux en fer étiré s'assemblent à emboîtement à vis et, le plus souvent, par l'interposition d'un manchon fileté qui réunit l'extrémité supérieure d'un tube avec l'extrémité inférieure du suivant.

Quels que soient les tuyaux employés, il sera bon de fixer à l'extrémité inférieure du premier une frette ou sabot tranchant en acier.

Lorsqu'un trou de sonde devra être tubé, il conviendra de se rappeler, dans le choix du diamètre à lui donner, que, si la colonne vient à être arrêtée dans sa descente par le frottement des terrains ou par une cause quelconque, le sondage ne pourra être continué qu'à un diamètre moindre, le trépan et, plus tard, les tuyaux avec leur assemblage devant passer à l'intérieur des colonnes arrêtées. Dans cette éventualité, il sera indispensable de commencer le sondage avec un diamètre supérieur à celui qu'on voudra obtenir au fond.

On laissera les colonnes de tuyaux se doubler à leur partie supérieure. Quelquefois il sera possible d'enlever celle du grand diamètre quand la suivante sera placée.

Si les conditions le permettent, on descendra les tuyaux à *colonne perdue*, c'est-à-dire que chaque colonne, au lieu d'arriver au jour, s'arrêtera un peu au-dessus de l'endroit où finit la précédente ; les frais de tubage se trouvent ainsi diminués.

Dans certains cas, on devra employer les colonnes perdues afin de capter les venues à divers niveaux.

Quand le tubage est un simple soutènement, on peut n'avoir à soutenir les parois que sur une certaine hauteur et on opère alors à colonne perdue.

Pour descendre les tuyaux dans le forage, on les saisit par un collier en bois ou en fer muni de mâchoires en bois.

Ce collier, formé de deux parties réunies par de forts boulons, porte des poignées pour diriger la descente.

Pour les grands diamètres, il faut souvent employer des chaînes ou des tirants de retenue manœuvrés par des vis, pour régler la descente des tuyaux.

Dans le cas de colonnes perdues, chacune est descendue par des tarauds ou des pinces.

Tarrière

Tire-bourre

Cloche à écrou

Accrocheur à pince

Accrocheur à pince

Outils de sauvetage

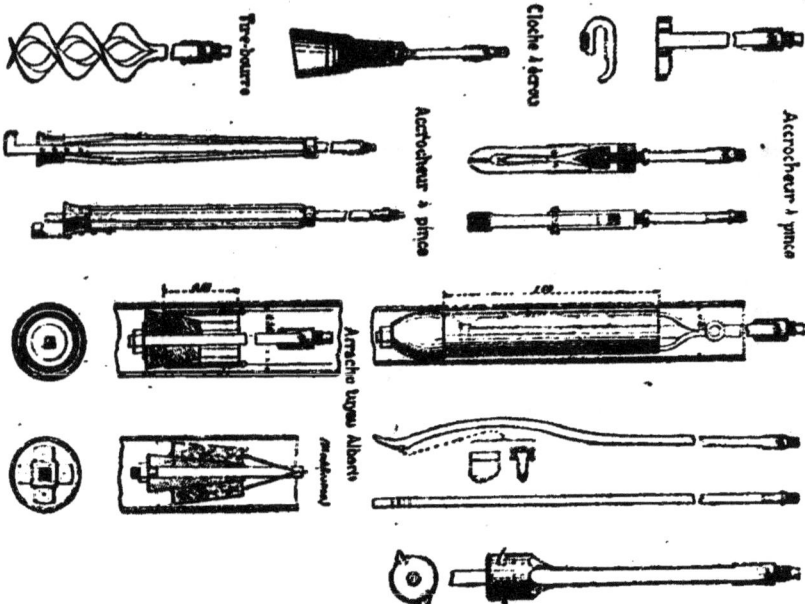

Navette Baud

Amorce tuyau Albert

Coupe-tuyau

Descente des tubes par choc

Collier pour descente de petits tuyaux

Colonne perdue

Descente des tubes par leur propre poids

Descente des colonnes perdues

Taraud

Pince

Tubage

Descente des tubes par pression continue

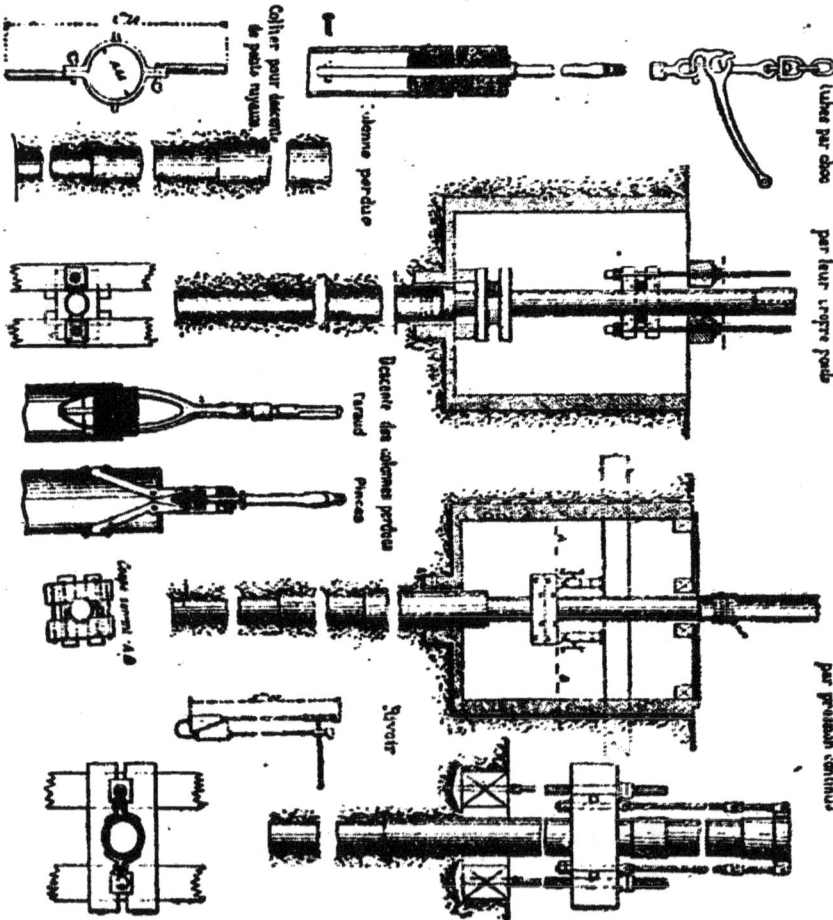

Tiroir

Mais lorsqu'au lieu d'avoir à retenir les tuyaux, il faut les contraindre à descendre, on agit quelquefois à l'aide d'un mouton frappant sur un bloc de bois armé de frettes et dont on coiffe la tête de la colonne.

Il est généralement préférable de substituer au choc du mouton une pression continue exercée par des vis de serrage ou des vérins et alors il est indispensable que les pièces sur lesquelles on prend un point d'appui soient solidement fixées au sol.

190. Accidents et outils de sauvetage. — Dans tout ce que nous avons dit, nous avons supposé que toutes les opérations se succédaient sans incident. Il n'en est pas ainsi en pratique où les accidents sont nombreux et se présentent sous les formes les plus variées.

Contre les accidents en cours de sondage, le sondeur emploie un certain nombre d'appareils ingénieux qu'il approprie à chaque cas et qu'il manœuvre, soit à l'aide des tiges, soit à l'aide de la corde.

Les principaux outils de sauvetage couramment usités sont :

La *caracole* qui saisit, au-dessous du renflement, une tige brisée et tombée au fond du trou de sondage.

La *cloche à écrou* s'applique au cas où la tige a été brisée au-dessous de l'emmanchement; la cloche coiffe la tige, puis, par suite d'un mouvement de rotation qu'on lui imprime, elle fait office de taraud, creuse un pas de vis dans la tige et permet de la retirer.

L'*accrocheur à pinces* est utilisé quand la tige peut tourner et ne se prête pas au taraudage. Une caracole, fixée à l'accrocheur, facilite l'entrée de la tige dans l'appareil où elle est pressée par des ressorts contre des dents en acier qui l'emprisonnent.

Si la tige n'est pas longue, l'accrocheur se réduit à une simple pince avec dents en acier. Une rotation, imprimée du jour par le moyen du corps de sonde à la vis centrale, détermine la pénétration d'un coin ; les pinces se rapprochent et enserrent l'objet saisi.

Le *tire-bourres* va chercher au fond du trou la corde de manœuvre. Dans les sondages tubés, la *navette Kind* sert à l'extraction des tubes faussés, déchirés ou devenus inutiles. Elle se compose d'un bloc de bois ellipsoïdal ayant sensiblement le diamètre du tube à extraire. Ce bloc, fixé à l'extrémité des tiges, est coiffé d'un cylindre en tôle suspendu à une corde et rempli de sable grossier. Quand l'appareil est au point voulu, on soulève le cylindre en tôle ; le sable s'écoule et coince la navette. On élève celle-ci au moyen du corps de sonde et elle entraîne le tuyau.

Dans l'*arrache-tuyau Alberti* le sable est remplacé par des douves minces en forme de coins cerclées par le haut et pouvant, en s'écartant du bas, coincer le tuyau contre un cône intérieur. Il peut être simplifié en fixant à l'extrémité des tiges un bloc pyramidal et en employant quatre douves suspendues à une corde qu'on laisse descendre au moment voulu.

Le *coupe-tuyaux* est employé lorsqu'on doit remonter une partie du tubage, en abandonnant momentanément la portion inférieure. Un des plus simples consiste en une tige courbée portant à son extrémité des lames coupantes. La courbe varie avec le diamètre du tuyau ; elle est telle que les lames soient fortement en contact avec le tuyau.

Un autre coupe-tuyaux consiste en burins faisant saillie sur un sabot métallique qui les supporte lorsqu'on tourne dans un sens, et rentrant au contraire dans leur logement quand le mouvement de rotation est inverse. Cet instrument est analogue au vérificateur.

§ 3.

PROCÉDÉS DIVERS DE FORAGE.

191. Sondage à la corde, *ou sondage chinois.* — Les tiges sont remplacées par un câble ou par une corde. Le poids à manœuvrer est moindre, moindre aussi l'importance des engins et machines. Le fonctionnement sera plus rapide puisqu'on supprimera le temps perdu par l'assemblage des tiges lors de la remontée et de la descente de l'outil de battage.

Ce battage se fera comme avec les tiges. Une tête de sonde à vis est fixée à l'extrémité d'un balancier de battage et porte un étau qui retient le câble. A mesure de l'approfondissement du trou, on agira sur la vis de la tête de sonde et, quand elle sera à bout, on allongera le câble en desserrant l'étau. On remontera en même temps la vis de la tête pour pouvoir l'utiliser à nouveau. Il sera bon de guider l'outil de battage pour maintenir la verticalité et d'employer un appareil à chute libre.

En cas d'accidents, le sondage à la corde offre peu de ressources, et ne permet dans aucun cas d'agir par rotation ; il est prudent d'avoir une série de tiges rigides dont on se servira en cas de besoin.

Le sondage à la corde est surtout indiqué pour la traversée des terrains homogènes, presque horizontaux, offrant peu de chances d'accidents et de déviations de l'outil foreur.

192. Sondage Fauvel par tiges creuses. — Dans le *Procédé Fauvel*, des tiges creuses sont assemblées au moyen de manchons à vis.

Le trépan percutant, de forme spéciale, est également creux.

Les opérations de battage s'exécutent comme dans le cas de tiges pleines ; les outils employés sont les mêmes, sauf les clefs de serrage pour visser ou dévisser les tiges.

Le curage se fait à l'aide d'un courant d'eau. A cet effet, une pompe foulante envoie l'eau dans l'intérieur des tiges creuses par un tuyau en caoutchouc fixé simplement à la tige supérieure pour les petits

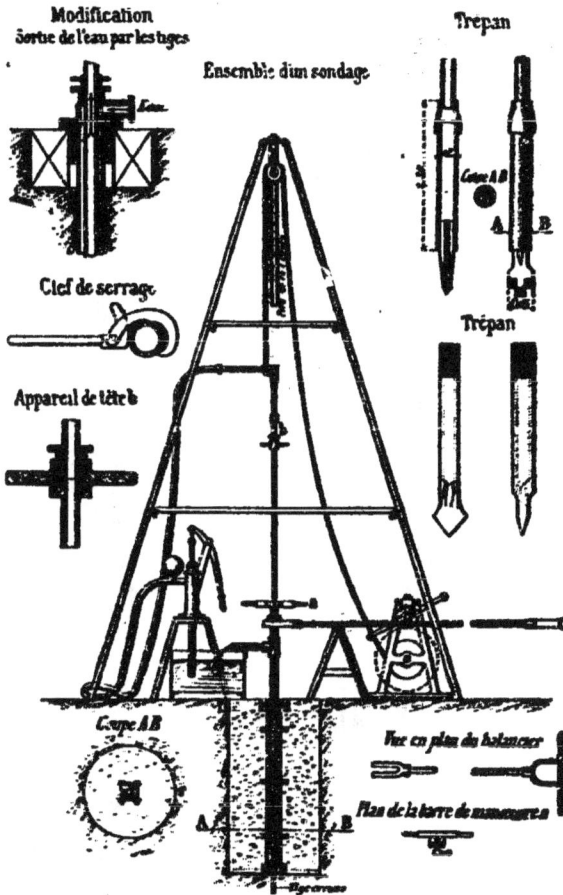

sondages ou par l'intermédiaire d'un chapeau réuni à la tige par un presse-étoupes.

La pompe pourra être supprimée, si on disposé d'un réservoir placé à une altitude convenable.

L'eau sous pression descendue par les tiges remonte le long de l'espace annulaire laissé entre ces tiges et les parois du trou de sonde, ramenant au jour et d'une façon continue les débris produits par le trépan et constamment délayés.

Lorsque cet espace annulaire se trouve avoir une forte section relativement à celle du creux des tiges, l'eau remontante pourrait ne pas avoir une vitesse suffisante pour entraîner les détritus. On fait alors descendre l'eau par l'espace annulaire qu'on ferme par un presse-étoupes et on la fait remonter, chargée des débris de roches, par l'intérieur des tiges.

193. Sondage au diamant. — Dans les procédés de sondage au diamant, on emploie encore des tiges creuses en fer étiré réunies entre elles par des manchons à vis.

L'outil de perforation agit par rotation. Il est formé d'une couronne en bronze ou en acier dans laquelle sont sertis des diamants noirs. Des rainures sont ménagées pour le passage de l'eau.

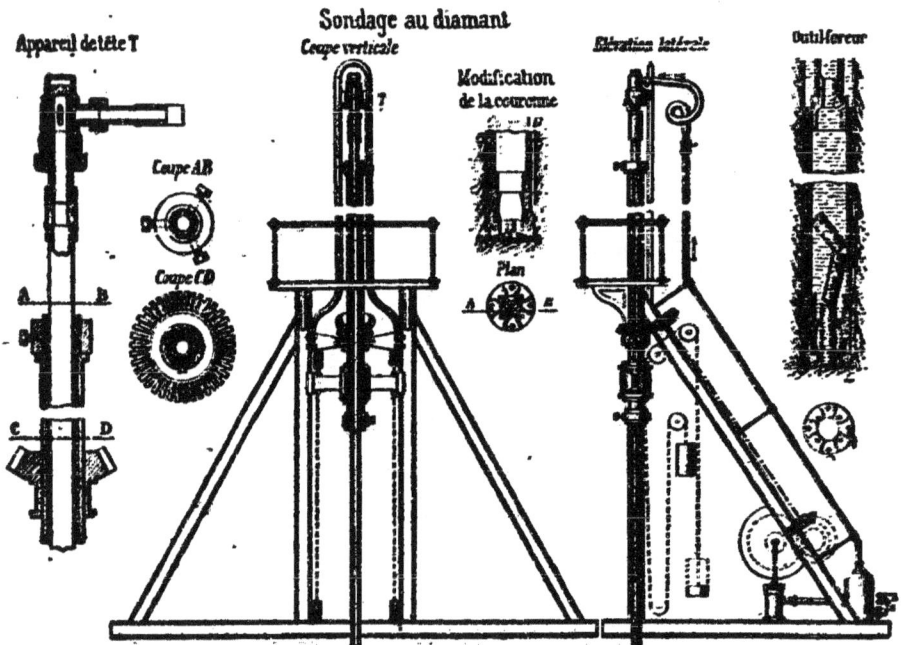

Sondage au diamant

La couronne est fixée à l'extrémité d'un tube creux sur lequel elle fait saillie. Ce tube est vissé à l'extrémité de la première tige de sondage.

A la partie supérieure du corps de sonde, on fixe, au moyen de vis de pression, un tube concentrique portant sur toute sa longueur une rainure dans laquelle glisse un ergot ; le corps de sonde peut recevoir ainsi d'un engrenage conique un mouvement de rotation.

Le poids des tiges est équilibré, pendant le travail, au moyen de contrepoids variables à volonté et fixés à l'appareil de tête. Un tube en caoutchouc conduit dans la tige creuse un courant d'eau sous pression.

Ce procédé convient pour les terrains homogènes, de consistance moyenne, non ébouleux ni coulants. On a obtenu 10 m. d'avancement par jour dans les grès bigarrés.

Il faut, de temps à autre, remonter les tiges pour casser et faire sortir la carotte centrale ; on se sert, pour cette opération d'un appareil analogue à la cloche pour prise d'échantillons ; mais il est possible de se soustraire à cette obligation en modifiant l'outil de façon à broyer la roche sur toute la surface du fond du trou et à l'enlever par le courant d'eau. Ce procédé n'est avantageux que dans des cas spéciaux ; il est nécessaire dans tous les cas de remonter l'outil foreur de temps en temps, pour le vérifier et le remplacer au besoin.

194. Sondages intérieurs. — Dans une exploitation, les sondages de reconnaissance ont 'généralement de 2 à 3 mètres, quelquefois 8 et 10 mètres. Ces petits sondages, qu'ils soient verticaux, horizontaux ou inclinés, se font avec des barres à mine et des curettes analogues à celles employées pour le forage des coups de mine ordinaires.

Le tranchant est en acier ; les tiges sont rondes pour être plus facilement maniables et elles s'assemblent à vis.

Lorsque, dans certains cas spéciaux, la profondeur de ces sondages devra dépasser les limites indiquées, la sonde sera encore compo-

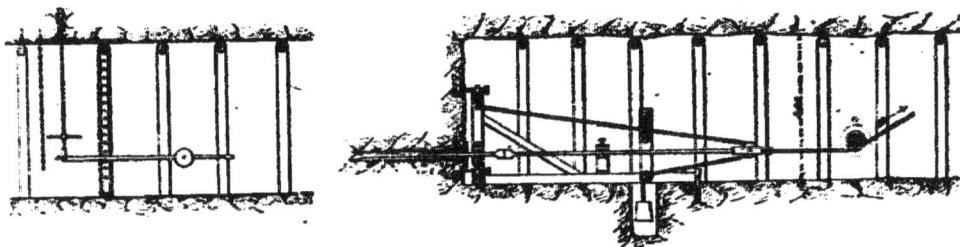

sée de tiges rondes assemblées à vis, mais elle ne pourra plus être manœuvrée directement à la main.

Si on suppose un sondage horizontal, la tige sera supportée et guidée par un coussinet et des rouleaux en bois :

Sur une poulie fixée à la tête de sonde passera une corde tendue par un contrepoids. L'action de battage s'effectuera alors comme si la tige était verticale.

De temps en temps, on lance de l'eau dans le trou de sonde à l'aide d'une petite pompe foulante, afin d'empêcher le tranchant du trépan de s'émousser trop rapidement et d'entraîner une partie des débris ; le reste sera enlevé au moyen d'une tarière vissée au lieu et place de l'outil foreur.

CHAPITRE IX

PUITS. GALERIES. TUNNELS.

§ 1.

PUITS

195. Formes et dimensions. — Les puits de mine sont verticaux ; quelques-uns pourtant sont inclinés suivant le pendage du gîte et on peut les considérer comme des galeries très redressées.

Les puits qui ont leur orifice à la surface du sol servent à l'extraction des produits de l'exploitation, à la descente des matériaux nécessaires à la marche des travaux, à l'aérage, à l'épuisement des eaux, à la circulation des ouvriers.

Les puits intérieurs, cheminées, bures ou beurtias servent à mettre en communication directe deux étages de l'exploitation.

La forme des puits dépend de la nature des terrains à traverser et du mode de soutènement adopté ; leur section dépend de la nature et de l'importance des services à y établir.

Dans les terrains à peu près solides, on donne aux puits une section rectangulaire ou circulaire ; on les divise généralement en trois compartiments, deux pour l'extraction, un pour les échelles. Le diamètre des puits circulaires varie de 2 à 5 m. ; la longueur des puits rectangulaires est de 2m.50 à 7 m, leur largeur de 1.50 à 2m.50, soit une section variant de 3 à 20 m². Lorsqu'on veut concentrer tous les services dans un même puits, on est conduit à des dimensions considérables. Dans le Harz, par exemple, on a foré des puits de 3 m. sur 8 m. ; mais l'épaisseur des boisages a réduit à 2 m. leur largeur utile. On doit avoir soin d'orienter les puits rectangulaires de façon que la poussée des terrains s'exerce sur le petit côté qui devra, par conséquent, être parallèle à la direction.

Quand les puits devront être muraillés, on leur donnera une section circulaire ou elliptique. Quand ils devront être cuvelés, la section sera circulaire ou polygonale.

14

La section circulaire résiste bien à la pression des terrains, mais se prête mal à la division. Dans les dimensions à donner à un puits, il faut toujours tenir compte de l'épaisseur du revêtement.

196. Fonçage des Puits. — Avant de procéder au fonçage d'un puits, on devra se réserver les moyens nécessaires à l'abattage des roches, à l'extraction des déblais, à la descente des matériaux nécessaires au soutènement, à l'aérage, à la circulation des ouvriers, à l'épuisement des eaux.

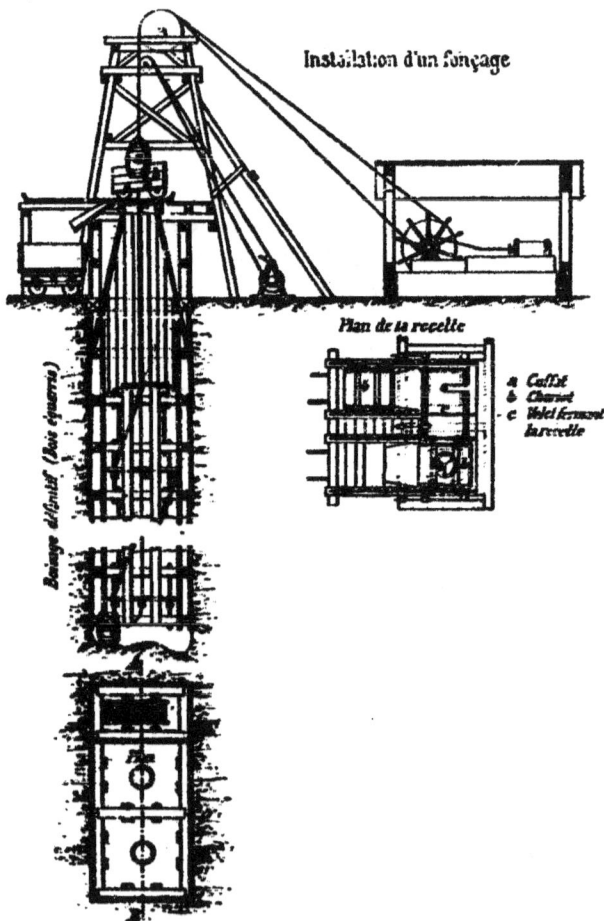

Installation d'un fonçage

Plan de la recette

a Coffet
b Chasset
c Volet fermant
la recette

L'abattage se fera au pic et à l'aide de coups de mine percés à la main ou mécaniquement. L'emploi des perforateurs entraîne pour le percement des puits une perte de temps considérable, par suite de la nécessité où on se trouve de remonter tous les appareils pendant le sautage des mines ; aussi n'est-ce que dans les roches dures et tenaces que le forage mécanique peut être utilement appliqué.

En Pensylvanie, on a employé le sondage au diamant noir dans des conditions toutes spéciales.

On commence par forer, dans le périmètre choisi, des trous verticaux de 75 à 90 mètres de profondeur ; cela fait, on enlève les perforateurs et leurs supports et on remplit les trous de sable. Pour faire le sautage, on retire, avec une petite pompe, le sable d'un groupe de trous situés au centre jusqu'à une profondeur de 1 m. à 1 m.30 ; on dame au fond un tampon d'argile de 15 à 30 centimètres de hauteur, puis on charge. L'explosion produit une cavité au centre du puits jusqu'au niveau des cartouches ; après enlèvement des débris, on charge les trous restants. On continue ainsi de mètre en mètre jusqu'au fond des trous. On réinstalle les machines au fond pour de nouveaux forages à grande profondeur.

Quel que soit le procédé d'abattage employé, l'enlèvement des roches abattues devra se faire assez rapidement pour ne pas retarder le service de l'abattage ; cet enlèvement se fait au moyen de bennes dont l'une monte pendant que l'autre descend ; elles sont mises en mouvement par un treuil à bras, par un manège, ou par un treuil mécanique placé à l'orifice du puits ; on peut également faire mouvoir ces bennes par une machine d'extraction.

La présence d'ouvriers au fond du puits exige des précautions spéciales. Il convient de couvrir l'orifice en ménageant seulement le passage des bennes et le tout reste fermé pendant qu'on vide les bennes au jour. Les dispositions adoptées varient : tantôt on emploie des volets à charnières, tantôt on fait avancer un wagon plat, qui couvre l'orifice du puits et sur lequel on fait reposer la benne au jour. Pour diminuer encore les chances d'accidents, on réserve un compartiment isolé pour la benne ; on n'en emploie alors qu'une seule à laquelle on donne de grandes dimensions. Un moteur plus puissant sera nécessaire.

Les ouvriers circuleront par des échelles ou par la benne dès que le puits aura atteint une certaine profondeur. L'épuisement se fera par les bennes pour de faibles infiltrations ; dans le cas contraire on emploiera des pompes qui seront descendues à mesure de l'approfondissement.

Lorsque le fonçage aura atteint une certaine profondeur, l'aérage ne se produira plus spontanément par diffusion. Il deviendra nécessaire de créer un courant d'air en établissant une cloison verticale étanche dans le puits ou, le plus ordinairement, en faisant suivre, le long de la paroi, une ligne de tuyaux en bois ou en tôle. L'air est envoyé dans cette colonne par un ventilateur ; il devra arriver au front de taille avec une vitesse suffisante pour enlever les fumées produites par les explosifs, diminuant ainsi la perte de temps avant la reprise du travail. L'air chargé de fumée remonte par le puits.

197. Soutènement des parois. — Lorsque le revêtement définitif d'un puits rectangulaire doit être fait en cadres de bois, il est possible de soutenir les parois, à mesure de l'approfondissement, par le
boisage définitif. Lorsque, pour les autres formes, le revêtement doit
être en maçonnerie ou en métal, on a recours à un soutènement provisoire en bois ou en fer que l'on installe à mesure de l'approfondissement de l'excavation.

On enlèvera ce soutènement à mesure que s'élèvera le soutènement

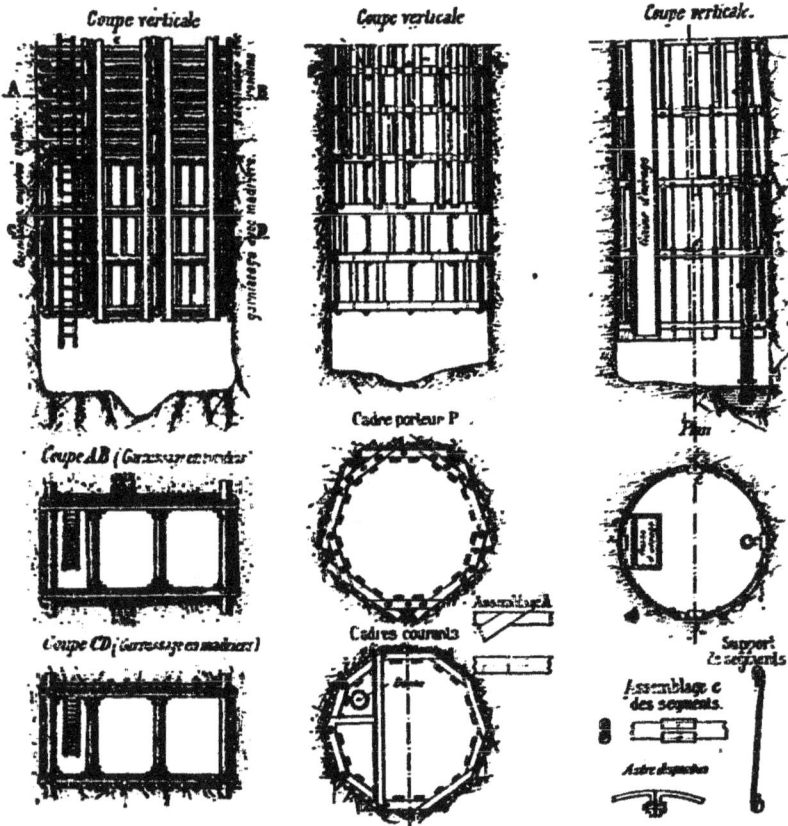

définitif qui se fait de bas en haut et, généralement, par tronçons successifs d'une certaine hauteur.

Boisage définitif d'un puits rectangulaire. — Si on a un puits rectangulaire à foncer dans un terrain qui exige un revêtement complet, on
fera le plus souvent usage de bois de chêne équarris et, si l'on admet
que le puits doive être divisé en trois compartiments, chaque cadre se
composera de deux grandes pièces et de quatre traverses.

On commence par installer à l'orifice du puits un cadre porteur qui
sera capable de soutenir tous les autres placés au-dessous à mesure de

l'approfondissement. Ces cadres, distants de 1m. à 1m. 20, maintiendront des madriers de chêne verticaux et plus ou moins jointifs qu'on serrera fortement, à l'aide de coins, contre la roche. Les cadres sont réunis entre eux par des montants placés dans les angles et sur les grands côtés, ainsi que par des tirants en fer boulonnés et par des filières en chêne clouées sur les cadres et les réunissant deux à deux.

De distance en distance, on établira des cadres porteurs dont les pièces principales seront encastrées dans le terrain pour suppléer celui du jour et soutenir la série de cadres qu'on placera au-dessous. Le boisage sera ensuite complété par les cloisons entre les compartiments.

Il sera simplifié suivant les circonstances et la nature du terrain. On pourra faire usage de rondins, au lieu de bois équarris.

Dans les mauvais terrains ou lorsque le bois est à bon marché, on place les cadres contigus.

Le plus ordinairement, on donne aux puits de mine une section circulaire, plus rarement elliptique ; le revêtement se fait en maçonnerie ou en métal.

Si les terrains sont assez consistants pour qu'on n'ait pas à craindre d'éboulements, on fonce directement le puits jusqu'à sa profondeur définitive et on commence le muraillement par le fond. Mais ce cas est l'exception : on doit, le plus souvent, soutenir les parois à mesure de l'approfondissement. On emploie alors un soutènement provisoire soit en bois, soit en fer, qu'on remplacera plus tard par le revêtement définitif. Mais on n'attend pas que l'excavation du puits ait atteint toute sa profondeur, ce qui entraînerait, pour le revêtement provisoire, une dépense trop considérable. Le revêtement définitif se fera par reprises successives.

Pour un puits circulaire, les cadres de boisage provisoire seront formés de pièces de bois grossièrement équarries et auront une forme polygonale, les assemblages étant à mi-bois, consolidés à l'aide d'éclisses en fer et de boulons.

On placera encore à l'orifice un cadre rectangulaire de fort équarrissage posé sur le sol et d'autres, plus tard, encastrés dans la roche. Les cadres polygonaux se succéderont au-dessous au fur et à mesure de l'enfoncement ; ils seront fortement serrés contre le terrain au moyen de coins et suspendus les uns aux autres au moyen de tirants en fer.

Pour empêcher les cadres de se rapprocher et pour établir une solidarité complète, on place entre deux cadres des montants serrés à l'aide de cales. Un garnissage plus ou moins complet sera placé derrière les cadres et serré par les coins.

Lorsque le boisage provisoire devra se faire sur une grande hauteur à la fois, il deviendra nécessaire de placer tous les 20 ou 30 m. un cadre porteur encastré dans la roche, en choisissant les assises qui présenteront le plus de solidité.

On a aussi recours aux soutènements provisoires en fer, qui diminuent la dépense et économisent le temps. On emploie des cercles en deux ou plusieurs parties, suivant les dimensions du puits. Ces cercles sont en fer plat, fers en U, à T, en vieux rails, réunis par des boulons, ou mieux par des manchons avec cales en bois.

Les cercles sont espacés, suivant la nature des terrains, de 0 m. 50 à 1 m. et reliés verticalement entre eux par des fers plats recourbés. On loge, derrière, le garnissage nécessaire au maintien des terrains.

198. Construction d'un muraillement. — L'épaisseur à donner au muraillement varie avec la poussée des terrains et le diamètre du puits ; un blocage soigné doit toujours être fait pour remplir l'espace vide entre l'extrados et le terrain.

Dès que le puits a atteint la profondeur jugée convenable avec son soutènement provisoire, on établit au fond actuel un ROUET OU ROULISSE, fort cadre polygonal en bois appuyé dans le terrain et qui supportera la première passe de maçonnerie. Cette passe sera prise sur les 15 ou 20 premiers mètres du puits, mais exécutée de bas en haut ; le soutènement provisoire sera enlevé à mesure et ses éléments reserviront pour la deuxième reprise et les suivantes. Les rouets devront être d'autant plus rapprochés que les terrains seront moins consistants. Si le terrain n'offre pas d'appuis suffisants pour les recevoir, on suspendra les cadres par des tirants à des pièces encastrées ou encore à un cadre porteur solidement établi à la surface.

Dans certains cas, on devra augmenter progressivement l'épaisseur de la maçonnerie en allant vers la surface ; on formera ainsi un tronc de cône renversé. Lorsqu'on emploie des briques, au lieu d'opérer par assises horizontales qui nécessiteraient la taille des briques, on opère par hélices, le rouet étant dressé suivant le pas de l'hélice égal à une épaisseur de brique. On remplace aussi quelquefois le rouet par une assise en pierres de taille ou par une embase conique en briques.

Aujourd'hui que l'extraction des produits se fait par cages guidées, on fixe les moises de guidage en même temps qu'on monte la maçonnerie.

Les suintements d'eau, pendant l'exécution d'une passe, trouvent leur écoulement par des trous de tarière ménagés dans le rouet et qu'on bouche sitôt la passe terminée. Si les suintements sont trop abondants, on les réunit dans un rouet à gargouille qui les envoie au réservoir inférieur.

En reprenant l'approfondissement, on a soin de laisser, sous le rouet de la passe supérieure, une corniche de terrain naturel pour servir de support; mais quand la maçonnerie inférieure commencera à l'atteindre, on abattra cette corniche par fractions, en soutenant le rouet ou l'assise à l'aide de buttes remplacées ensuite par la maçonnerie.

Pour procéder au muraillement, on se sert de planchers de divers modèles que l'on déplace à mesure que la maçonnerie s'élève et sur lesquels se tiennent les ouvriers. Ces planchers reposent sur deux piè-

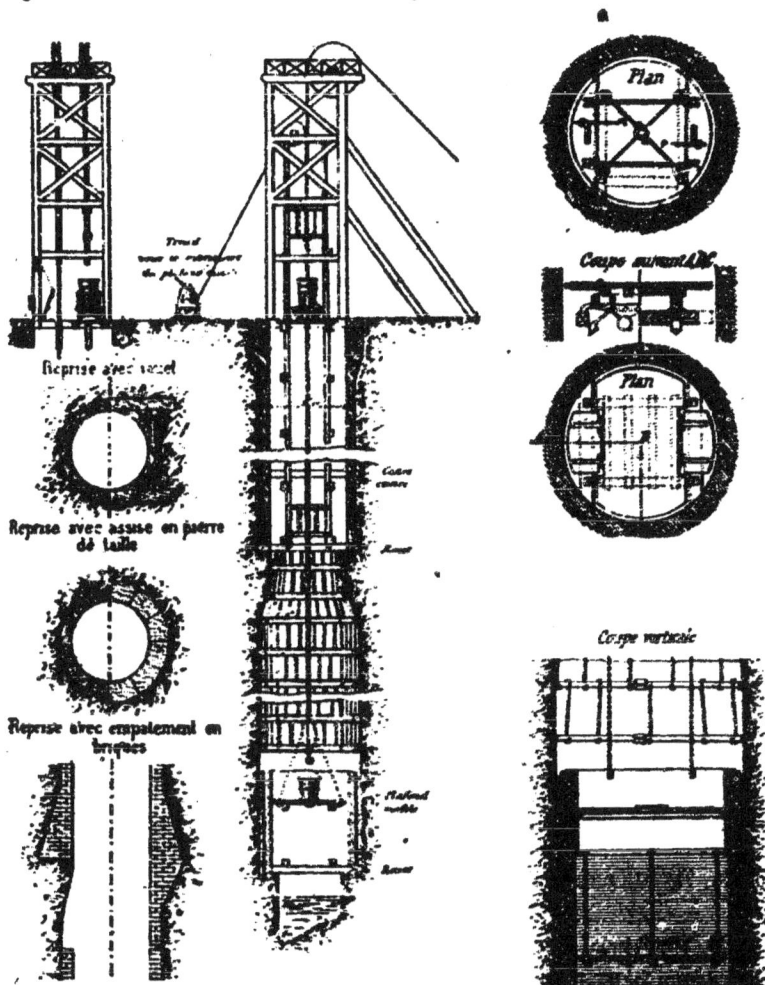

Plan

Coupe suivant AB

Plan

Coupe verticale

Reprise avec rouet

Reprise avec assise en pierre de taille

Reprise avec empatement en briques

ces de bois encastrées dans la maçonnerie, que l'on enlève ensuite pour les reporter plus haut. On emploie aussi des planchers suspendus à un câble spécial, de façon à laisser libres les câbles d'extraction. Pendant le travail, le plancher suspendu au câble est calé contre les parois du puits ou bien on laisse mollir le câble et le plancher repose sur les moises de guidage qui viennent d'être posées. Dans ce dernier cas le plancher porte des volets à charnières et à contrepoids qui seront repliés pour permettre au plancher de passer entre les moises, lorsqu'on le remontera.

On peut aussi employer avec avantage des planchers volants en tôle, de forme circulaire avec rebord cylindrique, et pouvant servir de gabarits pour la maçonnerie. Des oreilles à coulisses permettent de caler le plancher sur la portion déjà construite et d'éviter ainsi des accidents en cas de rupture du câble ou de fausses manœuvres. Les ouvriers maçonnent placés sur un plancher établi à l'intérieur du cylindre pendant que d'autres rejointoient, en se tenant sur un deuxième plancher suspendu au cylindre. En général, au lieu de suspendre le plancher à un câble unique par quatre chaînes de suspension, on juge préférable de le suspendre à quatre câbles descendant le long des parois du puits, de façon à laisser toute la partie centrale libre pour le service.

199. Soutènements définitifs en fer. — Depuis quelque temps, on a commencé à employer le fer pour former les soutènements définitifs. L'appareil se compose de cercles en fers en U formés de quatre segments reliés entre eux par des éclisses spéciales. Ces cercles, distants d'un mètre l'un de l'autre, par exemple, sont réunis par des tirants-porteurs également en fer en U, boulonnés aux cercles. L'intervalle entre les cadres est garni de madriers de chêne de 0 m. 05 d'épaisseur.

Ces cadres ont deux avantages : ils peuvent être placés à mesure du fonçage, d'où économie de temps. Pour une section utile donnée, ils exigent une excavation moindre.

200. Fonçage et soutènement en terrains ébouleux. — Lorsque le terrain est ébouleux, on ne peut faire le muraillement par reprises successives ; la maçonnerie doit être exécutée en une seule fois de bas en haut et suivre de très près l'enlèvement du boisage provisoire qui a dû être fait complet, à mesure de l'approfondissement.

La méthode la plus employée est celle des palplanches divergentes : derrière un premier cadre polygonal, on enfonce, sous un angle de 10° à 15°, des palplanches jointives de 0m. 60 à 1 mètre de longueur, 0,10 à 0,15 de largeur et 3 centimètres d'épaisseur, taillées en biseau.

On a ainsi un garnissage complet qui précède l'excavation. Puis on déblaie sur une certaine profondeur, 0^m 50, par exemple ; et, avant que les palplanches, poussées par le terrain, aient pu reprendre une position voisine de la verticale, on pose un second cadre autour duquel on agit comme pour le précédent en chassant un nouveau garnissage jointif et divergent, qui précédera un nouveau déblai.

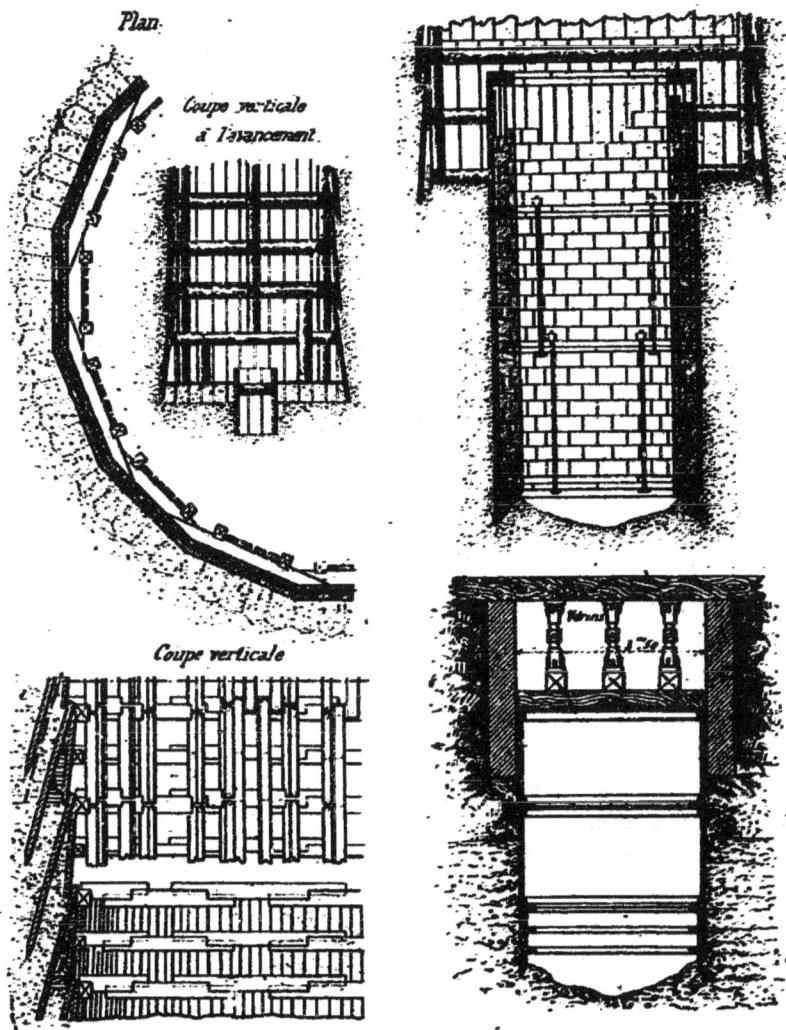

Plan.

Coupe verticale à l'avancement.

Coupe verticale

Les palpanches conservant une position inclinée, on placera derrière les cadres un garnissage convenable, en calant avec soin les vides qui peuvent rester.

Les cadres sont reliés entre eux par de forts montants verticaux.

Quand le fonçage est terminé, on commence la maçonnerie en la faisant suivre de très près l'enlèvement des cadres.

Pour traverser les terrains aquifères, meubles et facilement pénétrables, tels qu'une couche de sable ou d'alluvions incohérentes, on
peut, dans certains cas, avoir recours à un procédé qui consiste à
faire descendre tout d'une pièce et sur une trousse coupante la maçonnerie construite au jour.

Une *trousse coupante* se compose d'un cadre armé d'un sabot tranchant, sorte d'anneau de fonte dont la partie inférieure est taillée en
biseau. Les trousses se font aussi en bois ; elles sont alors composées
de plusieurs assises de madriers réunis par des boulons et sont terminées à leur partie inférieure par un cercle de fer taillé en biseau.

La trousse coupante étant établie sur la surface bien nivelée de la
couche meuble à traverser, on construit dessus une certaine hauteur
de maçonnerie ou *tonne* qui formera le muraillement du puits. Dans
cette maçonnerie on intercale de distance en distance des rouets en
bois, quelquefois en fer, les uns ou les autres réunis entre eux par des
tirants en fer. En outre on cloue extérieurement des planches qui ga-
rantiront la maçonnerie, dans une certaine mesure, lors de la descente.

Les ouvriers placés à l'intérieur procèdent à l'excavation en sapant
bien régulièrement à la base de la trousse. La tour descend par son
poids et pénètre dans le terrain ; on construit une nouvelle hauteur
de maçonnerie et on recommence l'excavation. On voit que le muraillement est construit indépendamment des parois qu'il aura à soutenir
après enfoncement. Une fois arrivée au terrain solide, la trousse y pénètre d'une certaine quantité et sert de base à tout le soutènement.

Pour préserver la maçonnerie contre les frottements qui se produisent lors de la descente, on peut construire la maçonnerie à l'intérieur d'une tour en tôle.

Si la maçonnerie a trop souffert, on la double par un nouveau revêtement intérieur, mais alors on diminue d'autant la section utile.
La grande difficulté, dans l'application, est de conserver la verticalité,
lors de la descente.

Lorsque, en fonçant un puits, on vient à rencontrer en profondeur
une couche de sables ou d'alluvions, on peut construire et disposer à
l'intérieur du puits un tube ou trousse en tôle ou en fonte, d'une hauteur un peu plus grande que celle de la couche à traverser, reconnue
par un sondage préalable.

On fait descendre cette trousse en exerçant une pression à la partie
supérieure au moyen de vis ou de vérins arcboutés contre des pièces
de bois encastrées dans la paroi du puits déjà boisé, on muraille et
on opère comme dans le cas précédent.

Le rayon du puits se trouve naturellement diminué de toute l'épaisseur de la trousse.

Le fonçage par palpanches divergentes ou par trousses coupantes n'est possible que dans les terrains pénétrables, sables, marnes sablonneuses, argiles, etc.

Dans les terrains ébouleux composés de roches dures en gros fragments incohérents et dans lesquels il est impossible d'enfoncer aucun garnissage, on emploie des cercles en fer composés de plusieurs parties réunies par éclisses ou par fourreaux.

On commence par creuser autour du fond une rigole circulaire dans laquelle on place aussitôt un cercle en fer fortement serré contre les parois et soutenu par des agrafes en fer. On fait ensuite la place d'un deuxième cercle qui est également colleté et agrafé au précédent. Entre les deux, on fait un garnissage, puis on passe à un troisième cercle, et ainsi de suite.

201. Cuvelages. — Lorsque les puits traversent des terrains aquifères sur une grande hauteur, non seulement le soutènement doit résister à la poussée des terrains, mais encore il doit être étanche et résister à la pression des eaux. Ces soutènements spéciaux, qui se nomment *cuvelages*, sont construits en bois, en maçonnerie ou en fonte.

Les grands puits que l'on veut cuveler en bois ont une forme polygonale à 12, 16 et même 22 côtés, afin de diminuer la portée des bois. Les puits cuvelés en maçonnerie ont une section circulaire ou elliptique. Les cuvelages en fonte ont une section circulaire.

Dans les exploitations de houille du Nord de la France et de Belgique, tant que le fonçage n'a pas traversé les niveaux aquifères, on le désigne sous le nom d'*avaleresse*.

Certains niveaux donnent 10, 20 et jusqu'à 30m³ d'eau par minute. Il en est qu'on n'a pu franchir, même en employant des pompes mues par des machines de 300 chevaux.

On commencera le fonçage par les moyens ordinaires et on revêtira les parois d'un soutènement provisoire, en ayant soin de recueillir les eaux pour les conduire au puisard ; de là elles seront enlevées par des pompes manœuvrées de la surface et suspendues au moyen de chaînes ou de tiges qui permettent de les faire descendre à mesure de l'approfondissement.

Passé 80 ou 100 m., l'action d'un seul jeu de pompes devient généralement insuffisante et l'on est amené à avoir des relais de pompes dans le puits.

On doit toujours s'installer de manière à être prêt à augmenter les moyens d'épuisement en cas d'accident ; il ne faut pas oublier qu'une des conditions de réussite, dans le passage des niveaux, est la promptitude dans l'exécution du travail.

Pour combattre les grandes venues d'eau, on peut être amené à foncer deux ou même trois puits voisins l'un de l'autre, dans le seul but d'augmenter les moyens d'épuisement.

Lorsqu'un niveau vient d'être atteint, les eaux s'élèvent à une certaine hauteur dans le puits et leur débit croît à mesure qu'on les épuise.

Quand l'équilibre a pu être établi par les pompes, le fonçage est repris, puis continué jusqu'à la rencontre de la couche imperméable et solide sur laquelle coule le niveau ; on y pénètre d'environ 1 mètre et on fonce un puisard au centre. On élargit alors l'excavation à la la base pour établir une banquette bien nivelée sur le pourtour, après quoi on se dispose à faire le cuvelage.

Si la roche n'était pas parfaitement saine et imperméable, il conviendrait de descendre davantage : on aurait soin de boucher les cavités avec du ciment.

202. Cuvelages en bois. — Pour un cuvelage en bois, on établira sur la banquette une trousse picotée qui servira de base imperméable au cuvelage. Pour cela, on placera sur la banquette un premier cadre polygonal en bois de chêne de 25 centimétres d'équarrisage, soigneusement dressé et assemblé à onglets ou quelquefois à tenons et mortaises laissant un vide d'environ 6 centimètres entre sa face extérieure et la roche.

Dans ce vide, on placera la *lambourde*, pièce de bois en sapin de 6 centimètres d'épaisseur ; il y en a autant que de côtés au polygone. La lambourde est serrée contre la pièce du cadre par de la mousse bourrée jusqu'à refus entre elle et le terrain, au moyen de coins en bois.

On procède ensuite au picotage : Entre la trousse et la lambourde, on enfonce des coins contigus ou *plats-coins* en bois blanc, qui compriment la mousse. Puis, à l'aide d'un coin en fer plus épais que les plats-coins, on dégage successivement ceux-ci et on remplace la moitié d'entre eux par d'autres placés la tète en bas. Lorsqu'on a ainsi disposé tous ces plats-coins par paires, le serrage est forcé en frappant jusqu'à refus d'enfoncement.

On prend alors un coin quadrangulaire en acier, *l'agrape à picoter* que l'on enfonce entre les plats-coins pour lui substituer ensuite des coins en sapin dits *picots*. Le joint de mousse est alors à peine visible.

On recèpe ensuite les têtes des plats-coins et des picots, puis, à l'aide de l'agrape à picoter, on refend les têtes des plats-coins pour y enfoncer des picots de bois de chêne séchés au four.

On picote également les angles de la lambourde et on ne considère le picotage comme complet que quand l'agrape elle-même ne peut plus pénétrer. La trousse est alors définitivement établie et le joint est étanche entre l'extrados du cadre et le terrain imperméable.

On dispose souvent deux et même trois trousses picotées l'une au des-

Fonçage à niveau vide et cuvelage.

Ensemble de l'installation

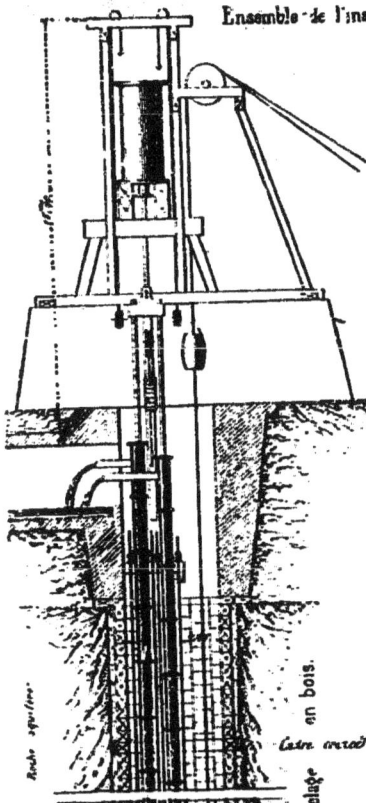

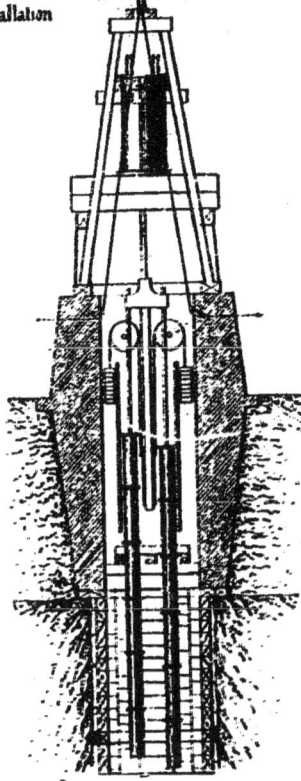

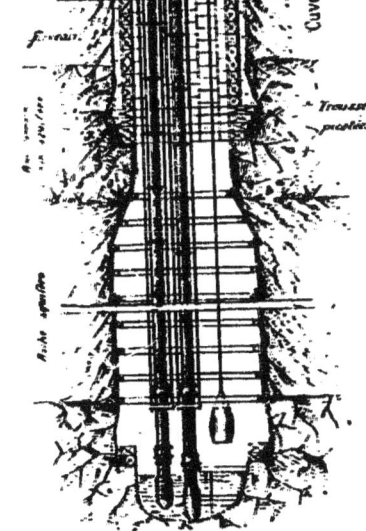

Roche aquifère

Cuvelage en bois.

Cadre courbé

Terrain

Trousse picotées

Roche aquifère

Plan d'une trousse au moment du moussage.

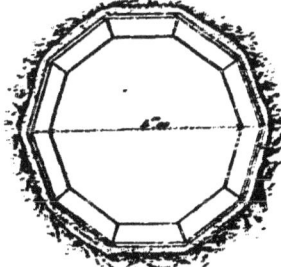

Agrafe à picoter

Plats-coins

Plan d'une trousse après picotage

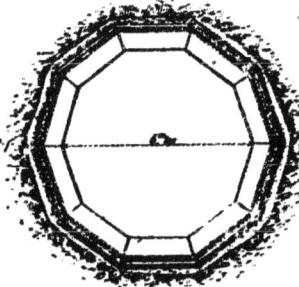

Trousses picotées superposées.

sus de l'autre, afin d'avoir toute' sécurité sur la solidité et la résistance de ce joint de base du cuvelage.

On monte alors le cuvelage sur la dernière trousse et, si l'opération du picotage a déversé certaines pièces de la trousse, on dresse le premier cadre de cuvelage de façon à rétablir la verticalité.

Le cuvelage se compose de cadres en bois de chêne contigus, d'environ 0m. 20 d'épaisseur et 0m. 25 à 0m. 35 de hauteur.

Les joints doivent être parfaitement dressés afin qu'ils puissent être facilement calfatés. Quant à l'épaisseur des pièces, elle est nécessairement proportionnelle à la pression qu'elles auront à supporter ; on peut la réduire à mesure que le cuvelage s'élève.

Dans l'intervalle compris entre l'extrados du cuvelage et les parois de l'excavation se trouve le boisage provisoire et un vide dans lequel on pilonne du béton et du mortier hydraulique ; celui-ci s'infiltre dans les espaces libres et protège le cuvelage contre l'action des eaux en formant une enveloppe qui est d'un secours précieux pour l'entretien du cuvelage et les réparations.

Pendant qu'on monte le cuvelage, il est indispensable de percer, dans les cadres inférieurs, des trous de tarière de section suffisante pour laisser les eaux s'écouler par la base du cuvelage et éviter que, en s'élevant derrière, elles délaient et entraînent le mortier hydraulique. Il est utile de laisser monter les eaux dans l'intérieur du puits, à mesure que le cuvelage s'élève, afin de ne pas soumettre trop tôt les joints à la pression.

Si le cuvelage doit avoir une certaine hauteur, il conviendra d'établir, de distance en distance, tous les cinq ou dix mètres une *trousse-porteuse* ou *cadre-coincé*. C'est un cadre que l'on serre fortement contre les parois de l'excavation à l'aide de coins ; son objet est de rendre le cuvelage en quelque sorte adhérent au terrain.

Lorsque les derniers cadres sont posés, on procède au calfatage des joints, en commençant par le haut et en abaissant le niveau des eaux à l'aide des pompes, à mesure que l'on descend.

On bouche enfin les trous qu'on avait percés dans les cadres inférieurs et le cuvalage se trouve terminé.

Pour continuer le fonçage après le passage du niveau, on laissera au-dessous des trousses picotées une console de terrain d'environ un mètre de hauteur, puis on reprendra le diamètre normal avec un soutènement ordinaire.

Si on a un second niveau à traverser, on opérera comme pour le premier. Arrivé à une nouvelle assise de terrain imperméable, on établira une ou plusieurs trousses picotées qui recevront les cadres du cuvelage jusqu'à la console qu'on sapera successivement de façon à lui substituer un dernier cadre ou *clef* et on terminera le raccordement en faisant un picotage entre ce dernier cadre et la trousse. Quant au cuvelage, il est également rendu étanche par le calfatage des joints des cadres.

203. Cuvelage en maçonnerie. — Pour les cuvelages qui doivent avoir une longue durée, on emploie la fonte ou la maçonnerie, cette dernière pouvant être en briques, si la pression ne doit pas dépasser trente ou quarante mètres de hauteur d'eau. Au delà de cette pression, une trop grande épaisseur deviendrait nécessaire ; on substitue aux briques la pierre de taille et on emploie du mortier très hydraulique, à prise rapide ; la base du cuvelage devra être établie sur une roche solide et imperméable, avec une banquette bien dressée et la maçonnerie de cette base sera d'une épaisseur plus grande que celle du cuvelage. Entre deux rouleaux successifs de maçonnerie, il est nécessaire d'intercaler une couche continue de mortier très hydraulique de trois à quatre centimètres d'épaisseur, dans lequel on pose l'assise suivante et qui sert à assurer l'étanchéité du cuvelage.

Pendant la construction et à mesure que l'on s'élève, on noie dans la maçonnerie des tuyaux en fonte qui permettent à l'eau de s'écouler et l'empêchent d'exercer une pression derrière le cuvelage, avant la prise complète du mortier.

On laisse monter l'eau à mesure que le cuvelage s'élève et, quand il est arrivé à la partie supérieure, on laisse encore séjourner l'eau quelque temps pour être assuré que le mortier a fait prise complète. On épuise alors les eaux au moyen de pompes et on bouche hermétiquement les tuyaux en fonte à mesure de la descente.

L'épaisseur du cuvelage dépendra évidemment de la pression qu'il aura à supporter ; il faut choisir des matériaux faisant bien prise avec le mortier, les pierres volcaniques, certains calcaires carbonifères bien imperméables, par exemple.

204. Cuvelages en fonte. — Lorsque les cuvelages doivent avoir une hauteur de 60 à 70 mètres, on préfère aujourd'hui employer les cuvelages en fonte, quoiqu'ils soient plus difficiles à monter que les pré-

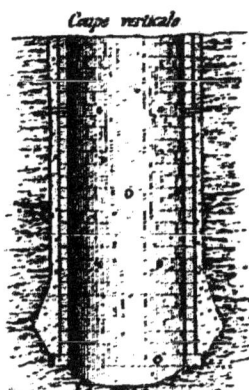

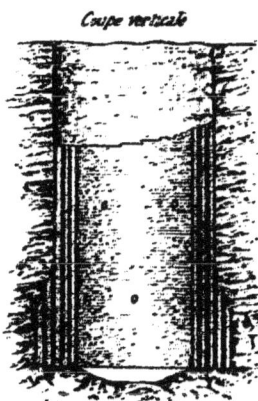

cédents. L'épaisseur du cuvelage est moindre, ce qui permet de réduire, lors du fonçage, le diamètre de l'excavation. Les trousses picotées
de la base sont en fonte et composées de segments.

Quand la descente du cuvelage pourra se faire par anneaux complets,
ceux-ci seront d'une seule pièce avec brides et nervures intérieures ;
il seront superposés et boulonnés les uns aux autres avec joints en plomb
ou en caoutchouc. Chaque anneau aura été essayé à la presse hydraulique et ses brides seront tournées, de manière à obtenir un montage
de précision.

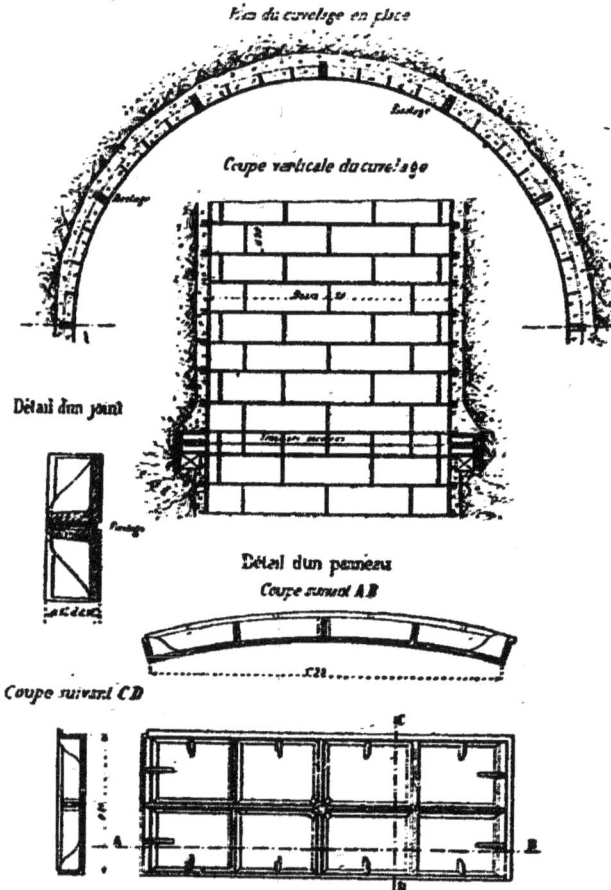

Mais toute reprise en dessous devra nécessairement se faire par segments si on veut conserver le même diamètre au puits. Dans ce cas,
les segments ou panneaux auront leurs brides ou nervures à l'extérieur,
de telle sorte qu'en les juxtaposant et les superposant, on obtiendra un
cylindre lisse à l'intérieur.

Un cercle de cuvelage se composera de 10 à 12 panneaux présentant

des brides extérieures de 13 à 15 cm de longueur et portant de petits
rebords saillants de 15 mm, de telle sorte que le joint représente un
vide régulier dans lequel on chassera des planchettes de sapins taillées et disposées de façon que le fil du bois soit toujours dirigé vers
l'axe du puits. On picotera ensuite ces joints qui formeront ainsi des
cercles continus.

Les joints verticaux seront contrariés ; chacun d'eux correspondra
au milieu des panneaux supérieur et inférieur. Tous ces joints picotés
devront avoir une épaisseur d'un centimètre au plus. On a réservé au
centre de chaque panneau un trou qui permet de le saisir et qui, en
outre, donne issue aux eaux pendant le montage, de manière à ne pas
gêner la confection des joints.

Le cuvelage se montera d'une façon analogue à celle qui est employée
pour les cuvelages en bois.

Le puits étant foncé et la banquette préparée, on commencera par établir une ou plusieurs trousses picotées en fonte et on posera successivement les anneaux de cuvelage, en ayant soin de bien pilonner, à mesure
que l'on s'élèvera, du mortier hydraulique entre l'extrados et le terrain,
de façon à avoir un garnissage complet ; on laisse les eaux monter dans
le puits en même temps que le cuvelage. Quand il est terminé et que le
mortier hydraulique est bien pris, on fait baisser successivement les
eaux, à mesure qu'avance le picotage des joints qui s'opère en descendant. En même temps on bouche les trous circulaires du centre des panneaux à l'aide de chevilles en bois.

Cette opération, conduite méthodiquement, est menée jusqu'aux anneaux de la base, dont on termine le picotage en laissant un passage
suffisant pour les eaux par les trous circulaires ; puis, finalement, on
procède à l'obturation de ces trous. On comprend que la précision
dans le dressage des pièces de fonte soit une condition indispensable,
car il serait presque impossible, en raison d'une pression qui dépasse
souvent 8 et 10 kg. par cmq., de maintenir des joints de plus d'un centimètre. Il faudra aussi employer de la fonte de bonne qualité et s'assurer que les pièces sont saines et sans soufflures.

Un cuvelage en fonte est plus durable qu'un cuvelage en bois, il
demande moins d'entretien, la fonte se maintenant dans des conditions
de résistance constantes, tandis que le bois se fissure et s'exfolie sous
l'influence des fortes pressions.

Par contre la fonte, en raison de sa rigidité, ne se prête pas autant
que le bois aux mouvements du terrain que provoque l'exploitation, et,
bien que l'on puisse donner au cuvelage l'épaisseur que l'on veut, des
cassures restent néanmoins à craindre.

Les réparations aux cuvelages en fonte n'exigent pas de procédés
spéciaux ; on bouche les fissures à l'aide de plaques de cuivre vissées
par des goujons et maintenues par des cercles en fer.

15

On peut aussi, lorsque la fissure est plus importante, l'aveugler en montant devant elle une portion de cuvelage supplémentaire en tôle et en l'armant de fers à U.

205. Renvois de niveaux. — Dans la plupart des puits, les niveaux qui exercent des pressions contre le cuvelage sont indépendants les uns des autres et sujets à de grandes variations suivant les saisons ; et, comme ils sont séparés par les trousses picotées, il peut se produire de grandes variations de pression sur les différentes parties du cuvelage, selon qu'un niveau donné plus ou moins.

Afin de rétablir une solidarité générale et rendre la pression aussi bien répartie que possible, on met souvent les niveaux en communication les uns avec les autres.

Dans le cas de cuvelages en bois, on perce des trous de tarière dans les trousses picotées et on assure la communication au moyen de conduits verticaux.

S'il s'agit de maçonnerie ou de fonte, on a soin d'encastrer dans le cuvelage, à la partie supérieure et à la partie inférieure d'une trousse, des tuyaux horizontaux qu'on réunit entre eux, à l'intérieur du puits, par des tuyaux verticaux pour établir la communication. Ces tuyaux portent des robinets qui permettent d'isoler les niveaux, en cas de réparation.

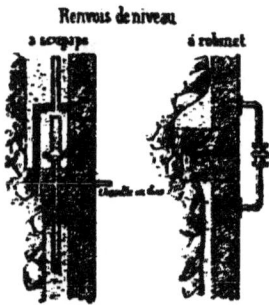

Cette interruption, dans le cas des cuvelages en bois, peut être obtenue en enfonçant une cheville dans les trous horizontaux percés dans la trousse jusqu'à la rencontre des conduits verticaux de communication.

On a fait des renvois à soupapes qui se ferment automatiquement en cas de rupture dans une partie inférieure du cuvelage, de sorte que, pour les réparations, on n'a pas à combattre les niveaux supérieurs et l'on n'a à lutter que contre l'eau du niveau correspondant à la rupture.

L'avantage que l'on peut retirer de la mise en relation des divers niveaux est, du reste, assez discutable.

206. Fonçage à l'air comprimé. — L'air comprimé peut, dans certains cas, être avantageusement employé pour la traversée de zones aquifères situées à de faibles profondeurs. Le procédé de fonçage à l'air comprimé rend de grands services dans l'établissement des piles de ponts.

On emploie, soit des sas solidaires du cuvelage, soit des sas fixes.

Dans la première disposition, un sas à air, fonctionnant à la façon des écluses, est placé à la partie supérieure et renferme une chambre qui reçoit les roches provenant du fonçage. Les sables sont écoulés au jour, en même temps que l'eau, par un tuyau dans lequel la pression de l'air comprimé les chasse. A mesure de l'avancement du fonçage, on ajoute un nouvel anneau en démontant le sas à air et le fixant ensuite sur ce nouvel anneau.

Pour économiser l'air comprimé, on trouve quelquefois avantageux de l'envoyer par une colonne centrale qu'on allonge en même temps que le cuvelage.

Dans la disposition avec sas fixe, on établit celui-ci solidement à la tête du niveau et on le prolonge par des anneaux en fonte qui servent à former joint télescopique pendant la descente des anneaux.

Ces anneaux sont constitués par des segments en fonte de dimensions telles qu'ils puissent passer par les portes du sas à air; ils sont montés et assemblés à l'intérieur des anneaux en fonte solidaires du sas; puis 'on les fait descendre à l'aide de vis ou de vérins convenablement disposés.

Lorsque le cuvelage est descendu d'une quantité équivalente à la hauteur d'un anneau, on remonte les vis et l'on assemble un nouvel anneau de cuvelage qui est descendu à son tour.

On enlève les déblais par le sas, comme avec l'emploi du sas solidaire.

207. Fonçage à niveau plein. — Les divers procédés de fonçage que nous avons décrits se font à *niveau plat*, c'est-à-dire en épuisant les eaux pendant le fonçage, opération qui devient d'autant plus difficile que les eaux sont plus abondantes et les puits plus profonds.

On a alors songé à appliquer au fonçage les procédés du sondage.

et, par suite, à ne pas épuiser les eaux ; une fois le fonçage fait, on descend un cuvelage en fonte portant à sa base un joint préparé à l'avance, que le poids du cuvelage viendra serrer sur la roche ferme de façon à le rendre étanche.

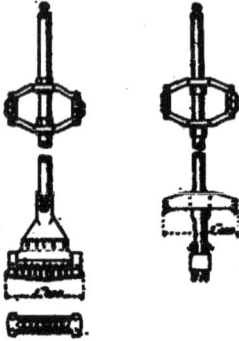

Les premiers essais échouèrent par suite de l'insuffisance du joint de base que l'on ne pouvait faire suffisamment étanche.

M. Chaudron a résolu la question par l'emploi d'une boîte à mousse.

Avec ce mode de fonçage à niveau plein, on n'a pas à s'occuper de la quantité d'eau que donnent les terrains ; mais, comme le puits doit être foncé sur toute la hauteur à cuveler avant que l'on commence le revêtement, il faut que les terrains traversés soient suffisamment solides pour se maintenir sans soutènement pendant un certain temps.

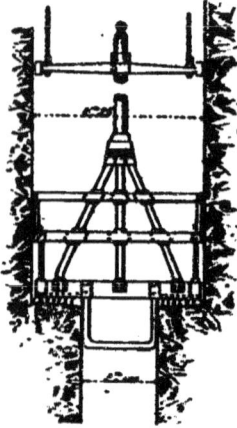

Le creusement des grands puits de mine par les procédés de sondage s'exécute au moyen d'appareils et d'outils tout à fait analogues à ceux employés dans les forages ; leurs dimensions sont appropriées au travail à exécuter.

Si l'on emploie les trépans Kind, l'attaque de la roche sera faite avec deux ou trois séries de trépans formés, chacun, d'un certain nombre de lames rapportées.

C'est ainsi que pour un puits de 4 m. 20 de diamètre, par exemple, on commencera par battre au centre avec un trépan de 1 m. 50, on élargira avec un trépan de 2 m. 80, et on terminera avec un trépan de 4 m. 20.

Les deux derniers trépans ont leurs diverses lames en retraite les unes sur les autres, de façon à faire une excavation conique qui facilite la réunion des débris dans le trou central d'où ils sont enlevés par une cloche à clapets.

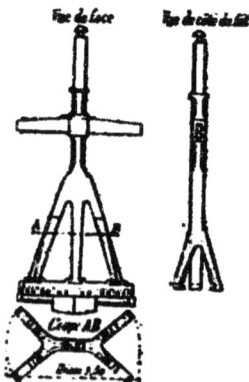

En employant le trépan Lippmann, on peut attaquer le fonçage avec un outil ayant le diamètre du trou à forer. Pour un puits de 4 m. 30, par exemple, on aurait un trépan composé d'un fût à cinq branches muni d'une tête en forme de champignon pour donner prise au grappin de la coulisse.

Le porte-lames en forme de double Y s'assemble au fût en queue d'arondes avec de fortes cales. Une profonde rainure porte un jeu de six lames. Les quatre lames des extrémités sont à forte gouge extérieure pour éviter de laisser des aspérités aux parois. Les deux lames centrales dépassent les autres d'environ 40 cm. et forment ensemble une ligne de taillants convexe qui produit un trou central plus avancé, maintenant le trépan dans la verticale. On peut ainsi fonctionner sans déviation, même à travers les roches les plus fissurées.

Tête de sonde

L'ensemble du trépan pèse 22 tonnes ; on lui fait battre 10 à 15 coups à la minute avec une hauteur de chute de 40 cm.

Les trépans sont nécessairement unis aux tiges par des appareils à chute libre analogues à ceux déjà décrits. La coulisse de MM. Degousée et Laurent est peu compliquée et présente l'avantage d'une disposition qui assure le maintien du trépan pendant la descente depuis le jour jusqu'au fond du trou de sonde ; on prévient de la sorte tout mouvement prématuré de l'outil dans sa coulisse.

Dragueur

C'est une coulisse à poids mort dans laquelle l'effet du chapeau est remplacé par celui de deux heurtoirs, contre lesquels viennent buter les extrémités de deux crochets munis de talons qui forcent les queues du grappin à se rapprocher.

Des ressorts à boudins tendent les crochets qui obligent les queues du grappin à se tenir écartées.

Pinc.

Une tête de sonde à vis sert à assurer la descente progressive, à mesure de l'approfondissement, afin que le grappin de la coulisse à chute libre puisse toujours saisir la tête du trépan. C'est la tête de sonde qui porte le grand levier servant à faire tourner la sonde à chaque coup.

Pince à vis

Les outils de curage sont analogues à ceux des sondages et, si l'on fonce le puits en employant dès le début un trépan au diamètre définitif, on se servira d'une grande *caisse en tôle* de 4 m. 20 sur 1 m. 50 divisée en trois compartiments.

Le fond de la caisse porte des ouvertures fermées par des soupapes

guidées par une tige permettant de les soulever lorsqu'il faudra la vider au jour.

Comme outils de sauvetage on se sert de la *caracole* et de la *cloche à écrous*. Pour extraire les petites pièces de fer restées au fond, on commence par les faire tomber dans le trou central au moyen d'un *rateau-drague* ou *dragueur*. On les saisit alors au moyen d'une *pince à vis* formée de quatre branches articulées terminées chacune par une griffe en acier. Une vis, manœuvrée par le corps de sonde, fait descendre un écrou central relié par des bielles aux quatre branches ; celles-ci se ferment et saisissent l'objet.

208. Installation du cuvelage dans un fonçage à niveau plein. — Les travaux de fonçage sont poussés jusque dans les terrains solides et imperméables où l'on dresse une banquette à l'aide du

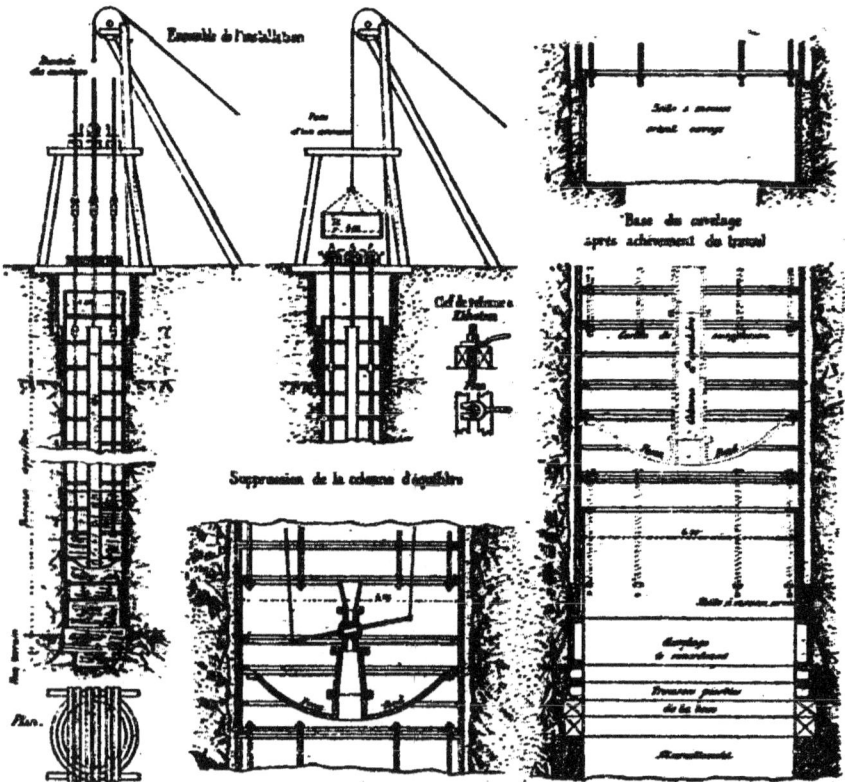

trépan et du dragueur. C'est sur cette banquette qu'il s'agit de faire reposer la *boîte à mousse* destinée à former joint étanche et qui supportera tout le cuvelage formé d'anneaux complets en fonte avec nervures intérieures.

La boîte à mousse se compose de deux anneaux en fonte entrant l'un dans l'autre et portant chacun une bride extérieure à sa partie inférieure et une bride intérieure à sa partie supérieure.

L'anneau du bas est suspendu à celui du haut à l'aide de tringles qui lui permettront de coulisser dans ce dernier, en formant une sorte de joint télescopique. L'espace annulaire compris entre les brides extérieures de ces deux anneaux est garni de mousse comprimée retenue par un filet.

Sur l'anneau supérieur de la boîte à mousse, on boulonne un anneau du cuvelage qui porte lui-même un faux-fond avec tubulure centrale.

L'installation au jour ayant été convenablement transformée après la fin du fonçage, on suspend cette première partie au-dessus du puits au moyen de tiges filetées.

Des engrenages permettent la manœuvre de chacune d'elles et la descente du cuvelage d'une certaine quantité. Lorsque l'épaulement des tiges de suspension arrive à la hauteur du plancher, on place sous chacune d'elles une clef de retenue; on peut alors dévisser les tiges filetées et les relever seules au moyen de leurs engrenages. L'orifice du puits se trouvant ainsi dégagé, on amène un anneau suspendu au câble d'un treuil, on visse de nouveau les tiges de suspension aux tiges filetées redescendues pour supporter le cuvelage; on enlève les madriers sur lesquels s'appuyaient les clefs de retenue; on fait descendre l'anneau du cuvelage jusqu'à ce qu'il repose sur le précédent auquel on le boulonne.

On laisse alors le cuvelage s'enfoncer jusqu'à ce qu'il devienne de nouveau nécessaire de placer les clefs de retenue, ajouter un nouvel anneau, une nouvelle série de tiges et ainsi de suite. On voit qu'en continuant ainsi, le cuvelage portant sa boîte à mousse à sa partie inférieure descendra successivement en s'augmentant chaque fois et par le haut d'un nouvel anneau.

Le poids va donc devenir plus considérable à mesure de l'enfoncement et il pourrait arriver qu'il devienne tel que les tringles soient impuissantes à le soutenir. C'est pour cela qu'on a mis un faux-fond qui fait de l'appareil un corps flottant.

Sur la tubulure de ce faux-fond, on monte une ligne de tuyaux, à mesure de la descente, pour former ce qu'on nomme la colonne d'équilibre. — On peut ne conserver au corps flottant qu'un poids déterminé, 10 tonnes par exemple; la colonne permet de laisser pénétrer l'eau dans l'espace annulaire, lorsque cela devient nécessaire, pour empêcher le cuvelage de flotter. Des robinets placés sur la colonne règlent l'arrivée de l'eau et son interruption.

On supprime quelquefois la colonne d'équilibre et on place simplement sur la tubulure du faux-fond un robinet pouvant se manœuvrer du jour à l'aide de tringles et déterminant l'entrée de l'eau à l'intérieur du cuvelage trop allégé par suite de son immersion.

La boîte à mousse, placée à la base du cuvelage, descendra donc successivement avec celui-ci et arrivera sur la banquette disposée pour la recevoir. On continuera à laisser descendre le cuvelage qui, par son poids, commencera à comprimer la mousse et à l'appliquer fortement contre la roche solide. On laisse alors entrer l'eau dans le cuvelage de façon à augmenter son poids et la mousse, chassée contre les parois du sol imperméable, forme un joint que l'on peut considérer comme étanche. On s'occupe ensuite de faire un bétonnage tout autour du cuvelage. On fait descendre le béton par des tubes en fer glissés dans l'espace annulaire compris entre le cuvelage et les parois. On remonte ces tubes à mesure que le béton s'élève, ou bien on met le béton dans des caisses ayant la forme de la zone annulaire ; on les descend à l'aide d'un treuil et on les vide, une fois au fond, au moyen d'un câble de manœuvre. Quand le bétonnage est terminé, on procède à l'épuisement, après quoi on s'occupe de démonter la colonne d'équilibre et le faux-fond.

La boîte à mousse étant bien assise et bien étanche, on pourrait continuer le fonçage par les moyens ordinaires. Pour plus de sûreté, on fonce de quelques mètres seulement et on établit au-dessous une ou deux trousses picotées en fonte, placées sur deux trousses en bois simplement colletées et surmontées de deux anneaux de cuvelage à panneaux. On les raccorde à la base de la boîte à mousse par un picotage horizontal qui augmente les garanties d'imperméabilité.

L'épaisseur à donner aux anneaux, d'après M. Chaudron, se déduit de la formule :

$$E = 0{,}02 + \frac{RP}{500}$$

R est le rayon intérieur en mètres, P la pression en kg. par cmq.

209. Fonçage par congélation. — L'idée de transformer par la congélation les terrains aquifères et coulants en une masse suffisamment solide pour qu'on puisse l'attaquer comme une roche dure ordinaire a été rendue pratique par M. Poetsch, qui l'a appliquée, pour la première fois, en 1883.

Le froid est produit au jour par une machine à ammoniaque ; le véhicule est une dissolution de chlorure de calcium à 28° Baumé, laquelle ne gèle qu'à — 35°. Ce liquide, refroidi à — 25°, est refoulé par une pompe dans une série de récipients formés chacun de deux tuyaux concentriques enfoncés dans le terrain à congeler. De là, le liquide retourne à la machine à ammoniaque. Les terrains autour des tubes se congèlent progressivement et autour de chaque tuyau il se forme un cône de glace. Tous ces cônes se pénètreront et on obtiendra un bloc solide de forme et de dimensions déterminées.

Dans la pratique, lorsqu'on est près d'atteindre le terrain coulant, on élargit pour permettre l'enfoncement des tubes jusqu'au terrain solide. Ces tubes, espacés de 1m. les uns des autres, embrassent un pourtour dépassant de 0 m. 50 le périmètre extérieur du puits projeté.

Les tuyaux extérieurs sont en fer de 8 mm. d'épaisseur et de 175mm. de diamètre ; ils portent à leur partie inférieure une frette en acier. Quand ces tuyaux, assemblés à vis, seront arrivés au terrain solide, il deviendra nécessaire de boucher hermétiquement leur extrémité inférieure, pour éviter la perte du liquide réfrigérant, au moyen d'un obturateur en plomb légèrement conique ; au-dessus, une couche de goudron, puis du ciment, puis du plâtre, du goudron, du ciment et enfin une rondelle en fer.

On descend à l'intérieur un tuyau en fer de 3 mm. d'épaisseur et de 44 mm. de diamètre intérieur. Ces tuyaux sont fixés à la bride supérieure des premiers et ils reçoivent par un distributeur horizontal le chlorure à basse température.

Ce liquide remonte, par l'espace annulaire, dans un collecteur horizontal et revient à la machine à ammoniaque.

On conçoit donc qu'on obtienne une circulation continue.

Quand la solution sort à — 15 ou — 20°, la masse est assez solide pour qu'on puisse procéder au fonçage à l'aide de pics et de pinces. On évite l'emploi des explosifs par crainte des fissures et pour ménager les tuyaux dans lesquels le liquide réfrigérant doit continuer de circuler. Pour l'abattage, on s'est servi aussi d'un jet de vapeur.

Pendant le fonçage, on place contre les parois un simple soutènement provisoire ; quand on est arrivé au terrain solide, on monte le cuvelage du type que l'on aura choisi.

Avec le cuvelage en fonte, on peut craindre des ruptures lors de la

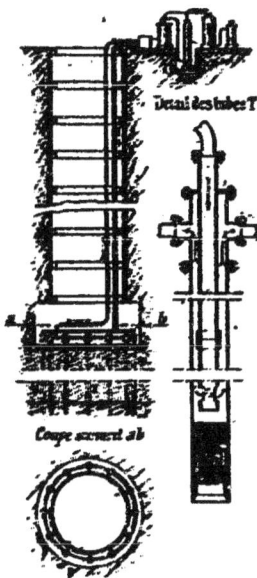

pose, au contact du froid intense des terrains ; il y aura quelques précautions à prendre dans ce sens.

Quand le cuvelage est terminé, on fait circuler dans les tubes de l'eau
chaude : le terrain se dégèle autour des tuyaux et on peut les enlever
facilement.

210. Fonçage sous-stot. — Quand un puits d'extraction doit
être approfondi, sans que l'exploitation soit interrompue, on doit forcément recourir à des procédés différents de ceux que nous venons
d'indiquer.

Le fonçage est fait *sous-stot*, c'est-à-dire en laissant momentanément sous le fond du puits un massif de protection suffisant pour résister aux chutes possibles des bennes et des cages et pour empêcher
toute infiltration des eaux du puisard. Ce massif, qui a ordinairement
9 à 15 mètres d'épaisseur, n'est abattu que quand le fonçage est terminé, pour réunir les deux tronçons et achever les dernières appro-
priations. Le temps d'arrêt de l'exploitation se trouve ainsi réduit au
minimum.

L'approfondissement sous-stot se fait de diverses manières suivant
les circonstances et surtout suivant les dispositions et les divisions du puits à approfondir.

Si la section du puits n'est pas tout entière utilisée pour l'extraction, il suffira de réserver un
stot sous le compartiment d'extraction et de
foncer le puits sur la section du compartiment
libre qu'on prolonge jusqu'à la profondeur assignée au stot, après quoi on reprendra la section
normale du puits. Il faut alors élever une cloison
étanche et la cimenter pour isoler le puisard du
fonçage.

M. Lisbet a établi à l'aplomb du compartiment
libre deux tuyaux en tôle ou en fonte d'une longueur déterminée par la hauteur du puisard et
l'épaisseur à donner au stot.

Ces tuyaux sont bitumés et cimentés. L'un
d'eux, de 1 m. de diamètre, sera employé au passage des hommes et de la benne, aussi bien qu'à
la descente de l'air frais ; l'autre n'aura que 0m.40
de diamètre et servira au retour d'air.

Les déblais peuvent être élevés directement au
jour par une machine placée à la surface, ou bien
seulement jusqu'au niveau de l'accrochage inférieur où un petit chariot vient se placer au-des-
sus de l'orifice du tube. On y verse le contenu de la benne, puis il est

ramené à l'accrochage d'où les cages le montent au jour, à moins qu'on ne trouve plus avantageux de distribuer les roches comme remblais dans les chantiers d'abattage.

Si toute la section du puits est employée pour l'extraction, à partir du travers-bancs inférieur, et à 10, 15 ou 20 m. du puits, on fonce un bure ou petit puits intérieur d'une profondeur en rapport avec l'épaisseur du stot à réserver, on pousse une galerie se dirigeant vers la projection de l'axe du puits, déterminé, soit par des opérations topographiques, soit par un sondage fait au fond du puisard. L'enfoncement se fait alors sous-stot, et les déblais sont enlevés à l'aide de treuils par deux relais jusqu'à la chambre d'accrochage, d'où ils sont élevés au jour ou envoyés comme remblais dans les chantiers d'exploitation.

Le mouvement peut être donné aux treuils soit du jour à l'aide de transmissions par câbles, soit par des machines souterraines à air comprimé ou à vapeur, ou à la main.

Si l'on a deux puits rapprochés l'un de l'autre, on comprend que l'approfondissement de l'un puisse se faire en se servant de l'autre. Alors, si les dispositions le permettent, il est bon d'approfondir d'abord le puits d'aérage et de s'en servir ensuite pour l'approfondissement du puits d'extraction.

Quel que soit le procédé employé, quand le fonçage est arrivé à la profondeur voulue, l'enlèvement du stot se fait ensuite de bas en haut.

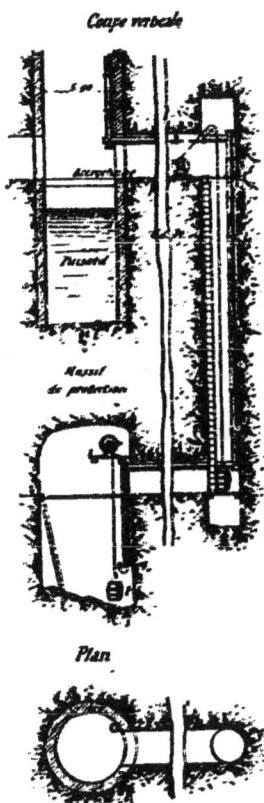

211. Fonçage des puits en montant. — Lorsqu'on a à approfondir ou à foncer un puits près d'un autre déjà foncé, on peut, si l'on est pressé, attaquer le fonçage par plusieurs points avec chantiers montants et chantiers descendants. On peut aussi avoir à exécuter des bures ou puits intérieurs en montant ; nous indiquerons les procédés usuels : dans le creusement en montant, le forage des trous de mine présente plus de difficultés, surtout au début ; mais, en somme, le travail est plus rationnel et l'avancement plus rapide que lorsqu'on opère en

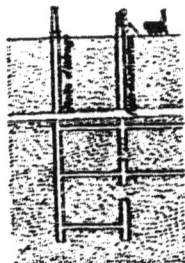

descendant. Le poids de la roche vient en aide à l'abattage, les déblais descendent seuls et sont reçus dans des trémies. Il faut bien ensuite les remonter au jour d'une plus grande profondeur, mais ce travail se faisant au moyen d'une machine située à la surface, les frais n'en seront pas sensiblement augmentés. Le travail d'abattage n'aura jamais à attendre celui d'enlèvement des déblais ; l'eau ne viendra pas gêner le travail. L'aérage pourra être aussi bon qu'en descendant et les ouvriers n'auront à craindre ni les chutes de pierres ou d'outils, ni les ruptures de câbles.

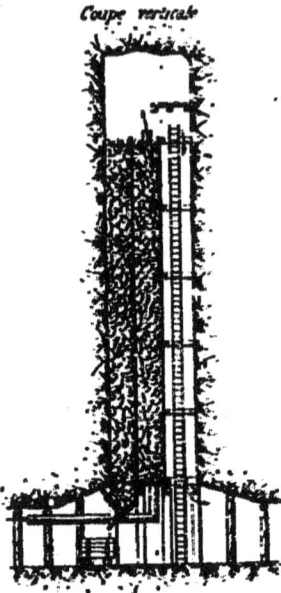

Coupe verticale

Le soutènement des parois se fera en montant, les cadres successifs reposant sur celui du fond et étant réunis par des montants en bois qui agiront par compression, au lieu d'être suspendus par des tirants, comme cela a lieu avec le fonçage en descendant.

Pour organiser le creusement des puits en montant, on divise la cavité en trois compartiments par des cloisons verticales. Le premier sera muni d'échelles pour le passage des ouvriers et permettra l'arrivée des outils et matériaux nécessaires au travail, le second recevra les déblais et sera terminé à la partie inférieure par une trémie qui permettra de charger directement les wagonnets. Enfin le troisième, qu'on laissera se remplir de déblais à mesure de l'avancement, sera traversé par un conduit d'aérage.

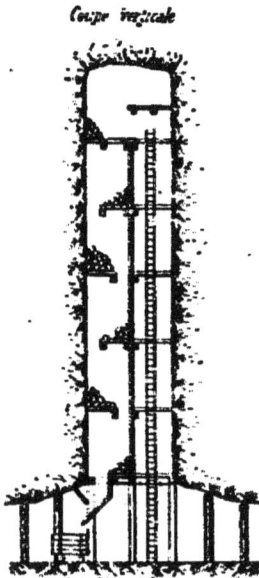

Coupe verticale

Les ouvriers travaillent en se tenant sur les déblais qui s'élèvent à mesure du travail. Un plancher mobile préserve le compartiment des échelles contre la chute des pierres.

Le cadre inférieur de soutènement devra être solidement établi pour supporter, non-seulement tous les cadres successifs, ce qui serait peu de chose puisqu'ils sont calés contre les parois, mais encore les remblais des deux compartiments. L'air, envoyé au front de taille par le conduit réservé dans un des compartiments , redescendra par celui des échelles.

On peut aussi ne diviser les puits qu'en deux compartiments, l'un réservé au passage des ouvriers et des matériaux ; l'autre, destiné à la descente des déblais, recevra des paliers disposés en cascade et sur chacun desquels viendront successivement tomber les déblais.

`Le compartiment des échelles pourra être divisé en deux, afin d'en réserver une partie à la circulation des matériaux.

Les ouvriers, au lieu de se tenir sur les déblais, se tiendront sur un plancher qu'ils élèveront à mesure de l'avancement du travail. La circulation d'aérage se fera en montant par l'un des compartiments et redescendant par l'autre.

§ 2.

GALERIES

212. Formes et dimensions. — Les galeries d'une mine sont destinées, avons-nous dit, à la reconnaissance et à l'exploitation des gîtes, au passage des ouvriers, aux transports, à l'écoulement des eaux, à l'aérage.

On donne, le plus souvent, aux galeries une section en forme de trapèze isocèle avec sa grande base à la partie inférieure.

Les dimensions ne peuvent être moindres de 1 m. 50 de hauteur et 1 m. 20 de largeur, sans entraver le service. Et si des affaissements viennent réduire ces dimensions, il faut procéder au *ranchage*, c'est-à-dire au rétablissement du gabarit initial. On comprend aussi que l'aérage soit favorisé par une grande section. On prend généralement les dimensions suivantes :

Pour une galerie en direction dans une couche (à une voie), largeur 1 m. 30 à 1 m. 50 ; hauteur 1 m. 80 à 2 m. 50.

Pour une galerie en direction dans une couche (à deux voies), largeur 2 m. à 2 m. 50 ; hauteur 1 m. 80 à 2 m. 50.

Pour une galerie en direction dans un filon de puissance suffisante, largeur 2 m. 50 ; hauteur 1 m. 80 à 2 m.

Pour un travers-bancs (couronne en plein cintre), largeur 1 m. 30 à 2 m. 50 ; hauteur 1 m. 80 à 2 m. 50.

Dans le percement de toute galerie, on aura soin de ménager, sur un des côtés ou au milieu, une rigole de section suffisante, qu'on entretiendra en parfait état, afin d'assurer l'écoulement régulier des eaux vers le réservoir d'où on les épuisera.

Les galeries qui servent aux transports et à l'écoulement des eaux sont presque horizontales, avec une pente de 3 à 5 mm. par mètre dans le sens de la charge. Lorsque la galerie doit changer de direction, on lui fait suivre un tracé à contour curviligne afin de ne pas gêner le roulage.

Les galeries de *retour d'air* ou d'*aérage* sont, le plus souvent, d'anciennes voies de transport.

213. Percement et soutènement des galeries. — Lorsque les dimensions et la direction d'une galerie auront été déterminées par l'ingénieur, il s'occupera de l'organisation du travail pour arriver à un percement rapide et économique ; il assurera l'arrivée du courant d'air jusqu'au front de taille par un des moyens indiqués au chapitre suivant.

Quant à l'abattage proprement dit, les mineurs devront savoir placer les coups de mine, pratiquer les entailles pour augmenter l'effet utile, et mettre à profit les différences de dureté, la disposition des strates et les délits de stratification et de clivage.

Dans leur travail, les ouvriers sont souvent portés à dévier lorsqu'ils rencontrent sur un parement un délit ou une fissure qui facilite l'abattage. Pour s'assurer qu'une galerie se poursuit en ligne droite, on suspend, dans son axe, deux fils à plomb à une distance convenable, et on s'assure d'un coup d'œil que le plan qui passe par ces deux fils passe aussi par le milieu du front de taille.

Pour contrôler l'inclinaison, on se sert de la règle et du fil à plomb.

Lorsque les galeries sont percées en terrains résistants, elles peuvent se passer de soutènement ou de revêtement ; la couronne est taillée en forme de voûte. Mais, en général, les excavations ne peuvent rester ouvertes sans être consolidées et étayées.

Les terrains, même quand ils paraissent solides, arrivent dans la plupart des cas, à se gonfler, se fendre et tomber en écailles.

Cet effet doit être attribué, le plus souvent, à la pression des terrains supérieurs dont a troublé l'équilibre. Quelques roches ne tardent pas à se gonfler au contact de l'air humide.

Les galeries principales tracées dans le gîte sont celles qui sont le plus affectées par les tassements. Leur durée est généralement limitée par celle de l'exploitation d'un étage, mais elles pourront avoir à servir, plus tard, de galeries de retour d'air.

Dans le but de protéger ces galeries percées en plein gîte et de diminuer les frais de leur entretien, on ménage quelquefois des piliers qu'on n'enlève qu'en se retirant. D'autres fois, et quand les galeries principales sont présumées de longue durée, au lieu de les tracer dans le gîte même, on les trace dans le mur et on rejoint le gîte, de distance en distance, par des recoupes.

La première dépense est beaucoup plus forte, mais l'entretien est moindre et. dans le cas d'accidents, un incendie, par exemple, on peut isoler plus facilement les chantiers contaminés.

Pour soutenir les galeries, on se contente, le plus souvent, de les boiser, sauf à remplacer plusieurs fois le boisage et à exécuter des *ranchages* successifs après les affaissements ou les gonflements ; le soutènement peut aussi être fait en pierres sèches. D'autres fois, quand on prévoit, pour les galeries, une longue durée, on peut trouver avantage à les murailler à chaux et à sable. On emploie aussi des soutènements métalliques et des soutènements mixtes dans lesquels on peut associer de différentes manières le bois, la pierre et le métal.

Pour la traversée des terrains fissurés, désagrégés, pour celle des terrains meubles et aquifères, il faudra avoir recours à des moyens de consolidation spéciaux et souvent fort coûteux.

214. Boisage. — Dans les conditions ordinaires, le mineur peut avancer son percement de 1 mètre avant d'avoir à soutenir les parois. Lui-même ou, derrière lui, le boiseur établit le soutènement au moyen

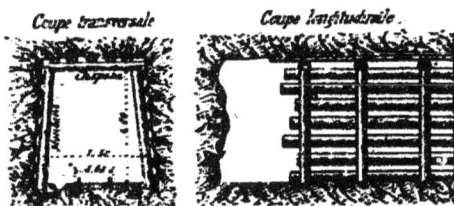

Coupe transversale.   Coupe longitudinale.

de cadres placés à des distances variables et sur lesquels s'appuient les bois de garnissage en contact avec les parois. Au moyen de coins, il conviendra d'établir le boisage dans un état de tension contre les roches, afin d'éviter que celles-ci ne se fissurent et se détachent.

Le boisage sera plus ou moins complet suivant la tenue des terrains. Le cadre ordinaire se compose de deux montants et d'un chapeau. L'assemblage se fait de trois manières différentes, suivant que la pression s'exerce également au faîte et sur les côtés, ou bien que la pression verticale est la plus énergique, ou enfin que la pression latérale l'emporte.

Quand les pressions latérales peuvent être considérées comme nulles, on doit préférer l'assemblage à *gueule de loup* qu'on rencontre surtout dans les dépilages, où un même chapeau est quelquefois supporté par plusieurs montants.

Lorsque la pression est trop considérable, on ajoute aux cadres ordinaires des jambes de force ou *poussards obliques*.

Si le sol est mauvais et si les montants s'y enfoncent, on les fait reposer sur une *semelle*.

Dans d'autres cas, on pourra, au contraire, ramener le boisage à des éléments plus simples en supprimant un montant ou même les deux ; ces modifications ou simplifications seront commandées par chaque cas particulier.

Dans les galeries qui ont plus de 3 mètres de hauteur, on placera des *tendards* horizontaux sur lesquels on pourra appuyer un plancher divisant la galerie en deux parties, ménageant ainsi soit un compartiment d'aérage à la partie supérieure, soit un compartiment pour l'écoulement des eaux à la partie inférieure. Dans les galeries ou por-

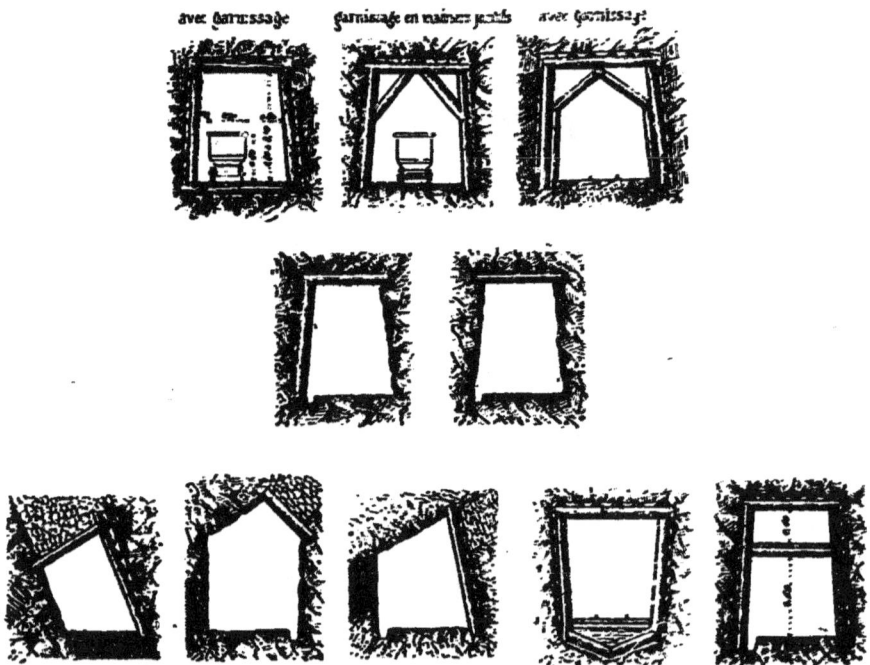

tions de galeries qui devront avoir une double voie de roulage, l'excès de largeur obligera souvent à soutenir le chapeau en son milieu par un montant vertical ou *chandelle*.

Cette chandelle sera assemblée à *gueule de loup* avec le chapeau.

La distance à laquelle on place deux cadres consécutifs dépend de la tenue des terrains, de la dimension des galeries, de la grosseur et de la qualité des bois.

On place, entre les cadres et la roche, un garnissage formé, suivant les circonstances, de planches, de croûtes de sciage de long, de rondins, de fascines.

Dans des cas exceptionnels où l'on a à conserver des galeries dans de très mauvais terrains, on a donné à l'excavation une section ronde ou ovale. Alors le soutènement se pratique à l'aide de rondins jointifs placés dans le sens de la galerie, en faisant en sorte que les joints des bois se contrarient dans leur longueur. On a aussi employé des soutènements formés de voussoirs en bois goudronné. Ils sont très coûteux et on trouve généralement avantage à les remplacer par des voûtes en maçonnerie.

On pourra aussi combiner l'emploi du bois avec celui de murs en pierres sèches choisies parmi les roches fournies par l'exploitation.

Le boisage doit toujours être surveillé et entretenu avec soin ; on devra remplacer sans retard les pièces qui fléchissent, se détériorent ou se brisent. On veillera à maintenir aux galeries leurs dimensions primitives ; pour cela, on entamera les parois toutes les fois qu'il sera nécessaire et on placera d'autres cadres de dimensions convenables.

S'il se produit un éboulement au faîte d'une galerie, le vide devra être remblayé avec soin et maintenu à l'aide d'un bon soutènement. Si le vide est assez important pour qu'on ne puisse le remblayer, on emploiera des fascines et un garnissage en bois, en forme de quadrillage serré fortement, de façon à établir une tension générale sur toutes les parois du vide produit par l'éboulement.

215. Soutènements en maçonnerie. — Dans les terrains non résistants, les efforts que le soutènement peut avoir à supporter sont quelquefois considérables. Les cadres ne tardent pas à se déformer et à se rompre, d'où un entretien incessant et onéreux. Aussi a-t-on recours souvent à un soutènement en moellons ou briques avec mortier hydraulique.

Un bon muraillement coûte, en général, trois ou quatre fois plus cher qu'un boisage, même complet ; mais les frais d'entretien doivent être considérés comme à peu près nuls. Il peut donc arriver que, au bout d'un temps plus ou moins long, une galerie muraillée finisse par coûter moins cher que si on l'avait boisée.

Le muraillement tend à se répandre, à mesure que les bois deviennent plus rares et plus coûteux.

16

Le temps pendant lequel la galerie devra servir, ainsi que le rapport entre le prix du boisage et celui de la maçonnerie, décideront de la préférence à donner à l'un ou à l'autre des deux modes de soutènement.

Le muraillement se fait suivant les règles de la construction des voûtes ; dans le choix de la forme à adopter, il y a lieu de tenir compte du sens des poussées.

Le plus ordinairement, le muraillement consiste en une voûte en plein cintre à laquelle on donne 50 cm. d'épaisseur, soit deux longueurs de briques.

Cette voûte repose sur des pieds droits de 0m.50 à 1m. pénétrant de 10 à 20 cm. dans le sol de la galerie.

Dans les terrains difficiles, les pieds-droits s'appuient sur un radier en maçonnerie ; si les poussées sont considérables, on adopte une section elliptique.

Lorsque le terrain est de nature à se maintenir quelque temps sans soutènement on procède directement, en commençant par les pieds droits, puis on monte la voûte que l'on raccorde à la clef.

Les vides entre l'extrados et les parois de l'excavation doivent être remplis soigneusement, afin d'exercer un serrage général et de prévenir toute fissure du terrain. On obtient ainsi un soutènement résistant et durable, tant que la galerie n'est pas exposée à participer aux mouvements généraux dus aux travaux d'exploitation. Si le terrain ne peut se maintenir sans soutènement, on commence par placer un boisage à mesure de l'avancement de la galerie ; ce ne sera qu'un soutènement provisoire, remplacé ensuite par la maçonnerie.

Le muraillement variera suivant les conditions spéciales où l'on se trouvera placé. Si le faîte seul est ébouleux, la voûte en maçonnerie reposera sur deux assises solides du terrain. Si le toit et le gîte lui-même sont mauvais, on pourra reporter sur le mur toute la pression.

316. Soutènements métalliques. — Aujourd'hui, dans les terrains difficiles, l'emploi du fer et surtout des vieux rails s'est beaucoup développé. Quelques exploitations substituent couramment le métal

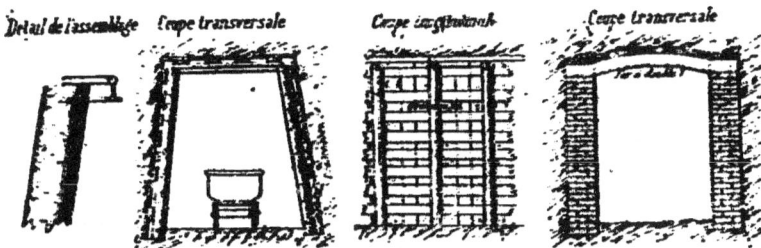

au boisage et à la maçonnerie, ce qui permet de réduire la section de l'excavation, l'épaisseur du soutènement étant moindre.

L'application la plus simple des vieux rails consiste à les appuyer

sur des pieds-droits en maçonnerie, après les avoir courbés sous une flèche de 1/15 à 1/10, pour leur donner plus de résistance à la poussée verticale.

On les emploie aussi comme chapeaux reposant sur deux montants en chêne, dans lesquels on pratique sur place des entailles dont la profondeur n'excède pas la demi-hauteur du chapeau.

Avec de vieux rails de faibles dimensions, 14 kg. par exemple, on peut faire des cadres complets, en les cintrant un peu et les recourbant aux extrémités pour leur donner une assise plus solide.

On fait aussi des cadres en plusieurs parties ou segments réunis par des éclisses ou par des fourreaux en fonte ou en fer dans lesquels on chasse des coins en bois.

Dans les galeries où les incendies sont à craindre, les cadres tout en fer peuvent rendre de grands services, le garnissage se fait alors en vieux rails ou en fers plats.

On construit des soutènements métalliques en fers profilés spéciaux, le plus ordinairement en double T et en U.

Coupe transversale

On emploie quelquefois la fonte comme soutènement, bien que ce métal moins élastique que le fer, résiste beaucoup moins dans le cas de poussées inégales.

La fonte a pu être appliquée avec succès dans des terrains ébouleux et aquifères. Chaque anneau du revêtement est composé de 6 segments renforcés par des nervures. L'élasticité, nécessaire à tout soutènement employé dans les mines, est obtenue au moyen de pièces de bois reliant les segments en fonte.

Pour répartir les pressions, on peut interposer entre le cadre et la roche une matière qui se tasse facilement, comme des terres meubles ou du sable.

217. Chambres d'accrochage. Recettes. — Les galeries qui partent d'un puits doivent avoir, à leur naissance, des dimensions plus grandes que celles fixées pour la galerie elle-même. Il faut, en effet, un emplacement convenable pour faire commodément et économiquement le service de l'extraction, de la réception des matériaux, tels que les bois, les rails, qui ont parfois de grandes dimensions.

Ces emplacements, situés au raccordement des galeries et des puits, portent le nom de *chambres d'accrochage*, ou *recettes intérieures*, ou *envoyages*. On leur donne, en général, la largeur du puits, une hauteur égale à celle de la cage et une longueur suffisante pour contenir un ou deux trains de berlines. La hauteur de la chambre va en diminuant, à partir du puits pour devenir celle d'une galerie ordinaire qui se dirige vers les travaux.

Le revêtement des chambres d'accrochage, qui ont de grandes dimensions et, généralement, une longue durée, doit être solide et résistant. Il sera en bois, en maçonnerie, en métal, ou mixte.

Il convient, si l'on choisit le bois, de soigner spécialement le raccordement de la recette avec le puits. Si celui-ci est boisé, les cadres

Chambres d'accrochage

Soutènement mixte
(fer et maçonnerie)

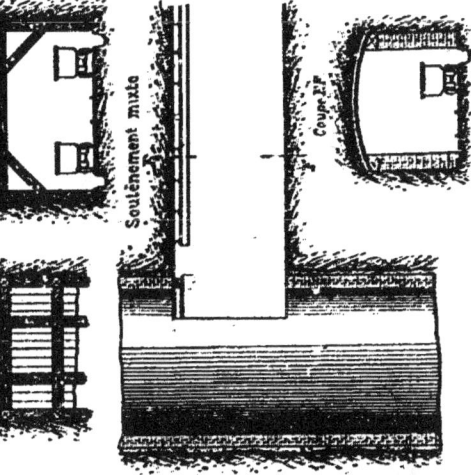

Soutènement en maçonnerie

Coupe GH

Coupe KL

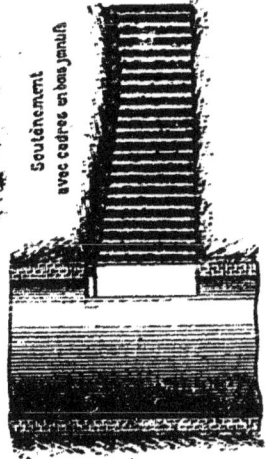

Soutènement avec cadres
en bois équarris

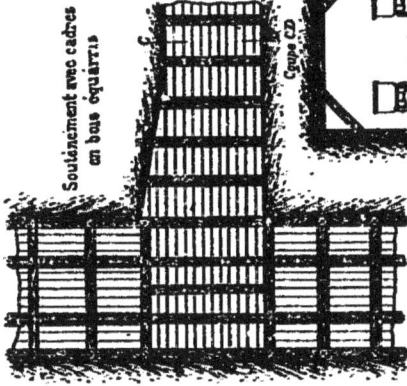

Coupe CD

Soutènement mixte

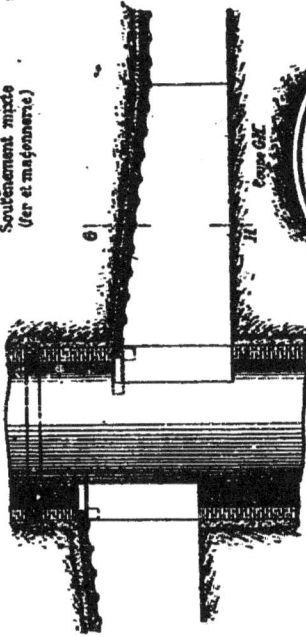

Coupe IF

Coupe
d'un soutènement
avec voussoirs en bois

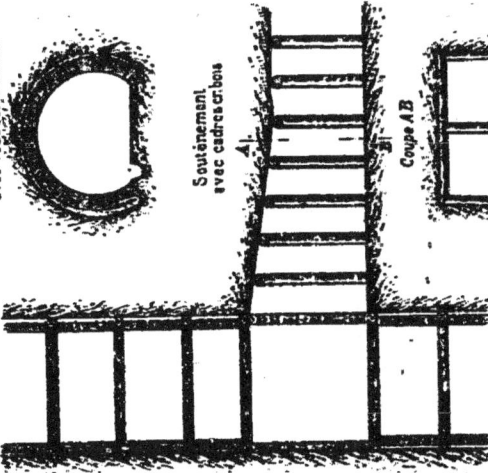

Soutènement
avec cadres en bois

Coupe AB

Soutènement
avec cadres en bois ronds

du côté de la recette doivent être supprimés sur la hauteur de celle-ci.

Dans les terrains solides, on les remplace par des montants placés dans les angles du puits et maintenus par de fortes traverses de serrage au-dessus et au-dessous de la recette.

Avec des terrains ordinaires, on place au-dessus et au-dessous de la recette de longs cadres porteurs de fort équarissage, dont les extrémités sont solidement encastrées dans la roche et on les réunit par de solides montants.

Le soutènement de la chambre se fait comme celui de la galerie ; seulement, les dimensions étant plus grandes, les cadres sont plus rapprochés. Quelquefois même, ils sont jointifs et les chapeaux sont maintenus par des chandelles intermédiaires ou par des jambes de force dans les angles.

Dans les très mauvais terrains, on a souvent employé le bois sous forme de voussoirs de 0 m. 30 d'équarissage sur 0 m. 50 de longueur ; il offre ainsi une grande résistance, en même temps qu'une grande élasticité. L'espace compris entre les voussoirs et la roche est rempli avec du béton. On peut donner à ce revêtement en bois toutes les formes que l'on donnerait à un revêtement en maçonnerie.

Dans certains cas, on trouvera avantage à remplacer les montants des cadres par des pieds droits en maçonnerie surmontés d'une longrine qui servira de support à de forts rondins, ou à des fers en double T, à de vieux rails ou encore à des fers profilés convenables plus ou moins espacés ; ces divers modes de soutènement recevront un garnissage extérieur de planches, de rails de mine ou même de tôle.

Quand le puits est maçonné, on fait le revêtement de la recette en maçonnerie et on le raccorde avec le muraillement du puits. Pour ne pas trop charger l'entrée de la voûte, on fait supporter la maçonnerie du puits par une solide assise en pierres de taille ou par un empatement en maçonnerie.

218. Percement des galeries en terrains ébouleux. — Lorsqu'on doit percer une galerie en terrains ébouleux, il n'est pas possible de laisser sans protection, même pendant un temps très court, le pourtour de la galerie et le front de taille lui-même : le garnissage devra alors précéder l'excavation.

Ce résultat s'obtient au moyen de *palplanches divergentes* pour le pourtour et d'un *bouclier* pour le front de taille.

Le dernier cadre avant d'arriver au terrain ébouleux étant établi, on garnit le front de taille à l'aide d'un bouclier formé de madriers horizontaux, maintenu à l'aide de pièces inclinées s'appuyant contre les montants des cadres ou contre de fortes chandelles spécialement disposées pour cela. On remplace le plus souvent ce bouclier par deux plus petits, mis bout à bout, plus faciles à manier et divisant en deux parties la largeur de la galerie. On les maintient à l'aide de bois appuyés sur un montant vertical, placé au milieu de la galerie et calé lui-même par des pièces inclinées qui reportent la pression du terrain sur les montants des cadres.

Lorsque le bouclier est ainsi placé, on enfonce, suivant son périmètre, des palplanches contiguës et divergentes, en chêne, taillées en

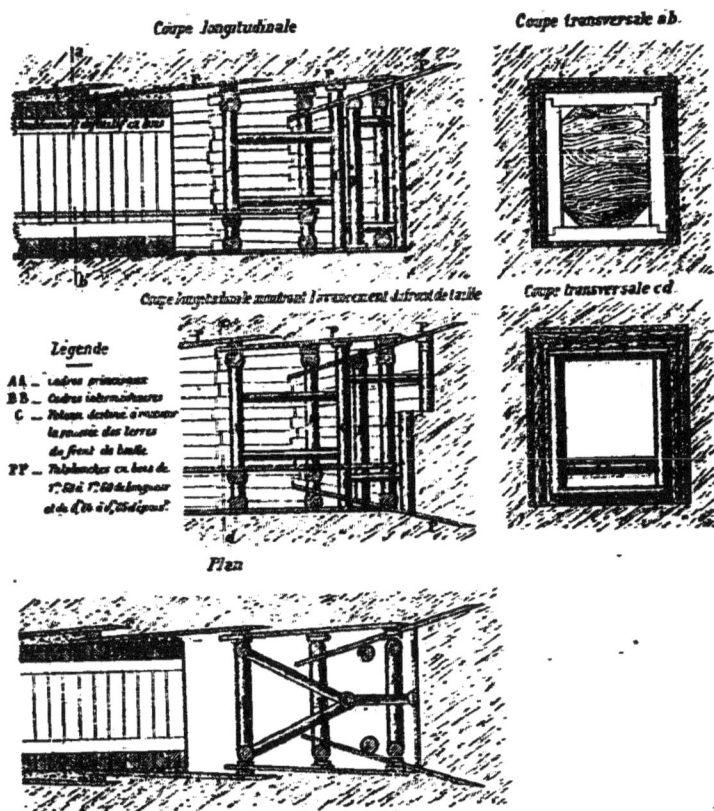

Coupe longitudinale

Coupe transversale ab.

Coupe longitudinale montrant l'avancement du front de taille

Coupe transversale cd

Légende

AA — cadres principaux
BB — Cadres intermédiaires
C — Pièce destinée à reporter la poussée des terres du front de taille
PP — Palplanches en bois de 1e lit et 1e lit de longueur et de lit à lit indiqué.

Plan

biseau. La divergence est obtenue en chassant la palplanche entre l'intrados d'un cadre et l'extrados de celui qui suit ; les cales placées sur les cadres sont taillées de façon à donner la direction convenable. On enfonce chacune des palplanches et on isole ainsi un prisme de terrain qu'il y a lieu d'enlever. Pour cela, on soulève un des madriers horizontaux du bouclier et on laisse venir le terrain ou on l'enlève par un grattage au pic. On opère ainsi sur tous les madriers en allant de haut en bas et en ayant soin de les remplacer successivement, de façon que le bouclier soit toujours en tension contre le front de taille.

Si cela est utile, on bouchera avec du foin ou de la paille les joints horizontaux entre les madriers. Les contrefiches qui tiennent le bouclier seront, bien entendu, remplacées par d'autres de longueur convenable.

Quand le front de taille est suffisamment avancé, on place un autre cadre, autour duquel on dispose une série de cales qui seront enlevées plus tard pour le passage des paiplanches. Puis, celles-ci une fois chassées, on commence à enlever le terrain à l'avancement comme nous l'avons dit et on place un nouveau cadre autour duquel on dispose encore les cales nécessaires.

A mesure que le vide s'est fait à l'intérieur des palplanches par l'avancement du front de taille, la poussée du terrain tend à ramener les palplanches et à les faire reposer : en avant sur les deux séries de cales du premier cadre, au milieu sur les cales du deuxième cadre et en arrière sur le troisième cadre. On vient alors battre de nouvelles palplanches qui prennent la place de la série de cales du cadre le plus rapproché du front de taille et on les enfonce dans le terrain en opérant comme il a été dit.

Au lieu d'avoir tous les cadres de même hauteur, on place quelquefois alternativement un cadre plus élevé et plus large de l'épaisseur d'une des séries de cales.

Lorsque la sole et les parois verticales peuvent se maintenir seules pendant un certain temps, on ne bat les palplanches qu'au sommet de la galerie.

D'autres fois, on renonce au boisage provisoire, et on maçonne à mesure de l'avancement. On emploie alors des cadres en fer et des palplanches en fer non divergentes. Le bouclier est appuyé contre le front de taille suivi d'aussi près que possible de la construction de la voûte ; on engage les palplanches dans le terrain en avant du bouclier.

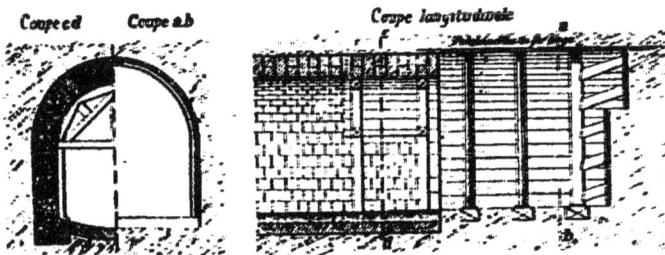

en laissant reposer l'autre bout sur l'anneau en maçonnerie ; on les fait alors avancer au moyen de pinces que l'on engage dans des trous réservés à cet effet à mi-épaisseur des palplanches.

Quand celles-ci auront pénétré d'une certaine quantité on soulèvera

.chacune des pièces du bouclier successivement, pour procéder à l'avancement de la galerie ; on démontera le cadre d'arrière en fer, pour le reporter en avant, on construira un nouvel anneau de maçonnerie, on fera avancer les palplanches, et ainsi de suite.

Les cadres, au nombre de trois ou quatre, sont entretoisés entre eux pour mieux résister à la pression du front de taille qui leur est communiquée par les pièces qui maintiennent le bouclier. Ces cadres sont en deux ou trois parties, faciles à monter et à démonter.

On a supprimé le boisage, mais l'ensemble manque de l'élasticité nécessaire pour la traversée des terrains meubles.

Lorsque le terrain est coulant et qu'on ne peut découvrir la plus petite partie du front de taille sans s'exposer à un afflux, en quelque sorte indéfini, du terrain, on commence par battre des palplanches

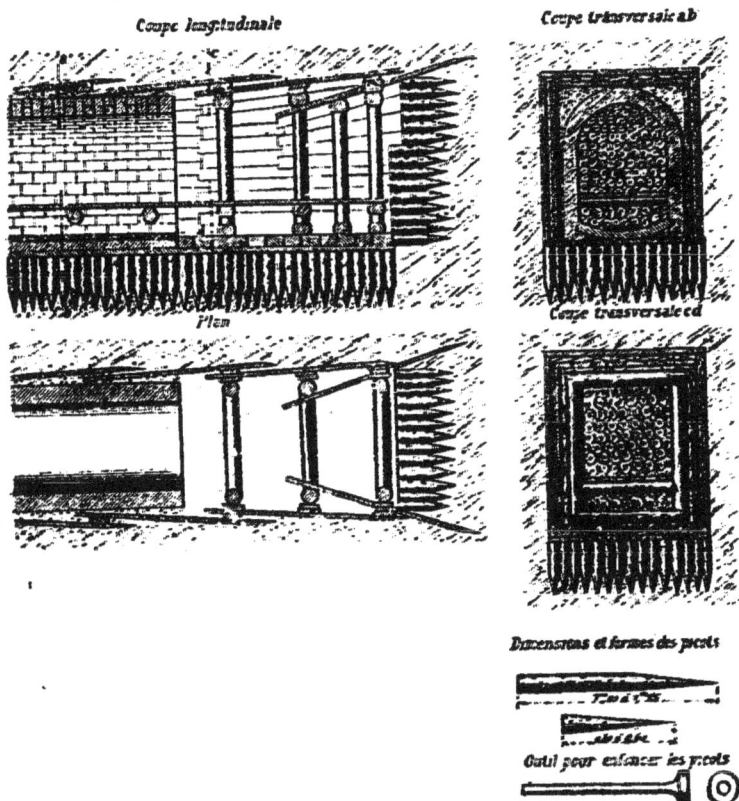

Coupe longitudinale

Coupe transversale ab

Plan

Coupe transversale cd

Dimensions et formes des picots

Outil pour enfoncer les picots

jointives au toit et sur les parois. On a recours à des picots que l'on enfonce à coups de masse sur tout le front de taille. On refoule ainsi le terrain au lieu de l'enlever. S'il est nécessaire, on maintient par des madriers les picots déjà enfoncés et que la pression exercée par les terrains tendrait à ramener en arrière.

Quand la pression est devenue telle que le battage n'agit plus, on perce des trous de tarière dans la masse des picots, une partie du terrain s'écoule, puis on bouche avec des chevilles et on recommence le battage. Les cadres sont mis en place à mesure. On bat aussi des picots dans la sole de la galerie, dès que l'avancement du front de taille laisse une place suffisante ; puis on les recouvre par de fortes semelles jointives pour les empêcher d'être refoulés.

Les galeries percées dans les terrains ébouleux ou coulants doivent généralement être muraillées, le boisage placé lors du percement n'étant qu'un soutènement provisoire.

Pour opérer le muraillement on enlève 1 ou 2 cadres, les palplanches restant pour supporter les poussées et on construit successivement les anneaux de maçonnerie. Si on ne peut découvrir toute la surface à la fois, on n'en découvre qu'une partie et l'anneau se fait par tronçons. Quand cela sera nécessaire, on laissera le boisage intact derrière la maçonnerie.

§ 3

TUNNELS

219. Formes et dimensions. — Dans une exploitation, les dimensions des galeries sont toujours réduites et on a rarement besoin, pour les percer, de recourir à d'autres moyens que ceux qui viennent d'être décrits.

Il n'en sera pas de même lorsqu'il s'agira de *Tunnels* destinés au passage des canaux ou des chemins de fer. Bien que l'ingénieur chargé d'une exploitation n'ait jamais à s'occuper du percement de galeries d'aussi grandes dimensions, ce travail touche de trop près à l'art des mines pour qu'on n'ait pas à lui emprunter ses procédés, ses méthodes et ses appareils spéciaux pour le mener à bien.

Les tunnels pour lignes à deux voies ont ordinairement 8 m. de largeur et 7 m. de hauteur sous clef. Ils sont sans soutènement si le terrain est suffisamment solide ; dans le cas contraire, ils sont muraillés.

Le muraillement devra suivre de près l'excavation, dans des conditions telles que l'ensemble soit soutenu avant tout mouvement de terrain pouvant produire des éboulements.

Dans l'exécution d'un tunnel, le temps est un élément capital, dont il faut faire la plus stricte économie; aussi, toutes les fois que cela sera possible, on l'attaquera non seulement par ses deux têtes, mais encore par des points intermédiaires, en établissant des puits verticaux ou inclinés. Le nombre et la position de ces puits seront déterminés par le projet d'exécution, après l'étude géologique et topographique des terrains à traverser.

Pour la traversée des hautes montagnes, il faudra tenir compte de l'élévation de la température et s'assurer qu'on pourra maintenir dans les chantiers un aérage suffisant, avec une température qui ne gênera pas le travail des ouvriers.

La traversée de terrains ébouleux et aquifères ne pourra être pratiquée que par l'emploi de méthodes spéciales et coûteuses. Aussi, quand on prévoit que ces traversées seront de longue durée, convient-il de chercher un autre tracé, dût-il en résulter un allongement de parcours ou une augmentation des pentes. Dans le choix d'une méthode d'exécution d'un tunnel et dans l'établissement des divers chantiers, on aura à se préoccuper des questions d'aérage, de transport et d'écoulement des eaux ; il faudra compter que, pour un tunnel à deux voies, on aura, par mètre d'avancement, environ 65 m³ de roche à abattre, lesquels donneront, après foisonnement, plus de 100 m³ à charger et conduire au dehors, que le muraillement exigera de 12 à 15 m³ de matériaux, briques, pierres, ciment, et qu'on aura, en outre, à assurer la circulation des bois nécessaires au soutènement provisoire et à l'établissement des cintres.

220. Terrains résistants. Méthode par section entière. — Quand le tunnel traverse des terrains résistants qui permettent à

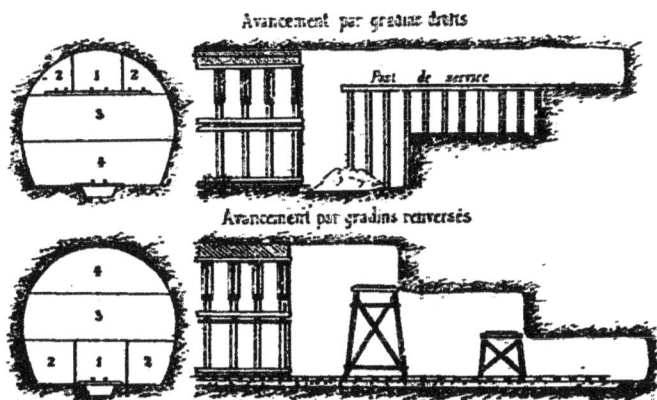

l'excavation de se tenir quelque temps sans soutènement, on attaque la section par gradins droits ou gradins renversés assez larges pour que les chantiers soient indépendants les uns des autres,

Dans la répartition du travail, on se rappellera que l'avancement du gradin qui précède les autres sera le plus difficile, puisque son front de taille sera en plein massif, tandis que les autres seront dégagés sur deux faces.

On pratique ordinairement une galerie médiane dans le gradin qui est en avance sur les autres et on bat ensuite au large à droite et à gauche.

Avec le travail à la main, les chantiers sont faciles à organiser, les transports n'offrent rien de particulier puisque les wagons ne circulent que dans la partie complètement excavée. Dans le cas de gradins droits, les déblais de la partie supérieure et du battage au large sont amenés dans les wagons par brouettes circulant sur un pont volant.

Le revêtement en maçonnerie peut suivre de près le dernier chantier. On le fera suivant les règles ordinaires ; on aura soin de ne laisser aucun vide entre la maçonnerie et les terrains et de garnir au contraire cet espace par un blocage serré assurant la tension entre la maçonnerie et les terrains. La voûte sera recouverte d'une chape en ciment, pour empêcher les infiltrations ; il sera bon de recouvrir cette chape de planches pour empêcher que le blocage ne la détériore.

L'emploi de la perforation mécanique semble tout indiqué pour les tunnels ; l'avancement d'une galerie est de 4 à 8 fois plus rapide qu'à la main. Si donc on n'avait qu'un seul niveau de roulage, le chargement et le transport des déblais pourrait être considéré comme impossible dans un temps assez court et on perdrait l'avantage résultant de l'emploi des moyens rapides de perforation. Il sera donc indispensable de créer un grand nombre de points d'attaque, afin que les travaux marchent tous avec la plus grande rapidité, sans amener d'encombrement.

Le fonçage d'un grand nombre de puits est rarement applicable. Aussi l'ouverture des divers points d'attaque devra-t-elle partir de la galerie d'axe poussée avec le plus de rapidité possible, cette galerie étant placée, soit au faîte, soit à la base du tunnel.

Dans les considérations qui décideront du choix à faire pour la percée d'un long tunnel, on ne devra pas oublier que les terrains pourront changer de nature et que si on traverse, à un moment donné, des roches parfaitement résistantes, on est exposé à trouver plus loin des terrains fissurés ou des terrains non consistants exerçant des pressions plus ou moins énergiques.

Il faudra donc que les méthodes choisies et les dispositions adoptées puissent se prêter facilement aux modifications réclamées par le changement dans la nature des terrains.

221. Terrains non résistants. Méthode par section divisée. — Comme dans les galeries, on aura recours à des soutènements provisoires en bois ou en métal, que l'on enlèvera à mesure des progrès du soutènement définitif en maçonnerie.

Si l'on a affaire à des terrains fissurés et de consistance moyenne dans lesquels les galeries de mine seraient boisées avec cadres et garnissages à claire-voie, on conduira le travail par la méthode dite à *Section divisée*, c'est-à-dire qu'on percera, de part et d'autre de la galerie d'axe, l'excavation par portions successives, le soutènement définitif étant obtenu par des anneaux de maçonnerie raccordés entre eux.

Les méthodes par section divisée se modifient suivant les cas, mais peuvent se ramener à deux types principaux procédant, l'un *de la base au sommet*, l'autre, au contraire, du *sommet à la base*.

Lorsqu'on va de la base au sommet, on commence par percer, sur l'emplacement des pieds droits, deux galeries boisées d'une largeur suffisante pour comprendre l'épaisseur des maçonneries et un passage nécessaire pour le transport des matériaux. De distance en distance, on se porte, au moyen de rampes, à la partie supérieure du tunnel où l'on perce une galerie dans l'axe, comprenant le clavage de la voûte. Cette galerie est boisée et munie d'une voie ferrée.

Pendant ce travail, on remplace successivement le boisage des galeries inférieures par des pieds-droits en maçonnerie qu'on élève jusqu'à la naissance de la voûte, en soutenant, au besoin, le stross par des poussards.

De la galerie supérieure et de distance en distance, on bat au large pour ouvrir des chambres de 3 à 10 mètres de longueur dans lesquelles on viendra construire la voûte; ces chambres laissent entre elles des massifs pleins pour le soutènement.

A mesure de l'élargissement des chambres, on maintient le terrain par des longrines et par un boisage en éventail appuyés sur le stross.

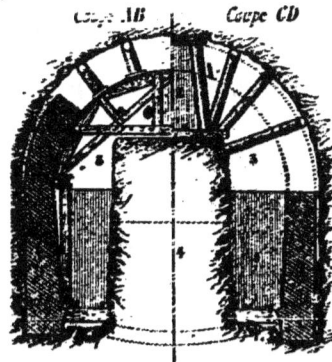

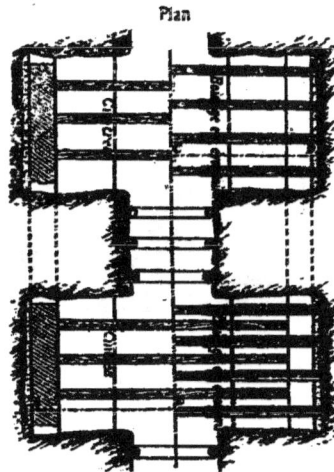

On monte un cintre entre chaque boisage et on maçonne sur les couchis portés par les cintres; à mesure qu'on enlève un poussard du boisage, on le remplace par un plus court qui s'appuie sur le cintre et que l'on supprime à mesure que la voûte progresse.

Les premières chambres étant muraillées et leur voûte clavée, on attaque les massifs qui les séparent, on place le boisage en éventail, les cintres et on maçonne la voûte que l'on raccorde aux tronçons précédemment exécutés.

On procède enfin à l'enlèvement du stross et à la construction du radier, s'il y a lieu.

La méthode que nous venons d'indiquer est la plus naturelle. On préfère pourtant souvent celle qui consiste à faire la voûte, c'est-à-dire la partie la plus délicate de l'ouvrage, avant que l'excavation inférieure n'ait diminué la solidité des terrains; ce procédé permet aussi de réduire la dépense en bois employés au soutènement provisoire.

Dans l'axe du tunnel et au sommet, on perce une galerie à grande section, 4 mètres, par exemple, de hauteur sur 5 mètres de largeur. On avance cette galerie en la boisant solidement et la divisant en deux par un plancher, formant double galerie; des rails sont posés sur le sol et sur le plancher.

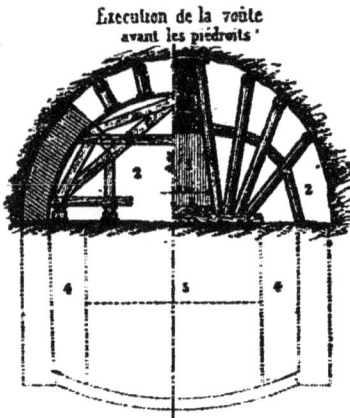

Exécution de la voûte avant les piédroits

De distance en distance, on ouvre des chambres en battant au large; ces chambres sont séparées par des massifs et soutenues par des boisages en éventail appuyés sur le sol.

Comme tout à l'heure, on place les cintres entre deux boisages, on soutient par de petits poussards quand on enlève le boisage en éventail, et on maçonne la voûte.

On reprend ensuite les massifs laissés entre les chambres et on procède à l'achèvement de la voûte, dont les naissances s'appuyent, par conséquent, sur le terrain.

Puis on déblaie le stross par deux gradins, en laissant la voûte appuyée sur le terrain qu'on blinde, s'il est nécessaire.

On procède ensuite à l'enlèvement des pieds-droits naturels qu'on remplace par des pieds-droits en maçonnerie. Cet enlèvement se fait par tranchées successives, laissant entre elles des massifs intacts et on se raccorde, par petites portions, sous les naissances de la voûte. On traite ensuite de la même manière les massifs et on raccorde le tout.

Enfin, on construit le radier.

Il arrive souvent, avec cette méthode, que, malgré toutes les précautions prises, la voûte s'abaisse notablement.

Il faut tenir compte de ce fait dans la construction et surélever la voûte de la quantité dont on suppose qu'elle s'abaissera, une fois le travail terminé.

Entre ces deux méthodes, dont l'une commence la construction par la base et laisse le stross du milieu à déblayer en dernier lieu, et l'autre qui construit d'abord la voûte, déblaie le stross et prend en sous-œuvre la construction des pieds droits, il y a un grand nombre de variantes dont les avantages et les inconvénients devront être considérés dans chaque cas particulier.

222. Terrains ébouleux. Méthode autrichienne. — Lorsque les terrains sont ébouleux, les garnissages doivent être jointifs et les

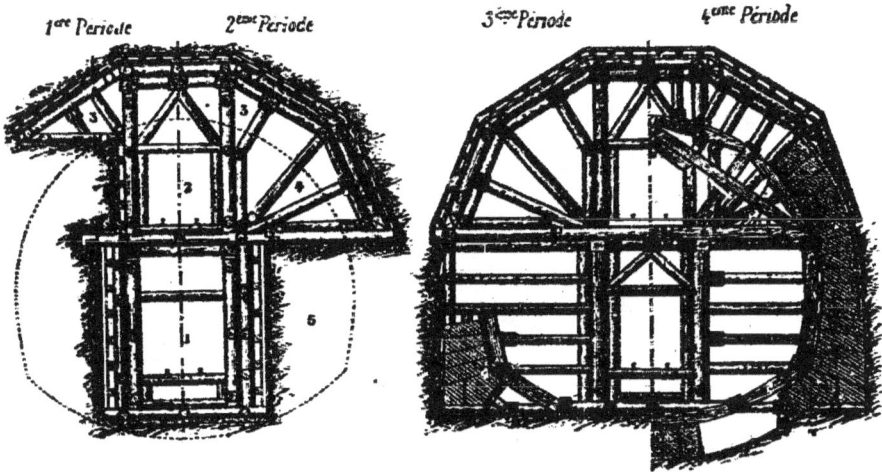

1ᵉʳᵉ Période   2ᵉˣᵉ Période   3ᵉᵐᵉ Période   4ᵉᵐᵉ Période

fronts de taille soutenus. On procédera le plus souvent par *section entière* et le muraillement sera exécuté par anneaux complets.

Le percement avancera, soit fractionné en plusieurs parties, comme dans la *méthode autrichienne*, soit en perçant seulement une galerie d'avancement et en attaquant ensuite tout le front de taille comme dans la *méthode anglaise*.

Dans la méthode autrichienne, le percement et le soutènement provisoire de l'excavation se font par portions ; le boisage est combiné de telle sorte que le soutènement de chacune de ces portions soit une partie du soutènement d'ensemble.

On commence par percer une galerie d'axe à la base du tunnel, on la boise solidement, puis on en perce une autre au-dessus, qui com-

Méthode anglaise.

Coupe longitudinale

Cintrage et Muraillement

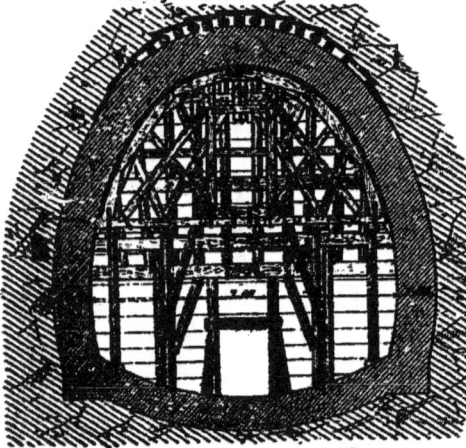

Avancement du gradin supérieur

Boisage du front de taille

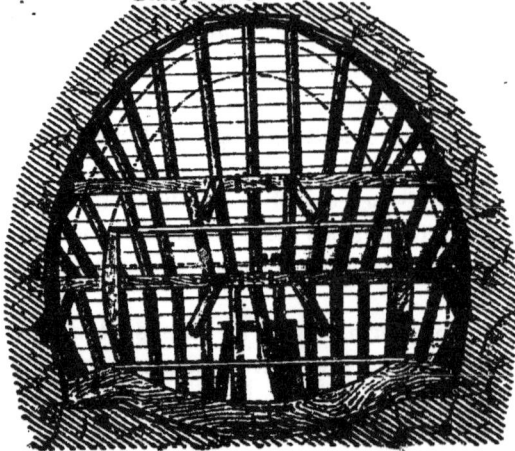

prend le clavage de la voûte et dont le boisage formera la continuation de celui de la galerie de base. On bat au large sur la demi-hauteur de la galerie supérieure et on boise en s'appuyant sur un entrait horizontal provisoire; puis on élargit la partie inférieure de cette galerie en boisant solidement.

On vient enfin battre au large de chaque côté de la galerie de base et tous les divers boisages viennent terminer l'ensemble du soutènement de l'excavation.

Les bois employés sont ronds, préparés et assemblés au jour, puis repérés, démontés et amenés aux chantiers où ils sont réassemblés à mesure de l'avancement qui se fait, pour chaque partie, à l'aide de palplanches et de boucliers.

Quand le soutènement est établi sur une certaine longueur, on place les cintres entre les boisages et on procède au muraillement.

223. Méthode anglaise. — On perce encore à la base du tunnel une galerie d'axe qui permettra de donner une direction précise et mettra les différents chantiers en communication.

L'excavation entière est ensuite attaquée et progressivement pourvue d'un boisage spécial. Ce boisage se compose de deux parties, l'une destinée à soutenir le front de taille, l'autre les parois.

Le garnissage du front de taille est composé de fortes planches ou madriers horizontaux contigus, soutenus par un bouclier.

Celui-ci est constitué par des pièces de bois verticales, ou légèrement en éventail, maintenues par deux grandes traverses principales, formées chacune de deux pièces assemblées à trait de Jupiter après leur introduction dans l'excavation. Ces traverses, placées horizontalement, sont soutenues par des jambes de force ou poussards inclinés.

Le garnissage destiné à maintenir les parois et la voûte est composé de pièces de bois rond, exemptes de nœuds et d'irrégularités. Ces pièces, placées horizontalement, sont appuyées par un bout sur le muraillement déjà fait et sont soutenues, de l'autre, par les pièces du bouclier.

Derrière ces rondins sont placées des planchettes imbriquées, c'est-à-dire à recouvrement, qui forment contre les parois un garnissage aussi serré que l'exige la nature plus ou moins ébouleuse du terrain.

Si nous considérons un chantier avec son soutènement complet, nous voyons que, dans l'excavation complètement libre, on pourra monter les cintres, puis les couchis et construire un anneau de maçonnerie à la suite du précédent.

A ce moment, les bois horizontaux sont presque complètement engagés derrière la maçonnerie; mais on a eu soin, lors de la construction, de les rendre libres au moyen de tasseaux placés entre les briques ou les moëllons et le garnissage.

17

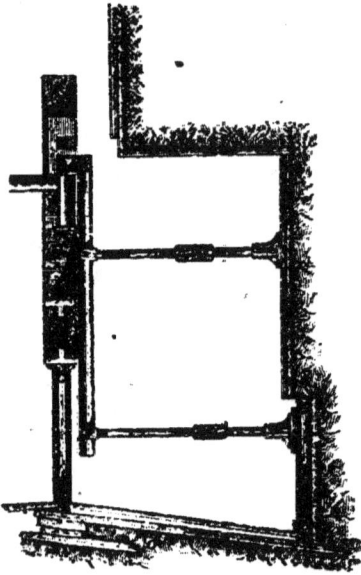
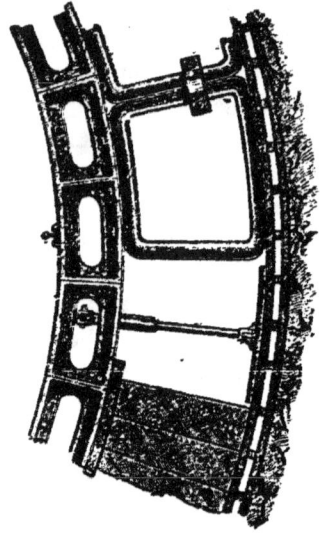

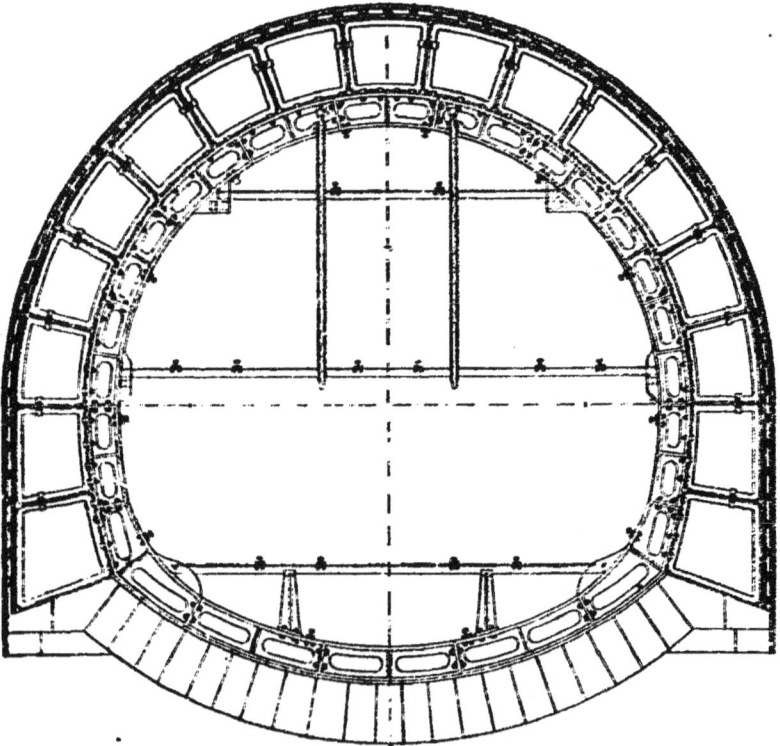

Pour poursuivre l'avancement, on commence l'excavation par la
partie supérieure, en enlevant successivement les madriers du haut du
bouclier. A mesure que ces excavations avancent, on fait glisser les
rondins au moyen de pinces engagées dans le bois et appuyées contre
la maçonnerie, puis on place au-dessus d'eux des planches de garnissage.

Dans cette manœuvre, on enlève successivement toutes les pièces du
bouclier pour les rétablir plus loin ; on pratique ainsi un premier gradin qui a pour longueur la partie disponible des rondins ; ceux-ci, pendant la période d'avancement, sont soutenus provisoirement par des
bois verticaux ou inclinés appuyés sur le sol du gradin.

L'avancement du gradin supérieur une fois terminé et le garnissage
rétabli, on démonte la partie inférieure du bouclier, on procède à
l'abattage, et on remonte progressivement les boisages du bouclier.
Le soutènement complet est alors rétabli et on procède à la construction d'un nouvel anneau de maçonnerie.

L'avancement s'obtient donc par une succession d'anneaux complets
de trois à quatre briques d'épaisseur et qui ont pu conserver dans les
terrains sablonneux et inconsistants les conditions d'unité et de stabilité
qu'on n'eût pu obtenir avec les méthodes par section divisée.

224. Procédé Rziha. — M. Rziha a employé des cintres doubles
et concentriques en métal. Le cintre extérieur, qui maintient la poussée
des terres par l'intermédiaire de palplanches et qui tient la place du
futur muraillement, doit être solide, élastique et facile à démonter ;
aussi est-il composé de voussoirs en fer réunis par des brides boulonnées ; M. Rziha emploie, pour les former, des rails Vignole courbés
et soudés, le boudin se trouvant à l'intérieur.

Le second cintre sur lequel est transmise la pression des terres et qui
servira, en outre, à donner la forme à la voûte est en fonte ; il est composé de plusieurs pièces à section double T, boulonnées entre elles. Les
voussoirs du cintre en fer sont appuyés sur ce second cintre et fixés par
des boulons à crochets.

Des traverses horizontales solidement calées dans des encoches venues de fonte divisent la hauteur du tunnel en trois étages ; les deux
séries supérieures sont en outre maintenues sur leur longueur par des
tirants accrochés au cintre en fonte ; la série inférieure est soutenue
également en deux points par des supports en fonte boulonnés sur la
partie inférieure du cintre. Ces pièces transversales sont destinées à
porter des rails parallèles à l'axe du tunnel pour servir aux voies de
roulage. M. Rziha emploie huit cintres complets par chantier, réunis
entre eux par un contreventement, afin d'assurer leur résistance. On
établit ordinairement un plancher sur la largeur entière du tunnel ; ce
plancher porte trois voies de roulage qui permettent de multiplier les

points d'attaque et d'enlever rapidement les déblais ; ce plancher facilite, en outre, la ventilation des travaux, la circulation et la surveillance.

Ces dispositions établies, on commence l'attaque du terrain en enfonçant des palplanches sur tout le périmètre, autour du cintre en fer, puis on procède à l'excavation de la partie supérieure du front de taille, en posant contre celui-ci des madriers de garnissage, maintenus par des poussards à vis appuyés d'une part contre les pièces verticales du bouclier et, de l'autre, sur l'ensemble des cintres. On poursuit l'excavation de proche en proche sur toute la surface, et on fait la place pour un nouveau cintre. Celui d'arrière étant devenu libre par la construction d'un nouvel anneau de maçonnerie, on le démonte pour le rétablir à l'avancement.

On procède au muraillement en enlevant successivement les voussoirs en fer et en leur substituant des pierres de taille, qui reposent sur des couchis préalablement posés sur les cintres en fonte. Dans l'intervalle on soutient, s'il est nécessaire, le garnissage par des poussards à vis.

Dès que la maçonnerie est bien prise, pieds droits et voûte, on démonte l'arc renversé. D'autres fois, on juge préférable de commencer par le radier.

225. Emploi de l'air comprimé. — L'emploi de l'air comprimé est appelé à rendre de grands services pour le passage des terrains fluants et aquifères ; il a été appliqué au tunnel qui relie New-York à Jersey-City, en passant sous l'Hudson. Un anneau de tête en maçonnerie étant construit, on le ferme par un obturateur, sorte de caisson en tôle à deux fonds espacés d'environ 4 mètres ; le tout est entretoisé et

Coupe transversale   Coupe longitudinale

renforcé de façon à pouvoir supporter sans déformation la pression de l'air comprimé. L'intervalle resté libre entre les deux fonds est rempli d'argile.

Le joint étanche est obtenu sur tout le pourtour à l'aide de coins en bois avec corrois d'argile.

Trois sas à air, de forme circulaire ou elliptique, sont réservés à la partie inférieure, celui du milieu pour le personnel, les deux autres pour les matériaux. Deux tuyaux amènent l'un l'air comprimé, l'autre l'eau sous pression. Un troisième tuyau, à la partie inférieure, permettra la sortie des déblais enlevés par siphonnage.

Les déblais du front de taille sont jetés dans un bac en tôle où on les fait barboter et d'où ils sont évacués au moyen de l'eau sous pression. Les parties non désagrégées sont chargées dans les wagonnets et éclusées par les sas.

La chambre de travail, comprise entre le caisson et le front de taille, augmente de capacité à mesure de l'avancement.

Les pertes d'air comprimé augmentent ; aussi, après un avancement de 10 à 20 mètres, faudra-t-il établir un nouveau caisson plus rapproché du front de taille.

L'air comprimé oppose une contre-pression à la poussée des terrains et refoule l'eau d'infiltration. L'enlèvement d'une bonne partie des déblais par l'eau diminue l'encombrement et permet d'activer le travail.

Pour la traversée des terrains coulants et aquifères, on pourra avoir intérêt à employer des procédés analogues à celui du fonçage des puits par congélation.

Aucune application n'en a encore été faite.

226. Exécution des longs tunnels.— Une fois que le tracé définitif d'un tunnel aura été arrêté, on devra procéder à son exécution dans le temps le plus court possible. Si la hauteur des terrains au-dessus du tunnel est telle qu'elle exclue la possibilité de foncer des puits, pour augmenter le nombre des points d'attaque, ceux-ci devront forcément se réduire à deux, un à chacune des têtes qui seront quelquefois éloignées l'une de l'autre de plusieurs kilomètres.

La méthode adoptée devra pouvoir se prêter, au moyen de modifications convenables, à la traversée des terrains de diverses natures qu'on sera susceptible de rencontrer.

L'emploi de la perforation mécanique s'impose aujourd'hui, mais on ne peut encore songer à l'appliquer sur toute la section du tunnel et sur un seul front d'attaque ; le chargement et le transport des déblais seraient une cause de retard qui paralyserait le travail.

On attaquera donc le tunnel, à chacune de ses deux têtes, par une galerie d'avancement, située à la base ou au sommet, et qu'on poussera à l'aide de la perforation mécanique, avec toute la rapidité possible.

On créera, le long de cette galerie, un nombre de points d'attaque suffisant pour compléter l'excavation sans amener d'encombrement dans les chantiers. Les travaux d'excavation complète et le muraillement du souterrain devront suivre de près l'avancement du front de taille, afin que le tunnel puisse être complètement terminé en aussi peu de temps que possible après la rencontre des deux galeries d'avancement parties de chaque tête.

On devra donc chercher à concentrer les chantiers sur la moindre longueur, puisque cette longueur sera seule à achever après la rencontre ; on aura ainsi l'avantage de faciliter l'aérage, les chantiers étant moins disséminés ; l'extraction des déblais sera aussi plus rapide. Deux méthodes principales ont été employées pour l'exécution des longs tunnels ; la galerie d'avancement est, pour l'une, au faîte, pour l'autre, à la base ; la première a été appliquée au S¹-Gothard, la seconde à l'Arlberg.

227. Procédé avec galerie de faîte. — On commence par percer, dans l'axe du tunnel et au clavage de la voûte, une galerie d'avancement, en employant la perforation mécanique. A 250 m. en arrière du front de taille de la galerie, on battra au large dans plusieurs chantiers, pour ouvrir l'excavation.

On procèdera, dans d'autres chantiers plus éloignés, à la construction de la calotte de la voûte, à l'enlèvement du stross entre les futurs pieds-droits, soit par deux niveaux, soit par un seul ; ces niveaux sont raccordés par des rampes, dont le développement dépendra de la hauteur à racheter. La cunette sera attaquée en plusieurs points et on procèdera successivement à la construction en sous-œuvre de chacun des pieds-droits, lorsque l'excavation sera terminée en profondeur. Enfin, on construira le radier.

L'aréage, pendant le travail, est obtenu à l'aide de ventilateurs soufflants et de tuyaux de 40 à 50 cm. de diamètre allant jusqu'au front de taille.

L'emploi des perforateurs à air comprimé, outre qu'il contribue à l'aérage des chantiers, produit, en raison de la détente, un abaissement de la température. Les ouvriers, échelonnés à deux ou trois niveaux, sont en contact direct avec le courant d'air.

Le transport des déblais jusqu'à la plate-forme exigera une ou plusieurs rampes qu'on devra déplacer à mesure de l'avancement des travaux ; il en résultera de grandes pertes de temps et un long développement des chantiers ; on a essayé, sans grand succès, de substituer à ces rampes des élévateurs hydrauliques plus faciles à déplacer ; mais ces appareils, attaqués par les gaz contenus dans l'atmosphère du tunnel, n'ont pas tardé à refuser tout service. On a dû y renoncer.

L'attaque de la cunette du stross se fait forcément par des fouilles en contrebas ; les déblais sont rejetés sur des banquettes d'où ils sont repris pour être mis en wagons.

Dans le cas d'une venue d'eau, il faut faire l'épuisement.

On voit que la série des chantiers s'étend sur une grande longueur en arrière du front de taille de la galerie d'axe ; on peut obtenir pour celle-ci un avancement de 150 m. par mois.

Elle est en avance sur les travaux d'élargissement, de	250 mètres
Le battage au large, des deux côtés, occupe	500
Les cunettes pour compléter l'emplacement du cintre	500
La construction du cintre........................	250
Une première cunette à deux ou trois niveaux......	500
La construction du premier pied-droit.............	250
Le creusement de la deuxième cunette.............	250
La construction du deuxième pied-droit, radier, rigole...................................	250

Les chantiers se développent donc sur une longueur de 2750 m., de telle sorte que, lors de la rencontre des deux tronçons de la galerie, il restera encore 5500 m. de tunnel à achever.

228. Procédé avec galerie de base. — On perce encore, dans l'axe du tunnel, une galerie d'avancement partant des deux têtes et en employant la perforation mécanique, mais au niveau du sol du souterrain.

Du toit de cette galerie et de distance en distance, on monte des cheminées jusqu'au faîte du tunnel, en les rapprochant d'autant plus qu'on voudra obtenir un travail plus rapide ; à l'Arlberg, on les a espacées de 60 m. dans les bons terrains et de 24 m. dans les terrains moins résistants.

Ces cheminées servent à l'ouverture d'une galerie de faîte, qui sera séparée de celle de base par un petit stross. A mesure que la première s'éloigne de la cheminée, on perce des ouvertures au-dessous desquels des wagons viennent recevoir les déblais.

Après la rencontre de deux tronçons de la galerie en calotte, on bat au large, en soutenant l'excavation par un boisage en éventail appuyé sur une longue poutre qui repose sur le stross. Quand on abattra celui-ci, la poutre sera maintenue à l'aide de montants provisoires. Ces battages au large se font par anneaux de 8 mètres de largeur espacés l'un de l'autre de 20 mètres.

On construit la maçonnerie en commençant par les pieds-droits dès que l'excavation d'un anneau est terminée. Mais rien n'empêcherait, on le comprend, de construire la voûte avant de déblayer le stross, si ce mode de procéder paraissait plus avantageux.

Cette méthode sera, du reste, modifiée suivant les cas.

C'est ainsi qu'on pourra ouvrir, au-dessus de la galerie d'avancement, une cunette en deux étages se suivant de très près. l'étage supé-périeur étant percé à la machine. Le battage au large et l'enlèvement du stross suivent à une certaine distance. Le percement est moins coûteux qu'en employant les cheminées ; mais le boisage doit être plus résistant pour supporter le choc des coups de mine et pour maintenir les deux faces latérales de l'excavation.

Dans les méthodes avec galeries de base, les chantiers peuvent être beaucoup plus concentrés qu'avec les galeries de faîte et ne pas s'étendre au-delà de mille mètres en arrière du front de taille ; sur cette longueur, plusieurs anneaux se trouveront complètement achevés. Aussi, après que les deux tronçons de la galerie d'axe se seront rencontrés, le tunnel pourra-t-il être achevé dans un temps beaucoup plus court que si on avait procédé par galerie de faîte.

Avec la galerie de base, les transports se font au niveau de la voie définitive ; l'enlèvement des roches abattues sera donc plus rapide, et l'on n'aura pas à déplacer les voies de service comme dans la méthode précédente.

L'aérage sera assuré par des ventilateurs soufflants et des conduites de 40 à 50 cm. avec branchements de 30 cm. pour les chantiers. L'air est envoyé à la pression de 0,20 atmosphères sans qu'on ait à l'élever au delà de 0,35, même pour des longueurs de 4.000 m.

Dans chaque cas particulier, il faudra tenir compte des avantages et des inconvénients de chacune des méthodes à appliquer.

CHAPITRE X

AÉRAGE. ÉCLAIRAGE

§ 1.

ATMOSPHÈRE DES MINES.

229. Composition de l'atmosphère des mines. — Dans les travaux souterrains, le mineur aura à compter avec l'élévation de la température ainsi qu'avec une atmosphère viciée.

Si l'on a pu, dans des conditions exceptionnelles, travailler à la température de 47°, on ne doit pas oublier que, dans un air humide, le travail devient pénible à 25° et qu'il faut considérer 35° comme une limite extrême.

L'élévation de la température, dans les travaux souterrains, est due à des causes multiples, telles que la chaleur vitale des hommes et des chevaux, la combustion des lampes, les coups de mine, l'oxydation des pyrites, les sources thermales. Elle est due aussi à la chaleur centrale du globe qui, comme nous l'avons vu, donne, pour les profondeurs courantes, une élévation de 1° en moyenne pour une augmentation de trente mètres.

L'atmosphère des mines peut être viciée par l'élimination de l'oxygène de l'air, ou par le mélange de gaz irrespirables, délétères ou explosifs tels que :

Le grisou ou hydrogène protocarboné, de densité	0,559 ;	
L'oxyde de carbone	—	0,967 ;
L'azote	—	0,972 ;
L'hydrogène sulfuré	—	1,191 ;
L'acide carbonique	—	1,529 ;

Des vapeurs arsenicales et mercurielles.

La respiration des ouvriers, celle des chevaux, la combustion des lampes produisent de l'acide carbonique.

Les explosions de la poudre, de la dynamite donnent des gaz nitreux accompagnés d'acides carbonique, sulfhydrique et sulfureux. Le choc des outils sur des minérais arsenicaux et mercuriels produit des gaz délétères.

La proportion dans laquelle tous ces gaz sont répartis dans l'atmosphère de la mine est, en somme, assez faible et il suffit d'un léger courant d'air pour les entraîner au fur et à mesure de leur formation ; aussi ne les observe-t-on ordinairement qu'aux endroits où l'air est stagnant.

Il n'en est plus de même pour certains dégagements spontanés d'acide carbonique et de grisou.

L'acide carbonique peut s'échapper des roches du gîte ou des roches encaissantes. On rencontre parfois des poches remplies de ce gaz à une pression considérable dans les failles ou brouillages, aussi bien que dans les sources d'eaux thermales qui en sont chargées ; il peut faire irruption dans les travaux avec une violence suffisante pour causer l'asphyxie.

Dans les houillères, le développement spontané d'acide carbonique peut encore provenir de l'oxydation lente de la houille. Ce phénomène a pour effet connexe l'échauffement du charbon, allant progressivement jusqu'à l'inflammation. Cet échauffement, dont l'humidité favorise le développement, se produit surtout dans les charbons pyriteux.

L'acide carbonique n'est, en général, à redouter pour le mineur que dans une atmosphère stagnante, au fond d'un puits. par exemple. Il est facile, en effet, d'obtenir, au moyen d'une ventilation ordinaire, que sa proportion dans l'atmosphère n'atteigne pas 10 0/0. Les lampes brûlent encore quand celle-ci en contient 20 0/0.

230. Grisou. — Le grisou se dégage avec plus ou moins d'abondance pendant l'exploitation de certaines couches de houille et principalement des houilles grasses ; il présente un vrai danger pour le mineur et, par suite des précautions que sa présence rend indispensables, il crée souvent aux exploitants de sérieuses difficultés.

C'est, en effet, au grisou que sont dus les explosions et les coups de feu. dont les conséquences sont presque toujours si fatales et si désastreuses. La présence du grisou n'est pas exclusivement constatée dans les houillères ; il se dégage aussi de matières organiques en décomposition. On le rencontre encore dans quelques exploitations de sel gemme, dont les gisements sont souvent en relation étroite avec la formation d'hydrocarbures naturels.

Le grisou se compose de gaz hydrogène protocarboné C^2H^4, dans la proportion de 85 à 95 0/0, avec quelques centièmes d'azote, d'acide carbonique et, quelquefois, des hydrocarbures C^4H^8.

La densité moyenne du grisou est de 0,559 ; aussi tend-il à se loger à la partie supérieure des galeries et des excavations. S'il n'existe pas de courant, le grisou et l'air finissent par se mélanger intimement par diffusion.

Le grisou est incolore et inodore : en grandes masses, il produit au nez une impression de picotement ; il est irrespirable. Mélangé à l'air dans de fortes proportions, il cause des malaises et des maux de tête ; pur, il asphyxie.

Le grisou brûle, avec une flamme pâle, bleuâtre et transparente, en produisant de l'acide carbonique et de la vapeur d'eau.

Si la combustion n'a pu être complète, il donne naissance à de l'oxyde de carbone.

Le grisou exige, pour s'enflammer, le contact immédiat d'une flamme : un fer rouge, un corps incandescent sans flamme, les étincelles que les outils font jaillir d'une roche dure, ne mettent pas le feu au grisou.

L'étincelle électrique fait exploser un mélange d'un volume de grisou avec 6 à 16 volumes d'air.

Dans les conditions ordinaires, quand l'air renferme 3 à 4 0/0 de grisou, l'examen d'une lampe n'offre rien de particulier ; à partir de 4 0/0, la flamme d'une lampe commence à marquer, c'est-à-dire à s'entourer d'une auréole bleuâtre, elle s'allonge successivement et devient fuligineuse ; jusqu'à 6 0/0, la combustion continue à avoir lieu dans la partie du mélange en contact immédiat avec la flamme, qui devient très longue, présentant une auréole plus épaisse ; mais la température de la combustion n'est pas assez élevée pour que l'inflammation puisse se propager.

De 7 à 8 0/0, la flamme continue à s'allonger, l'auréole s'élargit et augmente d'intensité ; l'inflammation se produit avec lenteur dans la masse et on voit le feu courir au faîte des galeries. Si la proportion augmente encore, l'inflammation devient plus prompte et la détonation plus violente jusqu'à atteindre son maximum d'intensité lorsque l'air contient 12 à 14 0/0 de grisou.

Au-delà, la quantité d'air contenu dans le mélange n'étant plus suffisante pour déterminer une combustion complète, les effets diminuent progressivement d'intensité.

De 20 à 30 0/0, il n'y a plus détonation, mais simple inflammation. Au-delà de 30 0/0, la lampe s'éteint dans le mélange.

Dans les houillères et dans les conditions ordinaires, le grisou est intimement mêlé au charbon dont il remplit les pores, souvent à une pression tellement considérable que quelques ingénieurs ont pensé qu'il devait s'y trouver à l'état liquide, et même à l'état solide.

Le grisou, qui imprègne le charbon, s'en dégage au fur et à mesure de l'abattage en produisant un léger bruissement ; on remarque souvent des filets gazeux blanchâtres qui gagnent le sommet des excavations. Ces filaments, que le mineur appelle *fils de la Vierge*, peuvent être attribués à la précipitation d'un peu de vapeur d'eau par suite du refroidissement dû à l'expansion subite du grisou.

On rencontre parfois dans les mines des cavités ou poches plus ou moins considérables remplies de grisou à une très forte pression. Lorsqu'aux abords de ces cavités ou sources de gaz, le terrain est fissuré, le grisou accumulé se dégage avec plus ou moins de violence à mesure que l'avancement met de nouvelles fissures à découvert. On a alors des *soufflards* qui durent plus ou moins longtemps, suivant l'importance de l'amas. Ces soufflards arrivent à persister plusieurs mois et même plusieurs années ; mais, le plus généralement, ils sont faibles et leur dégagement peut être comparé à celui qui alimenterait un bec de gaz d'éclairage. Si on vient à allumer l'orifice du soufflard, le grisou brûle avec une flamme bleue.

Les parois de la cavité étant compactes, elles ne peuvent donner issue au gaz comprimé ; aussi arrive-t-il que le front de taille, aminci par le travail du mineur, n'offre plus à un moment donné une résistance suffisante ; le grisou fait alors violemment irruption, en réduisant la paroi en poussières impalpables. Ces poussières se répandent dans les travaux, entraînées par le grisou, dont l'abondance est quelquefois telle qu'il envahit bientôt toute la mine et même vient refluer jusqu'au puits d'entrée d'air.

Il est même arrivé, dans des couches de houille grasse, que, entre deux postes, le front de taille se soit trouvé refoulé par suite du foisonnement dû à l'énorme tension du grisou accumulé dans la couche.

Le grisou peut se répandre dans les vieux travaux abandonnés ; bien que sa pression ne puisse s'y élever, à cause des fissures qu'il trouve pour s'échapper, il n'en constitue pas moins un danger permanent.

On comprend que, la pression atmosphérique venant à diminuer brusquement, le grisou contenu dans les vides d'une exploitation fasse irruption dans les travaux.

Jusqu'à présent, on n'a pas trouvé d'autre moyen pratique de s'en débarrasser que celui qui consiste à le délayer dans une grande masse d'air, entraînée avec une vitesse de 0 m. 60 à 1 m. par seconde. Dans certains cas très particuliers, il faut donner au grisou le temps de s'échapper et le laisser se dégager pendant plusieurs jours ou plusieurs mois, avant de poursuivre les travaux.

Lorsqu'une explosion de grisou s'est produite, elle ne laisse, en dehors de l'air en excès, que des gaz irrespirables, et, dans certains cas, un gaz délétère, l'oxyde de carbone, qui peut aller empoisonner les mineurs, même dans un chantier éloigné, les lampes continuant cependant à brûler.

231. Poussières charbonneuses. — Dans plusieurs exploitations houillères, des accidents, qui avaient d'abord été attribués à la présence du grisou, sont dûs en réalité à des poussières charbonneuses. Le mineur devra donc, dans une exploitation de cette nature, prévoir les accidents pouvant résulter de l'existence de ces poussières. On a reconnu, par des expériences précises, qu'une atmosphère chargée de poussières de charbon impalpables pouvait être inflammable et explosive comme une atmosphère chargée de grisou ; il suffit, pour cela, de la présence dans l'air d'un centième de ce gaz. Aussi arrive-t-il que, après une explosion de grisou, faible en elle-même, le mineur soit surpris, quelques instants après, par un tourbillon de flammes venant en sens inverse du courant d'aérage ; ces flammes, de couleur jaune-rougeâtre, peuvent s'étendre sur de très longs parcours. Dans ce cas, le grisou n'a été que l'amorce et la gravité de l'accident est due à l'inflammation des poussières dont l'atmosphère était fortemement chargée. Il y a, par suite de leur combustion, production considérable d'acide carbonique ; on trouve le sol et les bois couverts de croûtes et de petits fragments de houille transformée en coke.

On a été quelquefois surpris par de véritables coups de feu dans des endroits où l'air était chargé de poussières et où l'on n'avait jamais constaté la présence du grisou.

Les poussières en suspension dans l'air présentent, en outre, un grave inconvénient ; elles attaquent les organes respiratoires des ouvriers et peuvent amener chez eux une sorte particulière de phtisie.

Toutes les fois que la chose sera possible, il conviendra donc d'empêcher la persistance de ces poussières dans l'air, en arrosant les galeries et les chantiers où ces phénomènes sont susceptibles de se produire.

§ 2.

AÉRAGE.

232. Ventilation nécessaire à une mine. — Une exploitation souterraine n'est possible qu'à la condition de faire circuler dans ses chantiers un courant d'air frais.

Une bonne ventilation permet d'obtenir de la main-d'œuvre le plus grand effet utile ; on peut dire que le seul moyen pratique de se prémunir contre l'élévation de la température et l'air vicié des mines consiste à faire circuler dans les travaux, d'une manière continue, de grandes masses d'air.

La quantité d'air à introduire dans une mine dépend d'éléments si complexes que le mieux, lorsqu'on a une installation à faire, est d'opérer par comparaison avec une mine bien ventilée, placée dans des conditions analogues à celle dont on a à s'occuper.

On peut cependant dire que, dans une mine non grisouteuse, la quantité d'air strictement nécessaire peut être évaluée à 7 ou 8 litres par ouvrier et par seconde, soit 4 litres ou 4 1/2 litres pour sa respiration et la dilution des produits de sa transpiration, plus 3 litres ou 3 1/2 pour entraîner les produits de la combustion de sa lampe et les miasmes dégagés par l'altération lente des bois et diverses autres causes. S'il y a des chevaux dans la mine, on comptera que, sous le rapport de la quantité d'air nécessaire, un cheval équivaut à trois hommes.

Dans certaines mines métalliques, trois mètres cubes d'air par seconde sont suffisants pour l'aérage de la mine entière.

D'une manière plus générale, on a reconnu qu'un grand nombre de mines sont suffisamment ventilées au moyen d'un volume d'air de 6 à 20 m³ par seconde et avec des vitesses de courant de 30 à 60 centimètres dans les galeries et les tailles.

S'il s'agit d'un chantier envahi par le grisou ou l'acide carbonique, il devient nécessaire de donner à l'air une vitesse de 0 m. 60 à 1 m. par seconde pour diluer et entraîner immédiatement les gaz, ce qui représente environ 3 à 4 m³ d'air par seconde. Comme il existe, dans les conditions ordinaires d'une exploitation, plusieurs tailles ou galeries qui nécessitent de pareilles quantités, l'aérage d'une mine grisouteuse peut exiger de 20 à 30 m³ d'air par seconde et souvent même davantage.

A un autre point de vue, on admet que, dans une mine grisouteuse, il faut envoyer 30 à 50 litres d'air par seconde et par ouvrier, ou bien encore 3 à 4 m³ par seconde et par 100 tonnes d'extraction quotidienne.

Ces chiffres n'ont évidemment rien d'absolu, car à toutes les causes permanentes ou accidentelles qui vicient l'air, il faut ajouter les causes diverses qui l'absorbent sans utilité, telles que les pertes à travers les barrages et les déperditions à travers les remblais.

On rencontre en Angleterre des houillères qui reçoivent jusqu'à 300 litres d'air par seconde et par ouvrier ou 16 mètres cubes par seconde et par 100 tonnes d'extraction journalière, sans qu'il y ait pour cela excès d'aérage aux fronts de taille, l'air se perdant en route, le long de galeries poussées à grandes distances et à travers les remblais ou les éboulements.

233. Évaluation de la quantité d'air qui passe dans une mine. — Supposons la mine réduite à sa forme théorique d'un conduit de section constante ; le volume d'air qui la parcourt en une seconde est égal au produit de la section du courant d'air par sa vitesse moyenne :

$$V = Sv.$$

On pourra donc faire varier le volume V en agissant sur la section S ou sur la vitesse v.

La dépression h représentera la différence des pressions de l'air entre les orifices d'entrée et de sortie ; son travail est à peu près uniquement employé à vaincre les frottements de l'air contre les parois des excavations.

Ecrivons, pour exprimer l'uniformité du mouvement de l'air, qu'il y a équilibre entre l'effort de l'air, hS, et le frottement de l'air sur les parois, lequel, à une constante près, est égal au produit de la surface Σ des parois par le carré de la vitesse de l'air

$$h\text{S} = \text{K}\Sigma v^2$$

Mais la surface Σ est le produit de la longueur L par le périmètre P ; donc :

$$h = \text{K}\frac{\text{LP}v^2}{\text{S}}.$$

Le travail de cette dépression sera, en kilogrammètres :

$$\text{T} = \text{V}h,$$

puisque h est exprimé en millimètres d'eau et qu'un millimètre d'eau correspond à un kilogramme par mètre carré,

et : $$\text{T} = \text{KLP}v^3$$

Le travail à fournir à l'air variera donc comme le cube de la vitesse obtenue.

234. Orifice équivalent. — On entend par orifice équivalent d'une mine la surface en mètres carrés de l'orifice percé en mince paroi par lequel une même dépression h ferait passer le même volume d'air V.

En comptant sur une veine gazeuse réduite par la contraction aux $\frac{65}{100}$ de l'orifice par lequel elle s'écoule, en appelant Ω cet orifice et v_1 la vitesse moyenne de l'air qui le traverse, nous avons l'équation de continuité qui reste sensiblement exacte :

$$\text{V} = \text{S}v = 0{,}65\,\Omega\,v_1.$$

La dépression qui crée la vitesse v_1, est, en millimètres d'eau, h ; exprimée en mètres d'air (pesant 1kg. 3 le mètre cube) sa valeur sera $\text{H} = \dfrac{h}{1{,}3}$ et on aura :

$$v_1 = \sqrt{2g\text{H}} = \sqrt{\frac{2gh}{1{,}3}}$$

Or, en remplaçant h par sa valeur en fonction de la vitesse du courant d'air et en résolvant par rapport à Ω, on voit que *v* disparaît et que l'orifice équivalent dépend uniquement des constantes de la mine :

$$\Omega = \sqrt{\frac{1}{0,65 \times 9,81 \times K}} \sqrt{\frac{S^3}{PL}} = m \sqrt{\frac{S^3}{PL}}$$

S est exprimé en mètres carrés, P et L en mètres; *m* est un coefficient numérique ; Ω est exprimée en mètres carrés.

Le coefficient *m*, constante spécifique de la mine, dépend de l'état des parois, des sinuosités plus ou moins brusques du circuit de l'air.

Des expériences faites en Belgique lui ont fait assigner une valeur moyenne de 9,33 ; les mêmes essais faits en Angleterre ont donné pour *m* une valeur égale à 19,1.

Les mines anglaises sont en effet disposées pour faciliter le mouvement de l'air ; elles ont, toutes circonstances égales d'ailleurs, un orifice équivalent plus grand que les mines belges dont les galeries sont de section moindre, en raison de la plus faible puissance des couches exploitées.

Suivant que la mine à laquelle la formule devra être appliquée se rapprochera plus de l'un ou de l'autre de ces types, on prendra pour *m* des valeurs comprises entre 9 et 20 et plus voisines de l'une ou de l'autre de ces deux limites.

On calcule pratiquement l'orifice équivalent d'une mine par la relation qui le lie à une dépression et au volume qu'elle débite :

$$V = 0,65 \, \Omega \sqrt{\frac{2gh}{1,3}}$$

On peut dès lors connaître pour la même mine quel débit correspond à une dépression déterminée ou, inversement, quelle dépression il faut produire pour obtenir un débit donné. Cette dépression est mesurée à l'aide de manomètres à eau.

Quant au débit, il est le produit de la surface d'une section quelconque du courant par la vitesse moyenne dans cette section ; on se sert, pour mesurer cette vitesse, d'un anémomètre placé successivement en divers points de la section considérée. On la détermine encore, d'une manière approximative, en marchant dans le sens du courant avec une vitesse telle que la flamme nue d'une lampe reste bien verticale ; ou bien en comptant le temps qu'une fumée ou une odeur, celle de l'éther acétique par exemple, met à se propager entre deux points dont on a mesuré la distance.

La vitesse du courant ne doit pas dépasser 1 m. 50 par seconde ; au dessus de cette valeur elle serait gênante pour les hommes circulant ou travaillant dans les chantiers.

235. Distribution des courants d'aérage. — D'une façon générale, on fera en sorte que les courants d'aérage soient ascensionnels ; ils entraîneront ainsi plus facilement l'air qui, s'échauffant en traversant les travaux, devient plus léger et tend à s'élever ; le grisou a la même tendance en raison de sa moindre densité.

En outre, les galeries inférieures, réservées aux transports, se trouvent plus fréquentées et il est préférable d'y faire circuler l'air frais. Ce ne sera que dans des cas spéciaux et pour certaines parties du gîte qu'on donnera au courant d'aérage une direction descendante dite à *rabat-vent*.

Le volume de l'air augmentant à mesure qu'il circule dans les travaux, par suite de sa dilatation et de son mélange avec les gaz qu'il entraîne, les galeries de retour devraient théoriquement avoir une section plus grande que les galeries d'amenée, ce qui n'a pourtant pas lieu ; aussi y a-t-il intérêt à bien entretenir ces galeries de retour d'air afin de leur maintenir toute leur section. — Ces galeries sont

utilisées, en outre, pour le transport des remblais, si l'exploitation comporte leur emploi.

Il faut éviter, dans les tracés des travaux, les sections trop étroites, les coudes trop brusques et la rencontre de deux ou plusieurs courants.

Dans la disposition générale de la circulation de l'air, il faut, autant que possible, que la partie viciée, après avoir alimenté un chantier, ne passe pas sur un second. Cette division du courant est, en outre, une nécessité dès que les travaux acquièrent un certain développement ; car s'il fallait envoyer et faire circuler par une même voie le volume d'air nécessaire à tous les chantiers, on serait conduit à donner au courant une vitesse exagérée.

On ne peut déterminer *a priori* les quantités d'air nécessaires à chaque chantier ; aussi devra-t-on disposer de moyens suffisants pour faire varier la quantité d'air qui passe dans la mine et pour augmenter ou diminuer à volonté le courant dirigé vers un chantier déterminé.

Dans ce but, on fait usage de *portes régulatrices*, munies d'un guichet à la partie supérieure, permettant de régler la quantité d'air qui doit passer dans la galerie où elles se trouvent placées.

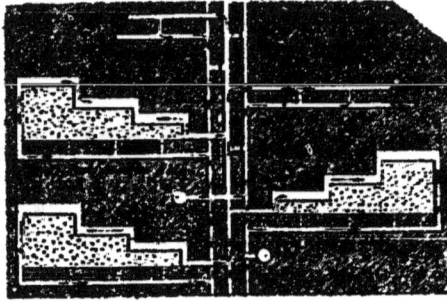

On emploie aussi des *portes obturatrices* au moyen desquelles on empêchera complètement le passage de l'air dans telle ou telle direction.

Porte pleine en tôle, à fermeture automatique — *Vue de face* — *Vue de côté* — Porte régulatrice — *Élévation*

Les portes sont disposées de façon à s'ouvrir contre le courant, afin que celui-ci ait une tendance à les maintenir fermées : leur châssis est légèrement incliné, afin qu'elles se referment d'elles-mêmes par leur propre poids.

On remplace les portes rigides en bois, rarement en tôle, par des toiles suspendues aux chapeaux du boisage ; ce procédé, employé dans les circonstances où il faut agir rapidement, rend la fermeture moins hermétique.

Les portes doivent toujours être doubles, c'est-à-dire que deux portes contribuent à obtenir un résultat cherché ; elles sont placées à une certaine distance l'une de l'autre, afin que l'une d'elles soit toujours fermée pendant le passage. Si la différence de pression est grande et la circulation importante, on en ajoutera une troisième.

Lorsque les portes se trouvent sur une voie de roulage, la distance qui les sépare doit être suffisante pour qu'un train de wagons au moins puisse se loger dans l'intervalle qu'elles laissent entre elles.

Dans les mines grisouteuses, on a proposé des portes s'ouvrant

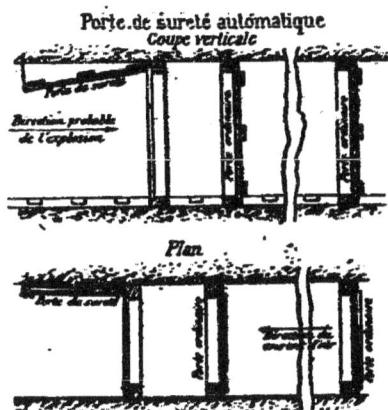

Porte de sûreté automatique
Coupe verticale

Plan

dans les deux sens, afin qu'elles ne soient pas renversées lors d'une explosion ; on emploie, dans certains cas, des *portes de sûreté* placées devant les portes ordinaires. Les unes, à charnière supérieure horizontale, sont maintenues relevées par une chaînette, laquelle, se brisant lors de l'explosion, laisse retomber la porte pour remplacer celle qui a été mise hors de service.

On place aussi des portes ordinaires que l'on maintient constamment

Coupe en travers — Coupe en long — Coupe en travers

ouvertes par un crochet et qu'on va fermer après l'explosion. En somme, les portes de sûreté ne se sont pas répandues.

Les dispositions employées pour faire circuler le retour d'air au dessus d'un courant d'air frais sont assez variées ; tantôt c'est un coffre en bois ou en tôle rivée, tantôt une voûte en maçonnerie.

Dans les mines où on a à craindre les explosions, on établit une des galeries au point de croisement complètement dans le mur ou dans le toit ; on arrive ainsi à isoler les deux galeries par un massif capable de résister aux plus violentes explosions.

236. Aérage des travaux préparatoires. — Les travaux d'avancement en cours d'exécution se composant d'excavations sans

double issue, galeries ou puits, partant du jour ou d'un point convenablement aéré, ils s'aèrent d'eux-mêmes par diffusion jusqu'à ce qu'ils
aient atteint une certaine longueur ; au-delà, il deviendra nécessaire
d'assurer la circulation de l'air en établissant des cloisons partageant
en deux la section de l'excavation, ou bien en ayant recours à des
tuyaux.

S'il s'agit de galeries dans le gîte, on préférera souvent en pousser
deux parallèles que l'on réunira entre elles de distance en distance, afin
que le courant d'air suive l'avancement. C'est la meilleure disposition, mais elle n'est pas toujours praticable. La galerie dont on poursuit l'avancement devant se prolonger sur une grande longueur sans

qu'il soit possible de la mettre en communication avec
une galerie d'aérage, l'emploi des cloisons s'impose,
la quantité d'air qui serait envoyée par des tuyaux
pouvant être insuffisante.

La cloison divisera la galerie en deux parties, l'une
destinée aux transports et à l'entrée de l'air, l'autre à
sa sortie ou inversement. Si la cloison doit durer longtemps, on l'établit en maçonnerie enduite d'un corroi
imperméable pour empêcher les filtrations de l'air ;
mais, le plus souvent, on se contente de cloisons en
planches jointives, clouées de chaque côté de montants
entre lesquels on tasse de l'argile.

Les cloisons peuvent être placées verticalement ou
horizontalement, en haut ou en bas des galeries, cette
dernière disposition ayant surtout sa raison d'être lorsque la galerie doit
servir en même temps à l'écoulement de l'eau ; il sera indispensable,

dans ce cas, que la circulation de l'air soit
de même sens que celle de l'eau, en raison
de l'entraînement mécanique exercé par
cette dernière.

Lorsque le parcours de l'excavation à
creuser avant de pouvoir établir un aérage
naturel n'est pas trop long, on se contente
de tuyaux dont l'emploi est plus facile et
moins coûteux que celui des cloisons.

Les tuyaux sont quelquefois en planches
assemblées avec soin, les joints faits avec de
l'argile, du minium ou du suif ; mais il est
préférable d'user de tuyaux en tôle goudronnée à chaud ou mieux
galvanisée. Ces tuyaux ont généralement un diamètre de 35 à 45 cm.
et, si leur section est insuffisante, on en juxtapose deux ou plusieurs ;
quelquefois on fait usage de tuyaux à section elliptique, moins encombrants.

Dans les galeries boisées, les tuyaux sont généralement maintenus par des crochets ou des fers plats cloués sur le boisage ; sinon, on peut encore les maintenir par des ferrures ou des supports diversement disposés. La circulation peut, d'ailleurs, se faire soit par insufflation dans la conduite de l'air qui alors revient par la galerie, soit en aspirant par la conduite l'air qui est entré par la galerie.

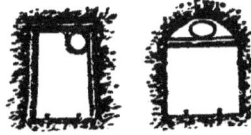

La première disposition est généralement préférée ; le débit d'air est plus considérable, et comme il est animé d'une vitesse plus grande, il arrive plus facilement au front de taille.

Dans le cas contraire, la section de la galerie étant toujours bien plus grande que celle du tuyau, la vitesse de l'air est faible ; il passe trop tôt dans le tuyau à moins que l'orifice de celui-ci ne soit très rapproché du front de taille.

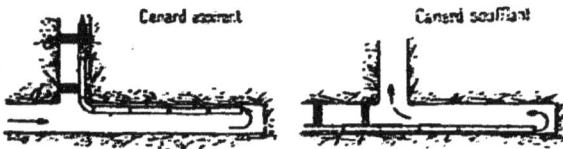

Pour faire circuler l'air dans les tuyaux, on utilise ordinairement le courant général de la mine, et, pour cela, on le barre par des portes pleines ou à guichet convenablement placées et traversées par les tuyaux.

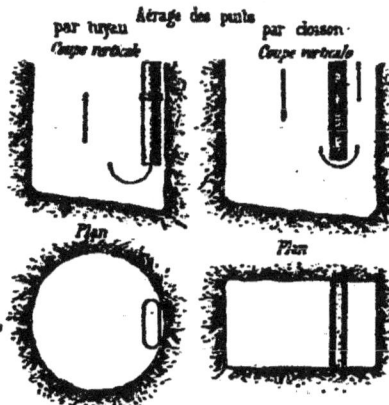

Mais, lorsque ce courant est trop faible à l'endroit où l'on doit le détourner, on emploie ordinairement un ventilateur portatif à force centrifuge agissant, soit par aspiration, soit par refoulement dans la conduite suivant les cas.

Dans les mines où l'on dispose d'air comprimé, on met ces ventilateurs en mouvement à l'aide d'une petite machine à air, ou bien on fait agir directement l'air comprimé dans un injecteur placé sur la conduite.

L'effet utile de ces derniers appareils est moindre que celui des ventilateurs, mais leur installation est plus facile et ils ne demandent ni entretien, ni surveillance.

Dans certains cas, on laisse dégager directement l'air comprimé sur l'endroit à ventiler ; mais ce moyen, aussi inefficace qu'onéreux, ne devra jamais être appliqué d'une façon courante.

Les cloisons et les tuyaux seront employés aussi bien dans le fonçage d'un puits que dans le percement d'une galerie.

§ 3

PROCÉDÉS DE VENTILATION

237. Moteurs d'aérage. — De quelque façon que le courant d'air soit établi dans la mine, il est nécessaire que celle-ci soit en communication avec l'extérieur au moins par deux orifices, afin d'établir une circulation à l'aide d'un moteur d'aérage. Nous avons vu que ces orifices sont généralement des puits, dont l'un sert à l'extraction des produits de l'abattage et à l'entrée de l'air frais, l'autre à la sortie de l'air vicié. On peut établir la circulation de deux manières différentes.

1° En refoulant de l'air par le puits d'extraction, ce qui nécessite la fermeture de son orifice et amène des complications dans le service ; 2° en aspirant l'air de la mine par le puits de retour dont on devra fermer l'orifice, sans qu'il en résulte d'inconvénient,

Aussi l'aérage par aspiration est-il adopté d'une manière presque générale. Il est néanmoins utile, lorsqu'on crée des moyens mécaniques d'aérage, de se réserver la possibilité de renverser momentanément le courant, en refoulant l'air frais par le puits d'aérage et en laissant sortir l'air vicié par le puits d'extraction.

En hiver, si la gelée empêche la circulation dans le puits principal, on arrive à remettre les choses en état en dégelant les guidages et la recette supérieure ; pour cela l'air pur est refoulé par le puits d'aérage et l'air vicié mais chaud traverse le puits d'extraction.

Le courant d'aérage pourra être déterminé par la différence de température entre l'air intérieur des travaux et l'air extérieur, ou bien par des moyens mécaniques.

238. Aérage spontané. — L'aérage spontané s'établit entre les deux orifices et il est d'autant plus vif que les deux orifices se trouvent à des altitudes plus différentes.

L'air des mines étant plus chaud que l'air extérieur, du moins en hiver, les deux colonnes ne se
font pas équilibre, l'air frais et dense entre par l'orifice le plus bas, l'air chaud et léger sort par l'orifice
le plus élevé.

En été, si la température extérieure se rapproche
de celle de la mine, les courants d'air se ralentissent
et peuvent devenir nuls ; si la température augmente encore, l'air de la mine sera le plus froid et
le plus dense ; il y aura renversement du courant ;
l'air extérieur entrera par l'orifice le plus élevé et
l'air qui a circulé dans les travaux sortira par l'orifice situé le plus
bas. On augmente quelquefois la dénivellation des orifices et, par suite,
l'activité du courant en surmontant le puits de sortie d'air d'une cheminée à grande section. Quelquefois aussi on surmonte le puits d'entrée d'air de manches d'aérage qu'on
oriente suivant la direction du vent, de
façon à profiter de la force du courant
d'air.

L'aérage spontané convient bien à la
ventilation d'une galerie à flanc de coteau.

La différence des densités ne produit
jamais qu'une légère différence de pres-
sion ; aussi, pour obtenir un bon aérage naturel, est-il nécessaire
d'avoir des voies de retour d'air à grande section, 3 à 4 m². par exemple, avec lesquelles une légère différence de pression de 2 à 3 cm.
d'eau suffit pour déterminer un courant actif. Ce mode d'aérage ne
peut plus convenir lorsque les galeries de la mine présentent de longs
parcours, des étranglements, des subdivisions de courants ; il faut alors
avoir recours à des moyens artificiels.

239. Aérage par échauffement de l'air. — Le plus simple est
de venir en aide à l'aérage naturel en diminuant la densité de l'air
dans le puits d'appel au moyen de la chaleur ; on peut, à cet effet, le
mettre en communication avec la cheminée des générateurs, ou bien
installer des feux ou calorifères au voisinage de la surface ; mais ces
moyens ont peu d'efficacité dans le cas de puits profonds, la colonne
d'air surchauffé n'étant qu'une faible partie de la colonne totale du
puits.

Aussi installe-t-on généralement les foyers au fond du puits d'appel.

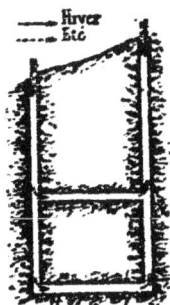

Ces foyers, d'une surface de grille de 5 à 6 m² et plus, sont installés dans une chambre en maçonnerie généralement placée dans une galerie spéciale, débouchant dans le puits un peu au-dessus de la galerie principale. La quantité d'air qui doit passer sur la grille est réglée par des portes à guichet placées à l'entrée de la galerie. Le reste de l'air est appelé par toutes les galeries qui aboutissent au puits.

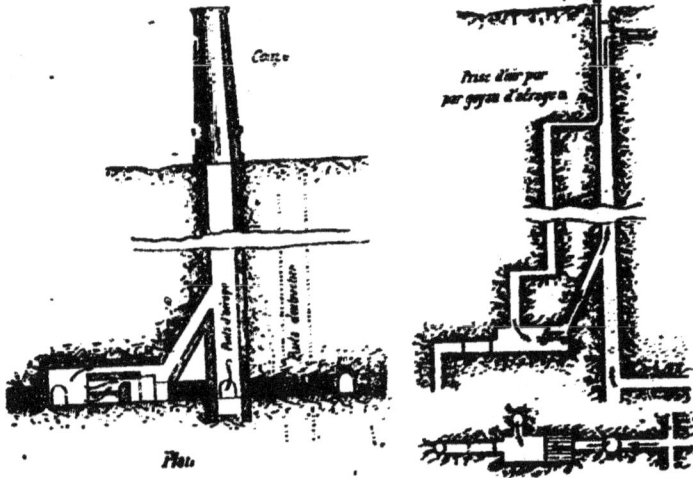

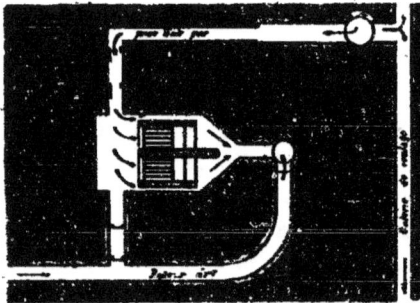

Si la mine ne contient pas de grisou on alimente le foyer par l'air qui a circulé dans les travaux ; dans le cas contraire, on n'alimente le foyer qu'avec de l'air pur qu'on va prendre au puits d'extraction par un conduit direct, si les deux puits ne sont pas éloignés l'un de l'autre ; sinon, par un compartiment spécial, dit goyau, isolé dans le puits d'aérage, au moyen d'une cloison verticale.

En augmentant la température de l'air de 15° à 20°, on obtient une dépression de 2 à 3 cm. d'eau.

Bien que l'aérage par foyers soit encore très répandu en Angleterre dans les mines grisouteuses, son emploi n'en est pas moins une cause d'insécurité.

On a cherché à obtenir l'échauffement de l'air au moyen de tuyaux descendant jusqu'au fond du puits d'aérage et dans lesquels circule de la vapeur.

On a aussi voulu utiliser la force vive de la vapeur, en envoyant directement dans le puits de retour des jets de vapeur à haute pression semblables à ceux qui produisent le tirage dans les cheminées des locomotives. L'effet utile obtenu par ce procédé est tellement faible qu'on a dû y renoncer. Toutefois, en cas d'accident, il peut rendre des services.

240. Aérage par entraînement. — On est revenu à l'idée d'employer des jets de vapeur pour l'aérage, mais en les faisant agir par l'intermédiaire d'insufflateurs ou d'éjecteurs. C'est ainsi que l'on construit maintenant des éjecteurs Kœrting capables d'aspirer 10 m^3 d'air pur par seconde, que l'on installe directement sur le puits d'aérage.

Ces appareils, qui peuvent également fonctionner à l'air comprimé, sont encore très inférieurs, sous le rapport du rendement, aux bonnes machines d'aérage; mais ils sont peu coûteux, vite installés, ne sont soumis à aucun dérangement et n'exigent pas d'entretien. Aussi pourront-ils rendre des services dans les travaux provisoires et surtout comme appareils de secours; en cas d'accident, il suffirait de leur envoyer la vapeur destinée aux moteurs d'aérage habituels.

En établissant une chute d'eau dans un puits, elle aura pour conséquence d'entraîner l'air et de forcer le courant à s'établir.

Ce moyen est rarement employé d'une manière normale, mais il peut être précieux dans certains cas. C'est pour cette raison qu'il ne faut pas employer un puits d'exhaure par câbles comme puits de retour d'air, car l'eau qui retombe au puisard par égouttage contrarierait le mouvement ascensionnel de l'air.

241. Aérage mécanique. — Lorsque les travaux doivent avoir un grand développement, surtout dans les mines à grisou, il faut avoir recours à des moyens mécaniques pour l'aérage.

Le but des appareils de ventilation des mines diffère de celui qu'on cherche à obtenir avec les machines soufflantes en ce que, dans les mines, on veut atteindre de grands volumes, de 10 à 30 m³ par seconde et au delà, mais sous une faible pression, tandis qu'en métallurgie on demande généralement des volumes relativement faibles sous une pression notablement plus forte.

Les machines d'aérage ou ventilateurs se divisent en deux grandes classes.

La première, celle des ventilateurs volumogènes, comprend des appareils à capacité fermée ou pompes pneumatiques, rotatives ou à piston qui, à chaque tour ou à chaque double course, font passer un égal volume d'air à travers la mine, quelle que soit la résistance que celle-ci oppose au mouvement de l'air, pourvu toutefois que le travail fourni au ventilateur soit suffisant pour vaincre cette résistance.

Les ventilateurs de la seconde classe, ou ventilateurs à force centrifuge dits déprimogènes, agissent en créant une dépression en rapport avec leur vitesse mesurée à l'extrémité des ailettes, quel que soit d'ailleurs le volume d'air qui peut, à cette dépression, traverser les travaux pour affluer à l'ouïe du ventilateur.

La relation que nous avons établie plus haut entre le volume de l'air qui passe dans une mine en une seconde et la différence entre les pressions à l'entrée et à la sortie permet, pour chaque mine, de calculer la dépression correspondant au débit donné par un appareil volumogène, ou bien, inversement, de trouver la valeur du débit obtenu par la dépression produite dans un déprimogène.

Les constantes de la mine, section, longueur, périmètre des galeries, une fois fixées, on déduit le débit de la dépression, ou la dépression du débit suivant que le ventilateur est un appareil fournissant une dépression constante ou un débit constant. Avec un ventilateur à force centrifuge de dimensions données, le volume débité variera d'une mine à l'autre ; mais, pour un nombre égal de tours par minute, la dépression produite sera la même dans les deux mines.

Les premiers ventilateurs employés appartenaient tous à la première classe qui seule pouvait convenir à des mines ayant un faible orifice équivalent, c'est-à-dire offrant une grande résistance au courant ; mais les volumes fournis même aux plus grandes vitesses compatibles avec la solidité de ces appareils sont relativement faibles. Aussi les ventilateurs à force centrifuge, animés de grandes vitesses et employés dans des exploitations dont on s'est appliqué à diminuer les résistances au passage du courant d'air, deviennent-ils de plus en plus en faveur.

Parmi les ventilateurs volumogènes ou pompes pneumatiques, nous distinguerons ceux dans lesquels les organes qui font mouvoir l'air sont animés d'un mouvement alternatif, et ceux pour lesquels ces organes tournent d'un mouvement continu autour d'un axe.

Les premiers comprennent les appareils à cloches et ceux à pistons ; parmi les seconds nous ne décrirons que les appareils Fabry, Roots et Lemielle.

242. Appareils à cloches. — Ce sont des sortes de machines soufflantes composées de deux cylindres, l'un fixe, l'autre mobile, ce dernier se mouvant dans l'autre suivant leur axe commun.

Le plus ancien de tous, et en même temps le plus simple, est le tonneau du Harz ; il se compose d'un tonneau mobile renversé dans un

tonneau fixe en partie rempli d'eau ; un mouvement alternatif imprimé
au premier détermine l'aspiration d'une certaine quantité d'air pendant
la montée et son expulsion lors de la descente ; deux clapets, l'un sur
le tonneau mobile, l'autre sur le tuyau qui conduit au chantier à aérer
règlent le mouvement de l'air.

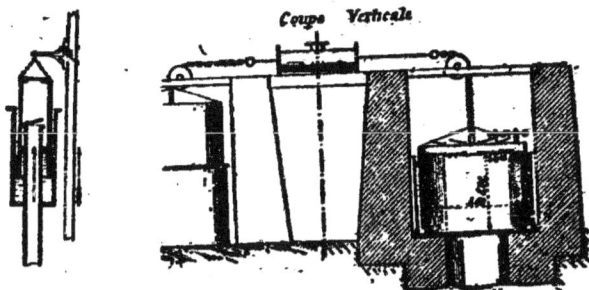

Coupe Verticale

On a cherché à conserver le joint hydraulique du tonneau du Harz
pour les grands aérages ; c'est ainsi qu'on a établi à Seraing un ventilateur avec deux cloches de 3 m. 60 de diamètre et 2 m. de course, mises
en mouvement alternatif par une machine placée entre les deux cuves
correspondantes. Les clapets sont équilibrés par des contrepoids.

243. Appareils à pistons. — Les nombreuses tentatives faites ensuite pour construire des venti-
lateurs à pistons ont échoué, à cause de la
difficulté que présente la construction des
clapets destinés à fermer les larges issues
qu'exigent de grands aérages à faible pression.

L'appareil *Nixon* est un de ceux qui ont
paru se rapprocher le plus des résultats
cherchés. Les pistons portent des galets
qui roulent horizontalement sur des rails
posés dans de grandes chambres rectangulaires ; les parois verticales sont garnies de
clapets multiples, communiquant les uns
avec la mine, les autres avec l'air extérieur.
Les deux pistons rectangulaires ont 9 m. de
largeur et 6 m. de hauteur.

Cette classe d'appareils paraît devoir être
réservée pour les cas où l'on aurait besoin
de pressions ou de dépressions plus fortes
que celles reconnues suffisantes dans les circonstances ordinaires.

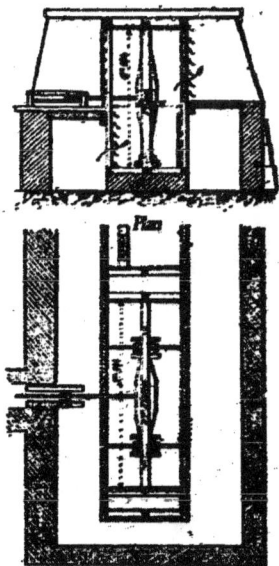

Plan

244. Ventilateur Fabry. — Le ventilateur Fabry est encore assez employé aujourd'hui. Il se compose de deux arbres portant chacun, suivant des rayons, trois palettes avec croisillons disposés de façon que la communication soit constamment fermée entre l'extérieur et l'intérieur de la mine.

L'appareil tourne entre deux parois ou murs verticaux, l'une des roues recevant le mouvement de la machine et le transmettant à l'autre au moyen de deux engrenages de même diamètre.

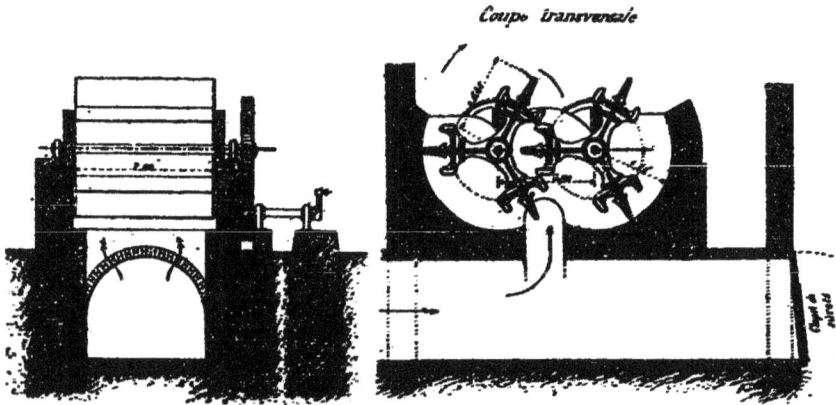

Coupe transversale

En examinant la figure, on voit qu'à chaque tour il sort six fois le volume V' et qu'il rentre six fois le volume V". Le résultat définitif diffère donc très peu de deux fois le volume annulaire compris entre les deux rayons ; si nous représentons par L la longueur du ventilateur, le volume extrait par tour sera :

$$V = 2 \pi L (R^2 - r^2).$$

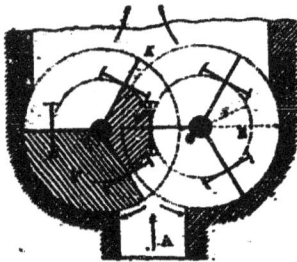

Il faut éviter les frottements ainsi que les rentrées d'air et attribuer aux deux rayons les dimensions nécessaires pour éviter que les extrémités des palettes ne viennent frapper les extrémités des croisillons.

On ne peut attribuer de grandes dimensions à ces appareils à cause de la difficulté d'obtenir une solidité suffisante à la base des palettes. Dans la plupart des appareils construits, on a donné 1 m. 70 au plus grand rayon et 1 m. au plus petit, la longueur étant de 2 m. Le nombre de tours ne pouvant dépasser 25 à 30 par minute, on a des ventilateurs pouvant livrer passage à 10 ou 12 m³ d'air par seconde.

Lorsqu'on veut obtenir un plus grand volume, on fait fonctionner deux ou plusieurs appareils sur le même puits.

245. Ventilateur Roots. — En Angleterre, on a transformé le ventilateur Fabry de façon à pouvoir l'établir avec des dimensions beaucoup plus grandes. Les deux roues ou pistons rotatifs tournent encore en sens contraire entre des coursiers ou logements dont la partie inférieure communique avec le puits d'aérage et la partie supérieure avec l'atmosphère. La disposition est telle que la communication est constamment interceptée entre l'extérieur et l'intérieur.

Les trois bras de l'appareil Fabry sont remplacés par deux secteurs sur chaque arbre; ces secteurs comprennent un arc de 90° et l'un d'eux, appartenant alternativement à chacune des deux roues, est toujours en contact avec le cylindre qui forme l'axe de l'autre arbre.

Ces secteurs sont supportés à chaque extrémité de l'axe par trois bras en fer forgé. Ils sont, ainsi que les tambours, recouverts sur leur surface cylindrique par des feuilles de tôle, et sur leurs surfaces latérales internes par du bois.

Le jeu entre les faces verticales des coursiers et des pistons est d'environ 1 mm. 1/2 de chaque côté. Les coursiers circulaires, supportés par des pièces de bois formant garniture sur les côtés de la chambre du ventilateur et par d'autres pièces fixées sur un cadre à charnières peuvent, à l'aide d'une série de vis, être rapprochés de façon à régler le jeu.

246. Ventilateur Lemielle. — Le ventilateur Lemielle est formé d'un tambour hexagonal disposé verticalement et tournant autour d'un axe O dans une cuve cylindrique en maçonnerie de plus grand diamètre, dont l'axe est en O'. Cette cuve communique avec la mine par une ouverture A et avec l'extérieur par une ouverture A'. Le tambour hexagonal à surfaces planes porte trois volets verticaux à charnières symétriquement disposés. Les extrémités des volets sont reliées par des bielles à l'axe O' de la cuve représenté par un arbre coudé et fixe, ces bielles traversent des échancrures ménagées dans les parois du tambour.

En vertu de la rotation du tambour, les volets s'ouvrent quand ils passent de l'ouverture de la mine à l'orifice A' et établissent toujours une fermeture constante entre l'arrivée et la sortie.

On voit qu'à chaque passage du volet, il sort de la mine-un volume

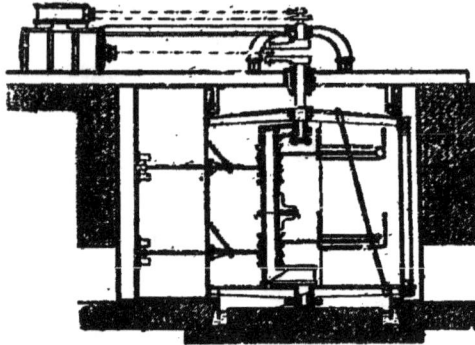

Plan

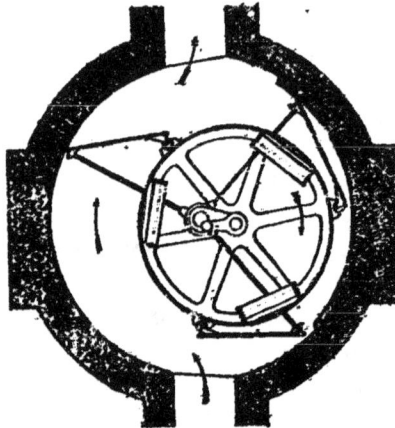

d'air V', il en rentre V″ ; le débit par tour est donc 3 (V'—V″), volume qui croît avec la hauteur et le diamètre de l'appareil.

Le tambour, hermétiquement clos, est en tôle. Les fentes par lesquelles passent les bielles ont des joints à ressorts garnis de cuir. Les joints du tambour avec le sol et le plafond sont hydrauliques.

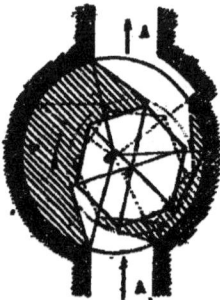

Le cylindre à vapeur est fixé sur un massif spécial et peut donner 60 à 80 chevaux ; avec des appareils bien établis, il est facile d'obtenir, pour une vitesse de 15 à 16 tours, un débit de 30 à 40 m³ d'air pur par seconde, la dépression étant de 10 cm. d'eau.

Le ventilateur Lemielle, qui ne laisse rien à désirer au point de vue théorique, a obtenu la préférence dans plusieurs circonstances.

En pratique, les efforts sur l'arbre étant variables suivant la position des volets, il en résulte des vibrations qui obligent à laisser un certain jeu, d'où augmentation des rentrées d'air. Le pivot supérieur, sur lequel repose tout le poids de l'appareil, est sujet à usure et alors les volets arrivent à frotter sur le fond de la cuve. De plus, les articulations sont nombreuses, d'accès difficile et, par conséquent, d'entretien peu commode.

Les dimensions d'un ventilateur Lemielle, installé au Grand Hornu, sont les suivantes :

Hauteur de la cuve	7 m.
Diamètre de la cuve	4 m. 30
Diamètre du tambour	2 m. 63
Excentricité	0 m. 50
Largeur des volets	1 m. 48

Les essais ont donné :

Nombre de tours	22
Volume débité par seconde	27 m³
Dépression	16 cm.
Travail dépensé	92 chevaux
Travail utilisé	59 chevaux
Effet utile	0.64

247. Ventilateurs à force centrifuge. — Les ventilateurs à force centrifuge consistent, en principe, en une roue verticale ou horizontale, à palettes droites ou courbes, tournant entre deux cloisons dont l'une ou toutes les deux sont percées d'une ouverture circulaire appelée ouïe, le centre de cette ouverture est sur le prolongement de l'axe du ventilateur. L'air participant au mouvement de rotation, acquiert, en vertu de la force centrifuge, une vitesse qui le fait échapper par la circonférence ; il est remplacé à mesure, par de nouvelles quantités d'air entrant par l'ouïe.

Par suite du mouvement rapide des palettes et de la grande différence qui existe entre la section de l'entrée et celle de la sortie, il se produit des remous et des rentrées d'air préjudiciables au rendement. L'air, à sa sortie, en quittant les palettes, animé d'un mouvement rapide, absorbe une partie du travail ainsi dépensé en pure perte. Ces deux raisons ont fait que les premiers ventilateurs à force centrifuge appliqués à l'aérage des mines ont donné de mauvais résultats ; mais des perfectionnements successifs les ont bientôt placés au premier rang parmi les moteurs d'aérage.

248. Ventilateur Guibal. — La disposition la plus répandue aujourd'hui est celle de M. Guibal.

Au lieu de faire tourner le ventilateur en plein air, laissant le fluide s'échapper librement sur toute la circonférence du ventilateur, M. Guibal a enveloppé son appareil de façon à éviter les remous et les rentrées d'air.

L'air, pressé par la force centrifuge contre l'enveloppe, s'échappe

par une ouverture unique dont les dimensions sont réglées par une
vanne mobile modifiant la section de l'orifice de sortie d'après le volume d'air débité. Cet orifice débouche dans une trompe ou cheminée
à section croissante, de telle sorte que l'air, avant de s'échapper dans
l'atmosphère, perd graduellement sa vitesse.

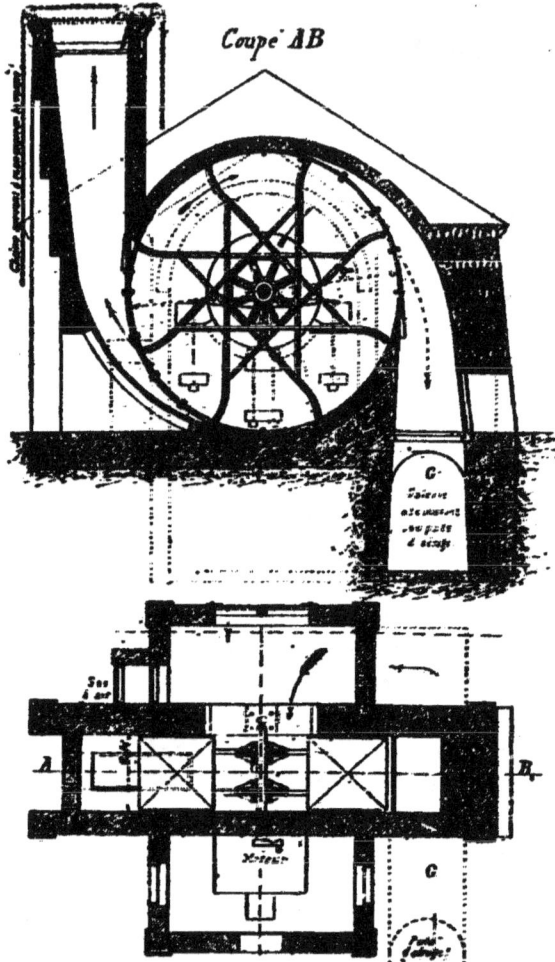

Coupe AB

Les palettes sont disposées autour d'une armature polygonale qui
permet un assemblage solide. L'ouïe a une section égale et quelquefois
supérieure à celle du puits d'aérage.

La vanne du ventilateur embrasse environ le quart de la circonférence ; elle est formée de planchettes assemblées de façon à pouvoir
glisser dans des rainures courbes en fonte encastrées dans les parois
de la maçonnerie. On remplace souvent ces vannes à glissières par des
vannes composées de planchettes fixées par des boulons et dont on
augmente ou diminue le nombre selon l'ouverture à donner. Le réglage
se fait par tâtonnements.

Pendant que le ventilateur fonctionne à un nombre constant de tours, on ouvre successivement la vanne jusqu'à ce qu'une nouvelle augmentation de l'ouverture ne donne plus d'augmentation de la dépression.

M. Guibal, dans le but de pouvoir, à volonté, aspirer ou refouler l'air, munit les ventilateurs de deux cheminées à sections croissantes en pavillons de cors, disposées en sens inverse.

Un système de portes permet d'aspirer l'air de la mine par l'ouïe, en le rejetant au dehors par la cheminée supérieure, ou bien d'aspirer l'air extérieur par l'ouïe et de le refouler dans la mine par la cheminée inférieure.

Pour déterminer le volume d'air débité par tour, dans un ventilateur à force centrifuge, on a fait un grand nombre d'expériences qui ont montré que le volume engendré par les palettes est de 2,40 à 2,80 fois plus considérable que celui qui a pénétré par l'ouïe et, par conséquent, que celui réellement débité.

Dans la pratique, on donne aux ailes une largeur telle que le volume engendré par les palettes à la vitesse normale soit à peu près triple de celui que l'on veut obtenir.

Lorsque la largeur du ventilateur doit dépasser 3 m., on trouve avantageux de faire entrer l'air par les deux ouïes, en ayant soin d'interposer une cloison verticale au milieu de la largeur, afin d'éviter les chocs des courants ; on a ainsi, en quelque sorte, deux ventilateurs accolés.

Les ventilateurs Guibal sont d'une grande simplicité et demandent peu d'entretien.

Les dimensions courantes, sont :

Diamètre : 7, 9 et 12 mètres.

Longueur : 1, 3 et 4 mètres.

Vitesse de rotation : 60 à 90 tours par minute.

249. Ventilateur Waddle. — Le ventilateur Waddle, appliqué

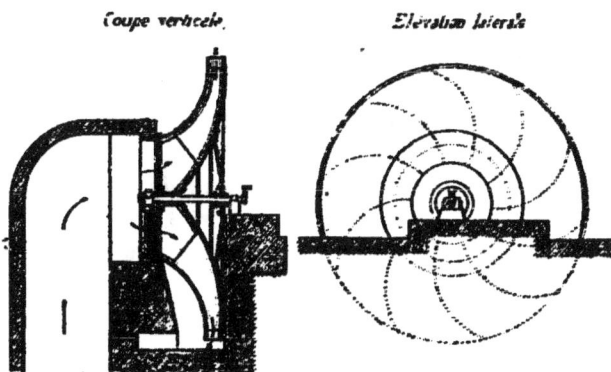

Coupe verticale.   Élévation latérale.

en Angleterre, se construit à grand diamètre, comme le ventilateur Guibal ; on est allé jusqu'à 14 mètres.

19

Les ailes, au nombre de 8 ou 10, sont courbes et renfermées entre deux plateaux en tôle, qui vont se rapprochant du centre à la circonférence, si bien que la section comprise entre ces deux plateaux présente, en coupe transversale, la forme d'un trapèze irrégulier.

Le ventilateur est sans enveloppe et rejette l'air sur toute sa circonférence, la section de sortie étant rétrécie par la forme des plateaux entre lesquels sont comprises les ailes.

250. Ventilateur Duvergier. — On a souvent cherché à construire des ventilateurs à axe vertical, dans le but d'obtenir un joint étanche entre la partie mobile et l'ouïe du ventilateur.

Le ventilateur Duvergier tourne dans un coursier circulaire, creusé et maçonné dans le sol et dont la partie supérieure, fermée par un plancher, ne laisse passer que l'extrémité supérieure de l'arbre actionné par une machine établie sur le plancher.

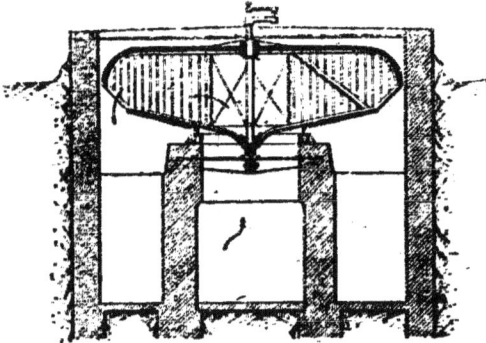

L'air est aspiré par une ouïe centrale, dont le diamètre est égal à celui du puits d'aérage; le bord de la galerie d'amenée de l'air forme une gouttière circulaire permettant une fermeture hydraulique.

Les ailes, au nombre de huit, sont construites en tôles pleines et recourbées à l'extrémité, de telle sorte que la masse d'air mise en mouvement est projetée dans la partie inférieure du coursier, et rejetée dans l'atmosphère à travers des issues de sortie.

Pour les ventilateurs de grands diamètres et pour les vitesses qui dépassent 50 tours par minute, le poids de tout l'appareil sur la crapaudine devient une cause de réparations fréquentes.

251. Ventilateur Harzé. — M. Harzé a proposé un ventilateur que l'on établit à axe horizontal ou à axe vertical et dont la construction est assez compliquée, mais rationnelle.

Il se compose de deux disques reliés entre eux par des ailes courbes inclinées à 45°. L'air est reçu, à sa sortie, dans un diffusoir fixe formé par deux couronnes entre lesquelles des ailes immobiles et courbes redressent l'échappement de l'air dans le sens des rayons. Ces ailes favorisent la bonne répartition de la force vive de l'air, par l'épanouissement des veines fluides dans des sections croissantes.

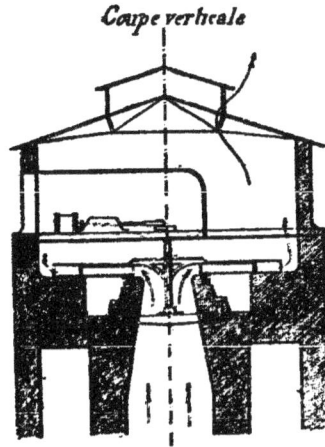

Coupe verticale

Le diffusoir remplace la cheminée Guibal, avec cette particularité que chaque ailette du ventilateur rencontre toujours une cheminée pour recevoir l'air propulsé, tandis que, dans le Guibal, l'air ne trouve issue que sur le quart au plus de la circonférence.

Ce système qui est, ainsi que le ventilateur Waddle, un retour aux ventilateurs sans enveloppe, ne trouvera une application utile qu'autant qu'on n'aura pas besoin de dépressions supérieures à 2 ou 3 cm. d'eau.

Plan

252. Ventilateur Ser. — On s'est beaucoup préoccupé de réduire les dimensions de ces grands ventilateurs dont l'installation est toujours encombrante et coûteuse ; mais il ne fallait pas perdre de vue que, dans une mine, le ventilateur étant un organe capital, il importe de prévenir tout ce qui pourrait amener un arrêt, même momentané, dans sa marche.

Le *ventilateur Ser*, employé depuis peu d'années, tend à se répandre et donne une entière satisfaction : c'est ainsi qu'un ventilateur de 2 m. seulement de diamètre appliqué sur une mine de 1 m² d'orifice équivalent peut fournir 25 m³ par seconde à la dépression de 95 mm. d'eau, pour une vitesse de 280 tours par minute ; sur une mine de 1 m. 50, le débit est de 32 m³ et la dépression de 68 mm. ; sur une mine de 2 m², le débit est de 40 m³ et la dépression 57 mm.

Le rendement manométrique s'élève à 0,93, tandis qu'il n'atteint que 0,70 avec le Guibal.

Le ventilateur Ser porte 32 palettes qui sont, conformément à la

théorie, inclinées en avant à 45°. L'air arrive aux ouïes avec une vitesse croissante graduelle, passe dans les canaux mobiles formés par
les ailettes, puis se rend dans un conduit spirale jusqu'à l'orifice de
dégagement également évasé, de telle sorte que la vitesse de sortie dé-
croît progressivement. Il est à remarquer, en outre, que le conduit de
la spirale est plus large que l'extrémité des ailettes, de telle sorte que

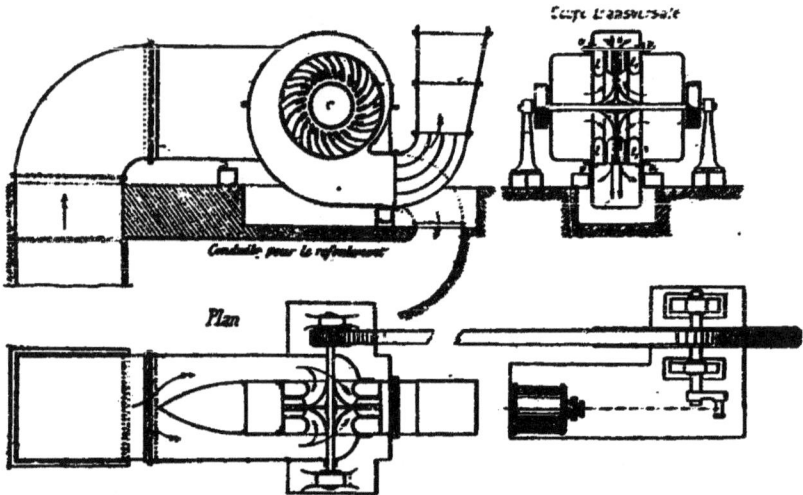

chaque filet fluide sortant des ailettes est rejeté à droite et à gauche
dans la portion de conduit qui lui est réservée et cède la place au filet
suivant qui s'infléchit à son tour des deux côtés, de sorte que ces filets
se meuvent à peu près parallèlement sans se contrarier et ne forment
pas de remous.

Les proportions des ailettes et du conduit-spirale doivent être établies avec précision pour chaque cas particulier ; les diverses dispositions adoptées permettent de faire varier ces proportions dans des
limites assez étendues.

253. Calcul d'un ventilateur à force centrifuge. — En appelant v la vitesse à l'extrémité des ailettes et, comme nous l'avons fait
à propos de l'évaluation de la quantité d'air qui passe dans une mine,
H la dépression en mètres de colonne d'air et h la même dépression en
millimètres d'eau, nous aurons :

$$\frac{v^2}{2g} = H = \frac{h}{1,3}$$

d'où
$$h = 0,066\, v^2.$$

Des expériences faites avec des ventilateurs Guibal, dont l'orifice était bien réglé, ont donné pour résultats des valeurs de h supérieures à celles indiquées par la théorie, qui ne peut, d'ailleurs, tenir compte de l'entraînement de l'air ni de son mouvement relatif par rapport à l'extrémité des ailettes.

Avec des ventilateurs aspirants, on a trouvé $h_1 = 1,25\,h = 0,082\,v$, tandis qu'avec des appareils soufflants la valeur de h a été trouvée égale à celle que fournit la théorie, soit $0,066\,v^2$.

En représentant par d le diamètre du ventilateur et par n le nombre de ses rotations par minute, nous pourrons écrire :

$$v = \frac{\pi d n}{60}$$

et la valeur de h deviendra :

$$h = 0,082 \left(\frac{\pi d n}{60}\right)^2 = 0,000224\,d^2 n^2.$$

Cette relation permettra de déterminer l'une des trois quantités h, d, n, lorsque l'on se sera donné les deux autres.

La largeur des palettes sera calculée ensuite au moyen de cette condition que le volume engendré par l'une d'elles soit le triple du débit que l'on veut obtenir.

On donne ordinairement à l'ouïe un diamètre égal à celui du puits de retour d'air sur lequel elle aspire ; il résulte de ces diverses conditions, comme aussi de celles qu'entraînent les nécessités de la construction, une relation pratique entre la largeur d'un ventilateur et son diamètre.

Le travail de l'air est, suivant ce qui a été dit :

$$T = V h.$$

Si l'on veut obtenir 30 mètres cubes d'air par seconde à la dépression de cent millimètres d'eau, le travail utile sera donc : $T = 30 \times 100 = 3000$ kilogrammètres par seconde ou 40 chevaux. Le rendement de l'appareil étant supposé de 0,45 à 0,55, il sera nécessaire d'employer un moteur de 75 à 90 chevaux.

254. Installation des ventilateurs. — Il est indispensable d'installer les ventilateurs de telle façon qu'ils ne puissent être atteints par une explosion, car c'est surtout après un accident que leur secours est indispensable.

Une bonne précaution consistera à surmonter le puits d'aérage d'une cheminée assez élevée pour servir à l'aérage, dans une certaine mesure, en cas d'avarie au ventilateur. Cette cheminée est fermée en temps ordinaire par un clapet léger que la pression des gaz projetés par une explosion fera ouvrir.

Les ventilateurs sont le plus souvent actionnés directement par un moteur horizontal, vertical ou incliné ; cependant on emploie quelquefois la commande par courroies.

Avec un ventilateur à force centrifuge, il convient que le diamètre soit tel qu'on obtienne au maximum de vitesse possible le maximum de dépression dont on présume avoir besoin dans les circonstances les plus défavorables, soit environ le triple de celle nécessaire en marche normale. Un éboulement, par exemple, pourrait venir augmenter les résistances et exiger une notable augmentation de la dépression produite par le ventilateur.

En temps ordinaire, la vitesse sera relativement faible, aussi emploiera-t-on un moteur dont la détente, variable à la main, pourra être supprimée ou diminuée, suivant les cas.

On arrive à réduire les frais d'installation en enterrant à moitié le ventilateur, et en remplaçant les portes en bois placées sur le refoulement et l'aspiration par des murs ou des voûtes en briques, que l'on démolira et reconstruira quand on voudra changer la direction du courant : une demi-journée suffit à ce travail, tandis que des portes coûteuses et d'un entretien difficile peuvent ne pas fonctionner au moment utile.

Une bonne solution consiste à accoupler deux appareils de ventilation, capables d'agir isolément. Leurs dimensions seront calculées de telle manière que chacun d'eux puisse suffire seul à l'aérage de la mine en marchant à grande vitesse ; en temps normal, ils fonctionneront simultanément à une vitesse très-modérée.

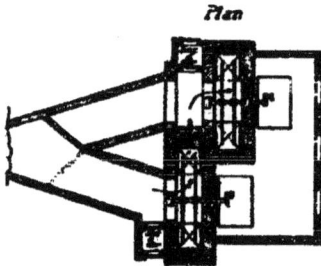

Plan

Si ce sont des ventilateurs volumogènes, ils seront placés l'un à côté de l'autre, et le volume total débité sera la somme des volumes débités par chacun d'eux.

Si, au contraire, ce sont des ventilateurs déprimogènes, pour que les dépressions fournies par chacun d'eux s'ajoutent au moins théoriquement, l'un des deux ventilateurs aspirera l'air sortant de l'autre.

§ 4.

ÉCLAIRAGE

255. Lampes. — L'air et la lumière sont les premiers besoins dans les travaux souterrains.

Ces deux questions sont solidaires, un bon éclairage n'étant généralement possible que dans une atmosphère suffisamment pure.

L'étendue des travaux, considérable par rapport au nombre des ouvriers, ne permet pas d'adopter un éclairage commun. Le système qui a forcément prévalu consiste à munir chaque ouvrier d'une lampe à l'aide de laquelle il se guide et s'éclaire dans son travail dont l'emplacement peut varier d'un moment à l'autre.

L'éclairage par lampes fixes n'est employé qu'aux endroits où le travail est continu, par exemple à un accrochage, près d'une balance, d'un treuil, d'un ventilateur, dans la salle d'une machine, dans les écuries.

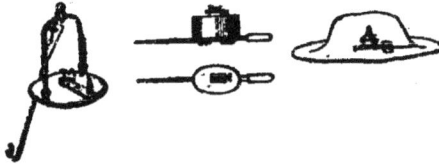

La lampe à huile est le plus généralement employée, alimentée d'huile de colza ou d'huile d'olives, suivant les pays. Les huiles minérales ne sont admises qu'à titre d'exception ; elles tendent pourtant à se répandre en Saxe.

La consommation est de 12 à 16 gr. par heure et représente comme dépense environ 5 0/0 du prix de la journée d'un mineur, à qui incombe d'ordinaire le soin de son éclairage dans les mines où l'on use de lampes à feu nu.

Ces lampes à feu nu sont les plus répandues ; elles se rattachent à deux types principaux :

L'une, très solide, en fer forgé, a la forme d'un ellipsoïde de révolution aplati. Elle est munie d'une ouverture pour recevoir le porte-mèche fixé à l'aide d'une vis et porte un petit orifice pour l'entrée de l'air ; elle est munie d'une anse terminée par un crochet au moyen duquel on peut la fixer au boisage ou aux parements des galeries.

L'autre, en fer blanc, plus légère, de section ovale ou circulaire, porte une tige terminée d'un côté par une manche, de l'autre par une pointe qu'on peut ficher dans un bois ou dans une fissure de la roche. Cette

pointe sert aussi à fixer la lampe au chapeau du mineur, laissant à celui-ci les deux mains libres pendant qu'il circule dans les travaux.

256. Éclairage dans les mines grisouteuses. — On ne peut
user de pareilles lampes pour s'éclairer dans les mines grisouteuses;
quoique, en principe, une mine doive toujours être suffisamment ventilée
pour que le grisou dilué ne soit pas à redouter, un dégagement de gaz
peut se produire subitement et causer une explosion.

On emploie toujours dans de pareilles exploitations des lampes spéciales, dites *lampes de sûreté*.

Avant 1816, époque à laquelle remonte l'invention de ces appareils
par Davy, les mines grisouteuses étaient difficilement exploitables ; on
laissait le grisou s'accumuler dans l'air stagnant et des ouvriers, nommés pénitents, étaient chargés d'y mettre le feu avant l'entrée de chaque poste.

On faisait aussi usage de *lampes éternelles,* brûlant le grisou à mesure
de son mélange avec l'air. On les emploie encore en Saxe où des lampes
à feu nu, alimentées par de l'essence minérale imbibant une éponge,
peuvent brûler 48 heures.

Une modification due à M. Kœrner est basée sur la propriété que
possède l'éponge de palladium, portée au rouge sombre, de brûler sans
explosion un mélange qui serait explosif.

Un réservoir contenant de l'huile minérale est surmonté de cinq

becs ; chacun d'eux brûle enfermé dans
une capsule en toile métallique entourée
intérieurement et extérieurement d'un cylindre en papier d'amiante imprégné d'é-
ponge de palladium. De l'amiante mêlée de
palladium réduit se trouve, en outre, dans
un double fond de la capsule au-dessus de
la mèche. La flamme n'a d'autre effet que de maintenir la mousse de
palladium à la température nécessaire pour qu'elle produise la combustion lente du grisou.

Une pareille lampe brûle, dit-on, un mètre cube de grisou par minute.

257. Lampe Davy. — Davy, se basant sur la propriété des toiles
métalliques d'arrêter les flammes et d'empêcher l'inflammation d'un
gaz de se propager d'un côté à l'autre, construisit la première lampe
de sûreté qui est encore employée aujourd'hui.

Elle se compose d'un réservoir à huile en fer blanc, sur lequel se
visse un cylindre en toile métallique monté sur une bague filetée; à
la partie supérieure, la toile est double pour mieux résister à l'action
des gaz chauds.

Le tamis protecteur est garanti contre les chocs par une armature formée de tringles en fer réunies à la partie supérieure par un chapeau métallique portant un crochet. Dans le réservoir d'huile plonge une mèche, ronde ou plate ; la mèche peut être mouchée, remontée ou abaissée de l'extérieur à l'aide d'un petit crochet passant par un tube sondé dans le réservoir d'huile.

Les dimensions les plus répandues sont, pour les grosses lampes :

Hauteur du cylindre en toile métallique : 0 m. 190.

Diamètre : 0 m. 068.

Nombre de mailles par cmq. : 144.

Diamètre du fil de la toile : 0 mm. 35.

Rapport des vides à la surface totale : 0,43.

On perd environ un tiers du pouvoir éclairant.

Dans un courant gazeux de 1 m. 70 par seconde, la toile laisse passer la flamme et peut ainsi enflammer un mélange détonant ; au contact du feu elle s'est échauffée jusqu'au rouge, s'est, par suite, laissée traverser par la flamme qui allume l'atmosphère explosible.

On a imaginé un grand nombre de perfectionnements à la lampe de Davy.

258. Lampe Mueseler. — Elle se compose d'un réservoir à huile avec porte-mèche, surmonté d'un cylindre en cristal sur lequel repose une toile métallique horizontale. Cette toile est traversée par une cheminée conique évasée à sa partie inférieure et qui se prolonge en-dessous de la toile.

Le tout est recouvert d'un cylindre en toile métallique fermé à sa partie supérieure et maintenu par une armature métallique.

L'air nécessaire à la combustion entre par les mailles du cylindre, traverse la toile horizontale, descend sur la mèche et les gaz de la combustion remontent par la cheminée.

Les dimensions principales sont :

Cristal : diamètre extérieur, 60 mm. ; hauteur 62 mm. ; épaisseur, 5 mm. 1/2.

Cheminée en tôle : hauteur au-dessus de la toile 90 mm. ; au-dessous, 27 mm. y compris l'évasement qui a 6 mm.

Distance de la base de la cheminée au sommet du porte-mèche, 22 mm.

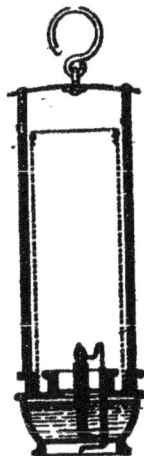

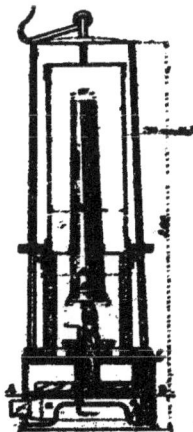

Diamètre de la cheminée au sommet, 10 mm.; à la base, 30 mm.; à la naissance de l'évasement, 25 mm.

Hauteur du cylindre en toile métallique, 109 mm.

Epaisseur du fil, au moins 1/3 de mm. et 144 mailles au minimum par cmq.

Les dimensions de la cheminée doivent surtout être observées, ainsi que sa hauteur au-dessus du porte-mèche, bien qu'une partie de la flamme soit masquée et que son pouvoir éclairant soit, par suite, diminué.

La lampe Mueseler a l'inconvénient de s'éteindre lorsqu'on l'incline, l'appel d'air se trouvant interrompu.

Les courants d'air horizontaux sont moins à craindre qu'avec la lampe Davy, puisque le feu est protégé par le cylindre en cristal qui accroît de plus l'intensité du pouvoir éclairant.

La lampe Mueseler s'éteint lorsque l'atmosphère devient dangereuse ; en effet, le mélange gazeux s'enflamme dans l'intérieur du cylindre en cristal et produit de l'acide carbonique.

Si la lampe était dans un courant vertical assez fort, la flamme pourrait sortir par la cheminée et même traverser l'enveloppe en toile métallique ; une explosion deviendrait possible.

259. Lampe Marsaut. — M. Marsaut, directeur des mines de Bessèges, a repris toutes les expériences faites et a créé un nouveau modèle qui, tout en dérivant de la lampe Mueseler, donne beaucoup plus de sécurité, plus de lumière et ne s'éteint pas quand on l'incline.

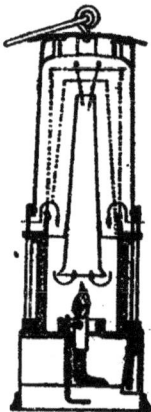

Cette lampe a été construite en se basant sur les principes suivants :

1° Adopter pour toutes les communications avec l'atmosphère une double protection en toile métallique.

2° Réduire au minimum les espaces confinés, dans lesquels le gaz peut faire canon en explosant, déterminant ainsi l'inflammation des gaz extérieurs ; augmenter la surface des toiles métalliques donnant passage, en les refroidissant, aux gaz résultant de la détonation intérieure.

3° Réduire le diamètre des lampes et leur donner le maximum de flamme qu'elles peuvent supporter sans s'échauffer, parce que l'inflammation se propage d'autant plus aisément à l'extérieur qu'on produit la détonation interne avec un plus petit feu à la mèche.

4° Dans les lampes à verre et à alimentation d'air par le haut, surélever la flamme en allongeant le porte-mèche, afin de créer au fond de la lampe un espace neutre qui atténuera l'intensité de la détonation interne.

5° Supprimer la cheminée qui est un organe dangereux.

M. Marsaut n'a donc conservé ni la cheminée ni le diaphragme horizontal de la lampe Mueseler, et il a surélevé le porte-mèche. Au dessus du verre, il place deux cylindres ou troncs de cône concentriques en toile métallique, fermés à leur partie supérieure. Ces deux cylindres sont renfermés dans un troisième en tôle, qui les protège et qui est percé par en bas d'ouvertures pour l'entrée de l'air, par en haut d'autres ouvertures pour la sortie des gaz. En face des orifices d'entrée un anneau métallique plein oblige l'air à remonter avant de traverser les deux cylindres en toile métallique, pour redescendre ensuite et alimenter la lampe ; les gaz de la combustion s'échappent par le haut.

260. Lampe Fumat. — Dans la lampe Fumat, de la Grand'Combe, l'air arrive par le bas au niveau de la mèche, de sorte que le grisou peut brûler à mesure de son introduction. L'air traverse d'abord une toile métallique à mailles serrées, puis une seconde à mailles plus larges. Le réservoir d'huile sur lequel repose le cadre de ces deux toiles métalliques est surmonté du verre qui supporte à son tour un tamis tronc conique à mailles larges surmonté d'une calotte pleine : ce tamis est enveloppé d'une cheminée cylindrique en tôle d'un diamètre égal à celui du verre, fermée à sa partie supérieure par une toile métallique à mailles serrées.

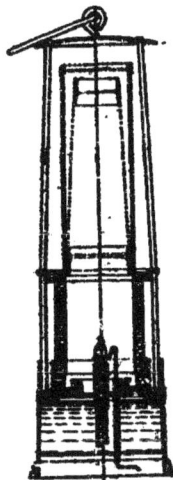

Les tamis protecteurs sont ceux de l'extérieur, à mailles serrées ; les autres, à mailles larges, ont pour but de diviser, de refroidir, de briser la flamme pour que, lors d'une explosion, la toile extérieure soit toujours suffisante pour empêcher le passage du feu.

Afin d'éviter que la lampe ne soit éteinte par des courants violents de bas en haut, on a placé devant les tamis d'admission d'air une rondelle en cuivre de la hauteur du tamis et qui a l'avantage, en outre, de garantir ce dernier.

Pour protéger contre les courants descendants qui viendraient battre le couvercle, seraient renvoyés dans la cheminée extérieure en tôle et arrêteraient le dégagement de la fumée, on a placé un disque annulaire en tôle fixé aux montants du cadre à la hauteur du sommet de la cheminée.

Le diamètre intérieur de cette couronne est celui de la cheminée ; le diamètre extérieur, celui du couvercle.

261. Lampe Williamson. — Le réservoir d'huile est surmonté d'un cylindre en cristal d'un diamètre extérieur de 0 m. 065 et d'une hauteur de 0 m. 060, surmonté lui-même d'un cylindre en toile métallique fermé par le haut et ayant 0 m. 110 de hauteur. A l'intérieur et reposant directement sur le réservoir d'huile est placé un deuxième cylindre en cristal concentrique au premier et ayant 0 m. 044 de diamètre et 0 m. 120 de hauteur ; ce cylindre est fermé à sa partie supérieure par une calotte en cuivre percée de trous pour laisser échapper les gaz de la combustion. L'air entre par une série d'orifices ménagés circulairement et protégés par une couronne en toile métallique.

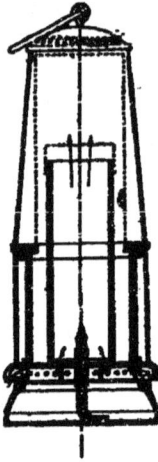

262. Lampe Wolf à rallumage intérieur. — Au-dessus d'un cylindre en cristal, un tamis en toile métallique. L'air frais arrive à la mèche en traversant une série de trous en couronne, ménagés à la partie supérieure du réservoir et fermés intérieurement par une couronne en toile métallique.

La lampe est alimentée par de la benzine qui émet facilement des vapeurs inflammables ; on a pu ainsi établir un petit appareil permettant de rallumer la lampe sans l'ouvrir. Pour cela, l'ouvrier fait jouer un ressort à chien en pressant un bouton placé sous la lampe ; en même temps se déroule une bande de papier portant des amorces au fulminate qui s'enflamment par le choc, mettant le feu aux vapeurs de benzine et, par suite, à la mèche.

La mèche et la flamme sont entourées d'un cylindre que l'on peut faire monter plus ou moins à l'aide d'une vis et ainsi régler l'intensité de la flamme.

Cet éclairage est plus économique et la lumière est plus vive qu'avec les autres lampes. La lampe fumant moins, est plus facile à entretenir.

Pour éviter la perte de liquide par évaporation pendant le remplissage, M. Wolf fait passer la benzine du réservoir général dans la lampe elle-même par un robinet à trois voies.

Le grand inconvénient des huiles minérales est cette émission de vapeurs inflammables à la température ordinaire ; d'où une augmentation des causes de danger.

263. Fermeture des lampes. — Les lampes sont remises à l'ouvrier allumées et fermées par le lampiste qui est chargé, aux frais de l'exploitant, de l'entretien, du remplissage et de l'allumage des lampes. En échange de sa lampe qui est numérotée, l'ouvrier remet une médaille portant le même numéro, la médaille est accrochée au ratelier au lieu et place de la lampe. Le poste fini, l'échange inverse a lieu.

La surveillance des lampes est ainsi assurée et la responsabilité de chaque mineur n'est engagée que pour la lampe qui lui est personnelle.

On a imaginé un grand nombre de fermetures pour empêcher l'ouvrier d'ouvrir sa lampe.

Quelques lampes ne peuvent être ouvertes sans qu'on les éteigne ; mais cela n'empêche pas les ouvriers de les rallumer avec une allumette.

D'autres ont un filet de vis tellement long qu'il faut beaucoup de temps pour les ouvrir, si on ne dispose pas d'un appareil multiplicateur de tours.

D'autres fermetures ne peuvent être actionnées qu'à l'aide d'un puissant électro-aimant.

Dans la fermeture Cuvelier, le verrou est sollicité par un fluide à haute pression, air ou eau. A cet effet, un tube manométrique Bourdon est soudé en son milieu au-dessous du réservoir d'huile ; il commu-

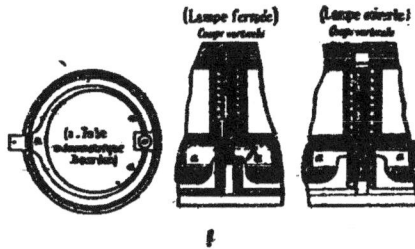

nique avec l'extérieur par un conduit capillaire et courbe pratiqué dans un téton qui fait saillie ; c'est par l'extrémité de ce conduit que se fait l'introduction du fluide sous pression dans l'intérieur du tube manométrique ; les deux branches s'écartent alors et permettent la descente du verrou sous l'influence d'un ressort à boudin. Pour fermer la lampe, il suffit de pousser le verrou avec une broche.

La disposition la plus simple et le plus généralement adoptée consiste en un verrou vertical, traversant dans un tube le réservoir d'huile. Ce verrou, fileté d'un bout, se termine de l'autre par un carré qui ne peut être manœuvré que par une clef à douille qui reste entre les mains du lampiste.

Les maîtres mineurs sont munis de lampes Davy à double enveloppe pour pouvoir essayer l'atmosphère dans les endroits suspects.

Les géomètres, pour les levés à la boussole, font usage de lampes entièrement en cuivre.

264. Éclairage électrique par lampes fixes. — On commence à employer l'éclairage électrique dans les mines et on trouve avantageux de se servir des lampes fixes dans les recettes et les galeries où le roulage est actif, ainsi que sur divers points de la mine.

On choisira des lampes à incandescence protégées par un ou deux arceaux en fil de fer ; les dynamos seront installées au jour et les conducteurs seront les mêmes que ceux destinés à la transmission électrique de la force, si ce mode de transport de l'énergie est employé dans l'exploitation.

Dans les mines grisouteuses on peut craindre, en cas de rupture de l'ampoule, que la combustion du filament donne des étincelles ou même des flammes.

Pour prévenir ce danger on enferme la lampe dans un vase transparent ou lanterne.

La *lampe de sûreté Edison* est enfermée dans un cylindre de verre plein d'eau. La *lanterne Crompton* est pleine d'air ; elle en contient un volume suffisant, sans communication avec l'atmosphère extérieure, pour assurer la combustion totale du filament.

La *lampe de sûreté Tommasi* est enfermée dans une enveloppe de verre étanche et munie d'un robinet ; un interrupteur à contact est disposé de telle manière que le circuit entre les bornes n'est continu qu'autant qu'il y a dans l'enveloppe une pression supérieure à celle de l'atmosphère extérieure. Pour se servir de la lampe on détermine à l'aide d'une petite pompe à air cet excès de pression et le contact a lieu ; mais si une rupture de l'ampoule ou de l'enveloppe survient, la pression tombe, le contact cesse d'avoir lieu et, le courant étant immédiatement interrompu, tout danger est écarté.

Il existe aussi dans les mines des lampes fixes à arc ; dans les mines grisouteuses, on a employé les appareils Clarke-Chapman, dans lesquels l'arc est à l'intérieur d'un globe diaphane imperméable à l'air.

265. Lampes portatives à accumulateurs.—Les lampes portatives doivent être solides, légères, peu coûteuses, consommer peu et donner un bon éclairage pendant 8 à 10 heures.

Les diverses lampes à piles secondaires ou accumulateurs d'électricité ne présentent entre elles que de légères différences de construction. Elles se composent toujours d'un accumulateur formé de bandes et de tiges de plomb, que l'on charge entre les postes au moyen d'une dynamo, plus d'une lampe à incandescence munie d'un réflecteur et protégée par une armature en fil de fer ; un bouton permet d'établir et d'interrompre la communication entre l'accumulateur et la lampe.

Voici quelques données relatives aux divers types :

LAMPES.	Poids de la lampe Kilogrammes	Pouvoir éclairant Bougies	Durée Heures
Swan...........................	4,4	2 à 3	10 à 12
Swan (2me type).................	3,0	1,15	10
Pitkin	3,6	4	8
Electric Lamp and Power Syndicate.	2,0	1	11
Bristol no 1.....................	0,5	1	5
— no 2.....................	1,6	1,5	10
— no 3.....................	2,5	1,5	15
Pollak Rousseau n° 1..............	1,7	0,8	12 à 14
— — n° 2..............	2,3	1,5	12 à 14
Stella.........................	1,4	1	12

Ces lampes présentent comme inconvénient grave l'entretien coûteux de l'accumulateur ; leur prix est relativement élevé. Elles ne sont pas encore passées dans la pratique courante.

266. Lampes portatives à piles. — La *lampe Schanschief* comporte trois ou quatre éléments zinc et charbon au bisulfate de mercure, assemblés en tension. Un type de cette lampe permet de mettre les charbons et les zincs en contact avec le liquide par simple renversement de la lampe. L'appareil est contenu dans une enveloppe étanche en bois et en ébonite.

La *lampe Blumberg* possède une batterie de piles au chlorure d'argent de de la Rue.

La lampe *Walker* fonctionne avec des piles au bichromate.

On essaie en ce moment d'appliquer aux lampes portatives la *pile du commandant Renard*. Cette pile, à liquide chlorochromique, qui a été appliquée aux moteurs des ballons, est de tous les appareils primaires ou secondaires celui qui, sous un poids donné, peut fournir la plus grande quantité de lumière.

Voici quelques données sur les lampes à pile :

LAMPES.	Poids de la lampe chargée Kilogrammes	Pouvoir éclairant Bougies	Durée Heures
Schanschief de 3 éléments..........	1,5	1	8
— 4 éléments..........	2,5	1,75	13
Walker.........................	2,25	1,3	10

Le prix de la bougie-heure est bien plus élevé avec les lampes à pile qu'avec celles à accumulateurs.

§ 5.

CONSTATATION DE LA PRÉSENCE DU GRISOU

267. Constatation par la lampe. — Nous avons déjà vu, à propos de l'atmosphère des mines, de quelle manière la présence du grisou agit sur la flamme d'une lampe en l'allongeant et en l'entourant d'une auréole bleue.

On rend ces symptômes plus sensibles avec une lampe Mueseler en réduisant à trois millimètres la hauteur de la mèche et en masquant la flamme avec le doigt ou avec un petit écran.

L'auréole apparaît dès que la proportion de grisou atteint 4 0/0 et elle augmente d'intensité jusqu'à 8 ou 10 0/0 ; alors la lampe s'éteint.

La présence de l'acide carbonique peut masquer les indications de la lampe.

C'est pourtant ce moyen simple qui permet aux mineurs de se rendre le mieux compte de la présence du grisou et, la plupart du temps, on n'en emploie pas d'autre.

On a proposé un grand nombre d'appareils dont voici quelques types.

268. Appareil Ansell. — Cet appareil est fondé sur ce que la pression dans un vase poreux augmente si le poids spécifique du milieu où il se trouve placé vient à diminuer brusquement. Cet excès de pression est dû à ce que le gaz extérieur plus léger entre plus rapidement que ne sort l'air intérieur.

L'augmentation de pression dans le vase poreux peut déplacer légèrement une petite colonne mercurielle et déterminer la fermeture d'un circuit comprenant une sonnerie d'alarme.

Cet instrument ne peut servir que pour accuser des dégagements brusques de grisou.

La vapeur d'eau agissant comme ce dernier et l'acide carbonique masquant, au contraire, son effet, faussent les indications de cet appareil, dont la sensibilité est d'ailleurs médiocre.

269. Grisoumètre Coquillon. — C'est un véritable eudiomètre portatif, dans lequel la combustion du grisou est obtenue sans explosion par un fil de palladium porté à l'incandescence et agissant comme la mousse de ce métal dans les lampes de Kœrner. La diminution du volume indique la proportion de grisou dans le mélange ; le volume disparu est le double de celui du grisou ; une graduation convenable permet la lecture directe de cette proportion.

270. Appareil Liveing. — Deux spirales de platine identiques sont portées à l'incandescence dans les mêmes conditions ; mais l'une est entourée d'air pur et l'autre de l'air à examiner.

Si ce dernier renferme du grisou, il y aura combustion et, pour une proportion même très faible de gaz inflammable, le pouvoir éclairant de la spirale augmentera d'une manière sensible.

Un photomètre à réflexion, placé entre les deux éprouvettes contenant les spirales, permet de comparer leurs intensités lumineuses.

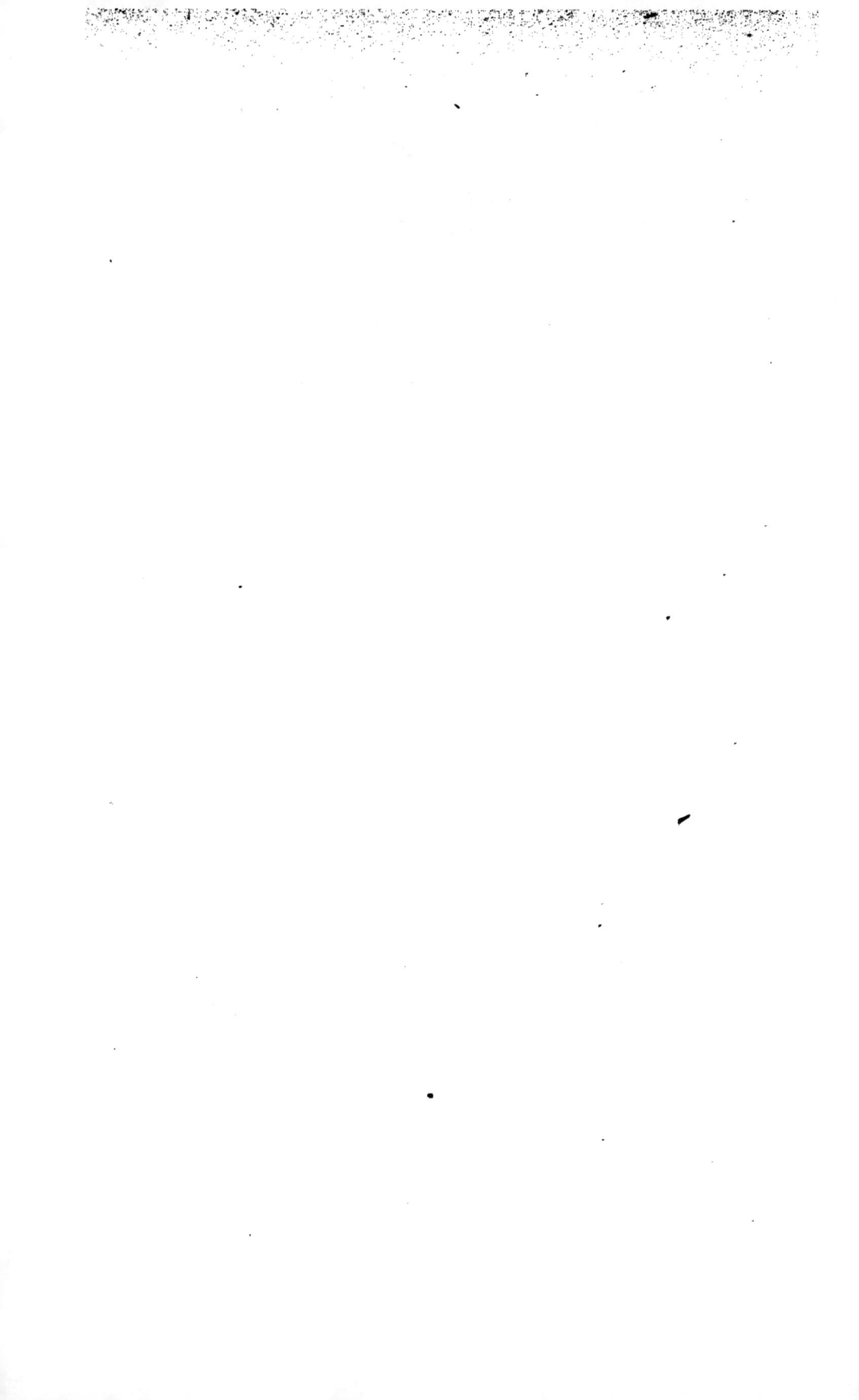

CHAPITRE XI

TRANSPORTS SOUTERRAINS

§ 1

MOYENS DE TRANSPORT DANS LES MINES

271. Objet du transport. — Les transports souterrains comprennent tout le parcours qu'ont à effectuer les produits de l'abattage depuis les chantiers jusqu'au jour, si les voies principales débouchent à flanc de coteau, ou, dans le cas contraire, jusqu'aux chambres d'accrochage des puits. De là, le service de l'extraction élèvera les produits au jour.

Une circulation en sens inverse amènera dans les travaux les matériaux, bois, fers, briques, ainsi que les remblais nécessaires à l'exploitation.

Les procédés à employer pour les transports souterrains se lient d'une manière intime au tracé, à la longueur du parcours et à la section des galeries. Il conviendra de les organiser d'après les parcours les plus longs, mais sans jamais perdre de vue que toute installation doit être proportionnée au but poursuivi. Aussi les moyens les plus rudimentaires devront-ils être préférés, si les quantités à transporter ne justifient pas les frais d'installation de moyens plus perfectionnés.

Dans la généralité des mines, les transports souterrains sont encore effectués par l'homme ou le cheval. Suivant les voies qu'il parcourt, l'homme agit comme *porteur*, *brouetteur*, *traîneur* ou *scloneur* ou *hercheur*, enfin comme *rouleur* sur les voies perfectionnées. Quand les transports sont importants, on trouve avantage à remplacer les moteurs animés par la traction mécanique.

Dans une exploitation, les voies principales aboutiront rarement au front de taille, on est donc amené à considérer séparément les transports à effectuer par les galeries principales et ceux à effectuer des fronts de taille à ces galeries, en parcourant les voies auxiliaires.

Dans la taille elle-même, lorsque le gîte est fortement incliné, les produits peuvent glisser spontanément jusqu'au bas de la taille, où ils seront chargés dans des véhicules circulant sur la voie principale ou sur une voie intermédiaire. Si la pente de la taille est inférieure à 35°, des *bouteurs* ou *approcheurs* font glisser le minerai ou le charbon à l'aide de pelles; pour favoriser le glissement, on garnit quelquefois le sol de planches ou de tôles que l'on allonge à mesure de l'avancement du front de taille.

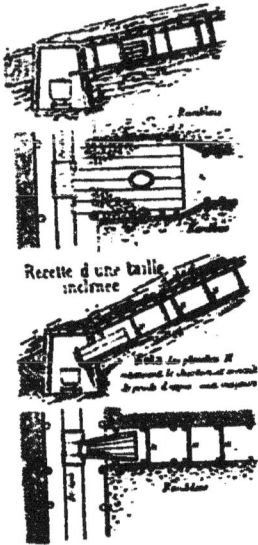

Dans les cas de pentes trop fortes, au contraire, on place de petites planches qui retiennent les produits de l'abattage de chaque mineur en même temps qu'elles lui servent de point d'appui. Au moment convenable, on les soulève pour laisser glisser les matières jusqu'au bas de la taille.

Si le gîte est presque horizontal, on emploiera dans la taille même le boutage à la pelle, le portage à la manne, le traînage suivant la distance à parcourir, pour arriver à la voie. On emploie aussi le roulage dans les tailles horizontales toutes les fois que la hauteur et la disposition des chantiers le permettent.

Pour les voies auxiliaires qui réunissent les tailles à la galerie de transport, on adoptera, suivant les cas, le *portage*, le *brouettage*, le *traînage*, le *roulage*, avec ou sans plans inclinés, les *cheminées* tracées dans le gîte, dans les roches encaissantes ou encore réservées dans les remblais.

272. Cheminées. — Les cheminées doivent être aussi verticales que possible, boisées avec soin et garnies de planches ou de tôles pour faciliter le glissement; il est bon de leur donner une section décroissante de la base au sommet et cette section doit être partout suffisante pour qu'il soit facile de les entretenir. S'il est possible on ménagera un compartiment sur toute la hauteur pour faciliter les réparations et permettre de dégorger en cas de besoin, en enlevant une planche au point convenable et poussant les roches qui faisaient obstruction.

Les cheminées devront être maintenues pleines pour diminuer les chances d'accidents et éviter la formation des menus, lorsque ceux-ci auront une valeur moindre que les gros fragments. Le chargement se fera en ouvrant une trappe qui ferme la partie inférieure de la cheminée.

Lorsqu'on aura à installer des recettes de voies auxiliaires de boutage ou de traînage, on les fera déboucher, autant que possible, au-

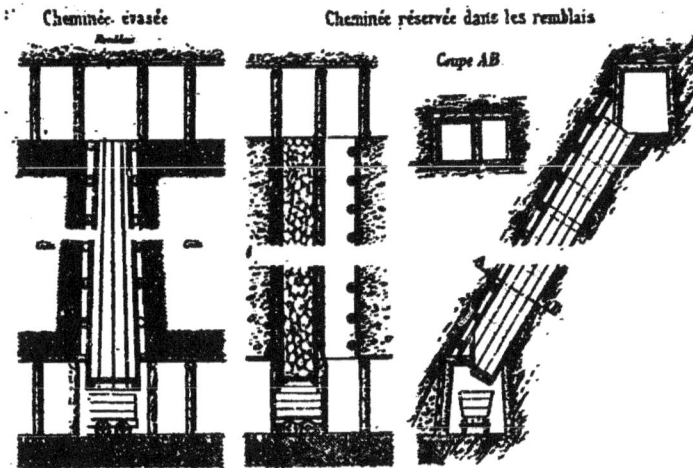

Cheminée évasée   Cheminée réservée dans les remblais   Coupe AB

dessus de la voie de roulage et on les terminera par des trémies ou des
sortes de quais facilitant le chargement dans les wagonnets.

273. Portage. — Le portage doit être considéré comme un moyen
de transport exceptionnel que l'on emploie dans les voies étroites dont
l'inclinaison et les sinuosités rendent le parcours difficile. Les galeries
doivent avoir au moins 1 m. 50 de hauteur et 1 m. de largeur. La
charge, renfermée dans des sacs ou des hottes légères, varie de 46 à

60 kg. La pente maxima sera de 45°, mais, à partir de 15°, il est
avantageux d'entailler des marches d'escalier dans le sol. Pour les
pentes qui excèdent 20°, le portage à la descente est aussi pénible qu'à
la montée. Il faut éviter de donner plus de 60 à 80 m. à un relais de
porteurs.

Dans les meilleures conditions, galeries à grandes sections et pentes
faibles, un bon porteur chargeant 60 à 75 kg. peut produire dans la
journée un effet utile de 300 kg. transportés à un kilomètre de distance.
Avec une voie inclinée à 20°, cet effet utile se réduira à 190 kg.

274. Brouettage. — Avec la petite brouette roulant sur le sol des galeries et chargeant 60 kg., l'effet utile d'un brouetteur atteint facilement 500 kg. transportés à un kilomètre pour un travail de 8 à 10 heures.

Lorsque le sol de la galerie est mauvais, l'effet utile tombe à 300 kg.

Dans certaines mines, on a organisé le brouettage sur des voies régulières formées de longrines en bois dur et l'effet utile d'un brouetteur s'est alors élevé à 1000 kg. à un kilomètre.

275. Traînage. — Le traînage so fait au moyen de bennes montées sur des patins auxquelles les traîneurs sont attelés par des bricoles.

Le poids ordinaire des véhicules est de 32 à 40 kg.; ceux-ci sont chargés à 60 ou 80 kg. dans des galeries basses qui n'ont guère plus d'un mètre de hauteur et à 120 ou 160 kg. dans les galeries élevées.

Ce mode de transport est préférable au brouettage dans les galeries inclinées; il permet d'aborder une pente à 16°. Les relais sont, en moyenne, de 100 mètres.

L'effet utile d'un traîneur est très variable : dans les galeries basses et à mauvais sol, de 250 à 300 kg. à un kilom.; dans les galeries élevées, 500 kg.; il peut atteindre 800 et 1000, dans les meilleures conditions.

Pour les passages présentant de fortes rampes, 11° à 15°, l'effet utile tombe au tiers, et il y a lieu d'adjoindre à chaque relais un gamin de renfort.

A la descente, le traîneur est obligé de retenir sa benne. Quelquefois on fait glisser les bennes pleines à la descente et on remonte les vides

avec un treuil, ou bien on établit une espèce de plan automoteur avec poulie de tête et frein.

Dans les galeries ayant au moins 1 m. 70 de hauteur et 1 m. 60 de largeur, le traînage peut se faire au moyen de chevaux auxquels on attelle une ou deux bennes. Les chevaux de petite taille circulant dans ces galeries donnent un effet utile de 800 à 1000 kg. transportés à un kilomètre, quand le sol est mauvais et de 1500 à 2000 kg. avec de bonnes voies.

Lorsque la pente d'une galerie dépasse 8°, il convient de faire agir le cheval à la descente, en disposant une poulie de renvoi.

Les chevaux employés dans les mines y séjournent sans qu'on ait à les remonter. Des écuries sont ménagées pour les recevoir, dans les régions où l'air est le plus pur ; des portes convenablement établies permettent de faire varier l'intensité du courant d'air suivant les besoins..

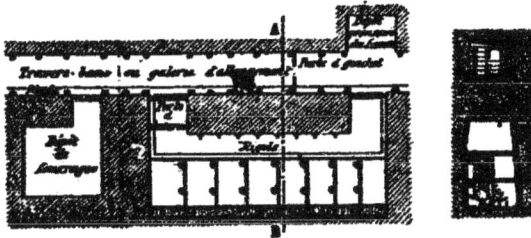

Lorsqu'on doit exécuter des transports actifs sur des trajets supérieurs à 100 m., on est presque toujours conduit à employer le roulage sur voies perfectionnées.

276. Transports par eau. — Dans des conditions exceptionnelles, au Harz par exemple, où les galeries d'écoulement sont de véritables canaux ayant 1 m. 30 de profondeur d'eau, le mode de transport à préférer sera le transport par l'eau, sorte de navigation souterraine. Des barques pouvant charger 7000 kg., permettent d'obtenir un effet utile de 30 tonnes kilométriques par homme.

277. Roulage sur voies en bois. — Le mode de transport le plus répandu aujourd'hui, surtout dans les voies principales, est le roulage sur chemins de fer.

On charge quelquefois les paniers et les bennes de traînage des voies auxiliaires sur des trucs qui circulent sur les voies de roulage. Le plus souvent, le contenu des paniers ou des bennes est versé dans des wagonnets.

Quelquefois, mais c'est une exception, on rencontre, dans des mines métalliques, le roulage sur voies de bois.

On emploie des véhicules d'un modèle particulier appelés *chiens de mine*. La voie est formée de deux madriers laissant entre eux un petit intervalle destiné à recevoir un guide qui maintient les roues sur les madriers.

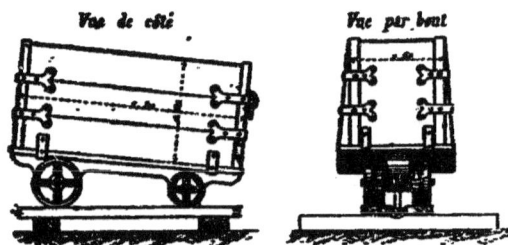

Vue de côté   Vue par bout

Le chien de mine se compose d'une caisse portée sur un train de quatre roues à jantes plates tournant sur des fusées. Les roues d'avant sont plus petites et moins écartées que celles d'arrière, de façon qu'elles ne suivent pas le même sillon.

La direction est maintenue et le chien de mine est guidé par une barre de fer placée à l'avant, qui s'engage entre les deux madriers de la voie. Cette pièce, appelée *clou*, porte une petite roulette horizontale destinée à diminuer les frottements latéraux, lorsqu'ils se produisent.

La charge d'un chien de mine varie de 150 à 200 kilogs. Un rouleur aidé d'un enfant peut produire, dans son poste, un effet utile de 1400 à 1500 kg transportés à un kilomètre, les relais étant espacés de 80 à 100 mètres.

On a construit des chiens de mine contenant jusqu'à 500 kilog. de minerai, avec lesquels un rouleur aidé d'un enfant a pu atteindre, dans de bonnes conditions de voie, un effet utile de 2000 kgs. transportés à un kilomètre.

278. Chemins de fer suspendus. — Quand le sol de la galerie

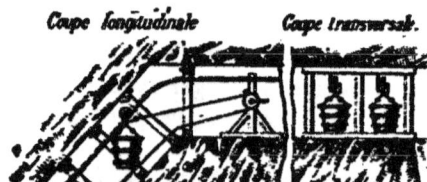

Coupe longitudinale   Coupe transversale.

est tout à fait mauvais, on peut employer un chemin de fer suspendu aux cadres de boisage. Sur le rail unique roule une poulie dont l'axe se termine par un fer recourbé supportant la benne. Ces chemins suspendus ne se rencontrent qu'exceptionnellement ; les rails sont généralement placés sur le sol des galeries.

279. Chemins de fer au sol des galeries. — Les chemins sont alors constitués par des rails en *fer* ou en *acier* reposant sur des traverses le plus souvent en bois, quelquefois métalliques. Sur ces rails roulent les vases de transport qu'on nomme, suivant les régions, *wagons, wagonnets, gaillots, chariots, bennes ou berlines*.

On rencontre encore aujourd'hui un matériel différent pour chaque exploitation ; les rails et les traverses diffèrent par la forme, le poids et les dimensions, de même que les véhicules par la forme, la capacité, le mode de construction.

280. Matériel fixe. — L'écartement des rails varie entre 0 m. 40 et 0 m. 80 ; le plus souvent, il est voisin de 0 m. 60. Le type du rail de mine était anciennement un fer méplat posé de champ et maintenu par des coins dans les traverses entaillées. Les dimensions les plus usuelles étaient 70 mm. de hauteur et 14 mm. d'épaisseur. Les traverses en bois de 110 mm. d'équarrissage étaient entaillées de 35 mm. et espacées de 630 mm.

Ces rails usent beaucoup les roues, ont peu de stabilité, mais se courbent facilement. Aussi les rencontre-t-on encore dans les petites galeries sinueuses, bien qu'on emploie généralement aujourd'hui les rails profilés.

Les uns se fixent à la traverse entaillée au moyen de coins en chêne, d'autres au moyen de crampons. Quelquefois on se sert de coussinets. Le poids du rail varie de 4 à 13 kg. par mètre courant.

Traverses en bois.
Rails méplats

Rails à un boudin

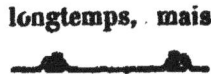

Les traverses, en chêne ou hêtre, ont de 8 à 12 cm. d'équarrissage et sont espacées de 50 cm. à 1 m. suivant le poids des wagonnets.

On emploie aussi des traverses en fer et en acier ; elles occupent moins de hauteur et durent plus longtemps, mais elles sont plus coûteuses. Il en existe un grand nombre de types.

La traverse Legrand est constituée par un fer en U contourné de façon à former coussinet pour rails à champignon ou pour rails Vignole.

On fait encore des traverses avec de vieux rails et avec des fers plats, garnis de coussinets ou recourbés à leur extrémité. Sur ces derniers on rive les rails. La voie est formée par une série d'échelles horizontales qu'on assemble bout à bout par des éclisses.

Les changements de voie se font à aiguilles fixes ou à aiguilles mobiles. Dans le premier cas, le conducteur ralentit le train et donne une impulsion à chaque wagon vers la voie qu'il doit prendre.

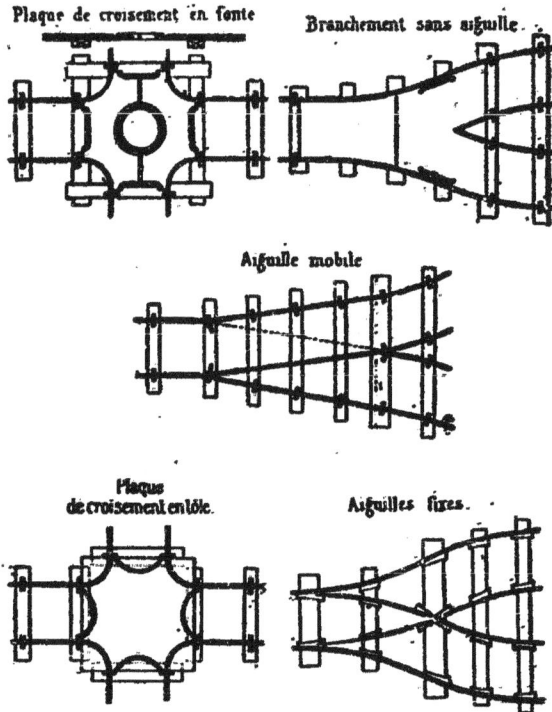

Plaque de croisement en fonte. Branchement sans aiguille.

Aiguille mobile.

Plaque de croisement en tôle. Aiguilles fixes.

Les croisements se font souvent par une plaque de fonte ou de tôle avec entrées de voies. On les fait plus rarement en bois. C'est au rouleur à donner au wagonnet l'impulsion convenable.

281. Matériel roulant. — Dans les mines où le matériel roulant ne quitte pas l'intérieur des travaux et déverse son contenu à la recette dans des *cuffats* ou *bennes d'extraction*, les wagonnets qui circulent dans les travaux peuvent être de simples trucs ou plates-formes, recevant une ou plusieurs bennes ou paniers qui seront vidés dans les cuffats.

D'autres fois, on fait circuler jusqu'au front de taille de petits wagonnets dont la hauteur peut s'abaisser jusqu'à 25 cm., comme dans les mines de Mansfeld : chacun d'eux est traîné, dans les tailles basses, par un rouleur qui rampe sur le côté gauche et dont le pied droit est attaché au chariot par une courroie en cuir.

Le plus souvent, aujourd'hui, le matériel roulant de l'intérieur est élevé plein jusqu'au jour, puis redescendu vide.

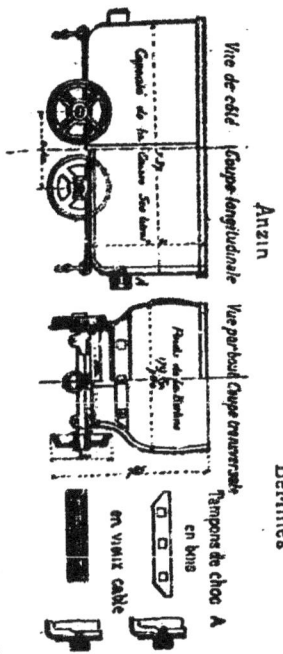

Anzin — Berlines

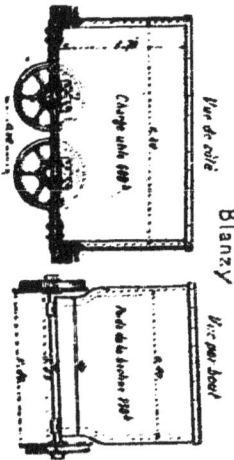

Blanzy

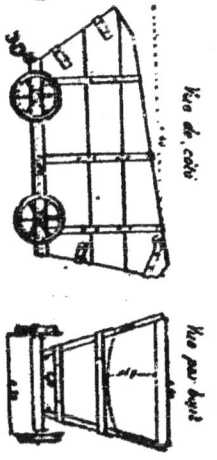

Wagonnet-basculant sans porte

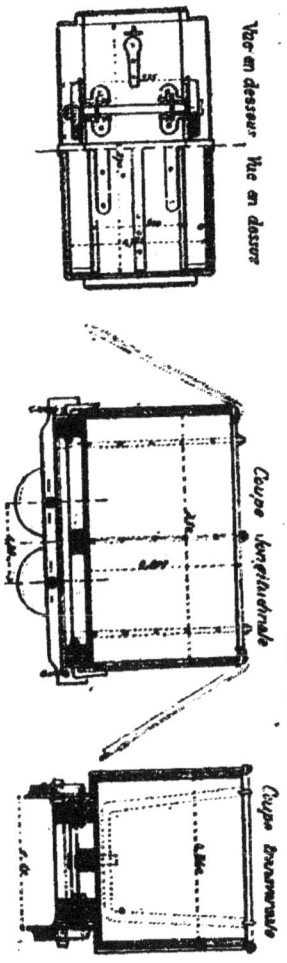

Char à remblai

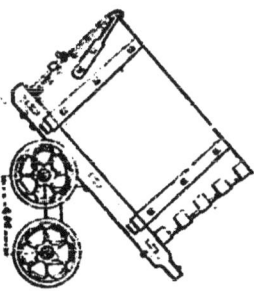

Wagonnet bascule

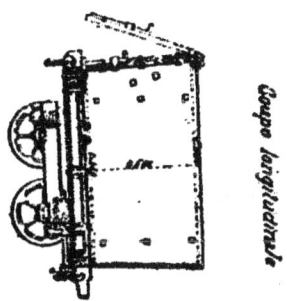

Truc en fer

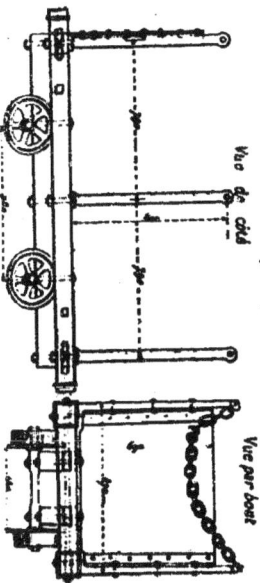

Truc pour plan incliné

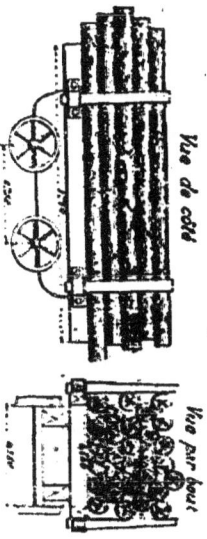

Trucs pour le transport des bois

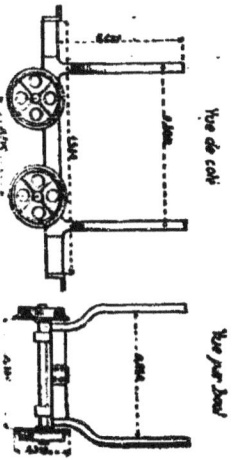

Théoriquement, les grands wagons qui permettent de réduire le rapport du poids mort au poids utile sont avantageux. Mais, au point de vue pratique, l'avantage reste aux wagonnets d'une portée voisine de 500 kg. ; ils sont facilement maniés par un seul rouleur sur les plaques de croisement et sur celles des recettes et, en cas de déraillement, un seul homme suffit pour les remettre sur la voie.

Les wagonnets se composent de deux parties bien distinctes : la caisse et le train.

La capacité de la caisse détermine la charge (300 à 600 kil.); celle-ci est construite en bois ou en tôle de fer ou d'acier. La projection horizontale de la caisse doit couvrir les roues, ce qui les met à l'abri des chocs et permet de leur donner une grande largeur.

Les caisses en bois sont moins coûteuses et d'une réparation plus facile que les caisses métalliques; mais ces dernières sont plus durables et se prêtent mieux à des formes courbes. Le plan horizontal des caisses est un rectangle ou une ellipse. Les premières sont préférables au point de vue du rapport du volume à l'espace occupé; les dernières sont plus résistantes.

Quand on voudra augmenter la capacité des caisses, on sera généralement conduit à augmenter leur longueur, pour n'avoir pas à modifier les dimensions des galeries et aussi pour donner un plus grand bras de levier au rouleur, dans la manœuvre du wagonnet sur les plaques.

Les caisses en bois se font en hêtre ou en bois blanc d'excellente qualité ; leurs fonds sont en madriers de 3 à 4 cm.; elles sont armées de ferrures et les angles sont fortement consolidés.

Les caisses elliptiques sont formées de douves, comme celles les tonneaux et fortement cerclées.

Les caisses métalliques peuvent avoir des formes plus compliquées que celles en bois ; les parois sont formées de tôles de 3 à 4 mm.; on donne à la tôle des fonds 1 mm. de plus.

Les crochets d'attelage sont attachés aux extrémités d'une barre qui traverse la caisse sur toute sa longueur.

Les chocs entre les berlines d'un même convoi ou *rame* se font par les extrémités des chassis de bois ou par des tasseaux transversaux en bois fixés aux caisses; on les garnit souvent avec de vieux bouts de câble en chanvre ou en aloès.

Les trains se composent de quatre roues fixes ou folles sur deux essieux.

Les roues sont en fonte, en fer ou en acier; leur diamètre varie de 0 m. 20 à 0 m. 40; la jante de roulement a 5 ou 6 cm. de large; elle est légèrement conique et porte un bourrelet arrondi de 2 cm. à 2 cm. 1/2 de hauteur formant rebord intérieur.

Dans des cas spéciaux, lorsqu'on doit faire exécuter à de petits wagonnets un certain parcours sur le sol de la galerie, le boudin de la roue est plat. On a alors ce qu'on appelle des *bennes à roulettes*.

Les essieux sont droits, en fer ou en acier, avec fusées de 3 à 4 cm. environ de diamètre. La distance entre les essieux varie de 40 à 60 cm. et atteint quelquefois 70 cm. ; 40 cm. doit être considéré comme un maximum dans le cas de roues calées sur les essieux, lorsque les voies présentent des courbes de 2 à 3 m. de rayon.

Les roues folles donnent moins de glissement dans les courbes que les roues calées sur les essieux ; mais ces dernières donnent plus de stabilité au wagonnet.

Dans le but de réunir les avantages des deux systèmes, on a imaginé

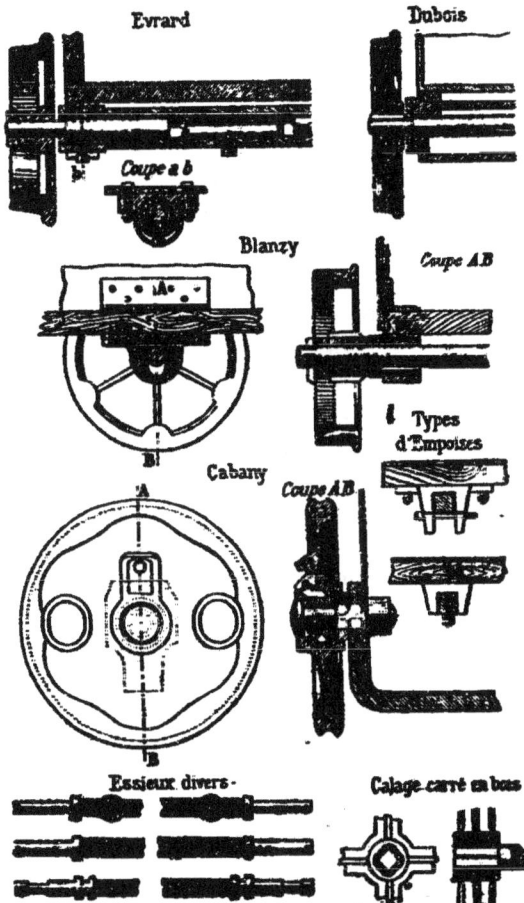

un grand nombre de dispositions plus ou moins compliquées, qui se sont peu répandues. C'est ainsi qu'on avait eu l'idée de caler chaque roue sur un essieu différent ; on complique ainsi la construction et on augmente le poids du wagonnet; une disposition préférable consiste à faire porter à chaque essieu une roue folle et une roue calée.

Dans d'autres mines, les roues tournent sur les essieux et ceux-ci tournent aussi dans des boîtes-empoises fixées à la caisse.

Des rondelles mobiles règlent l'écartement des roues en laissant un certain jeu.

M. Evrard compose l'essieu d'un fer creux étiré, à l'intérieur duquel pénètrent à chaque extrémité les fusées sur lesquelles sont calées les roues. Entre ces deux pièces, occupant chacune 1/3 de la longueur de l'essieu, se trouve un réservoir d'huile dont le contenu se répand entre la fusée et l'essieu et assure le graissage.

Les essieux sont presque toujours droits. On rencontre cependant, mais bien rarement, des essieux coudés avec des fusées rapportées, comme dans le système Cabany. On peut avoir ainsi de plus grandes roues et faire descendre la caisse presque au ras du sol.

Quel que soit le système adopté, il faut faire choix d'un· moyen de graissage. Celui qui est le plus généralement usité consiste à graisser l'essieu ou la fusée à chaque voyage en y appliquant, avec un pinceau ou une palette, de l'huile épaisse ou de la graisse.

Ce mode est imparfait. On a imaginé un grand nombre de dispositions pour éviter le gaspillage et enfermer la matière lubréfiante dans des boîtes à graisse. On s'est toujours buté à des systèmes compliqués ou d'entretien difficile; les wagonnets restent souvent dans la poussière ou dans l'eau ; ils sont exposés à des chocs continuels et leurs réparations sont généralement confiées à des mains inhabiles.

Parmi les modes spéciaux de graissage signalons :

Le *système Evrard*, dont il a été parlé à propos de l'essieu ;

Le *système Dubois*, dans lequel l'essieu tourne dans un tube en fonte alésé à ses extrémités. La matière lubrifiante est enfermée dans le tube par un trou que l'on bouche au moyen d'une cheville ou d'une tige vissée.

Le *système Grand* se compose d'une boîte en fonte d'une seule pièce avec réservoir d'huile annulaire, concentrique à la fusée. L'embase de la boîte est ouverte et permet de traverser la fusée par une sorte de goupille qui trempe dans l'huile à chaque tour de l'essieu et en élève ainsi une petite quantité qui vient tomber sur la fusée.

L'ouverture de l'embase est fermée par une feuille de cuir qui s'appuie contre le châssis lorsqu'on vient y fixer la boîte à huile par des boulons.

Le *système Bainbridge* consiste en une boîte à huile divisée en deux compartiments, qui est fixée par des boulons au-dessous du châssis du wagonnet. L'huile est introduite dans la boîte par un trou fermé au moyen d'un goujon.

Toutes les fois que l'on basculera le wagon, une certaine quantité d'huile pénétrera dans le réservoir supérieur d'où elle ira lubrifier la fusée de l'essieu.

Le *système dit patent* fait porter au moyeu de la roue une cavité formant réservoir. La fusée est munie d'une embase derrière laquelle on place une rondelle métallique qui, au moyen de boulons, permet de maintenir la roue sur l'essieu.

Une feuille de cuir, entre le moyeu et la rondelle, sert à empêcher les déperditions d'huile.

Le *système Fayol* consiste à faire venir de fonte dans l'épaisseur même du moyeu de la roue un réservoir d'huile annulaire. L'essieu traverse le moyeu de part en part et se trouve maintenu en place par un cercle fixé à chaud sur l'arbre avant son introduction dans le moyeu, puis par une rondelle placée à l'extrémité de l'essieu et maintenue par une goupille. Le réservoir est rempli environ au tiers de son volume et un orifice met l'huile en contact continu avec la fusée pendant la marche. A l'arrière, quatre trous fermés par des bouchons de liège servent à retirer le cambouis et à nettoyer la boîte.

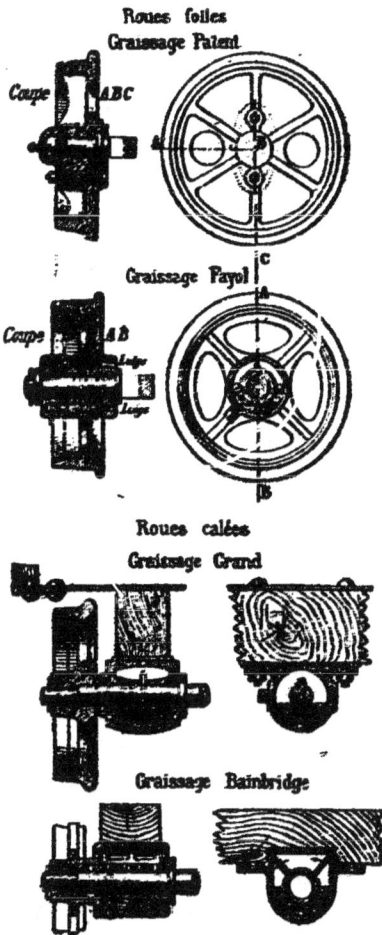

Tous ces wagonnets servent à l'extraction des produits de la mine et à leur transport jusqu'au jour ; là ils sont vidés et renvoyés au chantier d'abattage pour y être remplis à nouveau.

Lorsqu'on doit descendre des remblais dans la mine, on emploie le plus souvent les wagonnets mêmes qui ont servi à l'extraction.

Cependant on trouve quelquefois plus avantageux d'avoir un matériel spécialement affecté à ce service ; on adopte alors des wagonnets à bascule ou des wagons à portes.

Pour le transport des bois, on se sert du matériel courant ou bien on fait usage de trucs avec quatre montants.

Pour descendre l'eau destinée à abreuver les chevaux, à alimenter les machines souterraines ou à combattre les feux, on emploie des wagons-citernes.

Quand les wagonnets doivent circuler sur des voies en pente, on se contente le plus souvent d'enrayer les roues en passant une barre de bois ou de fer entre les rayons ; on a essayé aussi l'application d'un grand nombre de freins, ils ne se sont pas répandus dans les travaux souterrains, en raison des conditions spéciales dans lesquelles ces véhicules sont appelés à fonctionner.

§ 2.

DISPOSITIONS DES VOIES DE TRANSPORT

282. Voies de roulage intérieures. — Les wagonnets, placés sur rails, descendent seuls sur une pente de 6 mm. à 10 mm. par mètre, aussi donne-t-on généralement aux voies de roulage une pente de 3 à 5 mm. par mètre dans le sens du transport en charge ; il y a alors un effort à peu près égal à développer à la montée des vides et à la descente des pleins.

Cette pente est convenable aussi pour l'écoulement des eaux qu'on doit rassembler dans une rigole soigneusement entretenue pour éviter que ces eaux, souvent acides, n'altèrent les sabots des chevaux employés au roulage. Dans ce même but, il sera bon de recouvrir les traverses de cailloux ou d'escarbilles.

Dans les voies auxiliaires, où le transport est moins actif et le parcours moins long, une simple voie suffit pour assurer le service ; mais dans les galeries principales où les transports peuvent être très importants, on est quelquefois conduit à placer une double voie sur toute leur longueur.

Le plus souvent on se contente d'élargir les galeries en divers points pour y établir des voies de garage ; si celles-ci sont bien disposées, on

peut obtenir un service presqu'aussi régulier que s'il existait deux voies sur tout le parcours.

Les abords du puits sont disposés de façon à éviter tout encombrement et toute perte de temps ; les chambres d'accrochage ont des dimensions convenables pour recevoir les voies nécessaires.

Sur les voies de roulage, la traction se fait le plus souvent par moteurs animés. L'effet utile quotidien d'un rouleur peut être estimé à 2000 kgs. transportés à un kilomètre, celui d'un cheval à 20.000 kgs. et plus, les relais étant de 500 mètres. Cet effet utile varie beaucoup avec la longueur des relais, à cause du temps perdu.

Dans les gîtes presque horizontaux, les galeries principales peuvent se continuer par des embranchements jusqu'aux chantiers d'abattage. Ces galeries sont quelquefois tracées diagonalement, sur quartier, pour en diminuer la pente. Dès que celle-ci atteint 8 ou 10°, le roulage devient très pénible dans les deux sens.

283. Plans inclinés. — On a alors recours aux plans inclinés qui amènent les produits de l'abattage à la galerie principale ; ces plans inclinés sont installés dans les montages. A leur tête se trouve une poulie ou un tambour à frein autour duquel s'enroule un câble d'une longueur telle que l'une de ses extrémités est à la partie supérieure du plan quand l'autre est à la partie inférieure.

Si l'exploitation est faite en amont de la galerie de roulage — c'est le

Dispositions des voies pour plans inclinés
à double effet   à simple effet

cas le plus général, — on aura des plans automoteurs. Dans le cas d'une exploitation en vallée, où la charge doit être remontée, on aura des plans ascendants, avec une machine motrice en tête.

On place généralement deux voies distinctes sur toute la longueur du plan. Cependant, quand il n'a pas à desservir de niveaux intermédiaires on arrive à réduire les dimensions transversales du montage et à ne l'élargir qu'au milieu, à l'endroit du croisement. Au-dessus et au-dessous on peut placer trois rails et même deux seulement à la partie inférieure ; il suffira de disposer des aiguilles qui se feront spontanément, au passage des wagons descendants.

284. Plans inclinés automoteurs. — Dans ces plans, le poids de la charge descendante est utilisé pour remonter les bennes vides, soit directement et on a alors un plan à double effet, soit par l'intermédiaire d'un contrepoids et on a un plan à simple effet; deux manœuvres du second produisent le même résultat qu'une seule manœuvre du premier.

Le contrepoids est constitué par un wagonnet spécial dont le poids est intermédiaire entre celui du wagon plein et celui du vide; le wagon plein, en descendant, remonte le contrepoids et celui-ci, descendant à la manœuvre suivante, remontera le wagon vide.

Le contrepoids est formé de plaques de fonte réunies sur un truc et dont on fera varier le nombre suivant les besoins.

La voie du contrepoids, d'un écartement moindre que la voie ordinaire, se placera, soit sur le côté, soit au milieu de celle-ci; cette dernière disposition réduira la largeur du montage et, par suite, les frais de percement et d'entretien. Au croisement, le contre-poids passera au-dessous du wagonnet et, si la hauteur n'est pas suffisante, on aura eu soin d'élever légèrement les rails du wagonet ou bien d'abaisser ceux du contre-poids.

Les poulies ou tambours sur lesquels s'enroulent les câbles sont placés dans le prolongement du plan et à un ou deux mètres au-dessus de la galerie supérieure. Le frein doit être disposé de façon à être serré à l'état de repos; on le desserre pour les manœuvres.

La poulie peut être placée horizontalement, dans le plan de la voie, ou verticalement. A chacune des extrémités du câble unique qui l'embrasse on attelle un wagonnet. Pour empêcher le glissement du câble, on donne souvent à la gorge une section triangulaire, ou bien à la poulie un grand diamètre, quitte à ramener les brins dans l'axe de la voie à l'aide de rouleaux de renvoi; on peut aussi employer une poulie à plusieurs gorges, ou une poulie Fowler, ou une poulie Champigny.

Tout glissement est évité en employant deux poulies ou un tambour et en remplaçant le câble unique par deux câbles indépendants s'enroulant en sens contraire.

Quelquefois on emploie un câble sans fin passant sur une poulie de renvoi montée sur un châssis constamment sollicité par un contrepoids qui maintient le câble tendu. Les bennes pleines s'accrochent toutes successivement en tête de la même voie et les vides remontent par l'autre. L'attache des bennes au câble se fait au moyen d'une chaînette.

D'une façon générale, on ne doit pas laisser les câbles traîner sur le sol, mais les faire reposer sur des rouleaux en bois, en fonte ou en fer; on diminue ainsi les frottements et on augmente la durée du câble.

L'attache se fait habituellement par le crochet du wagonnet ou par une double chaînette et un crochet mobile. Quand on fait circuler plu-

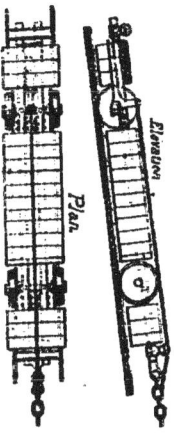
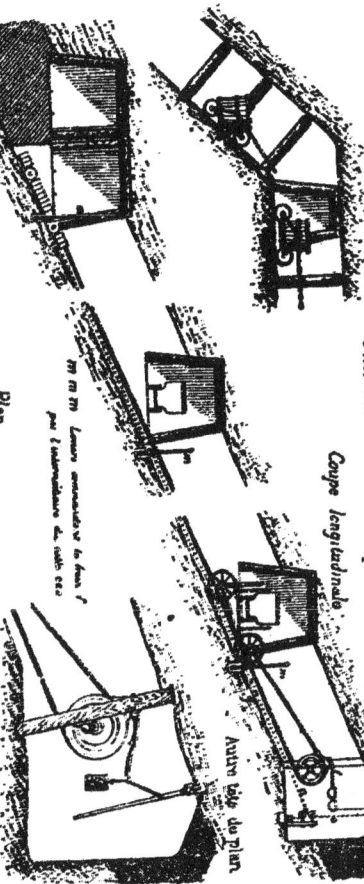
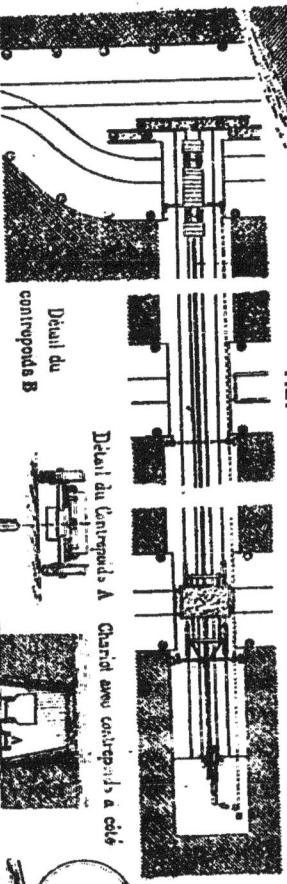

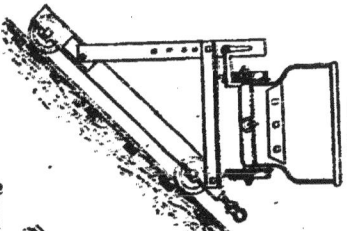
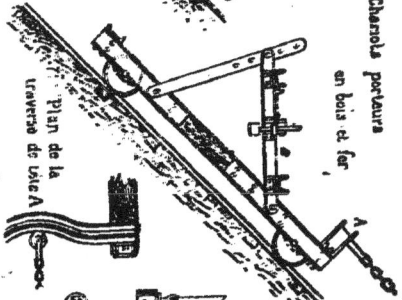
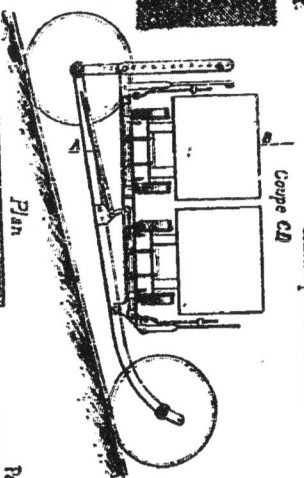
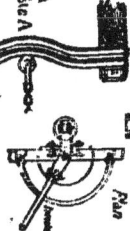
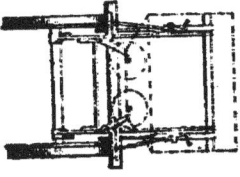
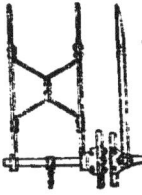
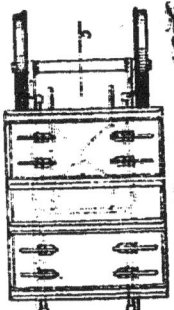
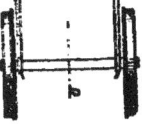

sieurs wagonnets à la fois, le premier seul est attaché au câble ; les suivants sont attachés les uns aux autres.

Lorsque l'inclinaison des plans est forte, on ne peut atteler directement la benne au câble sans craindre que son contenu ne se répande sur la voie ; on a employé des bennes articulées sur châssis. Il est préférable de se servir de chariots porteurs.

Ces chariots sont en bois ou en fer ; ils sont fixés à l'extrémité des câbles. Leur plate-forme est horizontale et disposée de façon à recevoir un, deux ou quatre wagonnets, suivant les cas.

Les wagonnets arrivés au bas du plan doivent se trouver au niveau de la voie ; il est donc nécessaire de creuser au pied du plan incliné une fosse dans laquelle viendra se loger le chariot porteur.

Cette fosse serait un obstacle à la circulation, si elle coupait la galerie de roulage ; aussi est-il alors indispensable que le plan incliné aboutisse à une voie auxiliaire et non à la voie principale.

Pour utiliser un chariot porteur, quelle que soit la pente, et l'employer ainsi sur des plans différents, on le construit souvent de façon à ce qu'on puisse faire varier l'inclinaison de la voie qu'il parcourt tout en maintenant l'horizontalité de sa plate-forme.

On a cherché à prévenir les accidents résultant de la rupture des câbles ou des attelages en employant des parachutes ; mais ces appareils, plus ou moins compliqués, se sont peu répandus. Souvent, cependant, on attache au dernier wagon une fourche qui glisse librement pendant l'ascension, mais qui s'implanterait dans le sol si les bennes étaient sollicités à descendre. Les wagonnets descendants ne pourront naturellement pas porter de fourche et ne seront pas protégés contre la rupture des câbles.

Dans le cas où l'on emploie un chariot-porteur, on peut intercaler dans l'attelage un ressort qui, lorsqu'il est tendu, maintient une fourche soulevée. Si le câble se rompt, le ressort se détend et la fourche s'implante dans la voie.

On peut atteler de même les chariots contre-poids.

Pour atténuer la gravité des accidents possibles, il faut toujours faire déboucher le bas du plan incliné dans une galerie auxiliaire et non dans la voie principale.

A la partie supérieure du plan, les voies doivent toujours être fermées par une chaîne, une barre ou des taquets, afin d'éviter qu'un wagonet puisse s'engager seul sur le plan. On enlève la chaîne ou on efface les taquets pour faire la manœuvre. Dans certaines dispositions, les taquets s'effacent en desserrant le frein.

Les signaux sont faits à la voix ou par sonnettes, timbres ou disques actionnés par des fils de fer, ou encore en frappant un nombre de coups convenu sur une barre de fer rigide placée le long d'une paroi

Divers types de poulies-frein

Coupe de la jante de la poulie

Poulie-frein volant

Coupe verticale

Plan

Plan incliné avec tambour
Coupe verticale

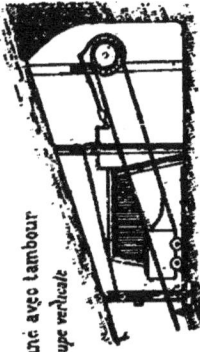

A. Arrêt de benne manœuvré par le levier de frein

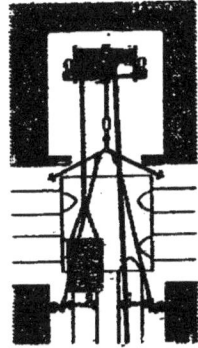
Plan

Plan incliné à deux voies
Coupe longitudinale

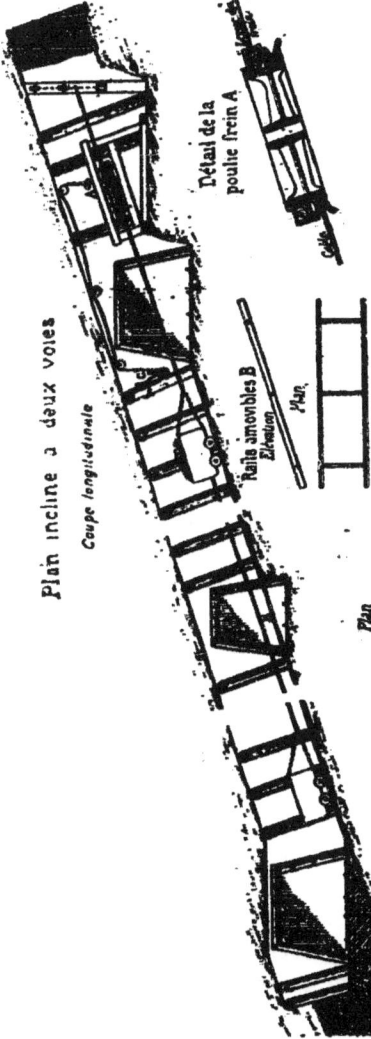

Détail de la poulie frein A

Celle

Rails amovibles B
Elévation

Plan.

Plan

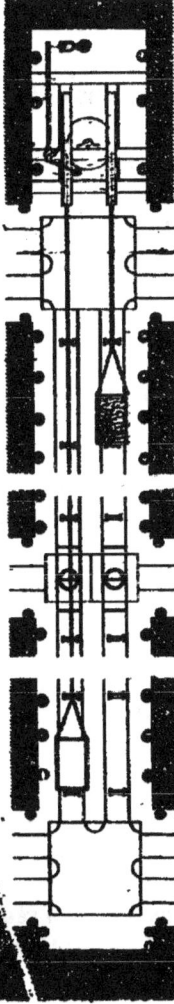

Divers raccordements des galeries de niveau avec le plan incliné

Par volet (Plan avec chariot porteur)
Coupe verticale

Par sauterelle
Elévation

Plan
(supprimant le vert rotatis)

Plan

Par rails fixes coudés et plaques interposées.
Coupe verticale

Plan

sur toute la longueur du plan ; on peut, enfin, employer des transmissions électriques ou téléphoniques.

Quand un plan desservira plusieurs niveaux, on aura à se préoccuper du raccordement de chaque galerie horizontale de sous-étage ou de tranche avec le plan.

Lorsque l'inclinaison est faible, on se contentera, au croisement des galeries et du plan, qui donne une surface horizontale, de placer des rails éclissés avec ceux du plan.

Sur cette partie horizontale, on dispose entre les rails des taques en tôle d'environ 10 mm, d'épaisseur affleurant au niveau de la partie supérieure des rails. On aura ainsi une manœuvre facile à chaque entrée.

Lorsque la pente est plus forte, on place à chaque croisement des taques sur la partie horizontale et une sorte de pont volant incliné qui peut être formé simplement de deux bouts de rails qu'on déplacera quand on aura à desservir la galerie et qu'on replacera ensuite pour ne pas interrompre la continuité du plan.

Si le plan est à chariot-porteur et à contrepoids, il n'y a plus de disposition spéciale à prendre, la plate forme du porteur pouvant toujours venir se mettre en regard des têtes des galeries à desservir.

Si le plan est à deux voies, ce qui est rarement avantageux dans le cas qui nous occupe, on se servira de paliers mobiles ou de volets à charnières placés dans l'entrevoie ou contre les parois du plan. Ces volets, maintenus verticaux, laisseront les deux voies libres.

Quand il sera nécessaire, on les rabattra soit sur une voie, soit sur l'autre, de façon à former le prolongement de la plate-forme du chariot porteur amené à la hauteur de la galerie à desservir.

285. Manœuvre des plans. — La manœuvre des plans est facile à comprendre. S'il s'agit d'un plan à simple effet, c'est-à-dire à contrepoids, la manœuvre se fait en desserrant le frein au départ et en le serrant à l'arrivée.

Cette manœuvre doit pouvoir être commandée des recettes de chaque niveau; il suffit, pour cela, de disposer à chacune de ces recettes un levier agissant sur un câble ou une tringle de fer en relation avec le frein et régnant sur toute la longueur du plan.

Si le plan est à double effet, c'est-à-dire si les vides remontent en même temps que les pleins descendent, la manœuvre n'offre rien de particulier, s'il n'existe pas de niveaux intermédiaires. Dans le cas contraire, il faudra modifier la longueur des câbles pour desservir chaque niveau.

Le plan étant à un seul câble passant sur une poulie-frein, ce câble sera composé de tronçons faciles à réunir et correspondant chacun à un niveau. L'extrémité de l'un des brins étant à la base du plan prête à recevoir le wagon vide à remonter, on ajoute à l'autre bout qui est au sommet du plan une longueur de câble telle que l'extrémité aboutisse juste au sous-étage à desservir ; on y accroche le wagon plein. Les choses étant disposées ainsi, il est possible d'accomplir autant de manœuvres qu'il sera nécessaire.

Si le plan est à deux câbles s'enroulant en sens inverses sur deux tambours, ceux-ci peuvent être rendus indépendants par un embrayage.

Pour desservir un sous-étage, on rendra fou l'un des tambours, l'autre ayant son câble déroulé jusqu'au bas du plan ; le premier déroulera le sien jusqu'au niveau de l'étage à desservir, puis on rétablira la solidalité entre les deux tambours et on fera les manœuvres.

286. Balances. — Une balance sèche, destinée à faire passer à un niveau inférieur des wagons pleins et à remonter les wagons vides fonctionne comme un plan incliné qui serait devenu vertical.

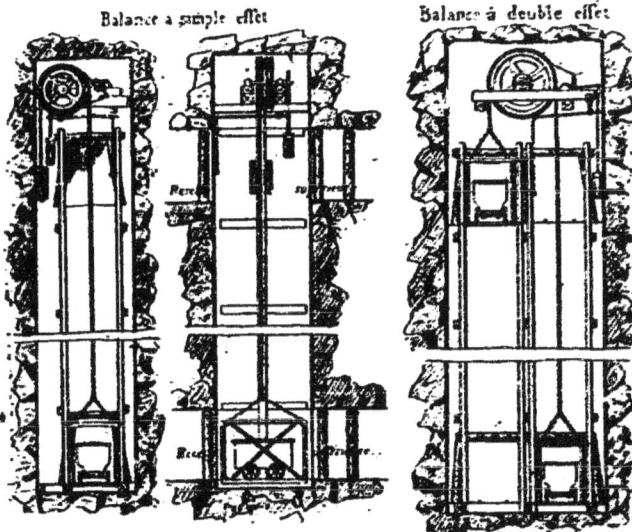

Balance à simple effet

Balance à double effet

Les balances peuvent aussi être appliquées au service des remblais, lorsque la descente de ceux-ci est faite indépendamment de l'extraction des produits de la mine.

Elles sont, comme les plans inclinés, à simple effet ou à double effet ; les premières présentent à une extrémité de leur câble une cage et à l'autre un contrepoids ; les autres ont deux cages.

Le mouvement de descente pourra être modéré à l'aide de freins jusqu'à la profondeur de 50 ou de 60 m. Au delà, le poids du câble venant s'ajouter à la charge, il devient prudent de maîtriser l'accélération au moyen de régulateurs ou modérateurs de vitesse.

287. Plans ascendants. — Lorsque, au lieu d'avoir à descendre les wagons pleins comme dans le cas précédent, on a, au contraire, à remonter la charge, les plans ne peuvent plus être automoteurs et il devient indispensable de recourir à un moteur autre que la gravité.

S'il s'agit simplement du percement d'une galerie inclinée ou d'une taille descendante en reconnaissance, on se contentera de placer à la tête du plan un treuil à engrenages. Un homme agissant sur la manivelle, dans de bonnes conditions, ne produira par jour qu'un travail de 140.000 kgm. ; ainsi deux hommes au treuil ne pourront élever plus de 14 tonnes par jour d'une profondeur de 20 mètres.

Quand on aura une exploitation en vallée, on emploiera un cheval qui remontera les wagons pleins, au moyen d'une poulie de renvoi, soit en cheminant horizontalement, soit en descendant le long du plan lui-même, si la pente n'est pas trop forte. Pour la descente des vides, on embarre les roues et le cheval remonte libre.

Si le plan est à deux voies, on attelle le cheval en avant de la benne vide qui descend.

On peut aussi utiliser l'effort du cheval à l'aide d'un manège placé en tête du plan. Une pareille installation comporte de grandes excavations dont le soutènement est souvent difficile.

Dès que l'exploitation en vallée doit avoir une certaine importance, on a recours à un moteur mécanique et on emploie, le plus habituellement, en tête du plan, un treuil à changement de marche actionné par l'air comprimé, ou l'électricité et, plus rarement, par la vapeur.

Dans certains cas exceptionnels, on utilise encore la gravité en combinant un plan ascendant et un plan descendant.

Il faudra nécessairement alors que les produits qu'on aura à descendre d'un niveau supérieur à la voie de roulage produisent un travail plus considérable que la résistance opposée par ceux qu'on aura à remonter de la vallée à cette même voie de roulage.

Pour les fortes pentes, on peut employer une chaîne sans fin animée d'un mouvement lent et continu, reposant sur des galets ou poulies installés sur le sol. Les wagons sont fixés à la chaîne, à mesure

Traction par chaîne sans fin
Coupe longitudinale

qu'ils se présentent, par un petit chaînon terminé par un crochet ou
bien la chaîne porte, de distance en distance, des doigts qui saisissent
soit un des essieux du wagon, soit l'anneau d'attelage.

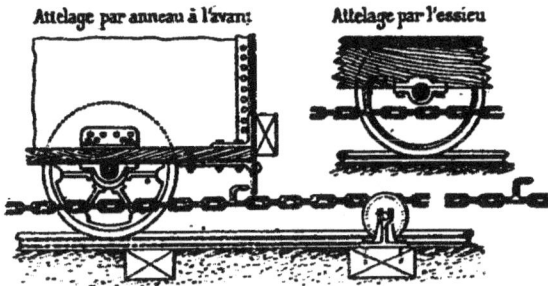

Attelage par anneau à l'avant Attelage par l'essieu

Pour recevoir les wagons aux stations intermédiaires du plan incliné, on se sert d'un pont mobile, qui est, au repos, dans une position
parallèle au toit de la galerie.

Quand on veut accrocher ou décrocher des wagons, on abaisse ce
pont dont le tablier se trouve alors dans un plan horizontal ; puis les
wagons sont arrêtés, tournés et poussés dans la galerie.

§ 3.

TRACTION MÉCANIQUE.

288. Moteurs. — La traction mécanique, qui a d'abord été appliquée aux plans inclinés, s'est étendue aux galeries horizontales, où
elle devient avantageuse s'il s'agit de longues distances et de trafics

importants. On doit compter un parcours de mille mètres comme distance maximum avec l'emploi des moteurs animés.

L'application de la traction mécanique a permis de reculer les limites du champ d'exploitation à assigner à un siège d'extraction et, par suite, de réduire le nombre des sièges.

Dans les travaux souterrains, la traction mécanique se fait par câbles ou par chaînes et peut être considérée comme un cas particulier de la transmission de force par organes mécaniques.

On peut n'avoir qu'un seul moteur placé au jour pour donner le mouvement à des câbles descendus le long du puits et qui seront dirigés ensuite dans les galeries à l'aide de poulies de renvoi et de galets conducteurs.

La transmission de la force dans les mines trouve d'importantes applications dans la traction mécanique intérieure.

289. Locomotives. — Ce n'est que rarement qu'on emploie les locomotives dans les travaux souterrains et encore, dans ce cas, l'énergie est généralement produite au jour et emmagasinée dans les locomotives sous forme d'air comprimé, d'eau surchauffée ou d'électricité. Cependant, dans de grandes galeries débouchant au jour, on rencontre quelquefois des locomotives à vapeur.

Les locomotives employées dans les travaux souterrains sont nécessairement à voie étroite et les locomotives à air comprimé, aussi bien que les locomotives électriques, sont les mieux appropriées au service intérieur.

Les locomotives à air comprimé prennent leur provision d'air à la conduite générale de la mine, où il se trouve à une pression de trois à cinq atmosphères. En vue de mieux utiliser la capacité forcément très restreinte du réservoir de la locomotive, on porte la pression de cet air à dix, quinze et même jusqu'à trente atmosphères ; à cet effet un *recompresseur* est porté par la locomotive elle-même ; il est mû par l'air de la conduite et comprime une autre partie de cet air dans le réservoir, en le portant à très haute pression. Ces recompresseurs fonctionnent sans injection d'eau.

Les locomotives électriques employées reçoivent le courant d'une double ligne de fils placés au ciel des galeries ; à leur contact circulent les *balais* de prise de courant de la locomotive.

Les locomotives à accumulateurs ne paraissent pas jusqu'à présent donner des résultats aussi pratiques dans les mines que celles à conducteurs.

290. Traction par câbles. — Le plus généralement, la traction mécanique est obtenue par le mouvement de câbles s'enroulant sur des tambours ou passant sur des poulies. Ce système a l'avantage de permettre de réduire au minimum la section des galeries, dans les parties de terrain coûteuses à percer ou à entretenir.

La traction par câbles ou chaînes a d'abord été appliquée aux trajets en ligne droite ; aujourd'hui on l'emploie dans des galeries sinueuses et même coudées à angle droit, présentant un profil à pentes variables. Sur des longueurs de traction de 2 km. et au delà, on fait circuler par câbles des trains composés de 30 à 60 wagons, dont la capacité varie de 4 1/2 à 7 hectolitres et qui marchent à des vitesses de 2 à 4 mètres par seconde.

Les câbles employés sont en fil de fer ou d'acier de 20 à 25 mm. de diamètre : les chaînes sont fabriquées avec des fers de choix.

291. Traction par câble de retour. — Le système dit *par câble de retour* permet de desservir un nombre illimité de galeries avec la même machine et peut être employé dans les galeries à voie unique ; il présente l'inconvénient d'exiger une force motrice considérable.

Supposons un train de 20 à 30 wagons chargés que l'on veut amener à l'accrochage du puits d'extraction.

Un tambour convenablement disposé est mis en mouvement par un moteur placé à l'intérieur et actionne le train des wagonnets à l'aide d'un câble en fil de fer ou d'acier.

Ce câble sera dirigé, suivant les sinuosités des galeries, à l'aide de galets et de poulies de renvoi placés sur tous les points où ils seront nécessaires ; on le désigne sous le nom de *corde-tête*. Un deuxième câble, enroulé sur un autre tambour, est attaché à la queue du train après avoir passé sur la poulie de renvoi extrême ; c'est la *corde-queue.*

Le deuxième tambour étant laissé fou, lors de la manœuvre du premier, la corde-queue se déroule en même temps que le train se rapproche du puits et on fait agir doucement un frein pour conserver une légère tension.

Le train de wagons pleins est décroché quand il arrive au garage du puits et le train de wagons vides, placé sur la voie parallèle, est attelé aux deux câbles. On débraie alors le tambour de la corde-tête et on embraie celui de la corde-queue et les wagons vides sont entraînés.

Généralement, la corde-tête suit le sol de la galerie et la corde-queue est ramenée vers le faîte. Les galets et poulies-guides, rapprochés dans les courbes, sont disposés en dehors de la voie. La voie est pourvue de contre-rails, pour éviter les déraillements.

Pour desservir les embranchements, on peut employer plusieurs dispositions spéciales, chaque embranchement ayant une corde-queue spéciale passée sur une poulie extrême.

La manœuvre du changement des cordes se fait, soit lorsque le train est à l'entrée de l'embranchement, soit quand il est arrivé au puits ; cette dernière disposition diminue les pertes de temps.

Coupe longitudinale du travers-bancs de roulage

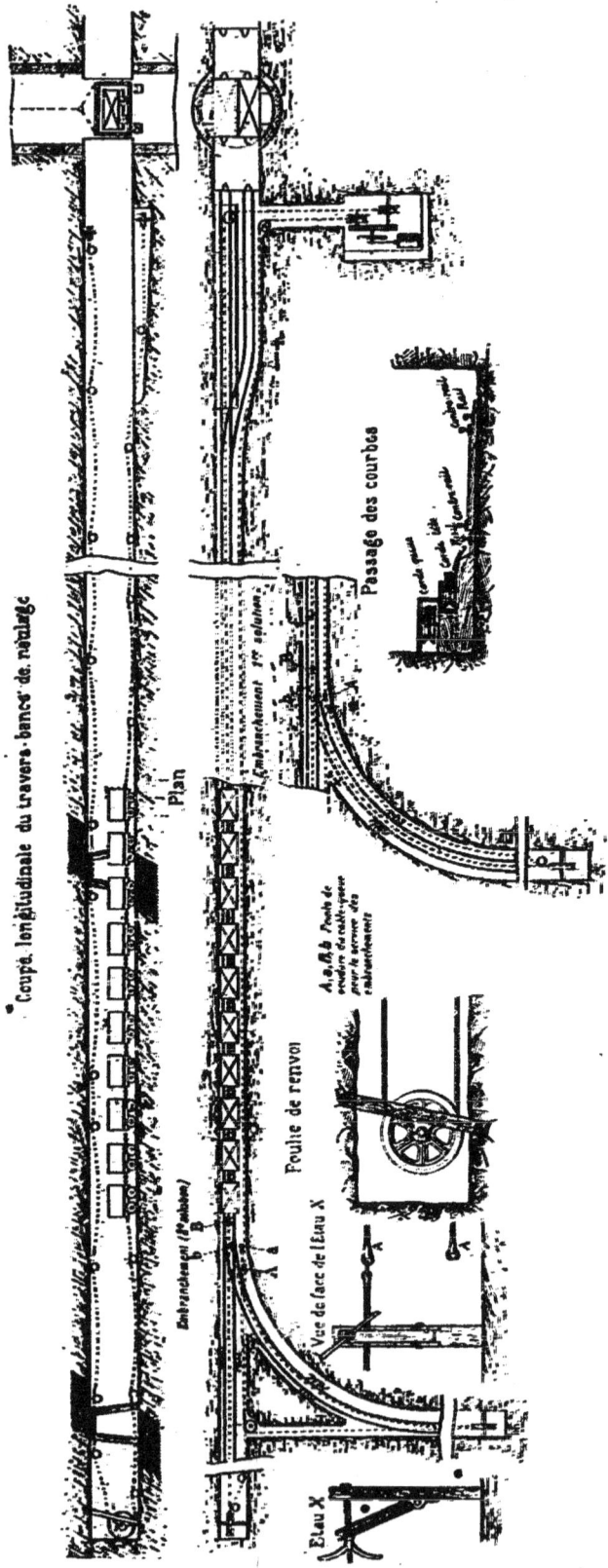

Plan

Embranchement (8e galerie)
B

Embranchement 1re galerie

Passage des courbes

Poulie de renvoi

A, a, B, b Poulie de renvoi des câbles-guides pour le service des embranchements

Vue de face de l'Etau X

Etau X

Pour faciliter cette manœuvre, on installe à poste fixe à l'entrée de l'embranchement un étau pour maintenir le câble.

Supposons un train à la recette du puits. La corde-tête est complètement enroulée sur son tambour et la corde-queue entièrement déroulée. Celle-ci peut être interrompue aux deux points A et B. Il est facile, pendant le temps employé à faire les manœuvres au voisinage du puits, d'exécuter cette interruption et d'atteler aux deux tronçons restants les extrémités de la corde-queue spéciale à l'embranchement.

Si l'on emploie la deuxième disposition, la corde-queue de l'embranchement étant passée sur la poulie extrème, on arrête le train à l'entrée après avoir fait l'aiguillage. On interrompt la corde-queue principale au point A et on la décroche en B, on attelle l'extrémité *b* de la corde-queue spéciale à l'arrière du train et l'extrémité *a* vient se substituer à la partie A de la corde-queue principale.

Une variante de la méthode consiste à faire circuler sur une deuxième voie un autre train en sens inverse au moyen de la corde-queue. On pourra ainsi doubler le trafic ou, pour une même production, diminuer de moitié la vitesse des trains. Mais il faudra des galeries de grande largeur admettant deux voies.

292. Traction par câble sans fin. — Le traînage par *chaine* ou *câble sans fin* peut être opéré de diverses manières.

Un câble sans fin suit les deux axes d'une double voie ; il est enroulé à la gare de départ sur une poulie motrice horizontale (on emploie souvent une poulie Fowler pour éviter le glissement). Il passe, à l'autre bout du parcours, sur une poulie portée par un chariot tendeur dont

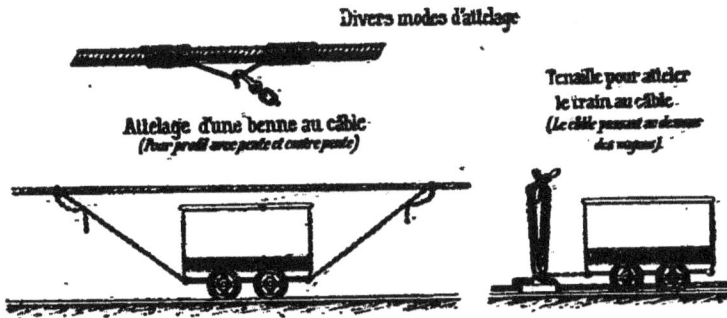

Divers modes d'attelage

Attelage d'une benne au câble
(Pour profil avec pente et contre-pente)

Tenaille pour atteler le train au câble.
(Le câble passant au-dessus des wagons).

un contrepoids maintient la tension. Ce câble, en fer ou en acier, passe au-dessus ou au-dessous des wagons.

On accroche au câble les wagons soit isolés, soit réunis en rames, les wagons pleins étant entraînés dans un sens, les vides dans l'autre.

Si le câble passe sous les wagons, l'attelage sera fait par un homme monté sur le wagon d'avant, qui saisira le câble au moyen d'une sorte de tenaille ; celle-ci sera maintenue serrée par une cheville.

Si le câble passe au-dessus des wagons, on réserve, tousles 12 ou 15 mètres, une boucle ficelée à laquelle on attelle les wagons par une chaîne terminée par un crochet.

Dans les parcours comportant des pentes et des contre-pentes, le train est fixé au câble par l'avant et par l'arrière. Ce système exige un moteur aussi puissant que celui par câble de retour.

Les tractions mécaniques par chaîne sans fin employées dans les galeries sont identiques à celles décrites à propos des plans inclinés ascendants.

293. Chaîne flottante. —[Le traînage par chaîne flottante consiste dans l'emploi d'une chaîne sans fin animée d'un mouvement continu de 3 à 6 kilom. à l'heure; ce mouvement est obtenu par l'intermédiaire d'une poulie motrice à dents ou à fourchettes pour éviter le glissement. A l'autre extrémité du parcours, la chaîne passe sur une poulie horizontale semblable à la poulie motrice.

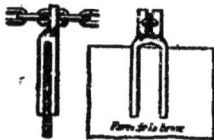

Ces poulies ont un diamètre et sont placées à une hauteur tels que les deux brins de la chaîne suivent les axes de deux voies parallèles et rectilignes et viennent reposer sur les wagons; ceux-ci sont entraînés, maintenus par le poids de la chaîne.

Quelquefois, cependant, surtout si le profil de la voie présente des pentes, les chariots sont retenus à la chaîne par l'intermédiaire d'une fourche fixée au cadre supérieur de la caisse.

Les wagons sont isolés et espacés de 10 à 40 mètres; ceux qui sont en prise avec la chaîne doivent être en nombre suffisant pour que celle-ci ne traîne pas sur le sol.

En arrivant près des poulies extrêmes, la chaîne est relevée par un galet, de sorte que le wagon se dégage seul. Si par l'effet d'une cause accidentelle, il restait adhérent à la chaîne, il serait détaché par deux bras en fer placés en avant du galet de relevage.

Pour engager un wagon, il suffit de le pousser sous la chaîne dans la voie convenable.

Les courbes sont généralement franchies en isolant les wagons de la chaîne; cette manœuvre peut être automatique, mais il est nécessaire de la surveiller :

A l'endroit de la courbe qui réunit deux alignements droits, chaque brin de la chaîne est relevé par une poulie verticale, puis passe sur une poulie horizontale qui lui donne sa nouvelle direction. Les deux voies ont les pentes nécessaires pour que chaque wagon, en quittant

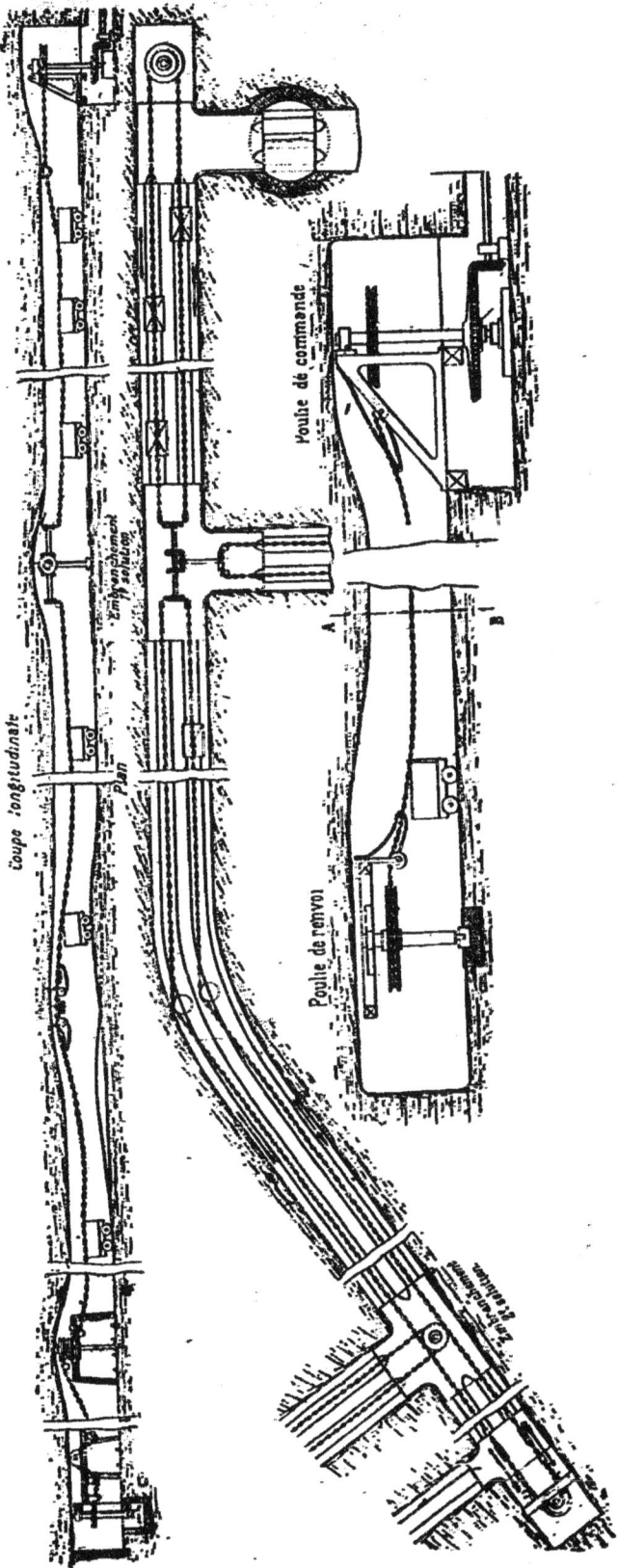

Coupe longitudinale

Plan

Poulie de commande

Poulie de renvoi

la chaîne, puisse franchir spontanément la courbe sur une voie en pente et venir s'engager de lui-même sous la chaîne dans sa nouvelle direction.

Quand il y a des embranchements à desservir, la chaîne qui reçoit le mouvement de la machine passe, à l'endroit du croisement, sur une poulie horizontale qu'elle commande. L'arbre vertical qui la porte reçoit un nombre de poulies égal au nombre des embranchements à desservir, chacune d'elles commandant une chaîne spéciale.

Un plaquage en fer ou en fonte permet de manœuvrer les wagonets abandonnés par la chaîne à la bifurcation et de les engager à nouveau sous la chaîne de la voie qu'ils doivent prendre.

La transmission de mouvement aux embranchements peut aussi s'obtenir au moyen d'engrenages.

Ce système de traction par chaîne flottante présente de grands avantages lorsque la voie est en ligne droite et la circulation active ; il est employé au fond et au jour pour des sections de 500 à 2000 mètres et au delà.

Les produits ayant été amenés par le service des transports souterrains jusqu'aux chambres d'accrochage, ils seront élevés au jour par le service de l'extraction.

CHAPITRE XII

EXTRACTION. DESCENTE DES REMBLAIS. TRANSLATION DES OUVRIERS

§ 1.

INSTALLATION DES PUITS D'EXTRACTION

294. Cuffats et cages guidées. — La sortie des produits d'une exploitation se fait, soit par des galeries horizontales débouchant au jour, soit par des fendues ou puits inclinés dans lesquels on installe des plans ascendants, soit par des puits verticaux.

Les deux premiers cas n'offrent rien de particulier en dehors de ce qui a été dit à propos des transports souterrains. Nous ne nous occuperons donc, dans ce chapitre, que de l'extraction par puits verticaux ; c'est, du reste, la solution le plus généralement adoptée.

Les produits amenés jusqu'aux chambres d'accrochage sont élevés au jour par le service de l'extraction dans un récipient que l'on redescendra vide pour le remonter à nouveau plein et ainsi de suite. Ce récipient est suspendu à un câble manœuvré du jour au moyen d'un treuil à bras, d'un manège ou d'une machine d'extraction. Dans le but d'équilibrer le poids mort et de diminuer les pertes de temps, on fait descendre un récipient vide en même temps qu'on en remonte un plein.

Anciennement, les produits amenés à l'accrochage étaient versés dans de grands tonneaux ou cuffats qui les élevaient au jour ; leur contenance allait à 20 et 24 hectolitres. A la recette du bas, un emplacement était ménagé pour recevoir deux cuffats, de façon que l'un d'eux fût constamment en remplissage.

Les cuffats, une fois au jour, étaient vidés de diverses manières, mais, le plus généralement, en accrochant une chaîne à un anneau fixé extérieurement au fond et en laissant redescendre un peu le cuffat, qui se retournait et se vidait spontanément.

22

Ce système avait comme inconvénient d'exiger un transbordement et de ne pas permettre une vitesse d'ascension supérieure à un mètre par seconde, vitesse qu'il fallait encore réduire au moment de la rencontre des deux cuffats dans le puits. La manœuvre au jour était longue et incommode.

On a pu éviter le transbordement en élevant le récipient même qui avait servi au roulage intérieur; mais ces récipients, qui doivent aller jusqu'aux chantiers d'abattage, sont de capacité restreinte et, comme on est toujours astreint à une faible vitesse d'ascension, l'extraction se trouve limitée.

L'emploi des cuffats ne se pratique plus aujourd'hui que pour des exploitations peu importantes et, en particulier, pour l'enlèvement des déblais provenant du fonçage des puits.

On leur a substitué des *cages guidées* dans lesquelles sont introduits les wagonnets à élever au jour. Les cages, à un ou à plusieurs compartiments, sont suspendues aux extrémités des *câbles*. Ceux-ci, pour s'infléchir, passent sur les *molettes* fixées au sommet du *chevalement*, et vont s'enrouler sur l'appareil d'enroulement, *bobines* ou *tambours*, actionné par le moteur d'extraction.

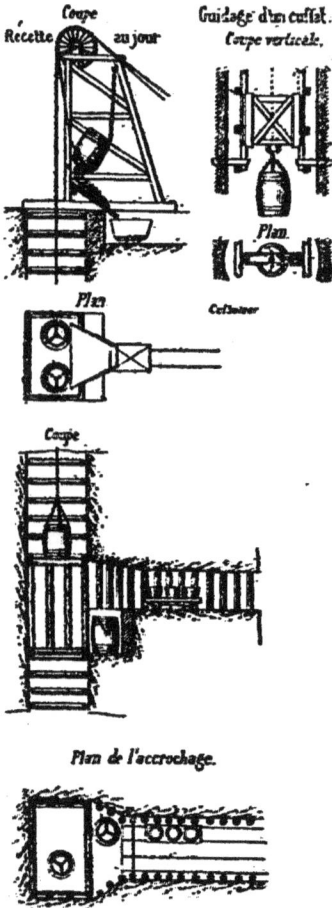

Il y a, dans le puits d'extraction, une cage montante et une cage descendante; pour qu'elles ne ballottent pas pendant l'ascension et qu'on puisse sans danger leur donner une grande vitesse, elles sont *guidées* sur toute la hauteur du puits.

Afin que les manœuvres d'entrée et de sortie des wagons dans la cage puissent être opérées rapidement, on emploie des dispositions spéciales pour recevoir les cages au fond et au jour; ce sont les *clichages* ou *accrochages*. Arrivés au jour, les wagons sont retirés des cages et vidés par les *culbuteurs*. Nous passerons successivement en revue chacune des parties de l'extraction, en commençant par les cages.

295. Cages d'extraction. — L'emploi des cages présente l'inconvénient d'un excès de poids mort qui oblige à augmenter les dimensions à donner aux câbles; mais ses avantages sont très nombreux : il évite le transbordement des produits, permet une grande rapidité de chargement et de déchargement, ainsi qu'une grande vitesse d'élévation, toutes conditions exigées pour une forte production.

Le matériel roulant, venant constamment au jour, peut être mieux visité et plus facilement entretenu que s'il restait toujours au fond. La quantité et la qualité des produits de chaque chantier sont mieux contrôlées, puisque le contenu de chaque wagon provenant des tailles arrive directement au jour.

Les cages anciennes sont généralement en fer; aujourd'hui on les construit en acier afin d'en réduire le poids. On évite d'employer le bois, dont le poids augmente beaucoup, par suite de l'eau absorbée dans les puits humides.

Les cages étant susceptibles d'être soumises à des chocs dont il est impossible de calculer l'effort, il convient de leur donner une résistance bien supérieure à celle qui serait indiquée par les calculs, notamment en ce qui concerne les fers principaux qui les constituent, les armatures qui les consolident et les attaches qui servent à les enlever.

On les disposera suivant les dimensions et les formes imposées par la section des puits.

Dans quelques exploitations, les cages sont des espèces d'étriers à deux ou quatre montants auxquels on suspend, les unes au-dessous des autres, les bennes munies, dans ce but, d'anneaux ou de crochets. Ces cages sont légères, mais avec elles, les manœuvres exigent beaucoup de temps.

Les recettes sont pourvues de doubles planchers d'une largeur moindre que l'espace compris entre les montants des étriers. Ces planchers peuvent être fixes à la recette du fond, mais doivent être mobiles aux accrochages intermédiaires et au jour, pour permettre le passage de la cage et des bennes qui y sont accrochées.

Pour la manœuvre, le plancher du haut étant effacé, la cage à laquelle sont suspendues les bennes vides descend pendant que celle qui porte les bennes pleines monte. Lorsque la première arrive à la recette du fond, les bras de l'étrier passent de chaque côté du plancher sur lequel vient reposer la première benne vide que l'on décroche et qu'on retire; on commande la manœuvre de descente; la deuxième benne vide peut être enlevée comme la première et ainsi des autres.

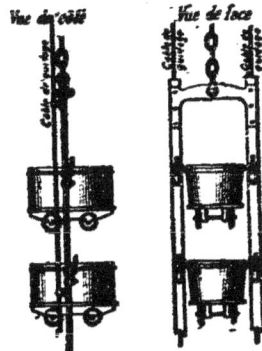

Pendant ces manœuvres, la cage des bennes pleines a dépassé le niveau du plancher supérieur, qu'on pousse alors sur l'orifice du puits; on fait redescendre un peu la cage, les bras de l'étrier passent de chaque côté du plancher sur lequel vient reposer la première benne pleine qu'on enlève, on fait descendre pour enlever la deuxième, et ainsi de suite jusqu'à la dernière.

On remplace alors cette dernière benne par une autre vide, on fait monter l'étrier pour en accrocher une seconde qu'on a poussée sur le plancher, puis une troisième.

Ensuite on garnit de la même manière la cage du fond avec des bennes pleines, puis, le signal étant donné, la machine enlève au jour la cage des bennes pleines pendant que celle des bennes vides descend.

Ces appareils sont abandonnés; généralement, les cages sont formées d'un ou de plusieurs cadres horizontaux superposés, réunis par des montants.

Chaque cadre horizontal ou plancher est disposé pour recevoir un, deux ou quatre wagonnets, placés soit deux de front, soit bout à bout, suivant la forme et les dimensions des cages qui dépendent elles-mêmes de la section du puits.

Les cadres ou planchers sont formés de fers en T ou en U, les wa-

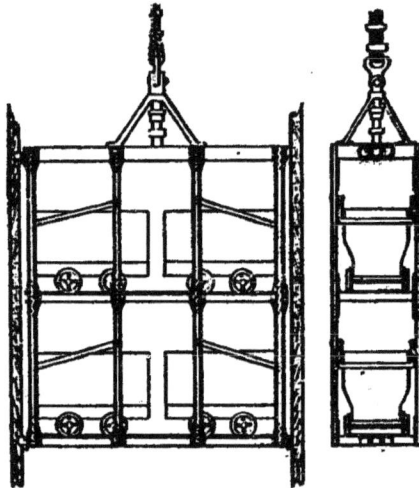

gonets roulent sur des cornières boulonnées sur les cadres; l'intervalle est rempli par des planches ou de fortes tôles.

Les montants sont formés de fers plats ou de fers spéciaux : on emploie très rarement les fers ronds qui tiennent plus de place et sont d'un assemblage difficile.

Lorsque les cages doivent servir à la translation des ouvriers, la distance entre les planchers est généralement de 1 m. 70 ; les côtés doivent être garnis de tôles et le dessus de la cage recouvert d'une forte tôle en forme de toit, afin de préserver les ouvriers de l'eau et de l'atteinte des pierres tombant dans le puits. De plus, en France, les cages doivent, réglementairement, être munies de parachutes.

Pour la descente des chevaux, on se sert souvent de cages spéciales. Lorsque la distance entre deux planchers est trop faible pour certains services, tels que la descente des bois ou des rails, la translation des ouvriers, on fait les planchers intermédiaires mobiles et faciles à enlever.

Les cages sont toujours guidées du haut au bas du puits au moyen de *mains de guidage* qui embrassent les guides. Ce sont quelquefois de simples cornières, mais, le plus souvent, des pièces spéciales en fer forgé ou en acier ; la fonte est trop cassante. Les mains de guidage sont évasées, pour diminuer les frottements ; on en met habituellement quatre par cage, deux au cadre supérieur, deux au cadre inférieur. La main de guidage règne quelquefois sur toute la hauteur de la cage.

Pour fixer les wagonnets dans les cages, on a imaginé un grand nombre de systèmes, les uns les maintenant par la caisse, les autres par les roues ou les essieux.

On a des taquets retombant devant les wagonets en place qui sont relevés pour la manœuvre, d'autres que l'encageur manœuvre du pied, pour les laisser ensuite retomber sur le rail devant une des roues du wagonnet, lorsque celui-ci est en place. On emploie aussi des fermetures automatiques.

Le poids des cages varie beaucoup des unes aux autres. Pour fixer les idées, nous dirons que, déduction faite des attaches, parachutes et divers accessoires, une cage à une benne pèse 350 kg., une cage à deux bennes 700 kg., à quatre bennes 900 kg., à six bennes 1200 kg., à huit bennes 1400 kgs.

Les cages sont suspendues aux câbles d'extraction par de solides chaînes qui viennent se réunir dans un gros anneau fixé au câble. Les chaînons doivent être en fer de première qualité ; tous les brins sont de même longueur afin qu'il y ait tension égale pour tous.

Ailleurs la suspension est obtenue par deux triangles en fer rivés au cadre supérieur de la cage et se réunissant à leur sommet.

Quelquefois on ajoute des chaînes de sûreté, qui ne travaillent pas en marche normale, mais par lesquelles se trouverait supportée la cage, en cas de rupture de la suspension principale.

296. Guidages. — Pour circuler dans les puits avec les grandes vitesses que comportent les extractions actuelles. 8, 10 et même 15 m. par seconde, les cages doivent être parfaitement guidées sur tout leur parcours dans le puits. Les guidages ou guidonnages sont en bois, en câbles métalliques ou en barres de fer rigides.

Les guidages en bois sont formés de longrines ou *guides* verticaux

en bois de chêne boulonnés sur des madriers transversaux ou *moises*
également en chêne, ces dernières scellées dans les parois du puits.

Les guides sont disposés de différentes manières rentrant toutes
dans deux types principaux. Avec l'un, ils sont placés des deux
côtés latéraux de la cage et supportés par trois
rangées de moises. Avec l'autre, ils sont placés
à l'avant et à l'arrière de la cage, et maintenus
par deux rangées de moises seulement.

Le choix à faire dépendra des dimensions
du puits et du matériel roulant employé.

Le premier type est plus solide, le second
est moins coûteux, utilise mieux la section du
puits et retiendrait les wagons dans les cages,
si on avait oublié de les assujettir.

Cette deuxième disposition exige l'interruption des guides aux recettes et accrochages
pour permettre l'introduction des bennes dans
les cages et leur sortie. On peut disposer
alors des parties de guides mobiles autour
d'une charnière horizontale à la partie supérieure et maintenus
en place par un verrou à la partie inférieure; ou bien encore
les guides des recettes sont fixés à un châssis qu'on ouvre et qu'on
ferme comme une porte. Le plus ordinairement, on enlève franchement la partie du guide placée devant le passage des bennes et, au droit

Détails d'assemblages

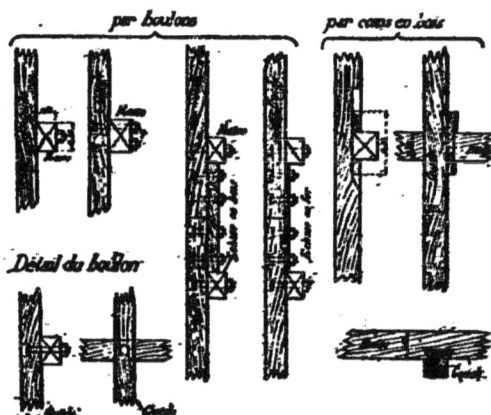

de l'interruption, on guide les cages par des *faux-guides* ou *contre-
guides*, dont la disposition varie suivant celle du chevalement ou des
recettes et qui ne présente, du reste, rien de particulier. La cage,

avant d'avoir quitté les guides, s'engage, par d'autres mains de guidage, dans les faux guides ou bien elle est maintenue entre les faux guides par des cornières fixées aux angles.

Pour changer les cages au jour, il faut qu'une partie du guidage soit mobile sur une hauteur un peu supérieure à celle des cages. C'est généralement au niveau du sol que s'opère ce changement.

Les guides en bois sont débités à vive arête, leur section est d'au moins 12 centimètres sur 15. Si les pièces sont en chêne, elles ne peuvent guère avoir plus de 4 mètres de longueur. Les moises destinées à supporter les guides sont également à vive arête et ont un équarissage minimum de 15/20 centimètres.

La distance entre les moises, qui était primitivement de 2 m. 50, a été ramenée successivement à 2 mètres, 1 m. 50 et 1 mètre, à mesure que la vitesse imprimée aux cages augmentait : ce rapprochement des moises vise aussi l'emploi des parachutes.

Dans les puits non muraillés les moises sont fixées dans des trous faits à la pointerolle dans la roche.

Dans les puits muraillés, les moises peuvent être encastrées par les maçons lors de la construction. Dans un cas comme dans l'autre, les pièces de bois ne doivent pas toucher le fond des potelles, car une légère poussée des terrains les ferait courber et détruirait la verticalité du guidage.

On préfère leur réserver un logement dans un dé en pierre ou en fonte encastré dans la maçonnerie et disposé de telle façon qu'on puisse changer une moise sans toucher au soutènement.

Les moises sont maintenues et serrées à l'aide de coins en bois. Dans les cuvelages en fonte, on fait venir de fonte, dans les panneaux, des consoles creuses pour recevoir le bout des moises. Les guides doivent être posés avec la plus grande exactitude et parfaitement verticaux ; ils sont fixés aux moises au moyen de boulons dont la tête, placée vers l'intérieur du puits, est noyée dans le bois en prévision de l'usure des guides.

L'écrou, par suite, se trouve derrière la moise. On doit éviter de fixer deux guides sur la même moise par le même boulon, à cause de la saillie du filetage ; les boulons sont alors d'un emploi difficile, on se sert de tire-fonds. Si l'on ne peut faire mieux, les deux guides fixés à la même moise ne seront pas placés l'un derrière l'autre.

L'assemblage de deux guides consécutifs d'une même ligne s'obtient de diverses manières : on fait présenter le joint au milieu de la moise. Une plaque et deux boulons à tête fraisée et plate réunissent les deux bouts de guide entre eux et à la moise ; ou bien on place le joint entre deux moises et on éclisse au moyen d'une pièce de bois ou d'une bande de fer réunie aux guides par des boulons.

On adopte quelquefois, pour fixer les guides aux moises, un mode d'encastrement avec coins à double pente qui donne des résultats au moins aussi bons que les boulons. Le seul inconvénient de cette disposition résulte de l'obligation d'entailler les moises.

Les câbles de guidage, qui n'auront à supporter que de faibles efforts de traction, qui n'auront pas à se courber ni à s'enrouler, mais qui devront résister au frottement des mains de guidage, seront constitués par des verges de fer ou d'acier de 10 à 12 mm. de diamètre et non par des fils fins, comme il conviendra de faire pour les câbles d'extraction. Ils sont souvent formés de six verges enroulées en spirale autour d'une verge droite formant âme.

La partie inférieure, qui reçoit un choc à l'enlevage, s'usant plus rapidement, on se réservera la possibilité de la supprimer et, pour cela, on conservera une réserve à la partie supérieure.

Dans ce but, les câbles sont fixés, au jour, à l'aide d'un long étau qu'on déboulonne quant on veut laisser glisser une partie de la réserve.

Afin d'obtenir une tension constante, un plancher chargé de poids est suspendu au-dessous de la recette inférieure ; il est muni d'un cadre qui assure l'écartement des câbles. On emploie aussi des tendeurs à vis.

Malgré toutes les précautions prises, il est impossible d'éviter com-

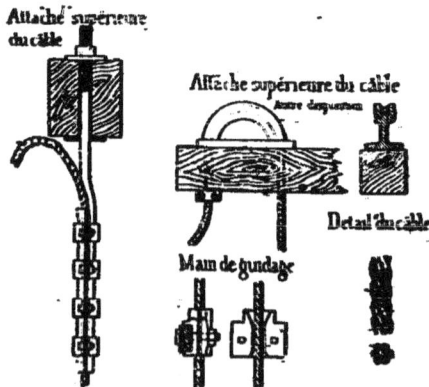

Attaches de la partie inférieure

Tension par poids

Suspension des câbles

Dispositions de câbles de guidage

Attache supérieure du câble

Attache supérieure du câble
Autre disposition

Détail du câble

Main de guidage

plètement le ballottement ; aussi faut-il laisser un jeu d'au moins

0 m. 40 autour des cages. Pour chacune d'elles, on emploie deux, trois ou quatre câbles-guides en ayant soin de ne pas en placer deux, correspondant à des cages différentes, au voisinage l'un de l'autre, pour éviter que les mains de guidage ne viennent se choquer à la rencontre.

Les mains de guidage se composent d'œillets évasés, formés de deux pièces et fixés aux cadres de la cage à l'aide de boulons. Les câbles-guides doivent être régulièrement graissés et goudronnés.

Les guidages en fer rigide sont d'application récente ; pour les grandes profondeurs, ils remplacent avantageusement les guides en bois. Ils sont plus stables, moins encombrants et demandent moins d'entretien; mais leur prix d'installation est plus élevé. Les parachutes trouvent moins de prise que sur les guides en bois.

La cage n'est guidée ordinairement que d'un seul côté, ce qui a été reconnu suffisant. On a employé divers modes d'assemblage : le plus souvent ces guides sont des rails boulonnés à des moises formées de fers à planchers.

Quel que soit le système de guidage adopté, les guides se prolongent nécessairement au-dessus de la recette supérieure et sont fixés au chevalement.

297. — Chevalements. Châssis à molettes. Belle-fleur.
— On nomme ainsi les constructions qui supportent les molettes ; elles sont en bois, en métal ou en maçonnerie. On leur donne les aspects les plus variés, mais elles doivent être toujours suffisamment stables pour ne pas éprouver de vibrations sensibles pendant l'ascension des cages et suffisamment résistantes pour pouvoir supporter des chocs souvent considérables, en cas d'accident.

Les chevalements sont suffisamment élevés pour laisser au moins 10 mètres entre la recette et la partie inférieure des molettes, bien que, dans de petites exploitations, cette hauteur soit quelquefois réduite à 3 mètres. En Allemagne, l'administration impose une distance minimum de 20 mètres.

Les molettes sont placées dans deux plans verticaux parallèles, leurs axes étant à la même hauteur. On rencontre cependant, en Silésie, des installations où les molettes sont à des hauteurs différentes et dans des plans verticaux non parallèles. Cette disposition n'est pas à recommander.

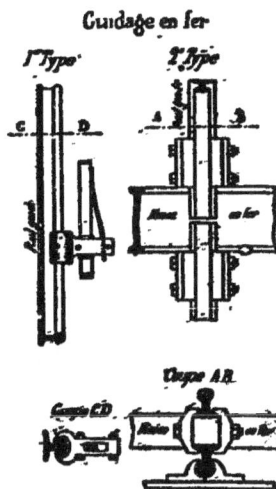

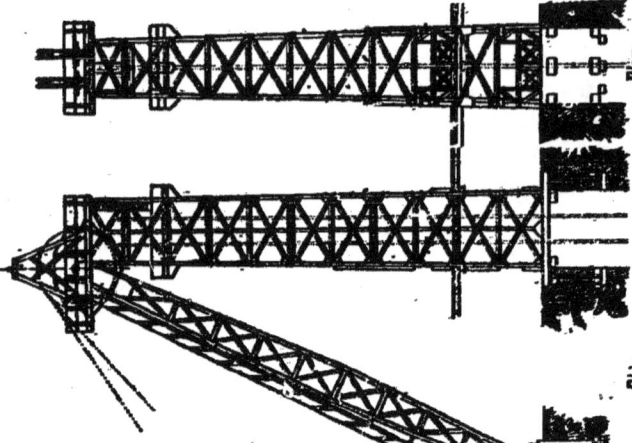

Chevalement en porte à faux en fer. (Genre treillis.)

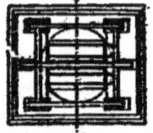

Plan.

Plan.

Chevalement en porte à faux en fer. (Genre Caisson.)

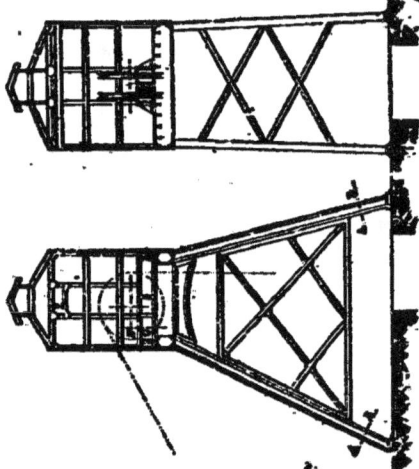

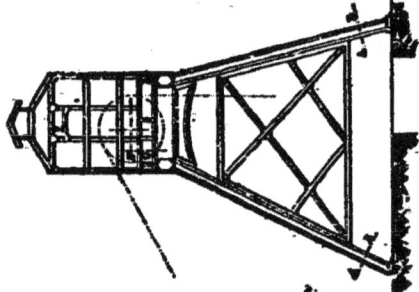

Chevalement à 4 montants en fer.

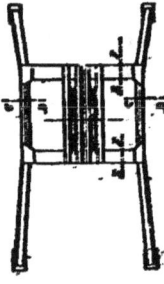

Plan.

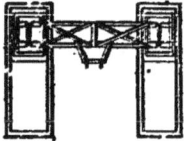

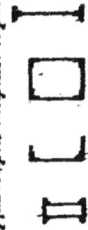

Coupe AB. Coupe CD. Coupe EF. Coupe GH.

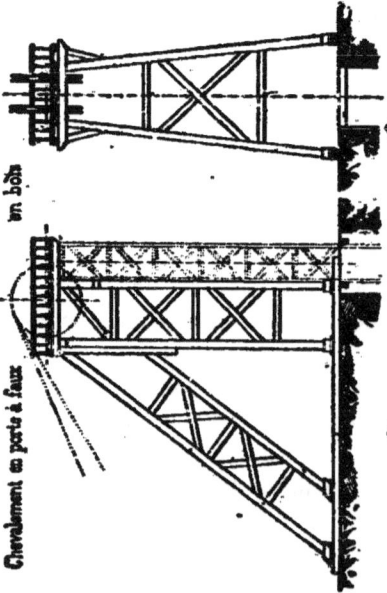

Chevalement en porte à faux. en bois.

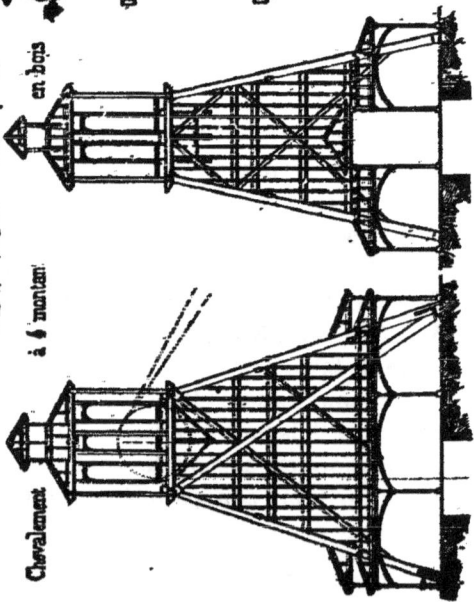

en bois.

Chevalement à 4 montant.

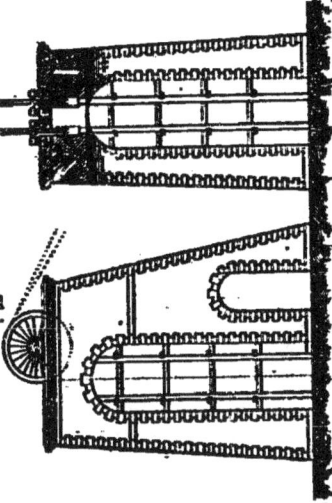

Chevalement silésien en fer.

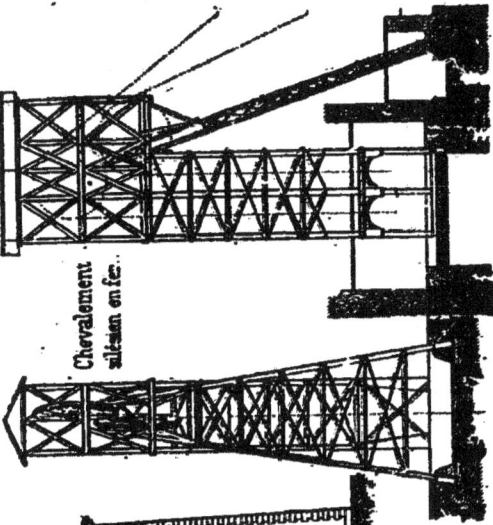

Plan du chevalement silésien.

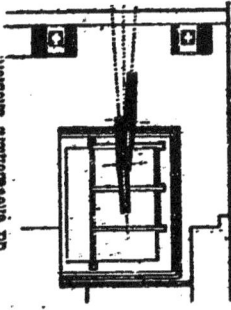

Chevalements en maçonnerie
Type N°1

Type N°2.

Chevalement pour puits jumeaux.

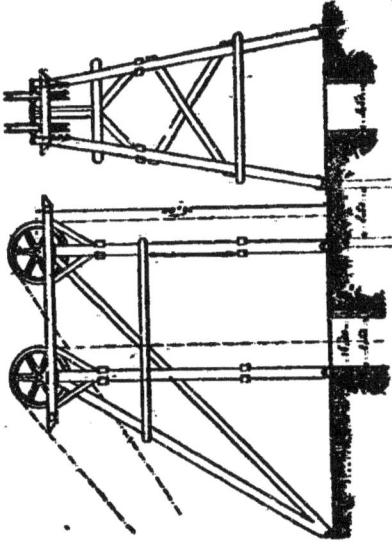

Chevalement à 4 montants pour puits jumeaux.

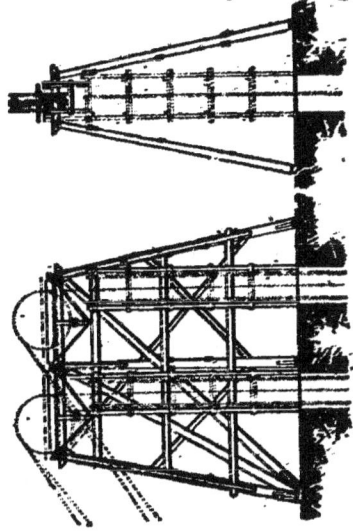

Les chevalements en bois sont les plus répandus. Pour les fortes extractions, on donne maintenant la préférence au métal et on emploie soit des tubes en tôle ronds, ovales ou carrés, soit des fers cornières, des fers en U ou d'autres fers spéciaux.

En France, on fait travailler le fer, pour les chevalements, à 2 ou 3 kg.; en Angleterre on va jusqu'à 5 kg. par mmq.

Les chevalements métalliques, aussi bien que ceux en bois, peuvent se rapporter à deux types principaux.

1º Les chevalements en porte-à-faux, dont les plus simples consistent en deux montants verticaux supportant l'effort vertical et deux jambes de force obliques pour résister à l'action des brins des câbles allant des molettes à l'appareil d'enroulement.

Les montants et les pièces obliques sont reliés entre eux par divers moyens, suivant l'importance des efforts.

Dans ce type, les guides sont supportés jusqu'aux molettes par une charpente spéciale, plus légère que celle du chevalement proprement dit.

Le deuxième type, qui admet un grand nombre de variantes, se compose essentiellement de quatre montants, plus ou moins inclinés, au milieu desquels se trouve le puits; ils sont fortement reliés entre eux par des jambes de force. Les guides sont placés à l'intérieur; la charpente spéciale est alors inutile.

Il sera toujours bon de terminer les chevalements, à leur partie supérieure, par une construction qui permettra de suspendre les molettes, soit pour les mettre en place, soit pour les réparer.

Avec ces chevalements recouverts par une toiture, on donne aux pièces de celle-ci une force suffisante pour qu'il soit possible d'y suspendre les molettes.

Les chevalements en maçonnerie sont plus encombrants et plus coûteux ; aussi ne les rencontre-t-on que rarement. En Allemagne, le type généralement adopté consiste à recouvrir la recette et la machine d'extraction d'un bâtiment suffisamment élevé et assez solide pour servir de support aux molettes par l'intermédiaire de poutrelles en bois ou en fer.

298. Molettes. — Les molettes sont les poulies sur lesquelles les câbles d'extraction viennent s'infléchir au sortir du puits pour aller à l'appareil d'enroulement; elles doivent avoir de grands diamètres, pour éviter la détérioration des câbles.

Bien que les diamètres usuels des molettes sur lesquelles passent les câbles en chanvre soient de 2 m. 50 à 3 metres, il est bon de les porter à 4 mètres et d'aller à 5 mètres pour les câbles métalliques.

En Angleterre, elles atteignent 6 mètres, quand on fait usage de câbles ronds en acier, avec âme métallique.

Les molettes sont en fonte, en fer et fonte, ou tout en fer ; les premières, plus lourdes et moins élastiques, ne s'emploient que pour les petits diamètres et les faibles productions.

La jante est légèrement bombée et à rebords, quand elle doit recevoir des câbles plats ; elle est à gorge, et alors presque toujours en fer, quand elle doit recevoir des câbles ronds.

Il est nécessaire que les molettes soient parfaitement centrées et tournées, pour diminuer autant que possible la fatigue des câbles.

Les joues devront laisser un jeu entre elles et le câble pour éviter tout frottement latéral, qui serait une cause d'usure rapide du câble, surtout lorsque celui-ci n'arrive pas sur la molette suivant une direction constante; il en est ainsi quand on emploie les tambours.

Pour parer à cet inconvénient, on éloigne le plus possible l'appareil d'enroulement des molettes. On a même employé des arbres filetés permettant aux molettes de se déplacer en tournant ; cette disposition a été abandonnée, d'autant mieux qu'elle a pour effet de modifier la position du câble par rapport au guidage.

299. Évite-molettes. — Il peut arriver que, par inadvertance du machiniste, la cage soit enlevée jusqu'aux molettes. On a imaginé un grand nombre de combinaisons dans le but d'empêcher ou, tout au moins, d'atténuer les conséquences de cet accident.

On se contente souvent de rapprocher les guides opposés d'une même cage, à partir d'une certaine hauteur au-dessus de la recette ; la cage se trouve alors de plus en plus serrée entre les guides à mesure qu'elle se rapproche de la molette et elle est ainsi arrêtée ; mais il se peut que le câble soit brisé sous l'effort, il faut donc établir des taquets de sûreté que la cage soulèvera en montant, mais qui, retombant aussitôt par leur propre poids, se trouveront tout disposés à recevoir la cage et à l'empêcher d'aller s'écraser au fond du puits.

On interpose aussi des *crochets de sûreté* ou *évite-molettes* entre le câble et la cage. Ces appareils sont construits de façon à s'ouvrir lorsque la cage s'approche des molettes ; la cage abandonnée est reçue sur des taquets ou reste suspendue à une traverse du chevalement.

Voici deux exemples de dispositions pour ces crochets : Dans le premier se trouve fixé à la charpente un anneau horizontal dans lequel passe le câble, mais le diamètre est tel qu'il force à se rapprocher les deux branches de l'appareil. Ce rapprochement fait cisailler une goupille en métal tendre, tel que le cuivre rouge, et amène la séparation du câble d'avec la cage qui retombe sur des taquets.

Dans le second, l'anneau qui ferme la mâchoire étant arrêté dans son mouvement ascensionnel, les goupilles d'arrêt en cuivre sont coupées, les mâchoires s'ouvrent et abandonnent le câble. La cage reste alors suspendue à l'anneau qui a limité l'ascension.

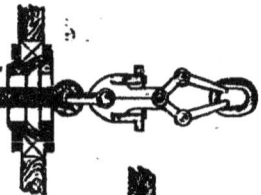
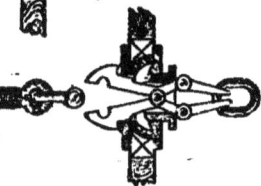

Système Walker

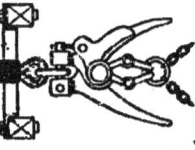
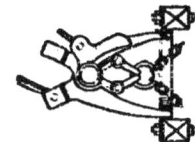

Évite-molettes

Fermé

Ouvert

Évite-molettes et taquets de sûreté

Ressorts d'attelage

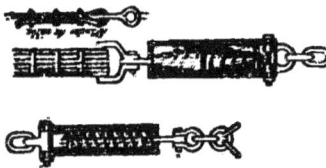

Attache des câbles aux cages

Câble rond

Câble plat

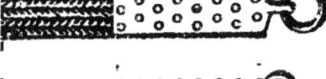

Câble rond

Câble plat

Élévation

Câble rond

Élévation d'un toron

Coupe

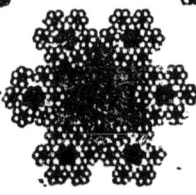

Crochets de sûreté pour suspension des bennes

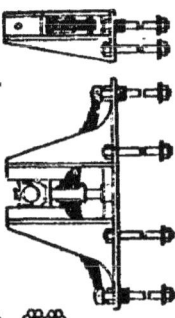

Agrafes de jonction
remplaçant les épissures

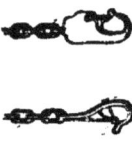

Palier à ressort pour molettes

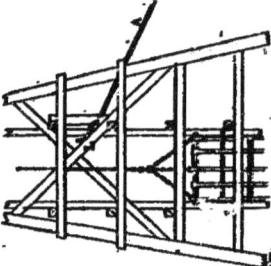

Mécanisme agissant sur le frein et sur l'admission
lorsque la cage s'élève jusqu'au-dessus

Plan

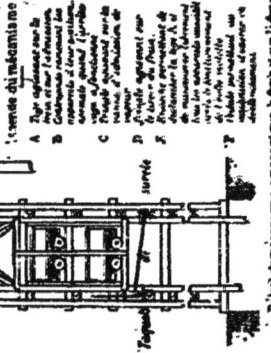

Détail d'un mécanisme agissant sur le frein et sur l'admission

Élévation

Plan

Molette en fer

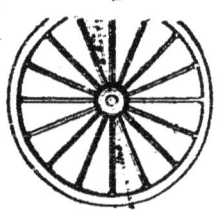

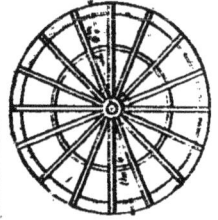

Molettes en fer et fonte

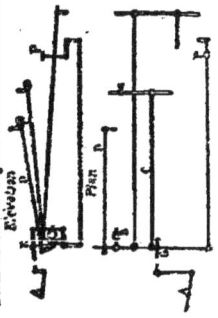

Molette en fonte

On a aussi employé des leviers sur lesquels agissent les cages quand elles s'élèvent trop au-dessus de la recette ; ces leviers, par l'intermédiaire de longues tringles, ferment l'admission de vapeur et déterminent le serrage du frein.

300. Câbles. Leur charge. — Les câbles d'extraction auxquels sont suspendues les cages auront à soulever le poids des cages, celui des wagonets et celui du contenu de ces derniers, l'ensemble formant *l'unité de charge* qui varie dans les plus grandes limites et dépasse quelquefois 4000 kg. Voici quelques exemples :

à Anzin :	2	Berlines	420 kg.	⎫
		Cage	1580	⎬ 2900
		Charge	900	⎭
	4	Berlines	840 kg.	⎫
		Cage	1845	⎬ 4485
		Charge	1800	⎭
à Blanzy :	2	Berlines	600 kg.	⎫
		Cage	1500	⎬ 3300
		Charge	1200	⎭
à Charleroi :	4	Chariots	580 kg.	⎫
		Cage	1480	⎬ 3460
		Charge	1400	⎭

Les câbles sont en chanvre, en aloès, en fil de fer ou d'acier ; ils sont plats ou ronds. Les chaînes ne sont employées que pour les balances.

301. Câbles en textiles. — Les câbles plats sont formés d'un nombre pair d'aussières, quatre ou six ; on tend aujourd'hui à en augmenter le nombre, afin de diminuer l'épaisseur du câble.

La moitié des aussières est enroulée en hélice *dextrorsum* ; l'autre *sinistrorsum* et elles sont alternées ; de cette manière se trouve annulée la tendance de chacune d'elles à se détordre.

La couture des aussières entre elles doit se faire sous une tension bien égale.

La largeur d'un câble plat de six aussières est égale à cinq fois son épaisseur, à cause de la déformation due à la couture.

Les câbles en chanvre et en aloès sont goudronnés ; les premiers absorbent 15 0/0, les autres 13 0/0 de leur poids de goudron.

L'aloès qui, pour la même résistance, pèse environ les neuf dixièmes du chanvre, est généralement préféré, d'autant plus qu'il résiste beaucoup mieux à l'action de l'humidité. Le poids du mètre de longueur de câble en aloès est d'environ 0 k. 100 par cmq. de section, si le fil est goudronné, 0 k. 080 quand il ne l'est pas.

On a deux règles pratiques pour déterminer la section des câbles en chanvre ou en aloès :

Celle de *Demot* : Les câbles doivent supporter 80 kgs. par cmq. de section, cette section étant comptée après travail.

Celle de *Cabany* : La charge des câbles ne doit jamais dépasser 1000 kg. par kg. de poids du câble au mètre courant, avant son goudronnage.

Le câble n'a pas seulement sa charge à porter; il a aussi à se porter lui-même. Pour les grandes profondeurs, il conviendra de le composer de mises différentes, dont la section croîtra en raison de la charge. La longueur d'une mise est habituellement de cent mètres; cependant, pour de grandes profondeurs, on trouve avantageux de diminuer cette longueur et de multiplier le nombre des mises.

On fait aujourd'hui des *câbles coniques*, à section décroissante; on diminue à cet effet, dans une proportion convenable, la force de chaque toron composant les aussières et on laisse constant le nombre de celles-ci.

Supposons, par exemple, un câble de 375 m., portant une unité de charge de 4000 kg. et composé de trois mises de 125 m., on aura :

Longueur.	Poids du mètre.	Poids de la mise.	Poids porté par kg. de câble à l'extrémité. Inférieure.	Supérieure.
125 m.	5^{k}500	687^{k}50	$\frac{4000}{5,5}=727$	852
125	6.000	750	$\frac{4.687,5}{6.00}=781$	906
125	6.500	812.50	$\frac{5.437,5}{6,50}=836$	961
$\overline{375}$		$\overline{2250^k00}$		

Avec une section uniforme on aurait eu :

375 m. à 8 k., soit 3.000 kg. et le poids porté par kilogramme de câble aurait été $\frac{7.000}{8}=875$ k., ou tout au moins,

375 m. à 7,500, soit 2.812 kg. 500 et, par kg de câble,

$$\frac{6812.50}{7.50}=908 \text{ kg.}$$

On obtient ainsi des câbles dont le poids moyen est réduit au minimum pratique et on arrive, pour de très grandes profondeurs, voisines de 1.000 m., à disposer encore d'une unité de charge à 2.500 kgs. environ, suffisante moyennant l'emploi de cages en acier, légères et résistantes.

302. Câbles métalliques. — Les câbles métalliques, en fer ou en acier, sont plats ou ronds ; ces derniers sont plus répandus, parce que leurs fils travaillent plus régulièrement et que la couture des câbles plats est difficile à bien faire.

Pour les grandes profondeurs, on donne aussi aux câbles métalliques une section décroissante, mais en conservant toujours le même nombre de fils dont le diamètre va en diminuant.

Les câbles métalliques plats sont fabriqués comme les câbles en aloès ; ils devront avoir à supporter une charge maximum de 10 kg. par mm² de section, s'il s'agit de fils d'acier.

On fait habituellement travailler les câbles métalliques ronds à $\frac{1}{8}$ de la charge de rupture, les câbles en fer à 6 kg., ceux en acier à 13 kg. et même 15 kg. par mm².

Les numéros des fils les plus employés pour les câbles, sont :

Numéros :	18	16	14	12	10
Diamètre :	3 mm. 4	2,7	2,2	1,8	1,5
Section :	9 mm² 07	5,72	3,79	2,54	1,70

Le câble est d'autant plus flexible qu'il est composé de fils plus fins ; dans tous les procédés de fabrication, on cherche à répartir la charge le plus uniformément possible sur tous les fils d'un même câble.

Le mode de fabrication qui paraît aujourd'hui le mieux remplir cette condition et qui donne en même temps une grande flexibilité consiste à former d'abord de petits torons de six fils avec âme en chanvre ou en aloès ; on enroule ensuite six de ces petits torons autour d'une âme en chanvre ou en aloès et on obtient ainsi le toron de second degré. Le câble est lui-même formé de six de ces derniers enroulés autour d'une âme en fibres végétales. Le diamètre du fil élémentaire sera choisi d'après la résistance à donner au câble.

Les parties de chanvre ou d'aloès employées ne concourent pas à augmenter la puissance du câble ; elles servent uniquement à lui donner une plus grande flexibilité.

Les câbles ronds, en fer ou en acier, sont, à résistance égale, beaucoup plus légers que ceux en chanvre ou en aloès ; mais ils demandent à être enroulés sur des tambours ou poulies de grands diamètres et à être graissés ou goudronnés toutes les semaines, afin d'empêcher la formation de la rouille.

On admet que, pour l'acier, le diamètre minimum d'enroulement doit être égal à 2115 fois celui du fil élémentaire.

En Angleterre, l'emploi des câbles métalliques est presque général. En France, on n'y a pas recours pour le service de la translation des ouvriers, parce qu'on leur reproche de se rompre sans qu'aucun indice apparent prévienne l'exploitant de leur caducité ; on craint, en outre, que le goudronnage ou le graissage ne viennent cacher les altérations des fils.

23

303. Attaches des cages aux câbles. — Elles se font d'un grand nombre de manières. Pour les câbles plats, le moyen qui paraît préférable consiste à saisir l'extrémité du câble sur un mètre de longueur environ, entre deux tôles formant étrier et portant un anneau maintenu par un goujon ; le tout est serré par des boulons disposés en quinconce.

Pour les câbles ronds, on tourne le bout autour d'une tôle repliée en anneau creux, comme la gorge d'une poulie ; on force entre les deux brins un coin de bois taillé en gorge, après avoir serré fortement le tout par une ligature en fils métalliques.

L'attache se fait aussi au moyen de pièces coniques dans lesquelles entre l'extrémité du câble que l'on replie sur lui-même. On peut employer un cône en bronze fendu en trois parties suivant des génératrices et qui se serrera en entrant dans un cône en fer terminé par un étrier. Le câble traverse le cône en bronze et on coule un alliage malléable qui pénètre dans les vides que les fils laissent entre eux. Plus la tension est forte, plus le câble se trouve serré.

Au moment de l'enlevage, il faut exercer un effort plus considérable que le poids résistant, afin d'obtenir une accélération suffisante pour que la vitesse de la cage atteigne rapidement sa valeur normale ; il en résulte des à-coups qui détériorent rapidement le câble à son extrémité inférieure et aux points de contact du brin incliné avec la molette et le tambour ; aussi est-il bon de faire de temps en temps une nouvelle attache, en coupant le bout du câble. Cette opération a, en outre, l'avantage de déplacer le point où le câble s'appuie sur la bobine ou sur le tambour lors de l'enlevage, point qui, en raison de l'inertie des masses mises en mouvement, fatigue plus que le reste du câble. Une nouvelle attache devant se faire environ tous les deux mois et un câble durant de 18 mois à 2 ans, il faudra prévoir une longueur de réserve de 50 à 60 m.

Les deux câbles, au sortir du puits, passent sur les molettes, puis vont s'enrouler sur des bobines ou des tambours calés sur le même arbre. Les câbles sont donc pliés deux fois et l'un des deux aura ses deux plis en sens contraires, ce qui le fatigue plus que l'autre ; aussi est-il bon de changer de temps à autre le sens d'enroulement des deux câbles.

En Angleterre, pour diminuer l'effort supplémentaire produit au point d'enroulement au moment de l'enlevage, on interpose quelquefois un ressort entre l'extrémité du câble et la cage. Mais ce ressort ne saurait atténuer l'effet de l'inertie du câble.

· Dans les cages munies de parachutes, les ressorts de ces parachutes agissent également, au moment de l'enlevage, pour réduire l'effet de l'inertie. M. Guibal a eu l'idée de placer les paliers des molettes sur un châssis à ressort.

304. Parachutes. — Afin de prévenir, dans la mesure du possible, les accidents résultant de la rupture des câbles, on a imaginé un grand nombre d'appareils nommés *parachutes*.

Le principe des parachutes consiste à interposer entre le câble et la cage un déclanchement dont le ou les ressorts, comprimés à fin de course par l'effet de la tension du câble, se détendent lorsque cette tension est supprimée par suite de la rupture et mettent alors en action des pièces qui suspendent la cage aux guides.

L'effet obtenu est surtout efficace sur la cage montante, parce que cette cage, avant de redescendre sous l'action de son poids, après la rupture, perd graduellement sa vitesse ascendante qui devient nulle avant de devenir de sens inverse ; ce ralentissement donne aux pièces du parachute le temps d'entrer en prise.

On reproche aux parachutes de fonctionner hors de propos par suite des oscillations dues à l'élasticité du câble qui peuvent, à certains moments, diminuer assez la tension sur l'attelage pour permettre aux ressorts d'agir. Aussi voit-on des exploitations où le parachute est calé pendant *le trait*, c'est-à-dire pendant l'extraction et où son fonctionnement n'est rendu libre que pour la descente ou la remontée des ouvriers.

On reproche encore aux parachutes l'augmentation du poids mort des cages, de 200 à 300 kg. De nombreux accidents qu'ils n'ont su prévenir ont jeté le doute sur leur efficacité pratique.

On a craint aussi que l'existence de parachutes ne soit un prétexte à négligence dans le service de la surveillance et de l'entretien des câbles. Quoi qu'il en soit, le principe de l'application des parachutes est à conserver.

Les parachutes les plus employés sont les parachutes à griffes.

Lors de la rupture du câble, ces griffes viennent s'implanter dans la face intérieure des guides, en tendant à les écarter, ou bien, ce qui est préférable, sur les faces latérales, en les serrant comme le ferait une tenaille.

Dans le parachute à griffes indépendantes, qui est une des nombreuses modifications du parachute Fontaine, les deux bras B terminés par des griffes peuvent se mouvoir autour des axes *a* fixés à une traverse supérieure T ; une seconde traverse T' laisse un espace libre à ses extrémités pour permettre le mouvement des bras à griffes. La pièce A, directement attachée au câble, supporte la cage en comprimant contre la traverse T' les deux ressorts R et R'. Cette pièce A porte, en outre, deux axes *a'* supportant les deux leviers L dont les extrémités s'approcheront à 2 ou 3 cm. des bras B reposant par leur poids à l'intérieur de la traverse en double fourche T'.

Si le câble vient à se rompre, les leviers L brusquement sollicités par les ressorts R mettent les griffes des bras B en contact avec les guides.

Sitôt après, le poids de la cage viendra peser sur les bras et les incrustera fortement, de sorte que la cage restera suspendue.

On a mis deux ressorts au lieu d'un seul, afin que chaque bras à

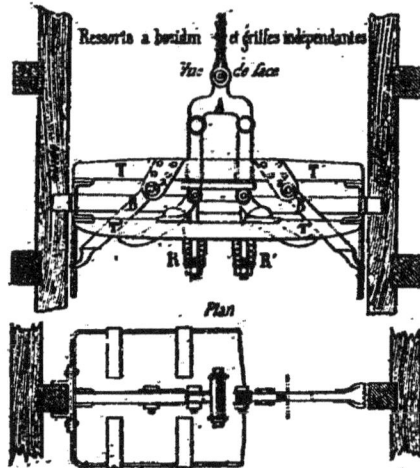

griffes puisse agir isolément, ce qui peut avoir un résultat utile dans le cas où la cage ne serait pas parfaitement parallèle aux guides.

On n'a pas relié les bras à griffes directement aux ressorts, mais par l'intermédiaire de leviers laissant un intervalle de 2 à 3 cm., afin d'éviter que les griffes puissent s'implanter dans les guides sous l'influence des oscillations élastiques du câble.

Dans le parachute à excentriques, les griffes font partie de galets excentrés pouvant agir deux à deux comme des tenailles enserrant fortement les faces latérales des guides et soutenant ainsi la cage.

Ce mode d'action est préférable au précédent qui peut amener la rupture des guides.

Dans le parachute des mines de Blanzy, deux ressorts à boudins, comprimés par la tension du câble, viennent, en se détendant, agir, par l'intermédiaire de leviers articulés, sur deux arbres horizontaux portant les galets excentrés à griffes qui s'implanteront sur la face latérale des guides.

Les ressorts à boudins peuvent être remplacés par des ressorts à lames.

Les parachutes pour guidages en câbles sont aussi actionnés par des ressorts ; ces ressorts, en se détendant, rapprochent des leviers terminés par des anneaux dans lesquels passent les câbles de guidage. Ces derniers ont donc tendance à se rapprocher, et comme ils sont fixés en haut et en bas, le frottement qui en résulte fait que la cage reste suspendue.

Comme exemple de parachute pour guidages en fer rigide, signalons celui de « Hypersiel » appliqué à une cage guidée d'un seul côté, d'après le système Briard.

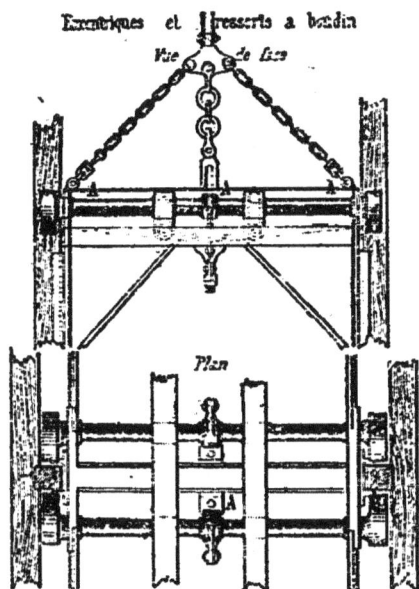

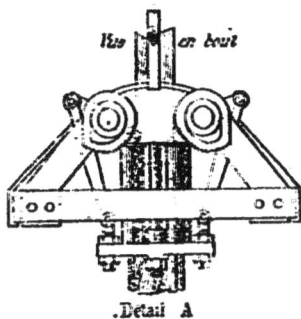

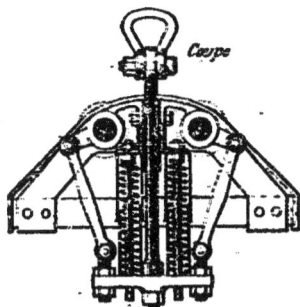

Dans ce parachute, les griffes appelées à saisir les guides sont de forme spéciale, armées de dents en acier très dur et qui tendent à s'engager successivement dans le bourrelet des rails formant guides, à s'y incruster de plus en plus par l'effet du poids de la cage dès que le contact de la griffe et du guide a été obtenu.

Ces griffes sont portées par un arbre entraîné à l'aide d'une bielle et d'une manivelle par un fort ressort spiral tendu par un levier relié par une chaînette à la patte du câble d'extraction. Pour tenir constamment les griffes à une certaine distance des guides, on a un second ressort de même nature que le premier, agissant sur le même arbre, mais en sens inverse, et beaucoup plus faible. En cas de rupture du câble, le grand ressort, en se détendant, annihile l'action du petit et amène instantanément les griffes au contact du guide.

Dans le but d'amortir le choc de la cage au moment où elle vient reposer sur les planchers inférieurs, soit par le fait de manœuvres régulières, soit en cas d'accident, on place quelquefois des ressorts à la partie inférieure des cages ou bien encore on dispose des planchers élastiques aux recettes du fond.

Parachute pour guidage par câbles

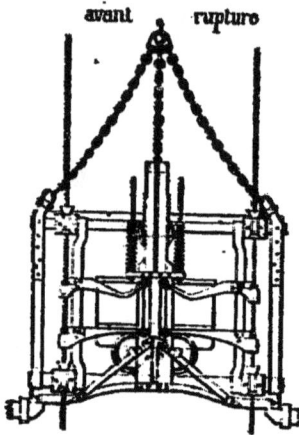

Parachute Hypersiel

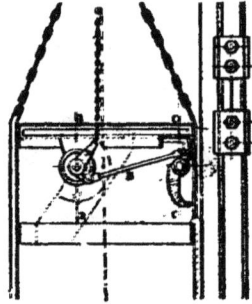

avant   rupture

après rupture

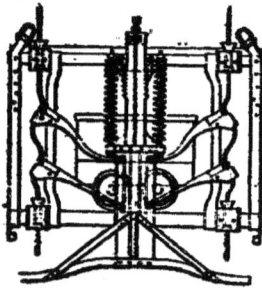

Coupe verticale aa

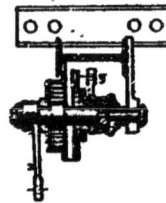

Détails de la griffe

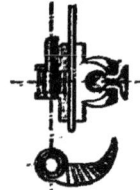

305. Clichages. — Il est indispensable, pour la manœuvre des wagonnets dans les cages, quand celles-ci se présentent à l'accrochage, que les rails de la cage et ceux de la recette soient exactement dans le prolongement les uns des autres. On dispose, dans ce but, à chaque recette, un système articulé nommé *clichage*, dont les points d'appui offerts à la cage peuvent s'effacer pour la laisser passer ou s'avancer pour la recevoir.

Il existe différents types de clichages :

Les uns sont disposés de façon à être constamment fermés ; la cage les soulève en montant, puis les laisse retomber, de sorte qu'ils sont toujours prêts à recevoir la cage, lorsque le machiniste la laisse redescendre.

Les autres, au contraire, qui s'emploient surtout pour les recettes intermédiaires, sont constamment ouverts et exigent une manœuvre spéciale du receveur pour se fermer au moment où le machiniste laisse

reposer la cage. Le poids de celle-ci maintient en place les sabots pendant tout le temps qu'elle s'appuie sur eux.

Parmi les appareils du premier genre, signalons les clichages *à taquets*, disposés de telle façon que les sabots peuvent fonctionner indépendamment du levier de commande et les clichages *à pied de biche*,
avec lesquels il suffit d'un faible déplacement des grands bras desti-

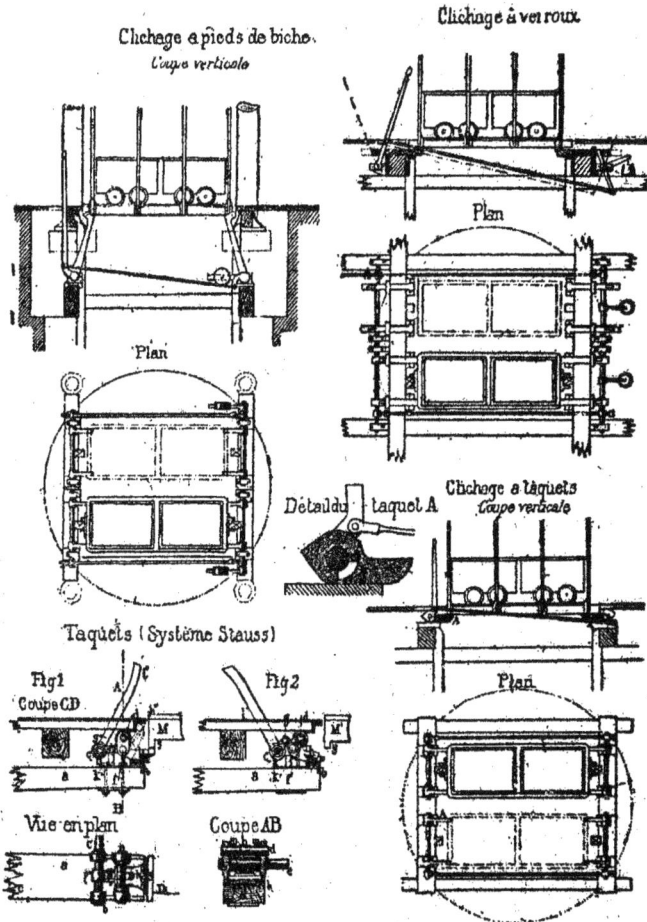

Clichage a pieds de biche.
Coupe verticale

Clichage à verroux.

Plan

Plan

Détail du taquet A

Clichage a taquets
Coupe verticale

Plan

Taquets (Système Stauss)

Fig1
Coupe CD

Fig2

Plan

Vue en plan

Coupe AB

nés à supporter la cage pour laisser passer celle-ci lors de l'ascension ;
le clichage revient ensuite en place, prêt à recevoir la cage lorsque le
machiniste la laissera redescendre.

Le clichage à verrous, dans lequel un contrepoids maintient les verrous effacés, peut recevoir la cage, si le receveur agit sur le levier de
manœuvre. Le poids de la cage maintient, en dépit du contrepoids, les
verrous qui le supportent ; mais dès que la cage sera soulevée, le contrepoids agira et les verrous s'effaceront.

Dans ces divers systèmes, le machiniste doit d'abord élever la cage au-dessus de la recette, puis la laisser redescendre pour la faire reposer sur les appuis destinés à la recevoir. Quand il s'agira ensuite de faire la manœuvre suivante, il faudra soulever d'abord la cage pour permettre aux supports de s'effacer.

Afin d'éviter cette manœuvre, on a proposé, surtout en Allemagne, un grand nombre de solutions destinées à permettre l'effacement des taquets sans que l'on ait à soulever la cage. Pendant qu'elle repose sur le clichage, le machiniste doit avoir soin de tenir le câble tendu, afin d'éviter un choc lorsque la cage cessera d'être maintenue par le câble.

Les *taquets Stauss* en sont un exemple.

L'arbre du levier de manœuvre, qui tourne dans ses supports sans pouvoir se déplacer, porte de petites bielles clavetées et est relié à un autre arbre dans les mêmes conditions par deux colliers qui embrassent les extrémités des bielles. Les taquets sont placés sur l'axe des bielles de l'arbre fixe qui ne porte pas le levier de manœuvre et peuvent se soulever indépendamment de l'axe.

Les taquets, qui ont leur face inférieure inclinée, reposent sur un sommier également incliné. On voit qu'en agissant sur le levier de manœuvre il est possible d'actionner les taquets sans avoir à soulever la cage.

306. Installation des recettes et accrochages. — Dans ces installations, on doit toujours avoir en vue la rapidité des manœuvres; aussi dispose-t-on, au sol de la recette, un plancher formé de taquets en fer, ou mieux de plaques de fonte sur lequel on assurera la manœuvre rapide des wagonnets vers les cages ou en sens inverse, quand celles-ci reposeront sur le clichage ou sur le plancher du fond.

Lorsque ce sera possible, on organisera les recettes de telle façon que l'on puisse faire entrer dans les cages les wagons pleins d'un côté, pendant qu'on fait sortir les vides de l'autre; il en résultera la nécessité d'une galerie de contour pour les accrochages souterrains, mais aussi l'avantage de faire les deux manœuvres simultanément, les pleins poussant les vides, ou réciproquement.

Dans certaines installations anglaises, on dispose quelquefois les taquets de manière qu'il soit possible d'incliner le plancher de la cage à la recette; cela permet aux wagons d'y entrer ou d'en sortir sous la seule influence de la gravité.

Lorsque les cages sont à plusieurs étages on arrive, au moyen des manœuvres de la machine, à faire reposer successivement chaque palier des cages sur les clichages. Cette manière de procéder est relativement longue et demande au machiniste un surcroît de travail et d'attention, en même temps que ces manœuvres répétées sont une cause de détérioration plus rapide du matériel.

Pour y obvier, on dispose quelquefois autant de niveaux de recettes

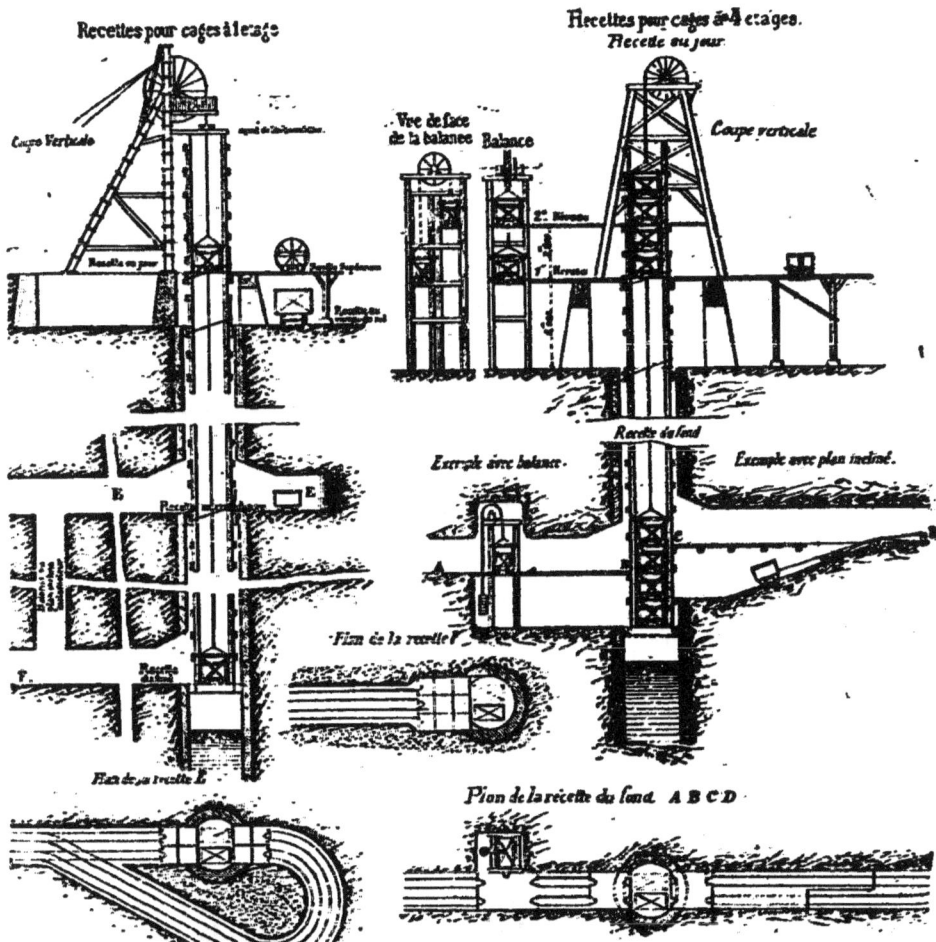

qu'il y a d'étages à la cage, de sorte que, celle-ci une fois sur le clichage, on peut en décharger et charger tous les étages, sans manœuvre de la machine.

Lorsque la distance entre les planchers de la cage est moindre que la hauteur d'un homme, ce qui est le cas général, on place les recettes alternativement d'un côté et de l'autre du puits.

Les divers planchers des recettes multiples sont mis en relation entre eux par des balances sèches ou des plans inclinés ; on dispose les accrochages souterrains de façon que la galerie de roulage corresponde au palier supérieur, afin que les wagons pleins aient à descendre aux autres paliers et puissent remonter les wagons vides.

Au jour, où le machiniste est en communication directe avec le receveur, la manœuvre des cages a moins d'inconvénients qu'au fond ; aussi se contente-t-on souvent de deux planchers de recettes au jour, tout en conservant aux accrochages du fond autant de paliers qu'il y a d'étages à la cage. Les manœuvres du fond se feront sans le secours de la machine, tandis que celles du jour exigeront un ou deux mouvements, si les cages ont quatre ou six étages. Ces manœuvres pour la cage au jour se produisent sans que la cage du fond en soit affectée, par suite de l'excès de longueur qu'ont toujours les câbles.

La disposition des recettes multiples a pour inconvénient d'exiger une augmentation de personnel et se trouve justifiée seulement quand la production est très active.

Dans le but d'éviter les recettes multiples au fond et les manœuvres de la machine d'extraction, tout en employant des cages à plusieurs étages, on a imaginé divers systèmes de contre-poids et de taquets.

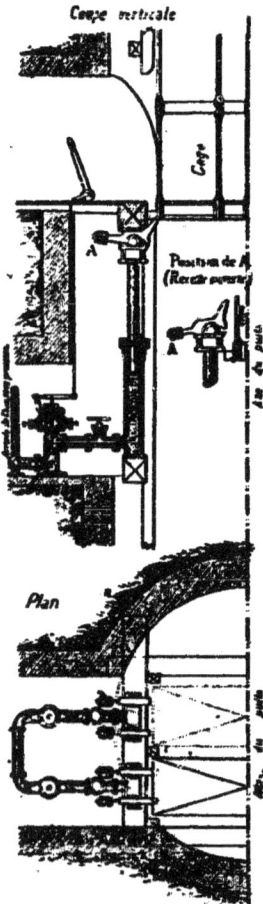

307. Taquets hydrauliques. — On peut, dans ce but, employer des taquets, au nombre de quatre pour chaque cage et sur lesquels elle viendra reposer. Ces taquets sont portés par des pistons hydrauliques qui reçoivent la pression, soit d'un accumulateur, soit d'un réservoir supérieur à niveau constant ; ils sont mis en mouvement par le moyen d'une soupape manœuvrée du plancher de la recette à l'aide d'un levier. Aux recettes intermédiaires, les taquets sont tenus effacés par un contre-poids. Quand on fera monter les pistons, les taquets viendront rencontrer les sommiers de l'accrochage qui les mettront en position de recevoir la cage descendante. On ferme la communication des corps de pompe avec le réservoir et, une fois la cage sur les taquets, on fait les manœuvres du compartiment inférieur de la cage. La soupape est ensuite ouverte et le poids de la cage fait descendre les pistons. Quand elle présente son second plancher à la recette, la communication est de nouveau interrompue ; on exécute une deuxième manœuvre, et ainsi de suite.

Les pistons étant à fin de course, l'étage supérieur de la cage est au niveau de la recette. Quand tout est terminé, que la cage est soulevée par le câble, les contrepoids agissent, les taquets s'effacent et le puits est libre.

Pour éviter les ruptures que pourrait causer l'arrivée violente de la cage sur les arrêts, on a soin de munir les tuyaux de soupapes de sûreté à ressorts.

308. Balance à contrepoids pour manœuvrer les cages. — On peut, pour éviter les recettes multiples à l'accrochage du fond et pour supprimer les manœuvres de cages, employer des balances à contrepoids.

Les cages sont reçues sur un plancher ou cadre mobile qui descendra avec elles. Ce cadre se compose de deux madriers aux extrémités desquels sont fixés par de simples broches deux autres madriers de plus faible équarrissage. qui pourront casser sous l'effet d'un choc violent de la cage dans le cas d'une fausse manœuvre. Le cadre est suspendu par des chaînes qui passent sur des poulies de renvoi pour venir se fixer à des poulies à double gorge, calées sur le même arbre portant un frein en son milieu.

Sur la deuxième gorge des poulies sont fixées les chaînes de suspension du contrepoids en fonte, qui est évidé de façon à permettre d'ajouter des poids à volonté pour qu'il fasse équilibre à la cage avec ses bennes vides. Ce contrepoids qui repose à sa partie inférieure sur des sommiers est guidé par deux tringles en fer. Si on suppose une cage à quatre étages, on aura deux contrepoids supplémentaires reposant sur des sommiers placés à des hauteurs correspondant aux étages de la cage et guidés par les mêmes tringles en fer que le contre-

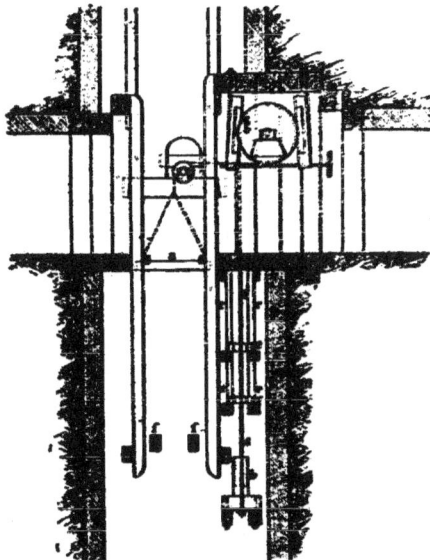

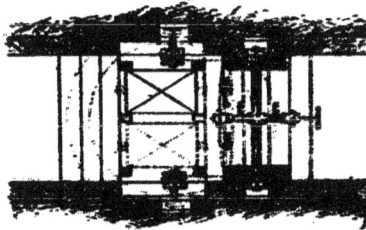

Plan

poids principal et, en outre, par des guides en bois fixés aux sommiers. Le poids de chacun de ces contrepoids est équivalent à la charge utile d'un plancher de la cage.

A l'arrivée de la cage sur le plancher, l'étage inférieur est au niveau de la recette et en équilibre; on peut donc, à cet étage, remplacer les wagons vides par des pleins; la cage soulève ensuite le contrepoids et est arrêtée par le premier contrepoids supplémentaire. Le second plancher de la cage se trouve donc au niveau de la recette et on remplace les wagons vides par des pleins. Le premier contrepoids supplémentaire se trouve alors soulevé jusqu'à la hauteur du deuxième; il s'arrête alors et permet la manœuvre du troisième étage. Le deuxième contrepoids supplémentaire est soulevé à son tour jusqu'à ce que le cadre qui supporte la cage repose sur le sommier inférieur, la cage présente enfin son dernier étage au niveau de la recette.

On donne le signal de remontée au jour, et lorsque la cage chargée est enlevée, les contrepoids, modérés par le frein, font remonter le cadre mobile au niveau de la recette, prêt à recevoir la cage descendante.

309. Recettes intermédiaires. — Lorsqu'on exploite en même temps plusieurs étages par un même puits, on dispose le plus souvent, aux divers niveaux, des recettes intermédiaires avec clichages pour la réception des cages, ce qui complique les manœuvres et augmente les chances d'accidents. Dans bien des cas, on trouvera avantage à supprimer les accrochages intermédiaires et à descendre à la recette inférieure tous les produits des étages supérieurs pour y concentrer l'extraction. La descente se fait par plans automoteurs ou par balances sèches et les frais d'extraction ne seront pas sensiblement augmentés par le fait d'une plus grande hauteur d'élévation.

Dans tous les cas, il faudra avoir soin de fermer toutes les ouvertures des recettes afin d'éviter que l'on ne pousse une benne dans le puits, lorsque la cage n'est pas à la recette, ou même que les encageurs ne tombent dans le puits.

Les modes de fermeture sont des plus variés. Quelquefois ce sont de simples chaînes ou bien des barrières à glissières ou encore des barrières s'ouvrant comme des portes. D'autres fois on emploie des barrières à glissières verticales manœuvrées par la cage automatiquement, ou des barrières actionnées par les leviers mêmes des clichages.

310. Culbuteurs. — Les produits de l'extraction sont reçus au jour, comme nous l'avons dit, à une recette ordinairement élevée d'au moins 6 m. au-dessus du sol, afin de faciliter les opérations de déchargement, de criblage, de triage, s'il y a lieu. De même on ménage

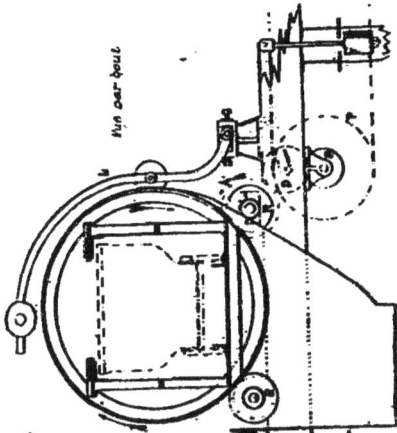
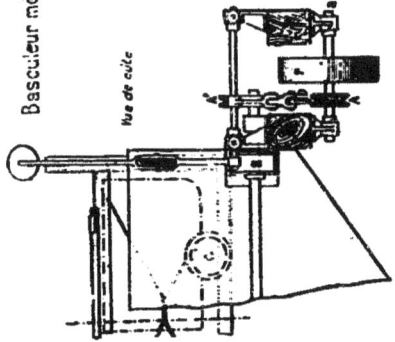

Basculeur mécanique

Vue par bout

Vue de côté

Plan

a Arbre moteur d'un mouvement continu.
P Poulie de commande de l'arbre.
D Barre de direction manœuvrée par le levier L.
AA' Galets de friction.
R Rouleaux de friction.

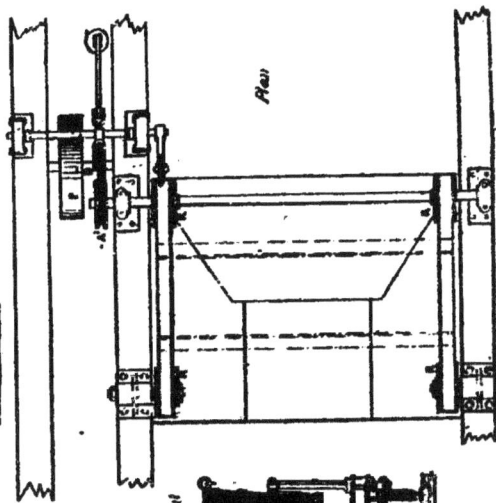
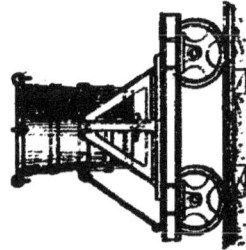
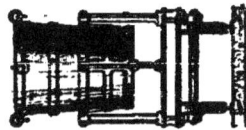

Charriot pour culbuter les coffrets

Vue par bout

Vue de côté

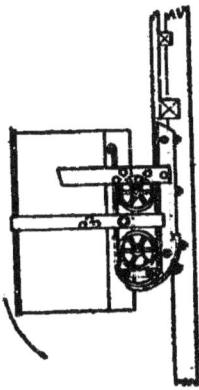
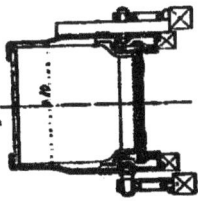

Basculeur à étrier

Vue par bout

Vue de côté

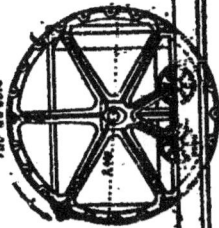
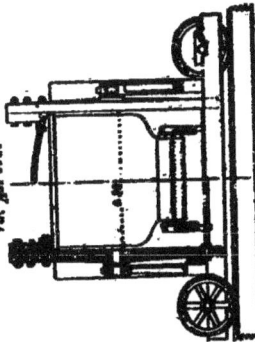

Basculeur à volant monté sur chariot

Vue par bout

Vue de côté

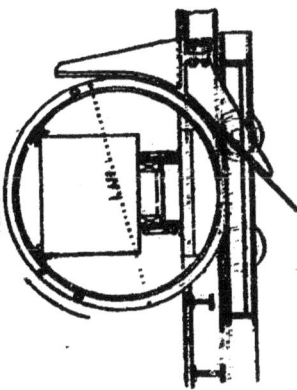
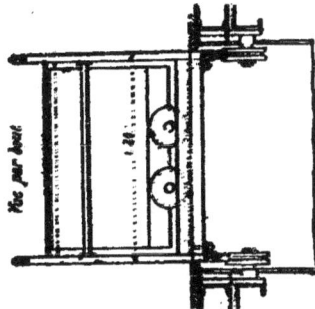

Basculeur de côté

Vue par bout

Vue de côté

une recette au niveau du sol pour la descente des bois et des matériaux nécessaires à l'exploitation.

Lorsque l'extraction se fait par cuffats, ils se vident au jour,comme nous l'avons vu, ou bien on les reçoit sur un truc qu'on avance sur l'orifice du puits lorsque le cuffat a dépassé la recette. Le cuffat descend sur le truc, on le décroche du câble, on le conduit au point de versement et on le ramène vide pour le faire descendre à nouveau.

Lorsqu'on emploie, pour le roulage intérieur, des wagonnets à bascule ou des wagons à caisse conique, s'ouvrant par le fond, ils sont vidés au jour du haut des estacades, sans dispositions spéciales, mais on ne trouve que bien rarement avantage à les employer. Aussi, en général, les wagons arrivés au jour doivent passer sur un culbuteur pour être vidés.

Le plus habituellement les culbuteurs sont situés à des emplacements fixes, quelquefois cependant ils sont établis sur des trucs permettant de les transporter au moyen de rails le long du plancher de versage.

Les culbuteurs à étriers sont simplement composés de deux étriers en fer dans lesquels les roues des wagons viennent s'engager; ces étriers peuvent osciller autour de deux tourillons en porte-à-faux. Le centre de gravité du culbuteur vide étant au-dessous de l'axe, l'appareil est en équilibre stable. Mais quand le wagonnet chargé sera amené, le centre de gravité se trouvera au-dessus de l'axe de suspension, et il suffira du moindre effort pour que le wagonnet culbute et se vide. Le centre de gravité de l'ensemble du culbuteur et du wagon vide se trouvera encore au-dessus des tourillons et le culbuteur reviendra de lui-même à sa position première de stabilité; on pourra alors retirer le wagon vide.

Ces culbuteurs sont rapides mais brusques, ce qui dans certains cas, pour le charbon par exemple, présente le grave inconvénient de briser les produits.

On met quelquefois des freins à ces culbuteurs; mais il en résulte une complication et il vaut mieux alors employer des culbuteurs à volants.

Les culbuteurs à *volants* sont composés de deux disques en fonte ou en fer pouvant tourner autour de tourillons en porte-à-faux. Ces deux disques sont réunis entre eux par des tringles placées à la circonférence. Un plancher porte des rails sur lesquels on engagera le wagon à culbuter; il y sera retenu au moyen de deux étriers par ses roues,ou bien par des équerres en fer,ou bien par des pièces de bois transversales fixées à la partie supérieure du culbuteur et sur lesquelles la caisse du wagonnet viendra s'appuyer pendant le mouvement. Celui-ci, soit pour le vidage, soit pour le retour, s'obtient encore par suite du déplacement du centre de gravité de l'ensemble.

Dans les deux exemples que nous venons de donner, les wagonnets se vident par bout. Pour diminuer le bris du charbon, on fait des culbuteurs versant de côté. Les disques peuvent reposer sur des galets à gorge ; le plancher du culbuteur est placé en long.

Les wagonnets vides, ramenés à leur position première, peuvent être poussés par un wagonnet plein qui prend sa place, le vide ayant traversé le culbuteur.

Dans les sièges importants, on emploie des culbuteurs mûs mécaniquement. Ces culbuteurs versant latéralement peuvent être analogues aux précédents.

Les deux volants du culbuteur reposeront sur des galets qui leur communiqueront le mouvement ; on fera tourner ces galets en temps opportun à l'aide d'un disque de friction les mettant en relation avec un arbre animé d'un mouvement de rotation continu.

Le disque de friction est fixé à l'extrémité d'un levier à contrepoids qui tend à l'éloigner constamment du contact et, par conséquent, à maintenir le culbuteur au repos. Le grand bras du levier porte, en outre, un petit galet qui peut se loger dans une alvéole réservée sur un des disques du culbuteur, et cela lorsque les rails du culbuteur correspondent à ceux de la recette, c'est-à-dire quand le culbuteur se trouve ramené à son point de départ.

Le wagon plein étant poussé dans le culbuteur, on soulève le levier ; le disque de friction vient au contact et le mouvement est donné au culbuteur. Le petit galet est dégagé de son logement et il roule sur le cercle du culbuteur, maintenant le disque de friction en contact jusqu'à ce qu'un tour complet ait été effectué. A ce moment le petit galet sera reçu dans son alvéole primitive, le disque de friction quittera le contact et le mouvement sera arrêté jusqu'à ce que, pour une nouvelle opération, on vienne à nouveau soulever le levier.

§ 2

APPAREILS D'ENROULEMENT DES CABLES ET MOTEURS D'EXTRACTION

311. Appareils d'enroulement. — Les câbles passent sur les molettes, ainsi que nous l'avons vu, et sont fixés à un appareil d'enroulement mis en mouvement par un moteur à changement de marche.

Pour les câbles plats, l'appareil comprend deux bobines formées de forts moyeux en fonte, appelés estomacs des bobines auxquels sont fixés des bras en bois ou en fer entre lesquels le câble vient s'enrouler sur lui-même.

Les câbles ronds s'enroulent sur des tambours cylindriques, coniques ou spiraloïdes.

L'attache des câbles aux appareils d'enroulement se fait de différentes manières : pour les câbles plats, on peut faire entrer l'extrémité

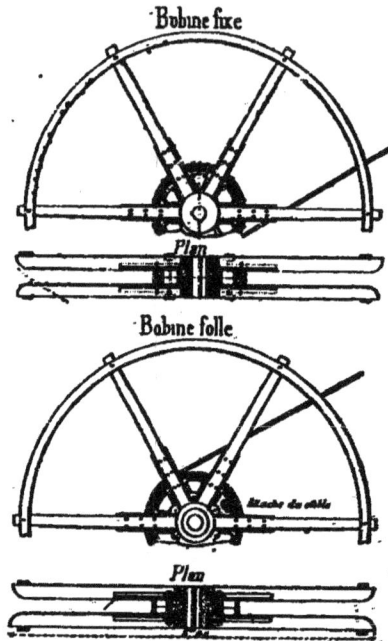

dans une oreille venue de fonte, puis on double et on chasse latéralement un coin dans la boucle formée par le câble. D'autres fois, on fixe le premier tour du câble sur l'estomac de la bobine au moyen de

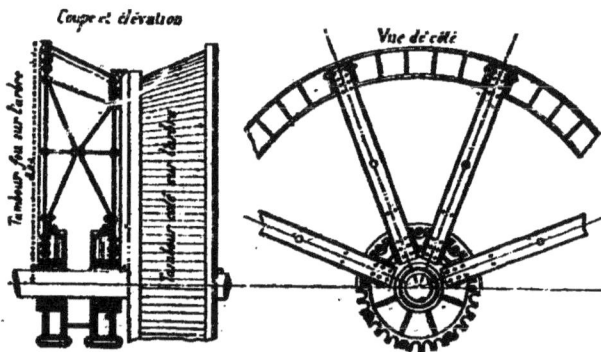

fers plats serrés par des boulons traversant des oreilles venues de fonte. Afin d'assurer la solidité complète des attaches, la longueur des câbles est toujours telle que les deux ou trois derniers tours n'auront jamais à se dérouler.

Dans le cas de câbles ronds et de tambours, on fixe l'extrémité du câble à de petits tourniquets qui permettent le réglage et qu'on arrête en fixant leurs bras à ceux du tambour. Chaque câble traverse un trou oblique ménagé près du rebord du tambour sur lequel il viendra s'enrouler.

312. Réglage des câbles. — Les câbles doivent être bien réglés. On a souvent à répéter cette opération par suite de l'allongement ou de la réparation des câbles. Lorsqu'on emploie des câbles plats, on peut faire ce réglage à l'aide de fourrures, c'est-à-dire de bouts de vieux câbles qu'on enroule sur l'estomac des bobines ou qu'on interpose dans les derniers tours qui n'ont pas à se dérouler, pour faire varier le rayon.

Lorsque l'extraction doit se faire successivement à plusieurs étages, l'emploi des fourrures ne saurait suffire : la cage est amenée au jour et, lorsqu'elle repose sur le clichage supérieur, on décroche le câble auquel on attache une corde de manœuvre qui est d'une section beaucoup moindre que celle du câble d'extraction. En faisant tourner la machine, l'extrémité du câble d'extraction arrive à la bobine, après avoir fait passer sur les molettes le câble de manœuvre. On détache le câble de manœuvre et on fixe à la bobine l'extrémité du câble d'extraction : en faisant alors tourner dans un sens ou dans l'autre, on mettra le câble à la longueur voulue, sans avoir à se préoccuper de celui qui est sur la bobine ; on viendra ensuite reprendre l'extrémité de ce dernier avec le câble de manœuvre. En agissant sur ce dernier à l'aide d'un treuil, il ramènera le bout du câble d'extraction vers la cage, après l'avoir fait passer sur la molette et l'on sera prêt pour marcher.

Lorsqu'on a plusieurs recettes à desservir, on fait souvent usage de bobines folles. L'une des bobines est calée sur l'arbre ; l'autre peut être rendue folle par un moyen facile à concevoir, ce qui permet le réglage des câbles avec rapidité et exactitude. Ces bobines folles sont généralement composées d'un tourteau en deux parties invariablement fixées l'une à l'autre et pouvant être rendues à volonté indépendantes ou solidaires d'un moyeu calé sur l'arbre ; le tourteau de la bobine, une fois rendu indépendant, peut tourner à frottement doux sur ce moyeu. Une disposition analogue est applicable pour régler les câbles ronds enroulés sur des tambours.

L'appareil d'enroulement doit être, autant que possible, à une certaine distance du puits, 20 à 25 m. par exemple, afin que les portions de câble entre les molettes et les bobines puissent faire ressort au moment de l'enlevage et amortir les chocs dans une certaine mesure. Lorsqu'on fait usage de tambours d'une assez grande longueur, le câble s'incline forcément par rapport au plan des molettes ; pour diminuer cette obliquité; il est nécessaire quelquefois de porter cette distance à 50 ou 60 mètres.

313. Travail du Moteur. Variation des résistances. — Le moteur qui met en mouvement l'appareil d'enroulement aura à soulever un poids qui varie constamment pendant l'ascension des cages : Au départ, il lui faut enlever le poids de la cage pleine, plus celui du câble, moins celui de la cage vide qui lui vient en aide.

A mesure que la cage pleine s'élève, le câble auquel elle est suspendue diminue de longueur et, par conséquent, de poids, tandis que celui de la cage descendante augmente, au contraire, de longueur et de poids.

L'effort à produire par le moteur, en admettant qu'il s'exerce à l'extrémité d'un bras de levier constant, comme c'est le cas pour un long tambour cylindrique, par exemple, diminuera au fur et à mesure de l'ascension, par suite de l'enroulement et du déroulement. Cet effort pourra devenir nul ou négatif, si le poids de la cage vide, augmenté de celui de son câble, se trouvait, à un moment donné, supérieur au poids de la cage pleine augmenté de celui de son câble. Alors le moteur sera entraîné par la cage vide, et, pour la fin de la manœuvre, il faudra agir sur le frein ou marcher à contre-vapeur.

Pour les faibles profondeurs et les charges légères, on pourra ne pas se préoccuper de ces variations de résistance et enrouler les câbles sur des tambours cylindriques à diamètre constant. L'axe de ces tambours est le plus souvent horizontal ; on emploie quelquefois, cependant, des tambours à axe vertical.

314. Régularisation des moments. — Pour les grandes profondeurs, où le poids du câble a une influence importante sur les efforts en jeu, on doit contrebalancer, dans une certaine mesure, ces variations de résistance, de façon à régulariser les efforts à exercer par le moteur. On peut avoir, pour cela, recours à divers moyens : faire varier le rayon d'enroulement des câbles, c'est-à-dire le bras de levier à l'extrémité duquel agit la charge, ou bien se servir de contrepoids.

Lorsqu'on emploie des bobines et des câbles plats, le bras de levier varie constamment et naturellement. A mesure que la cage monte et que le poids de son câble diminue, le rayon d'enroulement augmente, à chaque tour, de l'épaisseur du câble. Quant à la cage vide qui descend et dont le poids du câble va en augmentant, le rayon d'enroulement diminue, à chaque tour, de la même quantité.

Avec des câbles ronds et des tambours, on fera varier le bras de levier en employant des tambours coniques.

Avec des bobines, on prendra un rayon initial d'enroulement représenté par le rayon de l'estomac de la bobine, augmenté de l'épaisseur de la partie du câble qui ne se déroule pas ; il sera tel que les résistances à vaincre par le moteur soient les mêmes au départ et à l'arrivée des cages, ou bien qu'elles ne diffèrent pas de plus d'une quantité déterminée, ou, tout au moins, que la résistance à vaincre à l'arrivée soit encore positive, afin d'éviter l'entraînement du moteur et l'emploi de la contre-vapeur.

Si nous voulons chercher le rayon initial qu'il faudrait adopter pour que le moment résistant soit le même au départ et à l'arrivée des cages, nous aurons, en appelant :

r le rayon initial d'enroulement au départ ;

R le rayon final d'enroulement à l'arrivée ;

P le poids de la charge utile ;

P' le poids mort (cage et wagonnets) ;

p le poids du câble par mètre courant ;

e l'épaisseur moyenne du câble ;

L la profondeur du puits ; pL le poids du câble déroulé ;

$$(P + P' + pL)r — P'R = (P + P') R — (P' + pL) r$$

Pour trouver une autre relation entre r et R, nous pouvons considérer, dans le cas des bobines, la surface d'enroulement perpendiculairement à l'axe des bobines et écrire que

$$\pi (R^2 — r^2) = Le$$

Si on résout ces deux équations, on trouve que :

$$r = \frac{P + 2 P'}{2} \sqrt{\frac{e}{\pi p(P + 2P' + pL)}}$$

En pratique, avec des câbles plats en chanvre ou en aloès, dont l'épaisseur est comprise entre 3 et 4 cm., on ne devra pas prendre de rayon initial inférieur à 1m. 25 ou 1m. 30, bien que, dans certaines exploitations, l'on descende quelquefois au-dessous d'un mètre.

Avec des bobines et des câbles textiles, on arrive généralement à des solutions satisfaisantes comme régularisation des moments.

Pour les câbles métalliques plats dont l'épaisseur varie entre 1 et 2 cm., on arrivera ordinairement, par le calcul, à un rayon initial beaucoup trop petit ; ce rayon d'enroulement devra être, en pratique, d'au moins deux mètres, si l'on veut éviter une détérioration trop rapide du câble. On se contente alors de prendre un rayon initial tel que la résistance à l'arrivée au jour de la cage pleine ne soit pas négative. Cette solution n'est même pas toujours possible pour les grandes profondeurs.

Dans le cas de câbles ronds et de tambours, on pourra faire varier les bras de levier, en donnant de la conicité aux tambours sur lesquels les câbles s'enroulent en spirale.

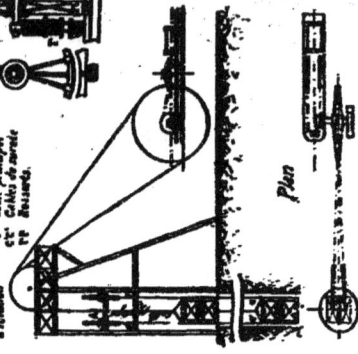

Disposition Koepe

1ère Solution — Elevation — Plan

2e Solution — Elevation — Plan

Détail A.

A Moteur, Câble principal, Câble de frein, Câble principal, Câble de retenue, Descente

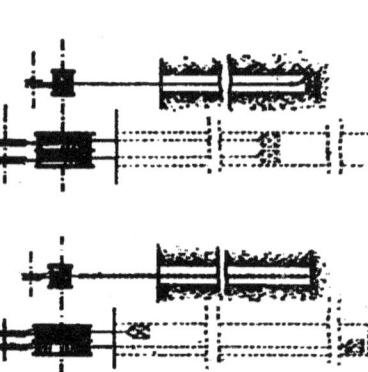
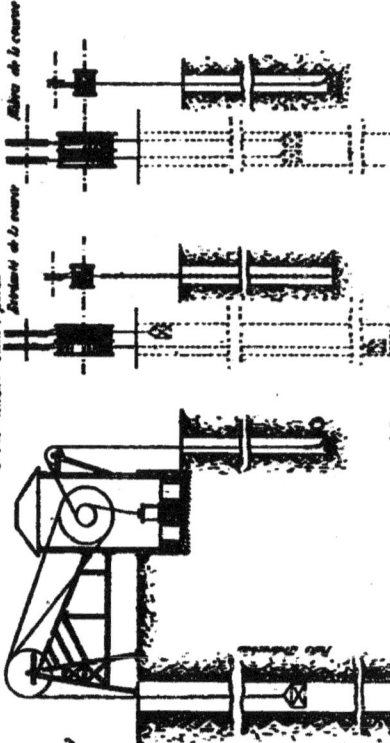

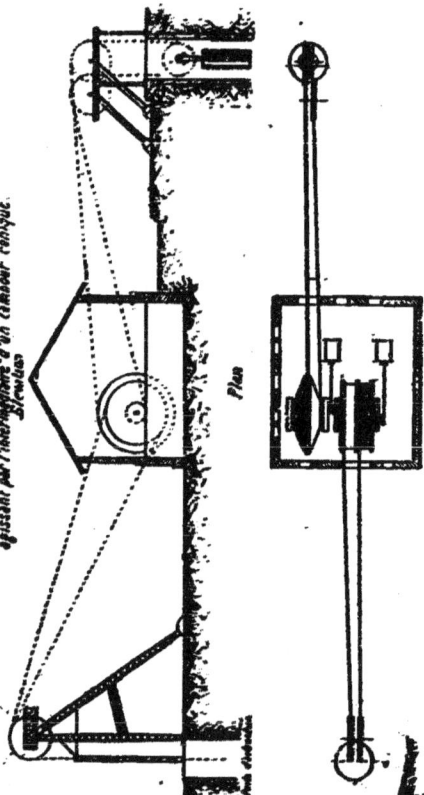

Régularisation des résistances (Equilibre des cables)

3° Par chasse contre-poids — Pendant de la course — Fin de la course

4° Par contre-poids mobile agissant par l'intermédiaire d'un tambour conique — Elevation — Plan

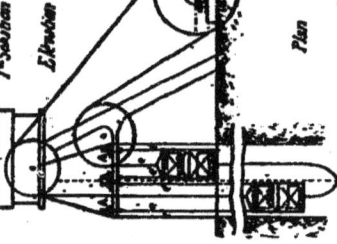

1° Par variation des rayons d'enroulement — Elevation — Plan (Balance) — Plan (Tambours)

2° Par chaîne contre-poids

La variation du rayon d'enroulement ne dépendra plus de l'épaisseur du câble, mais bien de la projection du pas de l'hélice spiraloïde sur un plan perpendiculaire à l'axe des tambours. Lors de la construction des tambours, on sera libre de faire varier à volonté le pas de l'hélice.

On pourra donc se donner le rayon initial d'enroulement r en rapport avec le diamètre des fils du câble ; puis, au moyen des formules qui précèdent, chercher la valeur de e, qui ne représentera plus l'épaisseur du câble ni son diamètre, mais la distance des projections de deux points de l'hélice différant d'un pas sur un plan perpendiculaire à l'axe des tambours. On pourra tracer la spirale d'enroulement de telle sorte que l'effort soit constant pendant tout le temps de la manœuvre.

En pratique, ces tambours porteront une gorge disposée en hélice spiraloïde, qui recevra le câble dont l'enroulement sera guidé par des fers spéciaux.

Ces tambours héliçoïdaux ou spiraloïdes sont d'une construction coûteuse et d'une longueur quelquefois exagérée ; aussi se contente-t-on souvent de tambours coniques. Mais comme la pente ne peut dépasser une certaine limite au-delà de laquelle le câble glisserait, on ne peut espérer obtenir une différence suffisante dans les rayons d'enroulement pour arriver à la régularisation complète des moments résistants.

On emploie aussi des tambours spiraloïdes au départ, puis cylindriques après enroulement d'une certaine longueur du câble.

315. Contrepoids mobiles. — La régularisation du moment de la résistance, que nous avons cherché à obtenir en agissant sur le bras de levier de la force, peut ne pas donner de solution satisfaisante avec les câbles métalliques appliqués aux grandes profondeurs. On devra alors agir sur l'intensité de la résistance à l'aide de contrepoids mobiles diversement disposés.

Cette solution, très répandue en Angleterre et en Allemagne, permet d'adopter de grands rayons d'enroulement, 3 mètres et au dessus, et d'employer des tambours cylindriques pour l'enroulement des câbles d'extraction.

Le contrepoids employé est souvent une chaîne à gros maillons en fonte, dont une extrémité est fixée à un câble qui s'enroule sur un tambour calé sur l'arbre même de l'appareil d'enroulement. Le rayon de ce tambour est calculé de façon que, pour une descente complète des cages, le câble de la chaîne ne s'enroule que de 50 ou 60 mètres : il est réglé de façon qu'à l'instant où a lieu la rencontre des cages dans le puits, les deux câbles d'extraction se faisant équilibre, la chaîne repose tout entière au fond d'un compartiment spécial ou même d'un puits spécial de 50 à 60 mètres de profondeur. Le câble de la chaîne est alors complètement déroulé.

La manœuvre se continuant, la chaîne est soulevée et vient compenser l'augmentation de poids du câble descendant. Les cages arrivées aux recettes l'une du jour, l'autre du fond, le câble du contrepoids est complètement enroulé sur son tambour. Au départ il se déroulera et le poids de la chaîne équilibrera celui du câble de la benne pleine qui remonte. Au milieu de l'ascension, la chaîne repose au fond du puits ; ce moment passé, la chaîne est soulevée jusqu'à la fin de l'ascension.

Au lieu d'une chaîne, on peut employer un wagonnet convenablement chargé et circulant sur une voie dont le profil, à forte pente au sommet est horizontal au bas. Pendant une ascension de la cage, le wagonnet descend et monte. L'effort qu'il exerce sur son câble est maximum au départ, nul à la rencontre, puis il redevient maximum à l'arrivée.

On peut encore arriver au même résultat en employant un double tambour conique calé sur l'arbre de l'appareil d'enroulement. A chacune des extrémités des petits rayons de ce tambour, on fixera les deux bouts d'un même câble, lequel ira ensuite passer sur deux molettes spéciales et recevra dans sa boucle une poulie de grand diamètre à laquelle sera suspendu un poids montant ou descendant dans un puits accessoire.

Le réglage est fait de telle sorte que, au moment où l'ascension va commencer, un des côtés du câble est complètement déroulé, tandis que l'autre, complètement enroulé, se trouve agir sur le plus grand diamètre du tambour conique.

Lorsque l'ascension de la cage commencera, un des brins du câble du contrepoids se déroulera à partir du grand diamètre du tambour, tandis que l'autre s'enroulera à partir du petit. Le déroulement sera donc plus grand que l'enroulement et le poids descendra, agissant dans le sens du moteur et équilibrant le poids du câble de la cage montante. Au milieu de la course, lorsque les cages se rencontreront et que les câbles d'extraction s'équilibreront, les deux brins du câble du contrepoids se trouveront sur des rayons égaux. L'ascension continuant, le déroulement du câble se fera plus lentement que l'enroulement, le contrepoids montera et agira en sens inverse du moteur, équilibrant ainsi le poids du câble de la cage descendante jusqu'à la fin de l'ascension de la cage pleine.

316. Disposition Kœpe. — M. Kœpe a repris l'idée d'équilibrer les câbles d'extraction par une chaîne ou un câble de même poids et dont les extrémités sont attachées au bas de chacune des cages, formant ainsi une chaîne sans fin avec le câble. Il est bon de prendre une disposition spéciale pour que câble d'équilibre ne soit pas fixé au plancher de la cage, mais qu'il soit rattaché au câble d'extraction.

M. Kœpe a remplacé l'appareil d'enroulement par une poulie à gorge triangulaire de 6 mètres de diamètre sur laquelle passe le câble avec une adhérence suffisante pour éviter tout glissement.

Cette poulie étant verticale, les deux brins du câble sont dans le même plan vertical. Pour éviter la tendance qu'aurait le câble à sortir de la poulie s'il était oblique, on ne place pas les deux molettes à la même hauteur sur le chevalement, ou bien on ramène les deux brins dans le plan de la poulie au moyen de deux galets placés en avant de celle-ci.

En cas de rupture, les deux cages et le câble tomberaient au fond du puits. Pour parer aux conséquences graves résultant d'un pareil accident, on a cherché à établir des câbles spéciaux de sûreté pouvant être mis en action par une machine et passant sur des molettes reposant sur des paliers à ressorts. L'installation devient alors très compliquée. En marche normale, le câble de sûreté suit le câble d'extraction dans son mouvement mais sans subir de tension. Si le câble d'extraction vient à se rompre le poids des cages se porte sur le câble de sûreté, qui fait fléchir les molettes à ressorts et les oblige à frotter contre un frein qui arrête le mouvement de descente.

La disposition Kœpe a eu des applications en Westphalie, mais ne s'est pas répandue.

317. Variations dans la puissance du moteur. — En France on a généralement renoncé aux grands rayons d'enroulement et on s'en tient, le plus souvent, à 1 m. 25 ou 2 mètres. Dans la plupart des cas, on se borne à éviter les résistances négatives à l'arrivée, sans se préoccuper autrement de l'irrégularité des efforts à produire par le moteur; on y remédie en partie par l'emploi judicieux de la détente. On peut ainsi faire varier à chaque instant la puissance du moteur, d'après les variations de la résistance.

La puissance à développer par le moteur variant à chaque instant, il se trouvera évidemment dans de moins bonnes conditions de fonctionnement et la dépense en vapeur sera plus forte. Mais on aura l'avantage d'économiser les frais d'installation et d'entretien des contrepoids qui sont, en outre, une source d'accidents et d'interruptions dans le service.

318. Moteurs d'extraction. — Les moteurs animés ne sont employés que pour les faibles profondeurs et les extractions restreintes. On fait usage d'un treuil simple, d'un treuil à engrenages manœuvré par deux ou quatre hommes et quelquefois d'un treuil de carrière à chevilles sur lequel l'homme agit par son poids.

Au-delà de 60 mètres de profondeur, on aura recours à un manège avec une vitesse ordinaire de $1\frac{1}{2}$ à 2 tours par minute, qui ne comporte qu'une très faible vitesse d'élévation.

Le plus ordinairement, le tambour est fixé à la partie supérieure de l'arbre du manège et les câbles sont renvoyés dans le puits par l'intermédiaire de deux poulies à axes horizontaux. On suspend aux flèches du manège des barres armées d'une pointe, appelées *traînards*.

Elles font office de frein, lorsque le manège est abandonné à lui-même, en se fixant au sol par leur pointe. Le travail développé par un cheval en 8 heures ne peut pas être compté à plus de 600000 kgm. à cause des pertes de temps.

Aussitôt que la profondeur atteint 100 ou 120 mètres et que l'extraction exige plus de trois chevaux au manège, on a intérêt à employer un moteur mécanique, à moins que l'on ne se trouve dans des conditions tout-à-fait spéciales.

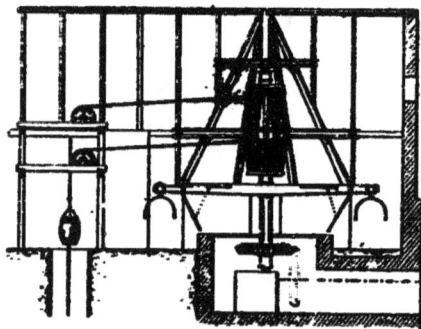

Lorsque l'on peut disposer d'une chute d'eau, on emploie un moteur hydraulique, soit une machine à colonne d'eau à double effet, ou une turbine si la chute est puissante, soit une roue de côté, si la chute est faible et le volume d'eau important.

Les moteurs à vapeur sont de beaucoup les plus répandus.

Les treuils à vapeur ont un emploi limité au fonçage des puits et servent aussi d'appareils de secours ; on les place généralement au voisinage des machines d'extraction.

On emploie des locomobiles pour les faibles productions ; elles sont à changement de marche et actionnent l'arbre de l'appareil d'enroulement par engrenages ou par courroies.

319. Machines d'extraction. — Ce sont des machines dans lesquelles le changement de marche est obtenu, comme pour les locomotives, par une coulisse Stephenson.

Dans les positions extrêmes du levier de commande de la coulisse, les admissions sont maximum pour l'avant et pour l'arrière ; dans la position médiane, généralement verticale, la distribution reste fermée. Les positions intermédiaires donnent des étranglements plus ou moins prononcés par suite de la réduction de la course, ce qui permet d'obtenir des variations d'efforts.

La distribution est faite par tiroirs ou par soupapes ; ces dernières, d'une manœuvre plus facile, sont souvent préférées pour les machines puissantes. Lorsque celles-ci ont une force de 300 chevaux, la manœuvre des tiroirs, pour le renversement de la marche, devient très difficile ; aussi est-elle ordinairement commandée par une petite machine spéciale, un servo-moteur, dont la tige de piston agit sur le levier de changement de marche dans le sens voulu.

Les premières machines étaient sans détente et sans condensation ; aujourd'hui elles sont à détente.

On s'est attaché à compléter et à modifier légèrement les systèmes de détente déjà connus, de façon à réaliser les conditions suivantes :

1° La détente pourra varier très facilement, soit automatiquement, soit par une manœuvre simple et facile du machiniste, et permettra ainsi de conserver à la machine la vitesse voulue, malgré les variations constantes du travail à produire.

2° La détente pourra, à un moment quelconque, être supprimée afin de permettre l'arrêt et le départ dans un sens ou dans l'autre, dans une position quelconque du piston de la machine ou, tout au moins, aux deux extrémités de la course.

3° Toutes ces opérations seront effectuées sans qu'il en résulte une complication de mouvements pour le machiniste, dont le service ordinaire demande déjà par lui-même une grande attention.

Les détentes Audemar, Kraft, Guinotte, Maillet peuvent être considérées comme remplissant le but qu'on s'est proposé d'atteindre.

Il sera bon de disposer les machines d'extraction de façon à pouvoir marcher, au besoin, à contre-vapeur.

Il suffira pour cela de munir le tuyau d'échappement d'une soupape pouvant être facilement manœuvrée par le machiniste, ou, mieux encore, de disposer un clapet presque verticalement de telle façon qu'il s'ouvre facilement de lui-même pour l'échappement lors de la marche normale, et qu'il se ferme hermétiquement dès que, marchant à contre-vapeur, il se produit la moindre aspiration.

L'application de la condensation ne s'est pas répandue ; il y a cependant opportunité à l'employer, malgré la complication qui en résulte, toutes les fois, bien entendu, qu'on disposera d'une quantité d'eau suffisante. On pourra, dans certains cas, employer une machine spéciale destinée à faire le vide pour toutes les machines du siège d'exploitation appliquées à l'extraction, à l'exhaure, à la ventilation, à la compression de l'air ou à tous autres services.

320. Force de la machine. — La machine d'extraction sera calculée pour vaincre la résistance maximum à l'enlevage en travaillant avec un seul câble, puis on lui appliquera un coëfficient d'effet utile de 80 0/0 environ.

Les grandes vitesses des pistons augmentent dans de fortes proportions les effets de la contre-pression et des frottements. Aussi est-il bon de ne pas dépasser la vitesse de 1 mètre 50 à 1 mètre 60 par seconde. La course est généralement de 1 mètre 50 pour les petites machines et 2 mètres, dès que le diamètre du cylindre dépasse 65 centimètres.

Pour les machines de 100 chevaux on emploie ordinairement des cylindres de 0 m. 50 à 0m. 55 de diamètre, selon la profondeur du puits est la résistance à l'enlevage. Pour les machines de 300 chevaux on prend des diamètres de 0 m. 80 ; pour 400 chevaux et une profondeur de 1000 mètres, on aura un diamètre de 1 m. à 1 m. 10.

Toute machine d'extraction doit être munie d'un frein énergique, afin que la machine puisse être, au besoin, arrêtée presque instantanément. Le frein, calé sur l'arbre de l'appareil d'enroulement, se compose, le plus souvent, d'une poulie en fonte de 3 à 4 mètres de diamètre et au delà, sur laquelle vient s'appliquer un bandage flexible ou que peuvent actionner des mâchoires mobiles. Le frein, qui doit être bien à la portée du machiniste, est commandé par un cylindre à vapeur spécial.

De plus le frein doit pouvoir être maintenu en serrage par un écrou mis en mouvement à l'aide d'une petite manivelle. Il sera bon, en outre, d'adopter une disposition permettant de serrer le frein à la main en cas d'accident à la tuyauterie de vapeur.

Il faudra prévoir l'usure des sabots et assurer la possibilité de leur réglage au moyen de vis, de façon à maintenir toujours une distance d'environ un centimètre entre les sabots ouverts et la jante.

321. Types de machines d'extraction. — Pour les forces inférieures à 100 chevaux, on emploie encore aujourd'hui des machines à un seul cylindre donnant le mouvement à l'arbre des bobines ou du tambour, par l'intermédiaire d'un pignon et d'un engrenage dans le rapport de 1 à 3, ralentissant ainsi le mouvement des bobines. On atteint ainsi 1 m. 50 par seconde pour le piston à vapeur et on obtient une vitesse d'ascension des cages de 2 m. 50.

Pour les exploitations importantes qui exigent de grandes vitesses d'élévation des cages, 10 mètres et au delà, on a renoncé aux machines à un seul cylindre et à engrenages pour attaquer directement l'arbre des bobines et des tambours par une machine à deux cylindres accouplés dont les manivelles sont calées à angle droit.

Les machines de cette nature se ramènent à deux types, les machines verticales et les machines horizontales.

Les machines verticales, avec cylindres au-dessus de l'arbre des bobines placé au niveau du sol, sont rationnelles au point de vue de la stabilité, mais sont d'un entretien difficile; de plus, la vapeur condensée

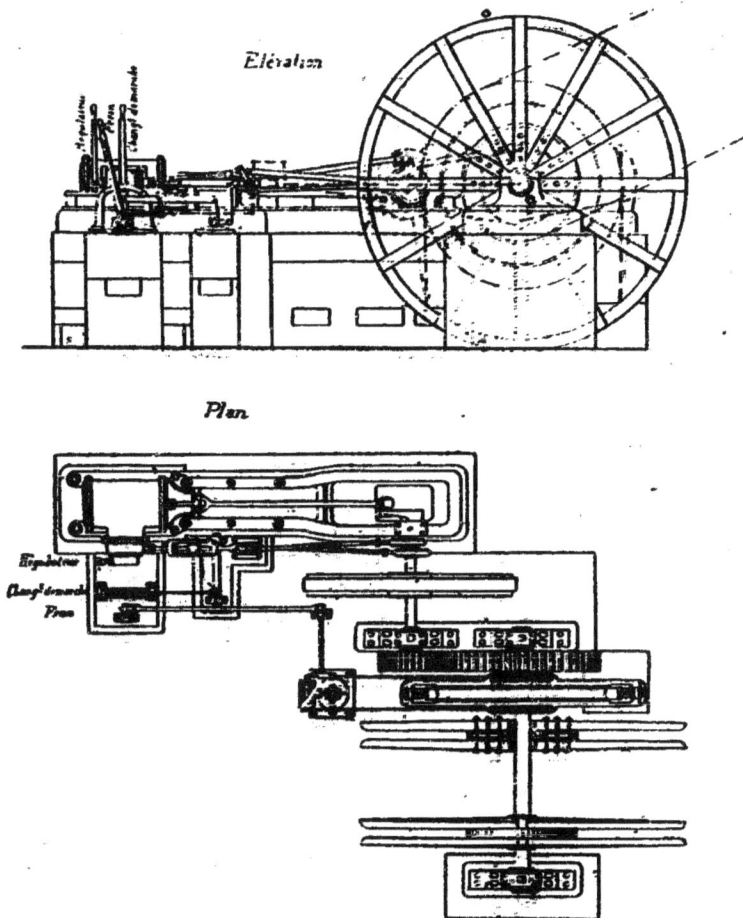

s'écoule constamment sur les organes de la machine, par suite de la difficulté d'avoir des presse-étoupes parfaitement étanches. On place donc le plus ordinairement les cylindres en bas, l'arbre de l'appareil d'enroulement se trouvant, par suite, élevé d'environ 7 mètres au-dessus du sol. Cette disposition a, du reste, pour conséquence avantageuse de réduire l'obliquité des câbles et, par suite, leur flexion. La durée de leur service se trouve ainsi augmentée.

Les machines verticales sont d'un entretien et d'une surveillance plus

Plan

Élévation du côté des soupapes

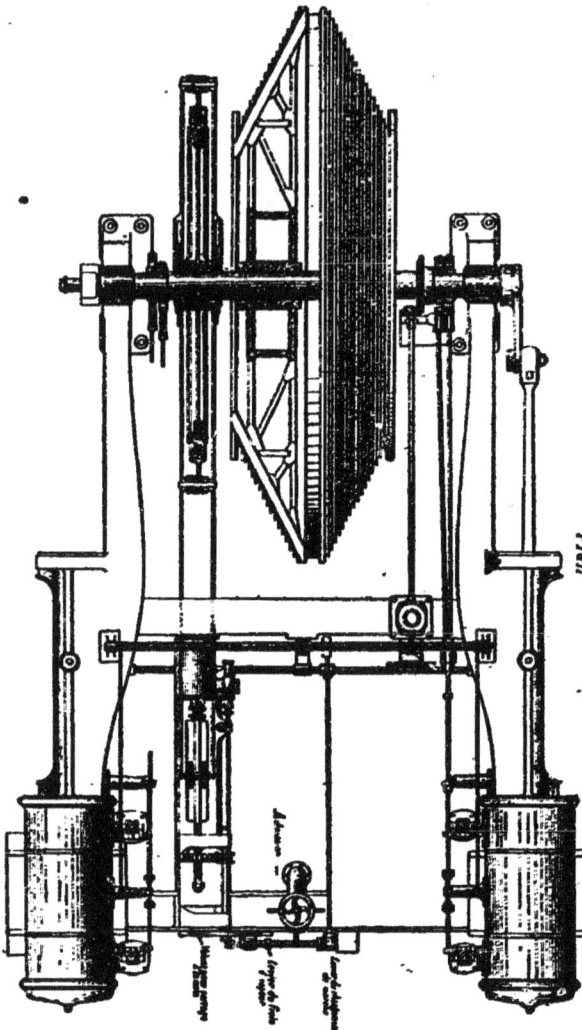

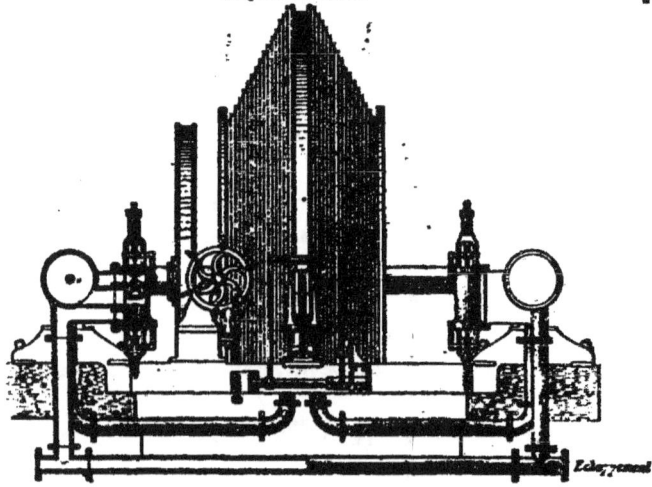

Coupe transversale

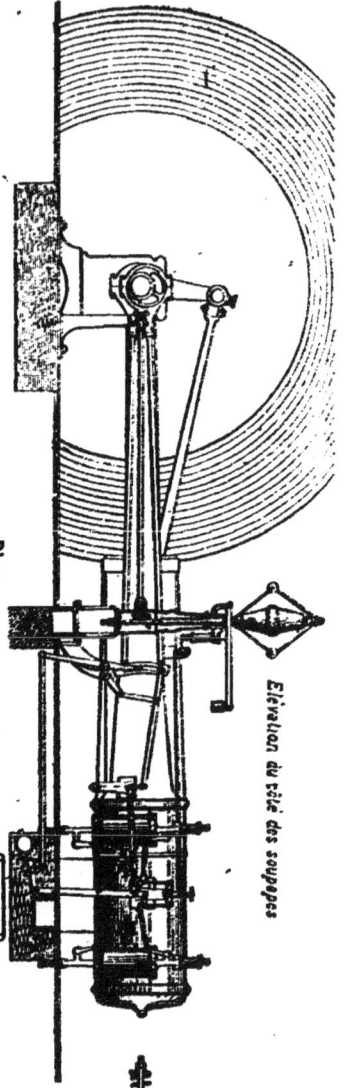

Détail des soupapes

Échappement

difficiles que les machines horizontales et nécessitent des installations plus solides pour résister à la traction des câbles.

On reproche aux machines horizontales l'ovalisation qui peut se produire dans les cylindres, inconvénient qui peut être fortement atténué par une bonne construction.

Lorsqu'on dispose d'un emplacement restreint on peut, dans le but d'éloigner des molettes l'arbre des bobines ou du tambour, retourner la machine et placer les cylindres entre le puits et l'appareil d'enroulement.

Dans l'établissement d'un siège d'extraction, il faut prévoir une machine de secours, le plus souvent un treuil à vapeur, toujours prête à fonctionner en cas d'accident aux câbles ou aux guides et qui permette au besoin la visite des puits.

Ces treuils sont généralement mis en mouvement par une machine à deux cylindres avec pignon et engrenage, permettant de donner deux vitesses différentes, selon les cas ; ils doivent porter un frein puissant et le câble, généralement en fil de fer ou d'acier, devra être d'une résistance suffisante pour pouvoir enlever, au besoin, une cage chargée.

Dans le cas où on a plusieurs puits voisins les uns des autres, on se contente d'un seul treuil locomobile pour les desservir.

322. Calcul des machines d'extraction. — Pour calculer la puissance des machines d'extraction, on se rendra d'abord compte du travail exigé pour soulever le poids utile P avec une vitesse de v mètres par seconde ; Pv sera la puissance utile en kgm. ; $\dfrac{Pv}{75}$ la puissance en chevaux. Mais il faudra s'assurer que la machine, ainsi établie, sera capable de vaincre l'effort maximum de la résistance.

Le moment résistant au départ est $(P + P' + pL)\, r - P'R$; nous ferons ici abstraction du facteur qui vient en aide au moteur, il reste $(P + P' + pL)\, r$; il peut arriver, en effet, qu'on ait à faire des manœuvres à l'accrochage du bas, tout en laissant reposer la cage du haut sur les taquets.

Il faut, de plus, prévoir le cas où l'on serait momentanément obligé d'opérer l'extraction avec un câble unique, au cas d'avarie. Donc, si A est l'effort que la vapeur devra exercer sur la surface du piston pour vaincre la résistance, cet effort agissant avec un bras de levier égal au rayon m de la manivelle, on pourra écrire la valeur approchée :

$$(P + P'\, pL)\, r = Am = Sam \qquad D'où \quad S = \frac{A}{a} = \frac{(P + P' + pL)r}{am}$$

a réprésentant la pression de la vapeur par unité de surface des pistons.

La surface totale étant $S = \dfrac{A}{a}$, on en déduira le diamètre, qu'il sera

toujours bon de forcer dans la pratique. Si donc le premier calcul, fait
en partant du travail à effectuer Pv, donnait des chiffres moindres que
ceux obtenus par la deuxième manière d'opérer, ce sont les résultats de
cette dernière qu'il conviendrait d'adopter.

Quel que soit le système de machine choisi, tous ses organes seront
robustes et résistants. L'attention du constructeur devra être appelée
principalement sur la facilité des manœuvres.

323. Service de la machine. Signaux. — Le levier du régulateur de vapeur, le levier de changement de marche et celui du frein
seront bien à la portée du machiniste et pourront être manœuvrés sans
fatigue pour lui, en même temps qu'il sera placé de manière à avoir
sous les yeux les pièces principales de sa machine et la recette elle-
même.

Il faut que le machiniste soit prévenu en temps utile de la prochaine
arrivée de la cage au jour. Il doit même connaître à chaque instant la
position des deux cages dans le puits. La précaution élémentaire consiste à mettre des repères fixes sur les câbles.

Dans l'intérieur du batiment de la machine, on installe un autre
avertisseur qui montre en quel point du puits se trouvent les cages.

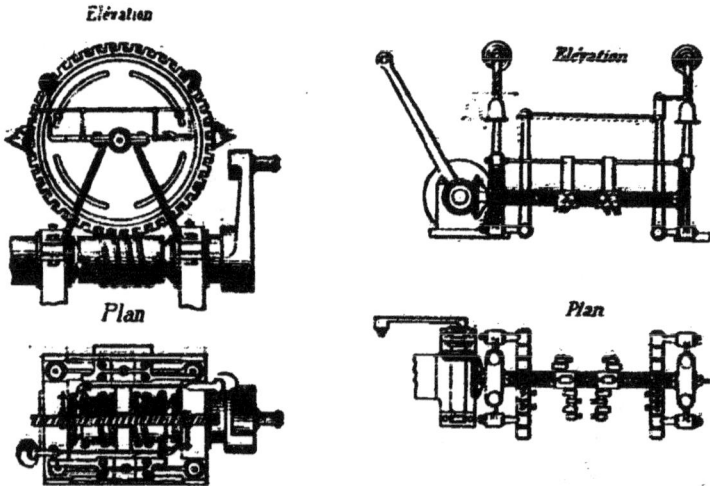

On peut obtenir ce résultat en fixant sur l'arbre de l'appareil d'enroulement un petit tambour sur lequel s'enroule une corde, métallique
de préférence, pour qu'elle ne soit pas influencée par l'état hygromé-
trique. Cette corde permet de faire reproduire par un petit mobile
qu'elle supporte et qu'elle fait mouvoir le long du mur, tous les mouvements des cages dans le puits, dans le rapport des diamètres d'enroulement.

On emploie aussi des appareils plus compliqués mais plus sûrs que le précédent. L'un d'eux, assez employé, consiste à prendre sur l'arbre de la machine, au moyen d'une paire de roues d'angle, une transmission donnant un mouvement de rotation à un petit arbre portant une vis sans fin. Sur cette vis, un ou deux écrous portant des curseurs donneront la représentation exacte de la position des cages dans le puits.

On s'arrange pour que les curseurs fassent tinter une sonnerie à l'instant où le machiniste doit ralentir le mouvement. On peut faire agir les curseurs sur un levier qui ferme l'admission de vapeur ou qui serre le frein ; ils deviennent ainsi un véritable appareil automatique de sûreté. Leur action est également applicable au levier d'un compteur de tours qui enregistrera ainsi le nombre des ascensions.

Le machiniste se trouve placé à une certaine distance de la recette ; il est bon d'avoir un porte-voix convenablement disposé, afin qu'il perçoive clairement les commandements donnés par le receveur. Il faut en outre que des signaux bien organisés existent entre le fond et le jour. Pour cela on a le plus généralement un cordon en fil de fer ou d'acier régnant tout le long du puits. Ce cordon est fixé au jour soit à un levier à contrepoids. soit à un fort ressort dont le mouvement fait agir des marteaux, des sonnettes ou des timbres qui doivent être entendus distinctement par les receveurs et le machiniste. Un signal conventionnel spécial indique que ce sont des hommes qui vont remonter, afin que le machiniste redouble d'attention. On se sert également de signaux électriques et de téléphones ; mais il n'en faut pas moins garder le fil communiquant à la sonnette, qui permet de donner des signaux à toute hauteur dans le puits, en cas de réparation ou d'accident.

§ 3.

DISPOSITIONS ET PROCÉDÉS SPÉCIAUX D'EXTRACTION

324. Utilisation des puits d'aérage pour l'extraction. — On est quelquefois amené à se servir des puits de retour d'air pour l'extraction.

Il faut que l'entrée et la sortie des wagons puissent se faire sans nuire à la marche du courant d'aérage et sans occasionner des fuites d'une certaine importance. Il faut aussi que les receveurs ne se trouvent pas dans une atmosphère viciée. Pour le fond, une galerie distincte de celle par laquelle se fait le retour d'air de la mine met en communication la chambre d'accrochage avec les galeries de roulage ; cette communication est barrée par deux ou trois portes. L'air vicié débouche dans le puits par une galerie située à un niveau supérieur.

Pour la surface, on peut employer plusieurs dispositions :

Avec la *fermeture par clapets*, au-dessus de la galerie qui mène au ventilateur, on dispose dans le puits d'aérage deux sas en planches jointives fermés par un plancher ou clapet, équilibré au besoin.

Les câbles traversent ces planchers qui sont soulevés alternativement

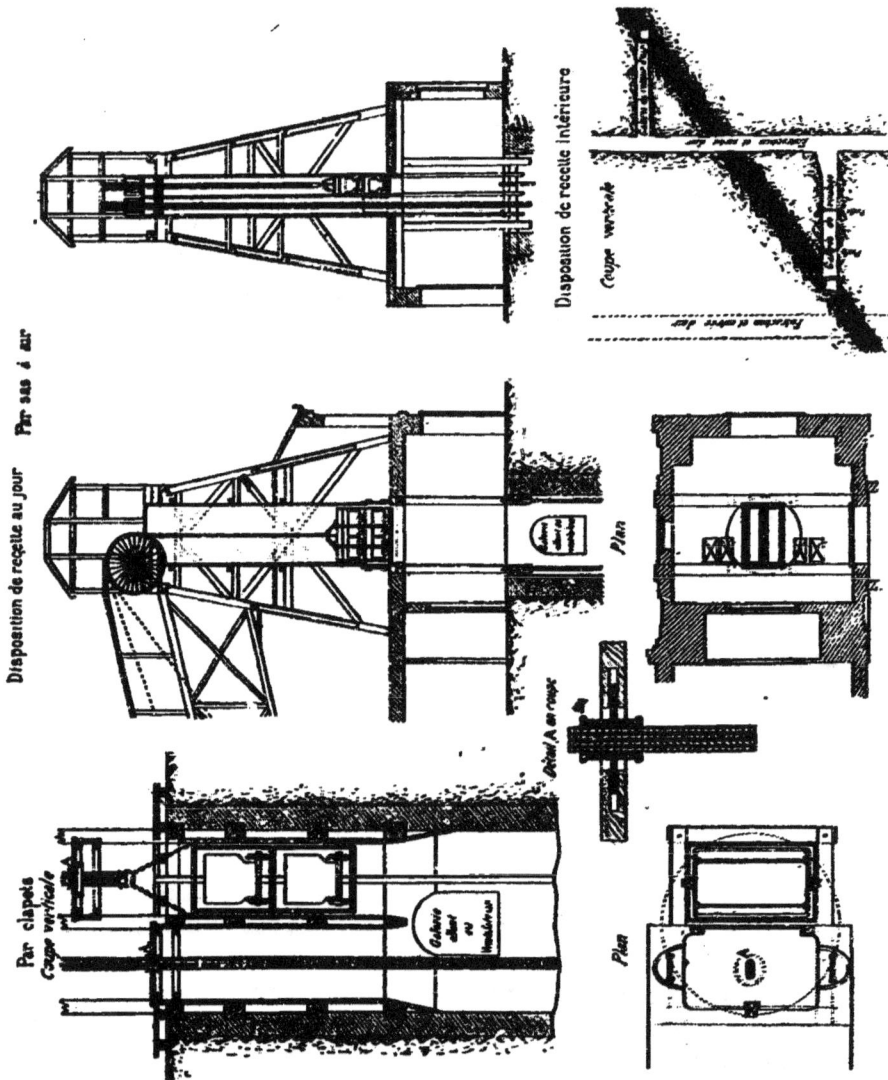

lorsque la cage arrive au jour. Le cadre inférieur de la cage, qui s'engage exactement dans le sas, ferme le puits lorsque le plancher du sas est soulevé. Afin d'éviter l'usure trop rapide des câbles, M. Briard leur fait traverser un fourreau évasé en haut et en bas et faisant corps avec un disque qui peut osciller d'une petite quantité dans l'épaisseur du plancher ou clapet et suivre ainsi les oscillations du câble.

Aux charbonnages de Marles, on a établi au niveau du sol une recette inférieure complètement enfermée dans une chambre en maçonnerie munie de sas appropriés aux divers services accessoires. L'extraction se fait par la recette supérieure et, pour cela, dans le plafond de la chambre en maçonnerie, on a ménagé une ouverture rectangulaire pour le passage des cages. Cette ouverture est surmontée d'un tambour divisé en deux compartiments par une cloison s'élevant jusqu'aux molettes. Les câbles traversent le chapeau supérieur du tambour.

Lorsque la cage repose sur ses taquets à la recette supérieure, le fond de la cage fait obturateur. La recette supérieure est double et une porte pleine à charnières peut s'ouvrir devant chaque étage pour retirer et encager les bennes.

La galerie qui met le puits d'aérage en communication avec le ventilateur est nécessairement en contrebas de la chambre en maçonnerie.

325. Systèmes divers d'extraction. — Nous avons vu que l'extraction par câbles présente de sérieux inconvénients dès qu'il s'agit d'extraction à de très grandes profondeurs. Aussi a-t-on songé à lui substituer divers sytèmes.

L'idée d'employer des tiges oscillantes a été réalisée à Anzin et à Ronchamp ; on donnait aux tiges en mouvement une course de dix mètres.

Chaines sans fin. — On a également installé des extractions au moyen de chaînes sans fin auxquelles on suspendait les wagons pleins d'un côté et les vides de l'autre, système assez semblable à celui des norias.

Ces appareils, comme les précédents, ont dû être abandonnés après divers accidents et nous ne pensons pas que ces tentatives soient à reprendre.

326. Extraction atmosphérique. — Le système atmosphérique Blanchet a été appliqué aux mines d'Epinac à un puits de 4 m. 20 de diamètre et de 600 mètres de profondeur.

L'appareil se compose d'un tube métallique dans lequel circule un double piston portant la cage d'extraction. Ce tube a 1 m. 60 de diamètre ; il est composé d'anneaux en tôle avec brides et joints en caoutchouc ; il est suspendu dans le puits par ces brides qui reposent sur des moises. Le jour comporte trois recettes et le fond autant

Les anneaux correspondant aux recettes sont remplacés par des pièces spéciales en fonte présentant une section carrée et munies de portes à coulisse en fonte s'appliquant sur des sièges bien dressés.

La partie supérieure du tube fermée comme sa partie inférieure peut, à l'aide de deux soupapes, être mise en communication soit avec l'air extérieur soit avec une machine pneumatique ; dans ce cas particulier, cette machine est à deux cylindres horizontaux à détente

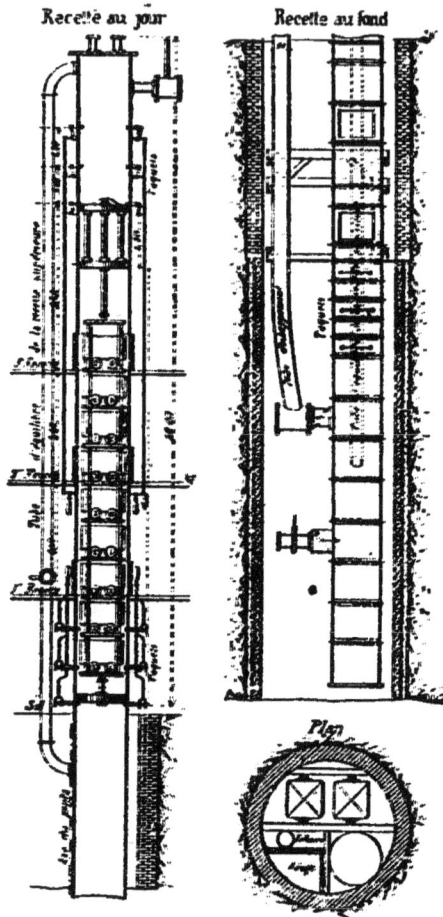

variable à la main, ayant 1 m. 200 de diamètre et commandant directement deux cylindres à air de 2 m. 884 de diamètre; la course commune est de 1 m. 200.

La partie inférieure du tube porte deux clapets, l'un d'aspiration qui s'ouvre pendant l'ascension et l'autre de refoulement qui s'ouvre lors de la descente et laisse échapper l'air dans un tuyau latéral de 0 m. 50 de diamètre qui monte jusqu'au jour. On adopte cette disposition dans le but de concourir à l'aérage de la mine dans une certaine mesure puisque, pendant l'ascension, le tube principal s'est rempli d'air vicié. Un autre tube latéral ou d'équilibre muni d'un robinet permet de mettre en communication la partie du tube qui est au-dessus de la cage supposée sur son clichage avec la portion du tube qui est au dessous ; il faut, en effet, un équilibre de pression sur les deux pistons supérieur et inférieur pour que la cage reste immobile.

La cage en acier est à neuf étages à une berline chacun ; les recettes étant à trois étages, il faudra trois manœuvres pour charger la cage. Celle-ci est suspendue à deux pistons en acier garnis de cuir et munis de ressorts ; chacun d'eux assure l'étanchéité pendant tout son parcours dans le tube cylindrique. La distance entre les deux pistons doit être plus grande que la hauteur d'un anneau à porte dont la section est carrée et, par conséquent, pendant la traversée de laquelle un des pistons perd son étanchéité.

Le piston supérieur est surmonté d'un tampon à ressort, pour amortir le choc en cas de fausse manœuvre. Un troisième piston étanche est placé au-dessous de la cage. Trois doubles jeux de taquets traversant des presse-étoupe et disposés au jour et au fond permettent d'assurer la position de la cage en la maintenant pendant les trois manœuvres successives.

Un quatrième jeu de taquets situé au dessous des trois jeux doubles servira à retenir la cage en cas de fausse manœuvre. Une série de tuyaux placés de distance en distance fait communiquer le tube avec des manomètres à portée du mécanicien : il est mis ainsi à même de se rendre compte de la situation de la cage dans le tube.

Ceux qui proviennent du dessus de la cage marquent un vide relatif ; ceux du dessous, la pression atmosphérique. A une distance convenable des recettes, un taquet fait saillie à l'intérieur du tube, la cage le repousse en passant et le fait agir sur une sonnette d'avertissement.

Toutes les manœuvres sont obtenues en aspirant l'air au-dessus du piston pour faire monter la cage, ou en laissant rentrer l'air pour la descente, la soupape supérieure étant convenablement réglée.

Lorsque le receveur entend la sonnette mise en mouvement par le passage de la cage, il fait fermer la soupape supérieure qui permettait la rentrée de l'air et la descente du piston ; la cage se trouve arrêtée et l'on s'arrange pour que ce soit un peu au-dessus du premier clichage du fond.

La cage a fermé automatiquement le clapet d'évacuation d'air ; on met alors par le tuyau latéral le fond du tube en communication avec le dessus de la cage qui vient alors reposer doucement sur les verrous, on ouvre les portes et on remplace trois wagons vides par trois pleins.

Le receveur demande alors qu'une dépression soit produite pour que la cage se soulève jusqu'au deuxième clichage sur lequel il la fait reposer en agissant comme précédemment et de même pour le troisième clichage. Le mécanicien est alors averti ; il fait le vide et la cage monte jusqu'au jour, où l'on répète des manœuvres analogues à celles du bas.

Pendant l'ascension de la cage, le clapet d'aspiration inférieur s'ouvre et laisse pénétrer de l'air vicié pris dans la galerie de retour d'air ; il sera ensuite expulsé au jour par le tube de sortie, lors de la descente de la cage.

L'ensemble métallique pèse 342.000 kg. et, d'après M. Blanchet, l'effet utile obtenu est supérieur à celui des extractions avec câbles.

Ce système offre toute sécurité pour la circulation des cages, réduit l'entretien du matériel, mais il a donné naissance à des complications qui ont conduit à l'abandonner.

Dans l'installation d'Epinac, l'espace laissé libre dans le puits a été utilisé pour l'établissement de cages destinées à la visite du puits et des échelles. Il y a, en plus, un compartiment pour l'exhaure et un autre pour l'aérage. On comprend qu'on pourrait obtenir le double effet et équilibrer le poids mort en ayant deux tubes au lieu d'un ; ces deux tubes seraient mis en communication par la partie inférieure et une cage monterait pendant que l'autre descendrait.

§ 4.

DESCENTE DES REMBLAIS.

Plusieurs méthodes d'exploitation exigent l'emploi de remblais abattus et chargés dans des carrières ouvertes à la surface et qui sont descendus dans les tailles pour combler les vides résultant de l'exploitation.

327. Descente par cheminées. — Il est rarement économique de jeter les remblais du haut en bas d'un puits, d'un bure, d'une cheminée, tant à cause des lenteurs et des difficultés de la reprise que du bourrage qui se produit le long des parois. Dans certains cas spéciaux et pour de faibles hauteurs, on peut quelquefois trouver avantageux ce mode de procéder ; il est bon alors de faire usage de cheminées allant en s'évasant vers la partie inférieure, et de ménager sur toute leur hauteur un passage extérieur le long d'une des parois que l'on munit de trappes par lesquelles on arrivera à dégager les terres en cas d'engorgement. Lorsque ce sera possible on disposera la cheminée de façon à pouvoir charger directement les remblais dans les wagonnets et, en tout cas, il sera bon de ne pas faire déboucher les cheminées au milieu, mais bien sur le côté des tailles et des galeries, afin de ne pas gêner le service.

328. Descente par la machine d'extraction. Balances. — Généralement les remblais sont chargés dans des wagonnets qui sont conduits de la carrière au chantier en remblayage. Quelquefois on les fait descendre par le puits d'extraction en se servant des cages et on descend les remblais en même temps que l'on monte le charbon ; le plus souvent on a tout avantage à les descendre par le puits de retour d'air ou un puits spécial dans lequel on installe une balance sèche.

Jusqu'à la profondeur de 50 ou de 60 m., l'emploi d'une balance ordinaire suffit, les wagons pleins remontant les vides. A la partie supérieure se trouve une poulie à grand diamètre et à gorge triangulaire, sur l'arbre de laquelle est calé un frein à bandage. La cage doit être légère et on la guide souvent avec des câbles.

Il est nécessaire que le poids du remblai puisse vaincre, au départ,

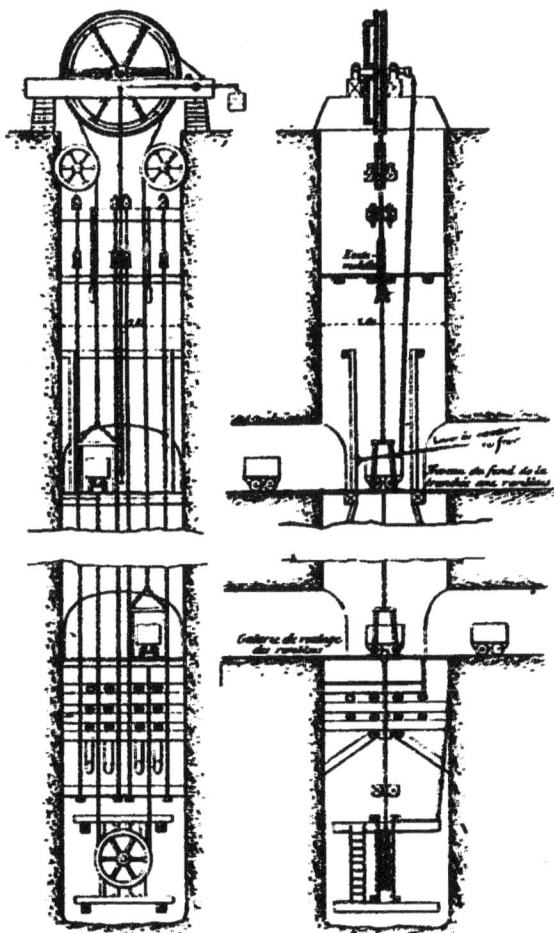

les résistances passives et le poids du câble déroulé. Il faut également que le frein soit assez puissant pour détruire, au moment voulu, l'accélération qui résulte du déroulement des câbles.

En équilibrant le câble avec une chaîne ou un câble qui réunit le fond des deux cages et forme chaîne sans fin, comme dans la disposition Koepe pour l'extraction, on arrive, au moyen d'un frein à bandage puissant, à descendre jusqu'à une profondeur de 140 mètres.

On modifie avantageusement l'installation en remplaçant le câble unique passant au jour sur une poulie par deux câbles indépendants, s'enroulant en sens contraire sur des bobines ou des tambours calés sur le même arbre ; en cas de rupture d'un câble, l'autre reste disponible pour les réparations et, au besoin, pour le service, car, quel que soit le système adopté, il convient d'avoir un moteur employé, en dehors du fonctionnement de la balance, pour la visite et les réparations du puits.

Au delà de 100 m. ou 140 au plus, les difficultés de la régularisation de la descente deviennent considérables, le frein à main n'étant plus suffisant et le frein à vapeur agissant trop brusquement.

329. Modérateurs à ailettes. — Depuis quelque temps on a cherché à combattre l'accélération au moyen d'un modérateur à ailettes. La résistance croissant comme le carré de la vitesse, on peut déterminer leurs dimensions de manière que cette vitesse reste sensiblement constante. Les ailettes sont, du reste, construites de telle façon qu'on puisse facilement augmenter ou diminuer leur surface, ce qui permet de régler pratiquement la résistance qu'elles opposent à l'accé-

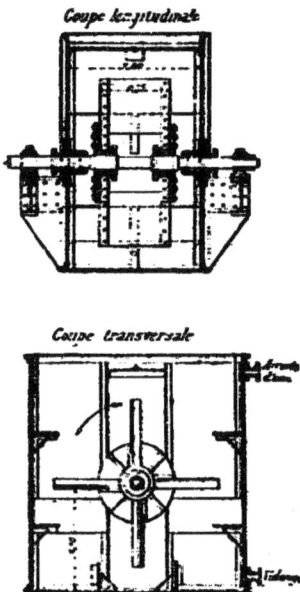

Coupe longitudinale

Coupe transversale

lération. On peut soit monter les ailettes directement sur l'arbre de la poulie ou des tambours, soit les commander par un engrenage pour en augmenter la vitesse.

On peut aussi faire tourner les ailettes dans une bâche fermée pleine d'eau, ce qui augmente encore la résistance et permet de leur donner de plus petites dimensions. La bâche devra porter des ailettes fixes afin de rompre le mouvement de l'eau et de créer des remous. Ce modérateur n'a pour but que d'empêcher l'accélération de vitesse et ne dispense pas d'un frein pour arrêter la descente à fin de course.

330. Machine à contre-vapeur.— On emploie alors généralement encore une machine disposée comme une machine d'extraction, mais pourvue de dispositions spéciales destinées à faciliter la marche à contre-vapeur, afin d'éviter que les pistons faisant l'office de pompes, n'aspirent l'air par le tuyau d'échappement, puis ne le refoulent dans les chaudières ; il y aurait alors échauffement des organes de la machine par suite de la compression de l'air.

Le moyen le plus simple et le plus efficace, ainsi que nous l'avons dit, à propos des machines d'extraction, consiste à fermer par une soupape le tuyau d'échappement ; on peut, en outre, placer dans ce tuyau un petit tube qui aspirera de la vapeur ou de l'eau.

Cette machine devra être aussi forte pour descendre une charge de remblais que s'il s'agissait de l'élever ; aussi cette solution est-elle coûteuse comme premier établissement et comme dépense journalière, bien qu'elle soit appliquée à un service qui ne nécessite, théoriquement, aucune dépense de force.

§ 5.

TRANSLATION DES OUVRIERS

331. Descenderies. Echelles fixes. — Lorsque les travaux sont voisins de la surface, les hommes descendent et remontent en cheminant par des galeries plus ou moins inclinées. A partir de 20°, le sol doit être entaillé en escaliers ; on établit aussi alors des espèces de marches au moyen de bois posés en travers de la galerie. Une inclinaison de 45° est fort pénible à la descente comme à la montée.

Lorsque les travaux atteignent une certaine profondeur, la translation des ouvriers est opérée au moyen d'échelles fixes, d'échelles mobiles ou fahrkunst, enfin par cages.

Les échelles fixes ne doivent pas, en principe, être employées pour la translation des ouvriers à cause de la fatigue et de la perte de temps. On peut, en effet, compter qu'un homme mettra plus d'une demi-heure pour descendre à 500 mètres et une heure pour en remonter.

Il faudra néanmoins que tout siège d'extraction soit pourvu d'un système d'échelles bien organisé depuis le jour

jusqu'au fond et visitées chaque jour, de façon à se trouver en

état, en cas d'accident à la mine ou à l'appareil habituel de translation.

Les échelles sont en bois ou en fer ; ces
dernières, malgré leur prix plus élevé,
doivent être préférées, excepté dans les
parties supérieures, à cause du refroidissement que cause aux mains le contact
de barreaux métalliques. Les échelles
ne doivent être placées verticalement
que dans des cas spéciaux, par exemple
dans le fonçage d'un puits, ou lorsqu'elles
sont seulement destinées à la visite de
certains appareils situés sur toute la
hauteur du puits, tels que des conduites
de tuyaux ou des pompes.

La pratique a démontré que, pour un usage journalier, l'inclinaison
préférable pour les échelles est de 70°. Les puits étant verticaux, on
obtient cette inclinaison en plaçant des paliers dont l'espacement dépend de la largeur du puits ou du compartiment de celui-ci, dans
lequel on installe les échelles.

332. Appareils oscillants. — Les échelles oscillantes ou *fahrkunst* consistent en deux échelles verticales juxtaposées auxquelles on
imprime un mouvement alternatif en sens contraire. L'ouvrier passant
successivement de l'une des échelles à l'autre, sera remonté ou descendu à sa volonté. Les premières fahrkunst consistaient en deux tiges
de bois équilibrées entre elles et portant des paliers espacés de
4 mètres.

Ces tiges étaient suspendues à deux balanciers solidaires recevant un
mouvement inverse qui transmettait aux tiges oscillantes un mouvement alternatif de deux mètres d'amplitude. Les paliers se trouvaient,
après chaque oscillation, suffisamment rapprochés pour qu'un ouvrier
pût facilement passer d'un palier à l'autre. Ces fahrkunst ont été
modifiées d'un grand nombre de manières. M. Warocqué, en remplaçant les balanciers ordinaires par des balanciers hydrauliques, a donné
son nom aux Warocquères.

La Warocquère se compose d'un cylindre à vapeur à double effet, au
piston duquel est directement attelée une des tiges oscillantes à paliers.
La tige du piston traverse le cylindre à vapeur et attaque par dessus un
piston plongeur qui se meut dans l'un des cylindres d'une balance hydraulique. Dans l'autre cylindre de la balance se meut un deuxième
plongeur auquel est fixée la deuxième tige oscillante à paliers.

La course étant de 3 mètres, les paliers sont espacés de 6 m. sur
chacune des tiges ; ils sont divisés en deux compartiments, l'un réservé

à la descente et l'autre à la montée. Une échelle, fixée le long des parois du puits, est destinée à être utilisée en cas d'accident.

L'appareil est réglé pour que, l'un des plongeurs étant au point le plus haut de sa course, l'autre se trouve au point le plus bas. Une petite pompe foulante sert à maintenir constante la masse d'eau interposée entre les deux plongeurs et à remédier ainsi aux fuites. Une soupape à papillon, interposée entre les deux cylindres de la balance, permet d'augmenter la résistance au passage de l'eau d'un cylindre à l'autre et, par suite, de ralentir la vitesse de descente et même de faire frein. Dans sa course ascendante, le piston à vapeur élève l'une des tiges·et l'autre redescend par son propre poids, les deux tiges étant complètement équilibrées par le fait de la balance hydraulique.

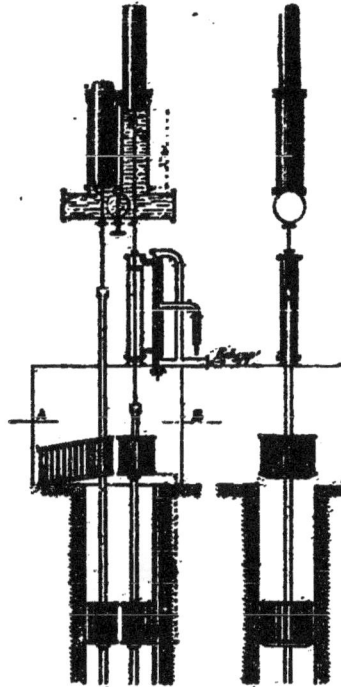

La distribution du cylindre se fait à l'aide de deux cataractes qui facilitent le réglage des intervalles de repos entre deux courses simples du piston.

Ces appareils donnent ordinairement huit coups simples par minute, soit une vitesse de translation des ouvriers de 24 mètres par minute.

Ils ont, aussi bien que ceux qui en dérivent, comme inconvénients des frais d'installation considérables, de grandes consommations de vapeur ; leur vitesse d'ascension peut varier à la volonté du mécanicien ou par l'effet de charges variables, résultant du nombre d'ouvriers montant ou descendant, qui se trouvent, à un moment donné, sur la Warocquère.

Dans le but de diminuer la dépense de vapeur, tout en augmentant la vitesse de translation, M. Guinotte s'est proposé d'actionner la Warocquère à l'aide d'un moteur à rotation, à détente variable et, afin de pouvoir pratiquement conduire les pistons hydrauliques moteurs par manivelle, il a décomposé la balance hydraulique en deux parties.

L'appareil installé à Bascoup, où l'avait été déjà la première Warocquère, se compose d'un moteur à vapeur vertical à détente variable par un régulateur et à volant.

Cette machine commande, par l'intermédiaire d'engrenages qui réduisent la vitesse, deux pistons hydrauliques horizontaux, dont les mouvements sont transmis par l'eau à deux pistons verticaux qui se meuvent dans la balance hydraulique.

A ces pistons verticaux se trouvent attelées les tiges oscillantes à paliers recevant leur mouvement alternatif par l'intermédiaire de l'eau.

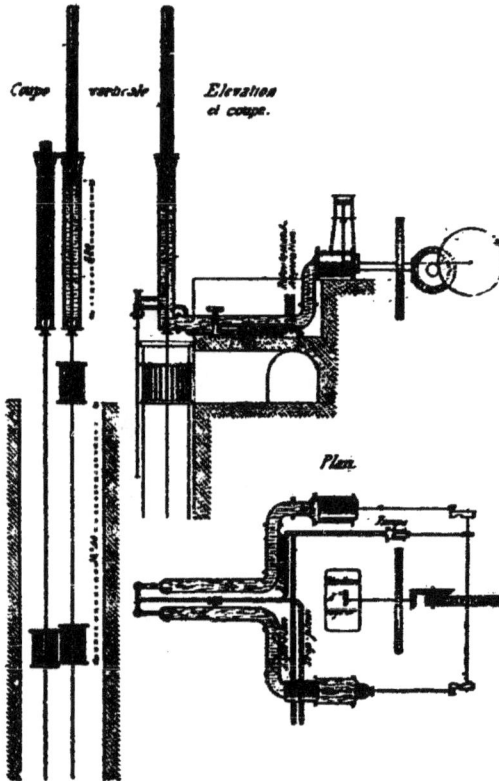

Un appareil d'alimentation automatique remplace dans la balance hydraulique l'eau perdue par les fuites autour des quatre pistons plongeurs. Les pistons verticaux et, par conséquent, les tiges à paliers ont une course de 5 m.20, tandis que les paliers ne sont espacés que de 10 m. Le déplacement d'un ouvrier d'un palier sur l'autre devient possible 20 centimètres avant la rencontre des paliers ; le déplacement pourra donc avoir lieu pendant les 20 cm. qui précèdent les points morts et pendant les 20 cm. qui les suivent.

Dans cette machine, la transformation du mouvement de rotation en mouvement rectiligne donne une grande vitesse aux tiges au milieu de la course et un ralentissement à la fin, ce qui permet de porter à dix le nombre de coups simples par minute et, par suite, d'arriver à une vitesse de translation de 50 m. par minute. La vitesse, très faible au départ, est graduellement accélérée jusqu'au milieu, puis amortie jusqu'à la fin de la course. La régularité résultant de la commande par une machine à rotation et de l'emploi de l'alimentation automatique font que les conditions dans lesquelles s'opère le déplacement de l'ouvrier sont très régulières, ce qui n'avait pas lieu avec la Warocquère, dont la commande est laissée au machiniste.

333. Translation par cages guidées. — Aujourd'hui, dans la plupart des exploitations, on donne la préférence aux cages guidées. L'installation est moins coûteuse et permet un service aussi rapide, tout en donnant moins de fatigue et tout autant, sinon plus de sécurité aux ouvriers. Les cages doivent avoir au minimum 1 m. 70 entre deux planchers ; elles portent un toit et un parachute ; il est bon qu'elles soient à parois pleines afin d'éviter les imprudences.

Dans la plupart des cas, on se sert de l'installation même de l'extraction, mais il est possible, quelquefois, d'avoir une installation spéciale affectée au service des ouvriers et aux services accessoires ; cette installation peut, en certains cas, venir aider et remplacer partiellement l'appareil ordinaire d'extraction.

Lorsque les dimensions des cages le permettent, on s'en sert pour la descente des chevaux qui s'effectue aussi par cages spéciales. Si on ne peut employer les cages guidées, on descend les chevaux suspendus dans un fort filet de sangle et on place quelquefois un palefrenier avec sa lampe au-dessus de lui pour guider la descente. Dans tous les cas, les chevaux ont les yeux bandés.

CHAPITRE XIII

ASSÈCHEMENT DES MINES

§ 1.

AMÉNAGEMENT DES EAUX DE MINE

334. Régime des eaux. — Dans la presque totalité des travaux souterrains, on rencontre des venues d'eau plus ou moins considérables.

Les eaux sont drainées de la surface par d'anciens travaux, par des failles à remplissage fragmentaire, par des roches perméables ou fissurées venant affleurer sous des morts-terrains aquifères.

On recherchera d'abord si certaines venues ne peuvent pas être supprimées ou tout au moins amoindries. Dans le cas d'un cours d'eau en communication, par des assises perméables, avec les travaux du fond, il faudra étudier s'il n'y aurait pas intérêt à le détourner ou à lui préparer un lit artificiel imperméable.

Si une exploitation doit être faite au-dessous de morts-terrains aquifères, il sera indispensable de ne commencer l'exploitation qu'en laissant un massif protecteur dont l'épaisseur variera selon les terrains. On reprendra cette partie du gîte laissée comme protection, lorsque les parties inférieures auront été complètement exploitées.

Si le tube d'extraction est un puits cuvelé, des massifs de protection suffisants pour éviter toute dislocation des cuvelages devront être réservés tout autour du puits.

Si les eaux proviennent d'une partie de gîte épuisée ou d'une faille rencontrée dans certaines conditions, on pourra empêcher les eaux de venir dans les travaux au moyen de barrages ou serrements.

Lorsque les eaux se trouvent à l'état d'amas qui remplissent d'anciennes exploitations abandonnées, dont on ne connaît pas la position exacte, elles constituent un véritable danger ; aussi lorsqu'on en soupçonne l'existence, il ne faut avancer qu'avec beaucoup de prudence en multipliant les sondages au front de taille et sur les parois des galeries, afin d'éviter, dans la mesure du possible, que l'eau contenue dans ces amas, sous des pressions quelquefois considérables, ne fasse violemment irruption et ne cause des catastrophes.

Dans le percement des galeries ainsi que lors de l'établissement d'un serrement, on a souvent à maintenir provisoirement les eaux au moyen de batardeaux.

335. Batardeaux — Les batardeaux servent également à transformer les galeries en réservoirs et permettent d'éviter ainsi que les eaux d'un étage supérieur ne se rendent dans les étages inférieurs, d'où il faudrait nécessairement les extraire d'une plus grande profondeur.

Pour établir un batardeau, on cherche un point de la galerie où le sol et les parois sont solides ; on pratique sur le sol une rigole transversale et, sur les parois, deux entailles verticales. Dans ce travail, on n'emploiera pas la poudre qui pourrait fissurer la roche.

On dispose ensuite dans la rigole deux rangées de madriers consolidés par des montants ou chandelles laissant entre eux un espace de 0 m. 50 à 0 m. 80, dans lequel on dame fortement de l'argile. Le barrage dont la hauteur varie entre 0 m. 50 et 0 m. 80. dans la plupart des cas, doit être traversé à sa partie inférieure par un tuyau en fonte muni d'un robinet destiné à régler l'écoulement des eaux en temps opportun.

336. Serrements droits. — Les serrements sont de véritables barrages étanches dans une galerie ou dans un puits ; ils s'exécutent

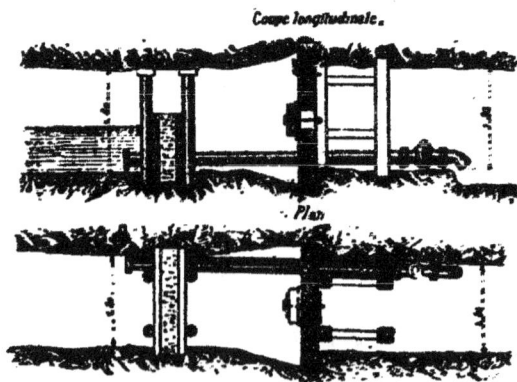

Coupe longitudinale.

Plan

en bois, en maçonnerie ou en fonte. On les construit quelquefois à l'avance par mesure de précaution pour arrêter les eaux qu'on peut croire accumulées dans les vieux travaux dont on approche et qu'on a soin de sonder avec précaution.

Les serrements droits sont construits en bois ; ce sont les plus simples mais ils ne peuvent supporter une pression d'eau supérieure à 80 mètres. Pour les exécuter, on choisit une partie solide de la galerie, puis, sur tout le pourtour, on trace une entaille rectangulaire qu'on a soin de dresser parfaitement au pic ou à la pointerolle ; on garnit les quatre parois de mousse et d'une lambourde entourée de toile goudronnée. Sur la lambourde du bas, on vient asseoir un madrier parfaitement équarri et dressé avec soin, sur lequel on pose, dans les mêmes conditions, un deuxième, puis un troisième madrier, et ainsi de suite jusqu'à la partie supérieure de la galerie. On a eu soin de laisser, dans les assises du milieu, un trou d'homme pour donner passage aux ouvriers, et aussi de placer à la partie supérieure un petit tuyau recourbé pour permettre à l'air de s'échapper.

Tous les madriers étant posés, on chasse, du côté d'où doivent venir les eaux, des coins jusqu'à refus entre le dernier madrier et la lambourde supérieure, puis on achève le serrement en calfatant soigneusement tous les joints avec de l'étoupe goudronnée.

Le trou d'homme est fermé par un clapet garni de deux feuilles de cuir et placé du côté d'où les eaux doivent venir ; on serre le clapet d'abord avec un anneau, puis, à mesure que les eaux montent, elles l'appuient de plus en plus fort sur son siège. Le barrage peut être consolidé par des étais verticaux, arcboutés par des pièces horizontales contre des poteaux solidement encastrés.

Si les eaux arrivent dans la galerie pendant la construction du serrement, on établit au préalable un batardeau en arrière. Pendant la construction, les eaux sont évacuées au moyen d'un tuyau en fonte avec robinet, aux heures où se fait l'épuisement.

337. Serrements sphériques en bois. — Lorsque la pression est supérieure à 80 mètres, on a recours aux serrements sphériques qui peuvent supporter des pressions de 200 à 250 mètres de hauteur d'eau ; ces serrements sont en bois ou en maçonnerie. Lorsqu'ils sont terminés, ils ont la forme d'un tronc de pyramide dont la base est une portion de sphère ayant généralement de 6 à 8 mètres de rayon.

On doit choisir, pour l'emplacement du serrement, un endroit de la galerie dont la roche est dure et non fissurée. On donne un écoulement naturel aux eaux jusqu'à l'achèvement du travail. Le serrement est formé d'une série de voussoirs en bois.

En pratique, pour des hauteurs de 200 à 250 m. d'eau, on donne aux voussoirs en bois une hauteur de 1 m. 50 à 1 m. 70 et on emploie le chêne ou le sapin bien secs.

L'excavation, qui a une longueur double au moins de celle des voussoirs pour en faciliter la pose, doit être dressée et bouchardée. S'il se produit des cavités, on les remplit avec de bon ciment.

L'excavation étant terminée, on en prend le gabarit exact, ce qui permet de préparer au jour chaque voussoir en forme de tronc de pyramide quadrangulaire.

Entre le bois et la roche, on interpose de la mousse et quelquefois

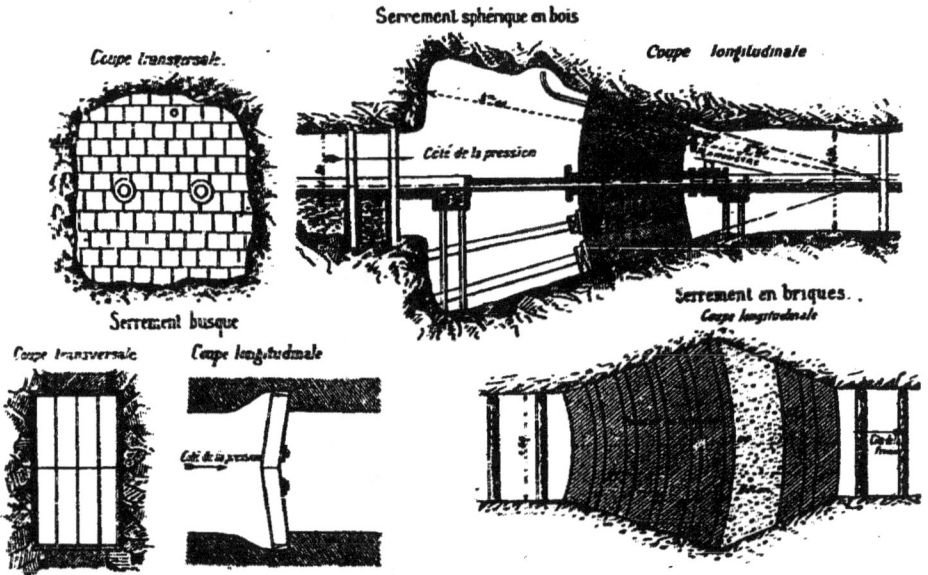

Serrement sphérique en bois

Coupe transversale. Coupe longitudinale

Côté de la pression

Serrement busque

Coupe transversale Coupe longitudinale

Côté de la pression

Serrement en briques.
Coupe longitudinale

deux ou trois épaisseurs de forte toile goudronnée. Tous les joints sont soigneusement picotés, d'abord avec des coins de sapin, puis avec des coins de chêne et enfin avec des coins de fer.

On réserve dans le serrement un ou deux tuyaux en fonte qui servent à l'écoulement des eaux pendant le travail et qu'on utilisera plus tard, pour soulager le serrement, dans des circonstances spéciales.

Lorsque les ouvriers ne peuvent sortir en amont, on laisse un trou d'homme de dimensions convenables ; le trou d'homme est ensuite bouché au moyen d'un tampon de bois formant autoclave.

A la partie supérieure du serrement on a disposé, comme pour le serrement droit, un petit tube en fer pour laisser échapper l'air comprimé derrière le barrage. Ce tube peut être ensuite bouché avec une cheville ou muni d'une soupape de sûreté et d'un manomètre destiné à donner la pression exacte que supporte le serrement.

338. Serrements en maçonnerie. — Les serrements en bois sont plus élastiques que ceux en maçonnerie, mais, comme on donne à ceux-ci une plus grande longueur, ils conviennent mieux dans les terrains un peu fissurés. On les construit généralement en briques, pour éviter la taille des voussoirs qui serait fort coûteuse.

Dans un banc de roche solide, on creuse une cavité ayant la forme de deux troncs de pyramide ; la maçonnerie se compose d'une série d'arceaux alternativement, d'une brique et d'une demi-brique. Après trois ou quatre anneaux, on interpose un lit de béton ou d'argile sur 0 m.50 environ. On a soin que les rangs de briques du sommet de la

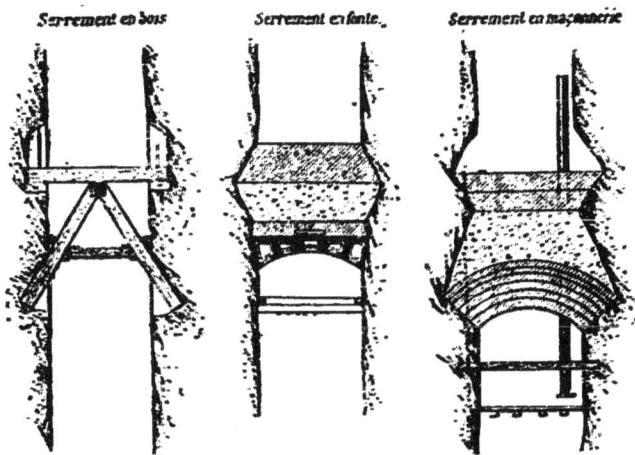

Serrement en bois   Serrement en fonte.   Serrement en maçonnerie

galerie soient placés par refoulement dans le mortier et, lorsqu'il reste un espace moindre que l'épaisseur d'une brique, on enfonce des cales de bois.

Avec un ensemble de voûtes d'environ 5 m. d'épaisseur, le serrement peut résister à des colonnes de 100 mètres et plus. Si on a de plus fortes charges à maintenir, on fait successivement deux ou trois serrements ayant chacun la forme de deux troncs de cône et ne formant qu'un seul et même barrage.

Les serrements dans les puits se font généralement en briques et d'une façon analogue à celle que nous venons d'indiquer pour les galeries, en ayant soin de disposer un cintre convenable pour procéder à la construction de la voûte.

339. Serrements avec portes métalliques. —Lorsqu'on prévoit des venues d'eau brusques et intermittentes, à la suite d'orages, de débordements de rivières ou de toute autre cause, ou lorsque l'on craint l'irruption d'eaux provenant d'anciens travaux, on peut trouver intérêt à avoir des serrements avec portes en bois pouvant être fermées rapidement à l'approche du danger et qu'on ouvrira plus tard pour la reprise des travaux ou de la circulation dans les parties momentanément isolées par le serrement.

Lorsqu'on a à lutter contre de fortes pressions, on ne peut songer à l'emploi de portes en bois et on doit avoir recours à des portes métal-

liques qui viendront s'appuyer contre un châssis en fonte, convenablement fixé et scellé aux parois de la galerie, soit directement sur la
roche si elle est suffisamment saine, soit par l'intermédiaire d'une
bonne maçonnerie.

Le châssis en fonte est en plusieurs pièces réunies entre elles à l'aide
de mastic de fonte et laisse deux ouvertures pour le passage des trains
de wagonnets. Les portes en fer, convenablement armées pour résister

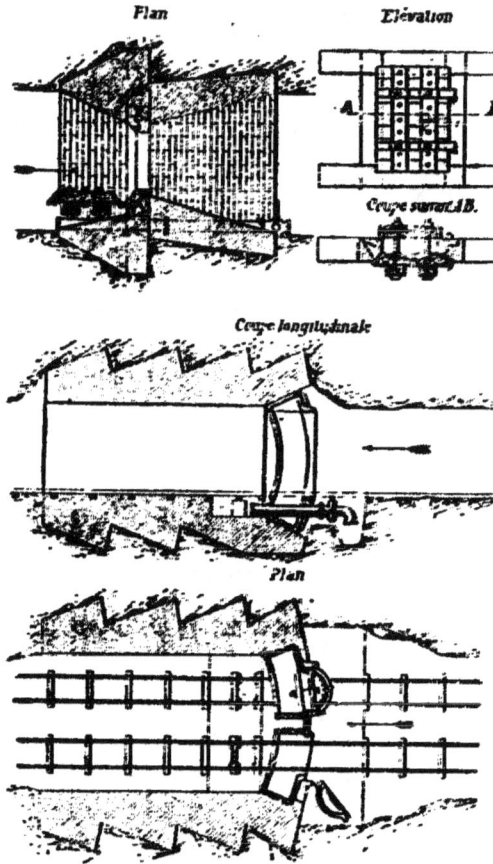

Plan   *Élévation*

Coupe suivant AB.

Coupe longitudinale

Plan

à la pression, se ferment nécessairement du côté de l'arrivée de l'eau
et, afin d'obtenir un joint étanche, elles viennent battre contre une
nervure du châssis convenablement dressée, comprimant en même
temps un tuyau en fer entouré de toile à voile goudronnée. La pression
de l'eau, augmentant à mesure que le niveau s'élève, serre de plus en
plus, entre la nervure du châssis et la porte, le tuyau en fer qui se dé-
forme de façon à rendre le joint complètement étanche. A la partie inférieure du serrement, des ouvertures permettent l'écoulement de l'eau

en temps normal ; on les fermera, le moment venu, avec des tampons coniques, aussi bien que l'ouverture de la partie supérieure, ménagée pour l'échappement de l'air.

340. Assèchement par galeries d'écoulement. — Les eaux qui ont pu pénétrer dans la mine, malgré les précautions prises, doivent en être extraites, de manière qu'on ne soit jamais exposé à voir les niveaux inférieurs submergés et l'exploitation suspendue.

Lorsque le relief du sol est tel que la totalité ou une partie des travaux se trouve en contre-haut d'un point de la surface, lequel n'est pas situé à grande distance, la meilleure solution consiste à percer une galerie d'écoulement qui asséchera naturellement tous les travaux d'amont-pendage ; les eaux de l'aval-pendage n'auront à être élevées que jusqu'au niveau de la galerie d'écoulement.

Dans certains cas, les galeries d'écoulement pourront servir à créer une force motrice ; on cherchera alors à amener dans ces galeries, non seulement les eaux d'infiltration, mais encore celles qu'on pourra recueillir à la surface. Cette force motrice trouvera son emploi pour l'épuisement de l'aval pendage ou pour l'extraction.

§ 2.

EXHAURE.

341. Épuisement par puits non guidés. — Le plus généralement l'assèchement des travaux ne pourra se faire par galeries d'écoulement. On rassemblera alors toutes les eaux dans un réservoir d'une capacité suffisante pour contenir la venue d'au moins 24 heures, lorsque le service de l'extraction et celui de l'exhaure seront réunis sur un même puits. Ce réservoir sera constitué par le puisard du puits d'extraction, dont le volume pourra être augmenté de celui d'une galerie réservoir située au fond ou de galeries supérieures munies de batardeaux.

Les eaux seront alors élevées au jour par des cuffats ou des bennes à eau attachés à l'extrémité des câbles à la place des récipients d'extraction. Si la venue d'eau est importante, on trouvera avantage à faire l'exhaure par pompes.

Dans les puits non guidés, on se sert de bennes ou cuffats dont la capacité est de 10 à 12 hectolitres ; leur poids à vide doit être suffisant pour qu'ils s'enfoncent spontanément dans l'eau et s'y remplissent. Arrivés au jour, on les vide en les faisant basculer au moyen d'une barre

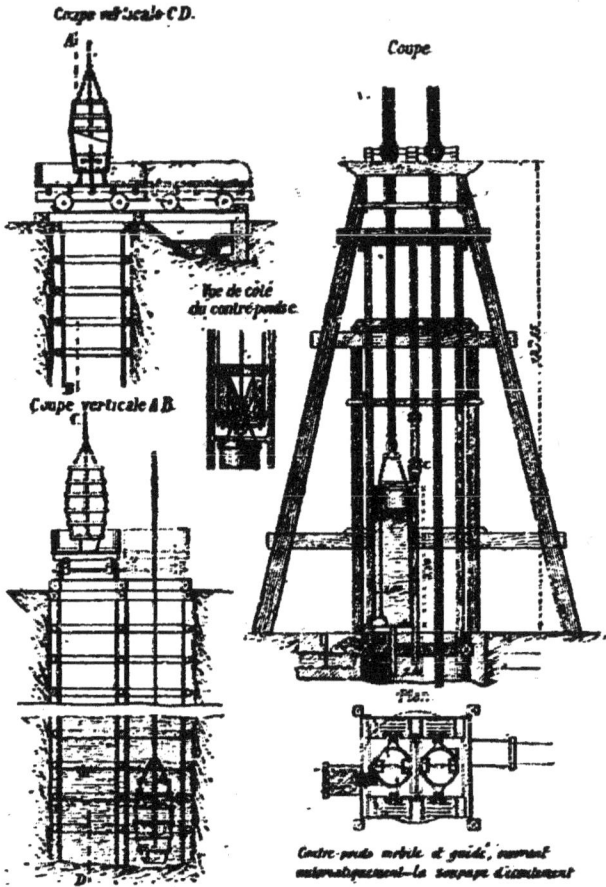

Coupe verticale CD.

Coupe

Tige de côté
du contré-poids.

Coupe verticale AB.

Plan.

Contre-poids mobile et guidé, ouvrant
automatiquement la soupape d'écoulement

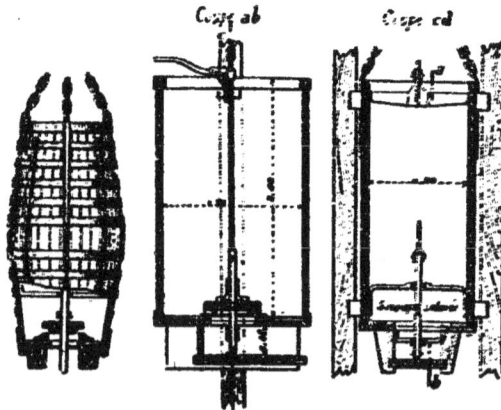

Coupe ab

Coupe cd

de bois que l'on glisse sous le fond du cuffat ; on doit préférer les
bennes munies de soupapes.

La soupape, placée sur le fond, porte en son milieu une tige verticale. Lorsque la benne arrive au jour, on amène au-dessous d'elle un
chariot sur lequel on la laisse descendre ; la soupape s'ouvre dès que la
tige vient rencontrer le plancher et l'eau s'écoule par un conduit convenablement disposé.

342. Epuisement par puits guidés. — Dans les puits guidés, les
récipients d'exhaure sont substitués à ceux d'extraction dans les cages
et alors ils sont montés sur essieux ; mais, le plus souvent, on les
attelle à l'extrémité des câbles à la place des cages ; ils portent alors
des mains de guidage.

On cherchera, autant que possible, à faire que le poids du vase
d'exhaure, augmenté du poids de l'eau enlevée, ne modifie pas les conditions établies pour le travail de la machine d'extraction.

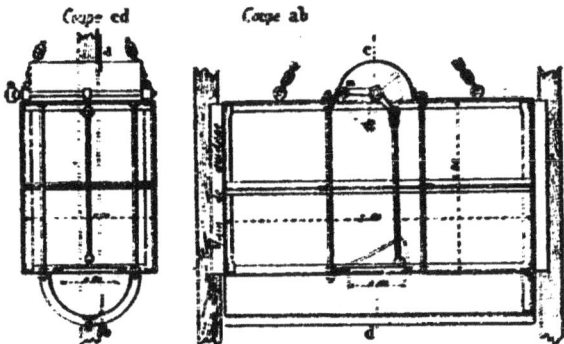

L'emploi de chariots à eau placés dans les cages ordinaires d'extraction
a l'avantage d'éviter les pertes de temps nécessaires au changement,
mais il a l'inconvénient d'augmenter le poids mort et de ne pas se
prêter à l'emploi de vases de grande capacité.

Les caisses à eau sont généralement en tôle ; leur capacité varie de
deux à quatre mètres cubes. Elles doivent être élevées avec rapidité,
sans que l'eau agitée par le mouvement soit exposée à retomber dans
le puisard ; aussi sont-elles quelquefois fermées à leur partie supérieure, sauf une ouverture pour la sortie de l'air et pour aider au remplissage après immersion.

Les caisses à eau doivent pouvoir se remplir et se vider rapidement,
avoir, dans ce but, de larges soupapes ou clapets à la partie inférieure.
Ces soupapes s'ouvrent, pour la vidange, au moyen d'un levier mû le
plus souvent automatiquement lorsqu'il bute contre un heurtoir convenablement disposé, ou mieux contre un chassis, en forme de curseur,

mobile le long de tringles verticales. Le levier de la soupape le rencontre, celle-ci s'ouvre, laissant échapper l'eau qui se déverse en dehors du puits, quelle que soit la position de la caisse.

Quelquefois le levier des soupapes est soulevé par des taquets manœuvrés au moyen du levier de clichage sur lequel on fait reposer la caisse pendant la vidange.

Afin d'éviter qu'une partie de l'eau ne retombe dans le puits, on

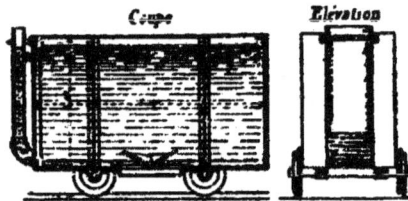

peut établir à la recette un tablier mobile qui reçoit l'eau et la rassemble dans le conduit d'écoulement. On peut aussi employer un chariot mobile que l'on pousse sous la caisse.

On a également employé des caisses à eau portant un tuyau muni d'un coude en cuir ajusté au fond, relevé le long d'une paroi et maintenu au moyen d'un verrou. Pour la vidange, on ouvre le verrou, le tuyau tombe et l'eau s'écoule ; on relève ensuite le tuyau et on fait redescendre.

Dans la Loire, afin d'éviter la secousse donnée au câble lorsque la caisse à eau, après avoir d'abord flotté, s'enfonce brusquement dans le puisard, on emploie des caisses insubmersibles à réservoir d'air. Le poids mort est plus considérable et on a un coup de fouet à l'enlevage qui peut être aussi pernicieux au câble que la secousse lors de l'enfoncement brusque.

Tant que l'épuisement par bennes suffit, avec l'emploi de la machine d'extraction, pendant 8 heures sur 24, ce moyen peut être considéré comme le plus économique sous le rapport des frais d'établissement et souvent même sous celui de la marche et de l'entretien, malgré l'usure des câbles et la détérioration des guidages.

343. Épuisement par pompes. — Lorsque les venues d'eau sont plus importantes, il faut avoir recours à des machines spéciales d'épuisement et la préférence doit être donnée aux pompes permettant une marche continue, régulière et économique, qui ne peut être obtenue par les caisses à eau.

Malgré l'emploi des pompes, il sera bon, dans une installation, de se réserver les moyens de pratiquer l'épuisement par caisses à eau, qui peut, à un certain moment, venir utilement en aide à la machine d'épuisement, soit lors de venues d'eau exceptionnelles, soit pendant les réparations.

L'appareil d'exhaure se compose généralement d'une série de pompes étagées dans le puits à des distances variant de 40 à 120 mètres. Les relais, qui peuvent avoir des hauteurs différentes, sont reliés entre eux par des tuyaux constituant la *colonne d'épuisement.*

Les pistons des pompes sont solidaires d'une *maîtresse-tige* en bois ou en métal régnant tout le long du puits, équilibrée au besoin par des contrepoids et mise directement en mouvement par un moteur installé à la surface.

Quelquefois, mais plus rarement, le moteur se trouve placé au fond de la mine et refoule directement l'eau d'un seul jet jusqu'au jour.

344. Colonne d'épuisement. — La colonne d'épuisement est constituée par une série verticale de tuyaux qui monte d'une pompe à la pompe immédiatement supérieure. A chaque relai, la colonne se termine par un déversoir amenant l'eau dans une bâche en bois, en fonte ou en tôle et dans laquelle aspire la pompe supérieure. Ces bâches sont avantageusement remplacées par une hauteur supplémentaire de tuyaux. La pompe aspire alors, par une tubulure latérale, dans la colonne prolongée.

Les tuyaux sont généralement en fonte et d'une longueur de 3 à 5 m.. Les réparations doivent toujours pouvoir être faites rapidement ; aussi n'emploiera-t-on pas les joints rigides à emboîtement et au mastic de fer. On préférera les joints à brides qui rendent possible la substitution d'un tuyau neuf à un autre, sans que l'on ait à déplacer les voisins. Les joints seront rabotés et porteront une ou deux petites rainures circulaires faites au tour, de 1 à 2 centimètres de largeur, et se correspondant dans les diverses brides.

Dans ces rainures on interpose des anneaux en plomb, en cuivre ou en fer entouré d'une substance compressible, telle que de l'étoupe goudronnée, puis on serre jusqu'à refus les boulons des brides.

Pour les joints soumis à des pressions exceptionnelles, 30 atmosphères, par exemple, on se sert de rondelles en cuir, emprisonnées dans une cannelure creusée dans la bride inférieure et comprimées par une nervure circulaire saillante réservée dans la bride supérieure.

La rondelle en cuir peut être remplacée par une rondelle en guttapercha qu'on chauffe jusqu'à ce qu'elle se ramollisse, ou bien on enduit la rondelle en cuir de caoutchouc dissous dans du naphte ou des huiles de goudron, avec addition de gomme laque.

On emploie aussi des rondelles de fer entourées de chanvre enduit de glu marine. Pour employer cette matière, on la fait fondre dans une dissolution de chlorure de zinc qui ne bout qu'à 125°. Les collets des

tuyaux doivent être chauffés au jour de façon à conserver une température suffisante pour fondre la glu des rondelles. On boulonne ensuite le
joint jusqu'à refus.

Lorsque les eaux sont acides, on goudronne les tuyaux intérieure-

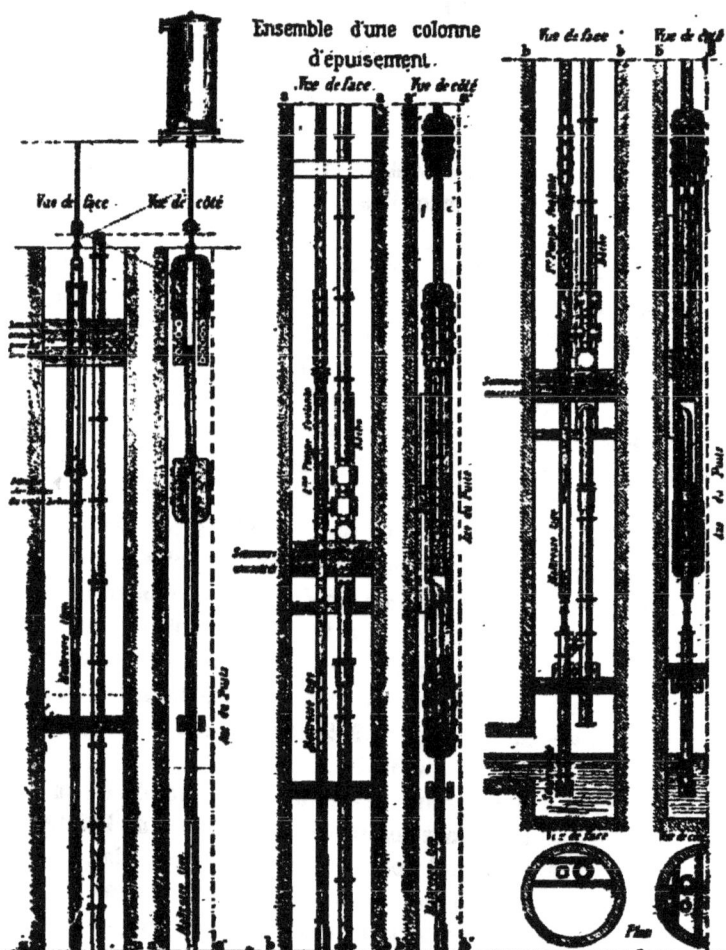

Ensemble d'une colonne
d'épuisement.

ment ; on les garnit quelquefois d'un léger doublage en douelles de
sapin goudronnées, afin de soustraire les parois au mouvement de l'eau
qui entraînerait le goudron intérieur.

Les colonnes sont soutenues dans le puits par des moises placées à
15 centimètres environ au-dessous des brides ; on chasse des coins
entre les unes et les autres.

345. Pompes soulevantes. — Les pompes employées dans les
mines peuvent être classées en pompes *soulevantes ou élévatoires*,

Joint des tuyaux de refoulement. Joint en plomb.

Joint en Goutte-percha.

Plan.

Visite des chapelles.

Joint compensateur.

Coupe verticale.

Pompes soulevantes.

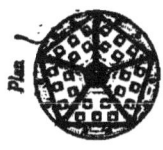

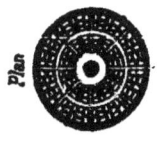

Détails du piston C. Coupe verticale et élévation.

Plan.

Piston Letestu. Coupe verticale.

Plan.

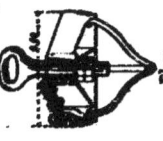

Détails du Clapet D.

Plan.

Vue de la tige...

Coupe verticale.

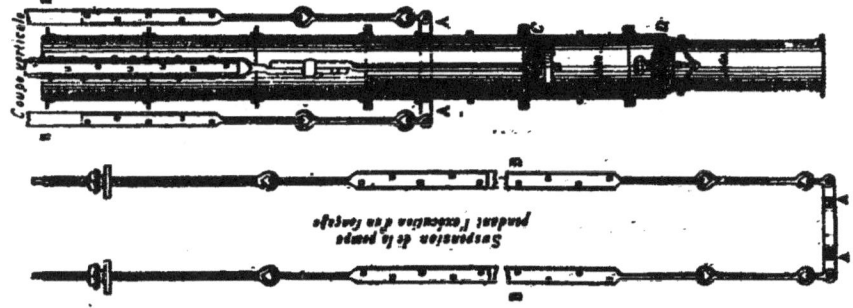

Suspension de la pompe pendant l'exécution d'un forage.

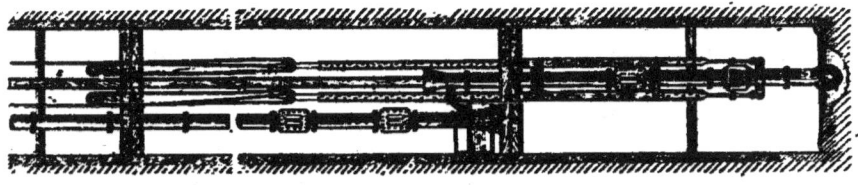

Suspension d'une soulevante.

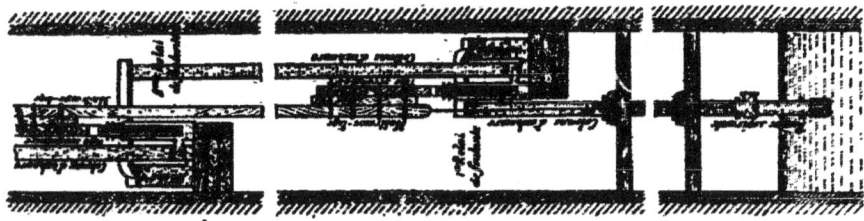

Ensemble.

pompes *foulantes* et pompes à *double effet*. Elles ont un diamètre variant de 0m. 30 à 1 mètre et une course variant de deux à quatre mètres.

Les pompes soulevantes élèvent la colonne d'eau qui repose sur le piston.

Elles se composent d'un tuyau cylindrique alésé, faisant corps de pompe, dans lequel se meut un piston creux muni d'un clapet. A la partie inférieure du corps de pompe, qui se prolonge par un tuyau d'aspiration de 5 à 6 mètres au maximum, terminé par une crépine, se trouve un deuxième clapet s'ouvrant, comme celui du piston, de bas en haut.

La colonne élévatoire, placée directement au-dessus du corps de pompe, est ordinairement de 30 à 40 mètres et ne dépasse jamais 60. Si on allait au delà, il faudrait prendre des mesures spéciales pour éviter l'usure rapide des garnitures.

Le piston est mis en mouvement par une tige en bois ou en métal.

Le corps de pompe doit être muni de chapelles fermées par des plaques boulonnées, qui permettent les réparations au piston et aux clapets.

Le piston peut s'enlever directement avec la tige. Le clapet d'aspiration porte à sa partie supérieure un anneau par lequel il est possible de le saisir et de l'enlever par le haut de la colonne, lorsqu'il y a lieu de le réparer.

Les clapets sont de différents systèmes. La pression de l'eau s'exerçant sur toute la surface supérieure et la contre-pression seulement sur la surface inférieure qui est plus petite, il en résulte une différence notable entre les poussées, aussi les chocs sont très violents pour les pompes à grands diamètres. Si donc on emploie des clapets à charnières, il convient de diviser la surface en plusieurs sections ; s'il s'agit de pistons Letestu, la garniture est faite à l'aide d'un double cuir embouti distinct de celui du clapet.

Les pompes soulevantes donnent, pendant les premiers temps, un débit au moins égal au débit théorique ; leur entretien étant difficile et les clapets s'usant rapidement, leur rendement devient bientôt inférieur à celui des pompes foulantes. Lors donc qu'on emploiera les deux systèmes sur une même colonne d'épuisement, on donnera aux premières un diamètre plus grand qu'aux secondes.

Les pompes soulevantes n'ont besoin que de fondations légères, elles peuvent même être suspendues ; elles fonctionnent et on peut changer leurs clapets même quand elles sont noyées, aussi les place-t-on habituellement à la partie inférieure des colonnes d'exhaure.

Anciennement les épuisements à 100 et 200 mètres de profondeur se faisaient à l'aide de pompes soulevantes avec relais espacés de 30 à 40 mètres. Le mouvement était donné à toutes les tiges des pompes par une maîtresse-tige régnant sur toute la hauteur du puits et équilibrés par un ou plusieurs balanciers.

Les tiges des pistons et la maîtresse-tige étaient en bois et fer, combinés de telle sorte que leur poids, diminué de la poussée de l'eau dans laquelle elles sont plongées, ne conservait que l'excédent nécessaire pour les faire redescendre d'elles-mêmes avec une vitesse convenable.

Le moteur, pour élever la colonne d'eau, n'avait donc qu'à soulever tout cet attirail, puis, arrivé à l'extrémité de la course, l'attirail redescendait lentement jusqu'à ce que la maîtresse-tige fut retombée sur ses appuis.

Il fallait un départ vif pour vaincre l'inertie des masses et les enlever. Les clapets d'aspiration, violemment ouverts, livraient passage aux masses d'eau mises en mouvement ; à moitié course, il fallait diminuer graduellement la vitesse, de manière à s'arrêter avec précision au sommet ; et alors tout l'attirail équilibré était abandonné à lui-même, redescendait lentement et sans choc.

Ces conditions étaient facilement réalisées avec des machines à détente et à simple effet.

346. Pompes foulantes. — A mesure que la profondeur habituelle des puits a augmenté, les maîtresses-tiges ont dû avoir des dimensions plus considérables et on a eu recours aux pompes foulantes en utilisant le poids des maîtresses-tiges pour le refoulement.

La hauteur d'action des pompes foulantes est limitée par le bon fonctionnement des clapets et varie entre 70 et 130 m., 80 m. représentant la moyenne.

Les foulantes sont étagées dans le puits par relais successifs, laissant quelquefois 1 à 2 m. pour l'aspiration ; mais on supprime généralement l'aspiration et on met le clapet en charge, en plaçant plus haut que lui le niveau d'eau de la bâche. La petite perte de travail qui résulte de cette disposition est largement compensée par un débit plus complet et mieux assuré.

Les pompes foulantes se composent d'un corps de pompe dans lequel se meut un piston plein attelé à la maîtresse-tige. On donne la préférence aux pistons plongeurs que l'on construit le plus souvent en bronze.

Sur le côté du corps de pompe, soit à sa partie supérieure, soit à sa partie inférieure, se trouve une chapelle qui contient le clapet d'aspiration et celui de refoulement dont la visite est ainsi rendue facile.

La chapelle est en communication avec le réservoir de la pompe inférieure et la colonne de refoulement est établie directement au-dessus d'elle.

Lorsque la chapelle est placée à la partie supérieure du corps de

pompe, l'espace annulaire compris entre le piston et le corps de pompe
doit être au moins égal à la section du plongeur. L'air entraîné par
l'eau s'échappera de lui-même.

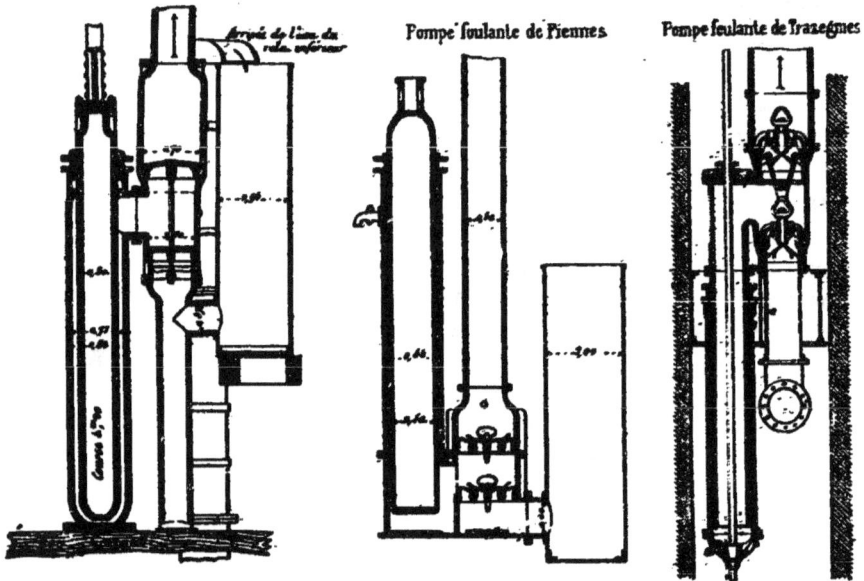

Lorsque la chapelle est à la partie inférieure, le corps de pompe doit
être muni d'un robinet pour l'échappement de l'air.

Dans un cas comme dans l'autre, quand le piston plongeur monte,
la soupape inférieure est soulevée et l'eau est aspirée du réservoir où
l'a refoulée la pompe immédiatement inférieure.

Quand le piston descend, l'eau est refoulée à travers la soupape supérieure.

Dans ces pompes, c'est généralement le poids de la maîtresse-tige et
des pistons plongeurs qui opère le refoulement. L'effort du moteur n'a
donc pour objet que de relever le poids de l'attirail.

On calcule généralement la maîtresse-tige de façon que son poids
excède d'un dixième celui de la colonne d'eau à refouler ; si le poids à
donner à la tige, pour assurer sa solidité, dépasse de beaucoup ce chiffre,
on l'équilibre partiellement au moyen de balanciers et de contrepoids.

Dans le but d'éviter de faire travailler la maîtresse-tige par compression, on emploie des pompes foulantes renversées dont le mode
d'action est le même. La maîtresse-tige travaille alors par traction et
dans de meilleures conditions, mais il faut des contrepoids plus
forts que dans le système ordinaire où on n'a à équilibrer que l'excès
du poids de la maîtresse-tige sur celui de la colonne d'eau.

On applique aux clapets des foulantes ce qui a été dit pour les pompes soulevantes et, notamment, au sujet de leur division.

La pression par unité de surface qui doit agir au-dessous du clapet pour le faire ouvrir est plus grande que celle à laquelle la surface supérieure est soumise. Le rapport entre les deux surfaces, à cause du recouvrement, est généralement de 1,44; on a pu l'abaisser à 1,31 et 1,25; mais, le plus souvent, il s'élève à 1,50, 1,55 et au-delà.

On admet que les pompes foulantes rendent les neuf-dixièmes du débit théorique.

Dans l'établissement d'une pompe, il est préférable d'augmenter la course et de diminuer le diamètre, une grande course assurant mieux le jeu des clapets et la régularité de la marche.

Une grande course exige de plus grandes dépenses d'installation parce que les balanciers d'équilibre et toutes les pièces de la machine doivent avoir des dimensions plus grandes.

Pour les petites machines d'exhaure jusqu'à 1.000 m³ par jour, on donne aux pompes une course de 2 m. ; pour 2000 m³, 3 m. ; elle est généralement de 4 m. pour 3.000 m³ et au-delà.

347. Pompes à double effet. — Les pompes à double effet ont l'avantage de donner un travail plus régulier et d'occuper moins de place dans le puits. Le système le plus apprécié est celui de Colson-Rittinger, dans lequel les pistons, les corps de pompe, les colonnes d'ascension, en un mot tous les organes sont superposés de façon que leurs axes soient sur une même verticale.

La pompe se compose d'une partie mobile suspendue à une double maîtresse-tige en fer rond. Cette pièce comprend un corps de pompe à sa partie supérieure et un piston plongeur creux à sa partie infé-rieure; dans la partie médiane, un clapet. Un second clapet existe au sommet de la colonne d'aspiration.

L'aspiration est à simple effet et le refoulement à double effet : Le diamètre D du plongeur creux est plus grand que le diamètre d du tuyau de refoulement, lequel pénètre dans la partie supérieure de la pièce mobile formant corps de pompe.

A la montée, il y a aspiration d'un volume d'eau qu'on peut repré-senter par mD^2 et refoulement d'un volume représenté par md^2; à la descente, il y a seulement refoulement d'un volume représenté par $m(D^2 - d^2)$.

Si la section du piston inférieur est double de celle du corps de la colonne, la quantité d'eau refoulée pendant la montée sera exac-tement égale à celle refoulée pendant la descente. On pourra, du reste, établir entre les deux diamètres le rapport qu'on jugera le plus convenable, soit au point de vue de l'épuisement, soit en raison des masses en mouvement.

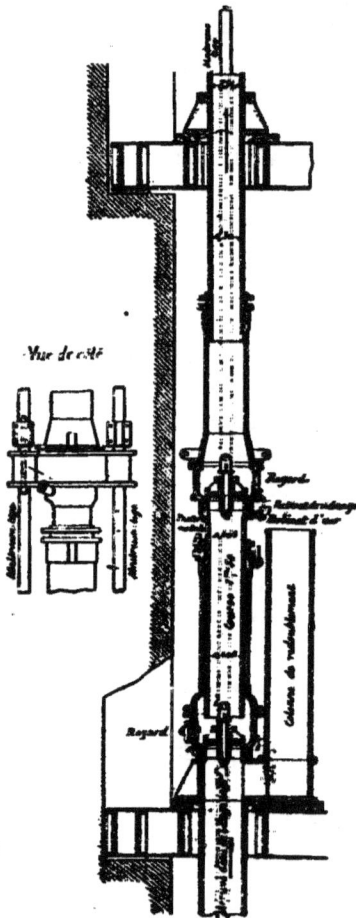

Dans le cas d'un relai, le volume d'eau aspiré à la montée représenté par mD^2 étant plus grand que celui provenant du refoulement du relai inférieur représenté par md^2, la pompe supérieure doit être alimentée par un complément d'eau $m\,(D^2 - d)$ provenant du refoulement pendant la descente, du relai inférieur et qui aura été emmagasiné dans un tube latéral communiquant avec la colonne au-dessous du clapet d'aspiration. Ce tube latéral se nomme la colonne de redoublement.

Dans ce genre de pompes, les frottements sont réduits au minimum, toute la colonne étant montée suivant l'axe et sans déviation ; leur installation exige des puits bien verticaux. Elles se sont surtout répandues depuis l'emploi des machines à rotation.

On réalise encore le double effet en combinant deux pompes à plongeur à simple effet dont l'une agit dans un sens et l'autre dans l'autre.

Les pompes foulantes et les pompes à double effet ne peuvent être suspendues comme les élévatoires ou soulevantes.

L'effort développé, le poids de la colonne d'eau, la résistance des clapets nécessitent de solides supports qui sont généralement composés de 3 à 5 madriers superposés de 0 m. 40 d'équarissage, ou bien encore de poutrelles en fer.

Ces supports sont établis aux endroits du puits où les roches présentent le plus de solidité ; aussi les relais ne sont-ils pas toujours égaux.

Quel que soit le système des pompes employées, lorsque les eaux de la mine sont acides, on construit en bronze ou on garnit d'une fourrure de bronze les pièces principales : corps de pompe, pistons, clapets.

348. Maîtresses-tiges. — La maîtresse-tige, qui reçoit le mouvement de la machine et le transmet aux pompes des divers relais, règne sur toute la hauteur du puits.

Les tiges des pistons des pompes peuvent être placées sur le côté, travaillant ainsi en porte-à-faux. Il est préférable de mettre tous les cylindres sur le même axe qui sera celui de la maîtresse-tige. On réduit ainsi l'espace occupé dans le puits et on ramène tous les efforts sur la même ligne. Dans ce cas la maîtresse-tige se dédouble à la hauteur de chaque corps de pompe de manière à former un cadre, à l'intérieur et à la partie supérieure duquel est fixé le piston. Ce cadre, faisant partie de la maîtresse-tige, est animé du même mouvement alternatif, il embrasse le corps de pompe, ainsi que les sommiers, laissant, en outre, un jeu vertical au moins égal à la course du piston.

Les maîtresses-tiges se font encore généralement en bois ; elles sont formées d'une, de deux ou de plusieurs pièces de bois assemblées et platinées de façon à obtenir la section convenable. Pour les grandes profondeurs, on les fait à section décroissante, de telle sorte qu'une maîtresse-tige peut être composée à la partie supérieure de quatre pièces et n'en avoir qu'une seule à la partie inférieure.

L'assemblage bout à bout s'obtient le plus souvent par simple juxtaposition. La réunion est assurée par de longues bandes de fer plat boulonnées ou par des couvre-joints en bois réunis par des frettes et des chevilles en bois.

On emploie aussi des étriers à tête boulonnés à la tige et réunis entre eux au moyen de manchons et de clavettes.

Lorsque les corps de pompe ne sont pas dans l'axe de la maîtresse-tige, les tiges des pistons ou tiges secondaires sont reliées à la maîtresse-tige à l'aide de fourrures en bois ou de pièces métalliques.

Au contraire, quand les corps de pompe et la maîtresse-tige sont sur la même ligne verticale, le dédoublement de la maîtresse-tige et, inversement, la réunion de ses deux parties s'obtiennent par l'interposition de fourrures en bois ou de pièces en fonte.

On construit aussi des maîtresses-tiges métalliques plus légères que les tiges en bois ; on leur donne, soit la section d'une bielle composée d'une âme centrale et de quatre ailes, soit celle d'un tuyau carré ou circulaire, soit la forme d'une poutre en treillis composée de fers plats entretoisés.

Pour transmettre le mouvement aux pompes, la tige est encastrée et clavetée dans une pièce d'assemblage en fonte, au-dessous de laquelle se boulonne le plongeur.

Guides et heurtoirs. — Les maîtresses-tiges sont guidées de distance en distance par des moises encastrées dans les parois du puits. Ces moises sont assez résistantes pour subir les chocs sans être ébranlées et pour supporter les tiges en cas de rupture. Dans ce but, on fixe sur

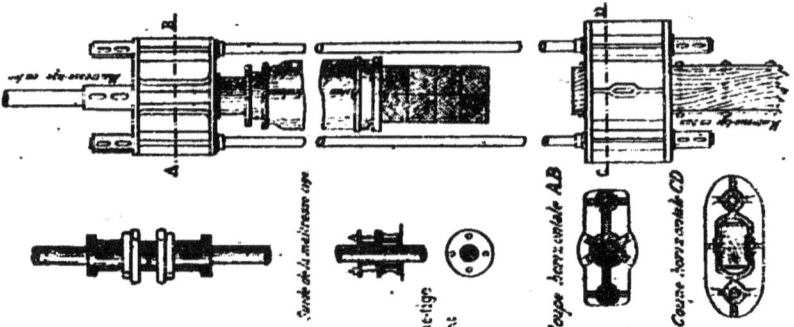

Dédoublement de la maîtresse-tige au droit du piston foulant

Coupe horizontale AB

Coupe horizontale CD

Sortie de la maîtresse-tige

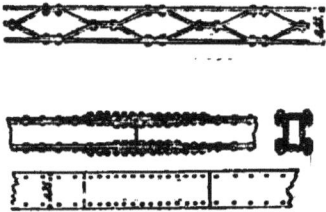

Exemples de maîtresses-tiges

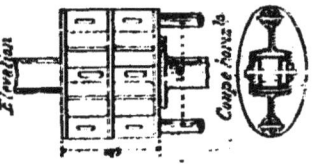

Dédoublement d'une maîtresse-tige au droit d'un piston roulant

Élévation

Coupe par la

Dédoublant d'une maîtresse-tige au droit d'un piston foulé

1re Disposition

2e Disposition

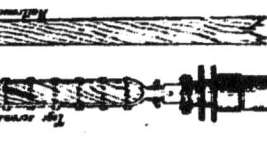
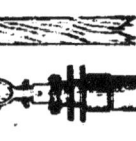

Attache des tiges secondaires à la maîtresse-tige

Maîtresse-tige

Tige secondaire

Heurtoir

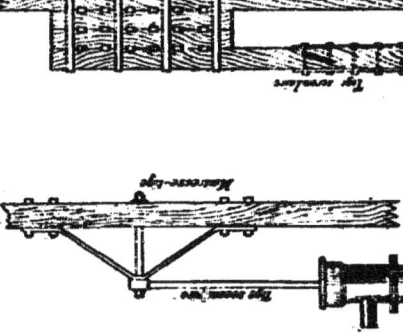

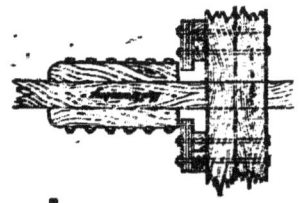

Attache des maîtresses-tiges bout-à-bout

Heurtoir

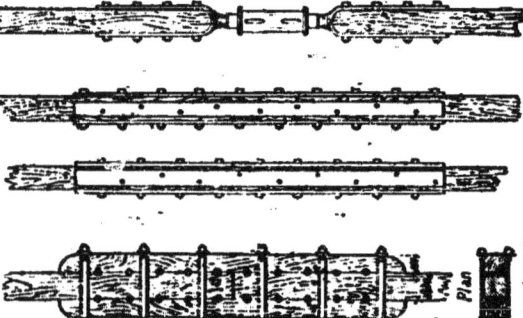

Plan

Autre disposition

Maîtresses-tiges en une ou plusieurs pièces

la tige, à la hauteur voulue, des pièces de bois qui viendront frapper et s'arrêter sur les moises.

On fait reposer les moises sur un sommier composé de plusieurs madriers, en interposant souvent un tampon à ressort ou en caoutchouc, ou encore de simples planchettes portées sur des tasseaux.

349. Poids des maîtresses-tiges. — Plusieurs considérations ont conduit à donner de fortes dimensions aux maîtresses-tiges des pompes agissant par compression.

On admet que la colonne d'eau d'une pompe foulante doit toujours être actionnée par une tige dont le poids est supérieur au sien de $\frac{1}{10}$ et que la descente d'une foulante doit être déterminée, sinon en totalité, du moins en partie, par le poids des tiges placées en contrebas. D'où il résulte que la partie supérieure d'une maîtresse-tige, depuis le jour jusqu'au premier jeu foulant, aura toujours un excédant de poids qui s'augmentera d'une addition nouvelle à chaque relai de foulantes.

Ces grands excédants sont, du reste, faciles à équilibrer et, en même temps qu'ils sont une garantie de solidité, ils favorisent l'emploi de la détente dans les machines à simple effet, en augmentant les masses en mouvement, qui agissent alors comme un volant, de telle sorte que, quand commence la course ascendante, au moment où la vapeur est à pleine pression et la puissance très supérieure à la résistance, il n'en résulte qu'une accélération modérée.

Les tiges en fer, beaucoup plus légères que les tiges en bois à résistance égale, peuvent constituer des masses en mouvement trop faibles pour permettre le développement de la détente dans des moteurs à simple effet. Dans ce cas, on est obligé d'ajouter des masses additionnelles équilibrées à l'aide des balanciers, comme on le fait pour l'excès de poids des tiges en bois.

On ne trouvera donc ordinairement d'avantage à l'emploi des tiges en fer que lorsqu'elles travailleront à la traction et avec des machines à double effet.

350. Équilibre du mouvement. — Dans l'étude d'une installation d'exhaure, le débit d'eau et la hauteur à laquelle cette eau doit être élevée permettent de déterminer le diamètre des pompes et le poids de la colonne d'eau compté à partir du puisard jusqu'au réservoir supérieur. Faisant ensuite l'étude de la maîtresse-tige, on pourra en calculer le poids total.

Dans le cas où le poids de tout l'attirail des tiges se trouverait égal à celui de toute la colonne d'eau à soulever, on pourrait, théoriquement, former toute la colonne de pompes foulantes. Mais, comme il faut un

27

excédant de poids pour que tout l'attirail descende avec une vitesse
convenable, on placerait au bas une pompe élévatoire ayant une faible
hauteur d'action et qui pourrait marcher noyée.

Dans le cas où le poids total de l'attirail serait inférieur à celui de
la colonne d'eau à soulever, on pourrait partager la hauteur de cette
colonne en deux parties, l'une supérieure, égale au poids de l'attirail,
desservie par des pompes foulantes agissant par le poids des tiges
soulevées, puis abandonnées à elles-mêmes ; la partie inférieure de
la colonne sera desservie par des pompes soulevantes, fonctionnant pendant la montée de la tige.

Par cette disposition on voit que le poids des tiges se trouvera naturellement équilibré et le travail à produire par le moteur consistera, en
dehors des frottements à vaincre, à soulever le poids des tiges et celui
de la colonne d'eau des pompes élévatoires, puis à abandonner tout
l'attirail qui retombera en vertu de l'excès de poids qu'on lui aura
laissé, refoulant alors les eaux jusqu'à la partie supérieure par le jeu
des foulantes.

Dans le cas où le poids total de l'attirail est supérieur à celui de la
colonne d'eau à soulever, ce qui arrive le plus souvent dans les épuisements à grande profondeur, les pompes sont toutes foulantes, sauf
celle du puisard. Il faudra alors équilibrer l'excédant de poids de la
maîtresse-tige ; sans cette précaution la tige, une fois soulevée par le
moteur, puis abandonnée à elle-même, retomberait avec violence et
pourrait tout briser.

351. Balanciers d'équilibre. — L'équilibre de cet excédant
de poids est obtenu le plus souvent par l'emploi d'un ou de plusieurs
balanciers d'équilibre.

Ces balanciers sont en bois, en fonte, ou mieux, en fer. Ils ont la
forme des balanciers ordinaires de Watt. L'une des extrémités est reliée à la maîtresse tige par l'intermédiaire d'une bielle ; l'autre porte
un contrepoids réglé à volonté, soit en plaçant des poids dans une
caisse, soit en ajoutant ou retranchant d'épaisses plaques de fonte.

On remplace quelquefois les balanciers à contrepoids par des balanciers hydrauliques qui sont moins encombrants que les précédents
et qu'on peut distribuer dans le puits à la distance la plus convenable
pour bien répartir le poids des tiges. Ils se composent d'un corps de
pompe à piston plongeur, mais sans clapet. Le corps de pompe communique avec une colonne de tuyaux spéciale et le piston est relié à
la maîtresse-tige. Le poids de celle-ci sera donc contrebalancé par celui
d'une colonne ayant pour section la surface du piston et pour hauteur la différence entre le niveau de l'eau dans le corps de pompe
et celui de l'eau dans la colonne d'équilibre.

Ce dernier niveau pourra être élevé ou abaissé suivant le poids à
équilibrer.

M. Guary a remplacé, à Anzin, la colonne d'équilibre par un réser-

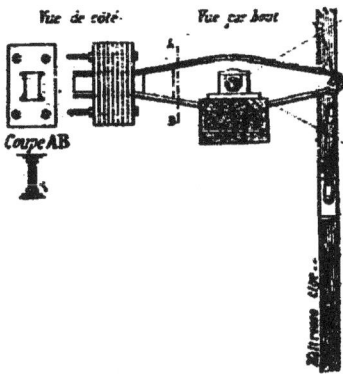

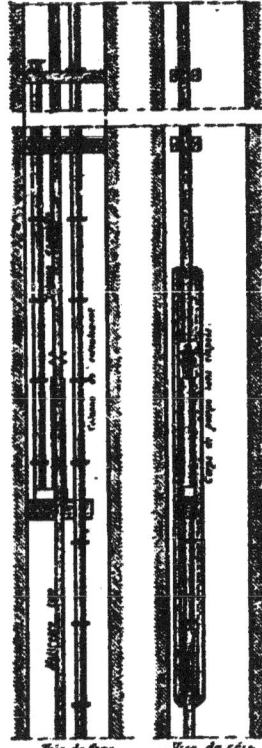

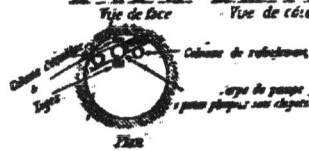

voir dans lequel l'eau est refoulée par le piston comprimant ainsi l'air
qui y est contenu. Une petite pompe, mue par la maîtresse-tige,
envoie de l'air dans le réservoir à chaque oscillation, pour compenser les fuites et remplacer l'air dissous.

§ 3.

MOTEURS D'EXHAURE.

352. Moteurs d'exhaure au jour. — Les machines à vapeur qui actionnent les pompes par l'intermédiaire des maîtresses tiges sont, la plupart du temps, des machines à condensation. C'est avec l'eau tirée de la mine que le condenseur est desservi ; on ne renonce à cet avantage que pour les grandes hauteurs de refoulement, lorsque la puissance du moteur exige beaucoup plus que le débit des pompes et lorsqu'on ne dispose pas d'eaux de surface pour parfaire la différence.

Les premiers moteurs établis sont caractérisés par la discontinuité de leur mouvement ; tous leurs organes sont animés de mouvements alternatifs ou oscillants et le nombre des doubles courses effectuées par minute est relativement restreint.

Les machines de Cornouailles à balancier, les machines à traction directe appartiennent à cette catégorie ; elles sont habituellement à simple effet ; on a pourtant établi des moteurs à traction directe et à double effet.

A une deuxième classe appartiennent les moteurs plus récemment construits dans lesquels, par l'introduction d'un arbre transmettant la puissance de la machine à la maîtresse-tige ou même simplement muni d'un volant, on s'est attaché à assurer, sinon l'uniformité, du moins une certaine continuité au mouvement du moteur.

La continuité du mouvement n'est que partielle avec les machines à volant et à balancier à double effet, puisqu'elle n'est assurée que pour une double course. Elle est, au contraire, complète avec les machines à engrenages.

Ces dernières conduisent les maîtresses-tiges à des allures notablement plus rapides que celles de la première classe ; elles peuvent, dans la pratique, être appliquées à de plus grandes profondeurs.

353. Machines à balancier et à simple effet. — Ces moteurs, appelés aussi machines de Cornouailles, se composent d'un cylindre dans lequel la vapeur n'agit que pendant la descente du piston et dont la distribution est assurée par une cataracte agissant successivement sur trois soupapes.

L'ouverture de la soupape d'admission permet l'afflux de la vapeur sur la face supérieure du piston et détermine la descente de celui-ci qui correspond à la montée de la maîtresse tige. Ensuite la soupape d'équilibre met en communication les deux faces du piston.

Enfin la soupape d'échappement met la partie inférieure du cylindre en relation avec le condenseur.

Si nous considérons le piston au repos, au haut de sa course, la soupape d'exhaustion est d'abord ouverte. Le vide relatif qui commence à se produire au-dessous du piston détermine une tension générale des organes mécaniques prêts à se mettre en mouvement.

La soupape d'admission est ensuite ouverte en grand et la vapeur qui afflue sur le piston enlève violemment la maîtresse-tige et son attirail, puis la course descendante du piston s'achève sous l'influence du condenseur et de la détente.

Une fois le piston arrivé au bas de la course, la soupape d'équilibre s'ouvre et la maîtresse-tige descend par son propre poids, abandonnée à elle-même.

Le poids non équilibré de la maîtresse-tige doit être suffisant, non seulement pour produire le refoulement de l'eau dans la colonne, mais encore pour soulever les clapets de refoulement. Il faut donc que ce poids comprenne non seulement celui qui est nécessaire pour la montée de l'eau, mais, en outre, un excès indispensable pour soulever les clapets au départ. Cet excès de poids ferait ensuite retomber avec violence la maîtresse-tige sur les appuis, une fois les clapets soulevés, si on ne modérait sa vitesse de descente.

Le moyen primitivement adopté consiste à refermer partiellement la soupape d'équilibre après la levée des clapets, de telle sorte que la vapeur se lamine et éprouve une certaine résistance pour passer de la partie supérieure à la partie inférieure du cylindre.

La soupape d'équilibre devra même se fermer avant la fin de la course, de manière à emprisonner et comprimer un certain volume de vapeur au-dessus du piston. Cette vapeur remplit les espaces nuisibles et forme un ressort dont l'action s'ajoutera à celle de la vapeur d'admission pour soulever la tige et son attirail. Il est bon de donner, après chaque oscillation, un repos de 4 à 5 secondes, pour laisser aux masses le temps de perdre leur impulsion et aux clapets celui de se fermer. Aussi le nombre des coups de piston par minute est-il de quatre à six seulement.

Dans le but de diminuer autant que possible le temps perdu pour les repos et les changements dans le sens du mouvement des masses, on doit adopter de grandes courses: 2 m. pour les petites machines, 4 pour les machines puissantes.

354. Balancier Bochkoltz. — Le poids non équilibré de la maîtresse-tige doit donc être suffisant pour refouler l'eau dans la colonne et pour soulever les clapets. Il y aura, lors de la descente des tiges et dès que les clapets auront été soulevés, un excédant de poids de la tige qui produirait une accélération dangereuse, si l'on n'étranglait la vapeur dans la soupape d'équilibre. Le ralentissement est ainsi obtenu, mais le travail est perdu.

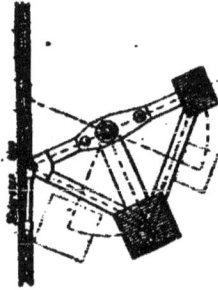

M. Bochkoltz, dans le but de régulariser le mouvement et de récupérer le travail produit en pure perte lorsqu'on relève l'excédant de poids de la maîtresse-tige, a eu l'idée d'appliquer un contrepoids-pendule. Au balancier d'équilibre ordinaire, M. Bochkoltz a ajouté un bras à angle droit qui se trouve dans la verticale et, par conséquent, n'a aucune action lorsque le piston est au milieu de sa course; mais on a donné à ce contrepoids une valeur telle que, lorsqu'il est à l'extrémité de sa course, il exerce un effort égal à celui nécessité pour l'ouverture des clapets, ce qui permettra de ne pas conserver sur les tiges l'excès de poids nécessaire pour vaincre cet effort.

Au moment de la descente des tiges, l'action du contrepoids de la branche normale permet l'ouverture des clapets de refoulement; cette action diminue progressivement jusqu'au milieu de la course où elle devient nulle, puis elle agit en sens contraire pour ralentir la vitesse et emmagasiner l'excédant de force qu'elle restituera au départ de la course ascendante, en diminuant d'autant le travail à produire par la vapeur.

Cet appareil ne donne lieu par lui-même à aucune dépense de travail, puisqu'il n'est animé que d'un mouvement de pendule. Il permet d'obtenir une descente plus rapide de la maîtresse-tige, puisque, la résistance se trouvant considérablement accrue par le contrepoids, on n'a plus à craindre les chocs provenant de l'accélération. On peut donc marcher plus vite et augmenter ainsi de 14 à 20 % le débit effectif de la colonne.

L'inconvénient de ce balancier est de nécessiter une fosse profonde, de compliquer la construction et d'obliger à rendre indépendants les deux paliers des tourillons du balancier d'équilibre, ce qui diminue leur stabilité.

355. Machines à traction directe. — Elles ne diffèrent des machines de Cornouailles que par la suppression du balancier de Watt.

Le cylindre se trouve placé directement au-dessus du puits; la maîtresse tige est attelée directement à la tige du piston dont elle forme le prolongement.

Ces machines marchent à détente; mais, comme pour les machines de Cornouailles, on est obligé d'admettre la vapeur pendant la moitié au moins de la course du piston.

Si, pour obtenir un meilleur emploi de la vapeur, on veut la détendre au quart ou au cinquième, il faut augmenter la pression initiale et le poids des masses en mouvement, ce qui augmente l'intensité des chocs au départ et, par suite, les frais d'entretien et les chances d'accident.

On a, en vue d'obtenir un meilleur résultat avec une grande détente, employé des machines Woolf à cylindres juxtaposés ou superposés.

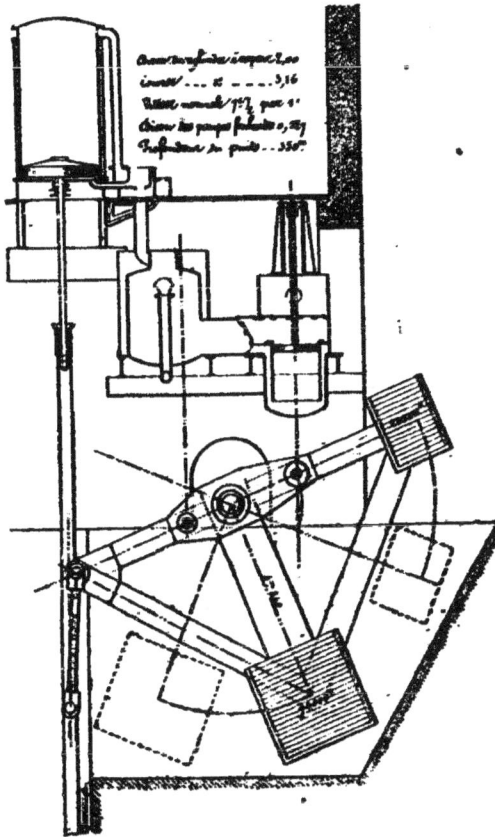

Le petit nombre des coups de piston, cinq environ par minute, ainsi que l'énorme poids des pièces en mouvement ont conduit à employer d'autres appareils plus légers et plus puissants.

Pour une exhaure de 3000 à 4000 mètres cubes par jour élevés à 300 ou 400 mètres, le poids des masses atteint 300 tonnes avec les machines ordinaires et 130 au moins avec les machines Woolf et le balancier Bochkoltz.

On a essayé, sans y trouver de grands avantages, des machines à traction directe et à double effet ; elles sont également à détente et à condensation. La maîtresse tige travaille alors dans les deux sens, ce qui n'a pas d'inconvénient si on a pris la précaution de lui donner une forme appropriée à ce double office et de la guider tous les 20 ou 25 mètres. Mais encore, avec ces appareils, le nombre des coups par mi-

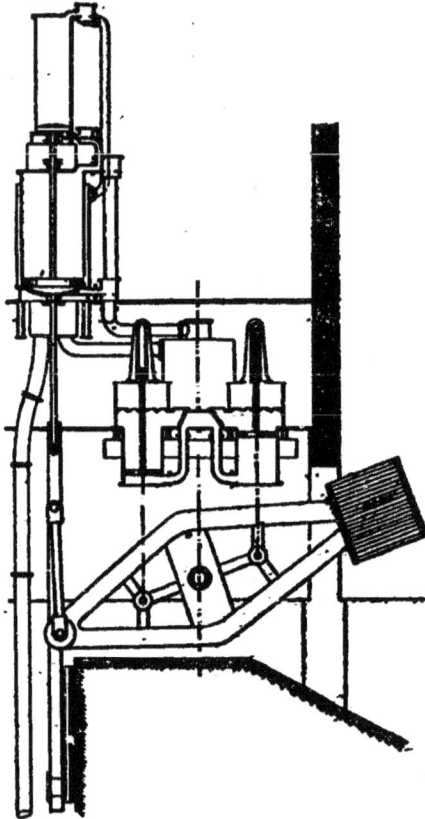

nute ne dépasse pas pratiquement cinq et il faut employer d'énormes balanciers pour régulariser la marche de la machine.

356. Machines à volant. — Les machines à volant permettent d'obtenir un ralentissement du mouvement au passage aux points morts; l'arrêt des moteurs anciens, après la double course de la maîtresse tige, est remplacé ici, dans les plus perfectionnées, par un très notable ralentissement.

Les volants peuvent être composés de segments superposés permettant de faire varier leur masse, suivant les conditions de l'exhaure qui peuvent elles-mêmes varier.

Il sera possible ainsi de n'admettre la vapeur que pendant $\frac{1}{10}$ de la course, et de ménager un ralentissement sensible à chaque extrémité pour faciliter le jeu des clapets.

On donne à ces machines une course moindre, mais on augmente le nombre des coups qui peut être porté à 10 ou 12 par minute.

Avec des machines à double effet, il faut ou bien employer des pompes à double effet, ou bien adopter des dispositions spéciales pour les pompes à simple effet.

On peut, par exemple, réserver aux tiges un poids libre à peu près égal à la moitié de celui de la colonne d'eau à soulever, dans le cas de pompes foulantes ordinaires. Lorsque les pompes foulantes agissent

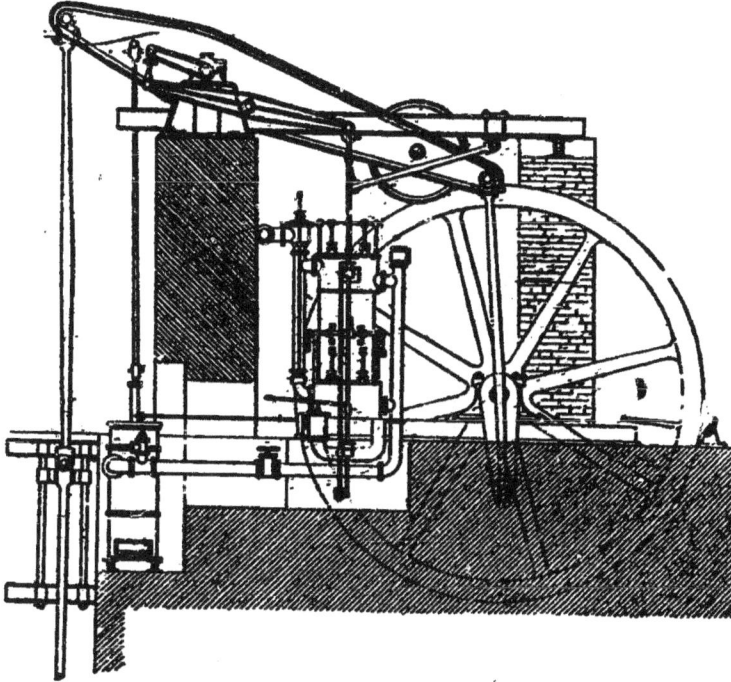

en montant, les tiges agissent par traction et le contrepoids devra équilibrer leur poids, plus la moitié de celui de la colonne d'eau.

On peut encore atteler à la machine deux lignes de pompes et deux maîtresses-tiges dont l'une travaille en montant et l'autre en descendant, ou bien dont l'une monte pendant que l'autre descend.

Dans toutes les machines à rotation, les maîtresses-tiges devront être guidées à la partie supérieure par des glissières solidement fixées, de façon à transmettre aux tiges des pompes un mouvement parfaitement rectiligne et vertical.

357. Machines à engrenages. — Pour réduire les frais d'installation et réaliser des conditions de marche économiques, on a pensé à rendre indépendants le piston à vapeur et celui des pompes ; leurs conditions de marche diffèrent à la fois comme course et comme vitesse.

La transmission se fait par pignons et engrenages ; on a donc pu réduire les dimensions des cylindres, en augmentant la vitesse du piston à vapeur.

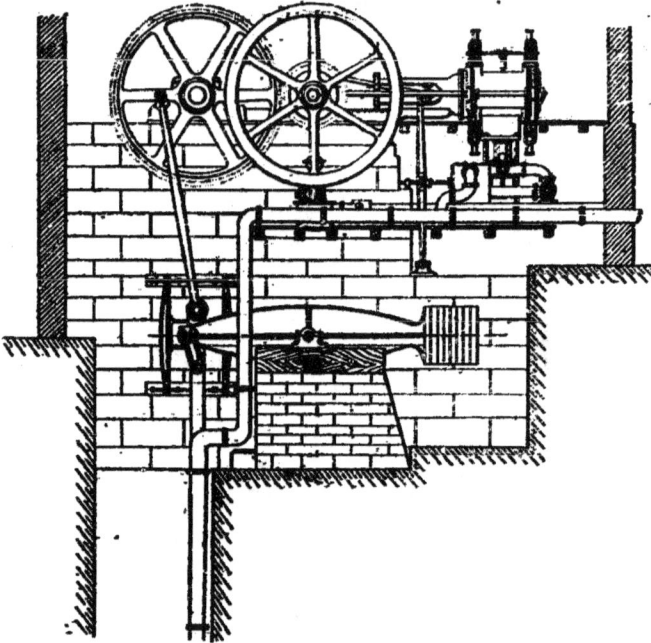

Ces machines, qui ont donné toute satisfaction, ont en général deux cylindres horizontaux conjugués, à détente très développée et à condensation.

L'arbre moteur porte les pignons et le volant. Les roues correspondantes sont calées sur des arbres parallèles ; elles portent les manivelles sur lesquelles sont attelées les maîtresses-tiges.

Deux balanciers d'équilibre seront disposés pour soulager les engrenages et permettre de marcher, au besoin, avec un seul cylindre.

358. Machines souterraines. — Ces mêmes machines à rotation peuvent être placées au fond, aspirer l'eau dans le puisard et la refouler au jour d'un seul jet. On supprime ainsi l'attirail encombrant et coûteux des tiges, des répétitions de pompes avec leurs supports ; le tout se réduit à une ligne de tuyaux pour la sortie de l'eau et une autre pour l'amenée de la vapeur. Elles tiennent moins de place, mais comme il faut pouvoir les visiter, le vide du puits doit être sensiblement le même qu'avec l'emploi des maîtresses tiges ; il sera même

Ensemble de l'installation
Plan

Machine intérieure
Machine d'épuisement de St Marc (Blanzy)

Coupe longitudinale et élévation
de la Machine.

utile souvent d'avoir un puits spécial pour l'échappement de la vapeur.

Les inconvénients de ces machines résident dans leur installation, les difficultés de surveillance et d'entretien. Les corps de pompe et la colonne sont soumis de fortes pressions ; toutes les pièces qui les composent doivent être très résistantes et parfaitement ajustées.

Il y aura, de plus, une condensation dans les tuyaux d'amenée de vapeur.

Les cylindres à vapeur ne devront pas être calculés à la manière ordinaire, mais d'après la somme des résistances qui s'opposent au mouvement.

Quel que soit le moteur adopté, en comptant les frais de toute nature et toute compensation faite, on admet que l'épuisement par pompes coûte environ la moitié du prix de l'exhaure par bennes.

Si donc la machine d'extraction est occupée à l'épuisement par câble pendant plus de six à huit heures, il convient d'établir une machine d'exhaure spéciale. Pour en déterminer la puissance, on admet généralement que l'effet utile, mesuré en eau élevée, représente 65 0/0 du travail moteur et que le volume de l'eau élevée est les 9/10 de celui qui est engendré par les pistons des pompes.

359. Moteurs hydrauliques. — Ils sont à employer toutes les fois que l'on aura une force hydraulique à sa disposition, turbine ou roue hydraulique à laquelle on attellera les pompes. On emploie une machine à colonne d'eau dans les mines du Harz pour élever l'eau au niveau de la galerie d'écoulement.

M. Roux, ingénieur au Creusot, a établi une machine à colonne d'eau dans laquelle les pompes font corps avec le moteur. Cette machine peut être placée à un niveau quelconque dans les travaux et en amener les eaux à un niveau supérieur, d'où elles seront ensuite élevées jusqu'au jour par la machine générale.

360. Appareils divers appliqués à l'exhaure. — On emploiera des pompes quelconques pour les épuisements partiels et temporaires ; on trouvera quelquefois avantage à employer les éjecteurs tels que l'appareil Friedmann, dont le mode de fonctionnement est analogue à celui des injecteurs Giffard.

Ces moteurs travaillent dans des conditions très onéreuses comme dépense de vapeur, mais ils sont d'une installation rapide et économique, toujours prêts à fonctionner même après un long chômage, sans nécessiter de garnitures ni de réparations.

Les pulsomètres et les pulsateurs pourront être employés à des épuisements de courte durée.

361. Épuisement par l'air comprimé. — MM. Dubois et François ont appliqué l'air comprimé à l'épuisement.

L'eau entre dans l'appareil par la soupape S pour être refoulée par la soupape S' sous la pression de l'air, dont la distribution est réglée par les flotteurs F mobiles dans le réservoir R; la capacité de ce réservoir sera mise alternativement en communication avec la conduite d'air comprimé et avec l'air extérieur au moyen d'une distribution analogue à celle des perforateurs.

Avant la mise en marche, le tiroir, par son poids, permet la communication avec l'air extérieur et l'eau arrive librement dans le réservoir, en faisant monter les flotteurs ; par l'intermédiaire d'un bras de

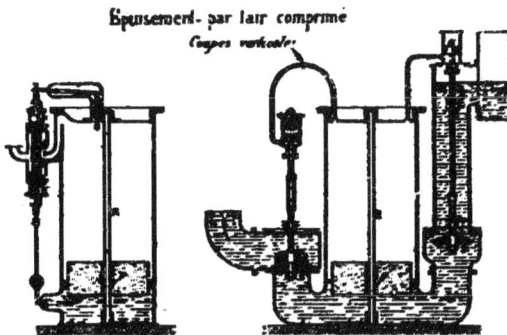

Épuisement- par l'air comprimé
Coupes verticales

levier, ce flotteur, en montant, agira sur la distribution et l'air comprimé pénétrera dans le réservoir en même temps que sous les deux petits pistons qui agiront sur les soupapes d'entrée et de sortie de l'eau. L'eau sera refoulée à travers la soupape S', le flotteur descendra, viendra agir sur un autre bras du levier qui mettra le réservoir en relation avec l'air extérieur, lui permettra de se remplir de nouveau et la même série de mouvements se reproduira.

En superposant une série de ces petites pompes, il sera facile, avec une pression d'air plus ou moins forte, d'élever l'eau à toute hauteur. Ces appareils successifs, ayant une marche indépendante, permettent de prendre des quantités d'eau différentes aux divers niveaux, ce qui évitera de faire descendre toutes les eaux à un puisard unique, pour les élever ensuite.

Ce système d'élévation est simple mais coûteux ; il paraît pourtant donner des résultats satisfaisants dans des exploitations où l'air comprimé est déjà employé à d'autres usages.

CHAPITRE XIV

MÉTHODE D'EXPLOITATION

—————

§ 1.

GÉNÉRALITÉS

Méthodes d'exploitation souterraine

362. Division du gîte. — Nous avons dit que les gîtes ne se présentent pas à l'exploitant comme un dépôt de matière minérale compris entre deux plans parallèles. Les accidents géologiques ont déterminé des ondulations, des plissements, des contournements, des rejets plus ou moins importants ; en même temps le toit ne conservait pas son parallélisme, mais laissait varier sa distance au mur, ce qui détermine des renflements, des rétrécissements ou des étreintes complètes du gîte.

Nous avons vu ensuite que l'aménagement général d'un gîte consiste à le diviser en étages, c'est-à-dire en longues zônes comprises entre deux galeries tracées avec une légère pente pour favoriser à la fois l'écoulement des eaux et le roulage rationnel des produits.

Ces galeries ne devant pas sortir d'une partie déterminée du gîte, rester sur le mur, par exemple, ne sauraient être rectilignes, puisqu'elles devront suivre tous les plissements et toutes les ondulations.

La galerie inférieure de l'étage est reliée par un travers-bancs au puits d'extraction et d'arrivée d'air, la galerie supérieure au puits de retour d'air. Ces galeries sont mises en relation l'une avec l'autre par des montages ou voies inclinées, le plus souvent suivant la ligne de plus grande pente du plan du gîte, qui divisent l'étage en plusieurs *piliers*, ou *massifs*, ou *portions de gîte* compris entre le toit et le mur.

C'est le mode d'enlèvement, le dépilage de ces massifs qui différencie presque exclusivement les méthodes d'exploitation.

Il est bien admis que ces massifs pourront avoir des contours curvilignes, que l'épaisseur du gîte ne sera pas constante, mais cela n'apportera pas de pertubation sensible à l'esprit des méthodes ; aussi nous supposerons toujours, pour simplifier les descriptions, que les piliers ou massifs à dépiler sont à bases rectangulaires.

Les méthodes d'exploitation varieront nécessairement avec la nature et la valeur du minerai à exploiter, avec la puissance et l'inclinaison du gîte, sa résistance à l'éboulement, et aussi avec la manière d'être des roches encaissantes.

363. Etablissement de la méthode. — Le but du mineur étant de produire au plus bas prix possible, tout en assurant le bon aménagement du gîte et la sécurité des ouvriers, il sera indispensable, pour un cas déterminé, d'établir la méthode d'exploitation à appliquer en coordonnant entre eux les éléments qui paraîtront le mieux appropriés aux conditions locales, ainsi qu'à la nature et à l'allure du gîte. On peut donc dire qu'il existe une méthode spéciale à chaque mine et que, dans une même mine, on est amené à modifier sa méthode ou en adopter simultanément plusieurs par le fait du changement de l'allure ou de la manière d'être du gîte.

Rappelons encore que, dans toute méthode, on cherchera à avoir des chantiers ou tailles aussi larges que possible avec un front dégagé sur deux faces au moins, afin de faciliter l'abattage. Le front de taille recevra un nombre d'ouvriers correspondant à son développement ou relatif à la production que l'on veut obtenir.

Les ouvriers devront avancer leur front de taille chaque jour de la même quantité et conserver ainsi le dessin de la méthode adoptée.

On devra concentrer le plus grand nombre possible d'ouvriers sur un quartier donné pour simplifier l'aérage, le service des transports, et favoriser la surveillance. Il faudra réduire le développement des galeries à son minimum et, au fur et à mesure de l'avancement des travaux, supprimer toutes celles qui sont devenues inutiles.

Lorsque la puissance du gîte le permet, les galeries tout entières sont ouvertes directement dans le gîte lui-même.

364. Coupage des voies. — Si la puissance du gîte est trop faible, il y aura lieu d'entailler les épontes pour donner aux galeries les dimensions nécessaires à la circulation.

Ces entailles que l'on appelle *coupage des voies* se font, soit au toit, soit au mur, soit dans les deux parois à la fois.

Lorsque le gîte est presque vertical, on entame la paroi la plus difficile à soutenir. Lorsque l'inclinaison s'éloigne de la verticale, on entaille de préférence le mur, afin d'éviter de modifier par des coupures l'équilibre des roches du toit.

Ce mode de procéder aura, en outre, l'avantage de favoriser le charge-

ment des produits dans les vases de transport circulant sur les voies
principales. Par contre si, par exemple, on a un faux toit de roches qui

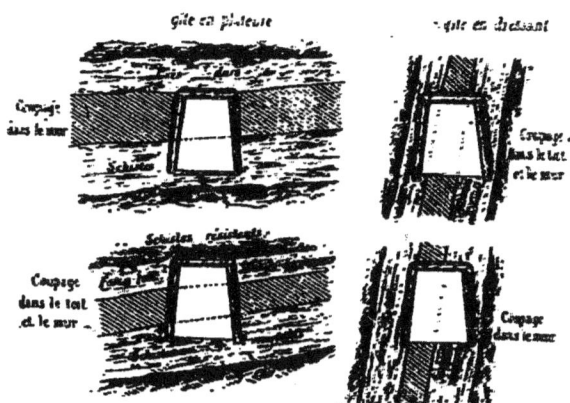

tendent à se détacher, on l'enlèvera nécessairement lors de l'ouverture
des galeries.

365. Remblayage. — Lorsqu'on exploite des gîtes métallifères,
la proportion des roches stériles provenant de l'abattage du gîte lui-
même sera toujours suffisante pour remblayer l'excavation produite
par l'enlèvement des roches utiles.

Le plus souvent même, cette production sera surabondante et on devra transporter jusqu'au jour une partie des stériles provenant d'un
premier triage fait dans la mine.

Il ne faut pas oublier que 1 m³ de roche en place donne, après foisonnement, près de 2 m³ et peut, par conséquent, remblayer une excavation de même volume.

Dans l'exploitation de gîtes de faible puissance, (tels que certaines
couches de houille), le remblayage des excavations résultant de l'enlèvement du gîte sera facilement obtenu par les roches stériles provenant
du percement des travers-bancs, du coupage des voies et des chantiers
d'abatage.

Le surplus, qui ne pourra être employé au remblayage, devra être
élevé au jour ; aussi cherchera-t-on à combiner la hauteur des tailles
de telle façon que les vides puissent être remblayés sans excès par les
stériles.

Lorsque la puissance sera telle que les voies de service seront ouvertes entièrement dans le gîte, les stériles seront insuffisants pour le remblayage des excavations. On se contentera souvent alors de déposer
dans les tailles les stériles provenant des chantiers et on laissera les
roches du toit s'affaisser en arrière des fronts, en ayant bien soin de
rester toujours maître de diriger ces éboulements.

Lorsque la puissance du gîte sera encore plus importante en même temps que la valeur marchande de la matière exploitée sera faible, comme c'est le cas pour les pierres de construction, les plafonds seront maintenus par des piliers ou massifs qui sont abandonnés. Dans d'autres cas, on pourra laisser les roches du toit s'ébouler dans l'excavation, ce qui présente toujours certains dangers et compromet une partie du gîte.

Aussi remblaie-t-on le plus souvent les excavations à l'aide de roches stériles provenant de chambres d'éboulement créées à l'intérieur, ou mieux, de carrières à remblais ouvertes au jour.

366. Abattage des fronts. — Pour procéder à l'abattage, on fera, toutes les fois que cela sera possible, un havage au pied de la taille, en soutenant au besoin celle-ci provisoirement par de petits étais. Ce ne sera qu'exceptionnellement qu'on devra faire l'abattage en ferme, car alors le prix de revient s'élèvera d'une façon sensible.

Le havage et l'abattage sont généralement exécutés par les mêmes ouvriers, mais il est préférable, lorsque cela est possible, de faire pratiquer le havage par le poste de nuit, pour éviter que les stériles, dans lesquels on le creuse habituellement, ne viennent salir les produits de l'abattage obtenus pendant le poste de jour dans des tailles parfaitement nettoyées.

Les remblais et les éboulements ne devront pas gêner le travail ; ils ne suivront qu'à 2 ou 3 m. en arrière du front de taille.

367. Soutènement des tailles. — On sera donc amené à soutenir provisoirement la couronne en arrière. Le plus souvent, au lieu de placer les buttes irrégulièrement, suivant les besoins, on les dispose parallèlement au front de taille, à des distances variant de 1 à 3 m. l'une de l'autre.

Chaque jour on place une nouvelle rangée de buttes près du front de taille et on enlève, si c'est possible, les buttes d'arrière, quand on procède au remblayage, ces buttes pouvant ainsi servir plusieurs fois.

Les buttes, au lieu de s'appuyer directement sur la couronne, pourront être taillées en gueule de loup et supporter des perches horizontales qui rendront solidaire une partie du soutènement. Si cela est nécessaire, on placera, en outre, un garnissage qui s'appuyera d'un côté sur les perches parallèles au front de taille et, de l'autre, dans des entailles faites à la partie supérieure de ce front de taille, jusqu'à ce qu'on puisse placer en avant une nouvelle rangée de buttes et de perches.

§ 2.

EXPLOITATION DES MINERAIS

368. Méthodes d'exploitation. — Les méthodes générales s'appliquent aux gîtes métallifères, composés le plus souvent de roches solides et consistantes, présentant rarement de sérieuses difficultés ; d'autres méthodes seront spécialement appliquées à la houille, matière dont le prix de vente est relativement peu élevé et que chaque siège d'exploitation doit produire en grande quantité pour arriver à un prix de revient aussi bas que possible. Ici toute fausse manœuvre se traduit par une augmentation sensible de ce prix de revient ; il pourrait donc en résulter, si certaines limites étaient dépassées, une perturbation sérieuse dans la marche de l'exploitation.

Pour les méthodes générales, nous considérerons les différents cas suivants :

Gîtes d'une puissance inférieure à 3 m.	Inclinaison entre 35° et la verticale	Gradins drois Gradins renversés
	Inclinaison entre 35° et l'horizontale	Gradins couchés Grandes tailles Galeries et piliers
Gîtes d'une puissance supérieure à 3 m.	Sans remblais	Galeries et piliers Par éboulement Par foudroyage
	Avec remblais	Ouvrages en travers Tranches et remblais

Nous nous occuperons d'abord des gîtes dont la puissance est inférieure à 3 mètres, c'est-à-dire que l'on enlève en une seule passe et dont les chantiers ou tailles peuvent être maintenus, pendant la période d'abattage, par des bois allant du toit au mur du gîte.

369. Puissance inférieure à 3 mètres. Inclinaison entre 35° et la verticale. — Les filons métallifères se présentent le plus souvent avec une puissance inférieure à 3 mètres et un pendage qui se rapproche plus ou moins de la verticale. Pour les exploiter, on commence par créer des étages en prenant des galeries en direction espacées de 15 à 60 mètres mesurés suivant la verticale et réunies de distance en distance par des montages qui assurent l'aérage, tout en faisant reconnaître les parties riches et les parties stériles du filon. Le gîte se trouve ainsi divisé en plusieurs massifs ou piliers pour le dépilage desquels on emploiera, soit la méthode des gradins droits, soit celle des gradins renversés.

On remarquera que, d'après l'inclinaison du gîte, le mineur ne peut s'appuyer sur le mur et que, pour son travail, il devra se tenir sur un gradin tracé dans le gîte lui-même, ou bien sur des planchers supportés par des bois allant du toit au mur, ou bien encore sur des remblais rejetés en arrière du front de taille.

370. Gradins droits. —Dans la méthode par gradins droits, le pilier est attaqué par l'un de ses angles supérieurs ; on enlève un premier prisme directement en dessous de la voie supérieure. Ce prisme, limité par les épontes du gîte, aura 1 ^{m}. 50 à 4 mètres de longueur suivant la direction et de 1 à 2 mètres de hauteur suivant le pendage. Les mineurs placés sur le gîte continueront d'avancer et, lorsqu'ils seront à 1 m.50 ou 4 mètres, d'autres mineurs viendront attaquer au-dessous une autre tranche. Quand celle-ci sera à 1^m.50 ou 4 mètres, la première ayant avancé d'une quantité double, d'autres mineurs viendront attaquer une 3e tranche et ainsi de suite. L'ensemble des chantiers présentera donc, à un moment donné, une disposition en gradins dont le nombre ira en augmentant successivement jusqu'à ce qu'on soit arrivé à la voie de transport inférieure ou à un montage.

Les dimensions des galeries sont déterminées par la nature du minerai, les facilités d'abattage et le degré de solidité du toit et du mur. A mesure que les chantiers avancent, on boise solidement avec des étais assujétis contre le toit et contre le mur, normalement à ces deux épontes et avec interposition de garnissage, s'il en est besoin. Ces étais, qui assurent le soutènement, servent en outre à supporter des planchers sur lesquels on rejette à la pelle les stériles provenant d'un premier triage fait sur les gradins.

Le minérai abattu est rejeté de gradin en gradin jusqu'au montage ou à la galerie de transport.

371. Gradins renversés. — Dans la méthode par gradins renversés, les ouvriers commencent l'attaque des massifs par la partie inférieure et continuent à abattre une tranche en direction. Quand ils ont pris une certaine avance, d'autres ouvriers font le boisage nécessaire et attaquent une deuxième tranche au-dessus de la première. Les roches abattues sont triées, les stériles sont rejetés en arrière et le minerai conduit à la galerie de transport. D'autres ouvriers attaquent en arrière une troisième tranche et ainsi de suite.

La disposition est donc inverse de celle des gradins droits. Des cheminées devront être ménagées de distance en distance dans les remblais pour l'évacuation des minerais.

Lorsque le filon a des épontes solides et une puissance ne dépassant pas 1m. ou 1m,50, le boisage est facile. Mais si le filon atteint 2 m. et au delà, il est souvent avantageux de remplacer par des voûtes les boisages des galeries de service.

Si le toit est peu solide, il sera maintenu par un boisage en arrière du front de taille. A mesure de l'avancement, on placera une nou-

Inclinaison comprise entre 45° et la Verticale.
Dispositions diverses de chantiers
Projection verticale du gîte.

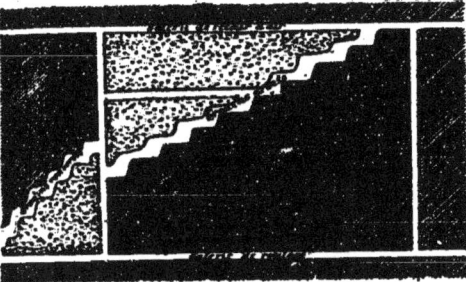
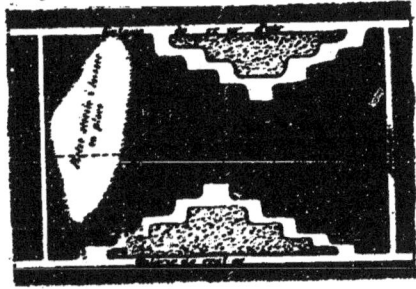

Méthode par gradins droits

Méthode par gradins renversés

Projection verticale du gîte.

Coupe AB
(Gîte mince)

Projection verticale du gîte

Coupe AB
(Gîte puissant)

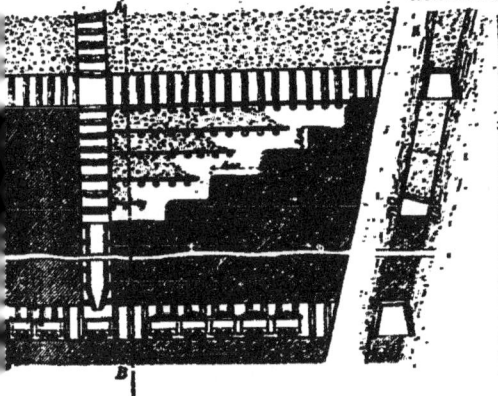
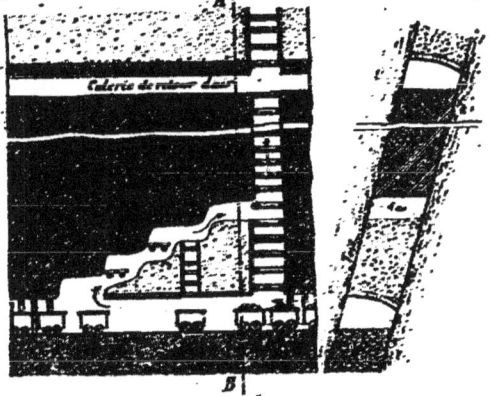

velle ligne de bois et on enlèvera, si c'est possible, ceux qui sont restés en arrière.

Les matières abattues tombent naturellement sur les remblais substitués au filon à mesure de l'avancement. Après un premier triage, les stériles sont rejetés et les minerais conduits à la voie de transport située au-dessous des chantiers.

Dans cette méthode, on n'a plus une série de planchers pour recevoir les stériles, qui reposeront tous sur le boisage ou sur la voûte de la galerie de roulage.

372. Comparaison des deux méthodes. — Ces deux méthodes

peuvent subir certaines modifications ; c'est ainsi qu'au lieu d'attaquer les piliers par les angles, on peut les attaquer par le milieu pour augmenter le nombre des chantiers.

Dans ces deux méthodes, les fronts de taille sont toujours dégagés sur deux faces, les ouvriers sont rassemblés et la surveillance facile.

On procédera à l'enlèvevement complet du gîte, tout en laissant cependant en place les parties considérées comme trop pauvres pour que leur abattage soit rémunérateur. Après l'exploitation, le filon se trouvera remplacé par des remblais stériles reposant sur des lignes de planchers ou sur des voûtes. Les parties trop pauvres, qui auront été contournées, sont restées en place.

Dans la méthode par gradins renversés, l'abattage est facilité par le poids même de la roche et le boisage est moins coûteux que dans la méthode par gradins droits. Les remblais se déposent d'eux-mêmes dans l'emplacement qu'ils doivent occuper, tandis que, avec les gradins droits, ils doivent être rejetés en arrière sur des planchers.

Dans la méthode par gradins droits, un premier triage du minerai peut se faire avec soin sur chaque gradin, mais ce procédé présente des inconvénients sérieux, si la valeur du minerai peut être amoindrie par la boue et l'écrasement résultant du piétinement continuel des ouvriers.

Dans la méthode par gradins renversés, le triage est souvent difficile, la roche abattue tombant sur le remblai où le minerai peut d'autant plus facilement se perdre qu'il est ordinairement plus friable que les gangues. Aussi, quand on applique cette méthode à des matières d'une certaine valeur, on dame quelquefois sur les remblais une sole argileuse qui retient tout l'abattage, ou bien encore on étend sur ces remblais des planches ou des toiles qui empêchent les petits fragments de se perdre.

Le choix entre les deux méthodes sera déterminé par des considérations spéciales résultant de la nature du gîte. Souvent même on sera amené à employer les deux méthodes dans une même exploitation.

373. Puissance inférieure à 3 mètres. Inclinaison entre 35° et l'horizontale. — Ici le mineur sera à même de se tenir sur le mur du gîte et les roches stériles seront déposées dans les vides produits, sans qu'il soit nécessaire de les soutenir par des voûtes ou des boisages. Le boisage aura exclusivement pour objet de protéger le mineur contre la chute du toit, si cela est nécessaire à sa sécurité. Les stériles provenant de l'exploitation seront rejetés derrière et reposeront sur le mur. Les conditions d'exploitation dépendront principalement de la puissance du gîte et de la solidité du toit.

374. Gradins couchés. — Le dessin de l'exploitation ressemble, en projection horizontale, à celui des gradins renversés ; mais la méthode diffère en ce que les mineurs, au lieu de se tenir sur des remblais ou des planchers, reposeront directement sur le mur du gîte.

On donne ordinairement aux gradins 4 mètres suivant la direction et 4 mètres suivant le pendage, la hauteur étant déterminée par la puissance du gîte. Les fronts de taille seront généralement parallèles à la direction.

On boise en arrière du front de taille avec autant de buttes qu'il est nécessaire pour maintenir le toit et on place de nouvelles rangées de buttes à mesure de la montée des tailles. L'excavation produite par l'enlèvement du gîte est comblée par les stériles provenant de l'exploitation.

Lorsque les piliers ont une certaine étendue, on réserve dans les remblais des voies destinées à faciliter les transports.

375. Grandes tailles. — Dans les méthodes par grandes tailles, on peut supprimer le traçage préalable et, au lieu de commencer par diviser le gîte en massifs ou piliers, on ouvrira une taille dès que le gîte sera recoupé et l'aérage assuré. Les tailles vont donc en s'éloignant du puits et en suivant de près l'avancement des galeries d'allongement. La direction de la taille sera le plus souvent déterminée par la facilité avec laquelle la roche se laisse abattre. S'il y a des clivages, on est amené à placer les fronts de taille parallèles à ces clivages.

La largeur minimum à donner aux tailles est souvent déterminée par le volume des stériles à loger, leur largeur maximum par la dureté de la roche et la solidité du toit ; c'est ainsi qu'elle peut varier de 12 à 150 mètres et au-delà. Les grandes largeurs, quand elles sont possibles, sont toujours avantageuses au point de vue du prix de l'abattage et des transports.

Dans les méthodes par grandes tailles, les mineurs sont placés sur tout le front, séparés de 2 m. 50 à 4 mètres, et avancent à chaque poste de la même quantité. Derrière eux, au fur et à mesure de l'avancement, on dispose des lignes de bois pour soutenir le toit.

Les roches stériles sont rejetées derrière les mineurs et même disposées en forme de murs dont les parements doivent toujours laisser un vide de 1 m. 50 à 2 m. 50 entre eux et le front de taille. On enlève, à mesure que la taille progresse, les bois devenus inutiles par suite du remblayage.

Lorsqu'on peut avoir des tailles de grande largeur, il s'ensuit que les conditions spéciales du gîte conduisent à tracer les galeries principales et les montages à grande section ; on les divise souvent en deux parties par un mur longitudinal en pierres sèches qui permet de mieux régler l'aérage, ou bien on mène deux galeries parallèles à faible distance l'une de l'autre. Avec les grandes largeurs de front de taille, on ménage dans les remblais des voies de transport.

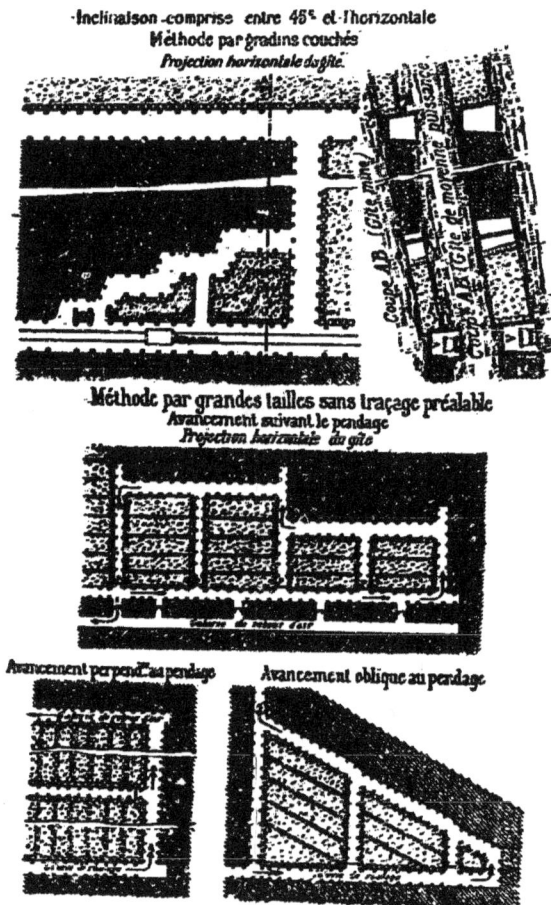

Inclinaison comprise entre 45° et l'horizontale
Méthode par gradins couchés
Projection horizontale du gîte

Méthode par grandes tailles sans traçage préalable
Avancement suivant le pendage
Projection horizontale du gîte

Avancement perpendiculaire au pendage   Avancement oblique au pendage

Si les stériles produits par l'exploitation ne sont pas en quantité suffisante pour remplir les vides, on pourrait avoir recours à des remblais amenés sur place ; il en résulterait un surcroît de dépenses. On se contente de disposer les stériles de l'exploitation le long des galeries à conserver, puis on laisse ébouler ou on fait ébouler les roches du toit dans les vides. Souvent, on laisse des portions de gîte intactes le long des galeries à conserver.

Les grandes tailles peuvent être appliquées aussi après traçage préalable.

376. Galeries et piliers. — On commence par tracer deux séries de galeries se coupant sous un certain angle et laissant entre elles des massifs ou piliers qu'on reprendra ensuite en battant en retraite ou qu'on abandonnera pour soutènement.

On facilitera l'abattage en donnant de grandes sections aux galeries, mais en ayant soin de laisser toujours aux piliers des dimensions suffisantes pour éviter leur écrasement sous la pression du toit.

Lorsqu'on se proposera de dépiler les piliers après traçage, on leur donnera des dimensions variables, les plus usitées étant de 10 à 12 mètres en direction sur 20 à 40 en pendage.

Les galeries qu'on percera sur des largeurs de 2 à 6 m. suivant la solidité du toit auront la hauteur du gîte ; si la puissance de celui-ci était trop faible et s'il devenait nécessaire d'entamer les épontes, on pousserait des tailles en même temps que les galeries, afin de loger les stériles à provenir du coupage des voies.

Méthode par piliers abandonnés en damier

Méthode avec reprise des piliers

Gîte de moyenne puissance

en quinconce

Gîte de faible puissance

Coupe suivant AB

Coupe suivant CD

Méthode avec piliers recoupés

Le dépilage des piliers devra suivre de près le traçage, afin de diminuer les frais d'entretien du réseau des galeries ; il se fera en battant en retraite et souvent l'ensemble du quartier présentera une disposition dont le tracé se rapproche de celui des gradins couchés, sauf que les gradins sont séparés par les galeries de traçage.

Lorsqu'on rencontre des parties pauvres ou stériles, on les contourne en les abandonnant comme soutènement.

Si l'enlèvement d'un pilier ou d'une partie de pilier n'offre pas toute sécurité, on l'abandonne aussi pour servir de soutènement.

Les piliers enlevés sont remplacés par des piliers en pierres sèches, ou des murs, ou des remblais, ou bien on laisse le toit s'effondrer.

Il faut avoir soin de réserver toujours des piliers de protection contre

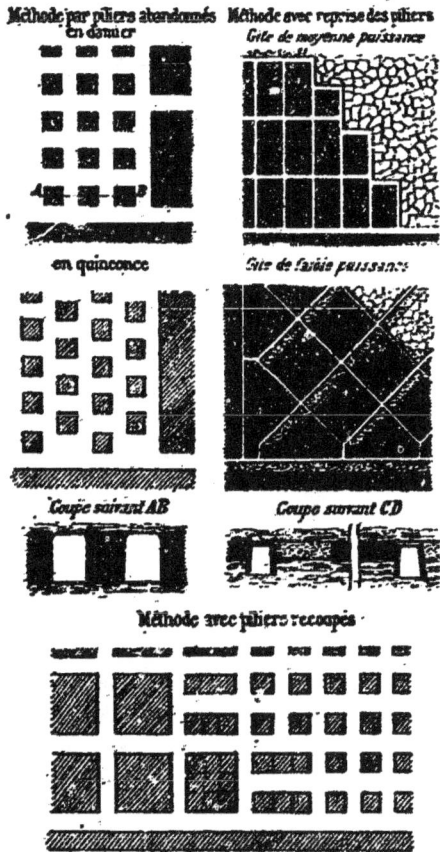

les galeries principales, piliers qui seront repris en dernier lieu, si cela est reconnu avantageux.

Lorsque les roches du gîte sont de peu de valeur et ne donnent que peu ou pas de remblais, on fait du traçage la véritable exploitation, en poussant de larges galeries, laissant entre elles des piliers capables de soutenir le toit. Ces piliers, qui auront une plus grande largeur dans le sens de l'inclinaison pour combattre les tendances au glissement, seront disposés en damier ou en quinconce.

Cette dernière disposition sera adoptée toutes les fois que le toit présentera des filières, c'est-à-dire des fissures qui affectent la masse et qui pourraient faire craindre un manque de solidité, si on laissait le toit sans soutènement sur une ligne continue, celle de ces filières.

Dans certains cas, lorsque le toit n'offre pas de garanties de solidité suffisantes, on peut commencer un premier traçage en donnant aux piliers des dimensions exagérées. Une fois arrivé à l'extrémité du champ d'exploitation, on battra en retraite en traçant dans chaque pilier deux galeries en croix, de façon à abandonner le moins possible du gîte. Si les piliers réduits s'écrasent, l'exploitation n'en sera pas affectée, puisqu'on n'aura plus à retourner dans les parties écrasées. Mais il ne faut pas perdre de vue que la surface du sol pourra être affectée par des effondrements et qu'il en résultera des dommages à évaluer.

377. Gîtes d'une puissance supérieure à 3 mètres. — Lorsque la puissance du gîte dépasse 3 mètres, le soutènement des tailles se fera difficilement avec des bois allant du mur au toit, comme cela a lieu pour les gîtes de moindre épaisseur. Le soutènement se fera donc, le plus souvent, à l'aide de bois qui s'appuieront, tantôt sur les épontes, tantôt sur le gîte lui-même, tantôt sur des remblais.

Dans les gîtes de grande puissance, l'inclinaison aura une importance moindre pour le choix des méthodes. On se décidera surtout d'après la nature plus ou moins ébouleuse du minerai et des roches encaissantes et d'après la valeur du minerai.

Galeries et piliers. — Lorsque les roches à exploiter sont solides et résistantes, on peut employer la méthode par galeries et piliers, ces derniers étant définitivement abandonnés si la valeur de la roche est faible, ou bien ils seront repris en partie, au retour, en laissant les éboulements se produire derrière soi ou encore en faisant un soutènement à l'aide de murs en pierres sèches et de remblais.

Dans certains cas, lorsque la résistance des roches est suffisante, on enlève en une seule fois toute l'épaisseur du gîte allant jusqu'à 20 mètres et dépassant même cette hauteur. On donne aux galeries une section décroissante dans le haut, formant une sorte de voûte, et on abandonne le plus souvent une partie du gîte en couronne, une autre en semelle pour établir une solidarité entre tous les piliers.

. Ceux-ci sont généralement disposés en damier ; cependant, quand le gîte présente un système de filières ou crains continus, on leur donne une disposition en quinconce, afin d'éviter une trop grande longueur de ligne de moindre résistance.

D'autres fois, quand le gîte a été découpé par ces grandes galeries qui forment l'exploitation véritable, on attaque ces piliers en battant en retraite et on retire tout ce qu'on peut atteindre sans danger.

Méthodes par Galeries et Piliers.
Coupe Verticale

Lorsque le gîte a une trop grande puissance ou lorsqu'il est vertical, au lieu de viser à l'enlèvement des roches sur toute la hauteur, du mur au toit, par un seul tracé de galeries, on opère par tranches prises suivant la stratification ou prises horizontalement en laissant entre elles un *estau* intact.

Coupe verticale

Dans chacune des tranches, on trace deux systèmes de galeries se coupant à angle droit, à moins que des clivages n'engagent à les conduire obliquement ; on leur donne les plus grandes dimensions que peuvent comporter les chantiers ; les grandes longueurs facilitent l'abattage et les grandes hauteurs diminuent le nombre des estaus ou sols abandonnés entre chaque tranche. Ces galeries sont creusées souvent sur 3 à 6 m. de largeur et 6 à 10 de hauteur : on les attaque par plusieurs gradins.

Coupe verticale

Plan

La première tranche que l'on exploitera sera celle qui repose sur le mur du gîte ou bien celle du bas de l'étage en exploitation, puis les suivantes en montant. L'estau aura nécessairement une épaisseur en rapport avec la nature et la résistance des roches et on aura soin de faire correspondre, les uns au-dessus des autres, les piliers de chaque tranche.

Souvent on donnera aux galeries des tranches inférieures des dimensions plus faibles que celles qu'on donnera aux vides des tranches supérieures, de sorte que les piliers qui se correspondent, considérés dans leur ensemble à travers les estaus, présentent de haut en bas une section croissante, favorable à la résistance.

378. Méthode par éboulements. Pendage entre 45° et la verticale. — S'il s'agit de roches friables et ébouleuses, on emploiera la méthode par éboulements.

Une galerie en direction sera tracée en dehors du gîte et dans une partie solide du mur, à l'abri des mouvements qui seront produits par

Puissance supérieure à 3ᵐ00

Méthode par éboulement

Coupe verticale

Méthode par Foudroyage

Projection horizontale du gîte.

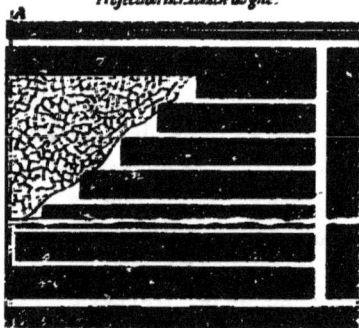

Plan

Coupe verticale AB

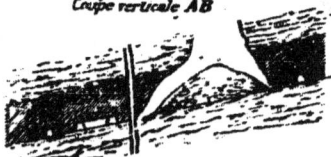

Etats successifs d'un chantier (Foudroyage)

1ʳᵉ Période	2ᵐᵉ Période	3ᵐᵉ Période

l'exploitation. De cette galerie on fera partir une série de traverses soigneusement boisées, allant jusqu'au toit et laissant entre elles des massifs de 3 à 4 mètres. On déboisera successivement les traverses en reculant, les éboulements se produiront et on enlèvera la partie du gîte éboulée, puis on continuera à déboiser pour provoquer de nouveaux éboulements et, si ceux-ci tardent à se produire, on les déter-

minera au moyen de coups de mine. On battra ainsi en retraite jusqu'au
mur.

Quand on aura enlevé tout ce qui a pu être atteint sans danger, on
percera en dessous une nouvelle galerie en direction, puis des traverses
fortement boisées et on déterminera les éboulements. Si on prévoit que
ceux-ci se propageront sur une hauteur de 4 à 5 mètres par exemple,
les galeries seront percées successivement à 6 mètres les unes au-dessous
des autres.

Par ces méthodes on enlèvera, dans des conditions économiques, à
peine un quart du gîte ; de plus, le sol s'effondrera naturellement dans
les travaux. Elles sont dangereuses, aussi faudra-t-il exercer une sur-
surveillance incessante et des plus rigoureuses pour éviter les accidents.

379. Méthode par foudroyage. Entre 35° et l'horizontale.
— Lorsque les roches du gîte présentent une certaine résistance et se
séparent facilement de celles du toit, on peut, dans certains cas, avoir
recours aux méthodes par foudroyage.

Chaque grand massif ou pilier, limité par les voies de niveau et les
montages, sera exploité en commençant par tracer sur le mur du gîte
une série de galeries en direction, parallèles entre elles et, par conséquent, séparées par des piliers plus ou moins importants allant d'un
montage à l'autre et ayant de 8 à 15 m. dans le sens du pendage. On
laissera ordinairement un massif de protection intact le long des voies
principales.

Lorsque le quartier est tracé, on procède au dépilage en attaquant
d'abord le pilier du haut en son milieu ou à son extrémité par une
taille montante, puis on continuera l'attaque du pilier en se rabattant
vers le plan incliné. Quand l'ouverture aura une largeur suffisante, on
provoquera la chute de toute la partie du gîte restée en couronne au-
dessus des galeries et des tailles. Le minerai tombé sur le mur sera enlevé, puis on attaquera à nouveau le pilier pour provoquer une nouvelle chute et ainsi de suite, jusqu'à ce qu'on soit arrivé au massif de
protection du montage.

On attaque le deuxième pilier dès que le premier a été dépilé sur
15 ou 20 m. et on continue ainsi jusqu'au pilier de protection de la voie
de roulage inférieure.

On voit qu'on forme ainsi une vaste chambre d'éboulement dans laquelle on enlève le minerai à mesure qu'il tombe et glisse sur le mur
de la couche, à portée des galeries.

Lorsque le toit s'éboule à son tour, les roches recouvrent celles de
gîte qui n'ont pu être enlevées et qu'il faut abandonner. On attaque
alors les piliers, comme au début, pour déterminer de nouveaux éboulements et on arrive ainsi aux extrémités du massif.

Cette méthode, qui n'empoie ni boisage ni remblais, est des plus économiques tant que le travail marche régulièrement. Mais ses inconvénients sont nombreux. Les éboulements peuvent, en effet, se produire subitement, atteindre les voies de service et causer des accidents. Quand on a affaire à une couche de houille, l'atmosphère devient souvent irrespirable par suite des échauffements spontanés qui entraînent des feux et obligent à abandonner le quartier, après l'avoir fermé par des barrages hermétiques en maçonnerie.

On a modifié cette méthode en boisant les chantiers et en prenant la portion du gîte laissée en couronne par rabattage. Il faut alors employer des bois très longs. Les accidents sont moins à redouter, mais la plupart des autres inconvénients subsistent, quoique dans des proportions moindres. On doit compter que, avec une couche de houille, par exemple, on est entraîné à abandonner ou à perdre la majeure partie du gîte.

380. Méthodes par remblais. — Aujourd'hui, dès que les roches représentent une valeur suffisante, on exploite toujours les gîtes puissants en les décomposant par tranches horizontales, verticales ou parallèles à leur inclinaison. Chaque tranche s'exploite comme une couche séparée et on la remblaie avant de passer à la suivante.

L'emploi des remblais permet d'enlever la totalité du gîte et d'obtenir dans les chantiers la sécurité nécessaire à une exploitation souterraine.

Les gîtes puissants pouvant rarement fournir la quantité de roches stériles nécessaire au remblayage, on ramasse ces roches quelquefois dans des chambres d'éboulement ménagées à l'intérieur, mais, le plus ordinairement, on ouvre à cet effet des carrières au jour.

Les méthodes par remblais consistent donc, en principe, à remplacer par du remblai et tranche par tranche la portion du gîte enlevée. On monte sur les remblais d'une tranche inférieure et l'on a soin de remblayer chacune d'elles aussi complètement que possible en ne laissant subsister que les vides indispensables à la marche de l'exploitation, aux transports et à l'aérage.

Dans certaines circonstances et lorsque la tenue des roches du gîte est très mauvaise, on peut trouver avantage à prendre les tranches en descendant. On a ainsi au-dessus de la tête une masse de remblais tassés dont on peut prévoir, jusqu'à un certain point, les chances d'éboulement et les combattre. Il faut nécessairement, dans ce cas, avoir de bons remblais faisant corps et on a soin de disposer sur la sole les morceaux les plus gros et les plus plats. On peut aussi y placer un garnissage en bois pour empêcher la descente des remblais lors de l'exploitation de la tranche inférieure.

381. Ouvrages en travers. — Le gîte étant divisé en étages et grands massifs par les galeries de niveau percées sur le mur du gîte et réunies par des montages, l'exploitation est commencée au niveau de la voie de roulage ; les tailles se réduisent à des traverses dirigées vers le toit et perpendiculaires, le plus souvent, à la direction. Ces tailles, dont la hauteur ne dépasse pas celle de la galerie, sont séparées les unes des autres par des massifs destinés à soutenir la couronne.

Lorsqu'elles sont arrivées au toit, on les remblaie avec soin parce que le remblai pourra concourir au soutènement et permettre d'attaquer les massifs réservés entre les premières tailles. On arrive ainsi à enlever toute une tranche horizontale du gîte et à la remplacer par une tranche de remblais.

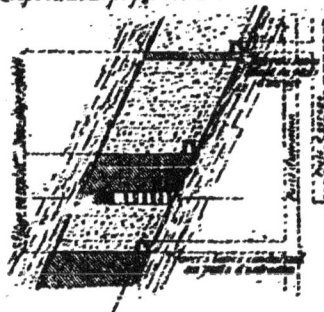

Coupe verticale perpendiculaire à la direction.

On s'élève ensuite sur les remblais pour tracer une nouvelle galerie de direction et on procède à l'enlèvement et au remblayage d'une deuxième tranche dans les mêmes conditions que la première, puis on passera à la troisième, et ainsi de suite jusqu'au dépouillement complet de l'étage ou du sous-étage.

Plan d'une tranche en exploitation

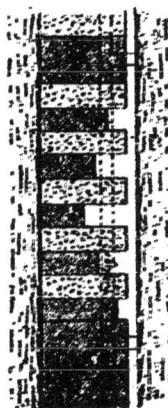

Les tailles ne sont pas nécessairement menées du mur au toit normalement à la direction ; elles peuvent être conduites sous un angle quelconque tout en restant horizontales. Elles ne sont pas davantage astreintes à suivre une ligne droite ; aussi la méthode convient-elle d'une manière particulière aux gîtes en amas.

Dans ce cas, on commence par bien définir l'amas au moyen d'une galerie qui le contourne, puis on le traverse par une ou plusieurs galeries d'où partent les tailles et, quand on rencontre une partie stérile ou trop pauvre, on la contourne sans l'abattre. Une première tranche étant enlevée et remblayée, on passe à la seconde, comme il a été dit.

Une même galerie d'allongement peut servir au roulage des produits de plusieurs tranches ; ils y sont amenés par des montages percés sur le mur et qui s'élèvent successivement jusqu'à la galerie de retour d'air, par laquelle se fera l'arrivée des remblais.

Dans l'application de ces méthodes, il conviendra de se rappeler que, quels que soient les soins apportés à la mise en place des remblais, il y aura toujours des tassements plus ou moins considérables.

Lorsqu'on termine l'exploitation d'un étage, l'étage supérieur étant exploité et remblayé, on est obligé quelquefois de sacrifier une partie du gîte sous la forme d'un plafond qu'on abandonne pour éviter l'effondrement des remblais supérieurs.

Si la valeur du minerai est suffisamment élevée, au lieu d'abandonner ce plafond on construira des voûtes en maçonnerie pour soutenir les remblais supérieurs.

Lorsque les remblais sont de bonne qualité, c'est-à-dire quand ils contiennent une proportion convenable d'argile, ils arrivent, après tassement, à former un toit assez consistant pour qu'on puisse exploiter jusque sous les remblais, comme si on avait le gîte lui-même en couronne.

Il sera donc utile de placer, à la base de chaque étage, du remblai choisi et même de disposer sur le sol de la première tranche une sorte de quadrillage de vieux bois hors de service, qui facilitera l'exploitation de la dernière tranche de l'étage inférieur.

382. Tranches inclinées et remblais. — D'autres fois, au lieu d'enlever le gîte par tranches horizontales successives, comme c'est le

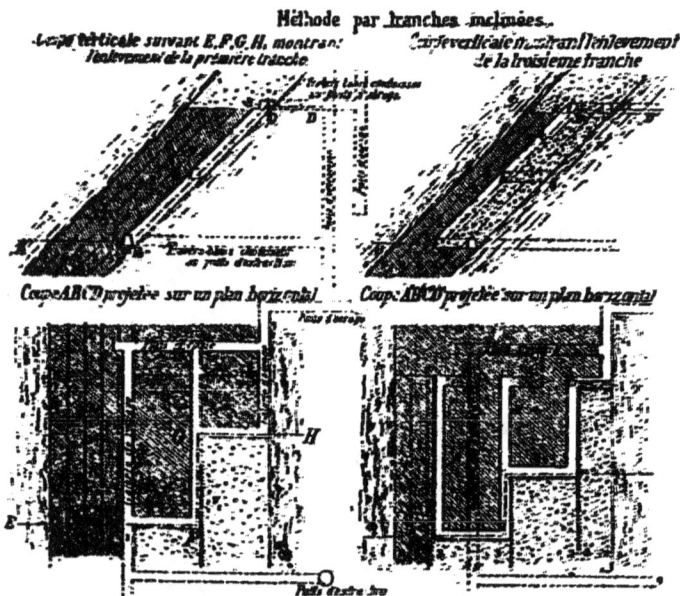

Méthode par tranches inclinées.

cas dans la méthode des ouvrages en travers, on considère le gîte puissant comme composé de plusieurs gîtes minces superposés qu'on exploite séparément, en commençant par la tranche qui repose sur le

mur. On enlèvera successivement des tranches inclinées suivant le pendage, en les remplaçant au fur et à mesure par des remblais, sur lesquels
les mineurs pourront s'élever ensuite.

Tranches inclinées et soutènement en maçonnerie. — Dans les cas exceptionnels où la valeur du minerai est très grande et, par conséquent,
où l'on a intérêt à l'enlever complètement, on peut, à défaut de remblais, employer un soutènement en maçonnerie.

Si nous supposons un filon presque vertical, on pourra, pour exploiter
un étage, tracer un montage au milieu du filon puis, de chaque côté,
enlever, par gradins droits ou par gradins renversés, une tranche médiane ayant pour hauteur celle de l'étage et pour épaisseur celle du montage.

Le soutènement se fera au moyen de bois calés de part et d'autre,
comme dans le cas d'un filon mince. Le reste, entre cette tranche et le

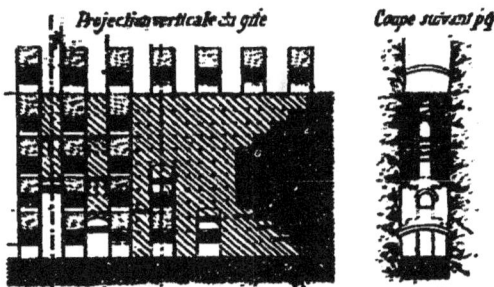

Projection verticale du gîte   *Coupe suivant pq*

mur ou entre cette tranche et le toit, sera enlevé de bas en haut au
moyen de recoupes de 3 à 4 mètres de largeur, laissant entre elles des
massifs pleins de même épaisseur. Dès qu'une recoupe aura atteint le
mur et une autre le toit, on construira une voûte surbaissée ayant la largeur du filon. On prendra de même des recoupes successives en remplaçant le minerai enlevé par de la maçonnerie qu'on pourra évider au
besoin. Il restera entre ces anneaux de voûte des tranches de minerai
de 3 à 4 mètres de largeur qu'on enlèvera également de bas en haut
et pour lesquelles on pourra se dispenser de maçonner ou de remblayer.

Les quelques procédés que nous venons d'indiquer résument les conditions générales d'exploitation dont les détails varient suivant la manière d'être de chaque gîte ; aussi peut-on dire que les méthodes d'exploitation varient avec chaque mine.

Celles qui sont appliquées à la houille présentent quelques caractères
spéciaux, cette matière devant être produite en grandes quantités et à
prix très-réduit.

§ 3.

EXPLOITATION DE LA HOUILLE

383. Conditions générales. — Les méthodes adoptées pour l'exploitation de la houille devront satisfaire aux conditions générales que nous avons indiquées et, en outre, à quelques conditions spéciales qui peuvent se résumer comme suit :

1° Les chantiers d'abattage devront être disposés de manière à donner le plus de gros possible, la valeur du gros étant double ou triple de celle des menus.

2° On devra isoler autant que possible les vieux travaux à mesure des progrès du déhouillement, parce qu'ils peuvent devenir des causes d'accidents, en raison de l'accumulation de gaz délétères et inflammables.

3° On devra déhouiller la couche aussi complètement que possible, car, outre la perte qui résulterait de l'abandon d'une portion du gîte, la houille restée dans la mine s'altérerait par l'effet de la pression et du contact de l'air, et amènerait des inflammations spontanées.

4° Les vides laissés par l'exploitation devront être remblayés, afin d'éviter le brisement des terrains, les infiltrations des eaux et les affaissements du sol.

Dans une exploitation houillère, le plus habituellement les mêmes ouvriers havent, abattent et boisent les tailles. Des boiseurs spéciaux s'occupent d'entretenir les galeries en service.

Des bouteurs déblaient la taille, en la débarrassant du charbon abattu et amènent les bois.

Les remblayeurs construisent les murs en pierres sèches et entassent les remblais. Dans les couches minces, les coupeurs de mur ou bossoyeurs disposent les voies et les boisent.

Les couches les plus avantageuses à exploiter, la qualité du combustible supposée la même, sont celles dont la puissance est comprise entre 1 m. 60 et 3 m., l'inclinaison entre 0° et 30°, dont l'allure est régulière, le mur et le toit solides et bien détachés de la houille, dont la houille elle-même présente une grande résistance.

Ces conditions sont celles que réalisent les bassins de Newcastle et du pays de Galles en Angleterre, le bassin de la Ruhr en Westphalie. En Belgique et dans le nord de la France, les couches représentent une puissance en charbon comprise généralement entre 45 et 80 cm. ; elles sont plus difficiles et plus coûteuses à exploiter à cause de leur faible épaisseur et de l'allure accidentée des terrains.

Dans le centre de la France, les couches de 2 à 3 m. sont fréquentes, mais moins pures et moins régulières. Dans l'Allier, le Gard, l'Aveyron, la Loire, Saône-et-Loire, la formation comporte des couches de 5, 10 et 20 m.; mais elles se présentent dans des conditions telles que leur exploitation est généralement moins avantageuse que celle des couches d'épaisseur moyenne.

Pour l'exploitation, on proscrira les méthodes par gradins droits qui donneraient des charbons dépréciés, écrasés par le piétinement des ouvriers et la descente de gradin en gradin jusqu'à la voie de roulage.

Dans les méthodes par piliers, il faudra chercher à réduire le plus possible la proportion de charbon abandonnée, ainsi que celle des menus résultant de la pression que les piliers auront à supporter. On cherchera à prévenir la tendance à l'écrasement des piliers, qui a presque toujours pour conséquence les feux spontanés.

384. Classification des couches. — On peut diviser les couches de houille en trois grandes catégories : 1° les *couches minces*, dans lesquelles les galeries d'exploitation devront forcément entamer les épontes, lesquelles fourniront la majeure partie du remblai nécessaire au remplissage des vides; 2° les *couches moyennes* dans lesquelles les galeries seront tracées complètement dans le gîte et où les travaux ne donneront pas de roches en quantité suffisante pour remblayer les excavations résultant de l'exploitation ; 3° les *couches puissantes.*

A. — *Couches minces.*

385. Coupage des voies. — Lorsque les couches minces auront un faux toit ou un faux mur, c'est-à-dire une assise de terrain non résistante se détachant du toit ou du mur, on fera, autant que possible, le coupage des voies dans ce faux toit ou dans ce faux mur, afin d'appuyer les bois de soutènement sur le terrain résistant.

Si la couche n'a ni faux toit ni faux mur ou si son pendage est presque vertical, on fera le coupage des voies de service dans la paroi la plus facile à abattre et quelquefois dans les deux. Si le pendage se rapproche de l'horizontale, on fera de préférence le coupage de la voie dans le mur pour faciliter le chargement ultérieur du charbon à provenir des tailles. De plus, en n'entamant pas les roches du toit, on aura l'avantage de ne pas rompre l'équilibre de ces roches et, par suite, de pas favoriser leur tendance à pousser au vide.

Les couches minces, de 0 m. 40 à 1 m. 10, s'exploitent le plus souvent sans traçage préalable à l'aide de tailles s'éloignant du puits et qu'on remblaie avec des roches provenant du coupage des voies ou des zones stériles.

Lorsque des bancs de schiste se trouveront intercalés dans la couche, on les choisira pour faire le havage et les produits du havage seront rejetés aux remblais.

386. Dimensions des étages et des tailles. — La hauteur d'un étage, comprise entre la voie de roulage et celle de retour d'air varie de 20 à 60 m. et plus ; les tailles sont desservies par des voies intermédiaires horizontales ou fausses-voies ; c'est, en somme, une division en sous-étages. Ces voies sont reliées à la galerie de roulage par des montages ménagés dans les remblais et dont la section pourra être complétée par un coupage de voies ; ces montages, dirigés suivant la ligne de plus grande pente de la couche (voies tiernes) ou suivant une ligne oblique (voies demi-tiernes ou sur quartier), serviront à amener les charbons des tailles à la galerie de roulage et, selon que leur inclinaison sera plus ou moins forte, on les disposera en cheminées, en plans inclinés ou en voies de traînage ou de roulage.

Quant à la dimension des tailles, le minimum de largeur à leur donner entre deux voies de service sera, le plus souvent, déterminé par la nécessité de loger les déblais provenant des nerfs de la couche et du coupage des voies.

Le maximum de largeur sera surtout déterminé par la solidité du charbon et du toit. Aussi voit-on souvent en Angleterre des fronts de taille de 150 ou 200 m. et plus, qui facilitent l'abattage et l'application des moyens économiques de transport.

Le plus ordinairement la largeur des tailles varie de 12 à 20 m. ; on les fait avancer parallèlement à la direction ou au pendage, quelquefois elles suivent une ligne oblique.

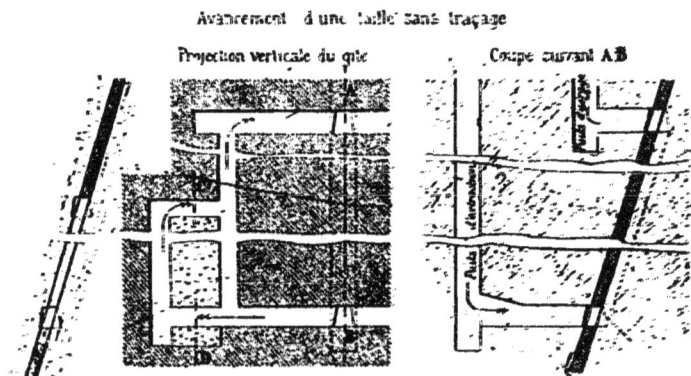

Avancement d'une taille sans traçage

Projection verticale du quic   Coupe suivant AB

Dans les couches presque horizontales, on mène les tailles dans une direction que l'on juge favorable à l'abattage et, lorsque le charbon a des clivages, on marche suivant la direction correspondante.

Si le pendage de la couche est faible, on mène quelquefois les tailles suivant une ligne inclinée, dans le but de favoriser les transports par des voies sur quartier.

Dans les méthodes sans traçages, aussitôt qu'on a percé le premier montage qui met en communication la voie de roulage avec la voie de retour d'air, on ouvre une taille en même temps que l'on creuse la galerie de roulage, et, dans le vide laissé par l'enlèvement du charbon dans la taille, on viendra déposer les déblais provenant du coupage de la galerie, en ayant soin, naturellement, de ménager des voies, *maillages* ou *châssis d'air*, pour la circulation du courant d'aérage. Cette première taille sera prise, ou bien complètement en amont de la galerie de roulage, ou bien partie en amont et partie en aval de cette galerie. La première taille sera toujours poussée à l'avancement et celles qui suivront seront disposées et abattues suivant les principes de la méthode adoptée que nous allons examiner en supposant successivement *une couche mince en dressant*, puis une *couche mince en plateure.*

Pour les dressants, nous donnerons la méthode par maintenages; pour les plateures, les tailles chassantes et les tailles montantes.

387. Couches minces en dressant. Maintenages. — Les couches dont l'inclinaison varie entre 45° et 90°, les dressants, s'exploitent par *maintenages*, méthode qui ne diffère de celle des gradins renversés que par l'absence de traçage.

Les gradins avancent suivant la direction du gîte et on leur donne une hauteur d'environ 2 m. suivant le pendage, leurs fronts de taille laissant entre eux, suivant la direction, une longueur au moins double de l'avancement journalier, afin que les ouvriers soient bien indépendants les uns des autres et ne se gènent pas dans leur travail.

Le soutènement est assuré par des bois allant du toit au mur; les stériles provenant de la couche sont rejetés derrière les mineurs; ceux du coupage des voies sont élevés à la main et déposés dans le vide laissé après l'enlèvement du charbon.

Le charbon tombe sur les remblais d'où il est bouté dans des couloirs ou cheminées ménagés tous les 5 ou 10 m.

Ces cheminées solidement boisées, garnies de planches et quelquefois de tôle, desservent un ou deux gradins et se terminent par des trémies pour faciliter le chargement. Elles devront être maintenues toujours pleines afin d'éviter le bris du charbon et on les remblaiera dès qu'elles seront devenues inutiles, c'est-à-dire dès qu'elles arriveront à une voie horizontale supérieure. Ces cheminées doivent être assez rapprochées pour limiter le boutage.

Elles demandent de l'entretien et peuvent être une cause de danger pour les mineurs. Aussi, toutes les fois que cela sera possible, c'est-à-dire quand la puissance et l'inclinaison de la couche seront suffisam-

ment régulières, on remplacera les cheminées par un plancher établi
sur boisage avec une pente telle que les charbons y glissent et arri-

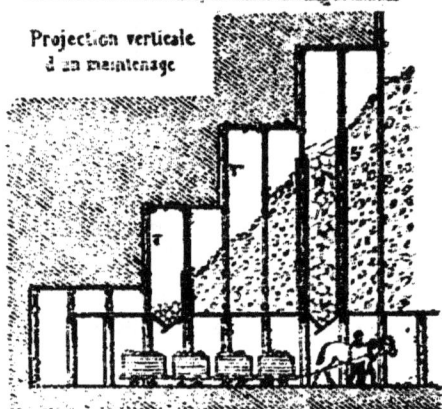

vent sans vitesse à une petite cheminée réservée dans les remblais
des premiers gradins.

Les roches provenant du coupage de la voie seront élevées jusqu'à
la voie horizontale supérieure par une cheminée et à l'aide d'un treuil,
puis versées entre le plancher et les remblais, travail qui pourra se
faire d'une façon continue pendant le poste d'abattage; les parties
schisteuses de la couche y seront également déposées en soulevant une
des planches. Le couloir sera relevé tous les jours ou tous les deux
jours, à mesure de l'avancement.

Les fausses-voies horizontales seront mises en relation avec la voie
de roulage par des cheminées ou des plans inclinés automoteurs, les
cheminées placées suivant la ligne de plus grande pente, les plans in-

clinés, établis sur les remblais et obliquement sans qu'on ait à se préoccuper de la pente de la couche, pour obtenir une inclinaison favorable.

Afin d'éviter un entretien trop prolongé et de diminuer la longueur des transports dans les fausses voies, plus coûteux que dans la voie de roulage principale, on trace, tous les 80 ou 100 m. d'avancement, de nouvelles cheminées et de nouveaux plans inclinés ; les anciens seront remblayés ainsi que les parties correspondantes des fausses voies.

Les tailles sont disposées quelquefois directement l'une au-dessous de l'autre. Pour faciliter le service, il est préférable de les séparer par une certaine longueur de fausse voie.

Pour obliger l'air à passer le long de tous les fronts de taille, il suffira de munir de portes les fausses voies, les couloirs ou cheminées d'une taille étant toujours fermés par le charbon ou la trémie.

388. Couches minces en plateure. — Les couches minces en plateure s'exploitent le plus souvent sans traçage, soit par *tailles chassantes*, soit par *tailles montantes.*

Les tailles sont dites *chassantes* ou en *chassage*, ou *costresses* lorsque leur front est parallèle au pendage et qu'elles avancent suivant la direction. Elles sont *montantes* ou *en montage*, lorsque leur front est parallèle à la direction et qu'elles avancent en montant suivant le pendage.

389. Tailles chassantes. — Les tailles, avons-nous dit, sont

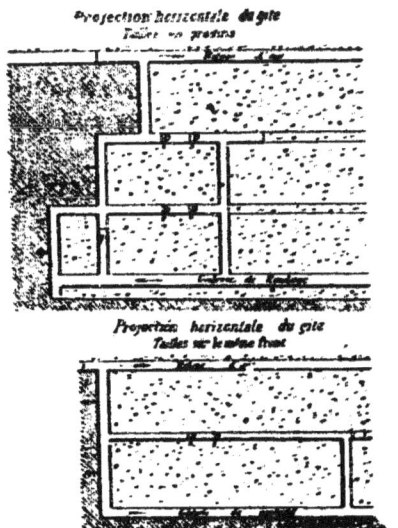

Projection horizontale du gite
Tailles en gradins

Projection horizontale du gite
Tailles sur le même front

menées suivant la direction avec un front de taille parallèle au pendage, ou légèrement incliné lorsque cette disposition facilite le travail.

Un étage est divisé en un certain nombre de tailles séparées par des fausses voies horizontales ménagées dans les remblais pour permettre le dégagement de chaque taille. Ces fausses voies sont reliées à la galerie de roulage par des voies tiernes ou des voies sur quartier réservées également dans les remblais, voies dans lesquelles on pourra, au besoin, installer des plans automoteurs pour la descente des charbons.

Les tailles sont généralement conduites en retraite les unes sur les autres ; quelquefois cependant, lorsque le toit est très solide, on les prend les unes au-dessus des autres, ce qui facilite la surveillance. La largeur des tailles, qui varie de 12 à 40 m. est souvent déterminée par la quantité de roches fournies par le coupage des voies et les nerfs de la couche.

On attribue à chaque ouvrier une largeur de front de 2 m. 50 à 4 m. Le soutènement se fait avec un boisage plus ou moins complet, suivant les besoins.

Le charbon abattu tombe aux pieds des mineurs et il est bouté suivant la pente jusqu'au bas de la taille où il est chargé par une trémie dans les wagonnets de la fausse voie.

Lorsque le pendage est plus accentué, on dispose sur le mur des planches maintenues par le boisage et contre lesquelles les mineurs appuient leurs pieds. Ces planches retiennent aussi le charbon abattu ; on le fait descendre en temps opportun jusqu'au bas de la taille en soulevant ces planches.

Si le pendage est faible, le transport se fait dans les tailles par traînage et, quand la couche est presque horizontale, par roulage, les wagons arrivant jusqu'au front de taille.

La descente depuis les fausses voies jusqu'à la voie de roulage est opérée au moyen de cheminées ou de plans automoteurs, par traînage ou par roulage.

Pour diminuer la longueur des transports dans les fausses voies et éviter des frais d'entretien, les voies tiernes ou les voies sur quartier sont remplacées tous les 100 ou 200 m. par d'autres plus rapprochées du front de taille.

Pour assurer l'aérage, il suffit de placer des portes aux extrémités des fausses voies horizontales.

Pour la mise en place des remblais, il sera avantageux de l'effectuer, autant que possible, en descendant.

La première taille devra être plus large que les autres, parce qu'elle recevra tout naturellement le remblai provenant du coupage des voies de roulage et celui de la première fausse voie.

390. Tailles montantes. — Dans la méthode par tailles montantes, on commence par ouvrir, en même temps que la voie de roulage, une taille chassante de 10 à 15 m. de largeur, dans laquelle on logera les roches du coupage des voies.

En arrière de cette première taille chassante, on ouvrira des tailles montantes de 12 à 16 m. de large se suivant à des distances de 4 à

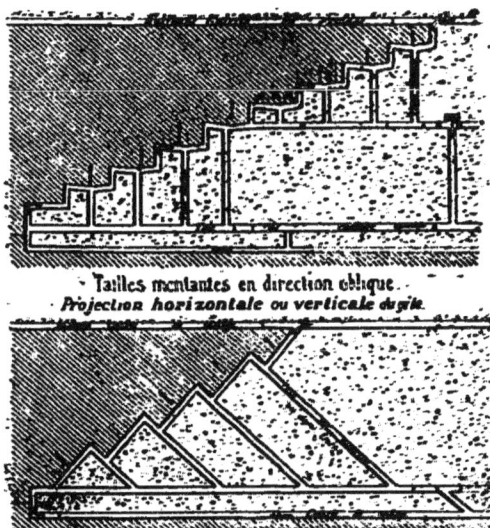

· Tailles montantes en direction oblique.·
· *Projection horizontale ou verticale du gîte.*

10 m. mesurés suivant le pendage, de sorte que l'ensemble présentera une disposition en grands gradins couchés. Chaque taille montante sera desservie en son milieu par une voie tierne dont le coupage se fera généralement au mur pour faciliter le chargement.

On donne à chaque mineur une largeur de front de taille de 2 à 4 m. chaque taille comporte de 4 à 8 piqueurs.

Le soutènement des chantiers est obtenu avec un boisage plus ou moins complet, suivant la solidité du toit.

Pour éviter que le charbon ne se mélange aux remblais, on recouvre ceux-ci de planches pendant l'abattage, lorsque cela est reconnu nécessaire.

Le charbon abattu tombe devant les mineurs ; il est bouté ensuite à la pelle jusqu'à la voie de milieu où il est chargé pour être descendu à la voie de roulage.

Lorsque l'inclinaison de la couche est inférieure à 10°, le transport du charbon dans ces voies montantes peut se faire par traction au moyen de bretelles en cuir que porte le rouleur, les roues étant enrayées à la descente.

Au-delà de 10°, on installe un plan incliné dont la poulie peut être déplacée à mesure de l'avancement de la taille.

Au-delà de 25°, les voies montantes sont généralement remplacées par des cheminées aboutissant à la voie de roulage.

Si le pendage n'est que de peu supérieur à 10°, au lieu de voies montantes suivant ce pendage, on peut en tracer d'obliques, demi-tiernes ou sur quartier dont la pente reste inférieure à 10°.

Dans ce cas, on donne au front de taille une direction oblique et comme le boulage devra se faire en descendant, on fera aboutir les voies au pied des tailles, et non plus dans leur milieu comme dans le cas précédent.

Quand la hauteur de l'étage excède 50 m. par exemple, on le subdivise en sous-étages par des voies horizontales aboutissant à un grand plan incliné qui les met en relation avec la voie de roulage. Comme dans les méthodes précédentes, ces plans inclinés seront, de distance en distance, rapprochés des fronts de taille, afin de diminuer la longueur du roulage dans les fausses voies. En prévision de l'établissement de ces plans inclinés, tous les 80 à 150 m. par exemple, on ménage des voies tiernes de plus grande dimension pour y installer le plan incliné.

Dans ces méthodes, l'abatage et l'aérage sont des plus faciles.

Pour établir le courant d'aérage, on fermera chaque voie montante par des portes, ce qui peut devenir une gêne pour le service. On remédie à cet inconvénient en menant deux voies horizontales en même temps que la première taille chassante ; la plus élevée servira de voie de roulage, l'autre à l'arrivée de l'air.

Toutes les voies montantes débouchant dans la première, on voit qu'il suffit de munir celle-ci d'une porte double pour assurer l'aérage.

On rapprochera aussi de temps en temps la voie de communication entre les deux galeries horizontales pour diminuer la longueur à entretenir de la galerie inférieure.

Les méthodes par tailles montantes donnent toute satisfaction, quand la couche est régulière et que le pendage ne dépasse pas 30°. Pour les allures irrégulières et les inclinaisons plus fortes, on préfère les tailles chassantes.

Lorsque les couches ne donnent pas une quantité de remblais suffisante pour remplir les vides, on peut employer les méthodes précédentes en prenant les remblais à l'extérieur ou dans un autre quartier de l'exploitation. Cela entraîne nécessairement une augmentation du prix de revient ; aussi se contente-t-on souvent de placer les remblais provenant de l'exploitation le long des voies de service qui doivent avoir une certaine durée, laissant des vides dans lesquels le toit viendra s'ébouler.

391. Avec traçage préalable. — On peut avoir avantage quelquefois à opérer par traçages préalables, lorsque le toit et le mur sont résistants et que les galeries demandent peu d'entretien.

En même temps que l'on pousse les galeries et les montages formant traçage, on mène des tailles qui servent, après enlèvement du charbon, à recevoir les roches provenant du coupage de ces galeries.

Les grands massifs découpés par le premier traçage pourront être divisés en longs piliers par des voies horizontales tracées d'un montage à l'autre, chacune d'elles étant accompagnée d'une taille pour loger les roches, puis on fera le dépilage suivant un front perpendiculaire à la direction et de 6 à 10 m. de largeur : cette partie du gîte ne

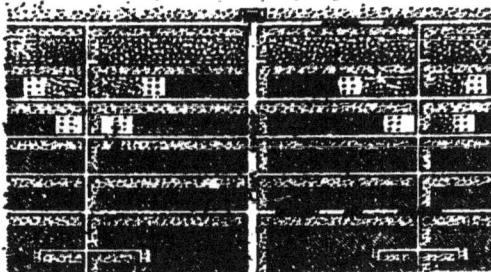

Projection horizontale du gîte

sera pas remblayée si on manque de remblais. Le charbon est bouté jusqu'au bas de la taille et transporté jusqu'au montage, d'où il est conduit à la voie de roulage.

On établira, dans un montage sur deux, un plan automoteur quand le pendage le permettra. Si l'étage est divisé en sous-étages, on pourra en attaquer deux ou trois en même temps et les desservir par les mêmes plans inclinés.

B. *Couches de moyenne puissance.* — Les couches moyennes dans lesquelles les galeries d'exploitation pourront être tracées sans entailler le toit ni le mur ne fourniront pas un cube suffisant pour remblayer les vides produits.

On pourrait les exploiter comme les couches minces en prenant sur d'autres points les remblais nécessaires ; on aurait ainsi l'avantage d'enlever tout le charbon et de ménager la surface du sol, aussi bien que les couches supérieures, s'il en existe. Mais l'augmentation du prix de revient résultant du remblayage oblige souvent à y renoncer et à employer des méthodes par dépilages sans remblais.

392. Dépilages sans remblais. — Ces méthodes consistent à faire un traçage par deux séries de galeries se coupant sous un angle quelconque ; puis, quand un quartier est ainsi tracé, on procède au dépilage des piliers en battant en retraite vers le puits et laissant les éboulements se produire derrière soi. Il faut veiller à ce que ces éboulements se succèdent d'une façon régulière et suivent d'assez près le dépilage, afin de diminuer la charge sur le front de taille, en même temps que la proportion des menus et les chances d'accidents.

On réglera les éboulements en enlevant les buttes de soutènement à l'arrière et en doublant celles du front de taille. S'il est nécessaire, on déterminera la chute du toit par quelques coups de mine.

Dans certains cas, on pourra déterminer derrière soi de véritables chambres d'éboulement dans lesquelles on viendra ramasser les roches qui seraient reconnues utiles à l'entretien et au soutènement de certaines voies de service.

Dans l'application de ces méthodes, on peut faire du traçage une véritable exploitation en donnant une grande largeur aux galeries et ne laissant que des piliers aussi étroits que possible.

L'exploitation sera de suite fructueuse ; mais on se trouvera dans la nécessité d'entretenir un réseau important de galeries et les piliers qui auront supporté la charge du toit donneront au dépilage une forte proportion de menus. Et comme les piliers les premiers tracés seront enlevés les derniers, il pourra se faire qu'on augmente les chances d'accidents, tout en occasionnant une perte notable de charbon.

Au lieu de faire du traçage une véritable exploitation, on peut, au contraire, se porter de suite à l'extrémité du champ d'exploitation par un réseau de galeries étroites, laissant entre elles de très forts piliers qui n'auront plus à souffrir de la pression du toit et qu'on dépilera au retour. Ce mode de procéder aura le grave inconvénient de ne permettre qu'une faible production pendant un temps très long et de reculer le moment où on entrera dans la période fructueuse de l'exploitation.

On devra donc chercher à combiner les deux systèmes. Pour cela, on se portera progressivement à l'extrémité du champ d'exploitation par un réseau de galeries laissant entre elles de grands massifs dont chacun sera dépilé isolément, après qu'il aura été limité, sans attendre que les traçages soient arrivés à l'extrémité du champ d'exploitation.

Lors du dépilage d'un quartier, on ne réservera comme galeries à entretenir que celles qui resteront nécessaires pour l'exploitation des quartiers suivants. Cette division aura l'avantage de permettre d'isoler au besoin un quartier dans lequel se serait produit un accident, tel qu'un feu spontané, par exemple.

Nous citerons, parmi ces méthodes, celle par *massifs longs* et celle par *longues tailles*.

393. Massifs longs. — Dans les méthodes par massifs longs, l'étage compris entre la voie de roulage et la voie de retour d'air est découpé en massifs allongés par des voies horizontales plus ou moins espacées, aboutissant toutes à des montages dont la distance est calculée en vue de la production à obtenir.

Lorsque le toit est solide aussi bien que le charbon, au lieu de creuser des galeries simples pour le traçage, on leur donne une largeur de

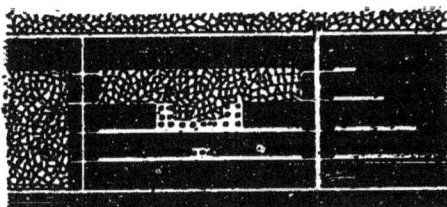

4 à 5 m., ce qui augmente le rendement du piqueur ; on ne laisse entre elles que des piliers de 10 à 12 m.

Afin de ménager la conservation des plans inclinés, ces galeries ne débuteront qu'avec de faibles sections, pour s'élargir ensuite brusquement.

Si l'inclinaison ne dépassait pas 10°, les plans inclinés seraient de simples voies montantes.

Dès que le traçage d'un massif est terminé, on procède au dépilage, sans attendre le traçage du massif suivant, qui se continuera d'une façon régulière.

Le dépilage de chacun des massifs longs se fait ordinairement en partant du milieu et en battant en retraite vers les deux voies montantes. On commence par ouvrir une taille montante jusqu'à ce qu'on rencontre la galerie qui limite le pilier de protection de la voie de retour d'air, puis on continue le dépilage, soit au moyen de tailles montantes plus ou moins contiguës, soit au moyen de deux tailles chassantes s'éloignant l'une de l'autre ; ce dernier moyen est presque toujours adopté, dès que l'inclinaison permet au charbon de glisser seul sur le mur.

La largeur des tailles montantes varie beaucoup selon le degré de solidité des terrains. En se retirant, on règle l'éboulement du toit, en enlevant les boisages et, au besoin, en tirant des coups de mine.

Quand une taille est achevée, on en ouvre une autre contiguë, ou bien, pour se protéger des éboulis, on laisse, au besoin, une petite jambe de charbon qu'on enlève ensuite comme on peut, ou bien on laisse un pilier de charbon égal à la largeur d'une taille et qu'on enlèvera en descendant et laissant suivre les éboulis. On trouve ainsi plus de sécurité, les mineurs ayant comme retraite, en cas d'accident, la taille montante qu'on garde en bon état.

Dans les tailles chassantes, lorsque l'inclinaison est assez forte pour que l'on ait à craindre de voir le mineur gêné par le glissement des éboulis supérieurs, on laisse, sur le côté, en amont, une planche de charbon que l'on reprend ensuite, en tout ou en partie, avant de provoquer ou d'attendre l'éboulement, ou bien encore on dispose le front de taille en maintenages, le gradin supérieur servant de protection.

384. Longues tailles. — Dans les couches d'une allure régulière et d'un faible pendage, comme c'est généralemement le cas en Angleterre, le traçage principal se pratique souvent en menant trois gale-

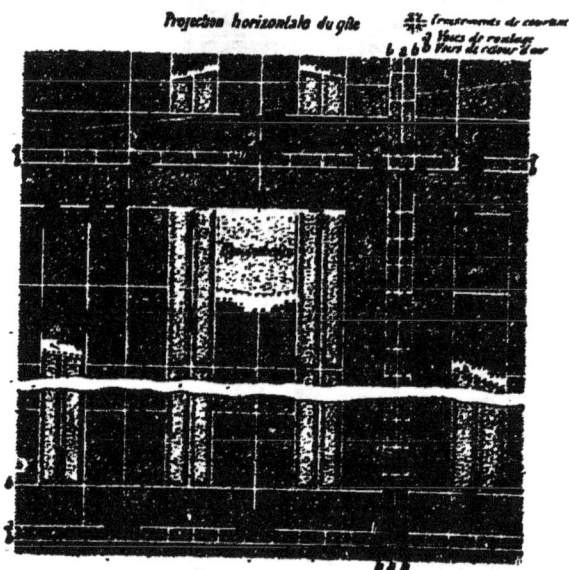

ries parallèles de grandes dimensions ; on a soin de les réunir de distance en distance par de petites traverses pour assurer le courant d'aérage pendant l'avancement, ces traverses étant successivement fermées par des portes ou des remblais. La galerie du milieu servira au roulage et à l'arrivée de l'air frais destiné aux chantiers des divers quartiers. Les deux autres voies parallèles serviront au retour de l'air qui aura traversé les chantiers situés à droite et à gauche.

De ces triples galeries, tous les 250 ou 400 mètres, on mènera des galeries doubles, d'où on en fera partir d'autres, parallèles aux premières pour former les quartiers. On trace et on dépile isolément chaque quartier, en laissant temporairement un massif de charbon intact d'environ 30 mètres le long des galeries principales. Ce double réseau de galeries est mené suivant l'angle qu'on juge le plus favorable à l'abattage et, le plus généralement, à angle droit.

Dans cette méthode, dès que les voies principales ont acquis une certaine longueur, on commence à ouvrir des tailles ayant de 10 à 30 mètres de largeur et laissant entre elles de longs piliers de même largeur, quelquefois de largeur double.

Ces premières tailles sont montantes, prises le plus ordinairement suivant le pendage, quelquefois cependant inclinées de façon à faciliter l'abattage et à diminuer la pente des galeries.

A mesure de l'avancement de ces tailles, on place un muraillement de chaque côté pour préserver les voies de service. Si la largeur des tailles le comporte, on ménage en leur milieu une troisième galerie et on laisse ensuite le toit s'affaiser sur ces murs derrière lesquels on a rejeté tout le remblai dont on a pu disposer.

Pour diminuer les frais d'entretien de ces galeries, lorsqu'elles ont une certaine longueur, on ménage des voies transversales qui aboutissent à celles tracées au milieu des piliers et qui conduisent aux galeries principales de roulage.

Lorsque les tailles montantes sont arrivées à l'extrémité du quartier, les piliers qu'elles auront laissés entre elles seront dépilés en retour par des tailles descendantes, et en laissant le toit s'ébouler derrière soi.

La distribution du courant d'aérage se fera à l'aide des portes pleines et de portes à guichets, en ayant soin d'établir des croisements de courants partout où ce sera reconnu nécessaire.

C. — *Couches de houille puissantes.*

395. Conditions spéciales de leur exploitation. — Pour l'exploitation des couches de houille puissantes, la plus grande partie des voies de service sera comprise dans l'épaisseur du gîte et placée dans le voisinage d'anciens travaux.

On devra se préoccuper des pressions que supportera la couche évidée, ces pressions pouvant amener des mouvements et des dislocations de la houille qui ont généralement pour conséquences des incendies spontanés et, par suite, l'abandon d'une partie du gîte.

En effet, les menus de houille et surtout ceux des houilles oxygénées absorbent l'oxygène de l'air. Sous l'influence de l'humidité et d'une température favorable, les pyrites, les matières facilement décomposables s'oxydent en provoquant l'échauffement de la masse, jusqu'au point d'enflammer le charbon. On comprend donc que, quand les mouvements ont produit des fissures et des dislocations, l'air puisse pénétrer dans la masse et y provoquer des échauffements favorisés encore par les frottements considérables déterminés par les tassements.

L'échauffement du charbon est révélé au mineur par une odeur spéciale accompagnée souvent de celle de l'acide sulfhydrique et de celle de l'ail, caractéristique de l'arsenic.

Quelques jours après, la fumée envahit les chantiers et on éprouve souvent de grandes difficultés pour isoler le quartier en feu. On doit construire, dans ce but, des barrages hermétiques pour empêcher l'accès de l'air, et, si cela est possible, on complète l'obturation par des remblais placés avec le plus grand soin.

Quelquefois, lorsqu'on dispose d'un courant d'air puissant et facile à diriger, on arrive à se rendre maître du feu en cheminant le long de la crevasse où il a pris naissance et en arrosant au moyen d'une pompe.

Ces échauffements sont susceptibles de créer, en certains points, des foyers de gaz délétères souvent inflammables et détonants.

Dans le choix de la méthode à adopter pour l'exploitation des couches puissantes, l'inclinaison a moins d'importance que pour les couches minces ; néanmoins cette inclinaison sera à considérer car, dans les couches de faible inclinaison, il sera plus facile que dans les autres de conduire les chantiers de façon à les soustraire au voisinage toujours dangereux des vieux travaux.

Ces méthodes sont des plus nombreuses et diffèrent, dans leurs détails, avec chaque mine ; mais on peut dire d'une manière générale, qu'aujourd'hui, on n'emploie plus que celles admettant le remblayage complet des vides laissés après l'enlèvement du charbon, et cela, malgré les dépenses résultant de l'organisation d'un service spécial qui nécessitera environ $\frac{1}{3}$ ou $\frac{1}{4}$ d'ouvriers en plus que pour une exploitation sans remblais, ces ouvriers étant occupés à l'abattage du remblai, à son transport et à sa mise en place.

Néanmoins, on ne doit pas rejeter d'une façon absolue les méthodes sans remblais, qui seront, dans certaines circonstances, avantageusement appliquées. Tel peut être le cas d'une couche dont la puissance ne dépasse pas 6 à 7 m., avec un toit puissant, solide, facilement détaché de la houille, une allure régulière et un pendage inférieur à 20°. Parmi ces méthodes sans remblais, nous citerons celle *par Rabattages* et celle dite *Silésienne*, qui dérive de la méthode par foudroyage.

396. Rabattages sans remblais.— Si l'on a affaire à une couche réalisant les conditions qui viennent d'être indiquées, on fera d'abord un traçage sur le mur au moyen de deux séries de galeries se coupant à angle droit, ces galeries pouvant avoir 4 m. de largeur sur 2 m. 50 de hauteur et laissant entre elles des piliers de 25 m. sur 12 m. Le traçage terminé, on attaquera à la fois en rabattage la couronne des galeries et les piliers en commençant par ceux qui sont le plus rapprochés des éboulements.

On aménagera les piliers en enlevant la houille sur une hauteur de 2 m. 50 environ et en maintenant la couronne par des lignes de bois.

Puis, quand cette taille a avancé de 3 à 4 m. d'autres mineurs, placés sur des chevalets, abattent la houille jusqu'au toit de la couche.

Après un certain avancement, et généralement au bout de deux ou trois jours, les roches du toit se fissurent et l'éboulement se produit dans les limites qu'on lui a fixées par des bois. Si l'écrasement se faisait trop attendre, il faudrait le provoquer.

Lorsqu'un pilier est ainsi enlevé par sections rectangulaires et dont le front est parallèle au pendage, on ferme l'entrée des galeries horizontales par de bons murs et quand on est parvenu, dans une série de piliers, jusqu'à la galerie consacrée au roulage, on isole celle-ci des dépilages par de nouveaux murs qu'on enduit d'argile, pour empêcher, en cas d'accident, le feu de se propager.

Si, malgré toutes les précautions prises contre les dangers d'incendie, le feu se déclare en un point, on abandonne un massif de houille de 3 à 4 m. d'épaisseur, en complétant l'isolement des chantiers envahis par une fermeture avec murs et argile.

Lorsque la couche a une plus grande épaisseur, ou quand elle est partagée en deux par un banc de schiste, on exploite d'abord la partie du toit en faisant un premier traçage au milieu de la couche ou sur le banc de schiste ; on viendra reprendre plus tard la partie du mur par un nouveau traçage au mur et en opérant de la même façon. On aura alors, au-dessus de la tête, des éboulis qui auront eu le temps de se tasser, qu'on aura laissés, pour cela, deux ans environ avant de revenir en-dessous. Ces éboulis viendront combler les vides que produira la nouvelle exploitation.

397. Méthode Silésienne. — Elle est appliquée aux couches régulières, de faible inclinaison et dans lesquelles le charbon se sépare facilement du toit. On peut prendre, à la fois, une épaisseur de 6 à 8 m. ; si la puissance de la couche est plus grande, on l'enlèvera en deux fois, en commençant par la partie supérieure.

Pour exploiter un pilier, on commence par faire, sur le mur de la couche, un traçage par une série de voies horizontales, laissant entre elles de longs piliers ; les galeries ont de 4 à 5 m. de largeur, si la nature du charbon le permet, et les piliers de 6 à 7 m. suivant le pendage.

Les galeries étant arrivées à l'extrémité du champ réservé au plan incliné dont elles émanent, on commence le rabattage jusqu'au toit sous lequel on dispose un garnissage soigné, maintenu par de fortes chandelles de 6 à 8 m. de hauteur. On attaque ensuite le pilier d'amont sur une largeur de 7 m. environ mesurés suivant la direction et en commençant sous le toit que l'on garnit, en le maintenant par des buttes appuyées sur le stross. Cette taille est prise sur la moitié du pilier en pendage, soit 3 ou 4 m. et on enlève la partie dégagée que l'on descend jusqu'au mur, en employant successivement des buttes plus longues. La houille est alors remplacée, sur cette moitié du pilier, par un fort boisage.

On opère sur la partie d'amont comme on vient de le faire et on arrive ainsi à créer une chambre de 7 m. suivant la direction et 10 à 12 suivant le pendage.

Projection horizontale du gîte

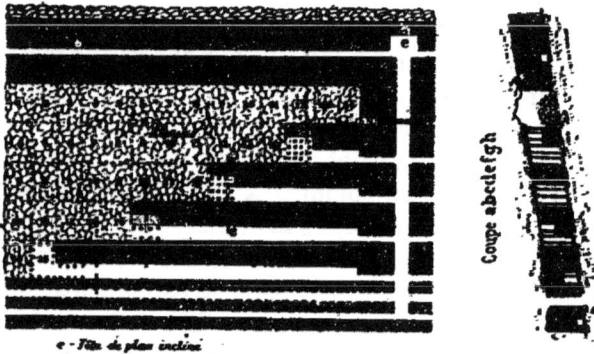

e - Tête du plan incliné

On garnit alors de chandelles jointives le parement d'aval et celui en pendage du côté du plan incliné.

Cela fait, on cherche à provoquer l'éboulement du toit, en enlevant les autres bois et, si cette opération présente trop de dangers, on les brise au moyen de cartouches de dynamite introduites dans des trous de tarière. L'éboulement une fois produit, on ouvre une nouvelle chambre en avant de la première, et on continue ainsi jusqu'au massif de conservation du plan incliné.

Lorsque le premier pilier est enlevé sur une longueur d'environ 20 m., on attaque le second pilier dont les chantiers seront garantis des éboulis d'amont par la ligne de bois jointifs qui a été placée avant l'éboulement ; on continue ainsi jusqu'au dépilage complet du quartier.

Si la couche a plus d'épaisseur et doit être prise en deux fois, on pourra faire le traçage de la partie inférieure pendant qu'on dépilera la partie supérieure, puis on procédera comme pour celle-ci, les roches qui s'ébouleront dans cette nouvelle série de chantiers étant celles qui avaient rempli les chambres supérieures,

Dans cette méthode, la dépense de bois et de mise en place des boisages est considérable. De plus, il peut survenir des éboulements inattendus, qui interrompent le travail et entraînent comme conséquence l'envahissement des chantiers par le feu.

On perd au moins 30 0/0 du gîte.

398. Méthodes par remblais. — Aujourd'hui, pour l'exploitation des grandes couches, on applique presque toujours les méthodes par remblais complets qui permettent l'enlèvement de tout le gîte et donnent la possibilité d'éviter, dans une certaine mesure, les incendies. Et lorsqu'un feu s'est déclaré, l'emploi des remblais permet de le combattre ou de le circonscrire.

Le remblai employé dans les exploitations souterraines provient quelquefois de chambres d'éboulement créées à l'intérieur, soit au sein même de l'exploitation dans un chantier de foudroyage, soit dans une faille, soit enfin dans les roches du toit. Ces chambres d'éboulement sont rarement à recommander, par suite des causes d'accidents qu'elles font naître. Aussi prend-on le plus souvent les remblais dans des carrières ouvertes au jour.

Pour le choix de ces carrières, on doit chercher de préférence les roches faciles à pelleter, un peu sablonneuses pour qu'elles puissent s'épandre dans tous les vides, argileuses pour qu'elles prennent de la consistance sous la pression des terrains.

Les remblais abattus au jour seront conduits dans les chantiers d'exploitation où ils devront arriver

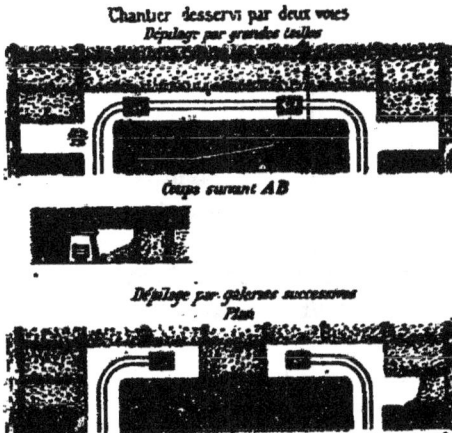

par la partie supérieure, afin que le remblayage se fasse par le versage des wagonnets.

On ne devra pas donner aux chantiers à remblayer une hauteur supérieure à 2 m. 30, afin que les remblais puissent être mis en place par un simple jet de pelle.

On dispose un mur en pierres sèches formant une paroi derrière laquelle on jette le remblai qu'on devra ensuite bourrer en couronne, afin de mettre la couronne en tension sur le remblai.

La mise en place des remblais doit suivre de près l'avancement du front de taille, tout en laissant un espace libre suffisant pour assurer les divers services. Quelquefois, cependant, on mène la taille jusqu'à sa limite, avant de procéder au remblayage.

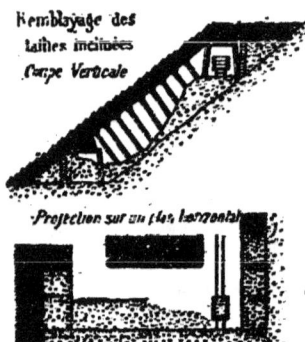

Remblayage des tailles inclinées
Coupe Verticale

Projection sur un plan horizontal

La disposition et la marche des remblais dépendent de la nature des tailles et de la solidité de la couronne. En général, le volume de remblai à placer sera $\frac{1}{2}$ ou $\frac{2}{3}$ de celui de la houille abattue.

Il ne faut pas perdre de vue que, malgré tous les soins apportés à la confection du remblayage, il y aura toujours un tassement, relativement faible pour les parties composées de pierres disposées à la main, mais pouvant s'élever à 50 et même 70 0/0 pour les remblais jetés à la pelle.

Ce tassement aura pour conséquence nécessaire un calage insuffisant des parties supérieures de la couche; elles pourront se fendiller et augmenter ainsi les tendances à la production du menu et à l'échauffement.

Ces considérations servent à limiter le nombre des tranches d'un sous-étage exploité de bas en haut. Mais on conçoit que, pour l'exploitation de gîtes autres que le charbon, ces affaissements auraient, au contraire, l'avantage de faciliter l'abattage.

Les remblais sont le plus souvent abattus de jour et mis en place par le poste de nuit, lorsque les mineurs sont remontés.

On tend aujourd'hui à faire les deux postes simultanément ; on a ainsi l'avantage de supprimer le poste de nuit et de rendre la surveillance plus facile ; il faut alors mettre en œuvre un matériel roulant plus considérable. Ce mode d'opérer devra être préféré, quand il ne sera pas une cause d'encombrement.

En faisant les remblais de jour, on peut charger les piqueurs de les mettre en place ; il faudra alors un plus grand nombre de chantiers ouverts pour une production déterminée.

La dépense de boisage est un élément important du prix de revient;

aussi a-t-on intérêt à enlever tous les bois qu'on peut reprendre sans danger ; c'est une économie, et, en outre, dans le cas d'incendies spontanés, ils servent d'aliment au feu et produisent beaucoup de fumée. Pour l'enlèvement des bois, on se sert de chaînes, de leviers, de petits treuils et de crics. Comme les bois sont toujours placés le gros bout en haut, on les enlève facilement quand on exploite la tranche supérieure.

Nous examinerons quatre types principaux de méthodes d'exploitation des grandes couches de houille par remblais :

La méthode par tranches horizontales,
      »   rabattages et remblais,
      »   tranches inclinées,
      »   tranches verticales.

399. Tranches horizontales. — L'étage étant déterminé par sa voie de fond, sa voie de retour d'air et ses montages, toutes ces galeries tracées au mur de la couche, celle-ci sera divisée, dans chacun des massifs, en tranches de 2 m. 30 de hauteur qu'on enlèvera en commençant par la tranche inférieure d'un sous-étage, puis on s'élèvera successivement sur les remblais, pour exploiter les suivantes.

Comme les remblais, en se tassant, diminuent de volume du $\frac{1}{3}$ et même de $\frac{1}{2}$, le charbon aura tendance à s'affaisser ; aussi l'exploitation doit-elle être conduite assez vite pour que le charbon soit enlevé complètement, avant que les dislocations aient pu donner naissance à des échauffements.

Pour cela, on divise l'étage en sous-étages de 10 à 20 m., suivant la nature des charbons, cette hauteur étant déterminée par le nombre des tranches qu'on peut exploiter en montant. Les sous-étages sont, comme toujours, pris en descendant.

L'exploitation devra toujours être menée rapidement ; ce sera un avantage au point de vue économique ; mais on aura surtout celui de laisser le moins longtemps possible des charbons brisés dans le voisinage de galeries ouvertes qui donnent assez d'air pour favoriser les échauffements et pas assez pour qu'on puisse espérer un refroidissement de la masse.

Pour prendre une tranche, il faut faire, dans cette tranche, un traçage préalable par galeries horizontales; on le disposera de façon à ne donner qu'une courte durée aux chantiers, afin que les boisages n'aient pas à être renouvelés. Pendant le dépilage il conviendra de conserver une grande régularité dans les distances, les dimensions et la direction des chantiers.

Le traçage d'une tranche consiste en galeries de direction laissant

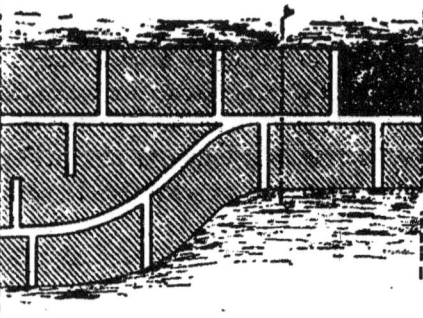

Exploitation dans les Charbons durs (Plans)

Coupe Verticale en travers suivant AB.

Coupe Verticale en travers d'un gîte exploité avec Ouvrages au rocher.

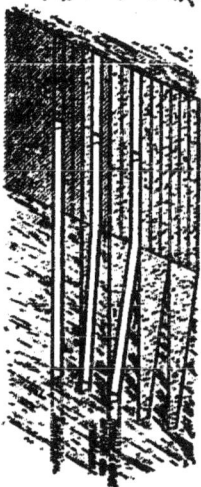

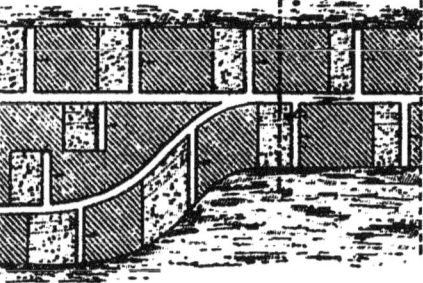

Plan d'une exploitation dans les Charbons moyennement durs.

Détails d'un Chantier C (Charbons durs)
Coupe Verticale suivant ab.

Coupe Verticale suivant cd

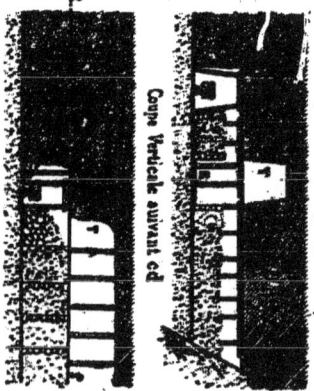

Coupe horizontale suivant ef.

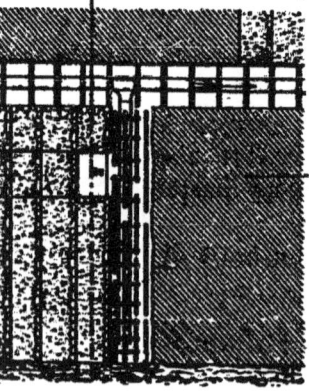

Plan d'une exploitation dans les charbons tendres.

Traçage dans la 1re tranche d'un sondage.

Dépilage en 1re ou 2e tranche et traçage par rabattage dans la tranche suivante.

Galeries tracées par rabattage

entre elles une distance de 20 à 30 m. et la moitié entre une des galeries et le mur ou le toit. Si la traversée de la couche est faible, on ne creuse qu'une galerie sur le mur. Si la traversée a 20 m. environ, on trace la galerie au milieu de la couche. Si la largeur est plus grande, on mène deux galeries en direction et si cette largeur ne se renouvelait que de distance en distance, on tracerait chaque fois une galerie supplémentaire.

De ces galeries horizontales on fait partir des recoupes, traverses ou tailles de même hauteur que la galerie et constituant autant de chantiers de dépilage ; les mineurs boisent à mesure, les remblayeurs établissent les murs en pierres sèches et bourrent le remblai. Les tailles avancent en traverse ou en direction.

Dans les charbons durs, les recoupes peuvent être espacées de 24 à 32 m., avoir 6 à 8 m. de largeur sur 2 m. 30 de hauteur.

Dans les charbons de dureté moyenne, elles n'ont que 4 m. de largeur et sont espacées de 20 m. Dans les charbons tendres elles n'ont que 2 m., les recoupes seront à 15 ou 16 m. et les tailles se feront en direction en partant des extrémités des recoupes pour venir sur la galerie de roulage.

Dès que la largeur des tailles dépasse 3 m., on fait marcher le remblayage en même temps que l'abattage, en conservant seulement un chemin libre de 1 m. 30 à 1 m. 50 pour la sortie des charbons et l'arrivée des remblais. Si la taille n'a que 2 m. 50 de largeur, on achève complètement la recoupe, avant de la remblayer et de passer à la taille suivante.

Les charbons abattus sont descendus à la voie de roulage par des plans inclinés, des balances ou des rampes.

Les remblais, qui arrivent par la partie supérieure, sont descendus ensuite au niveau de la tranche en exploitation où ils sont distribués suivant les besoins de chaque taille.

Lorsqu'on a complètement dépouillé une tranche et qu'elle est remplacée par une tranche de remblais, on s'élève sur ceux-ci pour exploiter la deuxième et on continue ainsi jusqu'à l'épuisement du sous-étage. Pour passer d'une tranche à l'autre et afin que la production ne soit trop sensiblement affectée, on presse davantage le déhouillement de l'un des côtés de la galerie de niveau, et on trace en même temps la galerie de la tranche suivante, en procédant par points d'attaque rapprochés ; les petites remontes faites dans ce but serviront ensuite à remblayer la galerie de la tranche épuisée.

Mais il est préférable de faire ce traçage par rabattage en traçant cette galerie supérieure pendant le dépilage même de la tranche au-dessous.

Quand on arrivera à la dernière tranche d'un sous-étage, on aura les remblais en couronne ; pour éviter que ces remblais ne viennent, en tombent, salir le charbon abattu, on laisse quelquefois une applique de charbon de 20 cm. en couronne.

Le boisage sera disposé de façon à faciliter l'enlèvement des bois après remblayage; les perches de couronne reposeront sur des montants taillés en gueule de loup; on les ramassera sous ses pieds en exploitant la tranche supérieure. Les bois verticaux seront arrachés au cric à l'aide de chaînes.

Quelquefois on reporte dans le mur toutes les voies de service, directions, retour d'air, plans inclinés, etc..., pour les mettre à l'abri des éboulements ou des feux.

On trouve quelquefois avantageux d'exploiter chaque sous-étage en vallée; on place alors un treuil à air comprimé au sommet du montage et on utilise la descente des remblais pour aider à la remonte des charbons.

Les méthodes par tranches horizontales s'appliquent à une couche quelconque et se prêtent aux exigences des allures les plus irrégulières. En pratique, il convient que la traversée horizontale ait au moins 10 m., sans quoi la dépense exigée par les traçages deviendrait trop onéreuse, relativement à l'importance des massifs à dépiler.

400. Rabattages avec remblais. — Quand les charbons sont très solides, on préfère enlever à la fois, par rabattage, des tranches de 4 à 6 m. d'épaisseur. Chaque sous-étage ne comprendra que trois tranches qui se succèderont en remontant, en s'élevant sur les remblais.

On tracera au niveau inférieur de la tranche et sous le toit de la couche une galerie en direction, qui servira à l'arrivée de l'air et au transport des charbons; en même temps, sur le mur, et sous le plan horizontal qui limitera la hauteur de la tranche, une autre galerie de direction servira à la sortie de l'air vicié et à l'arrivée des remblais.

De la galerie inférieure, on fera partir tous les 20 m. une traverse ou taille de 3 à 4 m. de largeur, qu'on poussera jusqu'au mur et qu'on continuera par un montage allant percer dans la voie d'arrivée des remblais, puis on reviendra, en rabattage,sur la galerie de transport. Le front de taille,pendant cette période de rabattage, sera représenté par la couronne du petit montage de communication.

Les remblais seront versés au fur et à mesure de l'avancément du dépilage.

Ces premiers prismes enlevés, on enlèvera de même les prismes contigus à chacun d'eux par des traverses du toit au mur et des rabattages du mur au toit.

On voit que la plus grande partie des remblais pourra être simplement versée et qu'on n'aura à remblayer à la main que la partie supérieure de chaque tranche.

Le soutènement, à faire reposer sur des remblais nouvellement pla-

cés, deviendra très difficile, sinon impossible ; il faut que le charbon se
tienne de lui-même.

Dans certains cas, au lieu de conduire les rabattages en travers, on

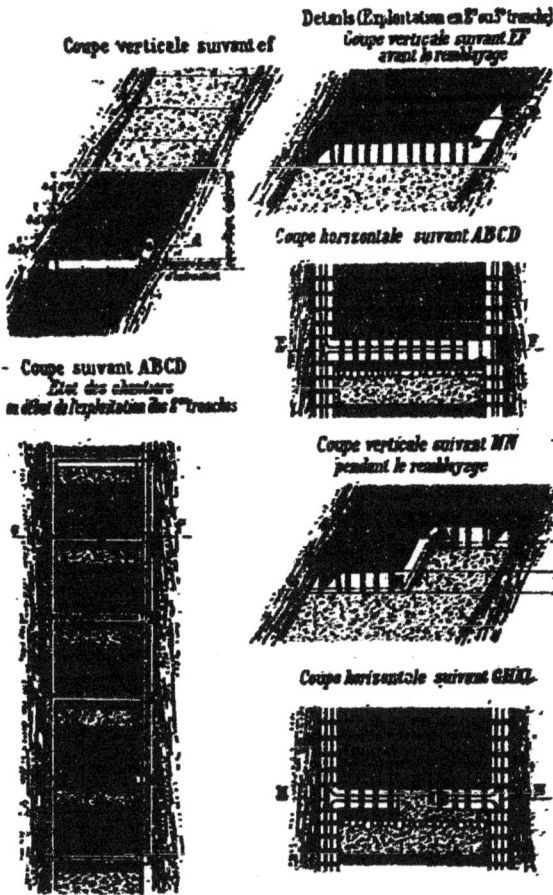

Coupe verticale suivant ef

Details (Exploitation en 5° ou 3° tranche)
Coupe verticale suivant EF
avant le remblayage

Coupe horizontale suivant ABCD

- Coupe suivant ABCD
État des chantiers
au début de l'exploitation des 5° tranches

Coupe verticale suivant MN
pendant le remblayage

Coupe horizontale suivant GHKL

les conduit en direction, en faisant partir les premières tailles de traverses percées du toit au mur.

Après enlèvement complet d'une première tranche, on préparera la
suivante en perçant à nouveau une galerie au toit et une au mur
comme pour la tranche au-dessous.

401. Tranches inclinées. — Certaines couches se prêtent à l'enlèvement de la houille par tranches parallèles à la stratification, lorsque l'inclinaison de la couche est suffisante et que le charbon ne présente pas trop de difficultés de soutènement, tout en ayant des plans de
stratification bien marqués. On considère alors la couche comme formée d'une série de petites couches qu'on exploite séparément.

Chaque étage est divisé en sous-étages de 4 à 6 m. de hauteur verticale et qu'on prend simultanément, en retraite les uns sur les autres par tranches parallèles à la stratification et en opérant généralement à partir du mur.

Tous les 100 ou 200 m., on établira un plan incliné sur la hauteur de l'étage et on tracera, au mur de la couche, à chaque sous-étage, une

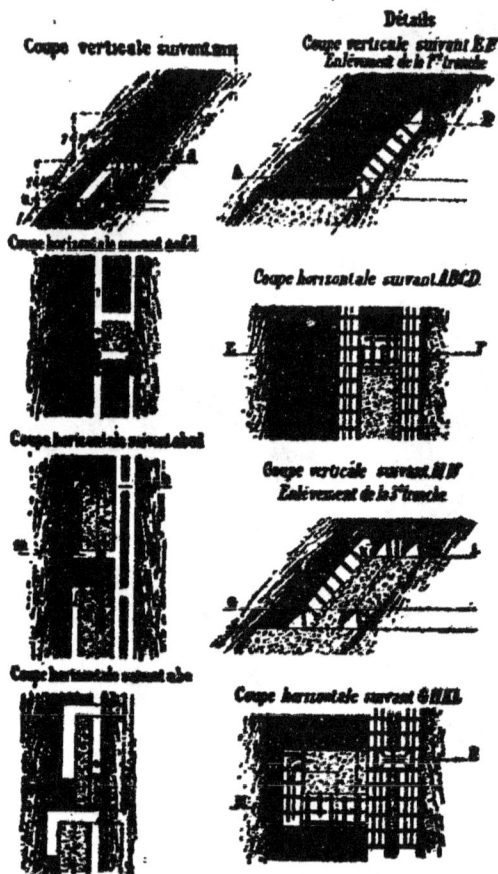

galerie d'allongement qui sera reliée à la suivante par des montages percés tous les 25 ou 40 m., selon la nature du charbon.

De chaque montage on fera partir une taille en chassage, exploitant ainsi une tranche inclinée d'épaisseur égale à la hauteur des montages, soit 2 m. à 2 m. 30. Le charbon descendra de lui-même jusqu'à la galerie si l'inclinaison est assez forte ; le remblai est amené par la voie supérieure.

Après chaque poste d'abattage, on fait à 1 m. 30 ou 2 m. en arrière du front de taille un mur en pierres sèches et on verse derrière les remblais par la voie supérieure.

La première tranche enlevée, on exploite de même la deuxième tranche et les suivantes en considérant chacune d'elles comme une petite couche indépendante.

Pour passer de l'une à l'autre, après l'exploitation de la première tranche, on a mené des traverses au sommet et au pied de chaque montage et c'est de chacune de ces traverses, successivement prolongées, qu'on fera partir les diverses voies d'allongement et les nouveaux montages pour la deuxième tranche et les suivantes. En prolongeant ensuite ces traverses, on mettra chacune des tranches en relation avec l'arrivée des remblais et la sortie des charbons, opérées par le plan incliné situé au mur de la couche.

Si le charbon est suffisamment résistant, on se dispense de boiser les tailles ; en raison de leur faible largeur, le remblai soigneusement établi suffit au soutènement.

On laisse en place les bancs de schistes intercalés ; mais si l'on est obligé de les abattre, il convient de les sortir au jour pour éviter les échauffements possibles.

Les autres sous-étages se prennent de même.

Quand la méthode s'applique à des couches puissantes, on peut craindre que le tassement des remblais et la dislocation du charbon n'amènent des échauffements avant que l'exploitation ait eu le temps d'atteindre la tranche sous le toit. On commence alors par tracer, à égale distance du toit et du mur, sur une barre ou un joint de stratification qu'on considère comme étant le mur. Pendant l'exploitation de la dernière tranche de cette première série, on entame la première tranche de la seconde série sur le véritable mur de la couche et on continue l'enlèvement des tranches jusqu'à ce qu'on arrive sous la barre ou sous les remblais.

402. Tranches verticales. — Le principe de cette méthode consiste à tracer dans le gîte et dans le même plan vertical deux galeries d'allongement qu'on réunit de distance en distance par des cheminées.

La galerie supérieure sert à l'arrivée des remblais, l'autre à la sortie des charbons.

Du bas de chaque cheminée, on fait partir deux tailles de 2 à 4 m. de largeur et 2 m. 50 de hauteur se dirigeant, l'une vers le toit, l'autre vers le mur. Lorsque ces tailles sont terminées, on les remblaie complètement, puis on en ouvre deux nouvelles directement au-dessus, en marchant sur les remblais et on continue jusqu'à ce qu'on ait enlevé toute la tranche verticale.

Les remblais sont versés par la cheminée primitive ; pour la sortie des charbons, il est nécessaire d'en créer une autre dans la tranche suivante, à mesure qu'on s'élève.

Quand toute la première tranche sera prise, cette cheminée sera creusée sur toute la hauteur du sous-étage et servira de point de

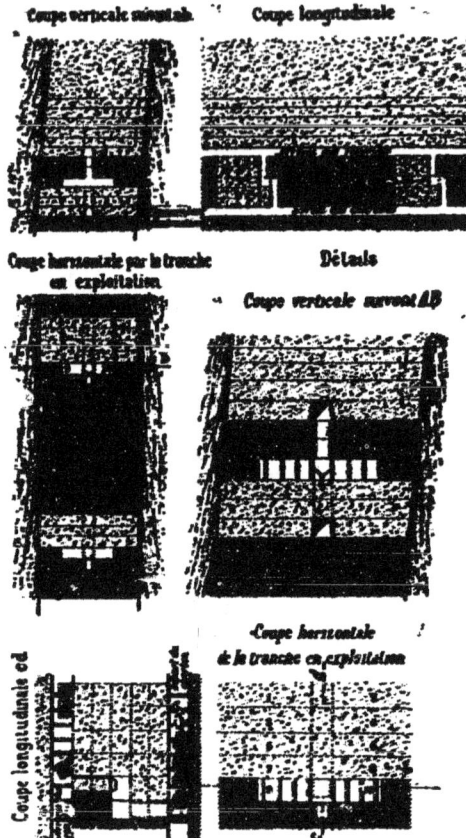

départ pour la deuxième tranche, en prenant des tailles contre les remblais.

Les charbons arrivent donc à la voie de roulage par la cheminée nouvelle, qui s'élève à mesure du dépilage, les remblais étant descendus par la cheminée primitive.

On enlèvera ensuite une troisième tranche et ainsi de suite.

Cette méthode permet un abattage facile, des remblais bien tassés et un bon aérage. La reprise des charbons au pied de la cheminée présente des difficultés au point de vue de la main-d'œuvre et des déchets.

Les deux galeries de direction sont généralement espacées de 12 à 16 m.

Dans beaucoup de cas, ces grandes surfaces verticales appuyées contre des remblais compressibles peuvent causer des mouvements et déterminer des feux ; on doit alors réduire la hauteur des tranches, l'abaisser quelquefois à 6 mètres, mais, en même temps, on perd la plus grande partie des avantages de la méthode.

Tels sont les principaux types des méthodes appliquées à l'exploitation de la houille ; chacun d'eux devra être modifié pour s'appliquer, dans chaque mine, aux conditions locales, à l'allure aussi bien qu'à la nature du gîte.

§ 4.

EXPLOITATIONS A CIEL OUVERT ET EXPLOITATIONS DIVERSES.

403. — Lorsque les gîtes sont situés à une faible profondeur dans e sol, on les exploite le plus souvent à ciel ouvert, après avoir enlevé au préalable les terrains qui les recouvrent. L'exploitation des gîtes puissants qui affleurent a presque toujours commencé à ciel ouvert et a été conduite ainsi jusqu'à ce que la profondeur ait obligé à procéder par travaux souterrains.

On exploite à ciel ouvert la plupart des pierres de construction, les minerais des terrains d'alluvion, les ardoises, la tourbe, quelques couches puissantes de houille, quelques gisements irréguliers, tels que les meulières, les phosphates, etc... Les exploitations à ciel ouvert permettent d'enlever le gîte complètement et sans gaspillage ; l'abattage sera facilité par l'emploi de grands gradins et il sera facile d'obtenir des blocs de grandes dimensions ou de formes déterminées. Ce mode d'exploitation permettra la suppression presque complète des frais de soutènement, de remblayage et d'éclairage, en même temps qu'il fera disparaître les dangers d'incendie et ceux pouvant résulter du dégagement du grisou ou d'autres gaz délétères.

Une exploitation à ciel ouvert entraîne l'obligation d'être propriétaire du terrain situé au dessus du gîte à exploiter et souvent même de pouvoir disposer d'une surface plus grande que celle qui sera occupée par les chantiers, afin d'y loger les déblais provenant de l'enlèvement des terres stériles de recouvrement.

Lorsque les conditions du gîte seront telles qu'on pourra hésiter entre une exploitation souterraine et une exploitation à ciel ouvert, l'élément principal à considérer sera le rapport entre l'épaisseur des terrains de recouvrement et celle du gîte qui sera dégagé par le travail du découvert.

Lorsqu'on pourra combiner, pour deux portions différentes d'un même gîte, l'exploitation à ciel ouvert et l'exploitation souterraine, les déblais provenant de la première serviront à remblayer les vides produits par la seconde ; on arrivera ainsi à reculer la limite au delà de laquelle l'exploitation à ciel ouvert ne serait plus avantageuse, si elle était isolée.

404. Talus des excavations. — La profondeur à laquelle pourra être poussé un découvert sera limitée non seulement par la question économique, mais aussi par la difficulté que l'on aura à soutenir les parois de l'excavation, auxquelles il faudra donner un talus plus ou moins incliné, d'après la nature et la solidité des terrains.

Il faut considérer comme une exception les roches dures se maintenant en paroi verticale sur une grande hauteur.

Le talus naturel des terres sableuses et légères est de 2 de base pour 1 de hauteur ; celui des terres fortes et argileuses de 1 de base pour 2 de hauteur et celui des terres moyennes de 1/1.

Lorsqu'on ouvrira une exploitation à ciel ouvert de long avenir, il y aura lieu de donner au talus, non pas la pente correspondant à la roche en place, mais celle qu'elle prendrait si on la déposait en cavalier après abattage, pour tenir compte de l'action ultérieure des agents atmosphériques.

Dans la détermination de la pente, on aura à considérer aussi les surcharges imposées aux talus, celles, entre autres, provenant des cavaliers formés par les déblais de l'excavation elle-même.

Si la hauteur d'un talus doit être considérable, il conviendra de la partager en plusieurs zones par des banquettes horizontales, en augmentant progressivement la pente du talus, à mesure qu'on s'enfonce, pour tenir compte de la charge provenant de la masse propre du terrain.

Sur ces banquettes horizontales, il sera facile d'installer les voies de transport et de tracer des rigoles, pour la conduite des eaux, aux différents niveaux ; on réduira ainsi les frais d'assèchement des travaux et les désordres causés par les ravinements.

Dans les roches solides, il est possible de mettre à pic les parois de l'excavation perpendiculaires à la direction et celle qui se trouve suivant la direction avec un pendage opposé à l'excavation ; il est néanmoins préférable de tailler cette dernière perpendiculaire au pendage. Si les bancs plongent vers l'excavation, il faudra prendre de grandes précautions pour éviter le glissement et, si on rencontre des lits de sable incohérent qui peuvent se déliter et s'écouler en laissant le toit en porte-à-faux, il sera nécessaire d'enlever le sable sur une certaine profondeur et de le remplacer par une maçonnerie dans laquelle on ménagera des barbacanes de distance en distance.

Lorsque, dans un talus, on rencontre, au lieu de sables, de petits bancs d'argile intercalés dans la stratification, il faut éviter que l'eau qui s'égoutte n'imprègne cette argile, en créant ainsi une surface glissante qui pourrait provoquer le déplacement des terrains supérieurs.

En temps ordinaire, les eaux s'écoulant librement, l'effet est peu à redouter. Mais pendant les gelées, le suintement étant arrêté, l'eau renfermée à l'intérieur amènera le délayage de l'argile qui entraînera les terrains au dégel.

Il faudra donc enlever ce banc argileux sur une certaine profondeur et remplir la rainure de paille pour empêcher la gelée, en même temps qu'on favorisera l'écoulement de l'eau par de petits conduits ménagés de distance en distance.

Il est essentiel de ne procéder à l'ouverture d'une exploitation à ciel ouvert qu'après avoir étudié et arrêté un plan d'ensemble qui devra pouvoir être suivi dans ses grandes lignes, tout en permettant les modifications de détail qui seront reconnues utiles au cours des travaux.

Avant d'entreprendre l'ouverture d'une exploitation à ciel ouvert, on commencera par déterminer le périmètre dans lequel l'exploitation devra être circonscrite et, lorsque cela sera possible, on choisira le point d'attaque dans la partie correspondant à la plus grande profondeur à atteindre. De cette façon, les chantiers se développeront en montant et seront maintenus naturellement à sec.

L'exploitation commencée en un point devra être poussée à la profondeur maximum qu'on pourra être appelé à atteindre en ce point, de façon à pouvoir utiliser le vide pour y loger les déblais à provenir des découverts à venir, sans avoir à craindre d'être amené à remanier une seconde fois ces déblais.

Le découvert doit permettre l'ouverture de grands chantiers, sans qu'on ait à redouter l'éboulement des talus. Si les fronts de taille sont élevés et les talus raides ou glissants, les ouvriers seront attachés par la ceinture à des cordes fixées au sommet, ou bien ils se tiendront sur des appuis suspendus à des points fixes.

A moins de considérations spéciales, le front de taille sera disposé en gradins, dont la hauteur sera d'autant plus faible que la tendance au glissement sera plus marquée; cette hauteur variera de 1 m. 50 à 15 m. et au delà, suivant la nature et la manière d'être des roches.

Si on ouvre dans un terrain bas, on se garantira d'une partie des eaux de pluie en entourant l'excavation de fossés ; d'autres fois, on y élèvera des digues en terre battue entre deux murs en pierres sèches, quand on aura à se défendre contre les débordements possibles d'un cours d'eau voisin.

405. Exploitation d'alluvions. — L'exploitation à ciel ouvert

s'applique principalement aux *alluvions*. Pour les exploiter, on commencera l'attaque au point le plus en aval, ouvrant une tranchée transversale à la vallée et la poussant au maximum de la profondeur
qu'on veut atteindre.

Le front de taille, qui sera disposé le plus souvent en gradins, avancera alors en remontant le cours de la vallée et sur toute la largeur

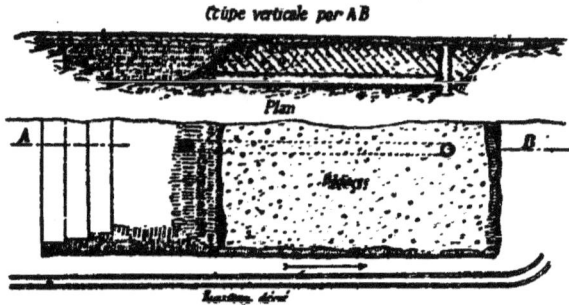

qui a été assignée à l'exploitation. On donnera aux parois latérales le
talus naturel des terrains, et, s'il est nécessaire, on y ménagera des
banquettes avec des rigoles ; ces banquettes pourront être réunies par
des rampes pour l'enlèvement des produits de l'exploitation. Les stériles seront rejetés en arrière du front de taille dans la tranchée et prendront leur talus naturel.

On aura soin de réserver au milieu des stériles rejetés un aqueduc
qu'on allongera à mesure de l'avancement du front de taille et qui
aura pour objet d'assécher l'excavation.

Dans des cas spéciaux, on résumera les eaux dans un puisard d'où
on les élèvera, au moyen de pompes, à la surface du sol. Lorsque le
chantier se trouve dans le thalweg d'une vallée où coule un cours
d'eau, on commencera par dévier celui-ci en lui créant un lit artificiel
en dehors de la surface de l'exploitation projetée.

Dans certains cas, on pourra barrer le cours d'eau en amont et lui
tracer un lit à flanc de coteau, de façon à créer une chute, et, par suite,
une force hydraulique qu'on utilisera pour le traitement et l'enrichissement des minérais.

Dans d'autres cas, on exploitera par dragages les alluvions formant
le lit de certains cours d'eau.

406. Exploitation des pierres de construction. — Les gîtes de pierres de construction se présentent généralement sous forme
d'arêtes saillantes, de protubérences, qu'elles appartiennent aux roches éruptives ou aux terrains stratifiés. On peut alors procéder à
leur abattage en disposant les fronts d'attaque par entailles verticales
simples ou en gradins.

Mais lorsque les roches, au lieu de se présenter en saillie, sont disposées en bancs presque horizontaux recouverts de terrains ou roches décomposées, on procède à leur exploitation en prenant le mur du gîte comme sol de l'excavation. Les déblais sont rejetés en arrière

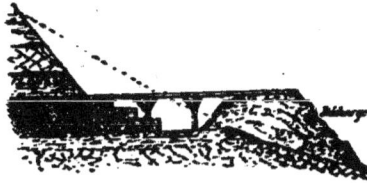

avec les déchets de carrière, soit directement si le sol présente une pente naturelle convenable, soit en formant des cavaliers en arrière de la tranchée.

On fait avancer le découvert de telle façon qu'il précède le premier gradin d'une quantité au moins égale à son épaisseur.

Les gradins peuvent être reliés entre eux par des rampes pour permettre l'enlèvement des produits, ou bien on ménagera dans les déblais une voie d'accès au front de taille. On établit aussi des plans inclinés partant du fond de la carrière et armés en tête d'un moteur pour remonter les produits.

Toutes les fois qu'on ouvre une carrière, il faut étudier la direction et l'inclinaison des fissures de la roche, puis disposer les gradins de façon à tirer parti de ces fissures, pour faciliter l'abattage.

Dans certains cas, on disposera des gradins dégagés sur trois faces, ce qui aura l'avantage de bien délimiter les divers chantiers.

Les pierres extraites sont généralement précipitées du haut en bas des gradins au moyen de leviers, crics et rouleaux sur un lit de déchets qui amortit le choc. Là on les ébauche, puis on les charge sur chariots pour les expédier.

Pour diviser la pierre, on profite naturellement des fils et des délits, tout en cherchant à obtenir des blocs de dimensions déterminées.

La portion du gradin qu'on veut abattre est isolée par un havage, s'il n'existe pas de lit, puis on pratique des entailles verticales continues ou interrompues, suivant la nature de la roche. Ces entailles permettent de détacher le bloc, soit au moyen de petits coups de mine, soit au moyen de coins en fer sur lesquels on frappe alternativement pour obtenir d'eux une pression uniforme jusqu'à ce que le bloc se détache.

407. Exploitation des meulières. — Lorsque le gîte se présente d'une façon irrégulière et discontinue, comme cela a lieu pour la meulière, on commence par constater sa présence par un sondage fait à l'aide d'une simple barre de fer terminée en pointe.

On déblaie alors le gîte qui est généralement recouvert d'une épaisseur de sable et d'argile, de 3 à 4 m. ordinairement, et quelquefois de 15 et plus.

Lorsqu'on doit atteindre cette profondeur, on ménage des banquettes munies de rigoles qui retiennent les eaux. Sur l'un des côtés de l'excavation, on trace une rampe, le long de laquelle on fait monter la meulière, soit à bras, soit à l'aide d'un treuil, au moyen de rouleaux.

408. Exploitation de la houille. — Lorsqu'une couche de houille, de grande puissance, est recouverte d'une faible épaisseur de terrain stérile, on peut trouver avantage réel à l'exploiter à ciel ouvert.

Pour apprécier l'opportunité d'une pareille exploitation, il sera nécessaire de faire le devis exact de ce que coûtera le découvert d'une surface déterminée et comparer ce devis à celui de l'exploitation souterraine.

Dans certains cas, la profondeur que peut atteindre l'exploitation à

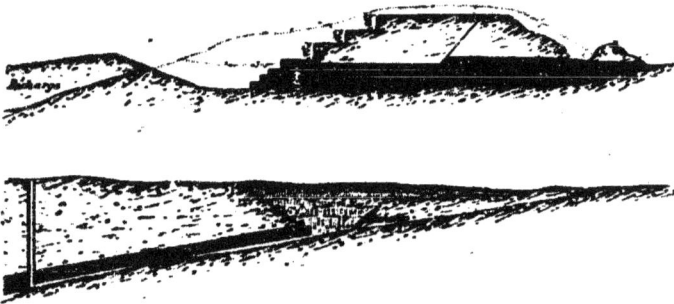

ciel ouvert se trouve reculée par l'emploi des déblais comme matériaux de construction ou leur utilisation comme remblais dans les parties de la couche exploitées souterrainement.

Le chantier présente un large front de taille s'avançant suivant l'inclinaison de la couche ; des descenderies tracées sur le mur de la couche, suivant le pendage, réuniront les chantiers du jour à ceux du fond. Ces voies inclinées serviront à amener les découverts aux chantiers à remblayer ; ils seront utilisés, en outre, pour l'écoulement des eaux de la carrière jusqu'à l'appareil d'exhaure et pour la descente de la houille jusqu'à la recette du puits d'où elle sera remontée au jour avec celle provenant de l'exploitation souterraine. Ces descenderies sont quelquefois remplacées par des bures munis de balances.

409. Exploitation de la tourbe. — Les gisements de tourbe se présentent, en général, sous forme de dépôts superficiels d'une épaisseur qui atteint et dépasse quelquefois cinq mètres. Ils forment des bassins dont la surface plate et humide est recouverte par des alluvions ; souvent ces gisements se trouvent sous une nappe d'eau.

Lorsque la tourbe émerge. on l'exploite en y creusant de petits gradins à l'aide d'un *louchet*, espèce de bêche à tranchant, portant un aileron ouvert à 100° ; les gradins ont la hauteur du louchet, environ 30 centimètres, et sont espacés d'au moins 1 mètre.

Les ouvriers marchent à la suite les uns des autres, enlevant à chaque coup un prisme de 12 à 15 centimètres d'épaisseur. Ces prismes sont recueillis par des chargeurs qui suivent les découpeurs avec des brouettes.

Lorsque la tourbe est sous l'eau, le louchet ordinaire ne suffit plus ; on a recours au *grand louchet* ; celui-ci porte un double aileron. Son fer n'est pas plus long que celui du premier, mais il se prolonge par une sorte de carcasse à jour, en feuillard mince ou en tôle perforée, qui donne une hauteur totale de 1 m. à 1 m. 20.

L'outil, porté par un manche de 5 à 6 mètres de longueur, est manœuvré par deux hommes, la tourbe pouvant être impunément coupée à pic sans s'ébouler, surtout lorsqu'elle est immergée ; on enlève donc, chaque fois, la valeur de trois ou quatre hauteurs de louchet ordinaire, soit 0 m. 90 ou 1 m. 20.

Après avoir fait dans la tourbe une entaille rectiligne, on place à 12 ou 15 centimètres en arrière une planche d'environ deux mètres de longueur qu'on fixe avec des chevilles. Cette planche sert à porter les ouvriers et à répartir leur poids sur une plus grande surface ; elle sert également à guider le louchet pour dégager une série de prismes contigus.

L'instrument est enfoncé verticalement, guidé par la planche et par

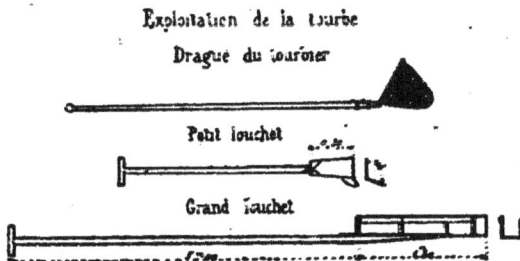

Exploitation de la tourbe
Drague du tourbier
Petit louchet
Grand louchet

l'arête supérieure de la masse voisine, encore intacte. Des marques tracées sur le manche du louchet indiquent qu'il a pénétré de 1 mètre environ ; les ouvriers ayant détaché un prisme de cette longueur et de 8 à 10 centimètres de côté inclinent le louchet pour que la tour-be reste emprisonnée dans l'instrument ; on le sort de l'eau et on le retourne sur le pré pour le vider ; le prisme de tourbe est aussitôt coupé en trois ou quatre mottes. On a soin de rejeter les matières étrangères, s'il en existe.

On enfonce ensuite le louchet à la même place et on continue ainsi jusqu'à ce qu'on ait atteint le mur du gîte.

La tourbe est étendue en cinq rangées superposées pour être séchée à l'air et au soleil. Après que les mottes ont acquis une certaine ré-sistance, on les empile en rangées de 0 m. 70 à 1 mètre, disposées à claire-voie.

Quelquefois la tourbe est recouverte d'une grande hauteur d'eau et se trouve à un état de consistance tellement fluide qu'on est obligé de l'extraire à l'aide de dragues. La plus simple et la plus employée con-siste en une sorte de filet disposé autour d'un cercle en fer dont les bords sont tranchants. Ce cercle est fixé à l'extrémité d'un manche de quatre mètres de longueur, manœuvré d'un bateau.

La tourbe extraite par ce dernier moyen a toujours besoin d'être moulée.

Le mieux est de la délayer en pâte liquide avant le moulage ; on profite de cette opération pour la purifier.

On a récemment appliqué à l'exploitation des tourbières submergées des procédés plus perfectionnés.

A Mareuil-sur-Ourcq (Oise), une couche submergée de quatre mè-tres de puissance est élevée en deux passes par des louchets mûs mécaniquement, et par prismes rectangulaires de 0 m. 40 de côté.

Un bateau plat de neuf mètres sur trois porte un moteur et sa chau-dière ; le mouvement est communiqué à deux louchets manœuvrant en porte-à-faux, l'un à l'avant, l'autre à l'arrière.

Outre la machine, ses accessoires et les organes de transmission, le bateau est muni des appareils nécessaires au malaxage de la tourbe ; il est maintenu dans la position qu'il doit occuper par un câble s'en-roulant sur un treuil et dont l'une des extrémités est fixée au rivage.

Les prismes de tourbe sont débités à la main pendant leur passage sur une toile sans fin, puis malaxés. On procède ensuite, après épuration, au moulage et au séchage.

410. Ardoisières. — Si le gîte est un amas stratifié ou une cou-che avec une forte inclinaison, le découvert sera limité et l'exploita-tion se développera en profondeur. C'est le cas des ardoisières d'Angers, formation schisteuse venant affleurer sous un angle de 70° à 80°.

Pour ouvrir une carrière de cette nature, on commence par mettre la roche saine à découvert, en enlevant la terre végétale et les schistes décomposés sur une hauteur qui atteint quelquefois 20 et 25 mètres.

La surface ainsi dégagée présente la forme d'un rectangle dont les grands côtés sont parallèles à la stratification.

Les petits côtés, perpendiculaires à la stratification, sont distants de 60 à 70 mètres et se nomment les *chefs de règle*.

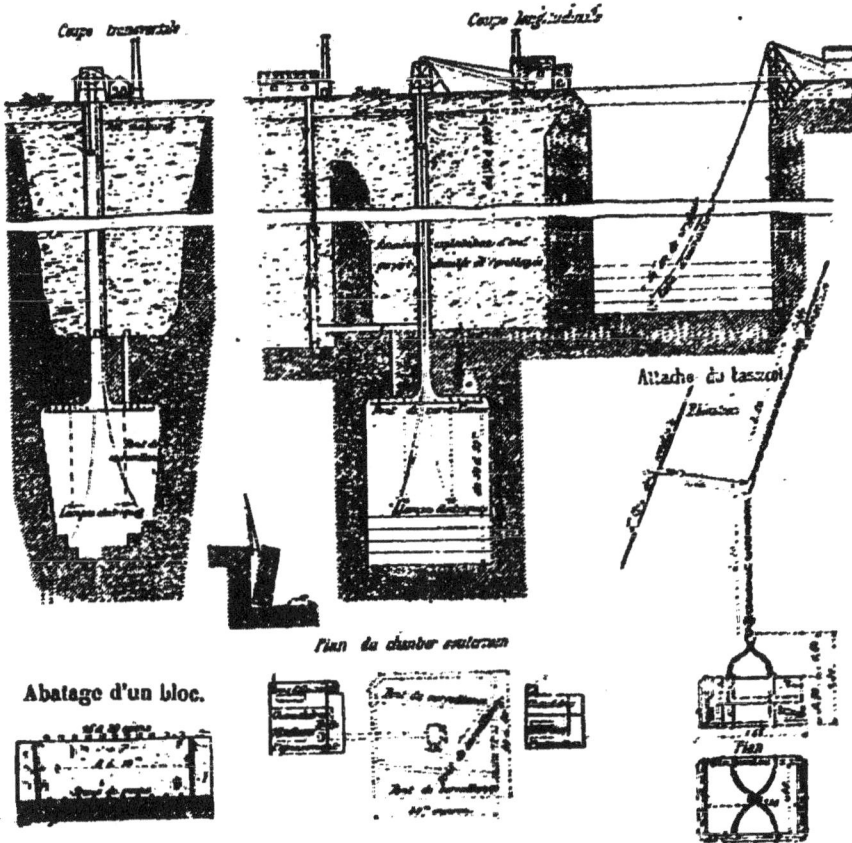

Abatage d'un bloc.

Sur l'un d'eux, celui qui paraît le plus solide, on établit la charpente, les molettes et l'appareil d'extraction.

On met les excavations à l'abri des eaux de surface au moyen de digues qui font le tour de la carrière.

L'exploitation procède par *foncées* successives ou tranches, suivant le fil de la roche, de 3 m. 30 de profondeur et un mètre de largeur. Chacune de ces foncées est faite au pic et à la poudre sur toute la longueur comprise entre les deux chefs, puis l'abatage de la foncée se pratique en élargissant à droite et à gauche.

On détache des blocs de 8 à 10 mètres de longueur, 3 m. 30 de hauteur et 1 mètre de largeur. Pour cela, on commence par tracer, à l'aide du pic et à chaque extrémité du bloc, une entaille verticale plus ou moins profonde, puis on fait à la base une sorte de havage au moyen de petits coups de mine horizontaux.

On fonce alors des trous de mine verticaux suivant un plan de clivage, dans chacun desquels on introduit un coin en fer ; on obtient ainsi une série de 15 à 20 coins sur lesquels on frappe simultanément. Le bloc se trouve ainsi détaché, on le renverse à l'aide de leviers, puis on le débite sur place, dans le sens de la longueur et de la fissilité, en morceaux de dimensions telles que trois ou quatre hommes puissent les manier sans trop de peine.

On abat ainsi, de proche en proche, tout un gradin. On nivelle ensuite la roche dont les arrachements présentent une surface très inégale et on prépare l'abattage en dessous des premiers prismes enlevés. L'ensemble du chantier représente une exploitation par gradins droits ; après 30 ou 40 foncées ou gradins, la carrière a une profondeur de 110 à 130 mètres.

On devra alors l'abandonner et le vide produit recevra les déblais d'une autre carrière à ouvrir.

Les vases d'extraction ou *bassicots* étaient d'abord élevés verticalement ; pour faciliter l'enlèvement de gros blocs sans avoir à les charger et les amener toujours au même point, on a eu l'idée de donner au câble un mouvement oblique en obligeant le bassicot à venir de lui-même se placer au fond de la carrière, près du bloc à élever.

On emploie pour cela une disposition connue sous le nom de *Billon de conduite.* C'est un câble relié à un treuil à la partie supérieure ; il passe sur une poulie placée sur le chevalement ; son extrémité inférieure est fixée au sol de la carrière en un point convenable qu'on déplace suivant les besoins de l'extraction. On tend ce câble de conduite à l'aide du treuil et sur ce câble roule une poulie reliée au câble d'extraction par une courte chaîne.

411. Ardoisières souterraines. — Pour les grandes profondeurs, on exploite les ardoises par travaux souterrains ; on n'a plus alors à s'occuper du découvert, pas plus que des endiguements pour se préserver des inondations.

La méthode employée constitue une sorte de transition entre l'exploitation à ciel ouvert et les travaux souterrains, car on procède exactement de la même façon que pour le ciel ouvert.

Les carrières souterraines ont la forme de prismes verticaux de 30 à 50 m. de côté mesurés dans le sens de la direction. La principale difficulté consiste dans la voûte qui doit les préserver.

On creuse d'abord un puits à travers l'ancienne carrière de surface et, quand il est arrivé à la profondeur convenable, on procède à la taille du plafond en découpant les schistes en gradins renversés et en forme de voûte.

Le plafond et les parois des chambres doivent être journellement et minutieusement surveillés afin d'éviter les accidents. Cet examen est rendu facile par l'établissement de passerelles suspendues aux parois et au plafond. On exploite alors l'ardoise par gradins droits ou foncés successives, comme pour les exploitations à ciel ouvert et on peut ainsi atteindre et dépasser des profondeurs de 100 à 150 mètres.

On est arrivé à établir ainsi deux chambres voûtées l'une au-dessous de l'autre et en dessous d'une première exploitation à ciel ouvert ; on a atteint des profondeurs dépassant 250 mètres. Ce système d'exploitation par gradins droits est généralement adopté pour les ardoises. On pourrait procéder à l'exploitation de ces grandes chambres par gradins renversés et en s'élevant successivement sur les remblais.

Il faudrait alors nécessairement commencer l'exploitation par la partie la plus basse de la chambre que l'on veut établir, ce qui obligerait à foncer le puits à une grande profondeur, avant de procéder à l'abattage de l'ardoise.

On obtiendrait, de cette façon, plus de sécurité qu'avec les gradins droits et, semble-t-il, des résultats économiques au moins aussi avantageux.

Pour l'éclairage de ces grandes chambres souterraines, les foyers électriques sont tout naturellement indiqués.

412. Exploitation du sel gemme. — Comme exemple de méthodes par dissolution, nous donnerons celle qui est appliquée au sel gemme.

Le sel se présente souvent en bancs puissants et purs pour lesquels l'exploitation emprunte les méthodes ordinaires par galeries et piliers. Les parties impures qu'on rencontre quelquefois au toit doivent être dissoutes au jour, et la dissolution évaporée après clarification pour donner du sel marchand.

On trouve plus souvent économique de dissoudre sur place ces parties impures en faisant arriver de petits jets d'eau en couronne de chaque chantier et sur toute la largeur.

Les tuyaux qui les amènent sont supportés par une charpente légère qu'il est facile de déplacer.

Les eaux plus ou moins saturées tombent au pied de chaque chantier dans des canaux en bois qui les conduisent au puisard, d'où elles sont élevées au jour pour y être évaporées. Dans l'exploitation courante, on peut trouver opportun de pratiquer, à l'aide de jets d'eau des havages horizontaux ou verticaux et même, dans certains cas, de percer dans la masse du sel des galeries ou des puits à l'aide de jets convenablement disposés.

413. Argiles salifères. — Pour les gîtes d'argiles salifères qui sont situés au-dessus des vallées, on emploie généralement les méthodes par dissolution. Les eaux de surface convenablement aménagées, sont conduites sur les divers points des travaux où elles devront être employées.

On ouvre un premier étage au moyen d'une galerie débouchant au jour, soit au fond de la vallée, soit à flanc de coteau.

De part et d'autre de cette galerie principale prendront naissance

Coupe verticale.

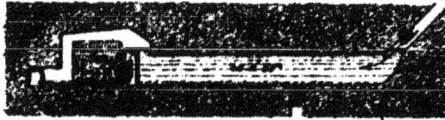

Plan

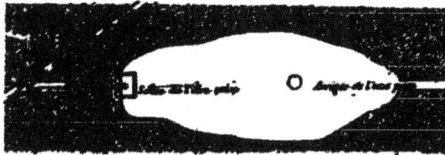

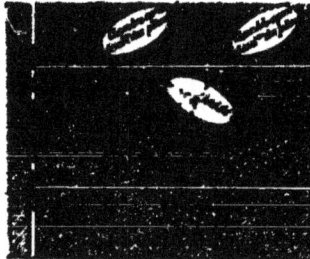

une série de galeries transversales espacées de 60 à 100 m. et sur chaque côté de ces dernières se ramifieront, de distance en distance, de petites galeries obliques où l'on préparera les chambres de dissolution dans les parties du gîte considérées comme les plus riches. Ces chambres ordinairement elliptiques, de 20 m. sur 40 ou 60, sont commencées par le traçage d'un réseau de petites galeries laissant entre elles des piliers de 3 à 4 m. de côté, constituant, dans leur ensemble, une sorte de quadrillage.

Les chambres seront fermées par des digues en argile auxquelles on donne ordinairement la forme d'un T, dont la branche principale, de 6 m. de longueur environ, occupe l'extrémité de la galerie.

L'eau douce est amenée à ces chambres par des galeries inclinées en relation avec les eaux venant des parties supérieures.

L'eau douce commencera par ronger les parois et les piliers puis, une fois saturée de sel, elle sera évacuée à volonté par un conduit traversant la digue et se relevant à une certaine hauteur, afin que les boues ne soient pas entraînées.

Lorsque les piliers auront été dissous, on nettoiera la chambre, les argiles qui se sont déposées étant rejetées à l'étage inférieur par une cheminée. Ces résidus serviront à remblayer les anciennes chambres ou seront conduits au jour par une galerie de cet étage.

La cheminée une fois rebouchée, on amène progressivement l'eau qui agira sur les parois de la chambre d'abord, puis sur le plafond quand la digue sera surélevée. L'action de l'eau dissoudra le sel en couronne, laissant les roches désagrégées auxquelles il est mélangé tomber au fond de la chambre transformée en lac.

A mesure que le plafond s'élève, on exhause la digue, de façon à maintenir l'eau à un niveau plus élevé de quelques centimètres que le plafond.

L'eau est considérée comme saturée quand elle contient 25 % de sel. On la fait alors écouler, puis on recommence la même série d'opérations, jusqu'à ce qu'on ait atteint la hauteur assignée à l'étage.

Au lieu de faire arriver l'eau d'une façon intermittente, on préfère quelquefois une arrivée continue.

414. Exploitation hydraulique des dépôts aurifères. — Certains dépôts d'alluvions aurifères, provenant de la décomposition de filons quartzeux entraînés anciennement par les eaux, se rencontrent sous des épaisseurs variant de quelques centimètres à 200 et 250 mètres.

Quand leur épaisseur est suffisante, ils sont exploités par la méthode dite du géant qui consiste à attaquer ce dépôt incohérent au moyen de puissants jets d'eau désagrégeant les sables et les conglomérats.

L'eau prise à une hauteur convenable est amenée à des réservoirs qui permettront d'obtenir une pression de 75, 100 m. et plus. Du réservoir l'eau passe dans une conduite en tôle de 50 cm. à 1 m. de diamètre, qui pourra alimenter quatre lances à la fois, par l'intermédiaire de tuyaux en fer de 0 m. 25 à 0 m. 38 reposant sur le sol ou sur des trétaux.

Les lances ont des formes diverses, mais sont d'une construction telle qu'il est possible de les faire tourner dans tous les sens. Elles ont généralement 2 m. 50 à 3 m. de longueur et un diamètre de sortie de 0 m. 15 à 0 m. 20.

Les sables désagrégés par la puissance du jet tombent au pied de

l'attaque et sont entraînés par l'eau dans un conduit d'écoulement où
la désagrégation se complète. De là ils se rendent dans un canal appelé *sluice* où l'or, sous forme de paillettes ou de poudre, est fixé par
le mercure. Le sluice, de section rectangulaire, est construit avec des
planches et des madriers. Pour en empêcher l'usure, le fond est garni
d'un pavage en pierres ou en bois et les parois de plusieurs épaisseurs
de planches.

Sur le côté du sluice, on prépare de grands bassins de 50 à 150 m².
de surface dans lesquels se déversent, avec une partie de l'eau, les gra-

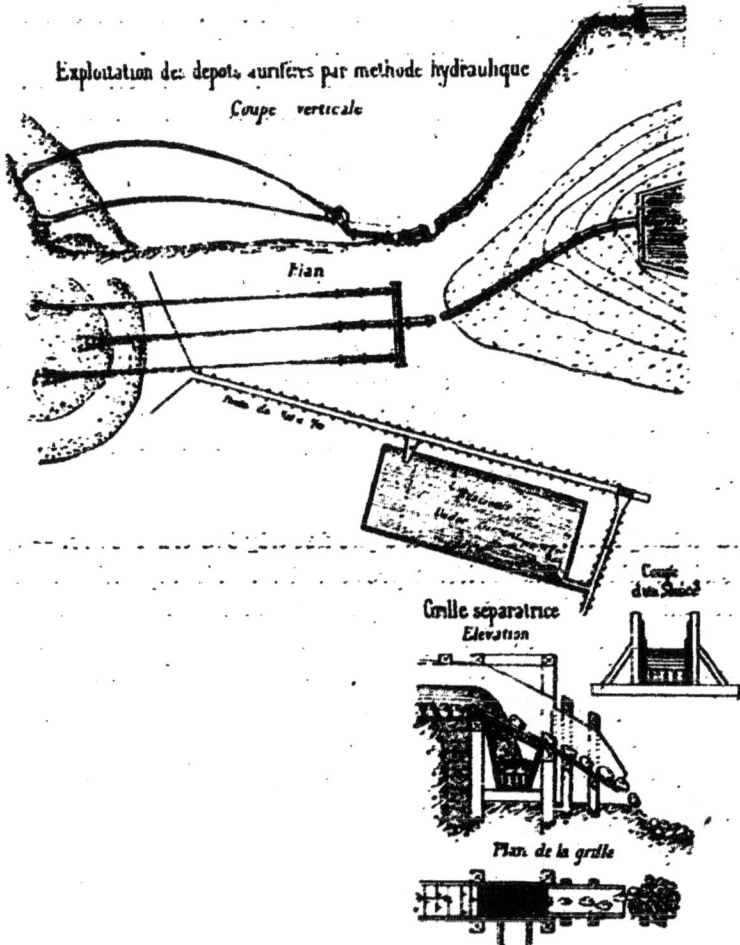

Exploitation des depots aunfères par methode hydraulique

Coupe verticale

Plan

Grille séparatrice
Elevation

Coupe d'un Sluice

Plan de la grille

viers pouvant passer à travers une grille de 25 mm. d'écartement de
barreaux. Le mouvement étant ralenti dans ces bassins, l'amalgamation des fins devient facile.

On établit des chutes destinées à séparer les galets stériles de

grande dimension ; ils sont rejetés au dehors en passant sur les barreaux d'une grille à travers laquelle tombent les parties plus menues,
en même temps que l'eau qui prend une autre direction dans le sluice
dévié.

Au début de l'exploitation, on marche pendant 2 ou 3 jours sans adjonction de mercure ; tous les interstices se garnissent de sable, puis
on ajoute progressivement le mercure en ayant soin de charger davantage les parties supérieures. On compte qu'il faut de 225 à 270
kg. de mercure pour un sluice de 1700 m. de longueur. Une fois l'o-
pération en marche, on ajoute 45 kg. de mercure par jour.

Pour recueillir l'amalgame, on vide les sluices dont on enlève le
pavage. La perte de mercure varie de 11 à 25 %.

415. Exploitation des eaux. — L'exploitation des eaux se fait
en établissant des barrages, en captant les sources, ou en forant des
sondages.

Avant de procéder à un captage de sources souterraines, on devra
faire une étude géologique approfon-
die de la région et déterminer par des
sondages multipliés l'allure de la nappe
liquide, pour reconnaître en même
temps son importance et sa composition sur divers points.

L'établissement de ces sondages ne
présente rien de spécial. A l'aide de
tuyaux concentriques s'arrêtant à des
niveaux différents, on comprend qu'on
puisse exploiter plusieurs nappes liquides, sans les mélanger.

Quand les eaux sont jaillissantes, on établit leur niveau au-dessus
de l'orifice du trou de sondage à l'aide d'une
colonne de tuyaux débouchant le plus souvent
dans un réservoir.

Pour des nappes souterraines peu profondes, il est souvent commode d'employer une
installation connue sous le nom de *Puits instantané*.

Les tiges de sonde sont creuses et la première porte un sabot en acier au-dessus duquel des trous percés dans la tige forment
crépine. A l'autre bout, on vient fixer un anneau en fer à rebords ; il est destiné à recevoir le choc d'un mouton cylindrique que
traverse la tige. Le mouton est porté par deux
chaînes ou cordes passant sur des poulies fixées à la partie supérieure
d'un trépied en fer d'environ 4 mètres de hauteur.

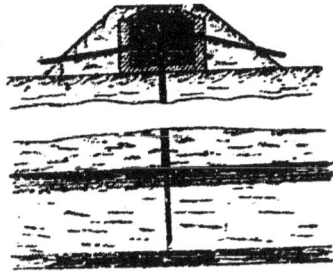

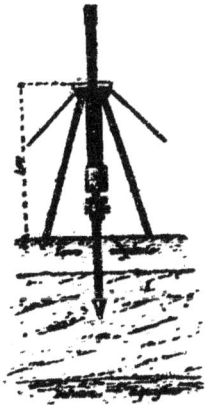

En soulevant le mouton et le laissant retomber, la tige s'enfonce ; on relève l'anneau au bout d'un certain temps et on recommence le battage. Au moment voulu, une tige creuse est ajoutée à la précédente, au moyen d'un manchon fileté.

On voit que, une fois arrivé au terrain aquifère, il suffit d'installer un piston de pompe dans les tiges pour amener l'eau à la surface, si elle n'est pas jaillissante.

416. Exploitation du pétrole. — L'exploitation du pétrole se fait presque exclusivement au moyen de sondages descendus jusqu'à

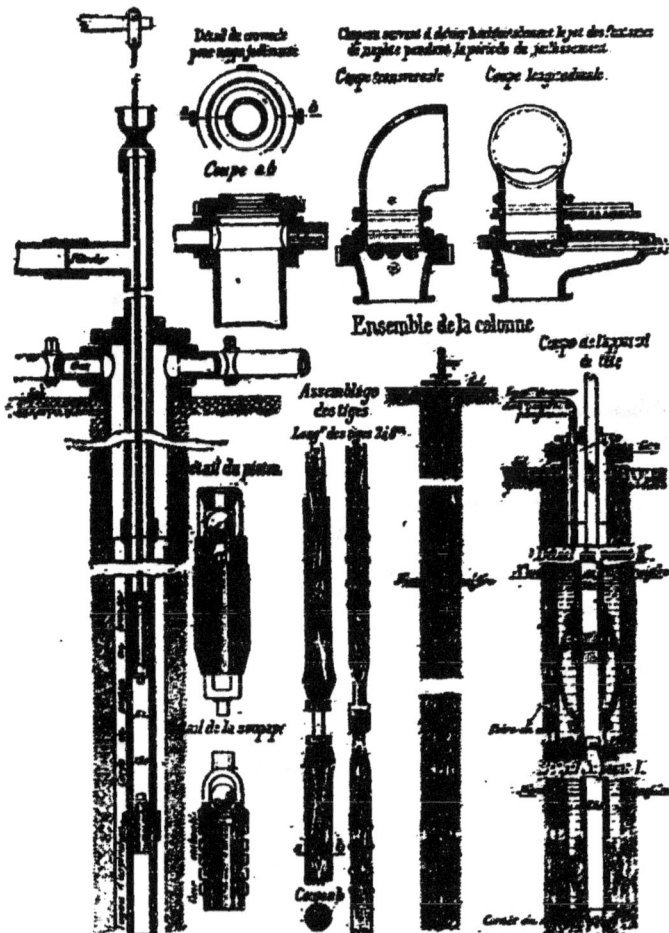

la nappe d'huile. En Amérique, l'emploi du sondage à la corde est justifié par la nature favorable des terrains et leur faible inclinaison.

Dans toute installation de cette nature, les chaudières seront placées loin du trou de sondage, afin d'éviter les accidents pouvant résulter d'un dégagement subit de gaz ou d'un jaillissement de pétrole.

Lorsque le forage est arrivé aux terrains pétrolifères, il est poursuivi jusqu'à la nappe d'huile, en évitant de tuber, s'il est possible ; dans le cas contraire, on emploiera des tuyaux percés de trous sur leur longueur, afin de recueillir l'huile des petites nappes de pétrole traversées avant la rencontre de la nappe principale. Si la même colonne de tuyaux ne peut être descendue jusqu'à la profondeur nécessaire, par suite de la pression des terrains, on reprend le forage avec un diamètre moindre et, au lieu de doubler les colonnes jusqu'à la surface, on arrive souvent à descendre les tuyaux à colonne perdue ; on diminuera ainsi les frais d'établissement et on se réservera le moyen de recueillir l'huile des petites couches intermédiaires.

On doit s'arranger de façon à atteindre la nappe d'huile avec un forage de 130 mm. soit 5 pouces. On descend alors une colonne de tuyaux de 51 mm. (2 pouces) de diamètre intérieur, à l'extrémité de laquelle est vissé un corps de pompe de même diamètre, muni d'un tuyau d'aspiration en cuivre percé de trous.

Les soupapes sont à boulet. Le piston et le corps de la soupape de retenue sont garnis de rondelles en cuir embouti.

Les tiges sont en bois ou en fer creux. En Amérique, les tiges en bois sont formées de pièces de 32/32 mm. et de 7 à 8 m. de longueur ; leur assemblage est obtenu au moyen de douilles munies intérieurement d'une forte pointe ; la tige arrondie entre à force dans la douille en même temps que la pointe intérieure la comprime et la fixe solidement.

La tige du piston se termine vers le haut par une barre de fer rond reliée au balancier.

La partie supérieure du tube, qui fait suite au corps de pompe, porte un coude ou un embranchement qui donne écoulement au pétrole élevé.

Le tuyau concentrique et extérieur est fermé par un chapeau en fonte vissé donnant naissance à des tuyaux horizontaux munis de robinets et destinés à conduire les gaz sous les chaudières, si le forage en fournit en quantité suffisante.

Lorsque l'huile est paraffineuse, le jeu de la pompe est gêné à basse température ; on fait descendre alors un petit tube jusqu'à la nappe d'huile pour y conduire un jet de vapeur.

Lorsque l'huile doit être jaillissante, au lieu de descendre une colonne de tuyaux terminés par un corps de pompe, on ferme le tube à sa partie supérieure par un chapeau muni d'un robinet, lorsque le sondage est arrivé à la nappe de pétrole.

S'il est impossible d'approcher le trou de sondage à cause du jet

de pétrole, on se contente de faire rapidement des réservoirs en creusant le sol pour recueillir l'huile.

Il arrive fréquemment que la nappe de pétrole se trouve au-dessous
de couches aquifères; on cherche alors à isoler l'eau de façon à n'a-
voir pas à l'élever en même temps que le pétrole.

Il faut donc établir un joint étanche, après que la dernière couche
aquifère a été traversée par le sondage poursuivi avec un diamètre
de 230 mm. (9 pouces) jusqu'à une roche dure et imperméable, dans
laquelle le trépan dresse une banquette.

On y descend alors une colonne de tuyaux de 152 mm. (6 pouces)
de diamètre extérieur (143 mm. intérieur). A l'extrémité du premier
tuyau, on a rivé une pièce en cuir embouti, de forme conique et qui
est remplie de graine de lin. Cette graine, en se gonflant dans l'eau,
serre fortement le cuir contre la paroi du forage et forme un joint
étanche.

On emploie aussi un autre système d'obturation permettant de
faire servir l'appareil à nouveau, lorsque, le forage ne donnant
plus d'huile, on se transporte sur un autre point ; il consiste à terminer la colonne par un tuyau de même diamètre et de faible longueur
qui lui est rattaché au moyen d'un manchon portant deux pas de vis
en sens contraire.

L'obturation est obtenue à l'aide d'un cuir en forme de poire, rivé
à sa partie inférieure sur le bout de tuyau du bas et, à sa partie supérieure, sur une bague pouvant glisser sur le tuyau.

Le cuir porte des ouvertures à travers lesquelles l'eau peut s'introduire et forcer le cuir à s'appliquer contre les parois du forage.

Pour retirer l'appareil, on tourne la colonne qui se sépare du bout
de tuyau inférieur ; en soulevant ensuite, la poire en cuir sera aplatie, passera facilement et entraînera tout le reste.

Dans un cas comme dans l'autre, après que l'étanchéité a été obtenue, on continue le forage avec un diamètre de 130 mm. comme
dans le cas où l'on n'a pas à se garer des nappes d'eau.

CHAPITRE XV

SIÈGES D'EXPLOITATION. TRANSPORTS EXTÉRIEURS MANIPULATIONS AU JOUR

---

§ 1.

SIÈGES D'EXPLOITATION

417. Etablissement d'un siège d'exploitation. — L'exploitation d'une mine est groupée en un certain nombre de sièges, dont chacun fonctionne ou pourrait, au besoin, fonctionner indépendamment de tous les autres.

Chaque siège doit donc comprendre tous les travaux, édifices, machines et appareils nécessaires à l'exploitation de la portion de gisement qu'il est appelé à assurer.

Les divers services d'extraction, d'assèchement, d'aérage, ainsi que la descente des remblais, la translation des ouvriers y rencontrent tous les organes qui leur sont nécessaires.

Seuls, les services accessoires qui n'ont pour objet que des modifications à faire subir aux produits de la mine après leur mise au jour, tels que le triage, le criblage, l'enrichissement, l'agglomération en briquettes, ainsi que les services d'administration et d'approvisionnements, se trouvent plus ou moins centralisés, en dehors des sièges d'exploitation.

L'importance d'un siège varie de l'un à l'autre dans des limites très étendues ; on peut, en effet, concevoir tous les termes d'une série dont le premier correspondrait à un petit travail à ciel ouvert dans un gîte de surface, exécuté par un petit nombre d'ouvriers et dont le dernier serait un siège de grande extraction de houille, où se trouvent établis de la manière la plus large et la plus soignée les appareils et édifices relatifs à l'exploitation.

418. Division des services. — Nous avons indiqué, pour cha-

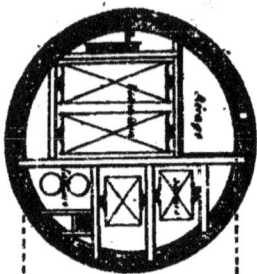 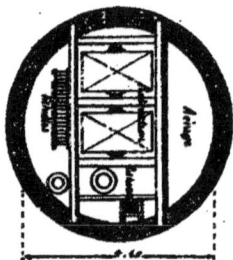 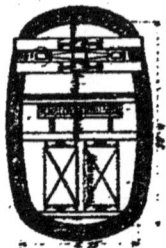

Sièges d'exploitation à un seul puits

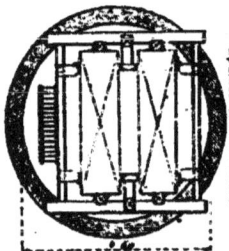 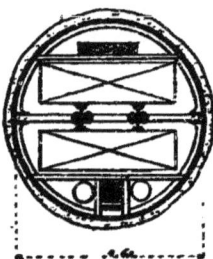 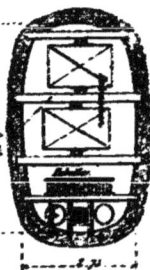

Sièges d'exploitation à deux puits

Extraction — Circulation des ouvriers
Epuisement

Extraction, Circulation des ouvriers
Epuisement

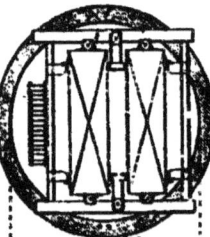 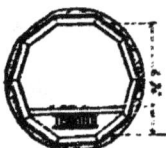 

Puits jumeaux
Extraction, Circulation des ouvriers
Epuisement à la benne

Aérage

Aérage

Extraction, Circulation des ouvriers
Epuisement à la benne

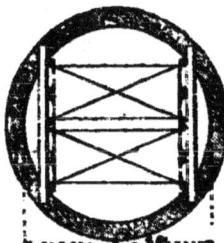  

Sièges d'exploitation à trois puits.
Extraction, au besoin,
Circulation des ouvriers-Epuisement

Extraction

Extraction

Extraction

Circulation des ouvriers-Aérage

Descente des meubles
Epuisement

Aérage

Circulation des ouvriers
Aérage

Epuisement

cun de ces services, les données principales auxquelles il doit satisfaire. A moins de conditions particulières, un des puits doit être con-
sacré exclusivement à l'aérage ; aussi un siège d'extraction comprend-
il généralement deux ou plusieurs puits.

Quand un siège d'extraction ne comprend qu'un seul puits, tous les
services doivent s'y trouver réunis ; il sera divisé en compartiments
dont les dimensions et la disposition varient suivant les cas. Un des
compartiments sera toujours isolé des autres par une cloison verticale
complètement étanche courant du haut au bas du puits, pour assurer
la circulation du courant d'aérage qui remonte par le compartiment
isolé, après être descendu par l'ensemble des autres. On comprend
qu'un accident arrivé à ce puits unique mette en péril la vie des ouvriers du fond, soit en leur enlevant toute communication avec le jour,
soit en suspendant l'aérage par suite de la démolition de la cloison ;
aussi doit-on éviter d'établir des sièges avec un puits unique.

En Angleterre on a, le plus souvent, deux puits jumeaux à l'extraction ; l'air entre par l'un et sort par l'autre après avoir parcouru les
travaux. Lorsque la venue de l'eau est importante, on a un troisième
puits pour les pompes.

Sur le continent, lorsqu'un siège d'exploitation comprend deux puits,
l'un est employé à l'extraction, à l'exhaure, à la circulation des ouvriers ; l'autre est réservé au retour d'air.

Lorsque le siège comprend trois puits, l'un sert à l'extraction, le second à l'exhaure, à la circulation des ouvriers et, au besoin, à un complément d'extraction, le troisième à l'aérage. D'autres fois on consa-
cre un puits à l'extraction et à l'exhaure, un aux remblais ; la circulation des ouvriers a lieu par le puits de retour d'air, qui alors est souvent un puits incliné. En un mot, la répartition des services entre les
différents puits se détermine suivant chaque cas particulier.

419. Dimensions et emplacement des puits. — Lorsque les
puits d'extraction doivent être profonds et fournir un fort tonnage, on
leur donne jusqu'à 5 mètres de diamètre.

En France et en Belgique, la dimension la plus usitée pour les grands
puits est celle de 4 mètres de diamètre. Dans certains cas où les terrains sont difficiles à maintenir, on préfère, même pour le service
d'extraction seul, foncer deux puits jumeaux de 2 m. 40, au lieu d'un
puits unique de 4 mètres. Une cage se meut dans l'un, et l'autre cage
dans l'autre.

Pour les extractions moyennes, on a des puits de 2 m. 80 qui permettent d'élever une benne par étage de cage et des puits de 3 m. 50
où l'on peut placer deux bennes par étage.

Les puits de retour d'air ne doivent jamais avoir moins de 3 mètres;
il convient même de dépasser ce chiffre pour les mines grisouteuses.

Un siège d'exploitation est caractérisé par son puits d'extraction
dont l'emplacement sera déterminé surtout par les conditions intérieures du gîte, mais en tenant néanmoins grand compte des conditions de surface. C'est ainsi qu'on devra chercher à placer les puits
d'extraction à proximité des voies de communication et les établir sur
un terrain solide ; on se préoccupera des eaux d'alimentation pour les
générateurs à vapeur, celles devant provenir de la mine étant rarement propres à cet usage.

Des emplacements convenables seront réservés et aménagés pour

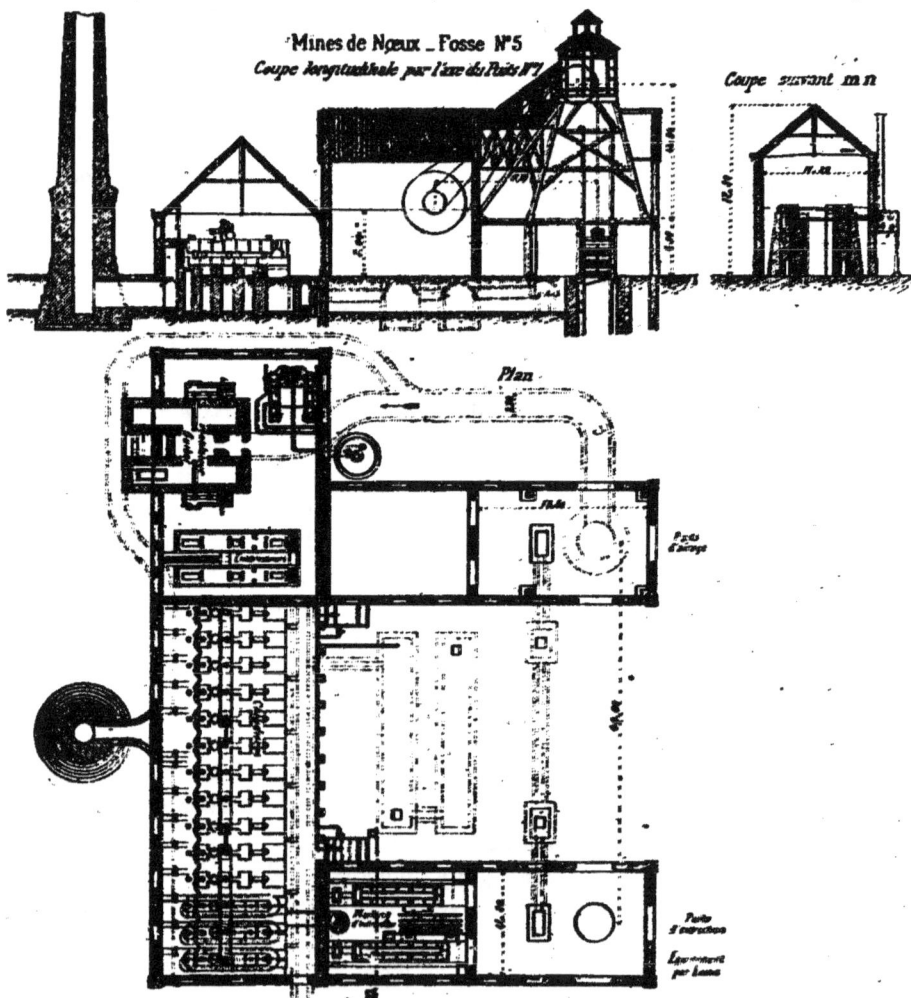

Mines de Nœux _ Fosse N°5
Coupe longitudinale par l'axe du Puits N°1

Coupe suivant m n

Plan

recevoir les déblais et les produits de l'exploitation. Dans certains cas,
on devra se préoccuper de l'ouverture de carrières à remblais et songer à établir des ateliers, des magasins, etc.

Dans le groupement des divers services et dans l'installation de chacun d'eux, les premières conditions à réaliser seront la sécurité du
personnel, la rapidité et l'économie dans les manœuvres. Il faudra, en
outre, prendre toutes les dispositions convenables pour la manipula-
tion des minerais au jour, pour le versage, le triage, le chargement,
les expéditions.

Dans le cas de mines grisouteuses, les appareils d'aérage, ceux
d'exhaure et d'extraction, ainsi que la lampisterie et la chambre des
mineurs, seront mis à l'abri des conséquences d'une explosion.

La recette principale des minerais et roches, au jour, devra être
élevée de 4 à 7 mètres au dessus du sol pour faciliter le versage, le

Élévation principale.

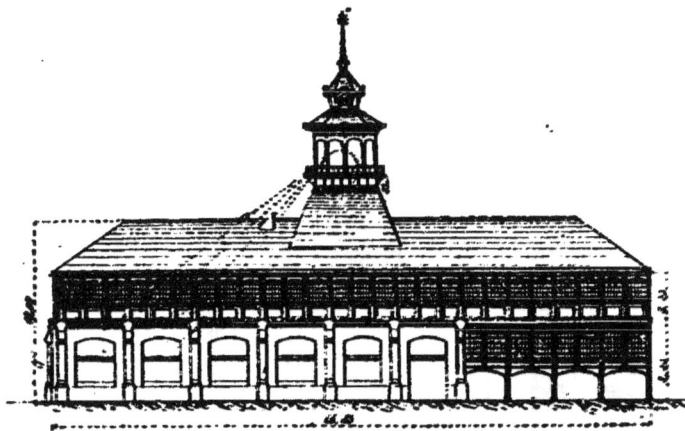

Plan du 1er étage.

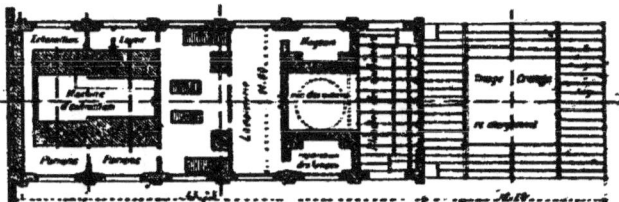

triage, le criblage et le chargement, opérations qui influent sensiblement sur le prix de revient final et, par conséquent, sur les résultats
définitifs de l'exploitation.

On établira le plus souvent un clichage accessoire au niveau du
sol pour l'expédition au fond des bois, fers et matériaux de toute
espèce.

D'une façon générale, l'importance des établissements et les frais
d'immobilisation qui en dépendent devront être en rapport avec la

puissance du gîte, son étendue, la durée probable de son exploitation et les produits que l'on en attend. Dans chaque pays les constructions s'individualisent par des caractères particuliers, les conditions se modifiant suivant les convenances et les nécessités locales.

A la fosse n° 5 des mines de Nœux, dans le Pas-de-Calais, il y a deux puits l'un pour l'extraction, l'autre pour le retour d'air.

Le premier est armé d'une machine d'extraction, le second d'un ventilateur Guibal. La batterie des chaudières est placée entre les deux édifices des machines, donnant ainsi à l'ensemble des bâtiments la forme d'un rectangle allongé complété par deux ailes en retour.

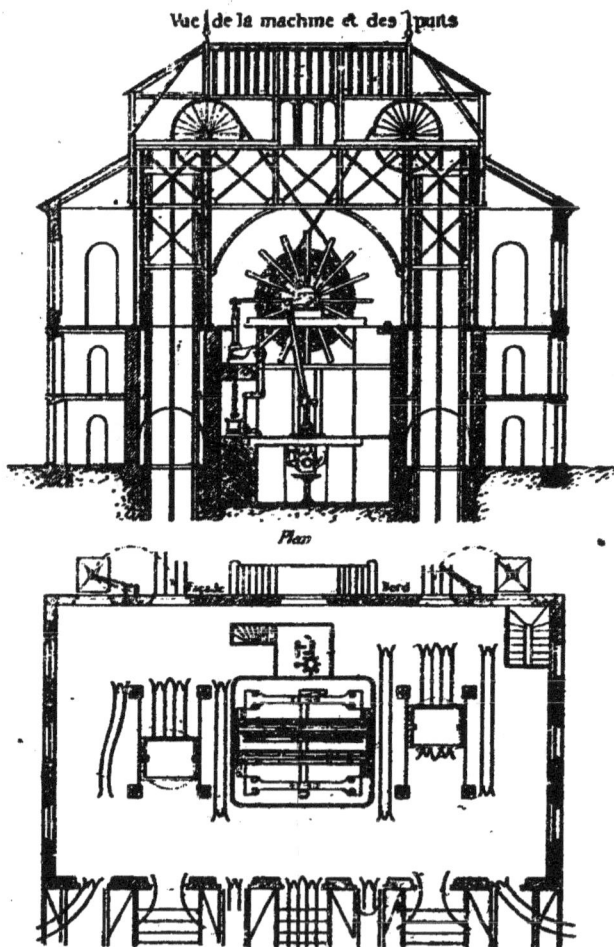

Vue de la machine et des puits

Plan

Le siège n° 5 des mines de Lens, est couvert par un bâtiment en forme de rectangle allongé ; le puits est au milieu et son chevalement sert de campanile à l'ensemble de l'édifice ; d'un côté se trouve la salle de la machine d'extraction, de l'autre les culbuteurs, le triage et le criblage.

Le service de l'aérage est fait dans un autre bâtiment indépendant de celui-ci.

Lorsque l'on emploie deux puits jumeaux recevant une cage chacun, la disposition adoptée aux puits Devillaine à Montrambert peut être recommandée. La machine est verticale et placée entre les deux puits, qui se trouvent ainsi dégagés de tous côtés.

On peut encore signaler un très grand nombre d'heureuses dispositions ; on a jusqu'à ces derniers temps employé des édifices en bois, en France et en Angleterre, tandis qu'en Belgique et en Allemagne on donnait la préférence à la maçonnerie en pierres.

La construction métallique paraît dès maintenant devoir se répandre de plus en plus.

§ 2.

TRANSPORTS EXTÉRIEURS.

420. Transport des produits. — L'emplacement d'un siège d'exploitation étant déterminé par les conditions géologiques du bassin et l'allure du gisement, il pourra se trouver dans les situations les plus diverses de distance et d'altitude par rapport aux voies de communication, chemins de fer, canaux ou rivières auxquels il devra être rattaché.

Pour relier un siège d'exploitation à un chemin de fer, le plus simple est de construire un embranchement issu de la voie principale, de façon que le matériel de cette voie puisse être chargé sur le carreau même de la mine.

Mais le terrain ne permet pas toujours l'établissement d'une grande voie et celle-ci n'a plus d'intérêt, du reste, s'il s'agit d'un canal ou d'une rivière, pas plus que si on doit réunir entre eux plusieurs sièges, dans le but de concentrer en un point unique les produits en vue d'un traitement commun à leur faire subir.

On peut, dans ce cas, adopter les voies de 1 m., 0 m. 80, 0 m. 60, sur lesquelles on fera circuler un matériel roulant approprié.

Dans le choix de ce matériel on devra tenir compte de la distance à parcourir et des manœuvres à faire. Pour les longs trajets (5 à 10 km.), le transport sera l'élément principal ; il conviendra d'employer de grands wagons ou des caisses sur trucs. Pour les trajets moindres, les manœuvres dans les gares pourront devenir l'élément principal ; il faudra alors des wagons d'un maniement facile. Le rapport entre le

poids mort et le poids utile étant moins à considérer, on pourra employer des wagons à bascule.

Si la distance à parcourir est très courte, on sera amené à faire circuler au jour le matériel du fond, au moyen de moteurs animés, de petites locomotives ou d'un système de traction mécanique analogue à
ceux qui ont été indiqués pour les transports souterrains. Les locomotives routières donnent rarement des résultats avantageux.

421. Plans inclinés. — Lorsqu'il s'agit de profils accidentés, on
fait usage de plans inclinés automoteurs, bisautomoteurs ou ascendants.
Pour ces derniers, on usera de treuils à changement de marche ou
d'une balance d'eau dont la caisse, portée sur roues, circule sur les rails
du plan.

L'établissement des plans inclinés au jour n'offre rien de particulier ;
on aura plus de liberté qu'au fond dans le choix du tracé. Pour les
grands plans, on choisira un profil qui facilite les manœuvres et ré-
duise l'accélération.

Dans les plans automoteurs, on sera souvent obligé de remonter, outre les wagons vides, divers matériaux pour l'exploitation ; il faut
compter sur un minimum de pente de 50 à 70 mm. par mètre.

L'attache des wagons au câble se fait par un crochet mobile. Quand

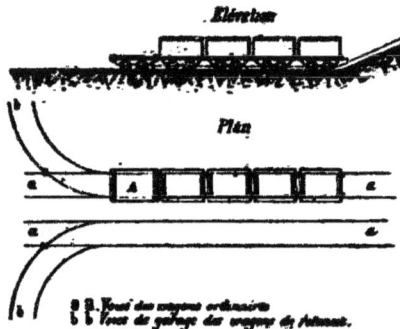

on attelle plusieurs wagons à la fois, le premier seul est fixé au câble,
les autres accrochés entre eux.

Pour parer aux accidents résultant des ruptures des attaches des
wagons entre eux, on emploie quelquefois des crochets de sureté.

On emploie aussi des wagons conducteurs ou wagons de retenue solidement fixés au câble et contre lesquels les wagons de transport viennent s'appuyer sans aucune attache.

Ces derniers sont entraînés à la montée et maintenus à la descente par le wagon de retenue.

On a cherché à employer des parachutes plus ou moins compliqués pour prévenir les suites d'un accident en cas de rupture des câbles ; ils ne se sont pas répandus.

Dans les grands plans où l'on fait circuler des trains complets ou rames, l'accélération pourrait devenir telle qu'il serait difficile de la dominer.

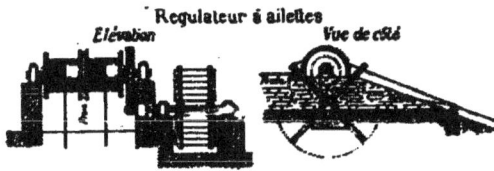

Régulateur à ailettes
Elévation   *Vue de côté*

On emploie alors des modérateurs de vitesse composés habituellement d'un arbre portant des armatures sur lesquelles sont fixées des ailettes, dont on augmente ou diminue le nombre ou la surface suivant la vitesse de descente que l'on cherche à obtenir. La liaison avec l'arbre des tambours est obtenue, soit directement, soit par l'intermédiaire d'engrenages.

422. Plans bisautomoteurs. — Quand la différence de niveau aussi bien que la distance entre le point de départ et le point d'arrivée sont considérables, on peut faire parcourir des plateaux aux wagons sous l'influence de la gravité.

A partir du point de chargement, les pleins suivent une voie de libre parcours jusqu'à un palier B qui précède le plan incliné automoteur.

Celui-ci a un excès de puissance suffisant pour faire remonter les wagons vides le long d'un deuxième plan incliné supérieur BC, le point C étant à une hauteur telle que les wagons vides puissent de là se rendre spontanément au point de chargement.

A la tête C du plan se trouvent les poulies ou tambours : un arbre porte 4 poulies-bobines et un ou deux freins. Ces poulies sont deux à deux de même diamètre et ces diamètres sont tels que, pour un même nombre de tours de l'arbre commun, les câbles des deux poulies de grand diamètre s'enroulent et se déroulent de la longueur AB, tandis que les câbles des deux autres ne s'enroulent ou se déroulent que de CB.

Ce plan BC porte le nom de plan de retour ; les wagons n'auront jamais à le descendre. Aussi un contre-poids, qui n'est souvent que l'un

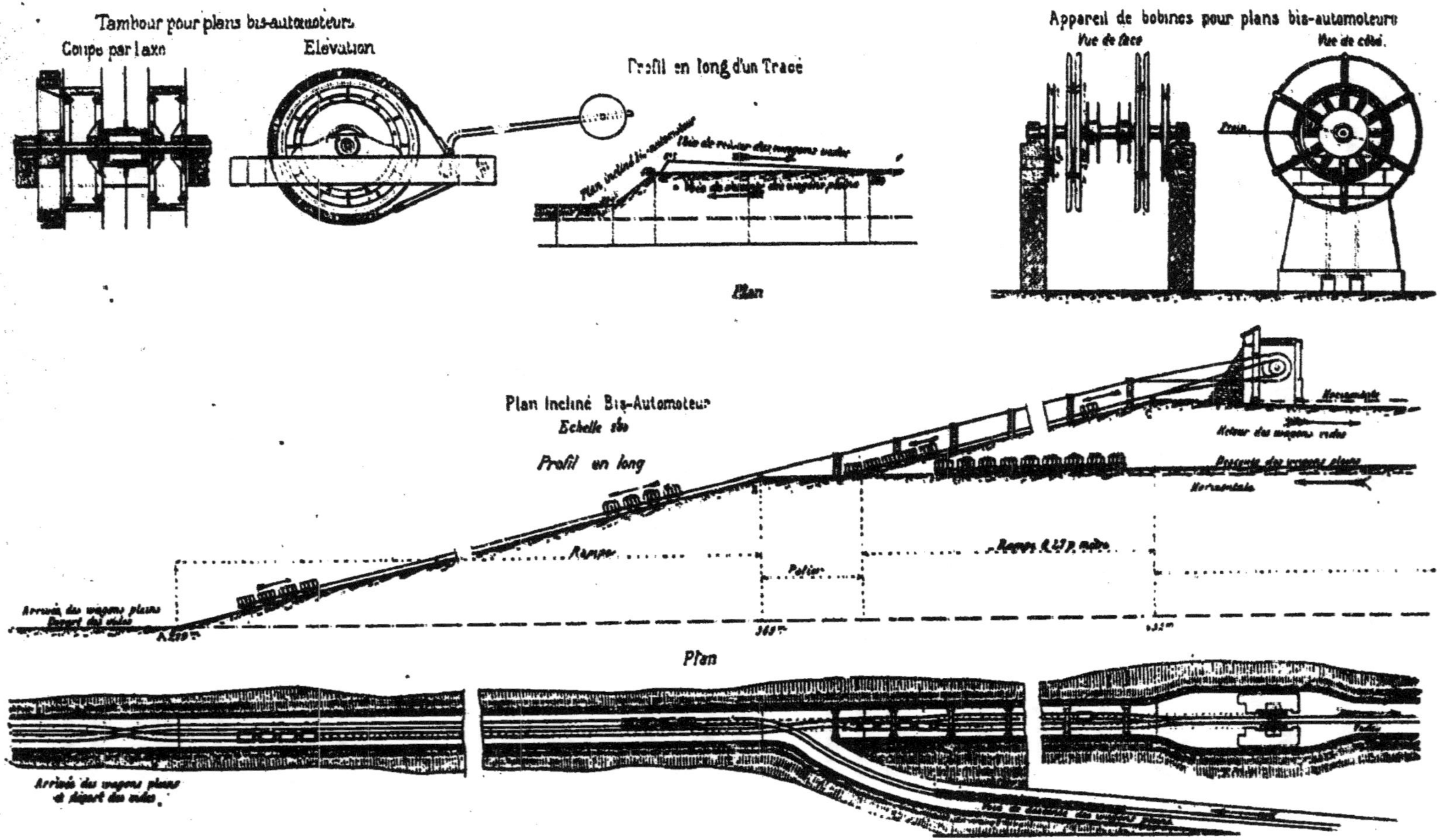

Tambour pour plans bis-automoteurs
Coupe par l'axe

Élévation

Profil en long d'un Tracé

Plan

Plan Incliné Bis-Automoteur
Echelle de
Profil en long

Plan

Appareil de bobines pour plans bis-automoteurs
Vue de face
Vue de côté

quelconque des wagons, auquel on donne le nom de voyageur, doit ramener l'extrémité du câble de C en B.

423. Transports aériens. — Pour les pays accidentés où l'on a à traverser des ravins et des cours d'eau, il pourra devenir avantageux de transporter par câbles suspendus. Les vases de transport seront de forme spéciale et ne pourront avoir qu'une capacité restreinte.

On distingue deux types principaux de chemins aériens : le premier dans lequel le câble même qui porte le véhicule est animé d'un mouvement de translation et le deuxième dans lequel le câble qui sert de support est fixe, le mouvement de translation étant obtenu par un autre câble spécial.

Avec la première disposition, un câble sans fin, animé d'une vitesse de 10 km. à l'heure environ, passe, à la station de départ et à celle d'arrivée, sur une poulie horizontale de 1 m. 60 à 2 mètres de diamètre.

La poulie motrice est située à la station d'arrivée ; celle de la station de départ, ou poulie de retour, est munie d'un tendeur.

Le câble est supporté, à 6 mètres au moins au-dessus du sol, par des galets ou poulies verticales placés sur des poteaux en bois espacés ordinairement de 75 mètres et pouvant l'être du double. Aux deux extrémités de la ligne, on dispose des rails fixes en fer plat courbés en demi cercle et sur lesquels reposeront les bennes en quittant le câble ; elles y seront remplies ou vidées, puis poussées à la main sur la demi-circonférence jusqu'à ce qu'elles viennent se remettre en prise avec le câble qui les entraînera à l'autre station.

Les bennes sont en tôle, suspendues en porte-à-faux à une selle en bois portée sur le câble. Aux stations, les deux galets latéraux s'engagent sur le rail fixe et le véhicule s'y trouve arrêté.

Pour 3 kilomètres avec un câble de 25 mm. de diamètre pesant 1 k. 80, à la vitesse de 10 km., on transportera 20 tonnes à l'heure ; le matériel comprendra 140 véhicules portant chacun 50 à 60 kg.

Si, au contraire, on emploie un câble de traction indépendant du câble porteur, les deux brins de ce dernier sont séparés d'environ 2 mètres ; ils sont solidement amarrés à une extrémité et terminés à l'autre par un rouleau tendeur ; ils sont supportés de distance en distance et leur section dépend de l'écartement des supports.

Aux deux recettes ils aboutissent à des rails rigides en fer plat, sur lesquels les vases de transport viennent se garer pour le chargement ou le déchargement et décrivent un demi cercle, poussés par la main de l'ouvrier.

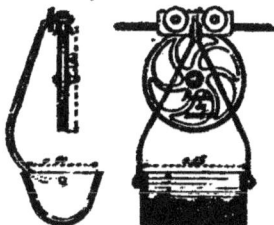

Des vases de transport en tôle sont suspendus en porte-à-faux à un chariot formé de deux galets à gorge roulant sur le câble porteur.

Le câble de traction est un câble sans fin dont chacun des brins passe au-dessous des câbles porteurs.

Aux deux extrémités de la ligne, il est reçu sur deux poulies horizon-

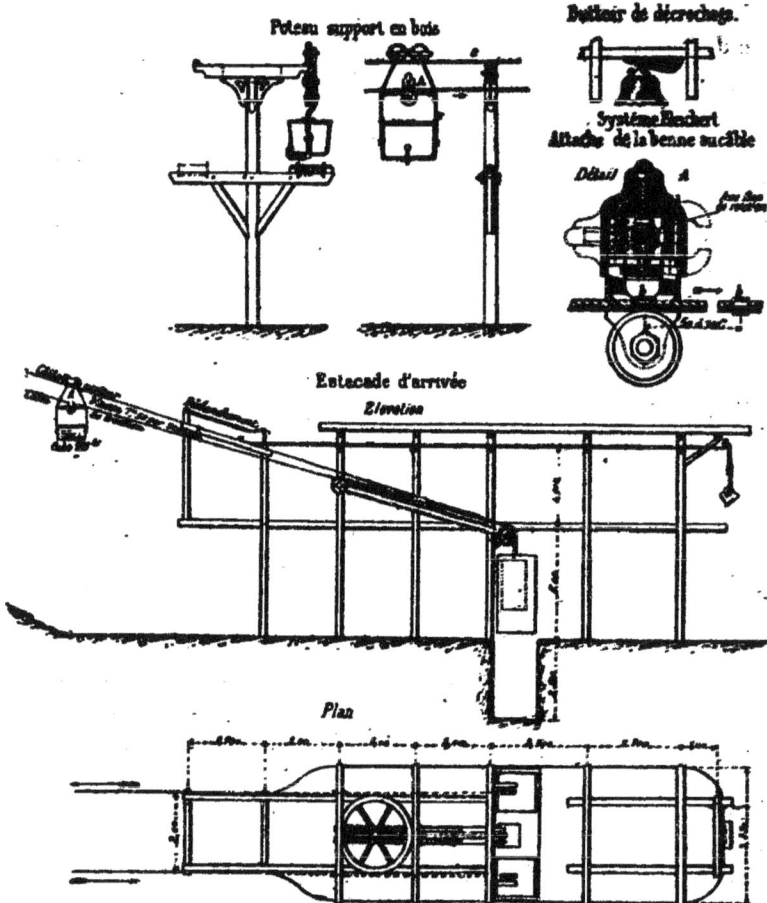

tales dont l'une reçoit le mouvement d'un moteur, si la pesanteur ne peut suffire, et dont l'autre est munie d'un tendeur automatique à contrepoids.

Ce câble moteur, animé d'une vitesse de 5 à 6 km. porte, tous les 50 ou 100 mètres, des nœuds ou douilles qui entraîneront le vase que leur présentera l'homme chargé de l'accrochage.

On se sert, dans ce but, d'un appareil d'enclanchement automatique pour lequel on peut imaginer diverses combinaisons, mais toujours disposées de manière que le câble de traction abandonne le vase de transport arrivé sur les rails rigides.

§ 3.

MANIPULATIONS AU JOUR.

424. Mise en stock. — Dans une exploitation, la production doit être régulière, mais les livraisons ne se font souvent que d'une façon intermittente ; il en résulte, pour l'exploitant, l'obligation de mettre en stock, soit au siège même, soit au point d'expédition.

Les ports secs et les rivages où l'on dépose les stocks sont presque toujours à proximité du chemin de fer ou de la voie d'eau qui transportera les produits. Quelquefois on concentre en ces points les manipulations du triage et du criblage.

L'aménagement devra se faire en vue de diminuer le plus possible les frais de mise en stock, de reprise et de chargement.

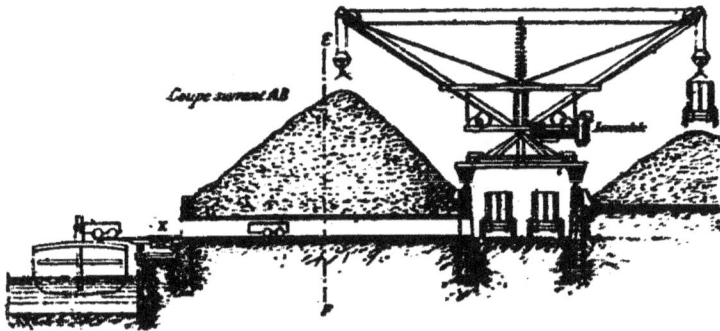

Coupe suivant AB

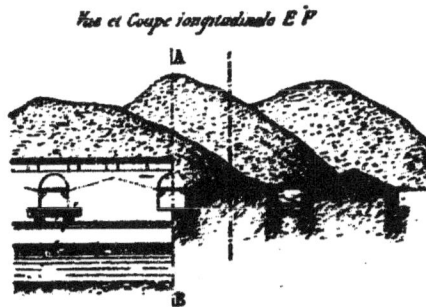

Vue et Coupe longitudinale E F

Lorsque les matières arrivent en contre-haut des terrains, le moyen le plus économique et le plus simple consiste à procéder par versage direct en faisant avancer les wagons sur les matières elles-mêmes, les voies ferrées étant prolongées à mesure. D'autres fois on établit des estacades qui supportent les wagons. On décharge ces derniers directement s'ils sont à bascule ou à trappes ; si non, au moyen d'un culbuteur.

Lorsque le terrain ne se prête pas à ce mode de procéder il devient nécessaire d'élever les minerais de toute la hauteur du tas; on emploie des grues roulantes à simple ou à double volée, des chaînes sans fin, ou encore un chemin aérien sur câble.

425. Reprise des stocks. — La reprise et le chargement se font à la pelle et au panier; on emploie aussi des grues roulantes à vapeur. On adopte encore des dispositions spéciales de rivages permettant une reprise par trémies.

426. Chargement des bateaux. — Pour le chargement des bateaux et navires, il importe d'opérer rapidement. Quand il s'agit de

charbons menu ou tout-venant, s'ils arrivent à un niveau suffisant au dessus du navire, on charge à l'aide de *spouts* ou couloirs inclinés pourvus à leur partie inférieure de vannes et de tabliers qui règlent l'écoulement du charbon ; des chaînes manœuvrées par des treuils donnent à ces couloirs les directions et les inclinaisons convenables. Pour amortir la chute, on maintient les spouts toujours pleins, en réglant la sortie du charbon d'après les charges nouvelles faites à la partie supérieure.

Les charbons criblés se briseraient ; on reçoit les wagons pleins sur des *drops*, plateaux guidés et équilibrés qui les descendent au niveau convenable et remontent ensuite les wagons vides.

Il existe un grand nombre de dispositions pour ces drops, soit que les charbons arrivent à une certaine hauteur au-dessus du quai de chargement, soit qu'ils arrivent au niveau même du quai.

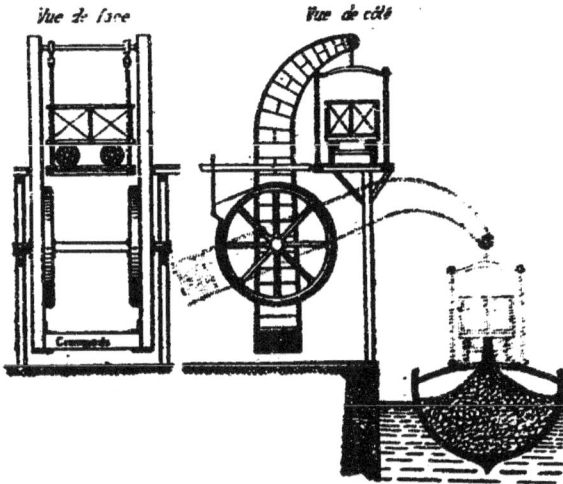

Dans le drop de Newcastle, le wagon, arrivant plein en contrehaut du quai, est placé sur une petite plateforme suspendue à l'extrémité d'une flèche inclinée qui peut tourner autour de son pied ; la flèche s'abaisse sous l'influence du poids du wagon plein ; sa descente est modérée par un frein et soulève un contrepoids placé dans un puits spécial, lequel, dans la manœuvre inverse, viendra, par son poids, relever le wagon vide.

Le drop de Sunderland se compose également d'une flèche tournant autour d'un axe horizontal parallèle au rivage ; mais ici le contrepoids, destiné au relèvement du wagon après vidange, est placé sur le prolongement de la flèche et au-dessous de son axe de rotation.

On charge aussi les bateaux de la navigation fluviale en basculant sur le rivage de grands wagons de dix tonnes et envoyant leur contenu directement dans le bateau au moyen de couloirs.

A Denain, on a employé un appareil dû à M. Malissard-Taza, dans lequel le wagon verse par côté en tournant autour d'un axe placé entre les rails mais plus loin du rivage que l'axe de la voie. Le culbutage est ainsi automatique, il est modéré par un frein à lame et par un contrepoids formé de plusieurs morceaux de rails soulevés successivement ; le contrepoids est disposé et calculé de manière à assurer le relèvement du wagon vide.

A Bruay, on emploie l'appareil Fougerat où l'effort de renversement est obtenu par un piston hydraulique.

On se contente quelquefois de culbuter seulement la caisse du wagon, en laissant le châssis et les essieux fixes ; à cet effet le wagon porte des caisses mobiles, généralement deux, contenant chacune cinq tonnes.

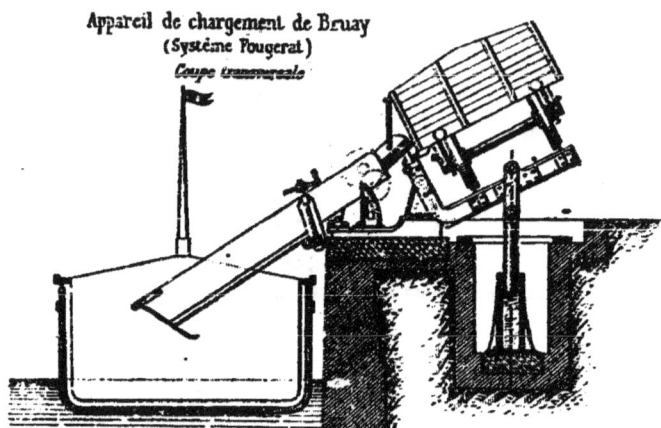

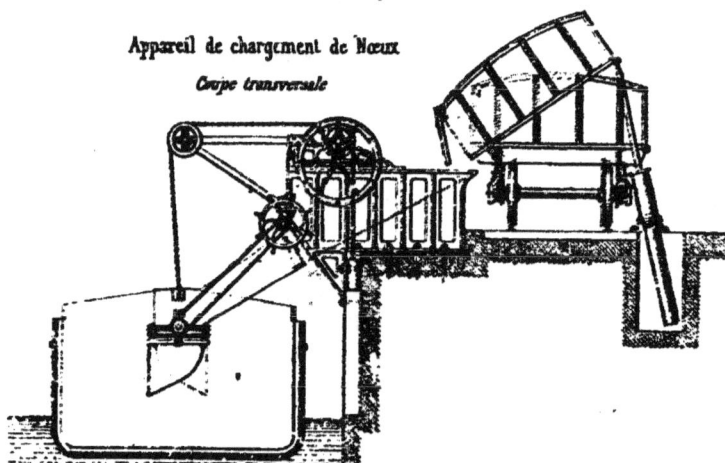

Appareil de chargement de Bruay
(Système Fougerat)
Coupe transversale

Appareil de chargement de Nœux

Coupe transversale

Le soulèvement de la caisse est obtenu, à Nœux, par un piston hydraulique oscillant, dont la tige saisit la base de la caisse et l'élève.

On obtient à Lens le basculage des caisses à l'aide d'une petite grue portée par la locomotive qui, après avoir amené un train de wagons sur la voie située au bord du rivage, vient se placer sur une voie parallèle voisine et bascule les caisses des wagons au moyen de la grue qu'elle porte.

CHAPITRE XVI.

PRÉPARATION MÉCANIQUE DES MINERAIS. ÉPURATION DE LA HOUILLE. FABRICATION DES AGGLOMÉRÉS.

———

§ 1.

OPÉRATIONS PRÉLIMINAIRES A L'ENRICHISSEMENT MÉCANIQUE

427. Nécessité d'enrichir les minerais. — La plupart des minerais et des combustibles minéraux ne sont pas livrés par l'exploitant tels qu'ils sortent de la mine. Le traitement métallurgique, pour les premiers, ne peut être avantageusement appliqué qu'à des minerais d'une teneur supérieure à un minimum donné pour chaque nature ; ces minerais doivent en outre être débarrassés des matières nuisibles à la réussite des opérations.

Il convient donc d'enrichir les produits bruts, d'en éliminer les matières stériles ou nuisibles et d'en séparer d'une manière plus ou moins complète les divers éléments. On est encore conduit à pratiquer cet enrichissement par cette autre considération que les mines sont souvent situées à de grandes distances des usines, que les frais de transport entrent, par suite, pour une grande part, quelquefois même pour la majeure partie dans la valeur du minerai rendu aux usines. Si même on ne procédait à l'enrichissement, certaines mines seraient commercialement inexploitables.

La vente des minerais se fait d'après des formules arrêtées d'avance entre le producteur et le consommateur, entre l'exploitant des mines et le chef d'usines. Ces formules tiennent compte de la teneur en matières utiles, quelquefois des matières nuisibles, et aussi des cours du marché. En voici quelques exemples :

1er *exemple*. — Les minerais oxydés de zinc et notamment la calamine calcinée sont vendus suivant des formules dont la plus fréquemment employée est :

$$ V = \left[T - \left(\frac{T}{5} + 1 \right) \right] \frac{P}{10} - F $$

T est la teneur pour cent de métal contenu dans le minerai ; elle est déterminée par la moyenne des résultats d'analyses faites par le vendeur et par l'acheteur. Si l'écart entre les deux chiffres dépasse une unité, il y a lieu de faire contradictoirement une troisième analyse.

P est le prix du quintal métrique de zinc pendant le mois de la livraison, pour lequel on prend la moyenne entre les cours de Paris et de Londres, ramenés au comptant.

F représente les frais de traitement alloués au fondeur.

V est le prix de la tonne rendue au port le plus rapproché de l'usine. La valeur V_1 de la tonne, prise à la mine, sera donc celle qui résulte de la formule, diminuée d'une quantité S représentant les frais de transport, commission, assurance, etc.

$$V_1 = \left[T - \left(\frac{T}{5} + 1 \right) \right] \frac{P}{10} - (F + S)$$

Admettons T = 60, P = 45 francs F = 70 francs, S = 18 francs; on aura :

$$V_1 = 211,50 - 88 = 123,50 \text{ francs.}$$

Si la teneur, au lieu de 60 0/0, était 30 0/0, on aurait :

$$V_2 \times 103.50 - 88 = 15.50 \text{ francs.}$$

Or il faut employer 2 1/2 tonnes de la seconde, déchets compris, pour faire une tonne de la première. La matière brute aurait donc une valeur de $15,50 \times 2.5 = 38.75$; l'enrichissement lui donne celle de fr. 123,50, ou mieux, sous déduction des frais de lavage comptés à fr. 5 par tonne brute, $123,50 - 12,50 = f. 111$. Le traitement a donc triplé la valeur du produit de la mine.

Ainsi un produit, sans valeur au moment où il sort de la mine, en acquiert une très notable par l'emploi d'un traitement convenablement approprié.

Il est facile de voir que la calamine n'aurait, dans les conditions énoncées, aucune valeur pour une teneur telle que :

$$\left[T_0 - \left(\frac{T_0}{5} + 1 \right) \right] 4,5 = 88$$

$$4,5 \times \frac{4T_0}{5} = 88 + 4, 50 = 92, 50 \text{ d'où } T_0 = 25,70 \text{ 0/0}$$

Cette limite inférieure varie avec P ; elle s'abaisse à mesure que P augmente.

2° *exemple.* — Pour les galènes argentifères et aurifères on emploie la formule :

$$V = (0,93\, T_{Pb} - T_{As}) \frac{P_{Pb}}{10} + T_{Ag}\, P_{Ag} + \left(T_{Au} - \frac{2,5}{1000}\, T_{Ag} \right) P_{Au} - F -$$

$$\frac{0,93\, T_{Pb} - T_{As}}{10}\, F^1.$$

Dans laquelle V est la valeur de la tonne de galène rendue au port de débarquement ;

T_{Pb}, T_{As} les teneurs en plomb et en arsenic du minerai exprimées en unités pour cent ;

P_{Pb} le prix moyen du quintal métrique de plomb pendant le mois de la livraison ;

T_{Ag}, T_{Au} le nombre de grammes d'argent ou d'or contenus dans une tonne de minerai ;

P_{Ag}, P_{Au} le prix moyen du gramme d'argent ou d'or pendant le mois de la livraison :

F les frais de fusion d'une tonne de minerai, habituellement comptés à 40 francs.

F' les frais de désargentation par quintal métrique de plomb payé, comptés à 5 francs.

On voit que les frais de séparation de l'or et de l'argent sont comptés par le retranchement de deux grammes et demi d'or par kilogramme d'argent.

En faisant, pour un minerai enrichi :

$T_{Pb} = 50$, $T_{As} = 2$, $T_{Ag} = 1200$, $T_{Au} = 8$

alors que le minerai brut avait : $T'_{Pb} = 12,5$, $T'_{As} = 2$, $T'_{Ag} = 300$, $T'_{Au} = 3$.

et, en comptant sur les cours suivants : $P_{Pb} = 25$ francs. $P_{Ag} = 0,14$ $P_{Au} = 3,44$, on trouve les valeurs suivantes :

$$V = \ 234,20 \text{ francs}$$
$$V' = \ 19,25 \text{ francs}$$

En comptant encore à 18 francs les frais de transport avec leurs accessoires, les valeurs à la mine ressortent :

pour le minerai enrichi, à fr. 216,20
pour le minerai brut , à fr. 1,25

Or, moyennant une dépense de 5 francs par tonne traitée, on peut, avec cinq tonnes de brut, obtenir une tonne de riche, en sorte que la matière primitive dont la valeur ressortait à $1,25 \times 5 = 6,25$ francs vaut, après enrichissement $216,20 - 25$, soit 191,20 francs.

3e *Exemple.* — Pour d'autres produits de valeur moindre, la formule est simplifiée. Considérons un minerai de fer manganésifère dont l'échantillon moyen donnerait 16 0/0 de manganèse, 32 de fer et 7 de silice.

On attribue alors à ce minerai un prix de base fixe, soit fr. 27.50 par tonne, avec majoration suivant les teneurs : 0,75 par unité de manganèse, en plus ou en moins de 16, 0,30 par unité de fer en plus ou en moins de 32, 0,30 par unité de silice en moins ou en plus de 7.

33

Si donc les essais, après un simple triage à la main, donnent une composition $Mn = 18$, $Fe = 31$, $SiO^2 = 5$, le prix de la tonne sera établi ainsi :

Prix de base	27.50
Majorations : Manganèse $(18 - 16 = 2) \times 0.75 = 1.50$	
Silice $(7 - 5 = 2) \times 0.30 = 0.60$	2.10
	29.60
Minoration : Fer $(32 - 31 = 1) \times 0.30$	0.30
Prix facturé à la tonne	29.30

L'écart entre ces deux prix deviendrait encore plus sensible, si on déduisait de chacun d'eux les frais de transport.

4e Exemple. — Un procédé analogue est appliqué pour les marchés de charbon : Le prix de base est fixé pour une qualité déterminée et une teneur en cendres que nous supposerons de $9°/_o$. avec majoration ou minoration de prix de *m* francs par unité en moins ou en plus, mais avec cette restriction que la teneur en matières étrangères ne pourra, en aucun cas, dépasser *n*, par exemple 12 0/0.

Il s'ensuit que, à 12 1/2 0/0 de cendres, le charbon serait rejeté. La préparation mécanique transforme une telle matière, sans valeur pour le marché considéré, non seulement en charbon marchand, mais la débarrasse d'une proportion d'impuretés telle qu'elle comporte une majoration en sus du prix de base.

Disons enfin que beaucoup de gisements produisent des minerais mixtes traitables seulement après séparation. Les sulfurés dits blende-pyrite-galène sont dans ce cas ; la préparation mécanique isole dans une certaine mesure, d'une part le sulfure de plomb, d'autre part le sulfure de zinc, laissant le sulfure de fer plus ou moins dépouillé des gangues qui accompagnaient le mélange des trois sulfures.

Ces considérations ne doivent pas être prises dans un sens absolu : une préparation mécanique qu'on voudrait rendre parfaite serait souvent d'un prix trop élevé, hors de proportion avec le résultat industriel à obtenir. Suivant chaque cas particulier, on arrivera à déterminer, après des études et quelques tâtonnements, la teneur à laquelle il est le plus avantageux d'amener un minerai donné avant de le livrer au commerce.

428. Triage à la main. — Un premier triage doit être fait au chantier même d'abattage : il est aussi important de ne pas abandonner des matières utilisables que de ne pas rouler et extraire des matières stériles qui trouvent, sur place, un emploi utile comme remblais.

Lorsque le minerai brut sera amené au jour, le chantier de triage sera établi dans de bien meilleures conditions d'éclairage et de commodité.

Les gros morceaux sont séparés des menus, souvent plus riches, quand le minerai est plus friable que la gangue qui l'accompagne ; ces menus passent directement à l'atelier de séparation.

Les gros, envoyés aux ateliers de cassage, y sont brisés à coups de masse par des manœuvres ou concassés au moyen d'appareils spéciaux.

Les poussières et les sables ainsi produits, trop menus pour être triés à la main, sont envoyés, comme les précédents, à l'atelier de séparation.

Le reste est trié à la main et fournit 4 classes :

1° Du riche vendu tel quel ;

2° Du minerai de scheidage présentant des parties riches nettement apparentes que l'on isole au marteau à main et qu'on ajoute à la première classe.

3° des matières mixtes, à enrichir.

4° des stériles qui sont rejetés.

429. Broyage et débourbage. — La 3° classe doit être traitée ; les fragments qui la composent sont broyés et amenés, par des moyens mécaniques, à l'état de grenailles ou de sables.

Mais on doit souvent faire précéder le broyage du débourbage, lorsque les minerais sont souillés d'argile. On les fait passer, pour cela, sur des grilles, fixes ou mobiles, largement arrosées d'eau ou dans des trommels débourbeurs.

Ces derniers appareils se composent de deux troncs de cône en tôle pleine réunis par leurs grandes bases et animés d'un mouvement uni-

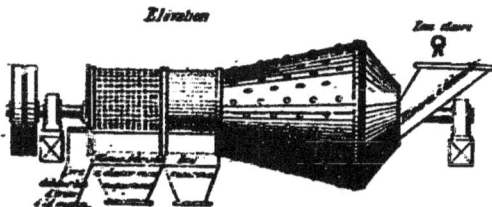

forme de rotation : le premier tronc de cône, de faible hauteur, reçoit le minerai ainsi qu'un courant d'eau claire ; le second est armé intérieurement de lames qui contrarient le mouvement des pierres et les obligent à se frotter les unes contre les autres.

Cette action, jointe à l'afflux continuel de l'eau, désagrège les mottes, entraîne les boues et laisse les morceaux bien nettoyés. Certains minerais de fer sont débourbés au patouillet, c'est-à-dire remués dans une auge demi-cylindrique au moyen d'un arbre tournant muni de bras.

430. Appareils de broyage. — Les appareils de broyage sont nombreux ; leur emploi dépend de la nature du minerai, de la dureté de ses éléments, de la difficulté de leur séparation, de la grosseur des morceaux apportés et de celle des grains à obtenir.

Le concasseur américain peut servir de dégrossisseur dans le broyage. On emploie ensuite, pour le finissage, des cylindres, des meules, des bocards et des broyeurs.

Les cylindres et les meules verticales conviennent aux matières de dureté moyenne.

Deux cylindres à axe horizontal tournent en sens inverse l'un de

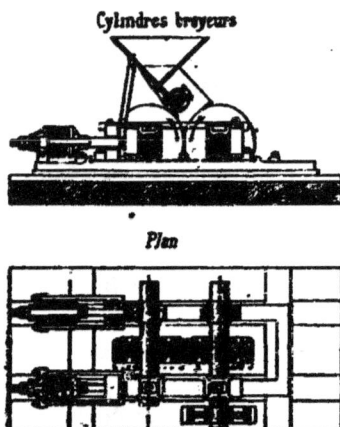

Cylindres broyeurs

Plan

l'autre ; ils sont rarement cannelés, plus souvent lisses et serrés l'un contre l'autre suivant une génératrice ; le serrage est obtenu par des leviers ou par des ressorts qui règlent la pression suivant le plus ou moins de dureté et permettent un certain écartement pour éviter les ruptures. Les jantes ou chemises sont indépendantes en fonte trempée, ou mieux en acier dur.

Le mouvement est donné aux deux cylindres par des engrenages, ou bien à un seul, l'autre tournant par entraînement.

Quelquefois on superpose l'une à l'autre deux paires de cylindres qui sont alimentés généralement par une trémie munie d'un distributeur.

Le minerai passe ensuite sur un tamis ; les matières suffisamment fines sont séparées des autres que l'on renvoie au broyage.

Un élément essentiel du bon fonctionnement des cylindres est la vitesse qu'on leur imprime. Si elle est trop grande, les grains ressautent et la production est diminuée ; si elle est trop faible, il y a encore diminution dans la production. Pour une substance donnée et des cylindres donnés, il y a une vitesse plus avantageuse que les autres, que l'expérience seule peut déterminer. Le débit des cylindres est d'autant plus considérable que leur diamètre est plus grand.

On emploie aussi des *meules verticales* en fonte ou en pierre dure, tournant sur une aire plane circulaire.

Les meules tournent suivant un cercle d'un diamètre un peu inférieur au leur ; elles glissent donc d'une certaine quantité et agissent ainsi, non seulement par leur poids, mais aussi en étirant, en tordant en quelque sorte le minerai ; d'où leur nom de tordoirs.

Les *meules horizontales* en pierre dure ou en fonte sont utilisées avec un dispositif analogue à celui des moulins à farine, lorsqu'il s'agit d'obtenir de fines poussières.

Les *bocards* sont mis en œuvre lorsque la matière à traiter est tellement dure qu'on ne peut l'entamer que par chocs. Comme ils n'agis-

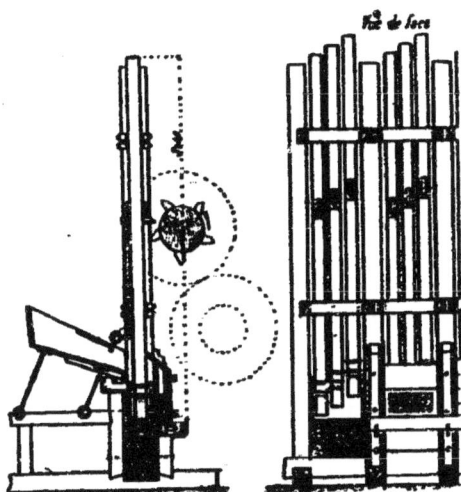

sent pas par frottement, ils permettent d'avoir raison des roches les plus dures, qu'ils peuvent réduire en morceaux aussi ténus que l'on voudra.

Les bocards consistent en une série de pilons formés ordinairement de flèches verticales en bois ou en fer, armées à leur extrémité inférieure d'un sabot en fonte ou en acier. Ces pilons, rangés en ligne au nombre de 4 à 10 pour former une batterie, sont successivement soulevés par les cames d'un arbre moteur et retombent sur la roche à broyer.

Ils battent dans une auge en fonte dont une des parois est à claire-voie ; une toile métallique ou une tôle perforée laisse passer, sous l'action d'un courant d'eau, les grains amenés à la grosseur voulue. Mais si le broyage doit être poussé loin, l'auge est à parois pleines et le minerai n'est entraîné que quand il peut être tenu en suspension dans l'eau et passer avec elle par dessus le déversoir.

Lorsqu'on veut éviter de produire trop de fines poussières, on se sert de pilons légers tombant de haut, qui brisent plutôt qu'ils n'é-crasent ; les coups se succèdent à d'assez longs intervalles pour lais-ser aux parties suffisamment broyées le temps d'être entraînées avant d'être frappées à nouveau.

Quand, au contraire, c'est un broyage à mort que l'on veut obtenir, c'est-à-dire une pulvérisation aussi complète que possible, on a re-cours à des bocards lourds et de moindre chute, qu'on fait battre le plus vite possible.

Les bocards produisent, à travail mécanique égal, beaucoup moins que les autres appareils de broyage.

Les broyeurs spéciaux employés sont :

1° Le broyeur portatif Bazin, intermédiaire entre le mortier et le bocard ;

2° Le moulin à noix ;

3° Le moulin Héberlé ;

4° Les broyeurs Carr, Vapart et Loiseau.

Ces trois derniers agissent en déterminant le choc des pierres contre des pièces fixes ou mobiles, par l'action de la force centrifuge.

431. Classement par grosseurs. — Pour l'enrichissement d'un minerai, c'est-à-dire pour le classement des diverses matières qui le constituent, on met le plus souvent à profit leurs différences de densité ; mais on n'obtient de bons résultats que si l'on ne traite à la fois que des grains de mèmes dimensions ou de dimensions peu diffé-rentes.

Si, en effet, nous considérons la chute dans l'eau de morceaux de grosseurs et de densités diverses, les plus gros et les plus denses arri-veront les premiers au fond, les plus petits et les moins denses arri-veront les derniers, tandis qu'on trouvera au milieu de la masse les morceaux gros et légers mélangés aux petits et lourds. Il n'y a pas eu de classement.

Le classement par grosseurs doit donc être opéré préalablement au classement par nature.

Il est obtenu par des tamis à secousses, des grilles fixes ou mobiles, des trommels, le plus souvent avec addition d'eau, surtout pour les matières fines.

Les poussières et les schlamms étant plus difficiles à classer que les grains, on cherchera à en diminuer le plus possible la production, lors du broyage.

432. Trommels. — Les trommels sont des cylindres ou

des troncs de cône dont la surface, l'enveloppe, est constituée par des tôles perforées ou des toiles métalliques ; les mailles peuvent être différentes sur les divers tronçons d'un même trommel, les plus fines étant franchies les premières. Ces appareils sont animés d'un mouvement de rotation uniforme autour de leur axe.

Une série de trommels étagés, parcourus par le minerai broyé en commençant par ceux à gros trous, est souvent employée, car un trommel unique, à plusieurs tronçons, fonctionne mal ; les gros morceaux gênent le classement des petits ; de plus, l'appareil s'use rapidement, car les tôles et les toiles les plus fines subissent le passage de toute la masse et le choc des plus gros morceaux.

Un dispositif mixte, atténuant ces imperfections, consiste à faire tout.passer d'abord dans un premier grand trommel. très robuste, à deux tôles concentriques ; l'intérieure est percée de gros trous (12 à 20 mm.), l'extérieure de petits trous (2 à 5 mm.).

Le refus de ce premier trommel est trié à la main ou renvoyé au broyeur ; ce qui est retenu entre les deux tôles constitue les grenailles et ce qui passe à travers le tout constitue les sables.

Les grenailles sont conduites à un trommel spécial, les sables à un autre trommel. chacun de ces deux appareils présentant un nombre convenable de tronçons à trous différents pour fournir les classes exigées par le traitement ultérieur.

§ 2.

ENRICHISSEMEMT MÉCANIQUE DES MINERAIS.

433. Enrichissement des grenailles. — Quel que soit le système adopté, le classement par grosseurs donne trois catégories de matières, des grenailles de plusieurs classes, des sables de plusieurs classes et des schlamms, poussières passant à travers la toile la plus fine.

Pour enrichir les grenailles, les premiers appareils ont consisté en des tamis ou paniers à claire-voie que l'ouvrier plongeait dans un réservoir d'eau. L'immersion étant produite d'un mouvement rapide, les fragments soulevés par l'eau retombent d'autant plus vite qu'ils sont plus denses; on obtient ainsi un classement par ordre de densités.

434. Bac à cuve. — Tamis fixe. —
On a remplacé ces appareils par d'autres dans lesquels le mouvement

est imprimé à l'eau, au lieu d'être donné au tamis. Les plus simples consistent en une caisse divisée en deux compartiments par une cloison; le premier porte un tamis fixe qui soutient les grenailles à laver; dans l'autre se meut un piston manœuvré à bras. Ce piston brusquement abaissé refoule l'eau à travers le tamis en soulevant la masse des grenailles. Puis le piston est remonté lentement pour faciliter le dépôt par ordre de densités. La même oscillation est répétée un grand nombre de fois, le nombre des coups, leur amplitude et leur vitesse varient avec la nature de la matière à laver.

Toutes ces quantités ne peuvent être fixées que par tâtonnements.

435. Bac continu à piston. — Ces cribles ont été perfectionnés et rendus continus; le mouvement leur est donné mécaniquement.

Sur l'une des parois de la caisse, on pratique des fentes longitudinales dont on peut faire varier la hauteur. Par suite de la séparation par ordre de densités, les parties les plus denses gagnent le fond d'où

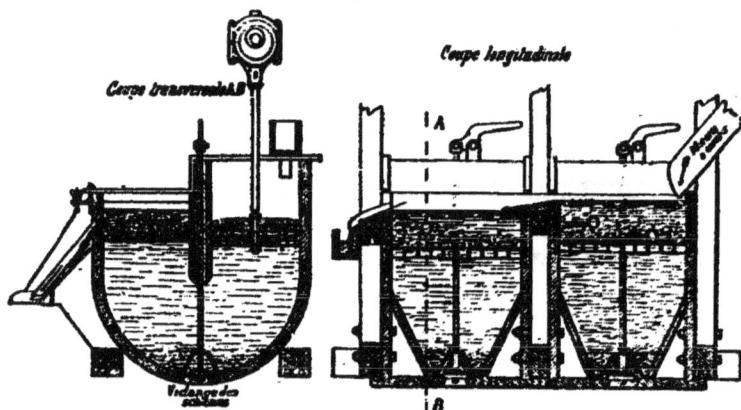

elles sont évacuées par la fente inférieure; un mélange moins riche sort par la fente suivante et la partie la plus légère s'échappe par le déversoir. La partie intermédiaire est traitée à nouveau, s'il y a lieu, dans un deuxième crible où s'effectuera une opération analogue. Mais en général et quel que soit l'appareil employé, ces repassages ne donnent des résultats satisfaisants qu'après un nouveau broyage.

Les sables et les schlamms produits pendant l'opération traversent le tamis et vont se déposer au fond du bac; on les en retire de temps en temps pour les traiter avec leurs similaires.

Les fentes peuvent être remplacées par des tuyaux qui remplissent la même fonction et dont on règle la hauteur. Le minerai est distribué aux cribles par une trémie à porte ou un distributeur à hélice commandé par le mouvement du crible.

Que l'on classe les grenailles sur un tamis fixe au moyen du pistonnage de l'eau ou au moyen d'un tamis mobile rapidement immergé, ou encore, comme dans d'anciens appareils aujourd'hui abandonnés, en jetant dans un long tube plein d'eau la masse des grenailles, le phénomène produit est toujours le même.

Nous admettrons, en théorie, que les grains sont formés de figures semblables. Désignons par a une dimension linéaire de l'un deux, par d son poids spécifique; son volume sera Ma^3 et son poids Ma^3d, M étant une constante.

Pendant sa chute dans l'eau, il sera sollicité par trois forces verticales :

1° La pesanteur $+ Ma^3d$.

2° La poussée verticale de l'eau déplacée $- Ma^3$.

3° La résistance du liquide, proportionnelle à la surface du grain et au carré de la vitesse $- Ra^2v^2$, R étant une constante.

L'équation du mouvement sera donc, $\dfrac{Ma^3d}{g}$ étant la masse du grain considéré :

$$\frac{Ma^3d}{g} \times \frac{dv}{dt} = Ma^3d - Ma^3 - R^2av^2$$
$$= Ma^3 (d - 1) - Ra^2v^2$$

Le mouvement tendra nécessairement à devenir uniforme; l'expérience montre qu'au bout d'un temps très-court, une fraction de seconde, la valeur de v qui annule le second membre est à peu près atteinte; elle est égale à :

$$v = \sqrt{\frac{M}{R} a (d - 1)}$$

Tous les grains pour lesquels $a(d-1)$ aura la même valeur prendront la même vitesse et arriveront ensemble au fond; ils se classeront ensemble.

On dit que ces grains sont équivalents et que $a (d - 1)$ est la fonction d'équivalence pour le classement à la cuve. Elle va nous servir à déterminer de quelle façon le classement par grosseur devra être fait.

Prenons un mélange de deux sortes d'éléments, les uns de poids spécifique D, les autres de poids d, et supposons D plus grand que d. Il faudra nécessairement que, dans une même classe de grosseurs nous n'ayons pas de grains D qui soient équivalents à des grains d.

Soit a la dimension des grains les plus petits d'une classe, quelle devra être la dimension x des plus petits de la classe supérieure pour que cette condition soit remplie ?

Ecrivons que les plus petits grains D lourds de la classe inférieure ont pour équivalents les plus petits grains d légers de la classe supérieure :

$$x (d - 1) = a (D - 1)$$

$$x = a \frac{D - 1}{d - 1}$$

Nous sommes certains qu'entre les dimensions a et x il n'y a pas de grains de nature différente qui puissent être équivalents et que x est la valeur la plus grande pour laquelle cette condition se trouve encore remplie.

Les diamètres des trous des tôles perforées devront donc être en progression géométrique croissante; la raison $\frac{D - 1}{d - 1}$ est le rapport des densités dans l'eau des deux matières à séparer.

Si la séparation doit s'appliquer à plus de deux sortes de matières de densités différentes, on prendra pour raison de la progression, celui des rapports des densités dans l'eau qui est le plus voisin de l'unité.

436. Enrichissement des sables. — On considère comme sables les matières auxquelles leur ténuité permet de passer à travers les grilles dont il est possible pratiquement de garnir les cribles à piston.

437. Caissons allemands. — Ils ont de 3 m. 50 à 4 mètres de longueur sur 0 m. 50 de largeur et autant de profondeur. On les in-

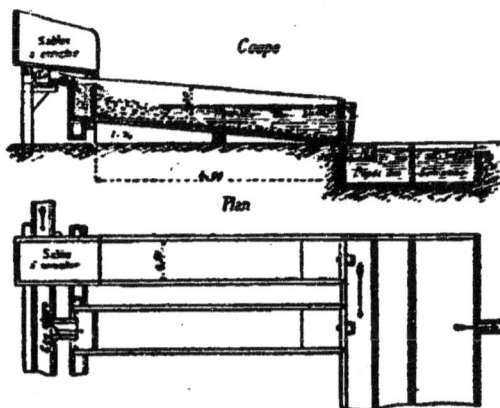

cline plus ou moins suivant la nature du mélange. La paroi verticale inférieure est percée sur toute sa hauteur de trous que l'on peut fermer avec des chevilles.

Le minerai à enrichir arrive sur une banquette supérieure ; il est mis en suspension par un courant d'eau bien régulier et tombe de la banquette en tête de la caisse ; le courant l'entraîne. Un râblage continu, fait à la main, tend à remettre constamment les matières en suspension en les faisant remonter vers le chevet du caisson. Les matières les plus fines sont entraînées par l'eau et seront conduites aux appareils à schlamms ; les plus lourdes se déposent en tête, les plus légères sortent par les trous d'abord, puis par déversoir.

Lorsque l'appareil est à peu près rempli, on laisse écouler l'eau ; le sable déposé est divisé en trois parties par des plans verticaux perpendiculaires aux grands côtés. Chacune de ces trois catégories est traitée à nouveau et séparément de la même manière, jusqu'à ce que l'on obtienne des têtes assez riches pour être envoyées à l'usine et des queues assez pauvres pour être rejetées.

438. Tables à secousses. — Ces caissons ont été remplacés par des tables à secousses longitudinales qui, à leur tour, tendent à dis-

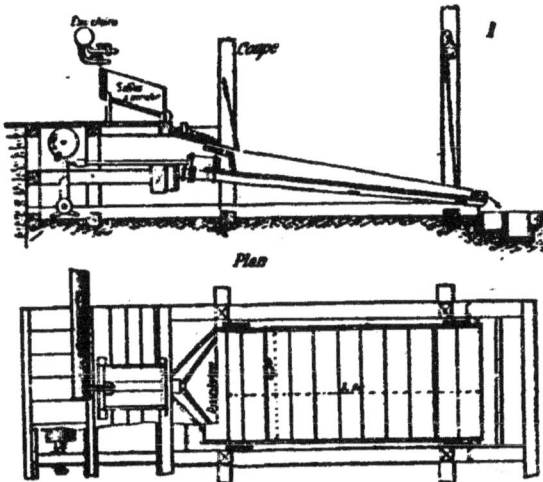

paraître. Les secousses remplacent le râblage en tenant les matières en suspension ; elles ont pour effet de faire remonter les sables le long de la table.

Pour que la distribution se fasse bien également sur toute la largeur, on place, en tête, un distributeur composé de petits tasseaux en bois placés en retraite les uns sur les autres. Aujourd'hui les sables sont traités, en Angleterre, à la table conique ou round-buddle ou à la cuve et, en Allemagne, au crible du Harz.

439. Tables coniques. — Le round-buddle est une sorte de

caisson allemand circulaire dans lequel la descente des sables se produit suivant les génératrices d'un cône, du centre à la circonférence
pour les tables convexes, de la circonférence au centre pour les tables
concaves.

Dans les premières, le plus fréquemment employées, la lavée arrive
le long d'un petit cône aigu qui coiffe le cône très-aplati formant le
fond du round-buddle.

Les sables les plus lourds, ou plutôt ceux dont l'équivalence est la
plus grande, s'arrêtent les premiers, les autres se déposent plus loin
et les matières plus légères ou plus fines sont entraînées avec l'excès
d'eau et sont recueillies dans des appareils à schlamms. Les matières

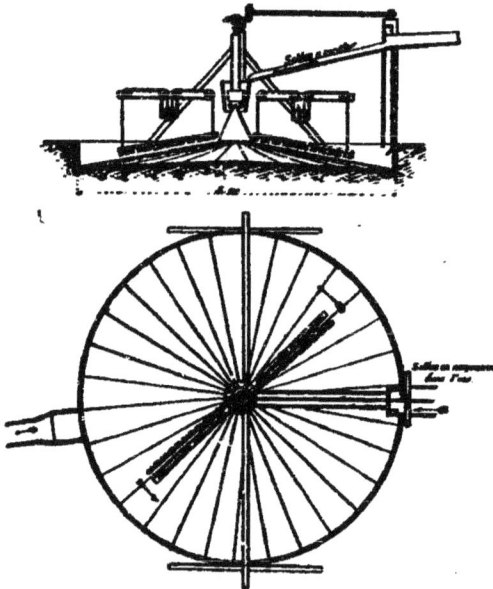

en suspension se déposent donc par équivalence en zônes concentriques. Le dépôt est égalisé au moyen de petits balais ou de bandes
d'étoffe disposés suivant un diamètre de l'appareil et animés d'un
mouvement de rotation continu ; ces balais lèchent la surface du dépôt
et peuvent être remontés à volonté, à mesure que le dépôt augmente
d'épaisseur. Leur rôle très important consiste à remettre en suspension
les grains avant qu'ils ne s'arrêtent à leur position finale et de régulariser la surface du dépôt, en empêchant la formation de rigoles qui
troubleraient le classement et l'empêcheraient de se faire par zones
concentriques.

Dans les round-buddles convexes, la vitesse va en diminuant ; aussi
les parties riches sont-elles bien retenues, mais mal groupées. Dans

les appareils concaves, au contraire, où la vitesse va en croissant, les sables denses se déposent dans une zône étroite voisine de la circonférence ; mais une partie est entraînée par le courant dont la force va en augmentant.

Quand le dépôt est terminé, on fait des prises à la sonde pour des essais au laboratoire qui déterminent la largeur des trois zones : enrichie, mélangée et stérile.

440. Cuve. — La cuve sert généralement à terminer le travail du round-buddle ; c'est un cuveau en bois, légèrement conique, d'un demi-mètre cube de capacité, muni d'un agitateur à palettes à axe vertical qu'on peut faire manœuvrer à la main. On remplit l'appareil à moitié avec de l'eau et on termine le remplissage avec des sables déjà enrichis, en agitant pendant le chargement.

On frappe ensuite de petits coups sur la cuve pour favoriser les classements, en faisant tomber au fond les grains lourds. On décante enfin et on fait deux parts des sables : la moitié supérieure repasse aux round-buddles, la moitié inférieure est mise avec le bon à fondre.

441. Cribles du Harz. — Sur le continent, les sables sont traités surtout au moyen de cribles à pistons dans lesquels l'évacuation de la matière enrichie se fait par toute la surface du tamis, dont les mailles sont de dimension plus grande que la grosseur des sables à laver.

Pour empêcher le minerai de passer tout entier, on place sur le ta-

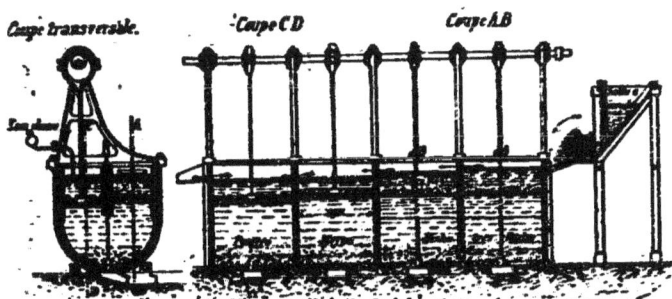

mis une couche de grenailles lourdes et plus grosses que les trous dont il est percé. L'épaisseur de ce dépôt est réglée après tâtonnements. On dispose deux et quelquefois quatre cribles les uns à la suite des autres.

Les sables doivent arriver régulièrement en tête de l'appareil. Les coups de piston soulèvent la masse totale, y compris la couche de grenailles ; dans le mouvement de retombée, les grains les plus pesants descendent jusqu'à rencontrer les mailles du tamis qu'ils traversent. Le reste passe, par déversoir, dans le deuxième crible qui opère de même. Au sortir du dernier crible, il ne reste que la matière la plus légère.

L'évacuation se fait d'une manière intermittente, par une soupape placée à la partie inférieure des bacs. On donne au bas de la caisse une forme cylindrique qui paraît favorable à la bonne répartition du mouvement de l'eau et des matières déposées sur le tamis.

Les pistons des cribles devant, pour le lavage des sables fins, donner un grand nombre de coups par minute, on les commande au moyen d'excentriques. Afin de se réserver la possibilité de faire varier la course du piston, on a recours à deux excentriques, dont l'un est calé sur l'arbre et dont le second peut être fixé au premier dans diverses positions.

Ces cribles sont modifiés suivant la grosseur et la densité des sables à traiter, qui entraînent des variations dans la grosseur des mailles du tamis et sa longueur.

Il faut, toutes choses égales d'ailleurs, diminuer la course et augmenter le nombre des coups, quand la grosseur des grains diminue.

Pour les sables de 2 mm. par exemple, le nombre de coups par minute varie entre 60 et 80, la course étant de 1 centimètre ; on devra, pour des poussières se rapprochant des schlamms, réduire la course à 5 mm. et porter le nombre des coups à 200, 300 et 400 par minute.

Ces appareils sont de beaucoup les plus parfaits de tous ceux employés à l'enrichissement des sables ; leur usage tend à s'étendre aux grenailles et aux schlamms.

Avec un crible à quatre compartiments, on sépare, comme nous l'avons dit, la matière à traiter en cinq sortes qui reçoivent, chacune, une destination spéciale.

Supposons que l'on ait à traiter un minerai complexe, sulfuré mixte de zinc, de fer et de plomb argentifère avec gangue calcaire :

Galène, de densité	7.60
Pyrite de fer »	4.90
Blende »	4.00
Calcaire »	2.70

Si le classement par grosseur était effectué en prenant, pour raison de la progression des diamètres, le rapport des densités dans l'eau de la pyrite et de la blende, on aurait.

$$R = \frac{4,90 - 1}{4 - 1} = \frac{3.90}{3} = 1.30$$

Au contraire, si on veut se contenter d'assurer la séparation de la galène d'avec le reste, on prendra :

$$R' = \frac{7.60 - 1}{4.90 - 1} = \frac{6.60}{3.90} = 1.69$$

Les sables à traiter étant supposés compris entre 1 et 5 mm. on aura, avec la raison R, 7 grosseurs, savoir :

1 mm. 1,3 1,7 2,2 2,85 3,7 4,8

Avec la raison R', on n'en aura que 4, savoir :

1 mm. 1,7 2,85 4,8

Chaque classe étant traitée dans un crible spécial à quatre compartiments donnera cinq produits. En tête la galène riche, bonne à fondre, en queue le calcaire à rejeter.

Les trois compartiments intermédiaires donneront, chacun, des produits différents, suivant que le broyage aura on n'aura pas isolé dans un grain une seule matière ; le plus souvent il reste des grains de composition mixte et, par suite, de densité intermédiaire.

Le second compartiment donnera généralement de la galène pyriteusé qui sera livrée au commerce comme galène de deuxième qualité, ou qu'on repassera au crible après un nouveau broyage.

Le troisième renfermera des matières très pyriteuses avec un peu de galène et un peu de blende, qui seront mises en dépôt.

Enfin le quatrième contiendra la blende, souillée d'un peu de pyrite.

Des deux raisons R et R', la première doit être théoriquement préférée ; mais elle entraîne des complications d'appareils et une augmentation de dépenses. Ce sera à l'exploitant de juger s'il lui est plus avantageux de traiter deux fois plus de matières avec les mêmes appareils et les mêmes frais, moyennant une perte, l'abandon d'une partie de la blende, ou si, au contraire, il convient de tirer parti de toutes les matières métallifères et, par suite, de les isoler.

442. Enrichissement des schlamms. — Les schlamms ne peuvent pas être classés géométriquement par grosseurs sur des tôles perforées ou des toiles métalliques. On ne leur applique que des appareils classant par équivalence.

En général les résultats obtenus par leur traitement sont moins bons que ceux donnés par les grenailles et les sables.

Il convient de diminuer le plus possible, pendant le broyage, la production des schlamms.

443. Labyrinthe. — Le plus simple et le plus ancien des appareils est le labyrinthe. Pour un premier classement, on emploie des courants d'eau horizontaux ou verticaux.

Les labyrinthes dans lesquels se rendent les schlamms entraînés par

le courant d'eau sont composés de réservoirs successifs à section croissante afin de diminuer la vitesse. Les matières les plus denses se déposent d'abord, puis les autres successivement par ordre d'équivalence.

On accouple souvent deux labyrinthes pour le même objet ; l'un
d'eux est en curage pendant que l'autre se remplit. Des sondages et
des essais déterminent la composition des diverses parties du dépôt.
Toutefois ces labyrinthes doivent être considérés plutôt comme destinés à recueillir les boues et à purifier les eaux que comme des appareils de séparation, à proprement parler.

444. Spitz kasten. — Les Spitzkasten ou caisses pointues de
Rittinger se composent d'une série de caisses en forme de pyramide

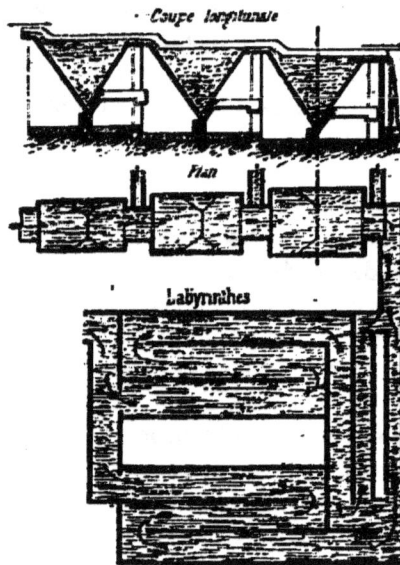

renversée, disposées en cascade, prenant de l'une à la suivante des
sections croissantes. En d'autres termes, c'est une longue caisse de
largeur croissante dont le fond porte des séparations verticales ou inclinées.

L'appareil est construit de telle façon que la lavée arrive en lame
mince à la surface de la caisse pleine d'eau et par son petit côté. Le
courant éprouve un ralentissement dans la première caisse ; il s'ensuit
un dépôt des grains les plus gros et les plus lourds.

Nouvelle diminution de vitesse dans la seconde caisse, nouveau dépôt d'équivalence moindre et ainsi de suite. Chaque caisse renferme
donc des schlamms de différentes équivalences et un premier classement est ainsi obtenu.

Du fond de chaque caisse part un conduit qui amène le dépôt à un appareil de lavage.

Lorsqu'il s'agit de schlamms d'une extrême ténuité, on évite l'entraî-

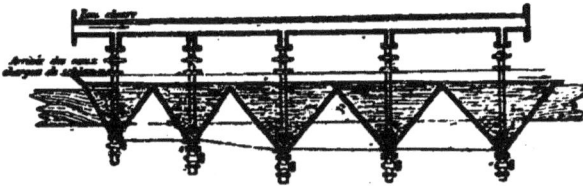

nement des éléments de faible densité par d'autres plus denses, en faisant arriver au fond des caisses un courant d'eau ascendant qui enlève les plus légers et laisse déposer les autres.

445. Classeur à air. — Lorsque les fines sont parfaitement sèches, on peut les classer par un courant d'air soufflant horizontalement

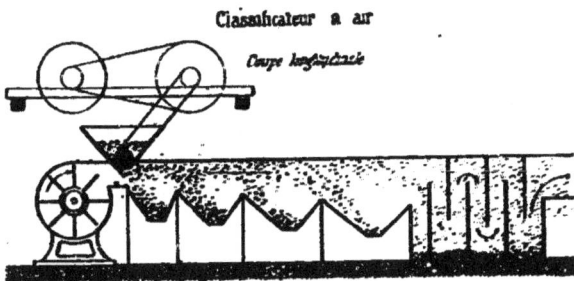

dans une caisse à section croissante et dont le fond est divisé par des cloisons en plusieurs compartiments. Une vaste chambre à chicanes, située à l'extrémité de l'appareil, sert à retenir les particules les plus légères.

446. Tables coniques tournantes. — Dans ces appareils, comme dans les suivants, le classement résulte de la différence de résistance des schlamms à l'entraînement par un courant d'eau sur une surface inclinée.

Les tables coniques tournantes consistent en un cône très aplati, concave ou convexe, monté sur un arbre vertical ; le diamètre varie de 4 à 10 m., la pente de 5° à 6° ; on les fait en fonte ou en pierre.

Un mouvement lent de rotation leur est imprimé.

Avec une table convexe, les schlamms sont distribués au sommet d'une façon continue et en suspension dans l'eau. Les matières se déposent comme pour le round-buddle, suivant les génératrices et par ordre de densité.

34

Dans le mouvement de rotation de la table, elles se présentent successivement sous trois ou quatre tuyaux horizontaux de longueurs inégales, qui envoient obliquement par une infinité de trous des jets d'eau pure, qui lavent les dépôts et les forcent à descendre par portions le long du cône.

Les trois ou quatre catégories arrivent ainsi à la circonférence de la

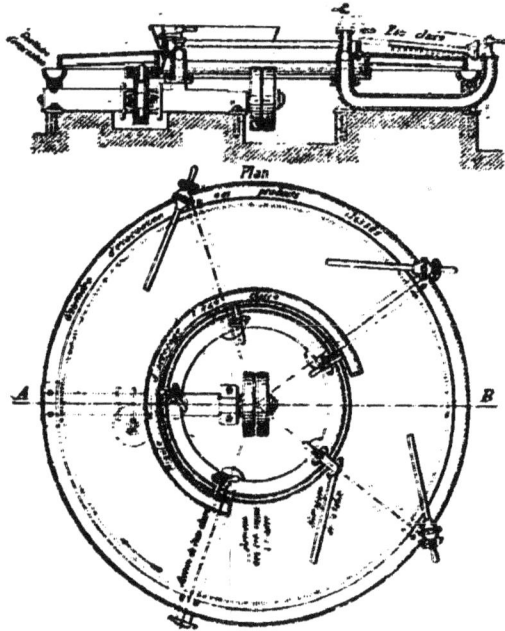

table d'où elles tombent dans des auges différentes destinées à les recevoir, de telle sorte qu'après avoir passé sous le dernier tuyau, la surface de la table est nette et prête à admettre une nouvelle quantité de matières à traiter.

Ces tables débitent de grandes quantités, jusqu'à 20 tonnes par jour; elles donnent une séparation incomplète et des pertes sensibles ; on travaille à les perfectionner.

447. Toiles sans fin. Table de Frue. — Les toiles sans fin donnent généralement de bons résultats, tout en exigeant peu de force.

La table de Frue se compose d'une toile caoutchoutée ou courroie sans fin donnant une table de 4 m. à 4 m. 50 de longueur sur 1 m. 40 à 1 m. 50 de largeur, présentant une inclinaison dans le sens longitudinal de 2° à 3°. Sa vitesse est réglée d'après la nature de la substance. On lui imprime, en outre, un mouvement transversal rapide de 3 à 4 cm. d'amplitude.

La toile est munie de rebords pour empêcher la matière de tomber.

Les schlamms, délayés par un courant d'eau, arrivent par un canal en tête de la toile. De petits jets d'eau claire, espacés de 3 à 5 cm. sont envoyés sur la table.

Les parties les plus lourdes remontent le courant, en restant adhérentes à la toile, passent sous les jets d'eau sans en être troublées et

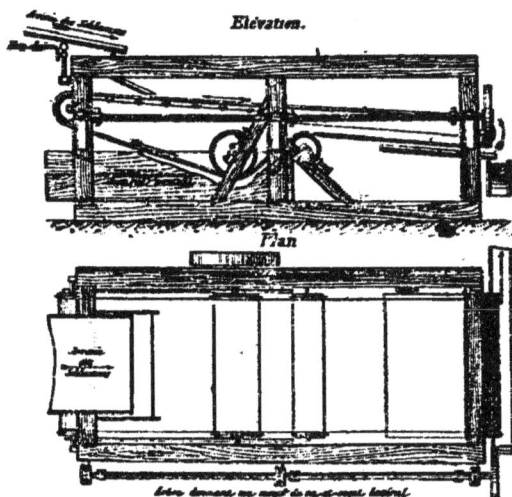

finissent par tomber dans une bâche placée sous la toile ; celle-ci abandonne dans l'eau de la bâche toutes les parties riches qu'elle a entraînées.

Les parties les plus légères descendent sous l'influence du courant d'eau et tombent dans l'auge de queue.

Cet appareil peut passer, en 24 heures, de 7 à 8 tonnes de matière brute.

448. Table Castelnau. — C'est une toile sans fin inclinée dans le sens transversal et dont l'inclinaison peut varier suivant chaque cas particulier.

L'eau qui tient les schlamms en suspension est reçue sur un des coins de la toile. A cette origine un tuyau d'arrosage projette sur la toile une certaine quantité d'eau.

Chaque grain, sous l'influence de la vitesse constante de la toile et sous l'impulsion du courant d'eau, décrit un arc de parabole ; mais cette dernière impulsion sera d'autant moins marquée que la densité du grain sera plus grande ; celui-ci sera donc retardé dans sa descente et il se produira autant de directions générales d'arcs paraboliques qu'il y a d'équivalences différentes dans les grains amenés.

L'arc sera d'autant plus ouvert que le grain sera plus dense. Chacun de ces filets liquides se rend dans une rigole spéciale.

Un tuyau transversal, muni d'une série de robinets, actionne à nouveau le minerai resté adhérent à la toile recouverte de caoutchouc et détermine la formation de nouveaux arcs paraboliques, puis de forts courants d'eau viennent balayer successivement, à différentes hauteurs, en commençant par le bas, les grains les plus denses restés adhérents; à chaque zône correspond encore une rigole spéciale.

La longueur utile de la table est d'environ 6 mètres ; elle peut traiter, suivant la nature des matières, de 10 à 20 tonnes par jour.

449. Tables à secousses latérales de Rittinger. — Ces ta-

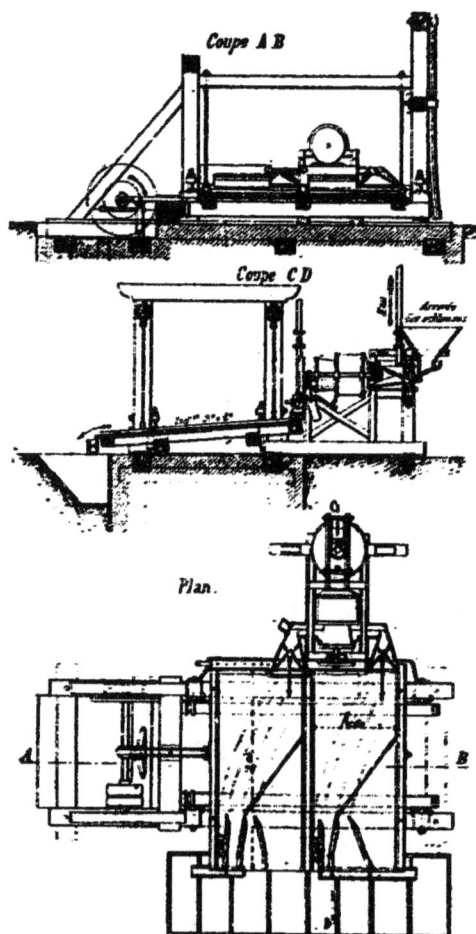

bles, qu'on accouple souvent au nombre de deux sur le même bâti, sont formées d'une table en marbre ou en ardoise, dont les dimensions et l'inclinaison longitudinale dépendent de la nature des schlamms à traiter ; elles ont généralement 2 m. 50 à 3 mètres de longueur, sur 1 m. 50 à 1 m. 70 de largeur et 3° à 6° de pente.

Elles sont à secousses latérales. Le chassis, éloigné par un arbre à cames, est ramené brusquement contre un heurtoir par un ressort formé le plus souvent de planches en bois ; le nombre des secousses varie de 200 à 300 par minute.

Les matières partent de l'un des angles supérieurs de la table et sont étalées sur une certaine largeur à l'aide de petits tasseaux de bois placés en retraite les uns sur les autres, puis elles sont soumises à l'action d'un courant d'eau claire qui coule en couche mince sur toute la surface de la table et qui tend à forcer toutes les matières à descendre.

Mais celles-ci sont soumises, en même temps, à l'action des secousses, qui se fait sentir davantage sur les grains lourds que sur les grains légers. La séparation se dessine au bout d'un petit nombre de secousses ; la masse s'écoule en bandes affectant la forme parabolique depuis l'angle supérieur jusqu'à l'arête inférieure de la table, les bandes du minerai le plus dense étant les plus rapprochées du heurtoir.

La séparation est très nette ; aussi suffit-il de petites pièces de bois taillées en biseau pour isoler et faire tomber dans des auges différentes les divers produits obtenus.

Ces appareils classent très bien, mais ne peuvent traiter que de faibles quantités de matières.

§ 3.

APPAREILS ET PROCÉDÉS EMPLOYÉS DANS CERTAINS CAS SPÉCIAUX.

450. Friabilité et tamisage. — Dans certains cas, assez rares du reste, où le minerai et sa gangue ont à peu près la même densité, on ne pourra employer les moyens d'enrichissement que nous venons de décrire et on devra avoir recours à des procédés tout spéciaux.

Ainsi, dans le cas de pyrites cuivreuses ($D = 4.40$) accompagnées de baryte ($D' = 4.00$), on utilisera la propriété qu'a la pyrite de décrépiter à la chaleur rouge et, après calcination, on opérera la séparation par tamisage.

Si on a des blendes friables mélangées à de la pyrite de fer, on fera passer la matière dans un broyeur, tel que le Vapart, qui brise plus qu'il ne broie, puis on tamisera.

Pour séparer la calamine en roche des rognons de fer, on se rappellera que, après calcination, la calamine est très friable. tandis que les composés ferrugineux ont conservé leur dureté ; là encore on emploiera le tamisage.

451. Séparation magnétique. — Ailleurs, on utilisera avec avantage la propriété magnétique dont jouissent certains minerais, ceux de fer, par exemple. On les rencontre rarement, il est vrai, à l'état d'oxyde magnétique ; mais on peut facilement les y ramener en les calcinant sur la sole d'un four à reverbère, après mélange avec 2 ou 5 % de poussier de houille ou de coke.

Et si la calcination doit être faite quand même, comme, par exemple, pour décarbonater des calamines ferrugineuses, il suffira d'ajouter un peu de charbon au mélange pour transformer toute la partie ferrugineuse en oxyde magnétique.

La séparation s'effectuera alors en soumettant le mélange à l'influence des aimants ou des électro-aimants. Divers appareils ont été imaginés pour cet objet :

Le *trieur magnétique Vavin* se compose de deux cylindres tournant dans le même sens. Chacun d'eux est formé d'anneaux en fer doux séparés les uns des autres par des anneaux en cuivre.

L'intérieur de chaque cylindre renferme des aimants en fer à cheval, *a*.

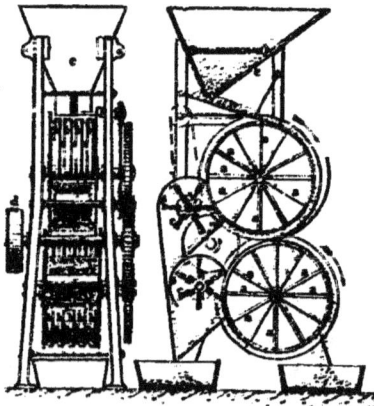

Les anneaux en fer font saillie sur ceux en cuivre ; aux anneaux de fer de l'un des cylindres correspondent les anneaux de cuivre de l'autre.

Un distributeur amène la matière à trier sur le cylindre supérieur et la répand uniformément sur sa largeur ; les fragments magnétiques s'attachent aux anneaux aimantés, d'où ils sont détachés par des brosses rotatives *c* qui les font tomber d'un côté, tandis que les substances non magnétiques tombent de l'autre, guidées par des coursiers en zinc.

Cet appareil donne des résultats médiocres. Certains grains qui n'adhèrent pas suivant une surface suffisante sont rejetés par la force centrifuge ; de plus, les brosses s'usent rapidement.

L'*électro-trieur Siemens* se compose d'électro-aimants en relation avec une dynamo à courant continu ; l'intensité du courant variera suivant la nature du minerai à traiter.

Un cylindre magnétique de 750 mm. de diamètre repose sur quatre galets *c*, pouvant lui imprimer un mouvement de rotation au moyen de

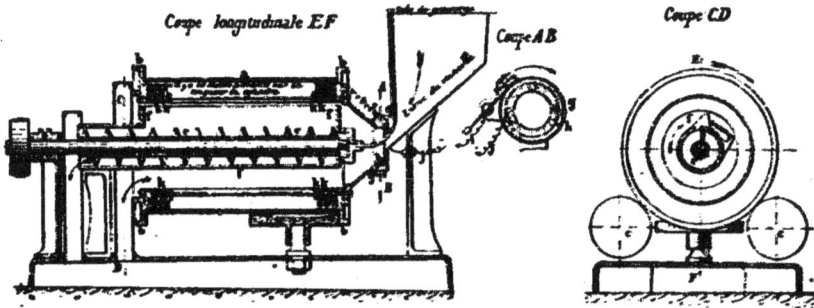

deux couronnes en bronze *b*. Entre ces deux couronnes sont disposés 40 anneaux en fer doux séparés par autant d'anneaux de bronze de moindre largeur, laissant ainsi une série de rainures dans lesquelles viendra s'enrouler un fil de cuivre dont le nombre de spires ira croissant sur chaque anneau à mesure qu'il s'éloigne du côté de l'entrée et jusqu'à ce qu'il vienne aboutir à la couronne extrême.

On donne au cylindre une inclinaison d'environ 10° pour assurer la sortie des matières non magnétiques.

Dans l'intérieur se trouve une gouttière fixe en bronze *f* dans laquelle tourne une vis *e* ; au rebord supérieur de la gouttière, une raclette en bronze est maintenue par un ressort.

Le courant de la dynamo est communiqué au trieur par un peigne en cuivre frottant sur le collecteur en bronze.

Le minerai arrivant par une trémie à l'intérieur du cylindre est en contact avec les différents anneaux et l'intensité magnétique s'accroît graduellement par le fait de l'augmentation du nombre des spires. La partie magnétique du minerai est entraînée et envoyée dans la gouttière.

Dans le *trieur électro-magnétique Humboldt*, un électro-aimant *b* est calé sur un arbre fixe *g*. Autour de ce même arbre tourne un cylindre en laiton *c* contre lequel un plateau de distribution *f* amène le minerai convenablement broyé et calciné. Les particules attirables restent fixées au tambour ; les autres tombent spontanément dans le compartiment antérieur. Puis les premières abandonnent la surface du tambour et se

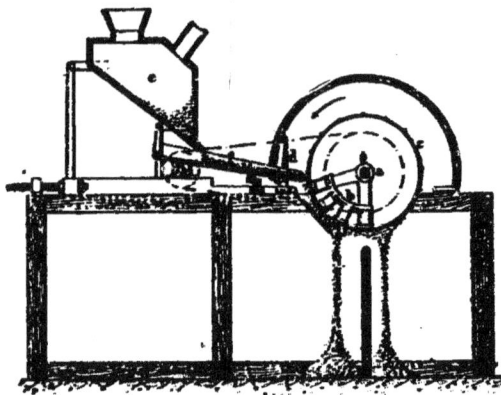

déposent à leur tour dans le second, une fois soustraites à l'action ma-gnétique.

Une machine Gramme exigeant une force d'un cheval fera fonction-ner quatre de ces appareils. On peut passer deux tonnes de minerai brut à l'heure.

Avec le trieur magnétique de Mercadal, on laisse tomber des menus

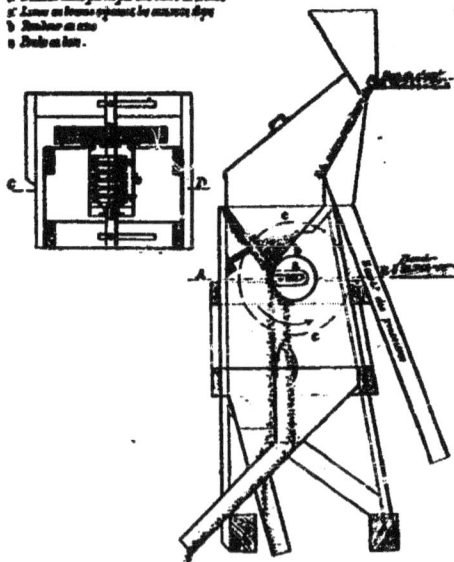

en lame mince devant un champ magnétique fixe, l'attraction fait dé-vier de la verticale les particules qui y sont sensibles.

M. Vial emploie un faisceau d'aimants en fer à cheval *a* groupés horizontalement sur une règle fixe en bronze, avec leurs pôles semblables du même côté et séparés les uns des autres par des bagues également en bronze. Une feuille mince en fer doux réunit les pôles et empêche toute désaimentation.

Un cylindre en zinc *b* enveloppe le tout, frôlant presque les aimants; il est animé d'un mouvement de rotation de 8 à 10 tours par minute.

Une rainure soumise aux chocs d'une planchette peut être éloignée plus ou moins de l'appareil. Une cloison articulée permettra de recevoir de part et d'autre les deux natures de produits. Les parties les plus attirables adhèrent au cylindre en zinc ; mais la rotation de celui-ci les éloignant de l'influence magnétique, ils se détachent et tombent.

Pour que l'opération se pratique dans de bonnes conditions, il convient que le minerai, avant d'arriver à la trémie, soit débarrassé des fines poussières ; on le fait passer sur une tôle perforée à 1 millimètre.

452. Lavage des sables aurifères. — Les sables aurifères, qu'ils proviennent directement des alluvions ou qu'ils soient le résultat du bocardage du quartz ou d'autres roches aurifères, sont souvent enrichis avant d'être soumis à l'amalgamation.

L'appareil le plus simple et, en même temps, le plus parfait est la *Batée* ; mais son emploi exige une main d'œuvre considérable et d'habiles ouvriers ; c'est une sorte d'assiette creuse, de sébille en bois ou en tôle dans laquelle est déposé le sable à laver avec une quantité d'eau convenable. A la suite d'une série de mouvements imprimés à la Batée par l'ouvrier qui la tient des deux mains, l'or et les grains riches se rassemblent au fond, tandis que le stérile est successivement éliminé.

Le *berceau* est une sorte de boîte ouverte à un bout et qui peut osciller transversalement comme un berceau d'enfant. L'eau et les sables débarrassés des plus grosses grenailles descendent lentement le long du berceau sous l'influence des oscillations. Deux tasseaux cloués sur le fond, en travers de la marche du sable, l'un au milieu, l'autre à la fin du berceau, arrêtent les matières les plus lourdes tandis que les plus légères sont entraînées.

Au bout d'un certain temps déterminé par la pratique, on enlève le sable déposé le long des tasseaux et on recommence. L'enrichissement définitif est obtenu à la Batée.

Le *lavoir hydraulique Bazin* est une sorte de Batée mécanique ; une coupe hémisphérique en cuivre tourne autour d'un axe vertical ; elle est placée dans un grand cylindre fixe plein d'eau et contient le sable avec l'eau. Sous l'influence de la force centrifuge, les grains légers remontent le long des parois de la coupe. Les plus lourds sont enlevés de temps en temps à l'aide d'un double fond mobile, tandis que les stériles sont siphonés en dehors de l'enveloppe cylindrique.

Cet appareil permet à un homme de traiter journellement 1200 litres de sable, tandis qu'à la batée il n'en aurait passé que 200.

Il a déjà été question des sluices dans un précédent chapitre, à propos de l'exploitation hydraulique des alluvions aurifères ; ces appareils permettent de traiter d'énormes quantités de sables ; mais ils
donnent un rendement très inférieur à celui des autres.

§ 4.

INSTALLATION D'UN ATELIER DE PRÉPARATION MÉCANIQUE.

453. Comparaison des appareils. — C'est en Angleterre et en Allemagne que la préparation mécanique a été jusqu'en ces derniers temps
le plus étudiée. En Angleterre, on traite rapidement de grandes quantités à peu de frais, sans s'inquiéter de savoir si on tire d'un minerai
donné tout le parti possible. En Allemagne, au contraire, on ménage
davantage les gîtes, on traite de moindres quantités, mais avec plus de
soin et on s'attache à éviter les pertes, autant qu'il est industriellement
possible. Les Anglais cherchent à faire vite, les Allemands à faire bien.

Les round-buddles, les tables tournantes, les toiles sans fin répon-
dent à la première de ces préoccupations ; les spitzkasten, les cribles
du Harz, les tables de Rittinger satisfont à la seconde.

La teneur du minerai brut, le degré de richesse à obtenir, la valeur
du produit, les moyens dont on disposera sur place, combustible, eau,
force hydraulique, main-d'œuvre, entreront en ligne de compte pour le
choix des appareils, leur nombre et la manière dont ils seront conduits.

Après concassage des gros morceaux, ou opérera le broyage, avec
des bocards si le minerai est très dur, sinon avec des cylindres, des
meules ou un broyeur.

Des essais serviront de guide dans le choix de l'appareil. Le concasseur à mâchoires passe environ 1/2 à 1 1/2 tonne par cheval et par
heure. Sa production varie de 20 à 50 tonnes par jour:ée de 10 heures.

Une batterie de 10 bocards exige une force de 8 à 10 chevaux, 15
pour les grands appareils américains ; elle broyera de 4 à 15 tonnes
par jour suivant les dimensions, la nature du minerai et le degré de
finesse exigé.

La consommation d'eau peut varier beaucoup ; elle sera 15 fois plus
grande en poids que le minerai traité pour matière fine, et 35 fois si
l'on veut de gros grains.

Une paire de cylindres ne demande que 4 ou 5 chevaux pour broyer
une vingtaine de tonnes dans une journée.

Les autres broyeurs présentent de grandes variations suivant les cas.

Après classement rationnel par grosseurs, les grenailles seront enrichies au crible ordinaire, les sables au crible du Harz qui est apte également à traiter les grenailles.

Les schlamms, classés au spitzkasten, sont envoyés, les pauvres aux round-buddles où ils auront partiellement à passer deux ou plusieurs fois, puis à la cuve ; les riches à des cribles du Harz, s'ils ne sont pas trop fins, à des tables à secousses de Rittinger, si la valeur du produit autorise cette dépense, ou bien aux toiles sans fin de Frue ou de Castelnau.

Quant à la production journalière de ces divers appareils. elle est trop variable pour qu'il soit possible de l'indiquer d'une manière générale, en dehors des chiffres qui ont été donnés dans tout ce qui précède.

§ 5.

ÉPURATION DE LA HOUILLE

454. Classement par grosseurs. — La houille, au sortir de la mine, doit, le plus souvent, être classée par grosseurs. en même temps qu'elle doit être débarrassée des schistes qui en altèrent la pureté.

Les diverses grosseurs sont vendues séparément, ou bien elles sont mélangées à nouveau dans des proportions déterminées pour constituer les différentes qualités marchandes.

Lorsque la houille est classée par grosseurs, cn débarrasse les grosses qualités des schistes qu'elles renferment par un triage à la main ; les autres sont soumises au lavage.

On est en présence d'un cas particulier de l'enrichissement des minerais. en ce sens que, la houille étant plus légère que les impuretés qui l'accompagnent, les effets à produire sont inverses de ceux que nous avons indiqués.

Au sortir de la mine, les wagons sont culbutés dans une trémie fermée par une vanne ou un rouleau distributeur, qui permet de régler l'arrivée du charbon sur les grilles proportionnellement au débit de celles-ci.

Les grilles sont ordinairement formées de barreaux rectangulaires en fer qu'on remplace aujourd'hui par des tôles perforées. L'inclinaison des grilles fixes varie de 30° à 40° ; elles ont souvent une longueur assez grande pour permettre un triage. On les termine aussi par un plancher ou table de triage fixe ou à charnière, d'où le charbon passe dans le wagon en chargement.

Les grilles fixes sont remplacées par des cribles à secousses, à mouvement transversal ou à mouvement alternatif longitudinal de 100 ou 110 oscillations par minute. Le débit est plus considérable que celui

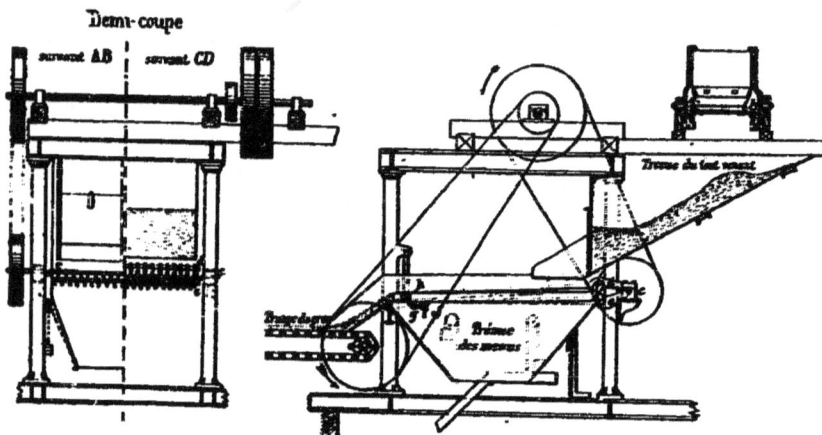

des grilles fixes ; on a besoin d'une moins grande hauteur, l'inclinaison pouvant ne varier que de 8° à 15°.

On comprend qu'il soit facile de superposer plusieurs grilles ou cribles ; l'écartement des barreaux et les trous des tôles sont plus ou moins grands et on peut obtenir un classement en plusieurs grosseurs.

On emploie la grille Briart, surtout quand on manque de hauteur : Deux séries de barreaux sont assemblées sur deux cadres distincts. A l'état de repos, la surface des barreaux est plane ; mais chaque cadre peut s'élever au dessus ou s'abaisser en dessous en prenant un mouvement de translation longitudinale. Ce mouvement est donné par deux arbres coudés qui actionnent la partie supérieure des cadres ; la partie inférieure de ceux-ci est supportée par des bielles oscillantes. On donne généralement à cette grille 35 oscillations doubles par minute.

Quelquefois les grilles sont avantageusement remplacées par des

trommels qui fournissent deux, trois ou quatre grosseurs sur leur longueur.

Dans une installation générale, on pourra être conduit à employer les grilles et les trommels combinés, les grilles séparant d'abord les plus grosses catégories, les plus fines étant reprises et classées dans les trommels.

Le crible Karlik se compose d'un cône dont le sommet est fixe, mais qui peut osciller grâce à une articulation sphérique de ce sommet. Il

Coupe et Élévation

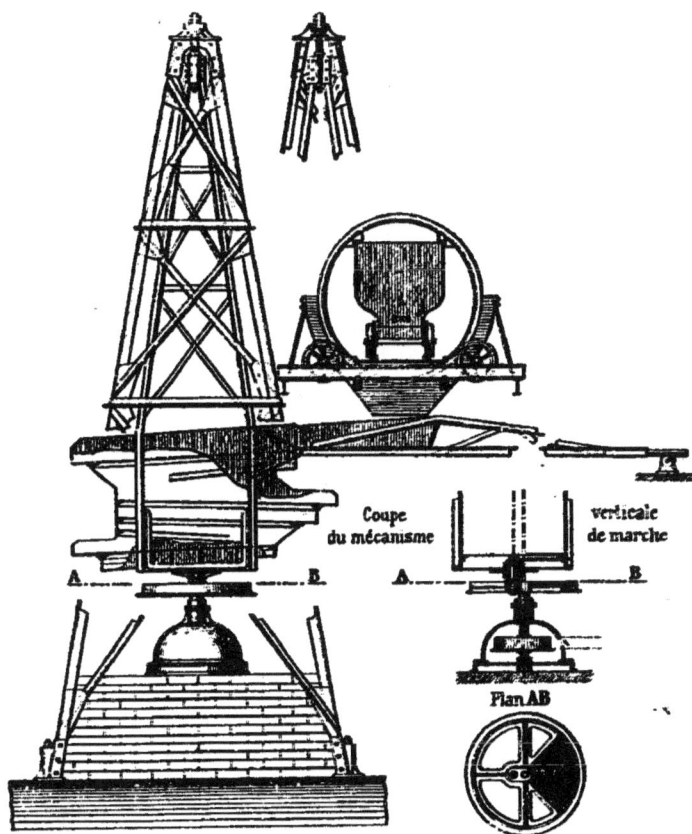

Coupe du mécanisme

verticale de marche

Plan AB

porte en dessous de la base une série de tôles perforées. Un mouvement d'oscillation lui est donné par une manivelle calée sur un arbre vertical dont l'axe prolongé passerait par le sommet du cône. Le cône est assujetti à osciller par un guide en fer porté sur un galet.

Le mouvement imprimé aux grilles rappelle celui d'un tamis manœuvré à la main.

455. Triage. — Dans ces divers appareils, le triage se fait sur les grilles elles-mêmes ou sur des couloirs, sur des tables fixes ou tournantes ; on emploie utilement des toiles sans fin, de chaque côté desquelles se placent les trieuses. Ces toiles peuvent être utilisées, en outre, à transporter le charbon et à l'élever à une certaine hauteur.

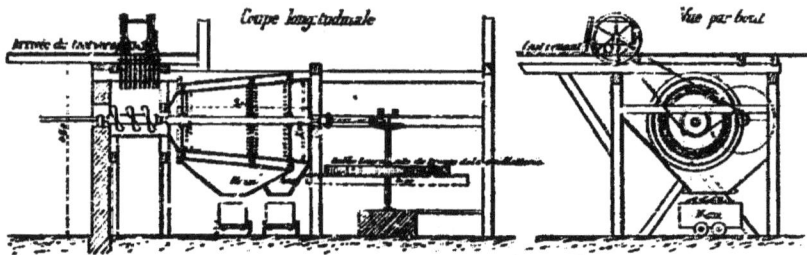

Les pierres et les schistes sont rejetés, les charbons barrés sont mis à part pour être cassés et triés à nouveau.

456. Lavage. — Le lavage de la houille menue est facile ou difficile suivant la nature des impuretés qui accompagnent la matière utile. La houille pure pèse 1,20, l'ordinaire 1,40, la houille barrée 1,50 à 1,80 ; les schistes vont de 1,50 à 4,00, suivant qu'ils ne sont pas ou qu'ils sont plus ou moins chargés de pyrites.

Tous les procédés employés pour les minerais sont applicables à la houille ; mais, la valeur du produit étant moindre que celle de la plupart des matières métallifères, le prix de revient du traitement sera souvent plus encore à considérer que le rendement en houille purifiée.

Le criblage de la houille se fait généralement à sec.

Pour cribler au-dessous de 8 mm., avec des charbons moureux, il est nécessaire d'avoir recours à un courant d'eau, qui a, d'ailleurs, l'avantage de débarrasser les grenailles des poussières et de l'argile qui gênent le classement.

457. Appareil à vent soufflé. — On trouve rarement avantageux de traiter ces boues dans des appareils spéciaux ; aussi préfère-t-on les éliminer préalablement.

L'appareil à vent soufflé traite les charbons compris entre 9 et 22 mm. Un ventilateur à force centrifuge envoie l'air dans un couloir incliné à 60° où le menu est conduit par un distributeur. Le couloir est partagé par une cloison en 2 compartiments. Le mélange est enlevé dans le premier par le courant d'air ; les parties les plus grosses retombent dans le second et les poussières continuent à obéir au mouvement de l'air pour aller se déposer dans des chambres émanant de la partie supérieure.

458. Crible à piston. — On emploie, pour le lavage de la houille, des cribles à piston analogues à ceux qui sont employés pour les minerais.

Dans les premiers appareils, le travail était intermittent ; on plaçait au-dessus du tamis une grille à larges mailles, sur laquelle l'ouvrier laissait glisser sa pelle pour enlever la houille lavée, après plusieurs coups de piston. On mettait une nouvelle quantité de matière brute, on reprenait le pistonnage et on continuait ainsi jusqu'à ce que toute la hauteur comprise entre le tamis et la grille fut remplie de schistes ; on les évacuait alors par une vanne placée sur le côté.

Dans le crible ordinaire, lors du mouvement ascensionnel du piston, l'appel de l'eau détermine sous le tamis, une espèce de succion qui se fait sentir à travers le dépôt et entraîne au fond du bac une portion importante des fines dont on doit chercher, autant que possible, à empêcher la chute ; il faut, pour cela, restreindre l'effet produit par la montée du piston.

Dans ce but, on a laissé un jeu entre le piston et la caisse dans laquelle il opère, ou bien on munit le piston d'un clapet s'ouvrant de haut en bas, ou bien encore on se sert de pistons flottants qu'on laisse remonter d'eux-mêmes, après leur avoir imprimé le mouvement de descente.

Le moyen reconnu préférable et généralement adopté aujourd'hui consiste à faire arriver au dessous du tamis et à chaque ascension du piston une certaine quantité d'eau que la descente expulsera. Le courant ainsi créé peut être utilisé pour obtenir une sortie automatique et continue des charbons par déversoir.

On a modifié et transformé ces cribles à piston de façon à opérer d'une façon continue et à obtenir mécaniquement le chargement des

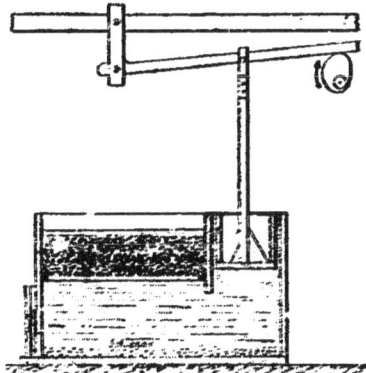

charbons bruts, l'enlèvement des lavés, l'évacuation des schistes et
des schlamms.

459. Lavoir Bérard. — Il se compose de deux parties distinctes;
l'une, appliquée au classement par grosseurs, consiste en tables à secousses alimentées par une chaîne à godets, qui distribuent les charbons classés à deux ou trois bacs qui constituent l'appareil laveur.

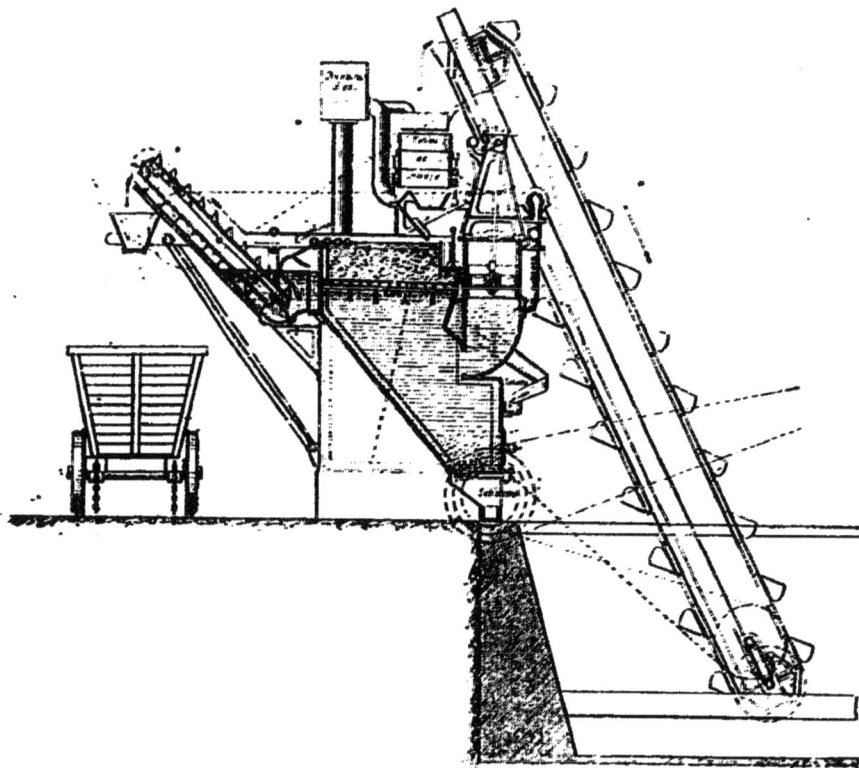

Les bacs de cette deuxième partie sont en fonte et portent, sur le
côté, un cylindre servant de corps de pompe au piston. A chaque ascension un jet d'eau arrive sous le piston et, lors de la descente suivante, l'excès d'eau entraîne les charbons lavés par un déversoir placé
sur la face opposée à celle d'arrivée. Les charbons sont égouttés sur
un plan incliné formé d'une tôle perforée laissant passer les eaux
chargées de poussières qui vont se déposer dans des labyrinthes. Les
charbons, après égouttage, sont élevés par une chaîne à godets.

Les schistes sont entraînés, après avoir traversé une vanne et une
contre-vanne qu'on règle à volonté, de façon à laisser constamment
une couche de schistes sur le tamis.

Le limon et les schlamms qui l'ont traversé sont retirés par une trappe mobile placée au fond.

480. Lavoir de Molières. — Ces mêmes dispositions ont été appliquées de diverses façons à des bacs en bois de construction plus

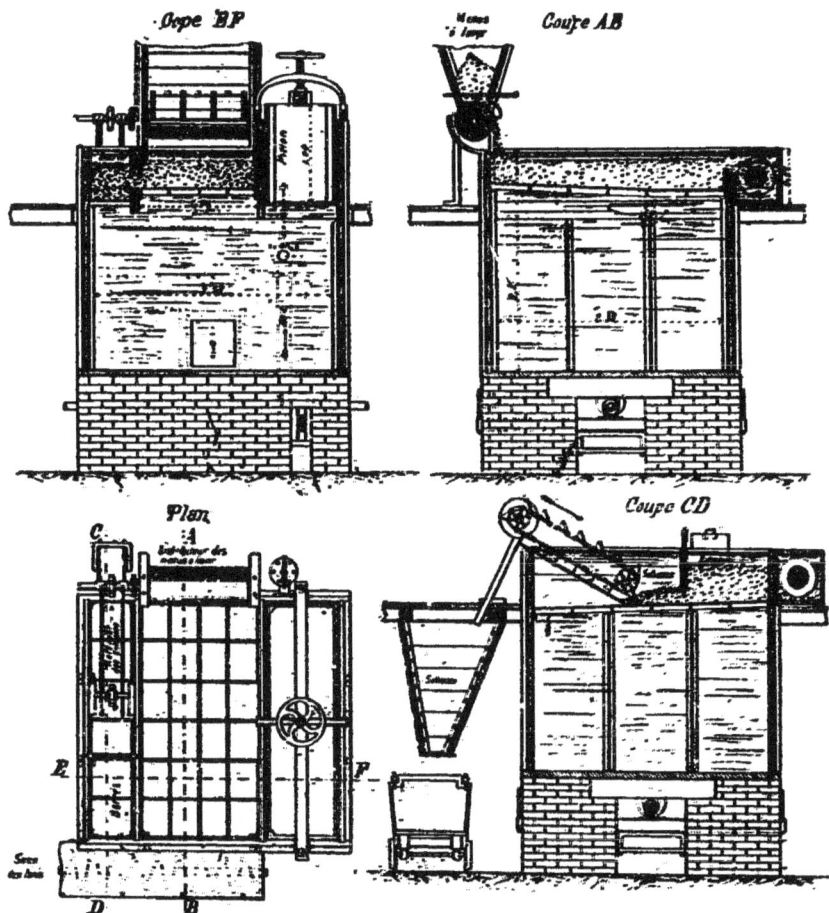

simple et moins coûteuse, tout en donnant les mêmes résultats économiques. C'est ainsi qu'à Molières les lavoirs employés se composent d'une grande caisse rectangulaire en bois, avec tamis légèrement incliné.

Latéralement, un compartiment sert de corps de pompe à un piston flottant, dont la section est moitié de celle du bac ; sur la face opposée au piston, un compartiment divisé en deux parties reçoit les schistes.

Le charbon brut est distribué régulièrement par un rouleau placé

35

sous la trémie de chargement, à une extrémité du bac ; il tombe très divisé et est mouillé immédiatement ; il chemine latéralement au piston sous l'influence des oscillations de l'eau, de la pente et de l'impulsion des nouvelles charges.

Le classement se fait en cours de route, sous l'action du pistonnage et le charbon arrive à l'extrémité du bac d'où il tombe par déversoir pour être entraîné ensuite par une vis sans fin.

Les schistes passent sous une vanne dans le second compartiment où ils se classent d'eux-mêmes ; les charbons barrés ou crus sont enlevés à la pelle à la surface du lit. Les schistes purs passent dans un troisième compartiment d'où ils sont enlevés par une chaîne à godets.

Les schlamms qui ont traversé le tamis s'écoulent d'une façon intermittente par une vanne de fond.

Pour diminuer les effets d'appel de ces schlamms par le pistonnage, on s'est arrangé de façon qu'il reste toujours une couche de schistes sur le tamis ; de plus, on a employé un piston flottant sous lequel on fait arriver un courant d'eau. Au lieu d'un piston flottant, on préfère aujourd'hui le piston commandé par excentrique ou par came.

Comme distributeur, on peut employer une simple trémie aboutissant au bac, fermée par une vanne mobile et laissant passer, à chaque oscillation, la quantité de charbon brut convenable.

461. Lavoir à grille filtrante. — Pour les fines, on emploie des lavoirs à grille filtrante, analogues aux cribles du Harz. La couche de pierrailles, feldspaths ou quartz, repose sur une tôle perforée qui devra laisser passer les schistes.

Un premier classement par équivalence pourra être avantageusement obtenu au moyen des caisses pointues avant d'envoyer les schlamms aux cribles.

462. Lavoir à valves de fond. — C'est encore un lavoir à piston dont la caractéristique consiste à éliminer successivement, à travers la table elle-même, les impuretés séparées.

Un courant d'eau continu circule dans ce bac.

Les fragments, obéissant à la loi d'équivalence, parcourent des trajectoires diverses qui dépendent à la fois de leur poids spécifique, de leur volume, de leur forme, de l'état de leur surface.

Une table légèrement inclinée est formée de pièces de toile métallique tendues transversalement ; ces toiles reposent sur des barres de fer méplat. Elles sont interrompues de distance en distance et des valves munies d'un seuil sont disposées, à chaque interruption, perpendiculairement au cheminement des matières ; chaque toile est à recouvrement sur la toile précédente. Sous l'action du pistonnage, les val-

ves se soulèvent et laissent passer une certaine quantité de matières.

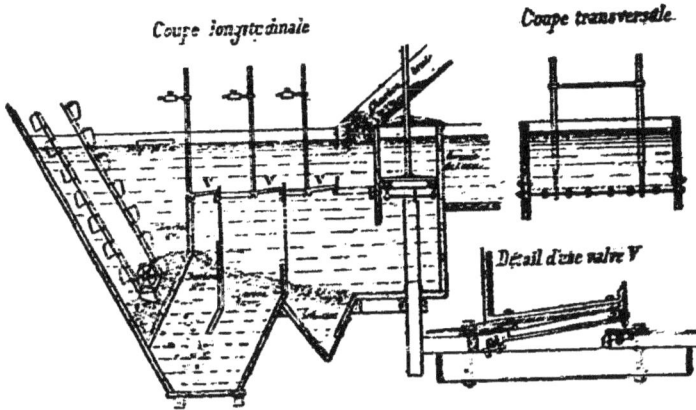

Coupe longitudinale   Coupe transversale

Detail d'une valve V

Pendant que les pyrites, les grès, les schistes gagnent rapidement
le fond et passent à travers la première valve, les charbons descendent
moins vite, mais ont une vitesse horizontale plus grande.

Il s'ensuit que le classement des charbons s'opère à travers les valves
suivantes par ordre décroissant de la teneur en cendres, depuis le charbon barré jusqu'au charbon le plus pur qui sort par déversoir. Les
différentes qualités sont reçues dans des bassins ou compartiments séparés et sont évacuées par des norias.

Les valves jouent ici un rôle analogue à celui du lit de grenailles
des lavoirs à feldspath ou cribles du Harz, dont nous avons parlé à
propos de l'enrichissement des minerais.

463. Lavoir Evrard. — Dans les lavoirs perfectionnés, on a
cherché à supprimer le retour de l'eau à travers la charge, pour parer
à l'entraînement des schlamms et obtenir un classement par équivalence.

M. Evrard emploie un mouvement ascensionnel continu de l'eau à
travers la charge.

Son appareil se compose d'une cuve cylindrique de lavage de 2 mètres carrés de base et de 7 à 8 m. de hauteur. Cette cuve, ouverte à ses
deux extrémités, porte à mi-hauteur un chassis recouvert d'une tôle
perforée destinée à retenir la charge qui est d'environ 4000 kg. Ce
chassis est relié au piston d'un cylindre hydraulique qui permet de l'é-
lever ou de le faire descendre.

La cuve de lavage est placée dans une autre, dite de pistonnage, de
hauteur moindre, mais de section double. Cette caisse hermétiquement
fermée est remplie d'eau et la vapeur sous pression peut être admise à
la surface du liquide.

La vapeur agit dans la caisse de pistonnage de façon à refouler l'eau dans la cuve de lavage à 1 mètre environ au dessus du piston-chassis. On laisse alors tomber le charbon dont la charge, mesurée par un cylindre à bascule, tombe à travers une grille qui la divise et la met en état d'être facilement mouillée par l'eau.

La vapeur étant admise de nouveau dans la caisse de pistonnage, la colonne d'eau, mise en mouvement, traverse la charge avec une vitesse d'autant plus grande que l'on donne plus de vapeur. On agit ainsi par

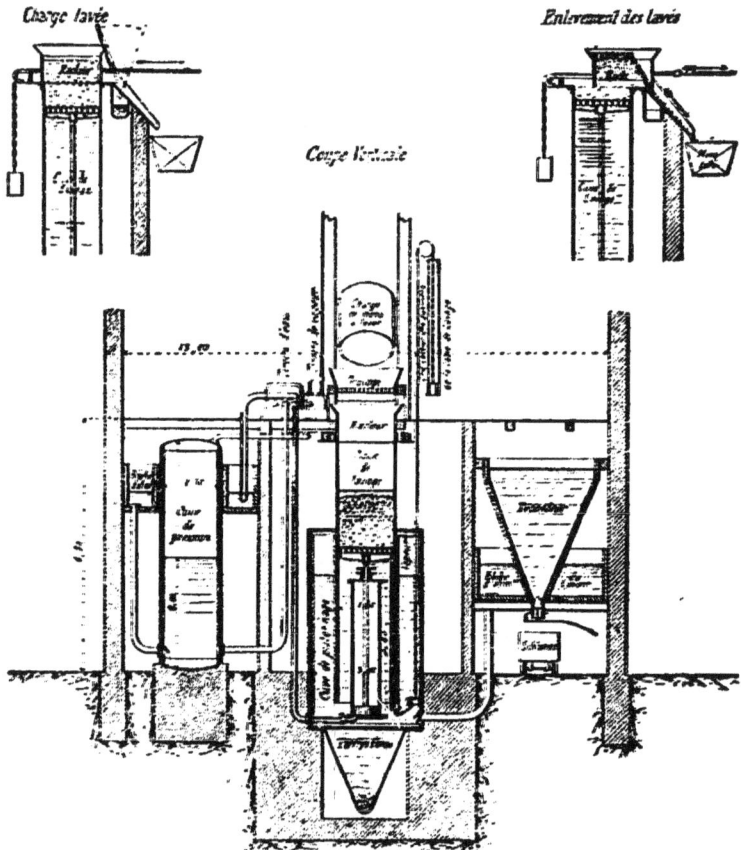

courants toujours ascensionnels. mais intermittents, afin de classer et de faire monter à la surface du lit toutes les parties fines, y compris les moures. On laisse déposer pendant quelques minutes, puis on fait agir de nouveau la vapeur pour produire des oscillations et rassembler les schistes au fond.

Quand on juge la séparation terminée, le piston hydraulique fait monter la charge et on procède ensuite à l'enlèvement du lit par tranches horizontales; les matières les plus fines et les plus pures en occupent la surface, les schistes et les pierres, le fond ; la zone intermé-

diaire est formée de schistes menus et de gros grains de charbon équivalents.

Pendant l'ascension, l'eau est soulevée par la charge et passe par déversoir dans un décanteur d'où elle retourne à l'appareil. Les tranches
sont enlevées successivement par un râcloir mû par un piston hydraulique à axe horizontal.

Le classement par grosseurs n'est pas obligatoire dans ces appareils ;
mais, au point de vue de la perfection des produits, il convient d'y
avoir recours.

464. Lavoir Marsaut. — Dans une cuve en bois fermée par le
fond et remplie d'eau, on fait descendre par secousses intermittentes une

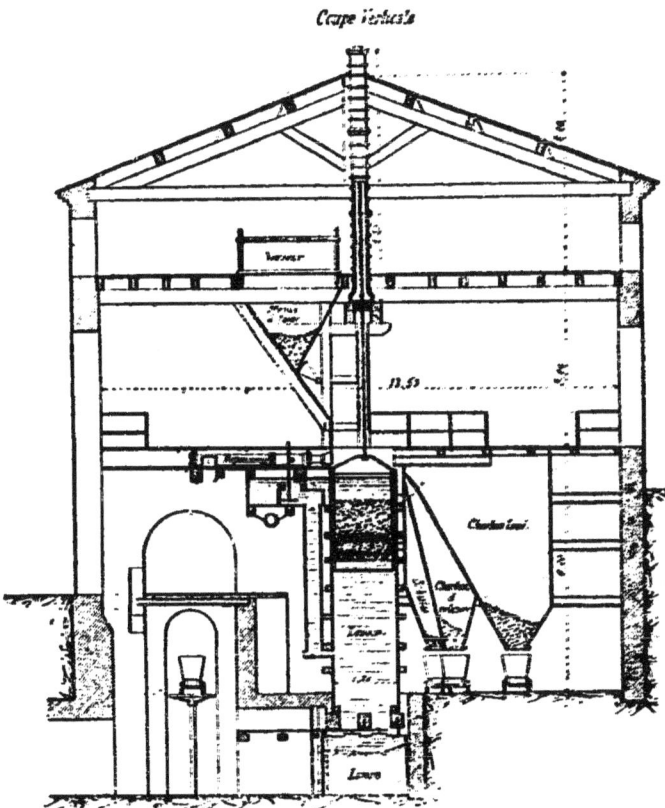

cage en fer guidée et suspendue à la tige d'un long piston hydraulique ; cette cage contient le charbon à laver.

Le classement est obtenu après quelques oscillations, la charge est
remontée et un râcloir de séparation envoie les différentes zones dans
des trémies disposées à cet effet.

465. Installation d'un atelier de lavage. — Les wagonnets sortant de la mine sont basculés sur une grille à secousses séparant les gros qu'on trie à la main. Ce qui passe à travers tombe dans une fosse pour être relevé par une noria et versé dans un trommel.

De là les diverses grosseurs se rendent dans des cribles hydrauliques à piston, de vitesses et de courses différentes, le minimum de course et le maximum de vitesse s'appliquant aux grains les plus fins.

Les charbons lavés sortant des cribles passent sur des grilles d'égouttage et tombent dans des trémies ou réservoirs de chargement. Les eaux chargées de schlamms se rendent dans de larges bassins de dépôt, ou mieux, dans une série de caisses pointues qui servent de décanteurs.

Les schistes et les impuretés sont enlevés par des chaînes à godets qui les déversent dans un couloir spécial d'où ils sont enlevés par des wagonnets.

Les fines et les pulvérulents, au sortir du trommel, se dirigent sur les caisses pointues, accompagnés par un courant d'eau ; ils se déposent et se classent d'après la vitesse. Mais les eaux sortent noires et chargées de boues impalpables, tiennent en suspension les charbons les plus fins que l'on retient dans une nouvelle série de caisses pointues dont on n'utilise que les dépôts riches ; les autres sont rejetés. Cette dernière opération a l'avantage de clarifier les eaux et de permettre de les employer à une nouvelle opération.

Au sortir des caisses pointues, les fines sont distribuées sur les grilles filtrantes d'où elles passent dans une fosse spéciale. Des norias viennent les y prendre, les versent dans des réservoirs d'égouttage, mélangeant les diverses grosseurs dans des proportions déterminées.

Il faut compter sur un mètre cube d'eau par minute et par 100 tonnes lavées en 10 heures. Un réservoir supérieur permet d'en faire la distribution aux divers appareils. L'eau servant à plusieurs opérations successives, la déperdition n'est que de 1/4 à 1/5 de mètre cube par tonne traitée.

On ne sépare généralement qu'une qualité de charbon ; les crus ou barrés vont, partie dans le riche. partie dans les schistes. On pourrait, il est vrai, les broyer pour les traiter à nouveau ; il en résulterait un supplément de dépenses qui serait rarement justifié. On pourrait faire deux qualités en employant des cribles doubles, les schistes restant dans le premier et les charbons de toute qualité passant par deversoir dans le second où ils seraient séparés ; mais il en résulterait une augmentation du matériel et des manipulations.

Suivant chaque cas particulier, il conviendra d'étudier s'il y a intérêt à exagérer la dépense au profit de la perfection du lavage ou. au contraire, à sacrifier une partie du contenu utile en vue de l'abaissement du prix de revient. Il faudra choisir les appareils convenant à la fois à la nature des charbons et aux exigences de la consommation.

§ 6.

AGGLOMÉRÉS.

466. Briquettes de houille. — Les menus provenant des charbons gras sont utilisés pour la forge, la fabrication du gaz d'éclairage et celle du coke métallurgique. Les autres, tels que les menus maigres, sont aujourd'hui transformés en agglomérés, dont la valeur est au moins égale à celle des gros de même qualité.

On agglomère aussi la tourbe et, quelquefois, les minerais pulvérulents pour en faciliter le traitement ; on emploie dans ce dernier cas comme agglomérant la chaux qui agit chimiquement dans les réactions de la fusion.

L'emploi des menus de houille permet d'obtenir, après lavage, un combustible pur et de bonne qualité. Les premiers agglomérés ont été obtenus en mélangeant les menus avec du goudron. On comprimait le mélange, puis on chauffait dans des cornues ou mieux dans des fours à reverbère. Le goudron distillait et le brai restant donnait de la cohésion à la masse.

Les agglomérés se font aujourd'hui sous forme de briquettes ayant, le plus souvent, une section rectangulaire et pesant de 4 à 10 kgs. ; les premières étaient cylindriques.

Pour le chauffage domestique, on prépare de petites briquettes perforées ou bien en forme de boulets.

467. Agglomérants. Brai. — L'agglomération des menus de houille par la simple compression à froid nécessite des pressions considérables (6000 atmosphères) qu'on ne peut espérer réaliser industriellement. On a essayé de ramollir par la chaleur les matières agglutinantes contenues dans le charbon pour obtenir les briquettes par compression ; on n'a pas réussi. Tous les agglomérés se font avec addition d'agglomérants ; on en a expérimenté un grand nombre.

Quelquefois on se sert de l'argile mélangée naturellement aux poussiers ; on comprime, après malaxage, à la main ou mécaniquement et on fait sécher. On obtient des produits de qualité inférieure, bons tout au plus pour l'usage domestique local.

Le seul agglomérant employé aujourd'hui est le *brai*, résidu de la distillation du goudron provenant des usines à gaz.

On distingue deux sortes de brais :

Le brai gras, résultant d'une distillation incomplète du goudron, fond à 50° ; sa densité est de 1,18.

Le brai sec reste après le départ des huiles légères et des huiles lourdes en conservant seulement 4 °/₀ d'huile anthracénique ; il se ramollit à 70° et fond à 120° ; sa densité est de 1,19.

Tous les degrés intermédiaires entre le brai gras et le brai sec peuvent être obtenus ; le meilleur, pour la fabrication des briquettes, se ramollit vers 50° et fond à 95° ; il ne doit pas donner à la calcination plus de 50 °/₀ de coke ni, à l'incinération, plus de 1 °/₀ de cendres; sa couleur est franchement noire, sa cassure conchoïdale et brillante ; il ne doit ni adhérer à la main, ni la graisser ; son odeur est celle du goudron. Mis dans la bouche, les dents doivent y laisser leur empreinte. Dans l'eau à 75°, il s'étire en fils longs et minces sans se casser.

468. Mélange du brai et du charbon. — Il doit être aussi intime que possible ; c'est une condition essentielle d'une bonne fabrication.

La proportion du brai varie entre 5 et 10 °/₀ et on doit chercher à la réduire le plus possible ; c'est l'élément le plus coûteux. On trouve avantage quelquefois à fondre le brai avant de le mélanger au charbon. Des cuves sont chauffées directement ou par des flammes perdues, ou encore par une enveloppe de vapeur. Un agitateur facilite la fusion et on ajoute de 10 à 20 °/₀ de goudron ou d'huile lourde.

Lorsqu'on opère le mélange avant fusion préalable du brai, on concasse celui-ci et on fait le dosage au volume, à la main ou mécaniquement. On emploie à cet effet des plateaux à alvéoles chargés en dessous d'une trémie, l'un des plateaux donnant le charbon, l'autre le brai. Ils peuvent être animés de vitesses différentes.

Les alvéoles s'empâtent quelquefois ; on préfère de simples plateaux tournants avec des râclettes qui permettent de régler la proportion versée en les allongeant ou en les raccourcissant. Après dosage, le mélange passe dans un broyeur Carr qui le rend plus intime.

Les charbons doivent être séchés pour que la pâte puisse être convenablement préparée, mais cependant retenir de 2 à 4 °/₀ d'eau qui conduira la chaleur à travers la masse, le charbon sec étant de très faible conductibilité.

Le mélange devra ensuite être chauffé et malaxé. Les trois opérations de séchage, de chauffage et de malaxage pourront être successives ou simultanées.

Pour le séchage, on a employé autrefois des turbines qu'on a bientôt abandonnées. Le mélange passait ensuite dans un malaxeur où se faisait aussi le chauffage.

Fabrication des agglomérés

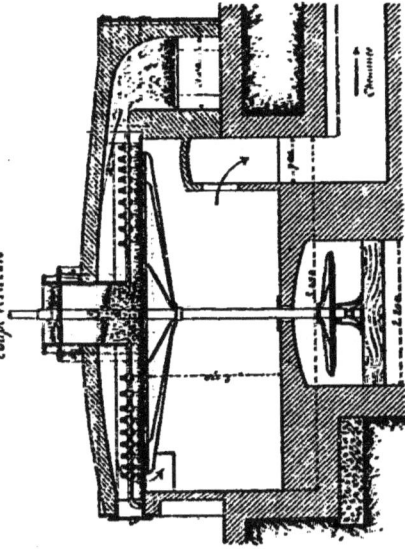

Four Malaxeur Bietrix
Coupe verticale

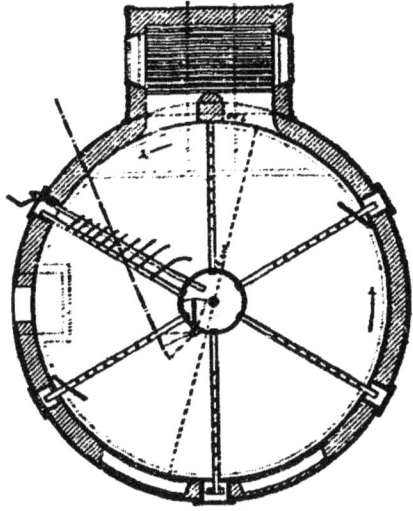

Plan

Malaxeur et Distributeur
Coupe verticale

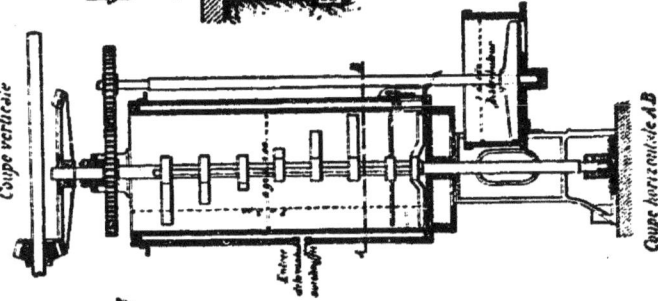

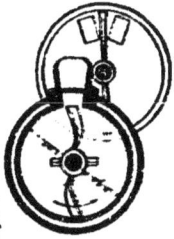

Coupe horizontale AB

Doseur à Rejettes
Coupe verticale

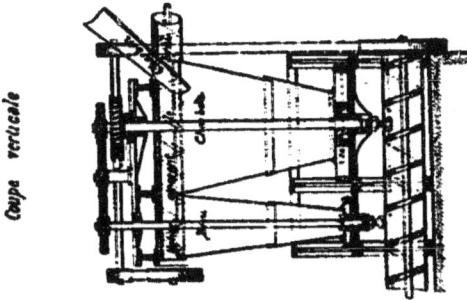

Plan au dessus des trémies

Doseur à Alvéoles
Coupe verticale

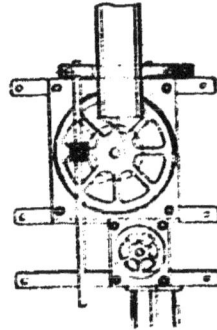

Plan au dessus des plateaux à alvéoles.

469. Fours et malaxeurs. — Pour le séchage et le chauffage simultanés, on emploie des fours à feu nu. La sole est formée d'un demi-cylindre dans lequel se meut une hélice, qui prend le mélange humide et froid à un bout et le conduit séché et chaud à l'autre extrémité.

Les fours à sole tournante sont plus répandus que les précédents ; le mélange est placé sur une sole métallique, animée d'un mouvement de rotation ; c'est là qu'il est chauffé, les surfaces sont renouvelées au moyen de dents fixes qui rendent le mélange bien uniforme et assurent la répartition de la chaleur. La sole fait de 3 1/2 à 6 tours par minute. La pâte sort à 95° environ et est envoyée au malaxeur.

Pour faire les trois opérations à la fois, on amène la vapeur surchauffée à 200° et même 350° dans le malaxeur lui-même, ou mieux, dans une enveloppe qui l'entoure. Le mélange se sèche et le brai entre en fusion en même temps que la pâte est pétrie.

Dans l'axe du malaxeur tourne un arbre portant des bras qui remuent le mélange en le poussant vers le bas. Le bras inférieur doit être solidement calé et râcler de près le fond du malaxeur sur lequel la pâte tend à se durcir et à se fixer.

Après dix minutes de séjour dans le malaxeur, la pâte passe au distributeur.

470. Distribution et compression de la pâte. — Le distributeur se compose d'un cylindre dans lequel tourne un arbre portant des palettes qui envoient la pâte aux moules des compresseurs. Si on chauffe la pâte à la vapeur, il faudra en faciliter le départ en donnant une grande surface au distributeur.

La pâte doit être fortement comprimée pendant qu'elle est encore chaude ; la pression est de 50, 150 et même 300 kg. par cmq. suivant la nature du mélange et le degré de cohésion qu'on veut obtenir. Il existe un grand nombre de machines : les unes à moule fermé où la compression est donnée par un piston simple ou double, les autres à moule ouvert dans lesquelles la compression résulte du frottement de la pâte contre les parois.

471. Presse Middleton-Detombay. — Les moules sont disposés suivant une circonférence dans un plateau circulaire en fonte animé d'un mouvement de rotation intermittent autour d'un axe vertical.

Les moules sont remplis de pâte en passant sous le distributeur et viennent successivement s'arrêter sous un piston compresseur, puis sous un piston démouleur. La briquette tombe sur une toile sans fin qui l'entraîne hors de l'atelier.

La compression est obtenue par une genouillère.

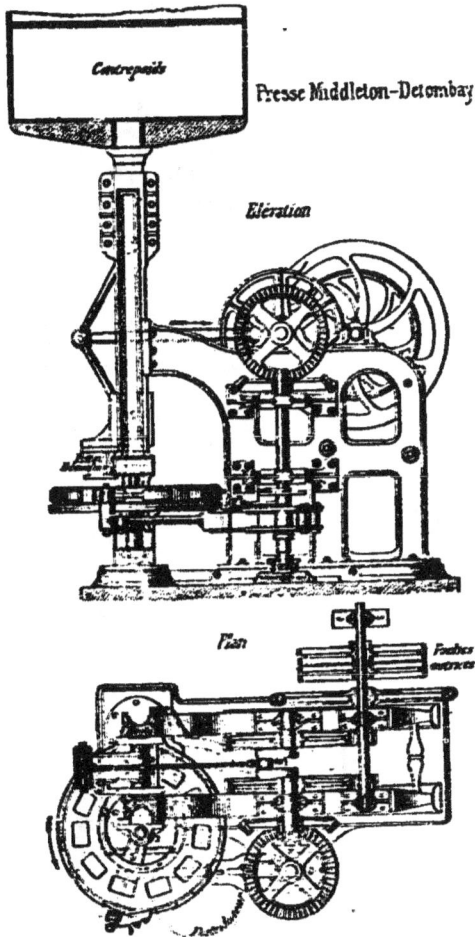

Contrepoids

Presse Middleton-Detombay

Elévation

Plan   *Fontes*
                                          motrices

L'extrémité supérieure du levier est chargée d'un poids sous forme d'une caisse remplie de lingots de fonte et tel que la pression soit de 60 ou 80 kg. par cmq.

Le mouvement intermittent de rotation du plateau dépend de celui d'une bielle à excentrique. Pendant tout le temps de la compression, le plateau est maintenu, pour permettre l'entrée exacte du piston de compression dans l'alvéole, par un cliquet qui l'arrête et le cale. On obtient 10 à 12 briquettes par minute.

472. Presse Revollier. — Pour maintenir plus longtemps la pression et conserver une forte production, Revollier a construit des appareils dans lesquels la compression se fait sur plusieurs briquettes à la fois 21 moules ou alvéoles sont disposés dans l'épaisseur d'un fort

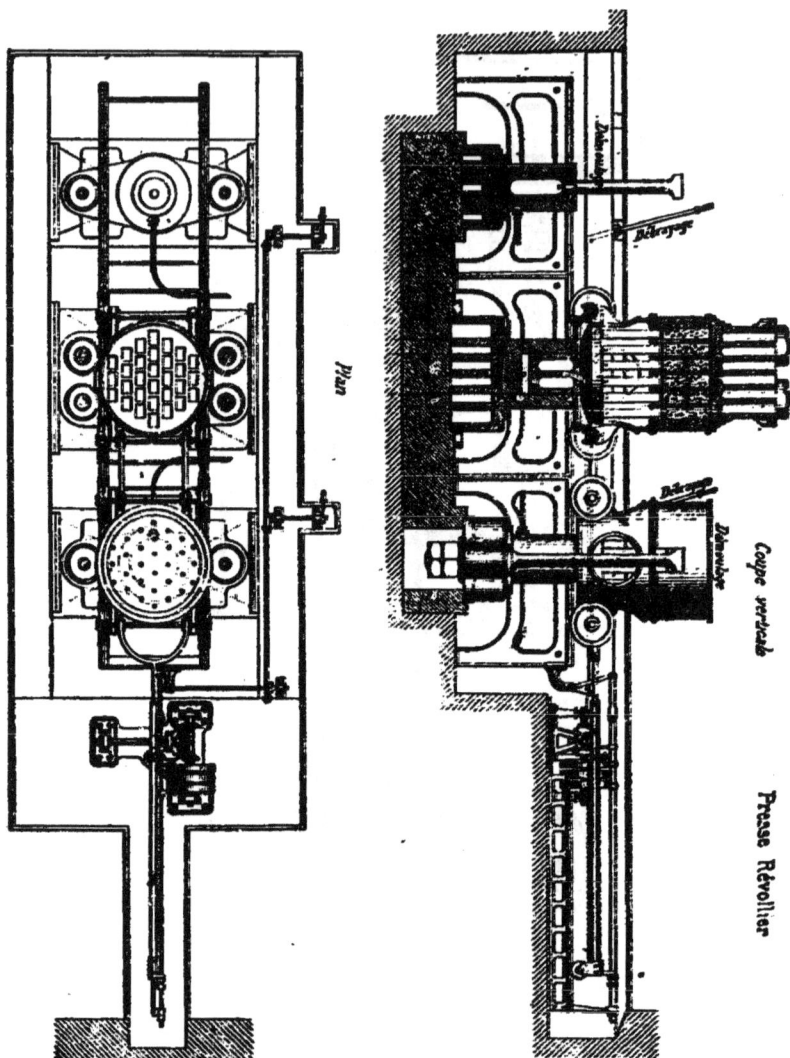

plateau de fonte et sont fermés à leur partie inférieure par autant de pistons compresseurs, solidaires d'un même disque en fonte.

La compression et le démoulage sont réalisés par des presses hydrauliques agissant sous le disque qui porte les pistons compresseurs. Des accumulateurs actionnent ces presses; le premier fonctionne à 50 atmosphères et fait une première compression; le second, à 600 atmosphères, complète l'action.

Un plateau est en moulage pendant que l'autre est en démoulage. Chacun d'eux passe successivement sous le distributeur de pâte.

Cette installation est coûteuse et l'utilité du temps prolongé de la compression n'est pas démontrée.

473. Machine Couffinhal à double compression. — Les moules sont disposés circulairement dans un plateau en fonte dont le dé-

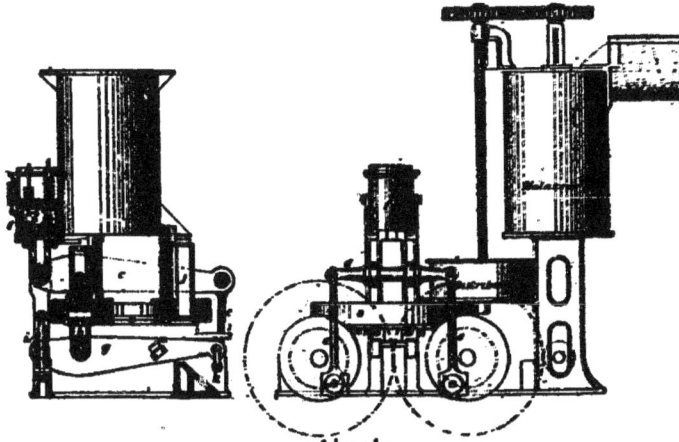

Légende.

Plateau tournant portant les moules a a'
Piston compresseur manœuvré par les flasques c c
Traverse reliant les flasques c c et les bielles ee
Tel de presse relié aux flasques c c et aux flasques g g
Flasques portant le piston inférieur compresseur h
Ressort ramenant le piston h dans sa position normale.
Piston à démouler
Point d'articulation fixe

Plan

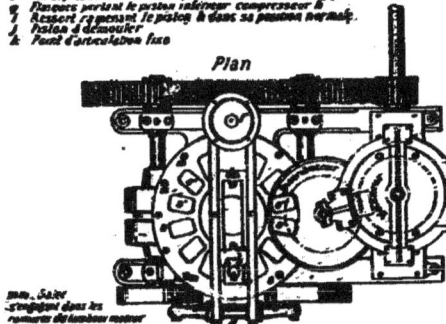

placement et l'arrêt sont assurés par des galets. Ces galets s'engagent successivement dans les rainures d'un tambour animé d'un mouvement de rotation continu, mais de profil tel que le plateau subit un temps d'arrêt quand chaque moule se présente à la compression. A ce moment, le plateau est maintenu en place par trois galets en prise ; une fois la compression terminée, la rainure du tambour saisit le galet suivant et le plateau reprend son mouvement jusqu'à nouvel arrêt.

Pour la compression, un balancier composé de deux flasques porte le piston mouleur et le piston démouleur actionnés par des bielles.

L'axe d'oscillation s'appuie contre un pot de presse hydraulique, qui cède lorsque la pression est arrivée à l'intensité voulue.

Les pistons mouleur et démouleur sont guidés dans leur mouvement par des glissières. Lorsque la compression se produit par suite de l'abaissement du piston supérieur, il arrive un moment où la briquette ne peut plus se comprimer par suite du frottement qu'éprouve le charbon contre les parois du moule ; le piston inférieur monte alors et complète la compression.

Le démoulage a lieu sur un tablier à bascule ou sur une toile sans fin placée directement sous la machine. On obtient de 20 à 22 briquettes par minute.

474. Machine à moules ouverts de Mariemont. — Deux pistons horizontaux foulent alternativement la pâte dans deux moules de section rectangulaire alimentés par un distributeur.

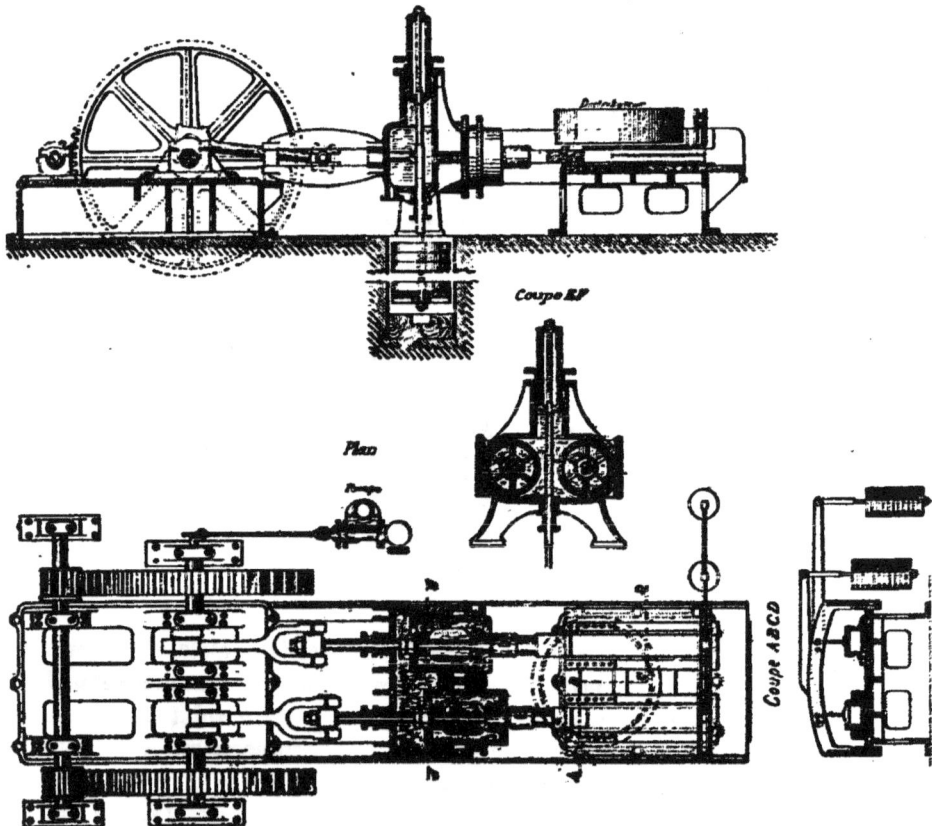

La machine étant en marche, la portion du moule au delà de la course du piston est remplie de pâte comprimée.

Le piston, dans son mouvement de recul, laisse pénétrer la pâte dans le moule, puis la comprime avec un effort égal à celui que représente le frottement de la partie déjà comprimée. Ces machines exigent beaucoup de force pour faire avancer la pâte dans le moule. Le boudin obtenu est débité en briquettes, au sortir du moule, à l'aide d'un grand couteau. On fait 25 briquettes à la minute.

Les moules sont composés de deux pièces laissant entre elles une section rectangulaire à angles arrondis. La pièce supérieure porte une ouverture pour l'introduction de la pâte en dessous du distributeur. Elles sont boulonnées sur 50 cm. environ ; au delà elles sont simplement posées l'une sur l'autre, de sorte que la pièce supérieure peut, en vertu de son élasticité, se soulever légèrement sous l'effet de la pression. Elle est maintenue par un levier que l'on charge plus ou moins, suivant que l'on veut augmenter ou diminuer le frottement et, par conséquent, la puissance de compression.

Le mouvement est donné aux pistons par un arbre coudé qui est actionné par engrenages.

L'un des pistons comprime pendant que l'autre recule. Pour régulariser le travail et diminuer l'effort à exercer sur l'arbre coudé, on a interposé deux pistons hydrauliques entre les bielles et les pistons compresseurs. Ces pistons agissent dans le même pot de presse qui porte, à sa partie supérieure, un piston hydraulique que l'on peut charger.

Si on le charge d'une quantité égale à la moitié de l'effort à exercer sur les briquettes, les pistons auront à vaincre la même résistance à l'aller et au retour. Une petite pompe compense les pertes d'eau provenant des fuites.

476. Machines diverses. — Boulets. — Briquettes perforées. — Il existe de nombreux systèmes de machines pour des fabrications de moindre importance ; elles présentent généralement l'inconvénient de ne permettre qu'une faible compression et d'être d'un entretien assez onéreux.

La machine à boulets ovoïdes est basée sur un principe tout à fait différent. Le moulage se fait dans des alvéoles pratiquées suivant la circonférence de deux cylindres tournant en sens contraire avec d'égales vitesses.

On leur fait produire des boulets aplatis dont la forme favorise le démoulage.

On fabrique aussi des boulets percés, suivant leur axe, d'un trou cylindrique au moyen d'une broche fixe suspendue au point où s'opère le rapprochement des deux moitiés de l'alvéole. Ils sont plus fragiles, mais brûlent plus facilement.

On consomme à Paris, pour le chauffage domestique, des briquettes rectangulaires percées normalement à leur plus grande face d'un certain nombre de trous destinés à faciliter le passage de la flamme et à favoriser la combustion ; on les obtient, dans la plupart des machines employées, au moyen de broches fixées dans le moule.

476. Agglomération des minerais. — Si l'on a à réduire des minerais pulvérulents dans un four soufflé, les poussières sont entraî

nées par le courant d'air ; la réduction est incomplète et on éprouve des pertes de matières.

Les pyrites déjà grillées par leur application à la fabrication de l'acide sulfurique laissent du peroxyde de fer qui est fondu au haut-fourneau après agglomération. On a d'abord employé l'argile, puis la chaux vive, puis la chaux hydraulique qui permet de réduire le temps du séchage des briquettes.

En général, la nature du corps agglomérant doit être telle qu'il joue un rôle utile comme fondant. La cohésion ne peut être obtenue que grâce à une pression de 600 kg. par cmq.

On utilise d'une façon analogue les minerais pulvérulents de cuivre et de nickel.

Les usines d'agglomération. qu'il s'agisse de menus charbons ou de minerais pulvérulents. doivent comprendre tous les appareils reconnus nécessaires et sont disposées de façon à ce que les diverses opérations se succèdent sans fausses manœuvres.

CHAPITRE XVII

ACCIDENTS. PERSONNEL. LOI DES MINES. PRIX DE REVIENT.

---

§ 1.

ACCIDENTS.

477. Éboulements et coups d'eau. — Les éboulements partiels sont la cause des accidents qui occasionnent le plus grand nombre de victimes.

On devra, dans le but de les prévenir, étudier attentivement les conditions spéciales du gîte et modifier en conséquence les détails de la méthode d'exploitation employée.

Le mineur est généralement chargé du boisage de la taille dans laquelle il travaille ; des boiseurs spéciaux entretiennent le soutènement des galeries en service. Une surveillance attentive sera exercée pour en contrôler la bonne exécution, surtout en ce qui concerne les galeries de retour d'air, moins fréquentées.

Les coups d'eau, envahissement brusque d'une partie des travaux par l'eau, peuvent provenir d'éboulements, de la rupture d'un cuvelage ou d'un serrement, de l'inondation d'une mine par une rivière, de la rencontre d'anciens travaux remplis d'eau, etc.

Les cuvelages et les serrements devront être construits avec les meilleurs matériaux et exécutés avec le plus grand soin.

Les puits ou galeries d'accès seront situés en des points tels qu'ils soient inaccessibles aux crues des cours d'eau.

Lorsqu'une galerie d'avancement se dirigera vers de vieux travaux noyés, il sera indispensable de s'éclairer au moyen de trous de sonde forés au front de taille, sur les parements et en couronne, de manière à saigner lentement les poches qui se trouvent dans son voisinage. Sans cette précaution, l'amincissement de la paroi soumise à une pression considérable exercée sur de grandes surfaces aurait pour effet d'en amener la rupture brusque et de déterminer l'envahissement instantané des travaux par les eaux qu'elle retient. Cette irruption aurait non seulement pour effet d'exposer les hommes à être noyés ; elle déterminerait aussi, dans la plupart des cas, des éboulements ou l'isolement complet d'un quartier dans lequel travaillent des ouvriers.

Les coups d'eau se sont produits quelquefois avec une violence telle que des rails de fer ont été tordus par leur action.

478. Coups de grisou. Incendies. — Nous avons déjà parlé du grisou à propos de l'aérage.

Les explosions de grisou sont déterminées, le plus souvent, par l'imprudence d'un mineur, plus rarement parce que l'on emploie des lampes à feu nu dans une mine que l'on considère, à tort, comme n'étant pas grisouteuse. Un coup de mine ou un incendie peuvent également déterminer l'explosion du mélange détonant.

La surveillance des lampes confiées aux hommes doit être très stricte et toute tentative d'ouverture par l'ouvrier doit être sévérement réprimée. Le mineur accoutumé à fréquenter les travaux n'est pas toujours à même de se rendre compte du danger qu'il peut éventuellement courir ; il arrive insensiblement à oublier que ce danger existe et à négliger les règles les plus élémentaires de la prudence.

Les incendies de mines sont, en général, plus dangereux pour la conservation d'un gîte que pour la vie même des travailleurs.

Pour éviter les chances d'échauffement et d'incendies spontanés, il est nécessaire de ne pas abandonner dans les travaux souterrains ou dans les remblais des charbons menus, surtout s'ils sont pyriteux.

Dans l'exploitation des couches de houille de grande puissance, il convient de remblayer aussi complètement que possible les vides produits avec des matériaux descendus du jour.

Quand on s'aperçoit qu'un quartier commence à s'échauffer, on l'isole et on fait circuler un courant d'air assez actif pour refoidir la masse. Mais si l'incendie est déjà déclaré, le courant d'air n'a d'autre effet que de l'activer ; aussi cherche-t-on alors à étouffer le feu au moyen de barrages hermétiques s'opposant à toute introduction d'air.

Les barrages sont établis en planches garnies d'argile et sont doublés, au besoin, par des murs en maçonnerie. Il est bon de ménager à la partie supérieure du barrage un tuyau qui se recourbera pour plonger dans une cuve d'eau. Les gaz qui se formeront après la fermeture, pendant le temps que durera encore la combustion, trouveront une issue et, ainsi, n'exerceront pas de pression sur le barrage. Ce tuyau permettra, en même temps, d'apprécier la marche de l'incendie, d'après la quantité de gaz dégagée.

Quand la combustion s'arrêtera et que le vide se produira derrière le barrage, c'est de l'eau et non de l'air qui pénètrera dans le quartier incendié.

Il ne faut pas se hâter d'ouvrir les barrages, de crainte que les roches, dont le refoidissement est très lent, ne rallument le charbon, au premier courant d'air.

On pourra aussi combattre le feu avec chances de succès, dans les tailles où le remblayage est pratiqué, en projetant de l'eau sous pression sur les parties incandescentes ; on arrivera, dans bien des cas, à les enlever complètement.

On a employé quelquefois *l'embouage*, en faisant pénétrer dans les quartiers en feu de l'eau chargée d'argile ; cette dernière se dépose dans les interstices et empêche le contact de l'air.

Quand l'incendie a envahi une grande partie des travaux ou quand il a gagné le courant d'air frais, on en vient à inonder la mine, si un cours d'eau voisin peut y être dirigé ; ou bien on l'abandonne momentanément, en bouchant avec soin toutes les ouvertures pour n'y rentrer que longtemps après.

On fait pénétrer quelquefois dans la mine de l'acide carbonique fourni par un foyer à coke placé à côté du puits d'arrivée d'air.

479. Statistiques relatives aux accidents. — Une statistique comparative des accidents dans les diverses industries, dressée en Allemagne à l'occasion de l'établissement de la loi de 1884 sur l'assurance obligatoire contre les accidents, montre que, pour le nombre total des accidents, les mines de houille n'occupent que le seizième rang.

Si c'est dans les mines de houille que le nombre des morts est le plus grand pour un même nombre d'ouvriers employés soit 3.37 0/00. très voisin 3.33 0/00 correspondant à l'industrie des transports, il convient de faire observer cependant que le nombre des accidents suivis d'invalidité permanente est beaucoup plus faible que dans plusieurs autres industries.

Voici un tableau qui résume cette statistique.

DÉSIGNATION DES INDUSTRIES	Nombre total d'ouvriers sur lesquels porte la statistique	Nombre d'ouvriers occupés pour 100 accidents par an	Nombre d'accidents par 100 ouvriers et par an		
			Total	Mortels	Suivis d'invalidité permanente
Industrie des transports. Chemins de fer	17.126	1.500	67	3.33	2.40
Scieries mécaniques	28.294	1.850	54	1.73	8.85
Ateliers d'ajustage, montage des ponts, charpentes métalliques	124.896	2.800	36	0.78	7.80
Brasseries	53.782	3.250	31	1.86	1.56
Distilleries	10.196	3.550	28	0.77	1.54
Carrières de sable, argile, pierres	56.389	3.600	28	2.34	1.24
Fabriques de machines. Fonderies. Ateliers de construction	371.053	3.700	27	0.53	1.40
Construction des canaux, routes, chemins de fer, etc.	70.695	3.750	27	2.94	1.74
Fabriques de savons, colle, gélatine, chandelles, etc.	10.580	3.900	26	1.04	0.66
Maçons, charpentiers	165.345	3.950	25	1.36	0.76
Fabriques et raffineries de sucre	34.181	4.000	25	0.70	1.12
Fabriques d'amidon. Moulins en général	38.887	4.050	25	1.34	1.31
Fabriques de meubles et de pianos	15.644	4.200	24	0.46	0.62
Fabriques de produits chimiques, sans matières explosibles	17.622	4.500	23	1.70	0.60
Fabriques d'asphalte, de vernis, d'huiles, etc	5.577	5.250	19	1.25	0.90
Mines de houille	406.296	5.500	18	3.37	0.70
Etablissements divers non spécialement dénommés	43.993	5.500	18	0.28	0.57
Usines à gaz. Hauts-fourneaux. Usines à fer	63.797	6.100	16 1/2	0.58	0.90
Mines de lignite	21.017	7.600	13	2.60	0.60
Fabriques de ciments, de porcelaines, etc.	38.665	8.350	12 1/2	0.54	0.93
Fabriques de quincaillerie, caractères d'imprimerie, etc	109.437	8.700	11 1/2	0.44	0.78
Teintures. Apprêtage	102.511	9.550	10 1/2	0.42	0.68
Préparation mécanique des minerais	47.363	12.600	8	1.50	0.80
Imprimeries. Lithographies	28.776	12.500	8	0.47	0.60
Filatures	384.344	12.950	7 1/2	0.23	0.73
Industries de luxe. Petites industries à la main	29.720	18.000-34.000	6 à 3	0.00	0.70
Tissage	240.874	34.000	3	0.10	0.24

La statistique relative au nombre des accidents occasionnés par l'industrie minérale et par les appareils à vapeur, en France et en Algérie, pendant l'année 1886, se décompose comme suit pour les mines, carrières souterraines et carrières à ciel ouvert.

Nature des exploitations	Nombre des ouvriers employés			Nombre des accidents		Nombre des victimes					
	souterrainement	à la surface	Total	souterrainement	à la surface	souterrainement		à la surface		Total	
						tués	blessés	tués	blessés	tués	blessés
Mines	79.544	33.217	112.761	687	62	132	605	20	55	152	660
Carrières souterraines..	13.531	7.492	21.023	73	1	32	49	1	0	33	49
Carrières à ciel ouvert..	»	91.221	91.221	»	137	»	»	74	91	74	91
Total..........	93.075	131.930	225.005	760	200	164	654	95	146	259	800

La comparaison entre les divers États de l'Europe au point de vue des accidents dans les mines, pendant la période décennale de 1871 à 1880, est résumée dans le tableau suivant :

ETATS	Extraction (en tonnes)	Nombre total d'ouvriers		Ouvriers tués sur 1000	1 tué sur ouvriers
		employés	tués		
Saxe	31.164.368	156.729	532	3.394	295
Prusse	337.650.224	1.511.892	4.379	2.896	345
Belgique (1871-1879).	133.465.453	909.034	2.243	2.474	404
Grande-Bretagne....	1.329.961.005	4.821.832	11.349	2.354	424
France	167.744.966	1.036.801	2.296	2.208	450
Autriche (1875-1880.	30.716.277	246.797	457	1.850	540

Si enfin l'on groupe le nombre des accidents et celui des victimes d'après les causes déterminantes, on arrive, en France, aux chiffres suivants pour un effectif de mille ouvriers employés souterrainement et par an :

	Mines de charbon			Autres mines diverses			Carrières souterraines		
	accidents	tués	blessés	accidents	tués	blessés	accidents	tués	blessés
Eboulements..............	4.13	0.52	3.69	6.22	1.63	4.91	3.11	1.33	2.22
Grisou..................	0.15	0.32	0.78	»	»	»	»	»	»
Puits { Chutes dans les puits....	0.37	0.21	0.78	0.98	0.65	0.33	0.98	0.64	0.44
Ruptures de câbles, chutes de bennes, etc.........	0.09	0.08	0.06	»	»	»	0.07	»	0.07
Coups de mine.............	0.21	»	0.28	0.65	0.16	0.65	0.15	»	0.15
Exploitation des voies ferrées souterraines.................	1.84	0.12	1.73	0.81	»	0.81	0.07	»	0.07
Travaux manuels.............	0.81	0.16	0.74	0.81	0.16	0.65	0.29	»	0.29
Asphyxie.................	»	»	»	»	»	»	»	»	»
Causes diverses.............	0.92	0.23	0.72	0.81	»	0.98	0.66	0.37	0.37
Totaux..........	8.52	1.64	8.78	10.28	2.62	8.33	5.33	2.34	3.61

480. Sauvetage. Appareils pour pénétrer dans les milieux irrespirables. — Après un coup de feu ou pendant un incendie souterrain, les chantiers sont, en totalité ou en partie, envahis par des gaz délétères qui rendent dangereux et quelquefois impossibles les travaux de sauvetage.

Le premier soin à prendre, après un accident de cette nature, est de chercher à rétablir les courants d'aérage ; il est presque toujours nécessaire, pour cela, de pénétrer dans la mine et de traverser les galeries ou les tailles.

Il existe divers moyens de pénétrer dans un milieu irrespirable ; on n'est arrivé, dans ce sens, qu'à des résultats partiels ; la solution définitive, pour les mines, n'est pas encore trouvée. Cela tient, en partie, à la difficulté de circuler, avec des appareils plus ou moins lourds, plus ou moins encombrants, dans des travaux souvent éboulés ou dans des tailles de faibles dimensions.

Le moyen le plus simple consiste à faire respirer à l'ouvrier l'air amené par un tuyau flexible, mais résistant, dont l'une des extrémités reste à l'air respirable et dont l'autre se termine par une embouchure ou respirateur à deux valves. L'ouvrier applique ce respirateur sur la bouche et garde le nez fermé par un pince-nez.

Le tuyau doit avoir un diamètre suffisant pour permettre l'afflux d'air nécessaire. Avec deux centimètres de diamètre, on peut aller jusqu'à 100 mètres ; il en faut 4 ou 5 pour aller à 200.

Le respirateur Fayol se place entre les lèvres ; un renflement permet de l'y retenir sans desserrer les dents ; il a l'avantage de ne pas empêcher de parler la personne qui le porte.

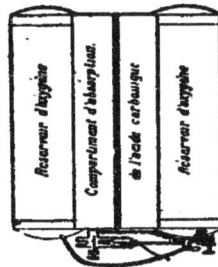

Appareil Schwann.
à régénération d'air

Réservoir d'oxygène — Compartiment d'absorption de l'acide carbonique — Réservoir d'oxygène

Embouchure

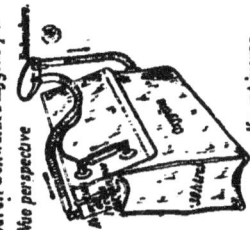

Appareil Schwann à oxygène pur
Vue perspective

Vue intérieure du compartiment d'absorption

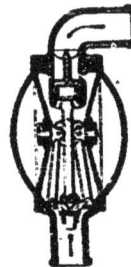

Appareil plongeur

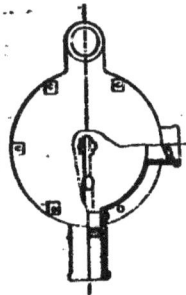

Travail dans les gaz au moyen du tube respiratoire.

Gazon rempli de gaz de four

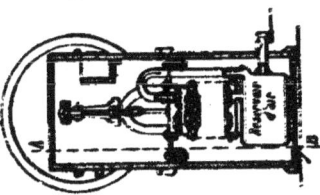

T1 Conduit d'air   R Distributeur
P   Robinet d'approvisionnement d'air pour le routeur H.
T   Pompe à air
M   Manomètre   Des robinets analogues sont placés sur le conduit T de 50m 50m

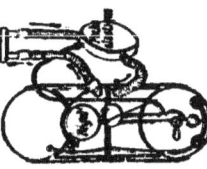

Réservoir portatif
Vue de côté

180 litres

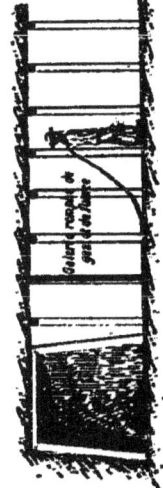

Vue de face

Coupe A B

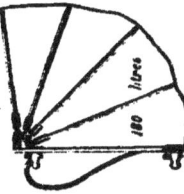

Modérateur
Coupe A B

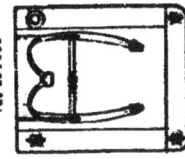

Plan

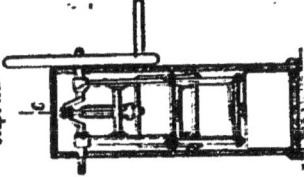

Pompe à air
Coupe C D

Réservoir d'air

Appareil respiratoire

Coupe A B

Lunettes

Lanterne

Pince-nez

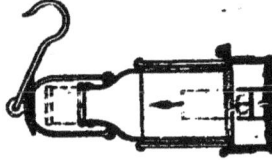

Il est constitué en principe par deux soupapes, l'une d'aspiration, l'autre d'expiration, formées chacune par une lame mince en caoutchouc fixée par une bague en verre.

Cette disposition rend des services ; mais son emploi est limité par la distance.

On se sert aussi de réservoirs que l'homme porte sur le dos ; on supprime ainsi les tuyaux de communication. Dans les appareils Rouquayrol-Denayrouze, l'air est comprimé à 25 atmosphères dans des réservoirs en acier ; un régulateur fait arriver l'air à la bouche à la pression ambiante.

Une lampe de sûreté, alimentée par un réservoir spécial qui lui est annexé, fait partie de l'équipement.

Dans les appareils Fayol, plus simples et plus pratiques, les réservoirs portatifs sont en toile imperméable en forme de soufflet et les ouvriers les portent sur le dos comme un sac de soldat. Ces réservoirs renferment l'air atmosphérique ; ils portent quatre tubulures : l'une, d'un grand diamètre, sert au remplissage avec de l'air pur ; une autre reçoit un tube, muni d'un respirateur semblable à celui dont il a été parlé ; une troisième porte un tube qui fait communiquer l'intérieur du sac avec la lampe. Enfin une quatrième tubulure se continue également par un tube, au moyen duquel on pourra éventuellement remplir le sac d'air pur emprunté à un réservoir ou à une conduite d'air.

La lampe peut être une lanterne à bougie avec enveloppe en cristal, recouverte de toile métallique à la partie supérieure pour la garantir des chocs.

Ces réservoirs cubent ordinairement 180 litres et peuvent alimenter un homme et sa lampe pendant 10 ou 15 minutes. S'il existe des fumées intenses, il conviendra de protéger les yeux au moyen de lunettes avec garniture en caoutchouc.

Ces appareils portatifs, très utiles dans un cas pressant comme, par exemple, le sauvetage d'un homme asphyxié, sont insuffisants pour les travaux de conservation importants.

M. Fayol a disposé des appareils destinés à obtenir un courant d'air continu. Il emploie une pompe qui refoule l'air à une pression légèrement supérieure à la pression atmosphérique.

A la pompe à air est adapté un tube en caoutchouc résistant, qui aboutit au chantier de travail où il arrive à un distributeur à soufflet analogue aux réservoirs portatifs et pouvant lui-même alimenter quatre hommes et deux lampes, à l'aide de tuyaux en caoutchouc et de respirateurs.

Quant aux ouvriers et aux contre-maîtres qui circulent dans les galeries avec des appareils portatifs, ils seront à même de renouveler leur provision d'air sur la conduite principale qui porte, tous les 50 mètres, les robinets et tubulures nécessaires.

Le professeur Schwann, de l'université de Liège, se basant sur ce fait que, dans la respiration, l'oxygène seul joue un rôle actif, a imaginé de régénérer l'air expiré par les poumons, dont une partie de l'oxygène a été transformé en acide carbonique.

Son appareil se compose d'un réservoir plat et élastique, renfermant un volume d'air à la pression ordinaire suffisant seulement pour une aspiration. L'homme porte ce réservoir sur la poitrine et en absorbe l'air par un aspirateur ferme-bouche à deux soupapes.

L'air expiré s'échappe, par un deuxième tuyau, dans un autre réservoir que l'ouvrier porte sur le dos et qui renferme de la chaux et de la soude. Ce réservoir fait corps avec deux autres réservoirs cylindriques contenant de l'oxygène pur comprimé à 4 atmosphères. Cet oxygène traverse un régulateur pour être ramené à la pression atmosphérique, avant son mélange avec l'air expiré et débarrassé de son acide carbonique par son passage dans le réservoir à chaux et à soude.

Il revient alors, mélangé à l'azote, dans le premier réservoir et peut servir de nouveau à la respiration.

La consommation d'oxygène n'étant, pour un homme, que de 23 litres à l'heure, on voit qu'un volume restreint de gaz pourra assurer la respiration pendant un temps assez long.

Ces appareils sont ingénieux, mais coûteux et d'un entretien délicat ; ils permettent difficilement l'alimentation d'une lampe et demandent beaucoup de temps pour être mis en état ; ils seraient inefficaces pour un cas pressant et imprévu.

M. Schwann a simplifié ses appareils en se basant sur ce fait que l'homme peut respirer sans inconvénient l'oxygène pur.

· Ce gaz est renfermé, à la pression ordinaire, dans un sac imperméable d'une contenance de 30 litres surmonté d'un réservoir contenant de la chaux et porté sur le dos.

Un aspirateur permet de respirer l'oxygène du sac, pour le renvoyer ensuite dans le réservoir à chaux qui retient l'acide carbonique ; puis l'air retourne dans le sac réservoir.

En outre, il est possible de porter avec soi un réservoir en acier contenant 15 litres d'oxygène à 4 atmosphères, dont on fera passer successivement le contenu dans le sac, lorsque l'oxygène en aura été absorbé.

481. Appareils pour travailler sous l'eau. — Ces appareils, bien qu'il en soit fait usage dans les mines en vue de réparations à effectuer à des engins ou à des travaux immergés, plutôt que dans un but de sauvetage, rentrent, sous certains rapports, dans la catégorie de ceux qui ont été précédemment décrits.

On peut employer les scaphandres ou les appareils Rouquayrol-Denayrouze. M. Fayol les a simplifiés en supprimant le cas-

que qui servait de sas à air et en employant un vêtement en caoutchouc, même pour la tête, le capuchon portant deux verres pour les
yeux et une ouverture pour le tuyau d'aspiration.

L'air doit nécessairement être envoyé sous pression ; mais comme
il ne doit pas être respiré à une pression supérieure à celle du milieu
ambiant, on interpose soit un régulateur, soit le modérateur Fayol
renfermé dans une petite boîte en bronze que l'ouvrier porte sur le dos.
Il se compose d'une soupape annulaire commandée par deux leviers
coudés à bras très inégaux qui obéissent aux mouvements de deux
diaphragmes.

La soupape reste ouverte quand l'air arrive à la pression ambiante
avec le léger excès reconnu favorable à la respiration.

Si la pression devient plus forte, elle fait enfler les diaphragmes ;
en se gonflant, ils actionnent les leviers coudés qui transmettent le
mouvement à la soupape par l'intermédiaire de la bielle centrale.

Dans ce mouvement, la soupape se rapproche de son siège, rétrécit
l'espace annulaire et modère ainsi l'arrivée de l'air. Elle finit par se
fermer tout à fait, lorsque l'excès de pression dépasse une certaine
limite.

Dès que cet excès a disparu dans la boîte par l'effet de la respiration,
la pression de l'air du tuyau d'arrivée rouvre plus ou moins la soupape, qui est équilibrée comme une soupape de Cornouailles, et qu'une
pression de 2 à 3 centimètres suffit à faire ouvrir.

Le modérateur ou régulateur peut être supprimé pour la lampe qui
brûle sans difficulté, malgré les variations de pression.

On supprime alors les soupapes d'échappement; un simple trou à la
partie supérieure de la cheminée de la lampe suffit pour le dégagement
des produits de la combustion, sans qu'on ait à craindre les rentrées
d'air, puisque l'air qui alimente la lampe a toujours un excès de pression sur le milieu ambiant.

§ 2.

PERSONNEL.

482. Rapports du personnel. — Dans une exploitation, l'Ingénieur a pour mission d'indiquer les travaux à entreprendre et, après
accord avec les propriétaires de la mine, d'en assurer l'exécution.

C'est lui qui fixe les dimensions des puits et galeries, qui étudie les
méthodes à employer pour les travaux souterrains et qui arrête les
formes, dimensions et dispositions à appliquer au matériel.

Il a à vérifier et à contrôler la marche des travaux, dont les plans
devront être relevés avec la plus grande exactitude et tenus constam-

ment au courant, à surveiller les chantiers d'abattage, les boisages et les soutènements qu'il aura prescrits.

Il détermine les prix du marchandage, au mètre d'avancement ou à la benne produite, prix qui varieront nécessairement avec la nature du gîte et les conditions du travail, surveille le fonctionnement des machines d'extraction, d'aérage et d'épuisement ainsi que la lampisterie, s'il s'agit de mines grisouteuses.

L'ingénieur est secondé par un personnel de maîtres mineurs et de chefs de poste ou porions chargés de placer les ouvriers à leur poste, de surveiller leur travail, de mesurer les tâches faites, d'assurer le fonctionnement de l'abattage, du soutènement, de l'aérage et des transports intérieurs.

L'Ingénieur recevra chaque jour les rapports de ses aides, précisant la production et résumant toutes les circonstances de l'exploitation.

Il rend compte à son tour aux propriétaires ou à leur délégué de l'état de la mine, des résultats obtenus ; il fait les propositions qu'il croit favorables à la bonne marche de l'exploitation.

483. Caisses de secours. Service médical. Caisses de retraite. — Les caisses de secours, instituées dans les exploitations d'une certaine importance, ont pour effet d'assurer aux ouvriers un salaire en cas de maladie ou de blessures, ainsi que les soins du médecin et les médicaments. En cas de décès, elles procurent une pension viagère à la veuve et temporaire aux enfants, jusqu'à ce que ces derniers soient arrivés à l'âge de se suffire à eux-mêmes.

Les caisses de secours sont alimentées par une retenue de 1 1/2 à 3 0/0 sur les salaires, à laquelle vient se joindre, la plupart du temps, une somme égale versée par la compagnie qui exploite la mine. D'autres fois, la caisse de secours n'est pourvue que par des versements de la compagnie.

Les caisses de retraites, souvent fondues avec les caisses de secours, assurent une retraite au mineur qui est arrivé à l'âge du repos, ordinairement de 55 à 60 ans, après avoir passé au service de la compagnie un nombre déterminé d'années, 25 ou 30.

Quelquefois le mineur retraité est autorisé à continuer à travailler ; dans ce cas il ne reçoit qu'une fraction de sa retraite, habituellement la moitié.

Dans de petites exploitations, on se contente d'assurer les ouvriers contre les accidents aux conditions d'une police passée entre l'exploitant et une compagnie d'assurances. La prime est retenue sur le salaire, soit en totalité, soit en partie.

D'une manière générale, que ce soit pour obéir à une prescription légale, comme en Allemagne, ou à des considérations d'ordre différent, comme dans d'autres pays, toutes les dispositions sont prises, dans une exploitation minière, pour que l'ouvrier malade reçoive une paie réduite, en même temps que tous les soins nécessaires.

L'agglomération d'un grand nombre d'ouvriers loin des centres habités, à distance, par conséquent, de tout établissement hospitalier a souvent conduit les compagnies à construire des hôpitaux, à installer des] pharmacies et à engager à leur service un personnel médical,

484. Cités ouvrières. Cantines et magasins. — La même raison d'isolement de la plupart des mines a amené les exploitants à construire des édifices pour loger les ouvriers. Les cités ou corons présentent généralement l'aspect de villages réguliers, avec des maisons entourées de jardins. Dans d'autres mines, ce sont des casernements capables d'abriter un grand nombre de ménages.

Le loyer, retenu sur le salaire, est habituellement très minime ; souvent même l'ouvrier est logé gratuitement.

Si l'on ne dispose que d'un nombre relativement restreint de logements, on les réserve de préférence aux agents dont le concours peut être réclamé à chaque instant, comme les maîtres mineurs, les surveillants, les chefs de poste, les machinistes et chauffeurs, les forgerons et charpentiers, les mineurs et boiseurs sur lesquels on peut le plus compter en cas d'accident.

Soit parce que le commerce de détail fait défaut, soit parce qu'il livre aux ouvriers les denrées et les objets de première nécessité dans des conditions insuffisantes de prix ou de qualité, les compagnies sont souvent conduites à installer des cantines ou des magasins dans le but d'assurer l'alimentation de leur personnel. Les achats étant faits en gros et d'une manière raisonnée, la compagnie, d'autre part, ne cédant ces divers objets qu'au prix de revient, les ouvriers retirent de ces institutions de précieux avantages.

§ 3.

LOI DES MINES.

485. Recherches de mines. — En vue de rendre la propriété des mines indépendante du morcellement de la propriété foncière et de laisser aux exploitants la possibilité de développer leurs travaux sur des étendues en rapport avec le gisement et avec les convenances économiques de l'art des mines, la loi française a institué des *concessions de mines.*

Les masses de substances minérales non encore concédées sont considérées comme n'appartenant à personne, comme *res nullius,* et le chef de l'Etat, par un décret rendu dans des formes déterminées, en attribue la propriété à une personne ou à une société qui devient concessionnaire de la mine, c'est-à-dire propriétaire exclusif, mais sous conditions, des matières utiles qu'elle contient et pour lesquelles la concession a été accordée.

Préalablement à toute demande de concession, il doit être procédé à des *recherches de mines*.

A cet effet, le futur demandeur de la concession fait exécuter les travaux qu'il juge à propos pour démontrer l'existence et l'exploitabilité du gîte. Il a obtenu, à cet effet, l'autorisation du propriétaire du terrain où ces travaux doivent être exécutés. Dans le cas où cette permission lui serait refusée, il peut passer outre, mais après avoir obtenu une autorisation accordée par le gouvernement, le propriétaire ayant été entendu et préalablement indemnisé.

Les travaux de recherches ou même ceux d'exploitation, une fois la concession obtenue, ne peuvent être ouverts à moins de 50 mètres d'une maison ou d'un enclos fermé, à moins que le consentement du propriétaire n'ait été préalablement obtenu.

486. Concession de mines. —Des concessions peuvent être instituées pour les gisements considérés comme mines. Les matières minérales qui rentrent dans cette catégorie comprennent, outre les minerais métalliques, l'arsenic, le soufre, le graphite, l'alun, le sel gemme, les bitumes et pétroles et les combustibles minéraux.

Les gisements de matériaux de construction, de pierres d'ornementation, d'argiles, bauxite et kaolin, de terres pyriteuses, de phosphate de chaux et d'autres engrais minéraux ne sont pas concessibles ; ils sont soumis au régime des carrières ; le propriétaire du sol est propriétaire de toutes les matières de cette deuxième catégorie qui s'y trouvent contenues. Les gisements de fer exploités à ciel ouvert sont considérés comme carrières.

Les formalités à remplir pour obtenir une concession comprennent l'envoi d'une demande adressée au préfet du département où se trouve le gisement, et d'un plan à l'échelle de 1 : 10000 représentant l'étendue demandée. Le préfet ordonne l'affichage de la demande pendant quatre mois, sa publication dans les communes sur lesquelles s'étend la concession demandée et son insertion dans les journaux du département.

Les ingénieurs ordinaires et les ingénieurs en chef instruisent la demande et envoient au préfet leurs rapports basés sur les visites faites au gisement et dans les travaux de recherches exécutés par le demandeur ; ces rapports sont transmis au ministre des travaux publics.

Le conseil général des mines donne à son tour son avis et la concession est accordée ou refusée par un décret rendu en conseil d'Etat et contresigné par le ministre des travaux publics.

Le gouvernement choisit, parmi tous les demandeurs de concessions relatives au même gisement, celui qui lui paraît devoir assurer à ce gisement une meilleure exploitation ; il établit son jugement d'après les aptitudes techniques, les moyens financiers, les situations industrielles des divers concurrents.

Le décret de concession fixe le chiffre de l'indemnité à payer par le concessionnaire à l'inventeur qui a découvert la mine et démontré qu'elle était utilement exploitable ; il arrête les limites de la concession et détermine la redevance tréfoncière à payer aux propriétaires du sol sur lequel s'étend la concession. Cette redevance est généralement de cinq à dix centimes par hectare et par an.

Le concessionnaire doit payer, en outre, à l'Etat deux contributions ou redevances, l'une fixe de dix centimes par hectare de concession et par an, l'autre des cinq centièmes de la valeur sur le carreau de la mine des produits de l'exploitation, diminuée des frais de leur exploitation.

487. Lois et règlements relatifs à l'exploitation. — Les lois et règlements auxquels doivent se soumettre les exploitants de mines ont un quadruple objet :

1° Protéger les ouvriers employés dans la mine contre les accidents dont ils peuvent être victimes ;

2° Empêcher que l'exploitation n'occasionne à la surface du sol un danger ou un dommage pour la sécurité ou l'intérêt publics ;

3° Obliger l'exploitant à employer des méthodes qui ne gaspillent pas les matières contenues dans le gîte mais qui ménagent convenablement les portions de ce gîte qui seront à exploiter dans l'avenir ;

4° Empêcher le concessionnaire de priver le public des substances du gîte, par suite d'abus commis par lui.

L'autorité administrative assure le respect de ces lois et règlements et défère, s'il y a lieu, les délinquants à l'autorité judiciaire.

Il est tenu, pour chaque mine, par les soins de l'exploitant, un registre-journal sur lequel sont notées toutes les particularités intéressant les travaux ; le registre-journal reçoit également les observations de l'ingénieur ordinaire, lors de ses visites.

L'exploitant doit avoir un plan des travaux souterrains constamment tenu à jour, à l'échelle d'un millième.

En cas d'accident ayant occasionné la mort ou des blessures graves à un ou plusieurs ouvriers, les exploitants ou leurs représentants devront en faire la déclaration immédiate au maire de la commune et au bureau des mines du département.

Pour les détails des lois concernant les mines, on pourra consulter avec fruit les textes de la loi fondamentale du 21 avril 1810, du décret du 3 janvier 1813, ainsi que les lois du 27 avril 1838, du 17 juin 1840, du 9 mai 1866 et du 27 juillet 1880. Les ordonnances des 7 mars 1841,

18 avril 1842, 26 mars 1843 et les décrets des 23 octobre 1852 et 11 février 1874 complètent, pour la France, les dispositions législatives et réglementaires relatives aux mines (1).

Les législations minérales des pays étrangers sont très différentes les unes des autres ; aussi l'ingénieur chargé d'une exploitation, ailleurs que dans la France continentale, devra-t-il se mettre au courant des dispositions en vigueur dans le pays où se trouve cette exploitation (2).

§ 4.

PRIX DE REVIENT.

488. Importance du prix de revient. — Le souci de l'ingénieur qui est chargé de l'exploitation d'une mine est, tout en ne négligeant aucune mesure de précaution relative à la sécurité des hommes et des travaux aussi bien qu'à la conservation, du gîte, de produire avec la moindre dépense possible.

La somme des dépenses faites pour l'exploitation, divisée par le nombre de tonnes extraites, donne le prix de revient moyen de la tonne, si la mine ne comporte qu'un produit unique.

Il importe, pour les améliorations à apporter à l'exploitation, d'établir les détails de ce prix de revient en répartissant sur l'ensemble des produits de la mine les dépenses que leur exploitation a nécessitées. Cette répartition est souvent difficile à cause des différences de nature entre les diverses matières obtenues ; on opère alors cette attribution des dépenses de la manière la plus conforme au bon sens et à la vérité. Pour des dépenses communes à plusieurs produits on peut, soit les répartir proportionnellement à la valeur sur le carreau de la mine de ces divers produits, soit ne les faire supporter que par le prix de revient du produit principal, les produits secondaires n'étant comptés que comme ayant coûté les frais qui leur sont spéciaux.

Quelle que soit la manière dont le prix de revient est obtenu, son but n'est pas de comparer le travail d'une mine avec celui d'autres mines analogues , mais bien plutôt de permettre à l'ingénieur et aux propriétaires de la mine de se rendre compte, par la comparaison des prix de revient successifs, des variations dans la marche de l'exploitation et des perfectionnements ou des économies apportés dans chacun de ses détails.

Dans la comparaison de deux prix de revient de la même mine, il faut

---

(1) Voir, ci-après, aux annexes, les principaux textes concernant la matière.
(2) Voir le tome III de la *Législation des Mines* de M. Aguillon, professeur de législation à l'Ecole supérieure des Mines de Paris.

tenir compte de la différence des tonnages auxquels ils se rapportent ; car si certaines dépenses, telles que l'abattage et le roulage, sont sensiblement proportionnelles au nombre de tonnes produites, d'autres, telles que l'extraction, la surveillance, les frais généraux, varient peu avec ce nombre.

La confection d'un prix de revient et sa compréhension exigent une expérience qui ne s'acquiert que par la pratique des mines.

489. Articles du prix de revient. — Dans presque tous les articles du prix de revient, il y a lieu de tenir compte d'une part des dépenses de main-d'œuvre et, de l'autre, des dépenses résultant des fournitures employées.

Les dépenses du fond comprennent celles relatives :

1°) *A l'abattage*, qui se divisent en salaire des mineurs, dépenses d'explosifs, usure et entretien des outils ;

2°) *Aux travaux préparatoires*, composées des mêmes éléments, mais relatifs aux puits, travers-bancs ou traçages ;

3°) *Au roulage*, divisées en salaire des rouleurs, chargeurs, entretien et amortissement des matériels fixe et roulant et des chevaux ;

4°) *Au soutènement*, soit encore main-d'œuvre et fournitures de bois et de matériaux divers ;

5°) *Au montage ou à l'extraction*, composées du salaire des machinistes, chauffeurs, encageurs et receveurs, des frais d'entretien des machines, des puits et de tous leurs accessoires, ainsi que de la valeur de la houille brûlée aux chaudières ;

6°) *A l'épuisement*, composées des mêmes sous-articles ;

7°) *Aux remblais*, divisées à peu près comme celles du roulage ;

8°) *A l'aérage*, comprenant les dépenses de main-d'œuvre et de fournitures pour le service et l'entretien des ventilateurs ou des foyers d'aérage, aussi bien que des galeries de retour d'air ;

9°) *Aux travaux de secours*, barrages contre les feux, serrements, pilonnages et dépenses de sauvetage ;

10°) *A la surveillance et à l'éclairage* comprenant les salaires des maîtres mineurs, chefs de poste et lampistes, ainsi que l'entretien des lampes et les dépenses d'huile, si l'on a affaire à une mine grisouteuse.

Les frais spéciaux à la *perforation mécanique* forment l'objet d'un article à part ; ils comptent aux travaux préparatoires ou sont répartis entre ceux-ci et l'abattage.

Les dépenses au jour comprennent :

1°) Le *triage, la préparation mécanique, le chargement,* soit le salaire des diverses catégories d'ouvriers et d'ouvrières qu'ils emploient, ainsi que l'entretien des voies et du matériel et la dépense en combustible que ces services exigent ;

2°) Le *transport à la gare ou au port, les frais de chargement*, comprenant les dépenses de main d'œuvre, celles de traction, de location de terrains et divers autres frais qui varient suivant les cas.

3°) La *surveillance et les frais généraux d'exploitation*, qui contiennent les appointements de l'ingénieur et des employés, leurs loyers, leur chauffage et toutes les autres dépenses faites à la mine.

Les frais généraux de direction et d'administration comprennent enfin toutes les dépenses relatives au siège social, l'amortissement des capitaux engagés, les frais de voyages, les frais de bureau, les impôts et redevances et tous les autres frais qui ne sont pas directement du ressort de la mine.

Les articles du prix de revient ne sont pas les mêmes partout et leur nomenclature varie avec les conditions diverses où se trouvent placées les exploitations.

FIN

ANNEXES

DOCUMENTS OFFICIELS RELATIFS A L'EXPLOITATION DES MINES

TABLE CHRONOLOGIQUE

Loi relative aux mines, minières et carrières du 21 avril 1810, modifiée par les lois du 8 mai 1866 et du 27 juillet 1880. 583

Décret du 6 mai 1811 sur les redevances. 696

Décret du 3 janvier 1813 sur la police des mines. 605

Loi du 27 avril 1838 sur l'assèchement des mines. 612

Loi du 17 juin 1840 sur le sel. 616

Ordonnance royale du 7 mars 1841 sur le sel. 620

Ordonnance du 23 mai 1841 pour l'exécution de la loi du 27 avril 1838. 625

Ordonnance royale du 18 avril 1842 sur le domicile administratif des concessionnaires des mines 627

Ordonnance royale du 26 mars 1843, modifiée par le décret du 25 septembre 1882 pour l'application de l'article 50 de la loi de 1810-1880. 628

Décret du 23 octobre 1852 sur les réunions des mines. 630

Circulaire du ministre des Travaux publics du 20 novembre 1852 sur le décret du 23 octobre 1852. 631

Loi du 9 mai 1866 modifiant la loi du 21 avril 1810 (Voir cette dernière loi).

Décret du 11 février 1874 sur les redevances. 632

Loi du 27 juillet 1880 modifiant la loi du 11 avril 1810 (Voir cette dernière loi).

Modèles du décret de concession et du cahier des charges annexés à la circulaire du ministre des Travaux publics du 9 octobre 1882. . . 633

Circulaire du ministre des Travaux publics du 1er mars 1887 sur la double communication des exploitations souterraines avec le jour. . . 642

Circulaire ministérielle du 25 avril 1887 sur les freins des plans inclinés à contre-poids normalement serrés 643

Circulaire ministérielle du 8 août 1889 interdisant certains types de lampes dans les mines à grisou. 544

Loi du 8 juillet 1890 sur les délégués à la sécurité des ouvriers mi-
    neurs.   645
Circulaire du ministre des Travaux publics du 1er août 1890 sur les ex-
    plosifs à employer dans les mines à grisou et dans les mines poussié-
    reuses à poussières inflammables.   651
Circulaire ministérielle du 8 août 1890 sur la fermeture des lampes de
    sûreté.   658
Circulaire ministérielle du 2 mai 1892 sur la fermeture des recettes de
    puits.   660
Décret-type portant règlement des carrières d'un département.   661

Loi du 21 avril 1810, concernant les mines, les minières et les carrières, modifiée par les lois du 9 mai 1866 et du 27 juillet 1880.

Titre I. — Des mines, minières et carrières.

Art. 1er. — Les masses de substances minérales ou fossiles, renfermées dans le sein de la terre ou existantes à la surface, sont classées relativement aux règles de l'exploitation de chacune d'elles, sous les trois qualifications de mines, minières et carrières.

Art. 2. — Seront considérées comme mines celles connues pour contenir en filons, en couches ou en amas, de l'or, de l'argent, du platine, du mercure, du plomb, du fer en filons ou couches, du cuivre, de l'étain, du zinc, de la calamine, du bismuth, du cobalt, de l'arsenic, du manganèse, de l'antimoine, du molybdène, de la plombagine ou autres matières métalliques, du soufre, du charbon de terre ou de pierre, du bois fossile, des bitumes, de l'alun et des sulfates à base métallique.

Art. 3. — Les minières comprennent les minerais de fer dits d'alluvion, les terres pyriteuses propres à être converties en sulfate de fer, les terres allumineuses et les tourbes.

Art. 4. — Les carrières renferment les ardoises, les grès, pierres à bâtir et autres, les marbres, granits, pierres à chaux, pierres à plâtre, les pouzzolanes, les trass, les basaltes, les laves, les marnes, craies, sables, pierres à fusil, argiles, kaolin, terres à foulon, terres à poterie, les substances terreuses et les cailloux de toute nature, les terres pyriteuses regardées comme engrais ; le tout exploité à ciel ouvert ou avec des galeries souterraines.

Titre II. — De la propriété des mines.

Art. 5. — Les mines ne peuvent être exploitées qu'en vertu d'un acte de concession délibéré en Conseil d'Etat.

Art. 6. — Cet acte règle les droits des propriétaires de la surface sur le produit des mines concédées.

Art. 7. — Il donne la propriété perpétuelle de la mine, laquelle est dès lors disponible et transmissible comme tous autres biens, et dont on ne peut être exproprié que dans les cas et selon les formes prescrits pour les autres propriétés, conformément au code civil et au code de procédure civile.

Toutefois une mine ne peut être vendue par lots ou partagée sans une autorisation préalable du gouvernement, donnée dans les mêmes formes que la concession.

Art. 8. — Les mines sont immeubles.

Sont aussi immeubles les bâtiments, machines, puits, galeries et autres travaux établis à demeure, conformément à l'article 524 du code civil.

Sont aussi immeubles par destination, les chevaux, agrès, outils et ustensiles servant à l'exploitation.

Ne sont considérés comme chevaux attachés à l'exploitation que ceux qui sont exclusivement attachés aux travaux intérieurs des mines.

Néanmoins les actions ou intérêts dans une société ou entreprise pour l'exploitation des mines seront réputés meubles, conformément à l'article 529 du Code civil.

Art. 9. — Sont meubles les matières extraites, les approvisionnements et autres objets mobiliers.

Titre III. — Des actes qui précèdent la demande en concession de mines.

SECTION Ire. — *De la recherche et de la découverte des mines.*

Art. 10. — Nul ne peut faire des recherches pour découvrir des mines, enfoncer des sondes ou tarières sur un terrain qui ne lui appartient pas, que du consentement du propriétaire de la surface, ou avec l'autorisation du gouvernement, donnée après avoir consulté l'administration des mines, à la charge d'une préalable indemnité envers le propriétaire, et après qu'il aura été entendu.

Art. 11 (*modifié par l'article unique de la loi du 27 juillet 1880*). — Nulle permission de recherches ni concession de mines ne pourra, sans le consentement du propriétaire de la surface, donner le droit de faire des sondages, d'ouvrir des puits ou galeries, ni d'établir des machines, ateliers ou magasins dans les enclos murés, cours et jardins.

Les puits et galeries ne peuvent être ouverts dans un rayon de 50 mètres des habitations et des terrains compris dans des clôtures murées y attenant, sans le consentement des propriétaires de ces habitations.

Art. 12. — Le propriétaire pourra faire des recherches, sans formalité préalable, dans les lieux réservés par le précédent article, comme dans les autres parties de sa propriété ; mais il sera obligé d'obtenir une concession avant d'y établir une exploitation.

Dans aucun cas, les recherches ne pourront être autorisées dans un terrain déjà concédé.

Art. 13. — Tout Français, ou tout étranger, naturalisé ou non en France, agissant isolément ou en société, a le droit de demander et peut obtenir, s'il y a lieu, une concession de mines.

Art. 14. — L'individu ou la société, doit justifier des facultés nécessaires pour entreprendre et conduire les travaux, et des moyens de satisfaire aux redevances, indemnités, qui lui seront imposées par l'acte de concession.

Art. 15. — Il doit aussi, le cas arrivant de travaux à faire sous des maisons ou lieux d'habitation, sous d'autres exploitations ou dans leur voisinage immédiat, donner caution de payer toute indemnité en cas d'accident : les demandes ou oppositions des intéressés seront, en ce cas, portées devant nos tribunaux et cours.

Art. 16. — Le gouvernement juge des motifs ou considérations d'après lesquels la préférence doit être accordée aux divers demandeurs en concession, qu'ils soient propriétaires de la surface, inventeurs ou autres.

En cas que l'inventeur n'obtienne pas la concession d'une mine, il aura droit à une indemnité de la part du concessionnaire ; elle sera réglée par l'acte de concession.

Art. 17. — L'acte de concession, fait après l'accomplissement des formalités prescrites, purge, en faveur du concessionnaire, tous les droits des propriétaires de la surface et des inventeurs, ou de leurs ayant-droit, chacun dans leur ordre, après qu'ils ont été entendus ou appelés légalement, ainsi qu'il sera ci-après réglé.

Art. 18. — La valeur des droits résultant en faveur du propriétaire de la surface, en vertu de l'article 6 de la présente loi, demeurera réunie à la valeur de ladite surface, et sera affectée avec elle aux hypothèques prises par les créanciers du propriétaire.

Art. 19. — Du moment où une mine sera concédée, même au propriétaire de la surface, cette propriété sera distinguée de celle de la surface, et désormais considérée comme propriété nouvelle. sur laquelle de nouvelles hypothèques pourront être assises, sans préjudice de celles qui auraient été ou seraient prises sur la surface et la redevance, comme il est dit à l'article précédent.

Si la concession est faite au propriétaire de la surface, ladite redevance sera évaluée pour l'exécution dudit article.

Art. 20. — Une mine concédée pourra être affectée, par privilège, en faveur de ceux qui, par acte public et sans fraude. justifieraient avoir fourni des fonds pour les recherches de la mine, ainsi que pour les travaux de construction ou confection de machines nécessaires à son exploitation, à la charge de se conformer aux articles 2103 et autres du code civil, relatifs aux privilèges.

Art. 21. — Les autres droits de privilège et d'hypothèque pourront être acquis sur la propriété de la mine, aux termes et en conformité du code civil, comme sur les autres propriétés immobilières.

Titre IV. — Des concessions.

SECTION Iʳᵉ. — *De l'obtention des concessions.*

Art. 22. — La demande en concession sera faite par voie de simple pétition adressée au préfet, qui sera tenu de la faire enregistrer à sa date sur un registre particulier, et d'ordonner les publications et affiches dans dix jours.

Art. 23 *(modifié par l'article unique de la loi du 27 juillet 1880).* — L'affichage aura lieu, pendant deux mois, aux chefs-lieux du département et de l'arrondissement où la mine est située, dans la commune où le demandeur est domicilié et dans toutes les communes sur le territoire desquelles la concession peut s'étendre ; les affiches seront insérées deux fois, et à un mois d'intervalle, dans les journaux du département et dans le *Journal officiel*.

Art. 24. — Les publications des demandes en concession de mines auront lieu devant la porte de la maison commune et des églises paroissiales et consistoriales, à la diligence des maires, à l'issue de l'office, un jour de dimanche, et au moins une fois par mois pendant la durée des affiches. Les maires seront tenus de certifier ces publications.

Art. 25. — Le secrétaire général de la préfecture délivrera au requérant un extrait certifié de l'enregistrement de la demande en concession.

Art. 26 *(modifié par l'article unique de la loi du 27 juillet 1880).* — Les oppositions et les demandes en concurrence seront admises devant le préfet jusqu'au dernier jour du second mois à compter de la date de l'affiche. Elles seront notifiées par actes extra-judiciaires à la préfecture du département, où elles seront enregistrées sur le registre indiqué à l'article 22. Elles seront également notifiées aux parties intéressées, et le registre sera ouvert à tous ceux qui en demanderont communication.

Art. 27. — A l'expiration du délai des affiches et publications, et sur la preuve de l'accomplissement des formalités portées aux articles précédents, dans le mois qui suivra au plus tard, le préfet du département, sur l'avis de l'ingénieur des mines, et après avoir pris des informations sur les droits et les facultés des demandeurs, donnera son avis et le transmettra au ministre de l'intérieur.

Art. 28. — Il sera définitivement statué sur la demande en concession par un décret délibéré en Conseil d'Etat.

Jusqu'à l'émission du décret, toute opposition sera admissible devant le ministre de l'intérieur (1) ou le secrétaire général du Conseil d'Etat. Dans ce dernier cas, elle aura lieu par une requête signée et présentée par un avocat au conseil, comme il est pratiqué pour les affaires contentieuses ; et dans tous les cas, elle sera notifiée aux parties intéressées.

Si l'opposition est motivée sur la propriété de la mine acquise par concession ou autrement, les parties seront renvoyées devant les tribunaux et cours.

Art. 29. — L'étendue de la concession sera déterminée par l'acte de concession : elle sera limitée par des points fixes, pris à la surface du sol, et passant par des plans verticaux menés de cette surface dans l'intérieur de la terre à une profondeur indéfinie, à moins que les circonstances et les localités ne nécessitent un autre mode de limitation.

Art. 30. — Un plan régulier de la surface, en triple expédition, et sur une échelle de dix millimètres pour cent mètres, sera annexé à la demande.

Ce plan devra être dressé ou vérifié par l'ingénieur des mines, et certifié par le préfet du département.

Art. 31. — Plusieurs concessions pourront être réunies entre les mains du même concessionnaire, soit comme individu, soit comme représentant une compagnie, mais à la charge de tenir en activité l'exploitation de chaque concession.

SECTION II. — *Des obligations des propriétaires de mines.*

Art. 32. — L'exploitation des mines n'est pas considérée comme un commerce, et n'est pas sujette à patente.

Art. 33. — Les propriétaires de mines sont tenus de payer à l'Etat une redevance fixe, et une redevance proportionnée au produit de l'extraction.

Art. 34. — La redevance fixe sera annuelle, et réglée d'après l'étendue de celle-ci : elle sera de 10 fr. par kilomètre carré.

La redevance proportionnelle sera une contribution annuelle, à laquelle les mines seront assujetties sur leurs produits.

Art. 35. — La redevance proportionnelle sera réglée chaque année, par le budget de l'Etat, comme les autres contributions publiques : toutefois elle ne pourra jamais s'élever au-dessus de cinq pour cent du

(1) Aujourd'hui : *le ministre des travaux publics.*

produit net. Il pourra être fait un abonnement pour ceux des propriétaires des mines qui le demanderont.

Art. 36. — Il sera imposé en sus un décime pour franc, lequel formera un fonds dé non-valeur, à la disposition du ministre de l'intérieur,
pour dégrèvement en faveur des propriétaires des mines qui éprouve-
ront des pertes ou accidents.

Art. 37. — La redevance proportionnelle sera imposée et perçue
comme la contribution foncière.

Les réclamations à fin de dégrèvement ou de rappel à l'égalité proportionnelle seront jugées par les conseils de préfecture. Le dégrèvement sera de droit quand l'exploitant justifiera que sa redevance excède
cinq pour cent du produit net de son exploitation.

Art. 38. — Le gouvernement accordera, s'il y a lieu, pour les exploitations qu'il en jugera susceptibles, et par un article de l'acte de concession, ou par un décret spécial délibéré en Conseil d'Etat pour les
mines déjà concédées, la remise en tout ou partie du payement de la
redevance proportionnelle, pour le temps qui sera jugé convenable;
et ce, comme encouragement, en raison de la difficulté des travaux :
semblable remise pourra aussi être accordée comme dédommagement,
en cas d'accident de force majeure qui surviendrait pendant l'exploitation.

Art. 39. — Le produit de la redevance fixe et de la redevance proportionnelle formera un fonds spécial (1), dont il sera tenu un compte
particulier au trésor public, et qui sera appliqué aux dépenses de l'administration des mines, et à celles des recherches, ouvertures et mises
en activité des mines nouvelles ou rétablissement de mines anciennes.

Art. 40. — Les anciennes redevances dues à l'Etat, soit en vertu de
lois, ordonnances ou règlements, soit d'après les conditions énoncées
en l'acte de concession, soit d'après des baux et adjudications au profit
de la régie du domaine, cesseront d'avoir cours à compter du jour où
les redevances nouvelles seront établies.

Art. 41. — Ne sont point comprises dans l'abrogation des anciennes
redevances, celles dues à titre de rentes, droits et prestations quelconques, pour cession de fonds ou autres causes semblables, sans dé-
roger toutefois à l'application des lois qui ont supprimé les droits
féodaux.

Art. 42 (*modifié par l'article unique de la loi du 27 juillet 1880*). —
Le droit accordé par l'article 6 de la présente loi au propriétaire de la
surface sera réglé sous la forme fixée par l'acte de concession.

Art. 43 (*modifié par l'article unique de la loi du 27 juillet 1880*). —
Le concessionnaire peut être autorisé, par arrêté préfectoral pris après
que les propriétaires auront été mis à même de présenter leurs obser-

(1) La spécialité de ces fonds a disparu de notre comptabilité publique depuis
1814.

vations, à occuper dans le périmètre de sa concession, les terrains nécessaires à l'exploitation de sa mine, à la préparation mécanique des minerais et au lavage des combustibles, à l'établissement des routes ou à celui des chemins de fer ne modifiant pas le relief du sol.

Si les travaux entrepris par le concessionnaire ou par un explorateur, muni du permis de recherches mentionné à l'article 10, ne sont que passagers, et si le sol où ils ont eu lieu peut être mis en culture au bout d'un an, comme il l'était auparavant, l'indemnité sera réglée à une somme double du produit net du terrain endommagé.

Lorsque l'occupation ainsi faite prive le propriétaire de la jouissance du sol pendant plus d'une année, ou lorsque, après l'exécution des travaux, les terrains occupés ne sont plus propres à la culture, les propriétaires peuvent exiger du concessionnaire ou de l'explorateur l'acquisition du sol.

La pièce de terre trop endommagée ou déradée sur une trop grande partie de sa surface doit être achetée en totalité, si le propriétaire l'exige.

Le terrain à acquérir ainsi sera toujours estimé au double de la valeur qu'il avait avant l'occupation.

Les contestations relatives aux indemnités réclamées par les propriétaires du sol aux concessionnaires de mines, en vertu du présent article, seront soumises aux tribunaux civils.

Les dispositions des paragraphes 2 et 3, relatives au mode de calcul de l'indemnité due au cas d'occupation ou d'acquisition des terrains, ne sont pas applicables aux autres dommages causés à la propriété par les travaux de recherche ou d'exploitation : la réparation de ces dommages reste soumise au droit commun.

Art. 44 (*modifié par l'article unique de la loi du 27 juillet 1880*). — Un décret rendu en Conseil d'Etat peut déclarer d'utilité publique les canaux et les chemins de fer, modifiant le relief du sol, à exécuter dans l'intérieur du périmètre, ainsi que les canaux, les chemins de fer, les routes nécessaires à la mine et les travaux de secours, tels que puits ou galeries destinés à faciliter l'aérage et l'écoulement des eaux, à exécuter en dehors du périmètre. Les voies de communication créées en dehors du périmètre pourront être affectées à l'usage du public, dans les conditions établies par le cahier des charges.

Dans le cas prévu par le présent article, les dispositions de la loi du 3 mai 1841, relatives à la dépossession des terrains et au règlement des indemnités seront appliquées.

Art. 45. — Lorsque, par l'effet du voisinage ou pour toute autre cause, les travaux d'exploitation d'une mine occasionnent des dommages à l'exploitation d'une autre mine, à raison des eaux qui pénètrent dans cette dernière en plus grande quantité; lorsque, d'un autre côté, ces mêmes travaux produisent un effet contraire et tendent à évacuer tout ou partie des eaux d'une autre mine, il y aura lieu à indemnité d'une mine en faveur de l'autre: le règlement s'en fera par experts.

Art. 46. — Toutes les questions d'indemnité à payer par les propriétaires de mines, à raison des recherches ou travaux antérieurs à l'acte de concession, seront décidées conformément à l'article 4 de la loi du 28 pluviôse an VIII.

Titre V. — De l'exercice de la surveillance sur les mines par l'administration.

Art. 47. — Les ingénieurs des mines exerceront, sous les ordres du ministre de l'intérieur et des préfets, une surveillance de police pour la conservation des édifices et la sûreté du sol.

Art. 48. — Ils observeront la manière dont l'exploitation sera faite, soit pour éclairer les propriétaires sur ses inconvénients ou son amélioration, soit pour avertir l'administration des vices, abus ou dangers qui s'y trouveraient.

Art. 49. — Si l'exploitation est restreinte ou suspendue, de manière à inquiéter la sûreté publique ou les besoins des consommateurs, les préfets, après avoir entendu les propriétaires, en rendront compte au ministre de l'intérieur (1) pour y être pourvu ainsi qu'il appartiendra.

Art. 50 (*modifié par l'article unique de la loi du 27 juillet 1880*). — Si les travaux de recherche ou d'exploitation d'une mine sont de nature à compromettre la sécurité publique, la conservation de la mine, la sûreté des ouvriers mineurs, la conservation des voies de communication, celle des eaux minérales, la solidité des habitations, l'usage des sources qui alimentent des villes, villages, hameaux et établissements publics, il y sera pourvu par le préfet.

Titre VI. — Des concessions ou jouissances de mines, antérieures à la présente loi.

§ 1er. — DES ANCIENNES CONCESSIONS EN GÉNÉRAL.

Art. 51. — Les concessionnaires antérieurs à la présente loi deviendront, du jour de sa publication, propriétaires incommutables, sans aucune formalité préalable d'affiches, vérifications de terrain ou autres préliminaires, à la charge seulement d'exécuter, s'il y en a, les con-

(1) Aujourd'hui : *le ministre des travaux publics.*

ventions faites avec les propriétaires de la surface, et sans que ceux-ci puissent se prévaloir des articles 6 et 42.

Art. 52. — Les anciens concessionnaires seront, en conséquence, soumis au payement des contributions, comme il est dit à la section II du titre IV, articles 33 et 34, à compter de l'année 1811.

§ 2. — DES EXPLOITATIONS POUR LESQUELLES ON N'A PAS EXÉCUTÉ LA LOI DE 1791.

Art. 53. — Quant aux exploitants de mines qui n'ont pas exécuté la loi de 1791, et qui n'ont pas fait fixer, conformément à cette loi, les limites de leurs concessions, ils obtiendront les concessions de leurs exploitations actuelles, conformément à la présente loi ; à l'effet de quoi les limites de leurs concessions seront fixées sur leurs demandes ou à la diligence des préfets, à la charge seulement d'exécuter les conventions faites avec les propriétaires de la surface, et sans que ceux-ci puissent se prévaloir des articles 6 et 42 de la présente loi.

Art. 54. — Ils payeront en conséquence les redevances, comme il est dit à l'article 52.

Art. 55. — En cas d'usages locaux ou d'anciennes lois qui donneraient lieu à la décision de cas extraordinaires, les cas qui se présenteront seront décidés par les actes de concession ou par les jugements de nos cours et tribunaux, selon les droits résultant pour les parties, des usages établis, des prescriptions légalement acquises, ou des conventions réciproques.

Art. 56. — Les difficultés qui s'élèveraient entre l'administration et les exploitants, relativement à la limitation des mines, seront décidées par l'acte de concession.

A l'égard des contestations qui auraient lieu entre des exploitants voisins, elles seront jugées par les tribunaux et cours.

Titre VII. — Règlements sur la propriété et l'exploitation des minières, et sur l'établissement des forges, fourneaux et usines.

SECTION Ire. — Des minières.

Art. 57 (modifié par l'article 3 de la loi du 9 mai 1866). — Si l'exploitation des minières doit avoir lieu à ciel ouvert, le propriétaire est tenu, avant de commencer à exploiter, d'en faire la déclaration au préfet. Le préfet donne acte de cette déclaration, et l'exploitation a lieu sans autre formalité.

Cette disposition s'applique aux minerais de fer en couches ou en filons, dans le cas où, conformément à l'article 69, ils ne sont pas concessibles.

Si l'exploitation doit être souterraine, elle ne peut avoir lieu qu'avec une permission du préfet. La permission détermine les conditions spéciales auxquelles l'exploitant est tenu, en ce cas, de se conformer.

Art. 58 (*modifié par l'article 3 de la loi du 9 mai 1866*). — Dans les deux cas prévus par l'article précédent, l'exploitant doit observer les règlements généraux ou locaux concernant la sûreté et la salubrité publiques, auxquels est assujettie l'exploitation des minières.

Les articles 93 à 96 de la présente loi sont applicables aux contraventions commises par les exploitants de minières aux dispositions de l'article 57 et aux règlements généraux et locaux dont il est parlé dans le présent article.

SECTION II. — *De la propriété et de l'exploitation des minerais de fer d'alluvion.*

Art. 59, 60, 61, 62, 63, 64, 65, 66 et 67 (*abrogés par l'article 2 de la loi du 9 mai 1866*).

Art. 68. — Les propriétaires ou maîtres de forges ou d'usines exploitant les minerais de fer d'alluvion ne pourront, dans cette exploitation, pousser des travaux réguliers par des galeries souterraines, sans avoir obtenu une concession, avec les formalités et sous les conditions exigées par les articles de la section Ire du titre III et les dispositions du titre IV.

Art. 69. — Il ne pourra être accordé aucune concession pour minerai d'alluvion, ou pour des mines en filons ou couches, que dans les cas suivants :

1° Si l'exploitation à ciel ouvert cesse d'être possible, et si l'établissement de puits, galeries et travaux d'art est nécessaire ;

2° Si l'exploitation, quoique possible encore, doit durer peu d'années, et rendre ensuite impossible l'exploitation avec puits et galeries.

Art. 70 (*modifié par l'article unique de la loi du 27 juillet 1880*). — Lorsque le ministre des travaux publics, après la concession d'une mine de fer, interdit aux propriétaires de minières de continuer une exploitation qui ne pourrait se prolonger sans rendre ensuite impossible l'exploitation avec puits et galeries régulières, le concessionnaire de la mine est tenu d'indemniser les propriétaires des minières dans la proportion du revenu net qu'ils en tiraient.

Un décret rendu en Conseil d'Etat peut, alors même que les minières sont exploitables à ciel ouvert ou n'ont pas encore été exploitées, autoriser la réunion des minières à une mine, sur la demande du concessionnaire.

Dans ce cas, le concessionnaire de la mine doit indemniser le propriétaire de la minière par une redevance équivalente au revenu net que ce propriétaire aurait pu tirer de l'exploitation, et qui sera fixée par les tribunaux civils.

SECTION III. — *Des terres pyriteuses et alumineuses.*

Art. 71. — L'exploitation des terres pyriteuses et alumineuses sera assujettie aux formalités prescrites par les articles 57 et 58, soit qu'elle ait lieu par les propriétaires des fonds, soit par d'autres individus qui, à défaut par ceux-ci d'exploiter, en auraient obtenu la permission.

Art. 72. — Si l'exploitation a lieu par des non-propriétaires, ils seront assujettis, en faveur des propriétaires, à une indemnité qui sera réglée de gré à gré ou par experts.

SECTION IV. — *Des permissions pour l'établissement des fourneaux, forges et usines.*

Art. 73, 74 et 75 (*abrogés par l'article 1er de la loi du 9 mai 1866*).

SECTION V. — *Dispositions générales sur les permissions.*

Art. 76, 77 et 78 (*abrogés par l'article 1er de la loi du 9 mai 1866*).
Art. 79 et 80 (*abrogés par l'article 2 de la loi du 9 mai 1866*).

Titre VIII

SECTION Ire. — *Des carrières.*

Art. 81 (*modifié prr l'article unique de la loi du 27 juillet 1880*). — L'exploitation des carrières à ciel ouvert a lieu en vertu d'une simple déclaration faite au maire de la commune et transmise au préfet. Elle est soumise à la surveillance de l'administration et à l'observation des lois et règlements.

Les règlements généraux seront remplacés, dans les départements où ils sont encore en vigueur, par des règlements locaux rendus sous forme de décrets en Conseil d'Etat.

Art. 82 (*modifié par l'article unique de la loi du 27 juillet 1880*). — Quand l'exploitation à lieu par galeries souterraines, elle est soumise à la surveillance de l'administration des mines, dans les conditions prévues par les articles 47, 48 et 50.

Dans l'intérieur de Paris, l'exploitation des carrières souterraines de toute nature est interdite.

Sont abrogées les dispositions ayant force de loi des deux décrets des 22 mars et 4 juillet 1813, et du décret, portant règlement général, du 22 mars 1813, relatifs à l'exploitation des carrières dans les départements de la Seine et de Seine-et-Oise.

SECTION II. — *Des tourbières.*

Art. 83. — Les tourbes ne peuvent être exploitées que par le propriétaire du terrain, ou de son consentement.

Art. 84. — Tout propriétaire actuellement exploitant, ou qui voudra commencer à exploiter des tourbes dans son terrain, ne pourra continuer ou commencer son exploitation, à peine de 100 francs d'amende, sans en avoir préalablement fait la déclaration à la sous-préfecture et obtenu l'autorisation.

Art. 85. — Un règlement d'administration publique déterminera la direction générale des travaux d'extraction dans le terrain où sont situées les tourbes, celle des rigoles de dessèchement, enfin toutes les mesures propres à faciliter l'écoulement des eaux dans les vallées et l'atterrissement des entailles tourbées.

Art. 86. — Les propriétaires exploitants, soit particuliers, soit communautés d'habitants, soit établissements publics, sont tenus de s'y conformer, à peine d'être contraints à cesser leurs travaux.

Titre IX. — Des expertises.

Art. 87. — Dans tous les cas prévus par la présente loi et autres naissant des circonstances, où il y aura lieu à expertise, les dispositions du titre XIV du code de procédure civile, articles 303 à 323, seront exécutées.

Art. 88. — Les experts seront pris parmi les ingénieurs des mines ou parmi les hommes notables et expérimentés dans le fait des mines et de leurs travaux.

Art. 89. — Le procureur impérial sera toujours entendu, et donnera ses conclusions sur le rapport des experts.

Art. 90. — Nul plan ne sera admis comme pièce probante dans une contestation, s'il n'a été levé ou vérifié par un ingénieur des mines. La vérification des plans sera toujours gratuite.

Art. 91. — Les frais et vacations des experts seront réglés et arrêtés, selon les cas, par les tribunaux ; il en sera de même des honoraires qui pourront appartenir aux ingénieurs des mines : le tout suivant le tarif qui sera fait par un règlement d'administration publique.

Toutefois il n'y aura pas lieu à honoraires pour les ingénieurs des mines, lorsque leurs opérations auront été faites, soit dans l'intérêt de l'administration, soit à raison de la surveillance et de la police publiques.

Art. 92. — La consignation des sommes jugées nécessaires pour subvenir aux frais d'expertise, pourra être ordonnée par le tribunal contre celui qui poursuivra l'expertise.

Titre X. — De la police et de la juridiction relatives aux mines.

Art. 93. — Les contraventions des propriétaires de mines, exploitants non encore concessionnaires ou autres personnes, aux lois et règlements, seront dénoncées et constatées, comme les contraventions en matière de voirie et de police.

Art. 94. — Les procès-verbaux contre les contrevenants seront affirmés dans les formes et délais prescrits par les lois.

Art. 95. — Ils seront adressés en originaux à nos procureurs impériaux, qui seront tenus de poursuivre d'office les contrevenants devant les tribunaux de police correctionnelle, ainsi qu'il est réglé et usité pour les délits forestiers, et sans préjudice des dommages-intérêts des parties.

Art. 96. — Les peines seront d'une amende de 500 francs au plus et de 100 francs au moins, double en cas de récidive, et d'une détention qui ne pourra excéder la durée fixée par le code de police correctionnelle.

Décret impérial du 6 mai 1811 relatif à l'assiette des redevances fixe et proportionnelle sur les mines (1).

Titre I. — Assiette de la redevance fixe.

SECTION I. — *Assiette de la redevance fixe sur les mines concédées.*

Article 1er. — Immédiatement après la publication du présent décret, chaque préfet fera dresser le tableau de toutes les mines concédées existant dans son département.

Art. 2. — Ces tableaux des concessions de mines énonceront (conformément au modèle n° 1) le nom et la désignation de la mine concédée, sa situation ; les noms, professions et demeures des concessionnaires ; la désignation et la date du titre de concession ; l'étendue de la concession exprimée en kilomètres carrés jusqu'à deux décimales, et la somme à percevoir.

Art. 3. — S'il n'y a pas de double des titres de concession d'une mine déposé à la préfecture, le préfet en instruira immédiatement le concessionnaire, qui, dans le délai d'un mois, sera tenu d'en faire le dépôt en original ou expédition authentique, et il lui en sera remis un récépissé : faute par lui de fournir son titre, la contenance de sa concession sera provisoirement portée au tableau, sur le pied de l'évaluation approximative qui en sera faite par le préfet, sur l'avis de l'ingénieur des mines ; le concessionnaire sera imposé en conséquence, sauf le dégrèvement comme il sera dit article 7.

Art. 4. — La réduction en nouvelles mesures de l'étendue superficielle énoncée dans les actes de concession sera opérée par les ingénieurs des mines ; et leurs procès-verbaux de réduction seront annexés aux titres déposés dans les préfectures, et copie en sera remise aux concessionnaires.

Art. 5 — Si la contenance superficielle d'une concession ne se trouve point énoncée dans le texte du titre, soit en kilomètres carrés, soit en lieues carrées, soit en toute autre mesure anciennement en usage, le préfet préviendra immédiatement le concessionnaire, qui sera tenu de justifier dans le délai d'un mois, par un arpentage légal ou relevé sur des cartes exactes, de la surface rigoureusement contenue dans les limites prescrites par l'acte de concession ; et faute par lui de faire cette justification, la contenance du terrain sera provisoirement portée sur le

1. Voir le Décret du 11 février 1874.

tableau, et la redevance provisoirement exigible, conformément à la disposition de l'article 3 ci-dessus.

Art. 6. — La vérification de la surface des concessions sera faite par l'ingénieur des mines du département ; à cet effet, les concessionnaires qui seront dans le cas de l'article précédent, fourniront un plan de leur concession en triple expédition, et dressé sur une échelle de dix millimètres : ce plan, accompagné d'un procès-verbal d'arpentage détaillé, sera envoyé au préfet, qui le transmettra à l'ingénieur des mines, pour être vérifié sur le terrain, s'il y a lieu, et visé par lui.

Art. 7. — Aussitôt que les concessionnaires qui seraient restés en retard, relativement à l'exécution des articles 3, 5 et 6 ci-dessus auront satisfait aux dispositions prescrites par ces mêmes articles, ils seront admis en dégrèvement, en raison de la différence de l'étendue réelle de leur concession d'avec celle qui leur aura été provisoirement attribuée, sur les tableaux et sur les rôles, en vertu de la décision du préfet, mais seulement pour l'avenir.

Art. 8. — La contenance des concessions anciennes, dont la surface excède le maximum et qui n'ont point été réduites conformément à la loi de 1791, sera portée sur les tableaux pour son étendue actuelle, jusqu'à l'époque où les concessionnaires se seront mis en règle pour obtenir la fixation définitive des limites de leurs concessions et celle de la redevance.

Art. 9. — Quant aux concessions dont le titre n'exprimait ni contenance superficielle positive, ni limites suffisamment précisées pour que la justification exigée par les articles 5 et 6 fût actuellement praticable, elle seront taxées, par provision, conformément à la disposition de l'article 3, jusqu'à la fixation définitive des limites.

Art. 10. — Les tableaux des concessions de mines arrêtés par les préfets serviront de matrice de rôle ; ils seront rectifiés, chaque année, soit par suite de mutation de propriété, soit en raison des réductions ou augmentations survenues en vertu de décisions légales, et seront transmis, pour la confection des rôles, aux directeurs des contributions directes.

SECTION II. — *Assiette de la redevance fixe sur les mines exploitées sans concession régularisée, ou sans aucune concession.*

Art. 11. — Immédiatement après la publication du présent décret, chaque préfet fera dresser le tableau des mines exploitées, dans son département, sans concession régularisée ou sans aucune concession.

Ces tableaux énonceront (conformément au modèle n° II) le nom et la désignation de la mine exploitée sans concession, sa situation ; les noms, professions et demeures des exploitants ; la date de leur demande en concession, confirmation ou limitation de concession ; l'étendue superficielle du terrain qui leur aura été provisoirement assigné ou attribué par les autorités anciennes ou actuelles, ou sur lequel s'étend leur exploitation, quoique les limites n'en aient pas encore été déterminées, exprimée en kilomètres carrés jusqu'à deux décimales, et la somme à percevoir.

Art. 12. — Les particuliers qui exploitent des mines non encore concédées, et qui ne sont point en règle, seront tenus de faire, dans le mois de la publication du présent décret, une déclaration de la contenance superficielle du terrain dont ils veulent obtenir la concession. Le préfet, après avoir pris l'avis de l'ingénieur des mines, évaluera la quotité de surface à attribuer provisoirement à l'exploitant ; celui-ci sera imposé en conséquence, sauf son recours en dégrèvement, s'il y a lieu, dès qu'il aura obtenu une concession.

Art. 13. — Les exploitants non concessionnaires, qui négligeront de se conformer à l'article précédent, seront considérés comme occupant une étendue superficielle égale au maximum fixé par la loi du 28 juillet 1791 ; et ils seront portés au tableau pour être taxés en conséquence, sauf dégrèvement lorsqu'ils se seront mis en règle.

Art. 14. — Les tableaux des mines exploitées sans concession, ainsi formés, seront arrêtés par les préfets et serviront provisoirement de matrices de rôles ; ils seront rectifiés chaque année, soit en raison des mutations quant aux exploitants, soit en raison des réductions ou augmentations survenues en vertu de décisions légales, et seront transmis, pour la confection des rôles, aux directeurs des contributions directes.

Art. 15. — Les concessionnaires de mines et les exploitants non concessionnaires ne pourront dans aucun cas, se prévaloir de la quotité de surface qui leur aura été provisoirement attribuée sur les tableaux et rôles concernant la redevance fixe, pour inquiéter ou troubler les exploitations voisines, ni pour appuyer aucune de leurs prétentions sur la fixation définitive de l'étendue et des limites de leur exploitation.

Titre II. — Assiette de la redevance proportionnelle.

SECTION I. — *Assiette de la redevance proportionnelle sur les mines concédées.*

Art. 16. — La matrice de rôle pour la redevance proportionnelle sur les mines concédées, qui sont en extraction, sera dressée d'après des états d'exploitation, conformes au modèle n° IV.

Art. 17. — Il y aura un état d'exploitation pour chaque mine concédée ; la confection en sera divisée en deux parties, savoir : 1° la partie descriptive ; 2° la proposition de l'évaluation du produit net imposable.

Art. 18. — La partie descriptive des états d'exploitation sera faite par l'ingénieur des mines du département, après avoir appelé et entendu les concessionnaires ou leurs agents, conjointement avec les maires et adjoints de la commune ou des communes sur lesquelles s'étendent les concessions, et les deux répartiteurs communaux qui seront les plus forts imposés.

Elle comprendra le nom et la nature des mines, le numéro des articles, les noms des communes ; les noms, professions et demeures des concessionnaires, possesseurs ou usufruitiers; la désignation sommaire des ouvrages souterrains entretenus et exploités, ainsi que celle des machines ; enfin la désignation des bâtiments et usines servant à l'exploitation.

Art. 19. — La proposition de l'évaluation du produit net imposable sera faite par les mêmes individus désignés à l'article précédent, et portée à l'avant-dernière colonne du tableau.

La déclaration du produit net du revenu à laquelle se tiendront le propriétaire ou ses agents sera mentionnée au tableau, si elle diffère de l'évaluation.

Art. 20. — Les préfets régleront les époques auxquelles les ingénieurs des mines, maires, adjoints et répartiteurs devront se réunir, de manière à ce que la partie descriptive des états d'exploitation et la proposition d'évaluation soient achevées sans délai cette année, et que par la suite elles aient subi, avant le 15 mai de chaque année, les changements qu'il sera nécessaire d'y faire annuellement.

Art. 21. — Les mines dont la concession superficielle s'étendra sur deux ou plusieurs communes seront portées, sur les états d'exploitation, au nom de la commune où sont situés les bâtiments d'exploitation, usines et maisons de direction. Il en sera de même des mines dont la concession superficielle s'étendra sur les frontières de deux ou plusieurs départements.

Art. 22. — Les états, ainsi préparés, seront certifiés et signés par les ingénieurs des mines, maires, adjoints et répartiteurs qui auront concouru à leur formation.

Art. 23. — D'après ces états, l'ingénieur des mines fera préparer la matrice de rôle (conformément au modèle n° V), en y laissant en blanc la colonne des évaluations définitives du produit net imposable ; il transmettra le tout au préfet qui le soumettra au comité d'évaluation.

Art. 24. — Ce comité sera composé du préfet, de deux membres du conseil général du département nommés par le préfet, du directeur des contributions et de l'ingénieur des mines, dans les départements où il y a un nombre d'exploitations suffisant,

Art. 25. — Le comité est chargé de déterminer les évaluations définitives du produit net imposable de chaque mine, d'en faire porter l'expression au bas de chaque état d'exploitation, à l'avant-dernière colonne de la matrice du rôle, et d'arrêter les états et matrices.

Art. 26. — Le comité d'évaluation procédera aux appréciations du produit net imposable, soit d'office, soit en ayant égard aux déclarations des exploitants qui les auront fournies.

Art. 27. — Les exploitants, concessionnaires ou usufruitiers, ou leurs ayants-cause, sont tenus de remettre au secrétariat de la préfecture, le plus tôt possible, pour cette année, et, pour les années suivantes, avant le 1er mai, la déclaration détaillée du produit net imposable de leurs exploitations ; faute de quoi, l'appréciation aura lieu d'office.

Art. 28. — Pour éclairer le comité, le préfet et l'ingénieur des mines réuniront d'avance tous les renseignements qu'ils jugeront nécessaires, notamment ceux concernant le produit brut de chaque mine, la valeur des matières extraites ou fabriquées, le prix des matières premières employées et de la main-d'œuvre, l'état des travaux souterrains, le nombre des ouvriers, les ports ou lieux d'exportation ou de consommation, et la situation plus ou moins prospère de l'établissement. Le comité d'évaluation aura égard à ces renseignements.

Ces éclaircissements seront, autant que possible, placés dans de nouvelles colonnes ajoutées, selon les lieux et les circonstances, au modèle de tableau n° IV.

Pour la présente année, le revenu net de 1810 servira de base aux appréciations ; et cette évaluation se fera, soit en suivant les formes indiquées aux articles 16 et suivants, soit d'après les renseignements énoncés aux présent article et l'avis du comité.

Art. 29. — Les états d'exploitation et la matrice de rôle pour les mines concédées resteront déposés chez le directeur des contributions, pour servir à la confection des rôles.

SECTION II. — *Assiette de la redevance proportionnelle sur les mines non concédées.*

Art. 30. — Il sera procédé, pour les mines non concédées régulièrement ou exploitées sans aucune concession, comme pour les mines concédées ; mais les états d'exploitation seront intitulés différemment. Il y aura une matrice de rôle séparée conforme au tableau n° VII.

Chaque état d'exploitation, considéré comme section, formera un article dans la matrice du rôle.

Titre III. — Abonnements pour la redevance proportionnelle (1).

Art. 31. — Les exploitants, concessionnaires ou non concessionnaires, qui désireront jouir de la faveur de l'abonnement, déposeront, dans le délai d'un mois après la publication du présent décret, pour les années 1811 et 1812, et pour les années ultérieures, avant le 15 avril, au secrétariat de la préfecture de leur département, leur soumission appuyée de motifs détaillés : il leur en sera délivré un reçu.

Faute par ces exploitants de déposer leur soumission dans le délai prescrit, ils seront imposés proportionnellement à leur revenu net présumé, comme il est dit au titre précédent.

Art. 32.—Les soumissions d'abonnement pour 1811 et 1812 pourront être acceptées, sur l'avis des préfets, par le directeur général des mines, d'après une estimation, faite sur les renseignements indiqués à l'article 28, du produit des mines pour lesquelles sera proposé l'abonnement.

Art. 33. — Pour les années 1813 et suivantes, les soumissions d'abonnement seront acceptées, modifiées ou rejetées, après avoir pris l'avis du comité d'évaluation lorsque les opérations prescrites au titre II auront eu lieu.

Art. 34 (2). — Les abonnements seront approuvés, savoir :

Par le préfet, sur l'avis de l'ingénieur des mines. quant l'évaluation du revenu net donnera une redevance au-dessous de 1,000 francs ;

Par le ministre de l'intérieur, sur le rapport du directeur général, quand la redevance sera au-dessus de 1,000 jusqu'à 3,000 francs ;

Et au-dessus de 3,000 francs, par un décret rendu en conseil d'état.

Art. 35. — L'état certifié des abonnements qui auront été admis sera transmis au directeur des contributions pour être employé sur le rôle; il accompagnera le mandement qui sera annuellement délivré par le préfet pour l'imposition de la redevance proportionnelle.

Titre IV.—De la confection des rôles.

SECTION I. — *Des rôles pour la redevance fixe.*

Art. 36. — Chaque directeur des contributions fera dresser le rôle de la redevance fixe, sur les mines concédées et sur¹ les mines exploi-

(1) Voir le Décret du 11 février 1874 (art. 2).
(2) Abrogé par l'art. 2 du décret du 11 février 1874.

tées sans concession régulière ou sans aucune concession, d'après le tableau qui lui sera transmis chaque année par le préfet.

Art. 37. — Le rôle (confectionné conformément au modèle n° III) énoncera les noms, qualités et demeures des concessionnaires, usufruitiers et exploitants non concessionnaires ; le nom de la mine concédée ou exploitée sans concession ; celui de la commune où devra se faire la perception ; enfin l'étendue superficielle de la concession, ou bien celle du terrain provisoirement assigné ou attribué à l'exploitation. La cote se composera du montant de la redevance, telle qu'elle aura été portée sur le tableau fourni par le préfet, du montant des dix centimes additionnels pour les fonds de non-valeur, et du montant des centimes pour frais de percertion.

Après avoir été vérifié et rendu exécutoire par le préfet, le rôle sera renvoyé au directeur des contributions, chez lequel il restera déposé.

SECTION II: — *Des rôles de la redevance proportionnelle.*

Art. 38. — Les rôles pour la redevance proportionnelle sur les mines exploitées, en vertu d'une concession ou sans concession, seront dressés par le directeur des contributions (conformément au modèle n° VIII), d'après les matrices, états d'abonnement et mandement des préfets.

Art. 39. — A cet effet, le directeur des contributions imposera, sur chaque exploitant non abonné, une somme égale au vingtième du produit net de son exploitation ; il portera à l'article de chaque abonné le montant de son abonnement, et il ajoutera aux cotes soit de l'abonnement, soit de la redevance déterminée officiellement, le montant des dix centimes additionnels pour fonds de non-valeur, et celui des centimes pour frais de perception.

Le rôle ainsi confectionné sera adressé au préfet, pour être vérifié et rendu exécutoire : il restera déposé chez le directeur des contributions.

Titre V. — Du recouvrement.

Art. 40. — Le recouvrement des redevances fixe et proportionnelle sera effectué par le percepteur des contributions de la commune où est située la mine. Lorsque le terrain concédé, ou provisoirement assigné et attribué aux exploitants non concessionnaires, embrassera plusieurs communes, le percepteur de la commune où seront situés les bâtiments, usines et maisons de direction, sera seul chargé du recouvrement.

Art. 41. — Les percepteurs poursuivront les recouvrements sur des rôles délivrés par le directeur des contributions, vérifiés et certifiés par le préfet.

Art. 42. — La somme à allouer pour les frais de perception aux percepteurs-receveurs d'arrondissement et receveurs généraux, sera réglée, ainsi que le mode de payement ou de retenue, par une décision de notre ministre des finances.

Art. 43. — Il sera fait écriture séparée de la perception des redevances fixe et proportionnelle dans les journaux et registres des receveurs d'arrondissement et receveurs généraux.

Titre VI. — Des décharges, réductions, remises et modérations (1).

Art. 44. — Tout particulier, concessionnaire ou non concessionnaire, exploitant de mines, qui par vente, bail, cessation de travaux ou toute autre cause légale, aurait cessé d'être imposable aux redevances fixes et proportionnelle, et qui aurait été porté sur les rôles, et tous ceux qui réclameront des réductions, soit en raison des taxes d'office, faute d'avoir fait régulariser en temps utile leurs exploitations, soit pour une cause d'erreurs dans l'énoncé de l'étendue superficielle des concessions, adresseront leurs réclamations au préfet.

Art. 45. — Ces réclamations seront accompagnées de pièces justificatives ; elles seront renvoyées à l'ingénieur des mines, qui, après avoir fait les vérifications nécessaires, fournira son avis motivé.

Art. 46. — S'il y a lieu à ce que la cote soit réduite, le conseil de préfecture prononcera la quotité de réduction, sauf le pourvoi selon les lois.

Art. 47. — Les exploitants, concessionnaires ou non concessionnaires, qui se croient trop imposés à la redevance proportionnelle, se pourvoiront également par-devant le préfet.

Art. 48. — Le préfet enverra les réclamations au sous-préfet de l'arrondissement, au directeur des contributions et à l'ingénieur des mines, pour avoir leur avis, il enverra aussi au maire de la commune, pour avoir l'avis des répartiteurs qui auront été entendus selon l'article 18, et il soumettra le tout au conseil de préfecture, qui prononcera sur la réduction de la cote.

Art. 49. — Si les sous-préfet, directeur des contributions et ingénieur des mines ne conviennent pas de la surtaxe, deux experts seront nommés, l'un par le préfet et l'autre par le réclamant. A l'époque fixée par le préfet, ces experts se rendront sur les lieux avec le contrôleur des contributions ; et, en présence de l'ingénieur des mines et du réclamant ou de son fondé de pouvoir, ils vérifieront les faits exposés

(1) Les dispositions de ce titre doivent se combiner, suivant les cas, avec celles édictées postérieurement par les lois de finances pour toutes les contributions directes et les taxes y assimilées.

dans la réclamation, et rectifieront, s'il y a lieu, l'appréciation du revenu net de l'exploitation.

Art. 50. — Le contrôleur des contributions rédigera un procès-verbal des dires des experts et des parties intéressées; il y joindra son avis, ainsi que celui de l'ingénieur des mines, et adressera le tout au sous-préfet, qui la transmettra au préfet. Le conseil de préfecture, après avoir vu l'avis du directeur des contributions, prononcera sur la réclamation, sauf le pourvoi, comme il est dit à l'article 46.

Art. 51. — Les frais d'expertise, de présence et de vérification, seront réglés par le préfet.

Art. 52. — Quand la réclamation aura été reconnue non fondée, les frais seront supportés par le réclamant.

Art. 54. — Lorsque, par des événements extraordinaires, un exploitant aura éprouvé des pertes, il adressera sa pétition détaillée au préfet, qui la renverra à l'ingénieur des mines.

L'ingénieur se transportera sur les lieux, vérifiera les faits en présence des maires, constatera la quotité de la perte et en adressera un procès-verbal détaillé au préfet, qui prendra l'avis du sous-préfet de l'arrondissement et du directeur des contributions.

Art. 55. — Le préfet réunira les différentes demandes qui lui auront été faites, dans le cours de l'année, en remises et modérations; et l'année expirée, il fera entre les contribuables dont les réclamations auront été reconnues justes et fondées, la distribution des sommes qu'il pourra accorder sur les fonds de non-valeur mis à sa disposition.

Art. 56. — L'état de distribution sera envoyé au directeur général des mines pour être soumis au ministre de l'intérieur (1) et recevoir son approbation.

Art. 57. — Sur les dix centimes imposés additionnellement à la redevance proportionnelle, moitié est mise à la disposition des préfets, pour être employée aux frais de confection des états, tableaux, matrices et rôles, aux décharges et réductions, remises et modérations, ainsi qu'aux frais d'expertise et de vérification des réclamations en dégrèvement; l'autre moitié restera à la disposition particulière du ministre de l'intérieur (1), et sera destinée principalement à accorder des suppléments de fonds aux départements auxquels le maximum des centimes additionnels ne suffirait pas pour faire face aux dépenses précédemment énoncées, et à accorder des remises et modérations gés, extraodinaires aux départements où les exploitations auraient éprouvé des accidents majeurs.

Art. 58. — Nos ministres de l'intérieur (2) et des finances sont char-chacun en ce qui le concerne, de l'exécution du présent décret, qui sera inséré au Bulletin des lois.

(1) Il faudrait lire : *ministre des finances*, aujourd'hui, si la clause était susceptible de quelque application.
(2) Aujourd'hui : *ministre des travaux publics*.

Décret du 3 janvier 1813 contenant des dispositions de police relatives à l'exploitation des mines.

Napoléon, etc.

Les évènements survenus récemment, dans l'exploitation des mines de quelques départements de notre empire, ayant excité d'une manière particulière notre sollicitude en faveur de nos sujets occupés journellement aux travaux des mines, nous avons reconnu que ces accidents peuvent provenir : 1º de l'inexécution des clauses des cahiers des charges imposées aux concessionnaires pour la solidité de leurs travaux ; 2º du défaut de précaution contre les inondations souterraines et l'inflammation des vapeurs méphitiques et délétères : 3º du défaut de subordination des ouvriers ; 4º de la négligence des propriétaires des mines à leur procurer les secours nécessaires, et voulant prévenir, autant qu'il est en nous, le retour de ces malheurs, par des mesures de police spécialement applicables à l'exploitation des mines ;

Notre Conseil d'État entendu,

Titre I. — Dispositions préliminaires.

Art. 1ᵉʳ. — Les exploitants des mines qui, conformément aux dispositions de la loi du 21 avril 1810, ont le droit d'obtenir les concessions de leurs exploitations actuelles, seront tenus d'en former la demande dans le délai d'un an, à dater de la publication du présent décret.

Art. 2. — Leurs demandes seront adressées aux préfets, qui leur en feront délivrer certificat, et qui les feront passer au directeur général des mines, avec leur avis et celui de l'ingénieur sur la fixation définitive des limites des concessions demandées.

Titre II. — Dispositions tendant à prévenir les accidents.

Art. 3. — Lorsque la sûreté des exploitations ou celle des ouvriers pourra être compromise, par quelque cause que ce soit, les propriétaires seront tenus d'avertir l'autorité locale de l'état de la mine qui serait menacée, et l'ingénieur des mines, aussitôt qu'il en aura connaissance, fera son rapport au préfet, et proposera la mesure qu'il croira propre à faire cesser les causes du danger.

Art. 4. — Le préfet, après avoir entendu l'exploitant ou ses ayants cause dûment appelés, prescrira les dispositions convenables, par un arrêté qui sera envoyé au directeur général des mines, pour être approuvé, s'il y a lieu, par le ministre de l'intérieur.

En cas d'urgence, l'ingénieur en fera mention spéciale dans son rapport, et le préfet pourra ordonner que son arrêté soit provisoirement exécuté.

Art. 5. — Lorsqu'un ingénieur, en visitant une exploitation, reconnaîtra une cause de danger imminent, il fera, sous sa responsabilité, les réquisitions nécessaires aux autorités locales, pour qu'il y soit pourvu sur le champ, d'après les dispositions qu'il jugera convenables, ainsi qu'il est pratiqué en matière de voirie lors du péril imminent de la chute d'un édifice.

Art. 6. — Il sera tenu, sur chaque mine, un registre et un plan, constatant l'avancement journalier des travaux et les circonstances de l'exploitation dont il sera utile de conserver le souvenir. L'ingénieur des mines devra, à chacune de ses tournées, se faire représenter ce registre et ce plan ; il y insérera le procès-verbal de visite et ses observations sur la conduite des travaux. Il laissera à l'exploitant, dans tous les cas où il le jugera utile, une instruction écrite sur le registre, contenant les mesures à prendre pour la sûreté des hommes et celle des choses.

Art. 7 (1). — Lorsqu'une partie ou la totalité d'une exploitation sera dans un état de délabrement ou de vétusté tel que la vie des hommes aura été compromise ou pourrait l'être, et que l'ingénieur des mines ne jugera pas possible de la réparer convenablement, l'ingénieur en fera son rapport motivé au préfet, qui prendra l'avis de l'ingénieur en chef et entendra l'exploitant ou ses ayants cause.

Dans le cas où la partie intéressée reconnaîtrait la réalité du danger indiqué par l'ingénieur, le préfet ordonnera la fermeture des travaux.

En cas de contestations, trois experts seront nommés, le premier par le préfet, le second par l'exploitant, et le troisième (1) par le juge de paix du canton.

Les experts se transporteront sur les lieux ; ils y feront toutes les vérifications nécessaires, en présence d'un membre du conseil d'arrondissement, délégué à cet effet par le préfet, et avec l'assistance de l'ingénieur en chef. Ils feront au préfet un rapport motivé.

Le préfet en référera au ministre, en donnant son avis.

Le ministre, sur l'avis du préfet et sur le rapport du directeur général des mines, pourra statuer, sauf le recours au Conseil d'État.

Le tout sans préjudice des dispositions portées, pour les cas d'urgence, dans l'article 4 du présent décret.

(1) Modifié par la loi du 9 juillet 1890 (art. 14) sur les délégués à la sécurité des ouvriers mineurs.

Art. 8. — Il est défendu à tout propriétaire d'abandonner, en totalité, une exploitation, si auparavant elle n'a été visitée par l'ingénieur des mines.

Les plans intérieurs seront vérifiés par lui ; il en dressera procès-verbal, par lequel il fera connaître les causes qui peuvent nécessiter l'abandon.

Le tout sera transmis par lui, ainsi que son avis, au préfet du département.

Art. 9. — Lorsque l'exploitation sera de nature à être abandonnée par portions ou par étages, et à des époques différentes, il y sera procédé successivement et de la manière ci-dessus indiquée.

Dans les deux cas, le préfet ordonnera les dispositions de police, de sûreté et de conservation qu'il jugera convenables d'après l'avis de l'ingénieur des mines.

Art. 10. — Les actes administratifs concernant la police des mines et minières, dont il a été fait mention dans les articles précédents, seront notifiés aux exploitants, afin qu'ils s'y conforment dans les délais prescrits ; à défaut de quoi, les contraventions seront constatées par procès-verbaux des ingénieurs des mines, conducteurs, maires, autres officiers de police, gardes-mines. On se conformera à cet égard aux articles 93 et suivants de la loi du 21 avril 1810 ; et, en cas d'inexécution, les dispositions qui auront été prescrites seront exécutées d'office aux frais de l'exploitant, dans les formes établies par l'article 37 du décret impérial du 18 novembre 1810.

Titre III. — Mesures à prendre en cas d'accidents arrivés dans les mines, minières, usines (1) et ateliers.

Art. 11. — En cas d'accidents survenus dans une mine, minière, usine et ateliers qui en dépendent, soit par éboulement, par inondation, par le feu, par asphyxie, par rupture des machines, engins, câbles, chaînes, paniers, soit par émanations nuisibles, soit par toute autre cause, et qui auraient occasionné la mort ou des blessures graves à un ou plusieurs ouvriers, les exploitants, directeurs, maîtres mineurs et autres préposés sont tenus d'en donner connaissance aussitôt au maire de la commune et à l'ingénieur des mines, et en cas d'absence au conducteur.

Art. 12. — La même obligation leur est imposée dans le cas où l'accident compromettrait la sûreté des travaux, celle des mines ou des propriétés de la surface, et l'approvisionnement des consommateurs.

Art. 13. — Dans tous les cas, l'ingénieur des mines se transportera sur les lieux : il dressera procès-verbal de l'accident, séparément ou

(1) La loi du 9 mai 1866 a eu pour effet d'abroger toutes les dispositions de ce titre en ce qui concerne les usines.

concurremment avec les maires et autres officiers de police ; il en constatera les causes et transmettra le tout au préfet du département.

En cas d'absence, les ingénieurs seront remplacés par les élèves conducteurs et gardes-mines assermentés devant les tribunaux. Si les uns et les autres sont absents, les maires ou autres officiers de police nommeront les experts à ce connaissant, pour visiter l'exploitation et mentionner leurs dires dans un procès-verbal.

Art. 14. — Dès que le maire et autres officiers de police auront été avertis, soit par les exploitants, soit par la voix publique, d'un accident arrivé dans une mine ou usine, ils en préviendront immédiatement les autorités supérieures : ils prendront, conjointement avec l'ingénieur des mines, toutes les mesures convenables pour faire cesser le danger et en prévenir la suite ; ils pourront, comme dans le cas de péril imminent, faire des réquisitions d'outils, chevaux, hommes, et donneront les ordres nécessaires.

L'exécution des travaux aura lieu sous la direction de l'ingénieur ou des conducteurs, et, en cas d'absence, sous la direction des experts délégués à cet effet par l'autorité locale.

Art. 15. — Les exploitants seront tenus d'entretenir sur leurs établissements, dans la proportion du nombre des ouvriers et de l'étendue de l'exploitation, les médicaments et les moyens de secours qui leur seront indiqués par le ministre de l'intérieur (1), et de se conformer à l'instruction réglementaire qui sera approuvée par lui à cet effet.

Art. 16. — Le ministre de l'intérieur (1), sur la proposition des préfets et le rapport du directeur général des mines, indiquera celles des exploitations qui, par leur importance et le nombre des ouvriers qu'elles emploient, devront avoir et entretenir à leurs frais un chirurgien spécialement attaché au service de l'établissement.

Un seul chirurgien pourra être attaché à plusieurs établissements à la fois, si ces établissements se trouvent dans un rapprochement convenable. Son traitement sera à la charge des propriétaires, proportionnellement à leur intérêt.

Art. 17. — Les exploitants et directeurs des mines voisines de celle où il serait arrivé un accident fourniront tous les moyens de secours dont ils pourront disposer, soit en hommes, soit de toute autre manière, sauf le recours pour leur indemnité, s'il y a lieu, contre qui de droit.

Art. 18. — Il est expressément prescrit aux maires et autres officiers de police de se faire représenter les corps des ouvriers qui auraient péri par accident dans une exploitation, et de ne permettre leur inhumation qu'après que le procès-verbal de l'accident aura été dressé, conformément à l'article 81 du code Napoléon, et sous les peines portées dans les articles 358 et 359 du code pénal.

(1) Aujourd'hui : *le ministre des travaux publics.*

Art. 19. — Lorsqu'il y aura impossibilité de parvenir jusqu'au lieu où se trouvent les corps des ouvriers qui auront péri dans les travaux, les exploitants, directeurs et autres ayants cause, seront tenus de faire constater cette circonstance par le maire ou autre officier public, qui en dressera procès-verbal et le transmettra au procureur impérial, à la diligence duquel, et sur l'autorisation du tribunal, cet acte sera annexé au registre de l'état civil.

Art. 20. — Les dépenses qu'exigeront les secours donnés aux blessés, noyés ou asphyxiés, et la réparation des travaux, seront à la charge des exploitants.

Art. 21. — De quelque manière que soit arrivé un accident, les ingénieurs des mines, maires et autres officiers de police transmettront immédiatement leurs procès-verbaux aux sous-préfets et aux procureurs impériaux. Les procès-verbaux devront être signés et déposés dans les délais prescrits.

Art. 22. — En cas d'accidents qui auraient occasionné la perte ou la mutilation d'un ou plusieurs ouvriers, faute de s'être conformés à ce qui est prescrit par le présent règlement, les exploitants, propriétaires et directeurs, pourront être traduits devant les tribunaux, pour l'application, s'il y a lieu, des dispositions des articles 319 et 320 du code pénal, indépendamment des dommages et intérêts qui pourraient être alloués au profit de qui de droit.

Titre IV. — Dispositions concernant la police du personnel.

SECTION I. — *Des ingénieurs, propriétaires de mines, exploitants et autres préposés.*

Art. 23. — Indépendamment de leurs tournées annuelles, les ingénieurs des mines visiteront fréquemment les exploitations dans lesquelles il serait arrivé un accident, ou qui exigeraient une surveillance particulière. Les procès-verbaux seront transcrits sur un registre ouvert à cet effet dans les bureaux des ingénieurs ; ils seront en outre transmis aux préfets des départements.

Art. 24. — Les propriétaires des mines, exploitants et autres préposés, fourniront aux ingénieurs et aux conducteurs tous les moyens de parcourir les travaux, et notamment de pénétrer sur tous les points qui pourraient exiger une surveillance spéciale. Ils exhiberont le plan, tant intérieur qu'extérieur, et les registres de l'avancement des travaux, ainsi que du contrôle des ouvriers : ils leur fourniront tous les renseignements sur l'état d'exploitation, la police des mineurs et autres employés ; ils les feront accompagner par les directeurs et maîtres mi-

neurs, afin que ceux-ci puissent satisfaire à toutes les informations qu'il
serait utile de prendre sous les rapports de sûreté et de salubrité.

SECTION III. — *Des ouvriers.*

Art. 25. — A l'avenir, ne pourront être employés en qualité de
maîtres mineurs ou chefs particuliers de travaux des mines et minières, sous quelque dénomination que ce soit, que des individus qui auront travaillé comme mineurs, charpentiers, boiseurs ou mécaniciens,
depuis au moins trois années consécutives.

Art. 26. — Tout mineur de profession ou autre ouvrier, employé,
soit à l'intérieur, soit à l'extérieur, dans l'exploitation des mines et
minières, usines et ateliers en dépendant, devra être pourvu d'un livret et se conformer aux dispositions de l'arrêté du 9 frimaire an XII.

Les registres d'ordre, sur lesquels l'inscription aura lieu dans chaque
commune, seront conservés au greffe de la municipalité, pour y recourir au besoin.

Il est défendu à tout exploitant d'employer aucun individu qui ne
serait pas porteur d'un livret en règle, portant l'acquit de son précédent maître.

Art. 27. — Indépendamment des livrets et registres d'inscription
à la mairie, il sera tenu sur chaque exploitation un contrôle exact et
journalier des ouvriers qui travaillent, soit à l'intérieur, soit à l'extérieur des mines, minières, usines et ateliers en dépendant; ces contrôles seront inscrits sur un registre qui sera coté par le maire et pa-
rafé par lui tous les mois.

Ce registre sera visé par les ingénieurs, lors de leur tournée.

Art. 28. — Dans toutes leurs visites, les ingénieurs des mines
devront faire faire, en leur présence, la vérification des contrôles des
ouvriers.

Le maire de la commune pourra faire cette vérification quand il le
jugera convenable, surtout dans le moment où il y aura lieu de pré-
sumer qu'il peut y avoir quelque danger pour les individus employés
aux travaux.

Art. 29. — Il est défendu de laisser descendre ou travailler dans les
mines et minières les enfants au-dessous de dix ans.

Nul ouvrier ne sera admis dans les travaux s'il est ivre ou en état
de maladie : aucun étranger n'y pourra pénétrer sans la permission
de l'exploitant ou du directeur, et s'il n'est accompagné d'un maître
mineur.

Art. 30. — Tout ouvrier qui, par insubordination ou désobéissance
envers le chef des travaux, contre l'ordre établi, aura compromis la
sûreté des personnes ou des choses, sera poursuivi et puni selon la
gravité des circonstances, conformément à la disposition de l'article 22
du présent décret.

Titre V. — Dispositions générales.

Art. 31. — Les contraventions aux dispositions de police ci-dessus, lors même qu'elles n'auraient pas été suivies d'accidents, seront poursuivies et jugées conformément au titre X de la loi du 21 avril 1810, sur les mines, minières et usines.

Loi du 27 avril 1838 relative à l'assèchement et à l'exploitation des mines.

Article 1er. — Lorsque plusieurs mines, situées dans des concessions différentes, seront atteintes ou menacées d'une inondation commune qui sera de nature à compromettre leur existence, la sûreté publique ou les besoins des consommateurs, le gouvernement pourra obliger les concessionnaires de ces mines à exécuter, en commun et à leurs frais, les travaux nécessaires, soit pour assécher tout ou partie des mines inondées, soit pour arrêter les progrès de l'inondation.

L'application de cette mesure sera précédée d'une enquête administrative à laquelle tous les intéressés seront appelés, et dont les formes seront déterminées par un règlement d'administration publique.

Art. 2. — Le ministre décidera, d'après l'enquête, quelles sont les concessions inondées ou menacées d'inondation qui doivent opérer, à frais communs, les travaux d'assèchement.

Cette décision sera notifiée administrativement aux concessionnaires intéressés. Le recours contre cette décision ne sera pas suspensif.

Les concessionnaires ou leurs représentants, désignés ainsi qu'il sera dit à l'article 7 de la présente loi, seront convoqués en assemblée générale à l'effet de nommer un syndicat, composé de trois ou cinq membres, pour la gestion des intérêts communs.

Le nombre des syndics, le mode de convocation et de délibération de l'assemblée générale seront réglés par un arrêté du préfet.

Dans les délibérations de l'assemblée générale, les concessionnaires ou leurs représentants auront un nombre de voix proportionnel à l'importance de chaque concession.

Cette importance sera déterminée d'après le montant des redevances proportionnelles acquittées par les mines en activité d'exploitation, pendant les trois dernières années d'exploitation, ou par les mines inondées, pendant les trois années qui auront précédé celle où l'inondation aura envahi les mines. La délibération ne sera valide qu'autant que les membres présents surpasseraient en nombre le tiers des concessions, et qu'ils représenteraient entre eux plus de la moitié des voix attribuées à la totalité des concessions comprises dans le syndicat.

En cas de décès ou de cessation des fonctions des syndics, ils seront remplacés par l'assemblée générale, dans les formes qui auront été suivies pour leur nomination.

Art. 3. — Une ordonnance royale rendue dans la forme des règlements d'administration publique, et après que les syndics auront été appelés à faire connaître leurs propositions. et les intéressés leurs observations, déterminera l'organisation définitive et les attributions du syndicat, les bases de la répartition. soit provisoire, soit définitive, de la dépense entre les concessionnaires intéressés, et la forme dans laquelle il sera rendu compte des recettes et des dépenses.

Un arrêté ministériel déterminera, sur la proposition des syndics, le système et le mode d'exécution et d'entretien des travaux d'épuisement, ainsi que les époques périodiques où les taxes devront être acquittées par les concessionnaires.

Si le ministre juge nécessaire de modifier la proposition du syndicat, le syndicat sera de nouveau entendu. Il lui sera fixé un délai pour produire ses observations.

Art. 4. — Si l'assemblée générale, dûment convoquée, ne se réunit pas, ou si elle ne nomme point le nombre de syndics fixé par l'arrêté du préfet, le ministre, sur la proposition de ce dernier, instituera d'office une commission, composée de trois ou de cinq personnes, qui sera investie de l'autorité et des attributions des syndics.

Si les syndics ne mettent point à exécution les travaux d'asséchement, ou s'ils contreviennent au mode d'exécution et d'entretien réglé par l'arrêté ministériel, le ministre, après que la contravention aura été constatée, les syndics préalablement appelés. et après qu'ils auront été mis en demeure, pourra, sur la proposition du préfet, suspendre les syndics de leurs fonctions et leur substituer un nombre égal de commissaires.

Les pouvoirs des commissaires cesseront de droit à l'époque fixée pour l'expiration de ceux des syndics. Néanmoins le ministre, sur la proposition du préfet, fixera le taux des traitements, et leur montant sera acquitté sur le produit des taxes imposées aux concessionnaires.

Art. 5. — Les rôles de recouvrement des taxes, réglées en vertu des articles précédents, seront dressés par les syndics et rendus exécutoires par le préfet.

Les réclamations des concessionnaires sur la fixation de leur quotepart dans lesdites taxes seront jugées par le conseil de préfecture, sur mémoires des réclamants, communiqués au syndicat, et après avoir pris l'avis de l'ingénieur des mines.

Les réclamations relatives à l'exécution des travaux seront jugées comme en matière de travaux publics.

Le recours, soit au conseil de préfecture. soit au conseil d'Etat, ne sera pas suspensif.

Art. 6. — A défaut de payement, dans le délai de deux mois à dater de la sommation qui aura été faite, la mine sera réputée abandonnée ;

le ministre pourra prononcer le retrait de la concession, sauf le recours au roi en son conseil d'Etat, par la voie contentieuse.

La décision du ministre sera notifiée aux concessionnaires déchus, publiée et affichée à la diligence du préfet.

L'administration pourra faire l'avance du montant des taxes dues par la concession abandonnée, jusqu'à ce qu'il ait été procédé à une concession nouvelle, ainsi qu'il sera dit ci-après.

A l'expiration du délai de recours, ou, en cas de recours, après la notification de l'ordonnance confirmative de la décision du ministre, il sera procédé publiquement, par voie administrative, à l'adjudication de la mine abandonnée. Les concurrents seront tenus de justifier des facultés suffisantes pour satisfaire aux conditions imposées par le cahier des charges.

Celui des concurrents qui aura fait l'offre la plus favorable sera déclaré concessionnaire, et le prix de l'adjudication, déduction faite des sommes avancées par l'Etat, appartiendra au concessionnaire déchu ou à ses ayants droit. Ce prix, s'il y a lieu, sera distribué judiciairement et par ordre d'hypothèques.

Le concessionnaire déchu pourra, jusqu'au jour de l'adjudication, arrêter les effets de la dépossession en payant toutes les taxes arriérées et en consignant la somme qui sera jugée nécessaire, pour sa quotepart, dans les travaux qui resteront encore à exécuter.

S'il ne se présente aucun soumissionnaire, la mine restera à la disposition du domaine, libre et franche de toutes charges provenant du fait du concessionnaire déchu. Celui-ci pourra, en ce cas, retirer les chevaux, machines et agrès qu'il aura attachés à l'exploitation, et qui pourront être séparés sans préjudice pour la mine, à la charge de payer toutes les taxes dues jusqu'à la dépossession, et sauf au domaine à retenir, à dire d'experts, les objets qu'il jugera utiles.

Art. 7. — Lorsqu'une concession de mine appartiendra à plusieurs personnes ou à une société, les concessionnaires ou la société devront, quand ils en seront requis par le préfet, justifier qu'il est pourvu, par une convention spéciale, à ce que les travaux d'exploitation soient soumis à une direction unique et coordonnés dans un intérêt commun.

Ils seront pareillement tenus de désigner, par une déclaration authentique faite au secrétariat de la préfecture, celui des concessionnaires ou tout autre individu qu'ils auront pourvu des pouvoirs nécessaires pour assister aux assemblées générales, pour recevoir toutes notifications et significations, et, en général, pour les représenter vis-à-vis de l'administration, tant en demandant qu'en défendant.

Faute par les concessionnaires d'avoir fait, dans le délai qui leur aura été assigné, la justification requise par le paragraphe 1er du présent article, ou d'exécuter les clauses de leurs conventions qui auraient pour objet d'assurer l'unité de la concession, la suspension de tout ou de partie des travaux pourra être prononcée par un arrêté du préfet, sauf recours au ministre, et, s'il y a lieu, au conseil d'État, par la voie contentieuse, sans préjudice d'ailleurs de l'application des articles 93 et suivants de la loi du 21 avril 1810.

Art. 8. — Tout puits, toute galerie ou tout autre travail d'exploitation ouvert en contravention aux lois ou règlements sur les mines pourront aussi être interdits dans la forme énoncée en l'article précédent, sans préjudice également de l'application des articles 93 et suivants de la loi du 21 avril 1810.

Art. 9. — Dans tous les cas où les lois et règlements sur les mines autorisent l'administration à faire exécuter des travaux dans les mines aux frais des concessionnaires, le défaut de payement de la part de ceux-ci donnera lieu contre eux à l'application des dispositions de l'article 6 de la présente loi.

Art. 10. — Dans tous les cas prévus par l'article 49 de la loi du 21 avril 1810, le retrait de la concession et l'adjudication de la mine ne pourront avoir lieu que suivant les formes prescrites par le même article 6 de la présente loi.

Loi du 17 juin 1840 sur le sel

Article 1. — Nulle exploitation de mines de sel, de sources ou de puits d'eau salée naturellement ou artificiellement, ne peut avoir lieu qu'en vertu d'une concession consentie par ordonnance royale, délibérée en conseil d'état.

Art. 2. — Les lois et règlements généraux sur les mines sont applicables aux exploitations des mines de sel.

Un règlement d'administration publique déterminera, selon la nature de la concession, les conditions auxquelles l'exploitation sera soumise.

Le même règlement déterminera aussi les formes des enquêtes qui devront précéder les concessions de sources ou de puits d'eau salée.

Seront applicables à ces concessions les dispositions des titres V et X de la loi du 21 avril 1810.

Art. 3. — Les concessions seront faites de préférence aux propriétaires des établissements légalement existants.

Art. 4. — Les concessions ne pourront excéder vingt kilomètres carrés s'il s'agit d'une mine de sel, et un kilomètre carré pour l'exploitation d'une source ou d'un puits d'eau salée.

Dans l'un et l'autre cas. les actes de concession règleront les droits du propriétaire de la surface, conformément aux articles 6 et 42 de la loi du 21 avril 1810.

Aucune redevance proportionnelle ne sera exigée au profit de l'état.

Art. 5. — Les concessionnaires de mines de sel, de source ou de puits d'eau salée, seront tenus :

1° De faire, avant toute exploitation ou fabrication, la déclaration prescrite par l'article 51 de la loi du 24 avril 1806 ;

2° D'extraire ou de fabriquer au minimum et annuellement une quantité de cinq cent mille kilogrammes de sel, pour être livrés à la consommation intérieure et assujettis à l'impôt.

Toutefois, une ordonnance royale pourra, dans des circonstances particulières, autoriser la fabrication au-dessous du minimum. Cette autorisation pourra toujours être retirée.

Des règlements d'administration publique détermineront, dans l'intérêt de l'impôt, les conditions auxquelles l'exploitation et la fabrication seront soumises, ainsi que le mode de surveillance à exercer, de manière à ce que le droit soit perçu sur les quantités de sel réellement fabriquées.

Les dispositions du présent article sont applicables aux exploitations ou fabriques actuellement existantes.

Art. 6. — Tout concessionnaire ou fabricant, qui voudra cesser d'exploiter ou de fabriquer, est tenu d'en faire la déclaration au moins un mois à l'avance.

Le droit de consommation sur les sels extraits ou fabriqués, qui seraient encore en la possession du concessionnaire ou du fabricant un mois après la cessation de l'exploitation ou de la fabrication, sera exigible immédiatement.

L'exploitation ou la fabrication ne pourront être reprises qu'après un nouvel accomplissement des obligations mentionnées en l'article 5,

Art. 7. — Toute exploitation ou fabrication de sel, entreprise avant l'accomplissement des formalités prescrites par l'article 5, sera passible d'interdiction, par voie administrative ; le tout sans préjudice, s'il y a lieu, des peines portées en l'article 10.

Les arrêtés d'interdiction rendus par les préfets seront exécutoires par provision, nonobstant tout recours de droit.

Art. 8. — Tout exploitant ou fabricant de sel, dont les produits n'auront pas atteint le minimum déterminé par l'art. 5, sera passible d'une amende égale au droit qui aurait été perçu sur les quantités de sel manquant pour atteindre le minimum.

Art. 9. — L'enlèvement et le transport des eaux salées et des matières salifères sont interdits pour toute destination autre que celle d'une fabrique régulièrement autorisée, sauf l'exception portée en l'article 12.

Des règlements d'administration publique détermineront les formalités à observer pour l'enlèvement et la circulation.

Art. 10. — Toute contravention aux dispositions des articles 5, 6, 7 et 9, et des ordonnances qui en régleront l'application, sera punie de la confiscation des eaux salées, matières salifères, sels fabriqués, ustensiles de fabrication, moyens de transport, d'une amende de cinq cents francs à mille francs, et, dans tous les cas, du payement du double droit sur le sel pur, mélangé ou dissous dans l'eau, fabriqué, transporté ou soustrait à la surveillance.

En cas de récidive, le maximum de l'amende sera prononcé. L'amende pourra même être portée jusqu'au double.

Art. 11. — Les dispositions des articles 5, 6, 7, 9 et 10 *sauf l'obligation du minimum de fabrication*, sont applicables aux établissements de produits chimiques dans lesquels il se produit en même temps du sel marin.

Dans les fabriques de salpêtre qui n'opèrent pas exclusivement sur les matériaux de démolition, et dans les fabriques de produits chimiques, la quantité de sel marin résultant des préparations sera constatée par les exercices des employés des contributions indirectes.

Art. 12. — Des règlements d'administration publique détermineront les conditions auxquelles pourront être autorisés l'enlèvement, le transport et l'emploi en franchise ou avec modération de droits, du sel de toute origine, des eaux salées ou de matières salifères, à destination des exploitations agricoles ou manufacturières, et de la salaison, soit en mer, soit à terre, des poissons de toute sorte.

Art. 13. — Toute infraction aux conditions sous lesquelles la franchise ou la modération de droits aura été accordée, en vertu de l'article précédent, sera punie de l'amende prononcée par l'article 10, et, en outre, du payement du double droit sur toute quantité de sel pur ou contenu dans les eaux salées et les matières salifères, qui aura été détournée en fraude.

La disposition précédente est applicable aux quantités de sel que représenteront, d'après les allocations qui auront été déterminées, les salaisons à l'égard desquelles il aura été contrevenu aux règlements.

Quant aux salaisons qui jouissent du droit d'employer le sel étranger, le double droit à payer pour amende sera calculé à raison de soixante francs pour cent kilogrammes, sans remise.

Les fabriques ou établissements, ainsi que les salaisons en mer ou à terre, jouissant déjà de la franchise, sont également soumis aux dispositions du présent article.

Art. 14. — Les contraventions prévues par la présente loi seront poursuivies devant les tribunaux de police correctionnelle, à la requête de l'administration des douanes ou de celle des contributions indirectes.

Art. 15. — Avant le 1er juillet 1841, une ordonnance royale réglera la remise accordée à titre de déchet, en raison des lieux de production, et après les expériences qui auront constaté la déperdition réelle des sels, sans que, dans aucun cas, cette remise puisse excéder cinq pour cent.

Il n'est rien changé aux autres dispositions des lois et règlements relatifs à l'exploitation des marais salants.

Art. 16. — Jusqu'au 1er janvier 1851, des ordonnances royales régleront :

1° L'exploitation des petites salines des côtes de la Manche ;

2° Les allocations et franchises sur le sel dit *de troque*, dans les départements du Morbihan et de la Loire-Inférieure.

A cette époque, toutes les ordonnances rendues en vertu du présent article cesseront d'être exécutoires, et toutes les salines seront soumises aux prescriptions de la présente loi.

Art. 17. — Les salines, salins et marais salants seront cotisés à la contribution foncière, conformément au décret du 15 octobre 1810, savoir : les bâtiments qui en dépendent, d'après leur valeur locative ; et les terrains et emplacements, sur le pied des meilleures terres labourables.

La somme dont les salines, salins et marais salants auront été dégrevés par suite de cette cotisation sera reportée sur l'ensemble de chacun des départements où ces propriétés sont situées.

Art. 18. — Les clauses et conditions du traité consenti entre le ministre des finances et la compagnie des salines et mines de sel de l'est, pour la résiliation du bail passé le 31 octobre 1815, sont et demeurent approuvées. Ce traité restera annexé à la présente loi.

Le ministre des finances est autorisé à effectuer les payements ou restitutions qui devront être opérés pour l'exécution dudit traité.

Il sera tenu un compte spécial où les dépenses seront successivement portées, ainsi que les recouvrements qui seront opérés jusqu'au terme de l'exploitation.

Il est ouvert au ministre des finances, sur l'exercice 1841, un crédit de cinq millions, montant présumé de l'excédent de dépense qui pourra résulter de cette liquidation, dont le compte sera présenté aux chambres.

Art. 19. — Les dispositions de la présente loi qui pourraient porter atteinte aux droits de la concession faite au domaine de l'état, en exécution de la loi du 6 avril 1825, n'auront effet, dans les départements dénommés en ladite loi, qu'après le 1er octobre 1841.

Jusqu'à cette époque, les lois et règlements existants continueront de recevoir leur application dans lesdits départements.

Ordonnance royale du 7 mars 1841 sur le sel.

Titre Ier. — Des mines de sel.

Article 1er. — Il ne pourra être fait de concession de mines de sel sans que l'existence du dépôt de sel ait été constatée par des puits, des galeries ou des trous de sonde.

Art. 2. — Les demandes en concession seront instruites conformément aux dispositions de la loi du 21 avril 1810 ; elles contiendront les propositions du demandeur, dans le but de satisfaire aux droits attribués aux propriétaires de la surface par les articles 6 et 42 de la loi du 21 avril 1810.

Art. 3. — L'exploitation d'une mine de sel, soit à l'état solide, par puits ou galeries, soit par dissolution, au moyen de trous de sonde ou autrement, ne pourra être commencée qu'après que le projet des travaux aura été approuvé par l'administration.

A cet effet, le concessionnaire soumettra au préfet un mémoire indiquant la manière dont il entend procéder à l'exploitation, la disposition générale des travaux qu'il se propose d'exécuter, et la situation des puits, galeries et trous de sonde, par rapport aux habitations, routes et chemins. Il y joindra les plans et coupes nécessaires à l'intelligence de son projet.

Lorsque le projet d'exploitation aura été approuvé, il ne pourra être changé sans une nouvelle autorisation.

L'approbation de l'administration sera également nécessaire pour l'ouverture de tout nouveau champ d'exploitation.

Les projets de travaux énoncés aux paragraphes précédents devront être, ainsi que les plans à l'appui, portés, avant toute décision, à la connaissance du public. A cet effet, des affiches seront apposées, pendant un mois, dans les communes comprises dans lesdits projets, et une copie des plans sera déposée dans chaque mairie.

Titre II. — Des sources et puits d'eau salée.

Art. 4. — Les articles 10, 11 et 12 de la loi du 21 avril 1810 sont applicables aux recherches d'eau salée.

Art. 5. — Tout demandeur en concession d'une source ou d'un puits d'eau salée devra justifier que la source ou le puits peut fournir des eaux salées en quantité suffisante pour une fabrication annuelle de 500,000 kilogrammes de sel au moins.

Art. 6. — Il devra justifier des facultés nécessaires pour entreprendre et conduire les travaux, et des moyens de satisfaire aux indemnités et charges qui seront imposées par l'acte de concession.

Art. 7. — La demande en concession sera adressée au préfet et enregistrée à sa date sur un registre spécial, conformément à l'article 22 de la loi du 21 avril 1810 ; le secrétaire général de la préfecture délivrera au requérant un extrait certifié de cet enregistrement.

La demande contiendra l'indication exigée par l'article 2 ci-dessus.

Le pétitionnaire y joindra le plan, en quadruple expédition et à l'échelle de 5 millimètres pour 10 mètres, des terrains désignés dans sa demande. Ce plan devra indiquer l'emplacement de la source ou du puits salé et sa situation par rapport aux habitations, routes et chemins ; il ne sera admis qu'après vérification par l'ingénieur des mines. Il sera visé par le préfet.

Art. 8. — Les publications et affiches de la demande auront lieu à la diligence du préfet, et conformément aux articles 23 et 24 de la loi du 21 avril 1810. Leur durée sera de deux mois, à compter du jour de l'apposition des affiches dans chaque localité. La demande sera insérée dans l'un des journaux du département.

Les frais d'affiches, publications et insertions dans les journaux seront à la charge du demandeur.

Art. 9. — Les demandes en concurrence ne seront admises que jusqu'au dernier jour de la durée des affiches.

Elles seront notifiées par actes extrajudiciaires au demandeur, ainsi qu'au préfet, qui les fera transcrire à leur date sur le registre mentionné en l'article 7 ci-dessus. Il sera donné communication de ce registre à toutes les personnes qui voudront prendre connaissance desdites demandes.

Art. 10. — Les oppositions à la demande en concession, les réclamations relatives à la quotité des offres faites aux propriétaires de la surface, les demandes en indemnité d'invention, seront notifiées aux demandeur et au préfet par actes extrajudiciaires.

Art. 11. — Jusqu'à ce qu'il ait été statué définitivement sur la demande en concession, les oppositions, réclamations et demandes mentionnées en l'article 10 ci-dessus seront admissibles devant notre ministre des travaux publics. Elles seront notifiées par leurs auteurs aux parties intéressées.

Art. 12. — Le gouvernement jugera des motifs ou considérations d'après lesquels la préférence doit être accordée aux divers demandeurs en concession, qu'ils soient propriétaires de la surface, inventeurs ou autres, sans préjudice de la disposition transitoire de l'article 3 de la loi du 17 juin 1840, relative aux propriétaires des établissements actuellement existants.

Art. 13. — Il sera définitivement statué par une ordonnance royale délibérée en conseil d'état.

Cette ordonnance purgera, en faveur du concessionnaire, tous les droits des propriétaires de la surface et des inventeurs ou de leurs ayants cause.

Art. 14. — L'étendue de la concession sera déterminée par ladite ordonnance; elle sera limitée par des points fixes pris à la surface du sol.

Art. 15. — Lorsque, dans l'étendue du périmètre qui lui est concédé, le concessionnaire voudra pratiquer, pour l'exploitation de l'eau salée, une ouverture autre que celle désignée par l'acte de concession, il adressera au préfet avec un plan à l'appui, une demande qui sera affichée, pendant un mois, dans chacune des communes sur lesquelles s'étend la concession. Une copie de ce plan sera déposée dans chaque mairie.

S'il ne s'élève aucune réclamation contre la demande, l'autorisation sera accordée par le préfet. Dans le cas contraire, il sera statué par notre ministre des travaux publics.

Art. 16. — Toutes les questions d'indemnités à payer par le concessionnaire d'une source ou d'un puits d'eau salée, à raison des recherches ou travaux antérieurs à l'acte de concession, seront décidées conformément à l'article 4 de la loi du 28 pluviôse an VIII.

Art. 17. — Les indemnités à payer par le concessionnaire aux propriétaires de la surface, à raison de l'occupation des terrains nécessaires à l'exploitation des eaux salées, seront réglées conformément aux articles 43 et 44 de la loi du 21 avril 1810.

Art. 18. — Aucune concession de source ou de puits d'eau salée ne peut être vendue par lots ou partagée, sans une autorisation préalable du gouvernement, donnée dans les mêmes formes que la concession.

Titre III. — Dispositions communes aux concessions de mines de sel et aux concessions de sources et de puits d'eau salée.

Art. 19. — Aucune recherche de mine de sel ou d'eau salée, soit par les propriétaires de la surface, soit par des tiers autorisés en vertu de l'article 10 de la loi du 21 avril 1810, ne pourra être commencée qu'un mois après la déclaration faite à la préfecture. Le préfet en donnera avis immédiatement au directeur des contributions indirectes ou au directeur des douanes. suivant le cas.

Art. 20. — Il ne pourra être fait, dans le même périmètre, à deux personnes différentes, une concession de mine de sel et une concession de source ou de puits d'eau salée.

Mais tout concessionnaire de source ou de puits d'eau salée, qui aura justifié de l'existence d'un dépôt de sel dans le périmètre à lui concédé, pourra obtenir une nouvelle concession, conformément au titre Ier de la présente ordonnance.

Jusque-là, tout puits, toute galerie ou tout autre ouvrage d'exploitation de mine, est interdit au concessionnaire de la source ou du puits d'eau salée.

Art. 21. — Dans tous les cas où l'exploitation, soit des mines de sel, soit des sources ou des puits d'eau salée, comprometterait la sûreté publique, la conservation des travaux, la sûreté des ouvriers ou des habitations de la surface, il y sera pourvu ainsi qu'il est dit en l'article 50 de la loi du 21 avril 1810.

Art. 22. — Tout puits, toute galerie, tout trou de sonde, ou tout autre ouvrage d'exploitation ouvert sans autorisation, seront interdits conformément aux dispositions de l'article 8 de la loi du 27 avril 1838.

Néanmoins, les exploitations en activité à l'époque de la promulgation de la loi du 17 juin 1840 sont provisoirement maintenues, à charge par les exploitants de former, dans un délai de trois mois, à compter de la promulgation de la présente ordonnance, des demandes en concession, conformément aux dispositions qu'elle prescrit.

Si la concession n'est point accordée, l'exploitation cessera de plein droit, et, au besoin, elle sera interdite conformément au premier paragraphe du présent article.

Art. 23. — Les concessions pourront être révoquées dans les cas prévus par l'article 49 de la loi du 21 avril 1810. Il sera alors procédé conformément aux règles établies par la loi du 27 avril 1838.

Art. 24. — Le directeur des contributions indirectes ou des douanes, selon les cas, sera consulté par le préfet sur toute demande en concession de mine de sel, de source ou de puits d'eau salée.

Le préfet consultera ensuite les ingénieurs des mines, et transmettra les pièces à notre ministre des travaux publics, avec leurs rapports et son avis.

Les pièces relatives à chaque demande seront communiquées par notre ministre des travaux publics à notre ministre des finances.

Titre IV. — Des permissions relatives à l'établissement des usines pour la fabrication du sel.

Art. 25. — Les usines destinées à l'élaboration du sel gemme ou au traitement des eaux salées ne pourront être établies, soit par les concessionnaires des mines de sel, de sources ou de puits d'eau salée, soit par tous autres, qu'en vertu d'une permission accordée par ordonnance royale, après l'accomplissement des formalités prescrites par l'article 74 de la loi du 21 avril 1810 (1). Toutefois le délai des affiches est réduit à un mois.

Le demandeur devra justifier que l'usine pourra suffire à la fabrication annuelle d'au moins cinq cent mille kilogrammes de sel, sauf l'application de la faculté ouverte par le deuxième alinéa de l'article 5 de la loi du 17 juin 1840.

Seront, d'ailleurs, observées les dispositions des lois et règlements sur les établissements dangereux, incommodes ou insalubres.

Art. 26. — La demande en permission devra être accompagnée d'un plan en quadruple expédition, à l'échelle de deux millimètres par mètre, indiquant la situation et la consistance de l'usine. Ce plan sera vérifié et certifié par les ingénieurs des mines, et visé par le préfet.

Les oppositions auxquelles la demande pourra donner lieu seront notifiées au demandeur et au préfet par actes extrajudiciaires.

Art. 27. — Les dispositions de l'article 24 ci-dessus, relatives aux demandes en concession de mines de sel ou de source et de puits d'eau salée, seront également observées à l'égard des demandes en permission d'usines.

Art. 28. — Les permissions seront données à la charge d'en faire usage dans un délai déterminé. Elles auront une durée indéfinie, à moins que l'ordonnance d'autorisation n'en ait décidé autrement.

Art. 29. — Elles pourront être révoquées, pour cause d'inexécution des conditions auxquelles elles auront été accordées.

La révocation sera prononcée par arrêté de notre ministre des travaux publics. Cet arrêté sera exécutoire par provision, nonobstant tout recours de droit.

Art. 30. — Les fabriques légalement en activité à l'époque de la promulgation de la loi du 17 juin 1840 sont maintenues provisoirement, à charge par les propriétaires de former une demande en permission dans un délai de trois mois, à partir de la promulgation de la présente ordonnance.

Dans le cas où cette permission ne serait point accordée, les établissements seront interdits dans les formes indiquées au second paragraphe de l'article précédent.

Art. 31. — Nos ministres secrétaires d'Etat aux départements des travaux publics et des finances sont chargés, chacun en ce qui le concerne, de l'exécution de la présente ordonnance, qui sera insérée au bulletin des lois.

(1). Abrogé par la loi du 9 mai 1866.

**Ordonnance royale du 23 mai 1841, contenant le règle-
ment d'administration publique exigé par le deuxième
paragraphe de l'article 1er de la loi du 27 avril 1838.**

Louis-Philippe, etc.

Vu la loi du 27 avril 1838, relative à l'assèchement et à l'exploitation des mines ;

Notre conseil d'Etat entendu,

Article 1er. — L'enquête administrative qui doit précéder l'application des dispositions de la loi du 27 avril 1838, relative aux mines
inondées ou menacées d'inondation, sera ordonnée par notre ministre
des travaux publics, et aura lieu dans les formes ci-après déterminées.

Art. 2. — L'enquête s'ouvrira sur un mémoire rédigé par l'ingénieur
en chef des mines, et faisant connaître :

La quantité des produits que les mines inondées fournissaient avant
d'être envahies par les eaux ;

La quotité de ceux que fournissent encore les mines que l'inondation peut atteindre ;

Les relations que ces diverses mines ont entre elles ;

Les causes de l'inondation qui les atteint ou qui les menace ;

La manière dont cette inondation se propage, les progrès qu'elle a
déjà faits et ceux qu'elle peut faire encore ;

Les circonstances d'où il résulte qu'elle est de nature à compromettre l'existence des mines, la sûreté publique ou les besoins des
consommateurs, et qu'il y a lieu par le gouvernement de recourir à
l'application de la loi du 27 avril 1838, à l'effet d'obliger les concessionnaires à exécuter en commun et à leurs frais, les travaux nécessaires, soit pour assécher les mines inondées, soit pour garantir de l'i-
nondation les exploitations qui n'en sont point encore atteintes.

A ce mémoire seront joints les plans et coupes nécessaires pour en
faciliter l'intelligence.

Art. 3. — Les pièces mentionnées en l'article précédent seront déposées à la sous-préfecture de l'arrondissement dans lequel les mines
sont situées, après avoir été visées par le préfet.

Art. 4. — Un registre destiné à recevoir les observations auxquelles
la mesure projetée pourra donner lieu sera ouvert pendant deux mois
à cette sous-préfecture ; le mémoire et les plans produits par l'ingénieur en chef y resteront déposés pendant le même temps.

Des registres seront également ouverts dans chaque commune de la circonscription des mines auxquelles il s'agit de faire application de la loi du 27 avril 1838 ; à ces registres seront annexées les copies conformes des pièces déposées à la sous-préfecture.

Art. 5. — L'enquête sera annoncée par des affiches placées au chef-lieu du département, à celui de l'arrondissement, et dans toutes les communes dans lesquelles sont situées les mines inondées ou menacées d'inondation.

Les représentants des concessionnaires ou des sociétés propriétaires de chacune de ces mines, nommés en exécution de l'article 7 de la loi du 27 avril 1838, seront informés individuellement, par notification administrative, de l'ouverture de cette enquête.

Art. 6. — Une commission composée de cinq membres au moins et de sept au plus, sera formée au chef-lieu de l'arrondissement.

Les membres et le président de cette commission seront nommés par le préfet.

Art. 7. — Cette commission se réunira immédiatement après l'expiration du délai fixé par l'article 4.

Elle examinera les déclarations consignées au registre ; elle recevra les dires, mémoires et observations de toute espèce; elle entendra les propriétaires des mines inondées ou menacées d'inondation, les ingénieurs des mines, les chefs des établissements industriels, et toutes les personnes qu'elle jugera à même de lui fournir d'utiles renseignements; puis elle donnera son avis motivé sur la question de savoir s'il y a lieu à l'application de la mesure indiquée dans l'article 1er de la loi du 27 avril 1838.

Art. 8. — Les chambres de commerce et les chambres consultatives des arts et manufactures des villes situées tant à l'intérieur qu'au dehors du département, qu'il paraîtrait utile de consulter, seront appelées à donner leur avis.

Art. 9. — Toutes les pièces de l'enquête seront transmises au ministre des travaux publics par le préfet, lequel y joindra son avis motivé.

Ordonnance royale du 18 avril 1842, prescrivant à tout propriétaire de mines l'élection d'un domicile administratif.

Louis-Philippe, etc.

Vu l'article 7 de la loi du 21 avril 1810, d'après lequel les mines, dès qu'elles sont concédées, deviennent disponibles et transmissibles comme tous autres biens, sauf seulement le cas énoncé au second paragraphe du même article et relatif aux ventes par lots ou à des partages ;

Vu les dispositions de ladite loi, et celles du décret du 3 janvier 1813 et de la loi du 27 avril 1838, qui ont chargé l'administration d'une surveillance spéciale sur les mines, et l'appellent, en diverses circonstances, à faire des notifications aux concessionnaires ;

Considérant que, pour assurer l'exercice de cette surveillance, tout concessionnaire de mine doit indiquer un domicile où puissent lui être adressés les actes administratifs qu'il y aurait lieu de lui notifier en sa qualité de concessionnaire ;

Qu'il en doit être de même lorsque la concession passe en d'autres mains, à quelque titre que ce soit ;

Que ces formalités, en même temps qu'elles sont d'ordre public, importent aux concessionnaires eux-mêmes, puisqu'elles ont pour objet de les mettre en mesure de se faire entendre, lorsqu'il s'agit d'appliquer à leur égard les dispositions prescrites par la loi ;

Notre conseil d'Etat entendu,

Art. 1er. — Tout concessionnaire de mine devra élire un domicile, qu'il fera connaître par une déclaration adressée au préfet du département où la mine est située.

Art. 2. — En cas de transfert de la propriété de la mine, à quelque titre que ce soit, l'obligation énoncée en l'article précédent est également imposée au nouveau propriétaire.

———

Ordonnance royale du 26 mars 1843, modifié par le décret du 25 septembre 1882, portant règlement d'administration publique pour l'exécution de l'article 50 de la loi du 21 avril 1810 modifiée par celle du 27 juillet 1880.

Art. 1er. — Dans les cas prévus par l'article 50 de la loi du 21 avril 1810, modifiée par la loi du 27 juillet 1880, et généralement, lorsque, pour une cause quelconque, les travaux de recherche ou d'exploitation d'une mine seront de nature à compromettre la sécurité publique, la conservation de la mine, la sûreté des ouvriers mineurs, la conservation des voies de communication, celle des eaux minérales, la solidité des habitations, l'usage des sources qui alimentent les villes, villages, hameaux et établissements publics, les explorateurs ou les concessionnaires seront tenus d'en donner immédiatement avis à l'ingénieur des mines et au maire de la commune dans laquelle la recherche ou l'exploitation sera située.

Art. 2. — L'ingénieur des mines, ou à son défaut le garde-mines, se rendra sur les lieux, dressera procès-verbal et le transmettra au préfet, en y joignant l'indication des mesures qu'il jugera propres à faire cesser la cause du danger.

Le maire adressera aussi au préfet ses observations et ses propositions sur ce qui pourra concerner la sûreté des personnes et celle des propriétés.

En cas de péril imminent, l'ingénieur des mines du département fera, sous sa responsabilité, les réquisitions nécessaires pour qu'il y soit pourvu sur-le-champ ; le tout conformément aux dispositions de l'article 5 du décret du 3 janvier 1813.

Art. 3. — Le préfet, après avoir entendu l'explorateur ou le concessionnaire, ordonnera telles dispositions qu'il appartiendra.

Art. 4. — Si l'explorateur ou le concessionnaire, sur la notification qui lui sera faite de l'arrêté du préfet, n'obtempère pas à cet arrêté, il y sera pourvu d'office, à ses frais, et par les soins des ingénieurs des mines.

Art. 5 (1). — Quand les travaux auront été exécutés d'office par l'administration, tous frais de confection et tous autres frais seront réglés par le préfet. Le recouvrement en sera opéré par les préposés de l'administration de l'enregistrement et des domaines, comme en

_____

(1) Le recouvrement est actuellement opéré par le percepteur des contributions directes au lieu des receveurs de l'enregistrement.

matière d'amendes, frais et autres objets se rattachant à la grande voierie.

Les réclamations contre le règlement de ces frais seront portées devant le conseil de préfecture, sauf recours au conseil d'Etat.

Art. 6. — Il sera procédé, ainsi qu'il est dit aux articles 3, 4 et 5 ci-dessus, à l'égard de tout concessionnaire qui négligerait de tenir sur ses exploitations le registre et le plan d'avancement journalier des travaux, qui n'entretiendrait pas constamment sur ses établissements les médicaments et autres moyens de secours, qui n'adresserait pas au préfet, dans les délais fixés, les plans des travaux souterrains et autres plans prescrits par le cahier des charges, qui présenterait des plans qui seraient reconnus inexacts ou incomplets par les ingénieurs des mines.

Art. 7. — Les dispositions ci-dessus seront exécutées sans préjudice de l'application, s'il y a lieu, des articles 93 et suivants de la loi du 21 avril 1810.

Décret du 23 octobre 1852 interdisant les réunions de concessions de mines sans autorisation du gouvernement.

LOUIS-NAPOLÉON, etc,

Vu les nombreuses réclamations adressées au gouvernement contre les réunions de mines opérées sans autorisation administrative sur divers points du territoire ;

Considérant que, dans certains cas, ces réunions sont de nature à porter un grave préjudice aux intérêts du commerce et de l'industrie ;

Considérant, dès lors, qu'il est du devoir de l'autorité publique de s'y opposer ;

Vu la loi du 21 avril 1810 sur les mines ;

Vu l'article 6 de la constitution ;

Sur le rapport du ministre des travaux publics, et de l'avis du conseil des ministres,

Article 1er. — Défense est faite à tout concessionnaire de mines, de quelque nature qu'elles soient, de réunir sa ou ses concessions à d'autres concessions de même nature, par association ou acquisition ou de toute autre manière, sans l'autorisation du gouvernement.

Art. 2. — Tous actes de réunion opérés en opposition à l'article précédent seront, en conséquence, considérés comme nuls et non avenus, et pourront donner lieu au retrait des concessions, sans préjudice des poursuites que les concessionnaires des mines réunies pourraient avoir encourues en vertu des articles 414 et 419 du Code pénal.

Art. 3. — Le ministre des travaux publics et le ministre de la justice sont chargés, chacun en ce qui le concerne, de l'exécution du présent décret, qui sera inséré au Bulletin des lois.

Circulaire du 30 novembre 1852 du ministre des travaux publics aux préfets, sur le décret du 23 octobre 1852.

J'ai l'honneur de vous adresser ampliation d'un décret, en date du 23 octobre dernier, du Président de la République, qui interdit les réunions des concessions de mines, à un titre quelconque, sans l'autorisation du gouvernement.

Cette mesure, impérieusement réclamée depuis longtemps par l'opinion publique, était rendue plus que jamais nécessaire par diverses réunions qui se préparaient, et, cette fois, non plus seulement entre les mines d'un même bassin, mais entre les mines de régions situées à de grandes distances les unes des autres. Des faits semblables, consommés sans l'examen préalable de l'autorité, pouvaient renfermer en eux-mêmes les périls les plus redoutables pour le commerce et l'industrie du pays ; ils pouvaient aussi, sur certains points et dans certaines circonstances données, devenir compromettants pour l'ordre public : le gouvernement aurait donc manqué au plus rigoureux de ses devoirs si, fidèle à l'esprit de la législation sur les mines, il n'avait usé, pour prévenir les projets en cours de négociation, des pouvoirs que la constitution met dans ses mains.

Tel est le but du décret du 23 octobre dernier. Je vous prie de lui donner immédiatement la plus grande publicité, et de veiller, de concert avec les ingénieurs des mines, à sa stricte et complète exécution.

Vous remarquerez que le décret interdit toutes les réunions, à un titre quelconque, non autorisées, aussi bien celles par location que par association et acquisition, aussi bien celles par hérédité et expropriation judiciaire que celles par acquisition et donation à titre gratuit ou onéreux. Vous devrez donc inviter l'ingénieur en chef des mines de votre département à vous rendre un compte immédiat de tous les faits qui lui paraîtraient constituer une infraction au décret et pour lesquels l'autorisation administrative n'aurait pas été préalablement réclamée. Vous voudrez bien me donner connaissance de ces faits, et je prendrai ou provoquerai, à mon tour, telles mesures que de droit.

———————

Décret du 11 février 1874 sur les redevances et l'abonnement aux redevances.

Art. 1er. — Les dispositions du décret du 6 mai 1811, relatif à l'établissement de la redevance proportionnelle des mines, continueront d'être appliquées, sauf les modifications ci-après :

En cas de désaccord sur l'appréciation du produit net imposable, entre le comité d'évaluation institué par le décret du 6 mai 1811 et l'ingénieur des mines ou le directeur des contributions directes, il est statué par le préfet, sur avis motivé du directeur des contributions directes.

Si le préfet n'adopte pas les conclusions du directeur des contributions directes, il en est référé au ministre des travaux publics, qui statue, après s'être concerté avec le ministre des finances.

Le préfet arrête ensuite les rôles et les rend exécutoires, sauf recours des contribuables.

Art. 2. — Les soumissions d'abonnement sont présentées, acceptées ou rejetées, dans la forme tracée par le décret du 6 mai 1811.

Les abonnements sont approuvés par le préfet, sur l'avis de l'ingénieur des mines, du directeur des contributions directes et du comité d'évaluation, quand le taux de l'abonnement ne dépasse pas 1,000 francs.

Dans le cas de désaccord entre le comité d'évaluation et l'ingénieur des mines ou le directeur des contributions directes, il en est référé au ministre des travaux publics, qui statue après s'être concerté avec le ministre des finances.

Au-dessus de 1,000 francs jusqu'à 3,000 francs, les abonnements sont approuvés par le ministre des travaux publics, qui se concerte préalablement avec le ministre des finances.

Les abonnements au-dessus de 3.000 francs et ceux pour lesquels un accord ne serait pas établi entre les deux ministres, dans les cas prévus par les paragraphes précédents, sont approuvés par un décret rendu en conseil d'Etat.

L'abonnement peut toujours être refusé par l'administration. Toutefois le refus d'une soumission d'abonnement ne peut, en aucun cas, être prononcé que par une décision du ministre des travaux publics, prise de concert avec le ministre des finances, après avis du conseil général des mines et des sections réunies des travaux publics et des finances du conseil d'Etat.

Art. 3. — Sont et demeurent abrogées toutes les dispositions des décrets antérieurs qui sont contraires au présent décret.

Modèles de décret de concession de mines et de cahier des charges annexé, conformes aux types de la circulaire ministérielle du 9 octobre 1883.

DÉCRET DE CONCESSION (1).

Art. A. — Il est fait concession à. . . . .
. . . . des mines d. . . . .
comprises dans les limites ci-près définies, commmune . . d. . . .
. . . .
arrondissement d. . . . .
département d. . . . .
Art. B. — Cette concession qui prendra le nom d. . . . . . .
. . . . est limitée
conformément au plan annexé au présent décret, ainsi qu'il suit : . . .
. . . . , ...
. . . .
. . . .
Lesdites limites renfermant une étendue superficielle de . . . . .
. . . . kilomètres carrés,
. . . . hectares.
Art. B¹. (*Spécial aux concessions de mines de fer ne comprenant pas les minerais de fer en fer en filons ou en couches, ou d'alluvion, exploitables comme minières, ou ne comprenant pas certains d'entre eux*) (2). — La présente concession ne s'applique pas aux minerais de fer en filons ou en couches, ou d'alluvion (3), qui peuvent être exploités comme minières, et restent à la disposition des propriétaires desdites minières, dans les termes et conditions des articles 57, 58, 68, 69 et 70 de la loi du 21 avril 1810, modifiée par les lois du 9 mai 1866 et du 27 juillet 1880.
Art. B². (*Spécial aux concessions de mines de fer comprenant les minerais de fer en filons, ou en couches, ou d'alluvion, exploitables comme minières, ou comprenant au moins certains d'entre eux*) (4). — Sont dès à

(1) Les clauses générales sont indiquées par les lettres A, B, C. etc.: les clauses spéciales, par les mêmes lettres avec un chiffre placé à la droite comme exposant.
(2) Dans certains cas, il pourra y avoir lieu d'insérer simultanément les deux articles B¹ et B² dans le décret.
(3) Suivant les cas, on maintiendra les trois catégories de minerais ou l'on supprimera certaines d'entre elles.
(4) *Id.*

présent réunis à la concession, sous la réserve des droits attribués aux propriétaires des minières par le paragraphe 3 de la loi du 21 avril 1810, modifiée par les lois du 9 mai 1866 et du 27 juillet 1880, les minerais de fer en filons ou en couches, ou d'alluvion (1) qui peuvent être exploités comme minières.

Les limites entre les minerais concédés et les minerais des minières réunies à la concession qui doivent donner lieu à une indemnité en faveur des propriétaires desdites minières sont fixées comme suit :

. . . .

Art. C. — Il n'est rien préjugé au sujet des gîtes de tout minerai étranger. . . . .

La concession de ces gîtes de minerai pourra être ultérieurement accordée, s'il y a lieu, dans les formes ordinaires, soit aux concessionnaires des mines d . . . . soit à une autre personne.

Art. D. — Les droits attribués aux propriétaires de la surface, par les articles 6 et 42 de la loi du 21 avril 1810, modifiée par la loi du 27 juillet 1880, sur le produit des mines concédées, sont réglés à . . . .

. . . .

Art. D². (*Spécial au cas où il y a un droit d'invention à payer*). - Le . . . concessionnaire . . payer . . au . . sieur . . . . . .
. . . .
en exécution de l'article 16 de la loi du 21 avril 1810, et à titre d'indemnité pour l'invention de . . . . la somme de . . . .

Art. E. — Le . . concessionnaire . . se conformer . . aux dispositions du cahier des charges annexé au présent décret, et qui est considéré comme en faisant partie essentielle.

Art. F. — Si le . . concessionnaire . . veu . . renoncer à la totalité ou à une partie de la concession, il . . s'adresser . . par voie de pétition, au préfet, six mois au moins avant l'époque à laquelle il . . aurai . . l'intention d'abandonner les travaux de . . mines, et il . . joindr . . à ladite pétition :

1° Le plan et l'état descriptif des exploitations ;

2° Un certificat du conservateur des hypothèques, constatant qu'il n'existe point d'inscriptions hypothécaires sur la concession, ou, dans le cas contraire, un état de celles qui pourraient avoir été prises, en y joignant la mainlevée de ces inscriptions, au moins pour la portion du gîte à laquelle il . . entend . . . renoncer.

Lorsque ces pièces auront été fournies, la pétition sera publiée et affichée pendant deux mois, dans les lieux et suivant les formes déter-

_____

(1) Comme à la page précédente.

minés par les articles 23 et 24 de la loi du 21 avril 1810, modifiée par la loi du 27 juillet 1880, pour les demandes en concession de mines.

Les oppositions, s'il s'en présente, seront reçues et notifiées dans les formes déterminées par l'article 26 de la même loi.

La renonciation ne sera valable que lorsqu'elle aura été acceptée, s'il y a lieu, par un décret délibéré en Conseil d'Etat.

Art. G. — Le présent décret sera publié et affiché aux frais d . . concessionnaire . . dans l . . commune . . sur l . . quelle . . s'étend la concession.

Art. H. — Le ministre des travaux publics et le Ministre des finances sont chargés, chacun en ce qui le concerne, de l'exécution du présent décret, qui sera inséré par extrait au *Bulletin des lois.*

CAHIER DES CHARGES DES CONCESSIONS DE MINES (1).

Art. A. — Dans le délai de . . . à dater de la notification du décret de concession, il sera planté des bornes sur tous les points servant de limite à la concession où cela sera reconnu nécessaire.

L'opération aura lieu aux frais d . . concessionnaire . , à la diligence du préfet, et en présence de l'ingénieur des mines, qui en dressera procès-verbal. Expéditions de ce procès-verbal seront déposées aux archives de la préfecture du département d . . . . et à celles d . . . . . . commune . . de . . .

Art. B. — Dans un délai de six mois à dater de la notification du décret de concession, l . . concessionnaire . . adresser . . au préfet les plans et coupes des mines et des travaux déjà exécutés, ces plans étant dressés à l'échelle d'un millimètre par mètre, orientés au nord vrai, et divisés en carreaux de dix en dix millimètres. Il . . . y joindr . . un mémoire indiquant avec détails le mode d'exploitation qu'il . . se propose . . de suivre.

L'indication de ce mode d'exploitation sera aussi tracée sur ces plans et coupes.

Les cotes de niveau des points principaux, tels que les orifices de puits ou galeries, les points de jonction des galeries avec les puits, et des galeries entre elles, par rapport à un plan horizontal fixe et déterminé, seront inscrites en mètres et centimètres sur les plans.

Le . . concessionnaire . . y joindr . . sur papier transparent un plan de la surface, s'appliquant sur le plan des travaux, et figurant la position des maisons ou lieux d'habitation, édifices, voies de commu-

(1) Les clauses générales sont indiquées par les lettres A, B, C, etc.; les clauses spéciales, par les mêmes lettres, avec un chiffre placé à la droite, comme exposant.

nication, eaux minérales, sources alimentant des villes, villages, hameaux et établissements publics, canaux, cours d'eau, etc.

Art. B. (*Pour les mines de sel*). — Dans le délai de six mois, à dater du décret de concession, le . . concessionnaire . . soumettr . . au préfet, les mémoire, plans et coupes prévus par l'article 3 de l'ordonnance du 7 mars 1841.

Les plans seront dressés à l'échelle d'un millimètre par mètre, orientés au nord vrai, et divisés en carreaux de dix en dix millimètres.

Les cotes de niveau des points principaux, tels que les orifices des puits, galeries ou trous de sonde, les points de jonction des galeries avec les puits, et des galeries entre elles, par rapport à un plan horizontal fixe et déterminé, seront inscrites en mètres et centimètres sur les plans.

Le . . commissionnaire . . y joindr . . sur papier transparent un plan de la surface, s'appliquant sur le plan des travaux et figurant la position des maisons ou lieux d'habitation, édifices, voies de communication, eaux minérales, sources alimentant des villes, villages, hameaux et établissements publics, canaux, cours d'eau, etc.

Ces plans devront être accompagnés d'autant de copies qu'il y a de communes comprises dans lesdits projets.

Les projets ci-dessus mentionnés, ainsi que les plans à l'appui, seront, conformément à l'article 3 de l'ordonnance du 7 mars 1841, portés, avant toute décision, à la connaissance du public, dans les formes et conditions prescrites par ledit article.

Les affiches seront apposées à la diligence du préfet et aux frais de . . concessionnaire . .

Art. B¹. (*Spécial au cas où il y a une redevance proportionnelle stipulée en faveur des propriétaires du sol*). — Les plans et le mémoire, fournis en exécution de l'article précédent, contiendront le tracé et la déclaration des propriétés territoriales que le champ d'exploitation doit embrasser.

Un extrait de la déclaration, rédigé par l'ingénieur des mines, sera, à la diligence du préfet, et au frais d . . concessionnaire . . affiché, pendant un mois, à la porte des mairies, dans toutes les communes où s'étend la concession.

Art. C. — Le préfet renverra ces pièces à l'examen des ingénieurs des mines.

S'il est reconnu que les travaux projetés peuvent occasionner quelques-uns des abus ou dangers prévus, tant dans le titre V de la loi du 21 avril 1810, modifiée par la loi du 27 juillet 1880, que dans les titres II et III du décret du 3 janvier 1813, le préfet notifiera au . . concessionnaire . . son opposition à l'exécution totale ou partielle desdits travaux.

Si le préfet n'a pas fait d'opposition, dans le délai de deux mois, à partir du jour du dépôt des pièces à la préfecture, il sera passé outre, par le . . concessionnaire . . à l'exécution des travaux.

Art. C. (*Pour les mines de sel*). — L'exécution du projet des travaux sera autorisée, s'il y a lieu, par le préfet, dans le cas où il ne s'est élevé aucune réclamation pendant l'enquête précitée. Dans le cas contraire, il sera statué par le ministre des travaux publics.

S'il est reconnu que les travaux peuvent occasionner quelques-uns des abus ou dangers prévus tant dans le titre V de la loi du 21 avril 1810, modifiée par la loi du 27 juillet 1880, que dans les titres II et III du décret du 3 janvier 1813, l'autorisation ne sera donnée qu'après avoir introduit dans les projets les modifications nécessaires.

Art. C¹. (*Spécial au cas où il y a une redevance proportionnelle à payer au propriétaire du sol*). — Aussitôt que le . . concessionnaire . . porter . . l'extraction sous une propriété nouvelle, il . . ser . . tenu . . d'en prévenir le propriétaire du sol. Ce propriétaire pourra placer à ses frais, sur la mine, un préposé pour vérifier la quantité des produits journaliers de l'exploitation.

Art. C². (*Spécial aux mines de sel*). — Aucun trou de sonde pour l'exploitation du sel par dissolution ne pourra exister dans le périmètre de la concession, à une distance horizontale de moins de . . mètres de tous chemins de fer construits ou à construire, et de moins de . . mètres de tous canaux établis ou à établir, sans préjudice de l'application ultérieure, s'il y a lieu, de l'article 56 de la loi du 21 avril 1810, modifiée par la loi du 27 juillet 1880.

Art. D. — Lorsque le . . concessionnaire . . voudr . . ouvrir un nouveau champ d'exploitation, ou établir de nouveaux puits ou galeries partant du jour, ou changer le mode d'exploitation précédemment adopté, il . . devr . . adresser au préfet un plan général de la concession, un plan des travaux, un mémoire explicatif et le plan de surface correspondant, le tout dressé conformément à ce qui est prescrit par l'article B ci-dessus.

Il sera donné suite à ce projet, ainsi qu'il est dit à l'art. C.

Art. E. — Dans le cas où les travaux projetés par le . . concessionnaire . . devraient s'étendre au-dessous ou dans le voisinage immédiat des édifices, maisons ou lieux d'habitation, autres exploitations, voies de communication, sources minérales, sources alimentant des villes, villages, hameaux et établissements publics, sous des canaux et cours d'eau, ou à une distance horizontale moindre de . . mètres de leurs bords, le projet des travaux devra être préalablement soumis au préfet.

Il y sera donné suite ainsi qu'il est dit à l'article C, après que les intéressés auront été entendus, et sans préjudice de l'application ultérieure, s'il y a lieu, de l'article 50 de la loi du 21 avril 1810, modifiée par la loi du 27 juillet 1880.

Art. F. — Dans le voisinage des chemins de fer, il est interdit au. .
concessionnaire . . d'exploiter (1) à toute profondeur, sous une zone
de terrain limitée, à la surface, par deux lignes menées parallèlement
aux limites du chemin de fer et de ses dépendances, et à . . mètres
de distance de ces limites, s'il . . n'en . . obtenu l'autorisation du
préfet donnée sur le rapport des ingénieurs des mines, la compagnie
du chemin de fer et le service du contrôle entendus.

Art. G. — Chaque année, dans le courant de janvier, le . . concessionnaire . . adresser . . au préfet les plans et coupes des travaux
exécutés dans le cours de l'année précédente. Ces plans, dressés à l'é-
chelle d'un millimètre par mètre de manière à pouvoir être rattachés
aux plans généraux désignés dans les articles précédents, et renfermant
toutes les indications mentionnées auxdits articles, seront vérifiés par
l'ingénieur des mines.

Le . . concessionnaire . . y joindr . . sur papier transparent une
copie du plan de surface, prescrit par les articles B et D, renfermant
avec les modifications qui auraient pu se produire, les indications
mentionnées à l'article B.

Art. H. — Quand le . . concessionnaire . . voudr . . abandonner une portion des travaux souterrains, il . . ser . . tenu . .
d'en faire la déclaration à la préfecture, et de joindre à cette déclaration un plan des travaux ainsi qu'un plan correspondant de la
surface.

Il sera ensuite procédé comme il est dit aux articles 8, 9 et 10 du
décret du 3 janvier 1813.

Art. H¹. (*Spécial au cas où une redevance proportionnelle est stipulée
en faveur des propriétaires du sol*). — La déclaration d . . concessionnaire . . contiendra la désignation des propriétés auxquelles correspondra le champ des travaux qu'il s'agira d'abandonner.

Un extrait de cette déclaration, rédigé par l'ingénieur des mines,
sera affiché comme il est dit à l'article B¹ ci-dessus.

Les ouvertures au jour des puits ou galeries qui deviendront inutiles
seront comblées ou bouchées par le . . concessionnaire . . suivant
le mode qui sera prescrit par le préfet, sur la proposition de l'ingénieur des mines, et à la diligence des maires des communes, sur les
territoires desquelles les ouvertures seront situées.

En cas d'inexécution, il sera procédé comme il est dit à l'article 10
du décret du 3 janvier 1813.

Art. I¹. (*Spécial aux mines de houille, lignite, anthracite*). — L. .
. . . . . menus et les matières susceptibles de s'enflammer spontanément dans l'intérieur des mines seront transportés au jour, au fur
et à mesure de l'avancement des travaux, à moins d'une autorisation

(1) Pour les mines de sel, ajouter par galeries.

spéciale délivrée par le préfet, sur le rapport de l'ingénieur des mines.

Art. I². (*Spécial aux mines de combustible*). — Le . . concessionnaire . . devr . . se conformer aux mesures qui seraient prescrites par l'administration pour prévenir les dangers résultant de la présence du gaz inflammable et de son explosion dans les mines, et de supporter les charges qui pourraient à cet effet l . . . être imposées.

Art. I². (*Spécial aux mines de sel*). — Dans le cas où l'exploitation du sel aurait lieu par dissolution, le . . concessionnaire . . ser . . tenu . . d'exécuter tous les travaux qui seront prescrits par le préfet, sur le rapport des ingénieurs des mines à l'effet de déterminer la situation et l'étendue des excavations souterraines produites par l'action des eaux.

Art. J. — Le . . concessionnaire . . tiendr . . constamment en ordre et à jour sur chaque mine.

1º Les plans et coupes des travaux souterrains dressés à l'échelle d'un millimètre par mètre;

2º Un registre constatant l'avancement journalier des travaux et les circonstances de l'exploitation dont il sera utile de conserver le souvenir, telles que l'allure des gîtes, leur épaisseur, la qualité d . . . la nature du toit et du mur, le jaugeage des eaux affluant dans la mine, etc.

3º Un registre de contrôle journalier des ouvriers employés aux travaux intérieurs et extérieurs;

4º Un registre d'extraction et de vente.

Le . . concessionnaire . . communiquer . . ces plans et registres aux ingénieurs des mines, toutes les fois qu'ils l . . en feront la demande.

L . . concessionnaire . . transmettr . . au préfet, dans la forme et aux époques qui l . . seront indiquées, l'état des ouvriers, celui des produits extraits dans le cours de l'année précédente, et la déclaration détaillée du produit net imposable de l'exploitation (1).

Art. J¹. (*Spécial au cas où une redevance proportionnelle est stipulée en faveur des propriétaires du sol*). — Les plans et registres, mentionnés en l'article précédent, contiendront l'indication des propriétés territoriales sous lesquelles l'exploitation aura lieu.

Art. K. (*Spécial au cas où le gîte nouvellement concédé s'étendrait sous des terrains déjà concédés pour l'exploitation d'une mine d'une autre nature*). — Le . . concessionnaire . . ser . . tenu . . de souffrir toutes les ouvertures qui seraient pratiquées pour l'exploitation des mines de . . par le . . concessionnaire . . de ces mines, ou même

(1) La prescription relative à la déclaration du produit net imposable ne s'applique pas aux mines de sel.

le passage à travers.   . propres travaux, s'il est reconnu nécessaire, le tout, s'il y a lieu, moyennant une indemnité qui sera réglée de gré à gré ou à dire d'experts.

En cas de contestation sur la nécessité ou l'utilité de ces travaux, il sera statué par le préfet, sur le rapport des ingénieurs des mines, les parties ayant été entendues.

Art. L. (*Spécial au cas où le gîte nouvellement concédé s'étendrait sous des terrains déjà concédés pour l'exploitation d'une mine d'une autre nature*). — Si l'exploitation des gîtes d . . . . . . objet de la présente concession, fait reconnaître qu'ils approchent des gîtes d . . . . le . . concessionnaire . . ne pourr . . exploiter que la partie de ces gîtes où l'extraction sera reconnue n'offrir aucun inconvénient pour les mines de la concession d . . . . située dans le voisinage.

En cas de contestation à ce sujet, il sera statué par le préfet, ainsi qu'il est dit à l'article ci-dessus, et l . . concessionnaire . . devr . . se conformer aux mesures qui seront prescrites par l'administration. dans l'intérêt de la bonne exploitation des deux substances.

Art. M. — Si les gîtes à exploiter dans la concession d . . . . se prolongent hors de cette concession, le préfet pourra ordonner, sur le rapport des ingénieurs des mines, le . . concessionnaire . . ayant été entendu . ., qu'un massif soit réservé intact sur chaque gîte, près de la limite de la concession, pour éviter que les exploitations soient mises en communication avec celles qui auraient lieu dans une concession voisine d'une manière préjudiciable à l'une ou à l'autre mine. L'épaisseur de ces massifs sera déterminée par l'arrêté du préfet qui en ordonnera la réserve.

Les massifs ne pourront être traversés ou entamés par un ouvrage quelconque, que dans le cas où le préfet, après avoir entendu le . . concessionnaire . . intéressé . . et sur le rapport des ingénieurs des mines, aura autorisé cet ouvrage et prescrit le mode suivant lequel il devra être exécuté. Dans le cas où l'utilité de ces massifs aurait cessé, un arrêté du préfet autorisera le . . concessionnaire . . à exploiter la partie qui l . . appartiendra.

Art. N. — Dans le cas où il serait reconnu nécessaire d'exécuter des travaux ayant pour but soit de mettre en communication les mines des deux concessions, pour l'aérage ou pour l'écoulement des eaux, soit d'ouvrir des voies d'aérage, d'écoulement ou de secours destinés au service des mines de la concession voisine, l . . concessionnaire . ser . . tenu . . de souffrir l'exécution de ces travaux et d'y participer dans la proportion de . . . intérêt. .

Ces ouvrages seront ordonnés par le préfet, sur le rapport des ingénieurs des mines, le . . concessionnaire . . ayant été entendu . .

En cas d'urgence, les travaux pourront être entrepris sur la simple réquisition de l'ingénieur des mines du département, conformément à l'article 14 du décret du 3 janvier 1813.

Art. O. — Si des gîtes de minerais étrangers à . . . . compris dans l'étendue de la concession d. . . . . sont exploités légalement par les propriétaires du sol, ou deviennent l'objet d'une concession particulière accordée à des tiers, le . . concessionnaire . . des mines d . . . . . ser . . tenu . . de souffrir les travaux que l'administration reconnaîtrait utiles à l'exploitation desdits minerais, et même si cela est nécessaire, le passage dans . . propres travaux, le tout, s'il y a lieu, moyennant une indemnité qui sera réglée de gré à gré ou à dire d'experts.

Art. P (*Spécial aux concession des mines de l'Algérie*). — L'administration assure aux établissements des concessionnaires, dont les emplacements et les tracés auront été arrêtés de concert entre eux et les services militaires, la protection qu'elle accorde à tous les établissements des colons.

Si les emplacements et les tracés arrêtés exigent des travaux défensifs spéciaux, ces travaux seront exécutés aux frais d . . concessionnaire. .

Le . . concessionnaire . . devr . . pourvoir au baraquement d'une garnison déterminée, si, sur . . demande, l'autorité militaire juge cette garnison indispensable.

Dans le cas prévu par le paragraphe précédent, le général commandant la division de . . . . . ou ses délégués, seront juges de l'opportunité des mesures à prendre au point de vue militaire.

Circulaire du ministre des Travaux publics du 1er mars 1887 sur une double communication avec le jour dans les exploitations souterraines.

Monsieur le Préfet, j'ai soumis au Conseil général des mines les pièces de l'enquête à laquelle il a été procédé en exécution de la circulaire du 6 mai dernier, sur la question de l'installation d'une double communication avec le jour pour tout siège d'exploitation souterraine.

Conformément à l'avis du Conseil, il m'a paru qu'il y avait lieu d'appeler votre attention sur les dangers que présente une seule issue pour les exploitations souterraines de quelque étendue, surtout pour celles qui sont exposées à des dangers spéciaux, par défaut de solidité des parois, par dégagement de gaz inflammables ou délétères, par venues d'eau soudaines, par incendie ou tout autre cause.

Je vous prie d'inviter les ingénieurs des mines à visiter spécialement dans leurs tournées lesdites exploitations et à formuler d'urgence leurs propositions pour y prescrire une seconde issue, toutes les fois que cette mesure leur paraîtra justifiée par l'intérêt de la sécurité.

Dans ces conditions, et après avoir entendu les exploitants, vous aurez à prendre des arrêtés par application des articles 50 et 82 de la loi du 21 avril 1810, revisés par la loi du 27 juillet 1880.

Il conviendra, en général, de ménager entre les deux issues un intervalle d'au moins dix mètres pour éviter, autant que possible, qu'un même accident puisse simultanément déterminer leur obstruction.

J'ajoute que les ingénieurs devront comprendre toutes les carrières souterraines de quelque développement, à débouché unique, parmi celles qui devront fournir des plans de leurs travaux, par application des prescriptions réglementaires.

Veuillez, je vous prie, prendre les dispositions nécessaires pour assurer l'exécution des mesures prescrites par la présente circulaire, dor.' j'envoie directement ampliation à MM. les ingénieurs des mines.

Je vous serai, d'ailleurs, obligé de m'adresser une expédition de chacun des arrêtés que vous pourrez avoir à prendre dans les conditions sus-énoncées, et en tous cas de m'accuser réception de la présente.

Recevez, Monsieur le Préfet, etc...

Circulaire du ministre des Travaux publics du 25 avril 1887 sur l'emploi de freins à contre-poids normalement serré pour les plans inclinés.

Monsieur le Préfet, le Conseil général des mines m'a signalé les avantages que présente l'emploi, dans les plans inclinés des mines, de freins à contre-poids normalement serré, au lieu des freins à action directe, dont l'usage est généralement adopté aujourd'hui.

Avec ceux-ci, une maladresse, la lassitude, un engourdissement, une syncope du freinteur précipitent tout au bas du plan et peuvent occasionner les accidents les plus graves ; de plus, cet ouvrier se trouve hors d'état d'exécuter, dans son plan, aucune manœuvre sans se trouver personnellement à la merci de son propre oubli de caler le frein, ainsi que de la maladresse de toute personne qui surviendrait, dans l'intervalle, à la tête du plan, ou encore de quelque rupture ou glissement venant à décaler subitement ce frein. Au contraire, avec le système à contre poids normalement serré, les diverses causes qui viennent d'être énumérées ne peuvent plus avoir d'autre effet que de tout arrêter dans les positions actuelles, sans occasionner le moindre accident.

En conséquence, j'ai décidé, d'accord avec le Conseil général des mines, qu'il y a lieu d'inviter MM. les Ingénieurs des services locaux des mines à se concerter avec les exploitants et à provoquer au besoin des arrêtés préfectoraux en vue d'interdire, à l'avenir, l'établissement d'aucun frein de plan incliné à action directe, et d'exiger, d'autre part, dans un délai maximum de deux ans, le remplacement de tous ceux qui existent actuellement par un système à contre-poids normalement serré, que l'on soit obligé de soulager à la main pour laisser couler le train.

Je vous prie de veiller, en ce qui vous concerne, à l'exécution de cette décision, et de m'accuser réception de la présente circulaire, dont j'adresse directement ampliation à MM. les Ingénieurs des mines.

Recevez, Monsieur le Préfet, etc...

Circulaire du ministre des Travaux publics, du 8 août 1889, interdisant certains types de lampes dans les mines à grisou.

Monsieur le Préfet, l'instruction à laquelle il a été procédé à la suite de l'explosion de grisou, arrivée le 3 novembre 1888, aux houillères de Campagnac (Aveyron), a démontré les graves dangers pouvant résulter de l'emploi de lampes à cheminée et diaphragme, qui, par le raccourcissement et l'évasement de la cheminée, s'écartent notablement du type Mueseler belge, règlementaire, recommandé par le § 29 (note, pages 47-48) des *Principes à consulter*, qui ont été distribués, en 1881, aux exploitants des mines à grisou.

Le Conseil général des mines a été d'avis que des lampes à cheminée et diaphragme, présentant de pareilles conditions d'établissement, devaient être réputées insuffisantes dans les milieux grisouteux et, qu'en conséquence, MM. les Ingénieurs des mines devaient, conformément aux observations contenues dans l'instruction ministérielle du 6 décembre 1872, en provoquer l'abandon et, au besoin, l'interdiction, par arrêté préfectoral, en vertu des articles 3 et 4 du décret du 3 janvier 1813.

L'avis du Conseil m'a paru fondé, et il conviendra que MM. les Ingénieurs des mines se conforment aux instructions qui précèdent. Vous voudrez bien, de votre côté, donner à leurs propositions, le cas échéant, telle suite qu'il appartiendra.

Je vous prie de m'accuser réception de la présente circulaire, dont adresse des exemplaires à MM. les Ingénieurs.

Recevez, etc.

———

Loi du 8 juillet 1890 sur les délégués à la sécurité des ouvriers mineurs.

Art. 1. — § 1. Des délégués à la sécurité des ouvriers mineurs sont institués conformément aux dispositions de la présente loi, pour visiter les travaux souterrains des mines, minières ou carrières, dans le but exclusif d'en examiner les conditions de sécurité pour le personnel qui y est occupé et, d'autre part, en cas d'accident, les conditions dans lesquelles cet accident se serait produit.

§ 2. Un délégué et un délégué suppléant exercent leurs fonctions dans une circonscription souterraine dont les limites sont déterminées par un arrêté du préfet, rendu sous l'autorité du Ministre des travaux publics, après rapport des ingénieurs des mines, l'exploitant entendu.

§ 3. Tout ensemble de puits, galeries et chantiers dépendant d'un même exploitant et dont la visite détaillée n'exige pas plus de six jours, ne constitue qu'une seule circonscription. — Les autres exploitations sont subdivisées en 2, 3, etc., circonscriptions, selon que la visite n'exige pas plus de 12, 18, etc., jours. — Un même arrêté statue sur la délimitation des diverses circonscriptions entre lesquelles est ainsi divisé, s'il y a lieu, l'ensemble des puits, galeries et chantiers voisins dépendant d'un même exploitant, sous le territoire d'une même commune ou de plusieurs communes contiguës.

§ 4. A toute époque, le préfet peut, par suite de changements survenus dans les travaux, modifier, sur le rapport des ingénieurs des mines, l'exploitant entendu, le nombre et les limites des circonscriptions.

§ 5. A l'arrêté préfectoral est annexé un plan donnant la délimitation de chaque circonscription et portant les limites des communes sous le territoire desquelles elle s'étend. Ce plan est fourni par l'exploitant en triple expédition, sur la demande du préfet et conformément à ses indications.

§ 6. L'arrêté préfectoral est notifié dans la huitaine à l'exploitant, auquel est remis en même temps un des plans annexés audit arrêté.

§ 7. Ampliation de l'arrêté préfectoral, avec un des plans annexés, reste déposée à la mairie de la commune qui est désignée dans l'arrêté parmi celles sous lesquelles s'étendent les circonscriptions qu'il délimite ; elle y est tenue, sans déplacement, à la disposition de tous les intéressés.

§ 8. Un arrêté du préfet, rendu sur le rapport des ingénieurs des mines, peut dispenser de délégués toute concession de mines, ou tout ensemble de concessions de mines contiguës, ou tout ensemble de travaux souterrains de minières ou carrières, qui, dépendant d'un même exploitant, emploierait moins de vingt-cinq ouvriers travaillant au fond.

Art. 2. — § 1. Le délégué doit visiter deux fois par mois tous les puits, galeries et chantiers de sa circonscription. Il visitera également les appareils servant à la circulation et au transport des ouvriers.

§ 2. Il doit, en outre, procéder sans délai à la visite des lieux où est survenu un accident ayant occasionné la mort ou des blessures graves à un ou plusieurs ouvriers, ou pouvant compromettre la sécurité des ouvriers. Avis de l'accident doit être donné sur-le-champ au délégué par l'exploitant.

§ 3. Le délégué, dans ses visites, est tenu de se conformer à toutes les mesures prescrites par les règlements en vue d'assurer l'ordre et la sécurité dans les travaux.

§ 4. Le délégué suppléant ne remplace le délégué qu'en cas d'empêchement motivé de celui-ci. sur l'avis que le délégué en a donné tant à l'exploitant qu'au délégué suppléant.

Art. 3. — § 1. Les observations relevées par le délégué dans chacune de ses visites doivent être, le jour même ou au plus tard le lendemain, consignées par lui sur un registre spécial fourni par l'exploitant, et constamment tenu sur le carreau de l'exploitation à la disposition des ouvriers.

§ 2. Le délégué inscrit sur le registre les heures auxquelles il a commencé et terminé sa visite. ainsi que l'itinéraire suivi par lui.

§ 3. L'exploitant peut consigner ses observations et dires sur le même registre, en regard de ceux du délégué.

§ 4. Des copies des uns et des autres sont immédiatement et respectivement envoyées par les auteurs au préfet, qui les communique aux ingénieurs des mines.

§ 5. Lors de leurs tournées, les ingénieurs des mines et les contrôleurs des mines doivent viser le registre de chaque circonscription. Ils peuvent toujours se faire accompagner dans leurs visites par le délégué de la circonscription.

Art. 4. — Le délégué et le délégué suppléant sont élus au scrutin de liste dans les formes prévues aux articles suivants.

Art. 5. — Sont électeurs dans une circonscription les ouvriers qui y travaillent au fond. à la condition :

1° D'être Français et de jouir de leurs droits politiques ;

2° D'être inscrits sur la feuille de la dernière paye effectuée pour la circonscription avant l'arrêté de convocation des électeurs.

Art. 6. — § 1. Sont éligibles dans une circonscription, à la condition de savoir lire et écrire, et, en outre. de n'avoir jamais encouru de condamnation pour infraction aux dispositions soit de la présente loi, soit dè la loi du 21 avril 1810 et du décret du 3 janvier 1813, soit des articles 414 et 415 du Code pénal :

1° Les électeurs ci-dessus désignés, âgés de vingt-cinq ans accomplis, travaillant au fond depuis cinq ans au moins dans la circonscription ou dans l'une des circonscriptions voisines dépendant du même exploitant, qui sont délimitées par le même arrêté préfectoral, conformément au paragraphe 3 de l'article premier ci-dessus ;

2° Les anciens ouvriers domiciliés dans les communes sous le territoire desquelles s'étend l'ensemble des circonscriptions comprises, avec la circonscription en question, dans le même arrêté de délimitation, conformément au susdit paragraphe 3 de l'article premier, à la condition qu'ils soient âgés de vingt-cinq ans accomplis. qu'ils soient Français, qu'ils jouissent de leurs droits politiques, qu'ils aient travaillé au fond pendant cinq ans au moins dans les circonscriptions comprises dans l'arrêté précité, et qu'ils n'aient pas cessé d'y être employés depuis plus de dix ans, soit comme ouvrier du fond, soit comme délégué ou délégué suppléant ;

3° Les anciens ouvriers ne seront éligibles que s'ils ne sont pas déjà délégués non seulement pour une circonscription de la mine de l'exploitant, mais encore pour une circonscription d'un autre mine située dans ou en dehors du territoire de leur commune.

§ 2. Pendant les cinq premières années qui suivront l'ouverture à l'exploitation d'une nouvelle circonscription, pourront être élus les électeurs justifiant de cinq ans de travail au fond, dans une mine, minière ou carrière souterraine de même nature.

Art. 7. — § 1. Dans les huit jours qui suivent la publication de l'arrêté préfectoral convoquant les électeurs, la liste électorale de la circonscription, dressée par l'exploitant, est remise par lui en trois exemplaires au maire de chacune des communes sous lesquelles s'étend la circonscription. Le maire fait immédiatement afficher cette liste à la porte de la mairie et dresse procès-verbal de cet affichage ; il envoie les deux autres exemplaires au préfet et au juge de paix avec copie du procès-verbal d'affichage. Dans le même délai de huit jours, l'exploitant fait afficher ladite liste aux lieux habituels pour les avis donnés aux ouvriers.

§ 2. Si l'exploitant ne remet pas aux maires et ne fait pas afficher la liste électorale dans les délais et conditions ci-dessus prévus, le préfet fait dresser et afficher cette liste, aux frais de l'exploitant, sans préjudice des peines qui pourront être prononcées contre ce dernier pour contravention à la présente loi.

§ 3. En cas de réclamation des intéressés, le recours doit être formé cinq jours au plus après celui où l'affichage a été effectué par le maire le moins diligent, devant le juge de paix qui statue d'urgence et en dernier ressort.

§ 4. Si une circonscription s'étend sous deux ou plusieurs cantons, le juge de paix compétent est celui dont le canton comprend la mairie de la commune désignée comme lieu du vote par l'arrêté préfectoral de convocation des électeurs.

Art. 8. — § 1. Les électeurs d'une circonscription sont convoqués par un arrêté du préfet.

§ 2. L'arrêté doit être publié et affiché dans les communes sous le territoire desquelles s'étend la circonscription, quinze jours au moins avant l'élection, qui doit toujours avoir lieu un dimanche.

§ 3. L'arrêté fixe la date de l'élection, ainsi que les heures auxquelles sera ouvert et fermé le scrutin.

§ 4. Le vote a lieu à la mairie de la commune désignée par l'arrêté de convocation parmi celles sous le territoire desquelles s'étend la circonscription.

Art. 9. — § 1. Le bureau électoral est présidé par le maire, qui prend comme assesseurs le plus âgé et le plus jeune des électeurs présents au moment de l'ouverture du scrutin, et, à défaut d'électeurs présents ou consentant à siéger, deux membres du conseil municipal.

§ 2. Chaque bulletin porte deux noms avec l'indication de la qualité de délégué ou de délégué suppléant à chaque candidat. Nul n'est élu au premier tour de scrutin s'il n'a obtenu la majorité absolue des suffrages exprimés et un nombre de voix au moins égal au quart du nombre des électeurs inscrits.

§ 3. Au deuxième tour de scrutin, la majorité relative suffit, quel que soit le nombre des votants.

§ 4. En cas d'égalité de suffrages, le plus âgé des candidats est élu.

§ 5. Si un second tour de scrutin est nécessaire, il y est procédé le dimanche suivant dans les mêmes conditions de forme et de durée.

§ 6. Le vote a lieu, sous peine de nullité, sous enveloppe d'un type uniforme déposé à la préfecture.

Art. 10. — § 1. Ceux qui, par voies de fait, violences, menaces, dons ou promesses, soit en faisant craindre à un électeur de perdre son emploi, d'être privé de son travail, ou d'exposer à un dommage sa personne, sa famille ou sa fortune, auront influencé le vote, seront punis d'un emprisonnement d'un mois à un an, et d'une amende de 100 francs à 2.000 francs.

§ 2. L'article 463 du Code pénal pourra être appliqué.

Art. 11. — Pourra être annulée toute élection dans laquelle les candidats élus auraient influencé le vote en promettant de s'immiscer dans des questions ou revendications étrangères à l'objet des fonctions de délégué, telles qu'elles sont définies au paragraphe premier de l'article premier.

Art. 12. — § 1. Après le dépouillement du scrutin, le président proclame le résultat du vote : il dresse et transmet au préfet le procès-verbal des opérations.

§ 2. Les protestations doivent être consignées au procès—verbal ou être adressées, à peine de nullité, dans les trois jours qui suivent l'élection, au préfet, qui en accuse réception.

§ 3. Les exploitants peuvent, comme les électeurs, adresser dans le même délai leurs protestations au préfet.

§ 4. En cas de protestation ou si le préfet estime que les conditions prescrites par la loi ne sont pas remplies, le dossier est transmis, au plus tard le cinquième jour après l'élection, au conseil de préfecture, qui doit statuer dans les huit jours suivants.

§ 5. En cas d'annulation, il est procédé à l'élection dans le délai d'un mois.

Art. 13. — § 1. Les délégués et délégués suppléants sont élus pour trois ans ; toutefois, ils doivent continuer leurs fonctions tant qu'ils n'ont pas été remplacés.

§ 2. A l'expiration des trois ans, il est procédé à de nouvelles élections dans le délai d'un mois.

§ 3. Il est pourvu dans le mois qui suit la vacance au remplacement du délégué ou du délégué suppléant décédé ou démissionnaire, ou révoqué, ou déchu des qualités requises pour l'éligibilité.

§ 4. Le nouvel élu est nommé pour le temps restant à courir jusqu'au terme qui était assigné aux fonctions de celui qu'il remplace.

§ 5. Il devra être procédé à de nouvelles élections pour les circonscriptions qui seront créées ou modifiées par application du paragraphe 4 de l'article premier de la présente loi.

Art. 14. — L'article 7, § 3, du décret du 3 janvier 1813, est ainsi modifié :

« En cas de contestation, trois experts seront chargés de procéder aux vérifications nécessaires. Le premier sera nommé par le préfet, le deuxième par l'exploitant et le troisième sera de droit le délégué de la circonscription, ou sera désigné par le juge de paix, s'il n'existe pas de circonscription.

« Si la vérification intéresse plusieurs circonscriptions, les délégués de ces circonscriptions nommeront parmi eux le troisième expert. »

Art. 15. — § 1. Tout délégué ou délégué suppléant peut, pour négligence grave ou abus dans l'exercice de ses fonctions, ou à la suite de condamnations prononcées en vertu des articles 414 et 415 du Code pénal, être suspendu pendant trois mois au plus, par arrêté du préfet, pris après enquête, sur avis motivé de l'ingénieur des mines, le délégué entendu.

§ 2. L'arrêt de suspension est, dans la quinzaine, soumis par le préfet au Ministre des travaux publics, lequel peut lever ou réduire la suspension et, s'il y a lieu, prononcer la révocation du délégué.

§ 3. Les délégués et délégués suppléants révoqués ne peuvent être réélus avant un délai de trois ans.

Art. 16. — § 1. Les visites prescrites par la présente loi sont payées par le Trésor au délégué comme journées de travail.

§ 2. Au mois de décembre de chaque année, le préfet, sur l'avis des ingénieurs des mines et sous l'autorité du Ministre des travaux publics, fixe pour l'année suivante et pour chaque circonscription le nombre maximum des journées que le délégué doit employer à ses visites et le prix de la journée. Il fixe également le minimum de l'indemnité mensuelle pour les circonscriptions comprenant au plus 120 ouvriers.

§ 3. Dans les autres cas, l'indemnité à accorder aux délégués pour les visites mensuelles réglementaires ne pourra être inférieure au prix de dix journées de travail par mois.

§ 4. Les visites supplémentaires faites par un délégué, soit pour accompagner les ingénieurs ou contrôleurs des mines, soit à la suite d'accidents, lui seront payées en outre et au même prix.

§ 5. Le délégué dresse mensuellement un état des journées employées aux visites tant par lui-même que par son suppléant. Cet état est vérifié par les ingénieurs des mines et arrêté par le préfet.

§ 6. La somme due à chaque délégué lui est payée par le Trésor, sur mandat mensuel délivré par le préfet.

§ 7. Les frais avancés par le Trésor sont recouvrés sur les exploitants comme en matière de contributions directes.

Art. 17. — Seront poursuivis et punis conformément à la loi du 21 avril 1810 tous ceux qui apporteraient une entrave aux visites et constatations ou contreviendraient aux dispositions de la présente loi.

Art. 18. — § 1. Les exploitations de mines, minières et carrières à ciel ouvert pourront, en raison des dangers qu'elles présenteront, être assimilées aux exploitations souterraines pour l'application de la présente loi, par arrêté du préfet, rendu sur le rapport des ingénieurs des mines.

§ 2. Dans ce cas, les ouvriers attachés à l'extraction devront être assimilés aux ouvriers du fond pour l'électorat et l'éligibilité.

Circulaire du Ministre des Travaux publics du 1ᵉʳ août 1890 sur les explosifs à employer dans les mines à grisou et dans les mines poussiéreuses à poussières inflammables.

Monsieur le Préfet, par une circulaire du 18 novembre 1888, qui a été insérée au *Journal officiel* du 27 du même mois, mon prédécesseur vous a fait connaître les résultats obtenus par une Commission spéciale, qu'il avait constituée pour l'étude des questions se rattachant à l'emploi des explosifs dans les mines à grisou. A la suite d'expériences poursuivies sous les auspices de la Commission des substances explosives, on avait reconnu la possibilité de procurer à l'industrie des mines des explosifs qui, s'ils ne sont pas susceptibles de donner une sécurité absolue, qu'on ne peut jamais espérer obtenir en ces matières, permettaient d'atteindre un degré de sécurité auquel on n'aurait pas cru jusqu'ici pouvoir arriver.

Tous les exploitants des mines ont été mis, à cette époque, au courant de la question, par la communication que vous avez dû leur faire, des rapports rédigés par M. l'Inspecteur général Mallard, au nom de la Commission des substances explosives.

Depuis lors, les principaux explosifs recommandés par la Commission des substances explosives ont fait l'objet d'essais en grand, dans plusieurs mines, et notamment aux mines d'Anzin, où ils sont d'un usage pour ainsi dire courant. Ces essais ont montré que la question pouvait être tenue pour résolue dans le domaine de la pratique, comme elle avait paru résolue théoriquement dès l'origine.

D'autre part, le Gouvernement, désireux d'aider l'exploitation des mines et de faciliter l'emploi des nouveaux explosifs, a, par des décrets du 12 juin 1890, abaissé, dans des proportions considérables, l'impôt sur les explosifs. Enfin, par un décret du 26 juillet 1890, qui astreint les fabricants d'explosifs à inscrire sur les cartouches mises en vente la composition de leurs produits, sous une forme permettant le calcul de la température de détonation, le Gouvernement a donné aux exploitants des mines le moyen d'obliger les fabricants, sous la sanction des peines correctionnelles prévues par la loi du 8 mars 1875, à ne leur livrer que des matières offrant les garanties nécessaires, au point de vue de la sécurité de leur emploi.

Dans ces conditions, il est devenu possible de passer de la période de la recommandation à celle de la réglementation. Il y a lieu, d'ailleurs, d'étendre l'emploi obligatoire des nouveaux explosifs non seulement aux mines à grisou, mais encore aux mines poussiéreuses, dont les poussières sont inflammables.

J'ai donc décidé, conformément à l'avis du Conseil général des Mines, que, dans les deux catégories de mines de combustibles qui viennent d'être indiquées, l'emploi des explosifs serait désormais soumis aux règles prescrites dans le modèle d'arrêté préfectoral ci-annexé.

Dès la réception de la présente circulaire, vous voudrez donc bien, Monsieur le Préfet, inviter les Ingénieurs des Mines à vous présenter, pour chaque exploitation de mines à grisou et de mines poussiéreuses, dont les poussières sont inflammables, les propositions nécessaires pour arriver à l'application desdites règles ; les Ingénieurs devront indiquer, dans ces propositions, le délai maximum dans lequel l'arrêté à rendre devra être exécuté. Ces propositions devront être notifiées à l'exploitant dans votre arrêté préalable de mise en demeure.

Le classement d'une exploitation dans l'une des deux catégories précitées est une appréciation de fait *à posteriori*, relativement facile pour des ingénieurs compétents, mais qui échappe, comme on l'a reconnu depuis longtemps, dans tous les pays, à une définition didactique *à priori*. Vous remarquerez, en ce qui concerne les poussières, qu'en l'état actuel de nos connaissances, il faut, pour qu'une mine soit réglementée au point de vue qui nous occupe, d'une part, qu'elle soit poussiéreuse, et d'autre part, que les poussières venant des combustibles qu'elle fournit soient inflammables.

Si, du reste, un exploitant contestait la classification projetée de sa mine, en ce qui concerne notamment les poussières, vous auriez à m'en référer.

Vous aurez à statuer, s'il y a lieu, par des arrêtés spéciaux, simultanés ou postérieurs, qui pourront être toujours modifiés, sur les dérogations dont le principe est prévu dans l'article 7.

Ces dérogations ont pour objet de permettre l'emploi, soit d'explosifs détonants plus forts, mais moins sûrs que ceux recommandés par la Commission des substances explosives, soit d'un bourrage moindre que celui indiqué à l'article 5 ; cette diminution du bourrage diminue également la sécurité. On ne devra donc accorder ces dérogations que quand elles seront justifiées par l'état du chantier, au point de vue du dégagement éventuel du grisou, et, s'il y a lieu, moyennant le recours à des mesures de protection spéciales : surveillants particuliers, circuit d'aérage distinct, tirage en l'absence de tout personnel, etc.

Vous apprécierez, dans chaque cas, le temps qui peut être laissé à l'exploitant pour l'exécution intégrale de l'arrêté ; il est désirable que ces nouvelles règles soient appliquées le plus tôt possible, mais il est nécessaire de laisser à l'exploitant le temps de se munir des nouveaux explosifs.

L'Administration entend, pour n'entraver aucun progrès dans l'avenir, laisser, sous leur responsabilité, toute latitude aux exploitants dans le choix des explosifs. Le rôle de l'Administration est rempli quand elle a indiqué, avec toute la précision désirable, les conditions techniques auxquelles les explosifs doivent satisfaire. Si, par suite de leur composition, certaines données manquaient dans les tableaux de l'annexe ci-après, pour le calcul de la température de détonation, il y aurait lieu de m'en référer, pour que je les complète.

Je ne crois pas inutile de vous signaler, en l'état de la question, que le Conseil général des mines m'a indiqué, parmi les explosifs actuellement connus, qui satisfont aux conditions indiquées par l'article 2 :

1° Les mélanges de dynamite n° 1 (à 75 p. 100 de nitroglycérine et 25 p. 100 de silice) et d'azotate d'ammoniaque, dans lesquels la proportion de dynamite ne dépasse pas 40 p. 100 pour les travaux au rocher, et 20 p. 100 pour les travaux dans la couche ;

2° Les mélanges de dynamite-gomme (à 917 p. 1000 de nitroglycérine et 83 p. 1000 de coton ennéanitrique) et d'azotate d'ammoniaque, dans lesquels la proportion de dynamite-gomme ne dépasse pas 30 p. 100 pour les travaux au rocher, et 12 p. 100 pour les travaux dans la couche ;

3° Les mélanges de coton octonitrique avec l'azotate d'ammoniaque, dans lesquels la proportion de coton-poudre ne dépasse pas 20 p. 100 pour les travaux au rocher et 9,5 p. 100 pour les travaux dans la couche ;

4° Les mélanges de binitrobenzine et d'azotate d'ammoniaque, dans lesquels la proportion de binitrobenzine ne dépasse pas 10 p. 100 pour les travaux au rocher.

Les explosifs constitués par des mélanges de dynamite ou de dynamite-gomme avec l'azotate d'ammoniaque devront être demandés à l'industrie privée.

Les mélanges de coton octonitrique avec l'azotate d'ammoniaque rentrant dans le monopole de l'État, ils ne peuvent être livrés que par ses représentants ; mon collègue, le Ministre de la guerre, m'a fait connaître que les poudreries nationales étaient en mesure de répondre aux demandes qui seraient faites.

Je vous prie de vouloir bien m'accuser réception de la présente circulaire, dont j'adresse directement ampliation aux Ingénieurs des mines.

Recevez, Monsieur le Préfet,....

**Modèle d'arrêté préfectoral annexé à la circulaire du
1er août 1890.**

Nous préfet du département d

Vu la loi du 21 avril 1810-27 juillet 1880 ;

Vu le décret du 3 janvier 1813, l'ordonnance du 26 mars 1843 et le décret du 25 septembre 1882 ;

Vu la loi du 8 mars 1875 et les décrets des 25 août 1875 et 26 juillet 1890, sur les explosifs à base de nitroglycérine :

Vu la circulaire du Ministre des travaux publics, du 1er août 1890 ;

Vu le rapport des ingénieurs des mines, en date des

duquel il résulte qu'il y a lieu de considérer

comme { mine à grisou

{ mine poussiéreuse, dont les poussières sont inflammables

les travaux de   dépendant

de la concession de

et de les soumettre à la réglementation concernant les explosifs, prévue par la circulaire ci-dessus visée du Ministre des travaux publics :

Vu l'arrêté en date du   par lequel nous avons mis le concessionnaire en demeure de présenter, dans un délai de   jours, des observations sur les conclusions du rapport susvisé des ingénieurs des mines ;

Vu les observations produites par le concessionnaire en date du

et le rapport des ingénieurs des mines, en date du   (ou : considérant que le concessionnaire a laissé expirer le délai de   jours, sans répondre à notre mise en demeure),

Arrêtons :

Article 1er. — L'emploi de la poudre noire est interdit dans les travaux ci-après désignés de la mine de. . . . .

. . . .

Art. 2. — Il est interdit à l'exploitant de faire usage, dans les travaux indiqués à l'article 1er, d'explosifs autres que les explosifs détonants satisfaisant aux conditions suivantes :

1° Les produits de leur détonation ne contiendront aucun élément combustible, tel que hydrogène, oxyde de carbone, carbone solide, etc. ;

2° Leur température de détonation, calculée comme il est prescrit dans la note annexée au présent arrêté, ne devra pas être supérieure à 1900 degrés pour les explosifs employés au travail du percement au rocher, ni à 1500 degrés pour ceux qui seront employés dans les travaux en couche.

Art. 3. — Les explosifs doivent être enfermés dans des cartouches sur lesquelles sont indiqués la nature et le dosage des substances dont ils sont composés, de façon à permettre le calcul de la température de détonation, comme il est dit dans la note annexée au présent arrêté.

Art. 4. — Les ingénieurs et contrôleurs des mines pourront, à tout instant, s'assurer qu'il est satisfait aux prescriptions des articles 2 et 3, en prélevant, sur les cartouches prêtes à être employées, une ou plusieurs cartouches d'échantillons, pour en faire l'analyse, et en dressant de ce prélèvement un procès-verbal qu'ils notifieront sur l'heure à l'exploitant.

Art. 5. — Le bourrage des explosifs prescrits à l'article 2 sera fait soigneusement avec des matières plastiques, de manière à éviter le débourrage ; la hauteur n'en sera pas inférieure à 0 m . 20 pour les premiers 100 grammes de la charge, avec addition de 5 centimètres pour chaque centaine de grammes ajoutée ; on ne sera toutefois jamais obligé de dépasser 0 m . 50.

La détonation de la cartouche sera provoquée par une capsule fulminante, assez énergique pour assurer la détonation de l'explosif, même à l'air libre.

Art. 6. — Il n'est rien changé aux mesures de précaution antérieurement prescrites, concernant l'usage des explosifs dans les mines à grisou, notamment en ce qui concerne le boute-feu spécial, la constatation de l'absence du grisou avant le tirage, etc.

Art. 7. — Des arrêtés préfectoraux spéciaux, rendus sur le rapport des ingénieurs des mines, pourront autoriser :

1° Dans un travail de percement au rocher, l'emploi d'explosifs détonants autres que ceux désignés à l'article 2 ;

2° Des dérogations aux prescriptions de l'article 5.

Art. 8. — Les dispositions du présent arrêté entreront en vigueur dans un délai maximum de   jours à dater de sa notification.

Art. 9. — Les contraventions au présent arrêté seront constatées par des procès-verbaux des ingénieurs des mines ou des contrôleurs des mines, chargés d'en surveiller l'exécution.

Art. 10. — Ampliations du présent arrêté seront adressées à M. l'Ingénieur en chef des mines de l'arrondissement minéralogique d

et à M. le maire de   qui est chargé de le notifier à l'exploitant et de nous retourner le procès-verbal de la notification ainsi faite par lui.

Fait à

Le Préfet

Annexe visée à l'article 2 de l'arrêté de ce jour, relatif aux explosifs à employer dans les mines de

La température t de détonation sera calculée, pour l'application de la prescription de l'article 2 de l'arrêté ci-dessus, conformément aux indications suivantes :

F, F', F" étant les formules chimiques des substances qui constituent l'explosif, dont la composition est représentée, par suite, par la figure $pF + p'F' + p''F'' + \ldots$ la formule de décomposition par la détonation est de la forme :

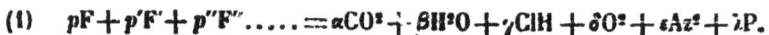

(1) $pF + p'F' + p''F'' \ldots = \alpha CO^2 + \beta H^2O + \gamma ClH + \delta O^2 + \epsilon Az^2 + \lambda P.$

dans laquelle on prend .... $H = 1^{gr}$

            — $C = 12$

            — $Az = 14$

            — $O = 16$

            — $Cl = 35,5$

et P étant le poids de la matière restant solide après la décomposition, s'il y en a.

f, f', f'' sont les quantités de chaleur dégagées respectivement par la formation, à partir de leurs éléments, des substances que la détonation décompose, quantités de chaleur qui sont données, dans la table ci-dessous, pour les explosifs usuels :

SUBSTANCES	FORMULES	QUANTITÉS de chaleur
Azote d'ammoniaque..........	$Az^3 H^4 O^3 = 80^c$	$+ 87,9$
Binitrobenzine................	$C^6 H^4 Az^2 O^4 = 168^c$	$+ 14,5$
Coton- endécanitrique.....	$C^{24} H^{29} Az^{11} O^{42} = 1143^c$	$+ 624$
poudre. ennéanitrique......	$C^{24} H^{24} Az^2 O^{36} = 1053^c$	$+ 656$
octonitrique	$C^8 H^{22} Az^2 O^{36} = 1008^c$	$+ 674$
Nytroglycérine................	$C^6 H^{10} Az^2 O^{12} = 454^c$	$+ 197,8$

La quantité de chaleur Q que dégage, à volume constant, la détonation de la quantité d'explosif représentée par la formule (1) est donnée en grandes calories (kilogramme-degré) ainsi qu'il suit :

(2) $Q = 94\alpha + 58,2\beta + 22\gamma - (pf + p'f' + p''f'' + \ldots) + 0,54(\alpha + \beta + \gamma + \delta + \epsilon).$

On prend, comme représentant les chaleurs spécifiques moléculaires gazeuses à volume constant, exprimées en petites calories (gramme-degré), les formules suivantes :

pour la molécule $CO^2 = 44^g$ ...... $C = 6.26 + 0,0037 t$

pour la molécule $H^2O = 18^g$ ...... $C' = 5.61 + 0,0033 t$.

pour la molécule des gaz parfaits (O^2, Az^2, $Cl11$, etc.) occupant un volume de 22 l. 32 à 0° et sous la pression de 760 $^m/_m$, $C'' = 4,8 + 0,0006 t$.

La chaleur spécifique C_1 du gramme, pris comme unité de poids du corps solide, est supposée constante avec la température, et égale au chiffre donné dans le tableau ci-dessous pour les corps les plus usuels :

SUBSTANCES	CHALEUR SPÉCIFIQUE
Carbonate de baryte..........................	0.11
Carbonate de potasse........................	0.21
Carbonate de soude..........................	0.27
Silice..	0.195
Sulfate de potasse...........................	0.190
Sulfate de soude.............................	0.229

L'équation qui donne la température de détonation cherchée, t, est alors :

$$1000 Q = [6.23\alpha + 5.61\beta + 4.8(\gamma + \delta + \varepsilon) + \lambda C_1] t + [0,0037\alpha + 0,0033\beta + 0,0006(\gamma + \delta + \varepsilon)] t^2.$$

Vu par nous, préfet du département d

pour être incorporé à notre arrêté de ce jour, et servir de base à l'application de l'article 2 de cet arrêté.

le

Circulaire du Ministre des Travaux publics du 8 août 1890 sur la fermeture des lampes de sûreté.

Monsieur le Préfet, il est de principe, pour toutes les mines à grisou, que les lampes de sûreté ne doivent être remises aux ouvriers que fermées. Mais cette fermeture est souvent réalisée par un système à vis, qui n'empêche pas des ouvertures intempestives. En ces derniers temps, divers modes de fermeture ont été essayés, qui paraissent devoir mettre obstacle, d'une façon plus ou moins complète, à de pareils abus et aux graves dangers qui peuvent en être la conséquence. Avec certains dispositifs, tels que ceux de la fermeture électro-magnétique Villiers, ou de la fermeture hydraulique Cuvelier, on a voulu constituer un système qui rende impossible une ouverture fortuite ou par la main de l'homme, et ne permette l'ouverture qu'au moyen d'appareils spéciaux. Ailleurs, on se contente de fermer la lampe par un rivet de plomb, dûment poinçonné, avec des signes que l'on change inopinément. Diverses modifications ont été réalisées pour faire disparaître les inconvénients de la fermeture ordinaire au simple rivet de plomb; telles sont les modifications résultant des dispositifs de MM. Viala et Catrice ou de M. Dinoire.

En l'état de la question, une fermeture plus effective que celle de la clef à vis me paraît s'imposer aujourd'hui dans toutes les mines à grisou; au reste, on ne fera ainsi que généraliser une règle imposée par l'Administration depuis quelques années déjà, dans les exploitations du bassin du Nord, malgré les difficultés que présente le parcours des galeries de ces exploitations.

D'autre part, l'Administration peut et doit s'abstenir d'imposer un type déterminé de fermeture. Il lui suffit d'indiquer le but à atteindre, le résultat à obtenir. Faire choix officiellement d'un type, ce serait risquer d'empêcher tout progrès.

On doit donc se borner à prescrire aux exploitants :

« De ne remettre aux ouvriers, avant leur entrée dans la mine, que des lampes de sûreté, fermées au préalable de telle sorte que leur ouverture en service ne puisse avoir lieu sans rompre ou fausser tout ou partie des organes, et sans en laisser des traces apparentes et aisément discernables. »

En conséquence, au reçu de la présente circulaire, vous voudrez bien, Monsieur le Préfet, inviter les ingénieurs des mines à vous présenter les projets d'arrêtés individuels, mettant en demeure chaque exploitant de mines à grisou de produire ses observations, pour l'application de la réglementation ci-dessus énoncée, au moyen de tel système qu'il aura à vous indiquer. Les ingénieurs des mines devront apprécier, dans chaque cas, si le système proposé satisfait aux conditions du paragraphe précédent. Dans le cas où ce système paraîtrait admissible, vous approuveriez, par un arrêté définitif, avec les modifications proposées par les ingénieurs des mines, la réglementation que l'exploitant vous aurait soumise. Si le système paraissait défectueux ou incomplet, l'exploitant devrait être mis en demeure d'en proposer un nouveau.

Vous aurez à apprécier, d'après l'avis des ingénieurs des mines, le délai maximum à accorder à chaque exploitant pour l'application intégrale de votre arrêté ; il convient de lui laisser le temps nécessaire pour transformer ou renouveler son outillage.

Ampliation de chacun de vos arrêtés définitifs devra m'être envoyée, avec un rapport des ingénieurs.

Je vous prie de m'accuser réception de la présente circulaire, dont j'adresse directement ampliation aux ingénieurs des mines.

Recevez, Monsieur le Préfet .....

Circulaire ministérielle du 2 mai 1892 relative à la fermeture des recettes des puits de mines.

Monsieur le Préfet, j'ai décidé, sur l'avis du Conseil général des mines, que, dans un délai maximum de deux ans, à partir du présent jour, toutes les recettes des puits, tant extérieures qu'intérieures, devront être munies de barrières mobiles, capables d'empêcher la chute des hommes et du matériel, et pourvues de dispositifs tels que la fermeture de la barrière soit assurée tant que la cage n'est pas à la recette. Les puits auxquels cette mesure devra être appliquée sont exclusivement ceux où s'effectue, avec des cages guidées, l'extraction, ou le service des remblais, ou la circulation du personnel.

Des arrêtés préfectoraux, dont les ingénieurs des mines auront à vous présenter les projets, les exploitants entendus, rendront cette prescription obligatoire.

Les ingénieurs devront, d'ailleurs, insister près des exploitants pour réaliser l'amélioration en question le plus tôt possible.

Ils me rendront compte de ce qui aura été fait dans ce sens, dans la première année, par un premier rapport qui devra me parvenir avant le 1er mai 1893. Un second rapport me sera envoyé vers le 1er mai 1894.

Les ingénieurs tiendront la main à ce que les nouveaux puits soient immédiatement installés en conformité de l'arrêté préfectoral réglementaire, dès le fonçage.

Je vous prie, Monsieur le Préfet, de veiller à l'exécution de cette décision.

J'adresse directement, aux ingénieurs des mines, ampliation de la présente circulaire.

Recevez, etc.

Décret-type portant règlement des carrières d'un département.

Art. 1. — Les carrières de toute nature, ouvertes ou à ouvrir dans le département d   , sont soumises aux mesures d'ordre et de police ci-après déterminées.

Titre I. — Des déclarations.

Art. 2. — Aucune exploitation de carrière, à ciel ouvert ou par galeries souterraines, ne peut avoir lieu si ce n'est en vertu d'une déclaration adressée par l'exploitant au maire de la commune où la carrière est située.

Art. 3. — Aucune carrière abandonnée ne peut être remise en exploitation, aucune carrière à ciel ouvert ne peut être exploitée par galeries souterraines, aucun nouvel étage ne peut être ouvert dans une carrière souterraine, s'il n'a été fait une nouvelle déclaration.

Art. 4. — En cas de changement d'exploitant, l'exploitation ne peut être continuée, si ce n'est en vertu d'une déclaration adressée au maire par le nouvel exploitant.

Art. 5. — La déclaration est faite en deux exemplaires :

Elle contient l'énonciation des noms, prénoms et demeure du déclarant, et la qualité en laquelle il entend exploiter la carrière.

Elle fait connaître d'une manière précise l'emplacement de la carrière et sa situation par rapport aux habitations, bâtiments et chemins les plus voisins.

Elle indique la nature de la masse à extraire, l'épaisseur et la nature des terres ou bancs de rochers qui la recouvrent, le mode d'exploitation à ciel ouvert ou par galeries souterraines.

Art. 6. — En cas d'exploitation par galeries souterraines, il est joint à la déclaration un plan des lieux, également en deux expéditions et à l'échelle de deux millimètres par mètre.

Sur ce plan sont indiqués les désignations cadastrales et le périmètre du terrain sous lequel l'exploitant se propose d'établir des fouilles, ainsi que ses tenants et aboutissants : les chemins, édifices, canaux, rigoles et constructions quelconques existant sur ledit terrain dans un rayon de vingt-cinq mètres au moins ; l'emplacement des orifices, des puits ou des galeries projetés.

Dans le cas où il existerait des travaux souterrains déjà exécutés, il en sera fait mention dans la déclaration.

Art. 7. — En cas d'exploitation par une personne étrangère à la commune où la carrière est située, ou pour le compte d'une société n'ayant pas son siège dans la commune, la déclaration contient élection de domicile dans la commune.

Art. 8. — Les déclarations sont classées dans les archives de la mairie. Il en est donné récépissé.

Un des exemplaires de la déclaration et, quand il s'agit de carrières souterraines, du plan qui y est joint, est transmis, sans délai, au préfet, par l'intermédiaire du sous-préfet de l'arrondissement.

Le préfet envoie ces pièces à l'ingénieur des mines, qui les conserve et en inscrit la mention sur un registre spécial.

Titre II. — Des règles de l'exploitation.

SECTION I. — *Des carrières exploitées à ciel ouvert.*

Art. 9. — Les bords des fouilles ou excavations sont établis et tenus à une distance horizontale de dix mètres au moins des bâtiments ou constructions quelconques, publics et privés, des routes ou chemins, cours d'eau, canaux, fossés, rigoles, conduites d'eau, mares et abreuvoirs servant à l'usage public.

L'exploitation de la masse est arrêtée, à compter des bords de la fouille, à une distance horizontale réglée à un mètre par chaque mètre d'épaisseur des terres de recouvrement, s'il s'agit d'une masse solide, ou à un mètre par chaque mètre de profondeur totale de la fouille, si cette masse, par sa cohésion, est analogue à ces terres de recouvrement.

Toutefois, cette distance peut être augmentée ou diminuée par le préfet, sur le rapport de l'ingénieur des mines, en raison de la nature plus ou moins consistante des terres de recouvrement et de la masse exploitée elle-même.

Le tout sans préjudice des mesures spéciales prescrites ou à prescrire par la législation des chemins de fer.

Art. 9 bis. — Dans toute ardoisière exploitée à ciel ouvert, le rocher sera coupé par banquettes disposées en gradins, parallèlement à la direction des bancs d'ardoises et avec un talus suffisant pour prévenir tout éboulement.

Les chefs de l'excavation peuvent seuls être taillés verticalement, lorsque leur solidité paraîtra suffisamment assurée.

Art. 10. — L'abord de toute carrière située dans un terrain non clos doit être garanti sur les points dangereux, par un fossé creusé au pourtour et dont les déblais sont rejetés du côté des travaux, pour y former une berge, ou par tout autre moyen de clôture offrant des conditions suffisantes de sûreté et de solidité.

Les dispositions qui précèdent sont applicables aux carrières abandonnées.

Les travaux de clôture sont, dans ce cas, à la charge du propriétaire du fonds dans lequel la carrière est située, sauf recours contre qui de droit.

Le tout sans préjudice du droit qui appartient à l'autorité municipale de prendre les mesures nécessaires à la sûreté publique.

Art. 11. — Les procédés d'abatage de la masse exploitée ou des terres de recouvrement, qui seraient reconnus dangereux pour les ouvriers, peuvent être interdits par des arrêtés du préfet, rendus sur l'avis de l'ingénieur des mines.

Dans le tirage à la poudre et en tout ce qui concerne la conduite des travaux, l'exploitant se conformera à toutes les mesures de précaution et de sûreté qui lui seront prescrites par l'autorité.

SECTION II. — *Des carrières souterraines.*

Art. 12. — Aucune excavation souterraine ne peut être ouverte ou poursuivie que jusqu'à une distance horizontale de dix mètres des bâtiments et constructions quelconques publics ou privés, des routes ou chemins, cours d'eau, canaux, fossés, rigoles, conduites d'eau, mares et abreuvoirs servant à l'usage public.

Cette distance est augmentée d'un mètre par chaque mètre de hauteur de l'excavation.

Toutefois, cette dernière distance peut être augmentée ou diminuée par le préfet, sur le rapport de l'ingénieur des mines (1).

Art. 13. — Les dispositions de l'article 10 sont applicables aux orifices des puits verticaux ou inclinés donnant accès dans des carrières souterraines, à moins que l'abord n'en soit suffisamment défendu par l'agglomération des déblais et l'élévation de leur plate-forme.

Art. 14. — Pour tout ce qui concerne la sûreté des ouvriers et du public, notamment pour les moyens de consolidation des puits, galeries et autres excavations, la disposition et les dimensions des piliers de masse, les précautions à prendre pour prévenir les accidents dans le tirage à la poudre, les exploitants se conformeront aux mesures qui leur seront prescrites par le préfet, sur le rapport de l'ingénieur des mines.

(1). Ce dernier alinéa introduit dans les règlements les plus récents n'existe pas dans tous les départements.

Art. 15. — Tout exploitant qui veut abandonner une carrière souterraine est tenu d'en faire la déclaration au préfet, par l'intermédiaire du maire de la commune où la carrière est située. Le préfet fait reconnaître les lieux par l'ingénieur des mines et prescrit, sur son rapport, les mesures qu'il juge nécessaires dans l'intérêt de la sûreté publique.

Art. 16. — Lorsque le préfet, sur le rapport de l'ingénieur des mines, constatera la nécessité de faire dresser ou compléter le plan des travaux d'une carrière souterraine, il pourra requérir l'exploitant de faire lever ou compléter le plan.

Si l'exploitant refuse ou néglige d'obtempérer à cette réquisition dans le délai qui lui aura été fixé, le plan est levé d'office, à ses frais, à la diligence de l'Administration.

SECTION III. — *Dispositions communes aux carrières à ciel ouvert et aux carrières souterraines.*

Art. 17. — La prescription des articles 9, § 1er, et 12, § 1er, ne s'applique point aux murs de clôture autres que ceux qui enceignent des cimetières ou des cours attenant à des habitations.

Le préfet peut, sur la demande de l'exploitant, réduire la distance de dix mètres, fixée par les dits paragraphes, sauf en ce qui concerne les propriétés privées. Il statue sur le rapport de l'ingénieur des mines, après avoir pris l'avis des ingénieurs des ponts et chaussées, s'il s'agit du domaine national ou départemental ; celui du maire s'il s'agit du domaine communal.

En ce qui concerne les propriétés privées, la distance fixée par les mêmes paragraphes peut être réduite par le fait seul du consentement du propriétaire intéressé.

Art. 18. — L'exploitant se conformera, en tout ce qui concerne le travail des enfants, filles ou femmes employés dans les carrières, aux dispositions des lois et règlements intervenus ou à intervenir.

Titre III. — De la surveillance.

Art. 19. — L'exploitation des carrières à ciel ouvert est surveillée, sous l'autorité du préfet, par les maires et autres officiers de police municipale, avec le concours des ingénieurs des mines et des agents sous leurs ordres.

Art. 20. — L'exploitation des carrières souterraines est surveillée, sous l'autorité du préfet, par les ingénieurs des mines et les agents sous leurs ordres, sans préjudice de l'action des maires et autres officiers de police municipale.

Art. 21. — Les ingénieurs des mines et les agents sous leurs ordres visitent dans leurs tournées les carrières souterraines.

Ils visiteront aussi, lorsqu'ils le jugeront nécessaire ou lorsqu'ils en seront requis par le préfet, les carrières à ciel ouvert.

Les ingénieurs des mines et les agents sous leurs ordres dressent des procès-verbaux de ces visites. Ils laissent, s'il y a lieu, aux exploitants des instructions écrites pour la conduite des travaux au point de vue de la sécurité ou de la salubrité. Ils en adressent une copie au préfet.

Ils signalent au préfet les vices d'exploitation de nature à occasionner un danger, ou les abus qu'ils auraient observés dans ces visites, et provoquent les mesures dont ils auront reconnu l'utilité.

Art. 22. — Dans le cas où par une cause quelconque, la sûreté des ouvriers, celle du sol ou des habitations se trouve compromise, l'exploitant doit en donner immédiatement avis à l'ingénieur des mines ou au contrôleur des mines, ainsi qu'au maire de la commune, s'il s'agit d'une carrière souterraine.

Dans le même cas, les exploitants de carrières à ciel ouvert préviendront le maire de la commune.

De quelque façon que le danger soit parvenu à sa connaissance, le maire en informe le préfet et l'ingénieur des mines ou le contrôleur des mines.

Art. 23. — L'ingénieur des mines, aussitôt qu'il en est prévenu, ou, à son défaut, le contrôleur des mines se rend sur les lieux, dresse procès-verbal de leur état et envoie ce procès-verbal au préfet, en y joignant l'indication des mesures qu'il juge convenables pour faire cesser le danger.

Le maire peut aussi adresser au préfet ses observations et propositions.

Le préfet ne statue qu'après avoir entendu l'exploitant, sauf le cas de de péril imminent.

Art. 24. — Si l'exploitant, sur la notification qui lui est faite de l'arrêté du préfet, ne se conforme pas aux mesures prescrites, dans le délai qui aura été fixé, il y est pourvu d'office et à ses frais par les soins de l'Administration.

Art. 25. — En cas de péril imminent reconnu par l'ingénieur, celui-ci fait, sous sa responsabilité, les réquisitions nécessaires aux autorités locales, pour qu'il y soit pourvu sur-le-champ, ainsi qu'il est pratiqué en matière de voirie, lors du péril imminent de la chûte d'un édifice.

Le maire peut, d'ailleurs, toujours prendre, en l'absence de l'ingénieur, toutes les mesures que lui parait commander l'intérêt de la sûreté publique.

Art. 26. — En cas d'accident qui aurait été suivi de mort ou de blessures, l'exploitant est tenu d'en donner immédiatement avis à l'ingénieur des mines, ou au contrôleur des mines, ainsi qu'au maire de la commune, s'il s'agit d'une carrière souterraine.

Dans le même cas, les exploitants de carrières à ciel ouvert devront en donner immédiatement avis au maire de la commune.

De quelque façon que l'accident soit parvenu à sa connaissance, le maire en informe sans délai le préfet et l'ingénieur des mines ou le contrôleur des mines.

Il se transporte immédiatement sur le lieu de l'événement et dresse un procès-verbal qu'il transmet au procureur de la République et dont il envoie copie au préfet.

L'ingénieur des mines ou, à son défaut, le contrôleur des mines, se rend, dans le plus bref délai, sur les lieux. Il visite la carrière, recherche les circonstances et les causes de l'accident, dresse du tout un procès-verbal, qu'il transmet au procureur de la République et dont il envoie copie au préfet.

Il est interdit aux exploitants de dénaturer les lieux avant la clôture du procès-verbal de l'ingénieur des mines.

L'ingénieur des mines se conforme, pour les autres mesures à prendre, aux dispositions du décret du 3 janvier 1813.

Art. 27. — Les dispositions des articles 23, 24 et 25 sont applicables, à toute époque, aux carrières abandonnées dont l'existence compromettrait la sûreté publique.

Les travaux prescrits sont, dans ce cas, à la charge du propriétaire du fonds dans lequel la carrière est située, sauf son recours contre qui de droit.

Art. 28. — Lorsque des travaux ont été exécutés ou des plans levés d'office, le montant des frais est réglé par le préfet, et le recouvrement en est opéré contre qui de droit par le percepteur des contributions directes.

Titre IV. — De la constatation, de la poursuite et de la répression des contraventions.

Art. 29. — Les contraventions aux dispositions du présent règlement ou aux arrêtés préfectoraux rendus en exécution de ce règlement autres que celles prévues à l'article 32, sont constatées par les maires et adjoints, par les commissaires de police, gardes champêtres et autres officiers de police judiciaire, et concurremment par les ingénieurs des mines et les agents sous leurs ordres ayant qualité pour verbaliser.

Art. 30. — Les procès-verbaux sont visés pour timbre et enregistrés en débet. Ils sont affirmés dans les formes et délais prescrits par la loi pour ceux de ces procès-verbaux qui ont besoin de l'affirmation.

Art. 31. — Lesdits procès-verbaux sont transmis en originaux aux procureurs de la République, et les contrevenants poursuivis d'office devant la juridiction compétente, sans préjudice des dommages-intérêts des parties.

Copies des procès-verbaux sont envoyées au préfet du département, par l'intermédiaire de l'ingénieur en chef.

Art. 32. — Les contraventions qui auraient pour effet de porter atteinte à la conservation des routes nationales ou départementales, des chemins de fer, canaux, rivières, ponts ou autres ouvrages dépendant du domaine public, sont constatées, poursuivies et réprimées conformément aux lois sur la police de la grande voirie.

Titre V. — Dispositions générales

Art. 33. — Le décret du   et toutes les dispositions contraires à celles contenues dans le présent règlement sont et demeurent abrogées.

Art. 34. — Le présent décret sera inséré au *Journal officiel*, au *Bulletin des lois* et au Recueil des actes administratifs du département. Il sera publié et affiché dans toutes les communes du département.

Art. 35. — Le Ministre des Travaux publics est chargé de l'exécution du présent décret.

ERRATA

Pages	Lignes	Au lieu de :	Lire :
12	1 et 2	R' et R''	R et R'
51	19 et 20	»	(à supprimer).
57	35	Escarboncle	Escarboucle
57	37	noble péridot	péridot noble.
77	2	irrégulières	(à supprimer).
117	20	aille	faille.
159	37	10°	— 10°
179	27	relatif	rotatif.
270	39	sa	la.
298	supprimer la cheminée de la lampe.		
299 et 300	supprimer les lignes d'axes des figures.		
398	19	$0^m,50$ et $0^m,80$	1,50 et 1,80.
414	10	$m (D^2 — d)$	$m (D^2 — d^2)$.
431	Titre	Méthode	Méthodes.
484	25	élevée	enlevée.
512	17	$V^2 \times 103,50$	$V_2 = 103,50$.
572	4	(En sous-titre)	481 bis — Régulateur.
575	8	à cet effet	(à supprimer).

Laval. — Imp. et Stér. E. JAMIN, 8, rue Ricordaire

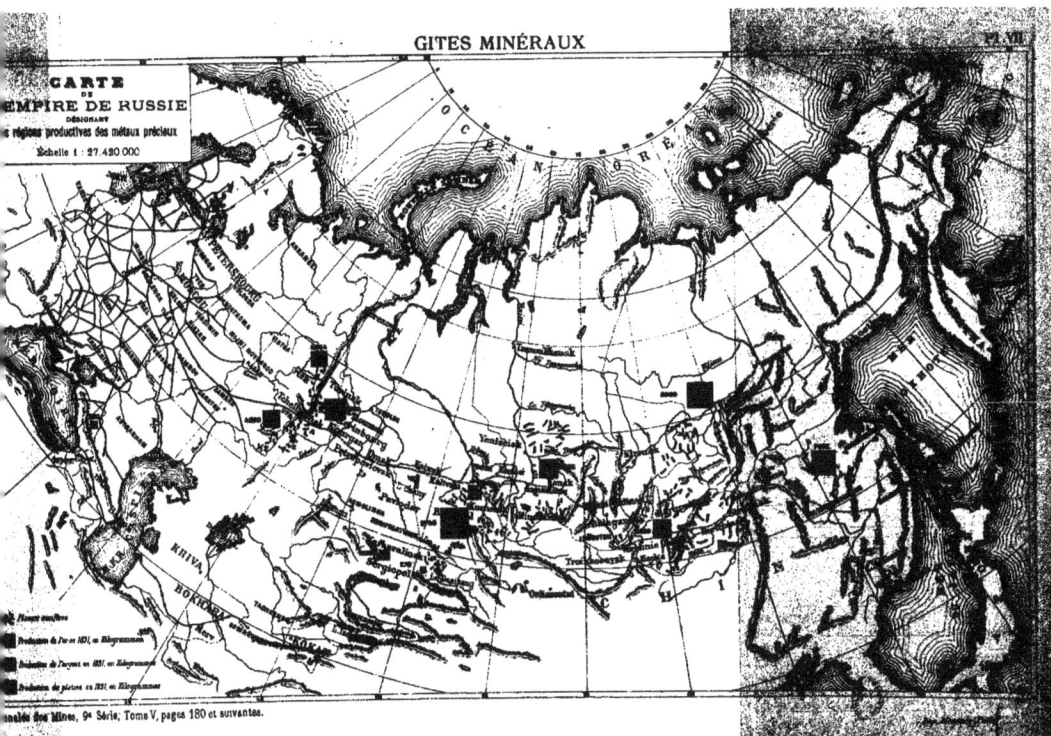

CARTE
DE
EMPIRE DE RUSSIE
DÉSIGNANT
les régions productives des métaux précieux
Échelle 1 : 27.420.000

CARTE DE LA RUSSIE D'EUROPE
DÉSIGNANT LES RÉGIONS DE PRODUCTION DE LA FONTE.
DU FER ET DE L'ACIER

CARTE DE LA RUSSIE D'EUROPE
DÉSIGNANT LES RÉGIONS DE PRODUCTION DE LA HOUILLE

CARTE DE LA RUSSIE D'EUROPE
DÉSIGNANT LES RÉGIONS DE PRODUCTION DU SEL

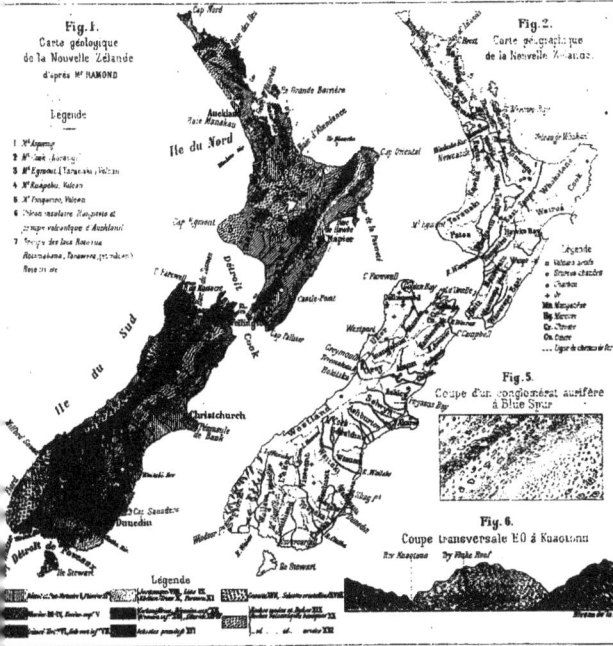

Fig. 1.
Carte géologique
de la Nouvelle Zélande
d'après M. RAMOND

Légende

1 M.ᵗ Egmont
2 M.ᵗ ...? Auckland
3 M.ᵗ Egmont (Taranaki) Volcan
4 M.ᵗ Ruapehu, Volcan
5 M.ᵗ Tongariro, Volcan
6 Terrain insulaire Rangoon et groupe volcanique d'Auckland
7 Terrain des lacs Rotorua
Rotomahana, Taraweru (et volcans)
Rose active

Fig. 2.
Carte géographique
de la Nouvelle Zélande

Ile du Nord

Ile du Sud

Légende
Volcans actifs
Sources chaudes
Charbon
Manganèse
Mercure
Or Cuivre
Or, Cuivre
Ligne de chemin de fer

Fig. 5.
Coupe d'un conglomérat aurifère
à Blue Spur

Fig. 6.
Coupe transversale EO à Kuaotunu

Légende

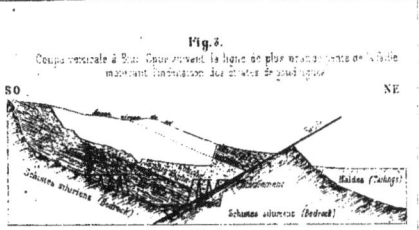

Fig. 3.
Coupe verticale à Blue Spur suivant la ligne de plus grande pente de la taille montrant l'inclinaison des strates de grès igné

SO   NE

Schistes siluriens   Schistes siluriens (Bedrock)

Fig. 4.
Plan des travaux à Blue Spur (Kunu Gabriel)

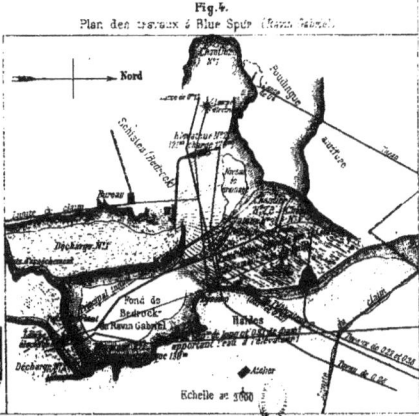

Nord

Schistes (Bedrock)

Bureau

Décharge N°1

Fond de Bedrock
Sur Ravin Gabriel

Haldes

Décharge

Atelier

Echelle au 5000

Imp. L. Courtier, 68, rue du Dunkerque, Paris.

Fig. 1 et 2. Coupe du Bassin de Charleroi, entre Charleroi et Landelies, d'après M.ᵉ Briart.

Echelle des Fig. 1 et 2 : 1/8800

Fig. 1.

Fig. 2.

Fig. 3. Coupe hypothétique du Bassin de Valenciennes.

Sud

Nord

Echelle des Fig. 3 et ½ :

Fig. 4. Coupe générale du bassin franco-belge, montrant les rapports des différentes coupes de Charleroi au Boulonnais.

Légende des Fig. 1 et 2.

D¹ Dévonien inférieur

D² Dévonien supérieur { D^f² Frasnien / D^fa² Famennien

H¹ Houiller inférieur (stérile)

H² Houiller productif

Légende des Fig. 3 et 4.

Fig. 3.

D¹ Dévonien inférieur

D² Dévonien moyen et supérieur

Ca Calcaire carbonifère

{ A^bn Faisceau des houilles maigres (V^de Condé et Vicoigne)

B^b Faisceau demi-gras (Nord d'Anzin et de l'Escarpelle)

B^b Faisceau gras (Denain et Anzincourt)

C Faisceau de Bully-Grenay (houilles à gaz)

Fig. 4.

Les diverses lignes (aa', bb', cc', dd,) indiquent le niveau auquel il faudrait arrêter la coupe générale, pour obtenir la coupe particulière de chaque bassin :

aa' Coupe du bassin de Valenciennes (prise à Denain)

bb' Coupe du couchant de Mons (par Dour et Boussu)

cc' Coupe du bassin de Charleroi (prise à Landelies)

dd' Coupe du bassin du Pas-de-Calais (prise à Liévin)

ee' — d — (prise à Fléchinelle)

ff' Coupe du Boulonnais

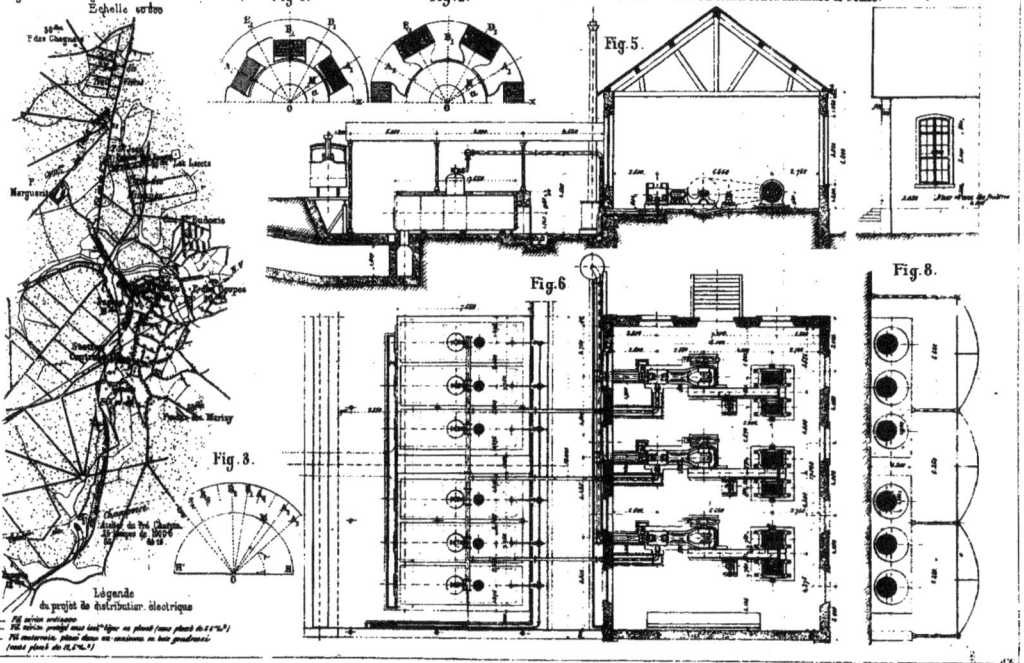

Fig. 4.—Plan du jour des Mines de Decize.
Échelle

Fig 1.

Fig. 2.

Ensemble de l'Usine en construction aux Mines de Decize.

Fig. 7.

Fig. 5.

Fig. 6.

Fig. 3.

Fig. 8.

Légende
du projet de distribution électrique

ENCYCLOPÉDIE DES TRAVAUX PUBLICS

Directeur M.-C. LÉCHALAS

12, rue Alph. de Neuville (ancien 26, rue Brémontier), Paris.

Premières connaissances de l'ingénieur.

Traité de Physique. 2 vol. par M. GARIEL, avec 448 figures dans le texte. 20 fr.

Éléments de statique graphique, par M. Eug. ROUCHÉ, 1 vol. avec 107 figures dans le texte............ 12 fr. 50

Mécanique générale, par M. FLAMANT. 1 vol. avec 203 figures dans le texte. 20 fr.

Levé des plans et nivellement, par MM. L. DURAND-CLAYE, PELLETAN et LALLEMAND, avec 280 fig............ 25 fr.

Procédés généraux de construction.

Coupe des pierres, par MM. Eug. ROUCHÉ et BRISSE, anc. prof. et prof. de géométrie descriptive à l'École centr. 1 vol. et 1 atlas...................... 25 fr.

Terrassements, Tunnels, Dragages et Dérochements, par M. E. PONTZEN, ingénieur civil, 1 vol. avec 234 fig. 25 fr.

Mécanique appliquée.

Applications de la statique graphique, par Mlle KOECHLIN, 1 vol. avec 270 fig. et 1 atlas de 30 pl. 30 fr.

Stabilité des constructions. Résistance des matériaux, par M. FLAMANT, professeur à l'École centrale et à l'École des ponts et chaussées, 1 vol. avec 264 fig..................... 25 fr.

Hydraulique, par le même. 1 vol. avec 149 fig.................... 25 fr.

Chimie et géologie appliquées. Salubrité.

Chimie appliquée à l'art de l'ingénieur, par M. L. DURAND-CLAYE, inspecteur général des ponts et chauss. 10 fr.

Hydraulique agricole, par M. CHARPENTIER DE COSSIGNY, 2e édit., revue et augmentée, 1 vol. avec 160 fig.. 15 fr.

Géologie appliquée à l'art de l'ingénieur, par M. NIVOIT, ingénieur en chef des mines, prof. à l'Éc. des p. et ch., 2 vol., avec 555 fig........ 40 fr.

Exploitation des mines, par M. DORION, (cours de l'École centrale); avec 500 fig...................... 25 fr.

Distributions d'eau. Assainissement, par M. BECHMANN, ingénieur en chef de la ville de Paris, 1 vol. avec 624 figures dans le texte............ 30 fr.

Routes et ponts.

Routes et chemins vicinaux, par MM. L. MARX, et L. DURAND-CLAYE. 25 fr.

Ponts métalliques, par M. J. RÉSAL, ingénieur en chef des ponts et chaussées, 2 vol. avec 570 fig. dans le texte. 40 fr.

Constructions métalliques. Elasticité et résistance des matériaux : Fonte, fer, acier, par le même, 1 vol. avec 203 fig.................. 20 fr.

Ponts en maçonnerie, par MM. DEGRAND, inspecteur général honoraire des ponts et chaussées, et J. RÉSAL, avec une introduction par M. M.-C. LÉCHALAS, 2 vol. avec 600 fig........... 40 fr.

Chemins de fer.

Notions générales et économiques,

1 vol. de XII+605 pages, avec figures, par M. LEVOUX, Ingénieur..... 15 fr.

Superstructure, 1 vol. avec 310 fig. et 1 atlas de 73 gr. pl. par M. DEBARME, ingénieur, profes. à l'École centrale. 50 fr.

Matériel roulant. Service des compagnies, 1 vol. et 1 atlas, par MM. DEBARME et PULIN.

Exploitation technique et exploitation commerciale, 2 vol., par M. COSSMANN.

Chemins de fer à crémaillère, par M. LÉVY-LAMBERT, Ingénieur civil, 1 vol. avec 79 fig................... 15 fr.

Chemins de fer funiculaires. Transports aériens, par le même.

Navigation intérieure. Inondations.

Rivières et canaux, par M. GUILLEMAIN, inspecteur général, directeur de l'École des ponts et chaussées, avec des Annexes par MM. LÉCHALAS, BAUMGARTEN, FLAMANT, EDWIN CLARK, GRUZON et CADART, 2 vol. avec 200 fig...... 40 fr.

Hydraulique fluviale. Inondations, par M. M.-C. LÉCHALAS, 1 vol. avec 78 fig. 17 fr. 50

Restauration des montagnes, par M. E. THIÉRY, 1 vol. avec 170 fig. 15 fr.

Travaux maritimes. Ports.

Travaux maritimes, *Phénomènes marins, accès des ports*, par M. LAROCHE, insp. gén., 1 vol. avec 116 fig. et 1 atlas de 45 grandes planches........ 40 fr.

Ports maritimes, par le même, 2 vol. avec 524 figures et 2 atlas........ 50 fr.

Les Ports des îles britanniques, par M. GUILLAIN, inspecteur général des ponts et chaussées.

Les Ports de la mer du Nord et du Pas-de-Calais, par le même.

La Seine maritime et son Estuaire, par M. LAVOINNE, avec une introduction par M. LÉCHALAS, 49 fig........ 10 fr.

Architecture et constructions civiles.

Maçonnerie, par M. DENFER, professeur à l'École cent., 2 vol. avec 794 fig. 40 fr.

Charpente en bois et menuiserie, par le même, 1 vol. avec 680 fig... 35 fr.

Électricité.

Électricité industrielle, par M. MONNIER, professeur à l'École centrale, 1 vol. avec 390 fig................... 20 fr.

Droit administratif. — Biographies.

Droit industriel, par M. Michel PELLETIER, av., prof. à l'École centrale. 15 fr.

Manuel de droit administratif (Ponts et chaussées et chemins vicinaux), par M. G. LÉCHALAS, ing. en chef : t. I. 20 fr. Tome II (1re partie)........... 10 fr.

Législation des mines, française et étrangère, par M. AGUILLON, ingénieur en chef des mines, professeur à l'École supérieure de Paris, 3 vol........ 40 fr.

Notices biographiques, par M. TARBÉ DE ST-HARDOUIN, inspect. général. 5 fr.

Laval. — Imp. E. JAMIN, rue Ricordaine, 8.